普通高等教育“十四五”土木类核心课程系列教材

材料力学

（第三版）

编著　郭战胜　施冬莉　宋亦诚　杨　骁
主审　叶志明

同济大学出版社
TONGJI UNIVERSITY PRESS
·上海·

内容提要

本书主要阐述了基本构件的拉(压)、弯、剪、扭等几种受力状态及其组合的基本理论，涵盖应力状态与强度理论、能量法、压杆稳定、动载荷与疲劳强度、力学实验等材料力学主要内容。本书在讲述基本内容时注重其工程背景，部分例题、习题更是直接取自工程实例或生活实践。每章的“基本要求”旨在使学生在学前就能做到心中有数；每章结束的“总结与讨论”不仅归纳了知识要点，还希望引导学生深入思考或探究。

本书可作为高等教育土木类、航空航天类、机械类、能源动力类、水利类及本科教育相关专业类的教材，可作为研究生入学考试参考书，也可供土木类、水利类、机械类等相关专业的工程技术人员参考使用。

图书在版编目(CIP)数据

材料力学 / 郭战胜等编著. --3 版. --上海：同济大学出版社，2023.6

ISBN 978-7-5765-0838-3

Ⅰ. ①材… Ⅱ. ①郭… Ⅲ. ①材料力学—高等学校—教材 Ⅳ. ①TB301

中国国家版本馆 CIP 数据核字(2023)第 081863 号

普通高等教育“十四五”土木类核心课程系列教材

材料力学(第三版)

编　著　郭战胜　施冬莉　宋亦诚　杨　骁

主　审　叶志明

责任编辑　马继兰　　责任校对　徐春莲　　封面设计　陈益平

出版发行　同济大学出版社　www.tongjipress.com.cn

(地址：上海市四平路 1239 号　邮编：200092　电话：021-65985622)

经　销　全国各地新华书店

印　刷　常熟市华顺印刷有限公司

开　本　787mm×1092mm　1/16

印　张　23.5

字　数　587 000

版　次　2023 年 6 月第 3 版

印　次　2023 年 6 月第 1 次印刷

书　号　ISBN 978-7-5765-0838-3

定　价　69.00 元

前 言

《材料力学》自2015年第二版出版以来，已经过了多次重印，每次重印都对内容做了适当更新。本次的《材料力学》(第三版)对教材中涉及部分国家规范或标准的内容进行了修订或更新，并对教材中相关内容及知识点也进行了调整和梳理。当前，随着智慧教育理念的不断深入，有必要对教材部分内容进行修订和完善，以适应数字化背景下高校师生的学习习惯。本次修订不仅保持且进一步凸显了前两版的特色和风格，同时，为了适应国家一流本科专业和国家一流课程建设的要求，增补和修订了部分内容。

主要修订内容如下：

(1) 根据《高等学校工科基础课程教学基本要求》中的"高等学校力学基础课程教学基本要求"和《普通高等学校本科专业类教学质量国家标准》中各专业对材料力学核心课程的要求，并结合中国工程教育专业认证相关要求，对部分章节原有内容进行了微调，增加了更多与材料力学学习密切相关的工程实践内容、生活图片，增设了相关例题及习题等，培养学生发现问题、分析问题及解决问题的能力，期望实现从工程实践中来再到工程实践中去的闭环训练。

(2) 在相应知识点增加了诸如负泊松比、负刚度等备受关注的新概念。在第4章扭转中，增补了"简单扭转静不定问题"及其相关的课后练习题；在第6章弯曲应力中，增补了经济型截面的相关内容；依据《钢结构设计标准》(GB 50017—2017，2021年局部修订)重写了第10章压杆稳定中的相关内容并附有相应的例题和习题；对第13章材料力学实验指导中的术语、定义、试样要求、测试条件以及性能测试结果修约等内容进行了修订，以便和新设备、现行国家规范或行业标准相匹配；将附录B中的《热轧型钢》(GB/T 706—2008)更新为《热轧型钢》(GB/T 706—2016)，补充了《热轧H型钢和部分T型钢》(GB/T 11263—2017)的截面几何性质，更新和补充了一些与此相关的例题和习题。

(3) 在现行的《金属材料 拉伸试验第1部分：室温试验方法》(GB/T 228.1—2021)、《金属材料 拉伸试验第2部分：高温试验方法》(GB/T 228.2—2015)、《金属材料 拉伸试验第3部分：低温试验方法》(GB/T 228.3—2019)、《金属材料 拉伸试验第4部分：液氦试验方法》(GB/T 228.4—2019)国家标准中使用了新符号定义力学性能，在本书中以注的形式给出，以保持全书符号使用的一致性。

(4) 为方便学生更好地理解、掌握基本概念、重要的知识点，本书以二维码的形式展示了相关演示动画、视频实录以及知识点发展历史等；体现高阶性、创新性以及挑战度的问题或扩展阅读材料等数字化资源以二维码形式嵌入教材；部分拓展材料力学知识点应用的前沿科研成果也以二维码形式嵌入教材。

(5) 将历年的与材料力学相关的“全国周培源大学生力学竞赛”试题以综合题的形式补充在每章习题的最后,供学有余力的学生课后钻研,激发优秀学生的内生学习动力。

本书保留了土木类专业材料力学核心课程教学内容的同时,还兼顾了其他专业对材料力学核心课程的教学要求。上海大学力学与工程科学学院材料力学教学团队根据在土木类、力学类、机械类等多个专业的一线教学实践,提供了部分修改意见和建议,在此一并致谢。与本教材重要知识点配套的线上课程“材料力学微课程”已在中国大学 MOOC(https://www.icourse163.org/course/SHU-1206395806)上开设了 8 轮次,其间,由来自不同高校的师生或其他读者反馈的宝贵意见或建议也在本次新版修订中得到充分体现。

限于编者的学识、水平,书中可能还有不当或疏漏之处,诚恳欢迎使用本教材的读者批评指正。

郭战胜
davidzsguo@shu.edu.cn
2023 年 5 月于上海

第二版前言

本书自第一版出版以来，作为土木系本科生材料力学课程教材，取得了良好的效果。此外，本书不仅得到了很多兄弟院校师生的关注和使用，还收到了一些很好的建议和反馈。根据大家的建议和反馈，结合编著者自身持续的教学实践，决定对第一版进行认真修改和完善。修订后的教材，不仅可以更好地满足各专业材料力学教学需要，也可以作为硕士研究生材料力学课程入学考试的参考书。本次改版保持并进一步凸显了第一版的主要特色。主要修订内容如下：

（1）第一版是根据《高等学校理工科非力学专业力学基础课程教学基本要求》（简称《基本要求》）的试用版编写而成。本次修订依据《基本要求》的最终正式版，对每章题头的"基本要求"和相关章节内容进行了微调和修订，以便更好地与《基本要求》相契合。

（2）将现有绝大多数教材依然使用却早已被国家废除的型钢规格标准[即《热轧等边角钢 尺寸、外形、重量及允许偏差》(GB 9787—88)、《热轧不等边角钢 尺寸、外形、重量及允许偏差》(GB 9788—88)、《热轧工字钢 尺寸、外形、重量及允许偏差》(GB 706—88)以及《热轧槽钢 尺寸、外形、重量及允许偏差》(GB 707—88)]修订为整合后的现行国家标准，即《热轧型钢》(GB/T 706—2008)。

（3）各章节中，根据相关内容增加了更多与材料力学学习联系紧密的工程实践或生活实际方面的图片、例题或习题。

（4）将原来第6章的斜弯曲章节调整到第10章，以便学生系统、完整、全面地理解和掌握组合变形的各类计算。

（5）在第8章的广义胡克定律章节中补充了体积应变的相关概念和例题。

（6）作者在2014—2015学年期间的完整授课录像可以在优酷(http://www.youku.com/)网站上搜索"上海大学　郭战胜　材料力学"等关键词，然后在线或下载后学习、参考。

本次修订主要由施冬莉、宋亦诚及郭战胜负责。施冬莉主要负责修订第2，4，13章内容，宋亦诚主要负责修订第5，6，7章内容，郭战胜主要负责修订其余章节及附录内容并负责全书的统稿。此外，在全校其他专业讲述材料力学课程的教师根据教学中的实际情况提出了一些修订意见和建议，部分本科生结合自己的学习也提出了一些有益的建议。所有这些都对本次修订工作起到了积极作用。在此，向他们表示衷心的感谢！

限于编者的学识，书中可能还有不当或疏漏之处，敬请广大读者批评指正！

编　者

2015年9月于上海大学

第一版前言

本教材是根据教育部高等学校力学教学指导委员会发布的《高等学校理工科非力学专业力学基础课程教学基本要求》(以下简称《基本要求》),并参考一些兄弟院校的教学基本要求和教学大纲来编写的,主要针对A类专业(即航空航天、机械、土木、动力、水利、车辆、采矿、船舶、港口航道及海岸工程等专业)的材料力学课程教学;另外,通过对内容的合理选择,也能满足其他专业对材料力学基础课程的教学要求。

本书的第1个特点,是在阐述每部分基本内容时都引入一些工程背景和工程实例,强调理论上的物理意义,弱化烦琐的数学公式的推导,一些例题、习题直接来自工程实例或生活实践。所有这些旨在使学生可以直接结合工程实例理解所学知识,培养和提高学生在今后的工作中分析、解决实际问题的能力,对一些结构解答进行方便快捷的判断。

每章设置“基本要求”和“总结与讨论”的内容,这是本书的第2个特点。“基本要求”的给出旨在使学生在学习内容之前就明确应该了解、理解及掌握的内容,以期做到心中有数。“总结”则意在归纳本章主要知识,方便学生复习,掌握要点。“讨论”旨在反映新型结构形式及其求解、分析方法,引导学生深入思考和探究。希望学生结合“总结与讨论”能够温故而知新。

将材料力学实验单独成章是本书的第3个特点。材料的力学性能必须通过实验确定,而且材料力学导出的理论结果也需要实验验证。一些新材料和新结构形式光靠现有理论不能完全解决,也必须借助实验手段来研究解决。尽管实验研究和理论分析对材料力学课程具有同等重要的地位,但很少有教材将其直接引入并讲述。此章旨在指导学生了解、掌握材料力学基本实验及其原理,为进一步提高综合性、创新性和设计性实验开发奠定基础,也为学有余力的学生早日进入教师的课题组,加强研究型学习铺路。此章的另一个目的是方便学生不用单独购买材料力学实验指导类书籍。

本书的第4个特点是全书所有章节均是由教学第一线的教师编写。本书融合了作者近年来在材料力学课程教学中的研究成果和在教学第一线取得的经验。例如,本书没有将静不定问题单独成章,而是根据实际教学规律,将其分散在相关的章节中;在讲述简单静不定梁时,不仅强调可以用“多余”支撑条件作为变形协调方程,更强调可以使用连续条件作为变形协调方程,进而导出有限元法学习中非常有用的三弯矩方程。

根据“基本要求”和各专业实际教学要求,全书共13章内容。第1章不仅介绍了材料力学的学习目的、任务、基本假设、基本概念等,还介绍了外力、内力、应力、应变及其相互关系。不仅引入了截面法、叠加法等材料力学的基本分析方法,还引入了求解所有变形体力学强度和刚度问题的3个基本方程:静力平衡、变形协调以及物性关系。本章是整个材料力学内容的浓缩,后面各章的内容都是本章的展开和延伸。第2章至第7章主要讲述与杆件的4种基本变形有关的基本理论,即拉压杆件的应力变形分析与强度计算、连接件的实用计算、扭转变形的分析和计算、梁的弯曲问题(主要包括弯曲内力、弯曲应力、弯曲变形)。第8章讲述应力状态与强度理论,这是进行复杂载荷作用下杆件强度和刚度计算的基础。第9章讲述能量法,该方法不仅是求解构件位移的有效方法,也是对很多复杂工程问题进行近似计算的理论基础。第10章主要讲述组合受力状态下的应力和变形计算。第11章是压杆稳定。第12章讲述动载荷与疲劳强度。第13章是材料力学实验指导。书中带*号的章节展示了一些材料力学相关理论的扩展、引申,供能力较强的学生学习,带*号的习题是难度稍大的,需要综合所学知识,供学生自学时选用。完成整个教学任务需要70学时左右。

本书构思于2007年底,初稿完成于2011年9月。2007年初,上海大学先后在自强学院(现钱伟长学院)、土木工程系、理学院综合班以及机械工程与自动化学院等开始试点本科生研究型教学。本书的几位作者在全国首届教学名师清华大学范钦珊教授的带领下,开始了本科生研究型教学的实践和探索。经过五年多的探索和实践,形成了体现本科生研究型教学的教学课件和讲义,课件和讲义是本书的主要蓝本。

本书由郭战胜、施冬莉、宋亦诚、杨骁编著,叶志明主审。施冬莉负责编写第2,4,13章的内容,宋亦诚负责编写第5,6,7章的内容,杨骁负责编写第1,3章和附录A的内容,郭战胜负责编写第8,9,11,12章的内容,第10章由宋亦诚和郭战胜共同编写。全书由郭战胜统稿、修改。

此书得到了上海市教委重点教材建设项目和上海市重点学科建设项目(S01306)的支持,在本书出版之际,表示诚挚的谢意。

书中的不足与疏漏在所难免,恳请读者批评指正,以便改版时完善和修正。特此致谢!

编　者

2011年9月初稿完成

2012年12月定稿于上海

目录

主要符号表

符号	量的含义
A	面积
a	间距
b	宽度
d	直径,距离,力偶臂
D	直径
e	偏心距
E	弹性模量、杨氏模量
F	力
$\boldsymbol{F}_{Ax}$, $\boldsymbol{F}_{Ay}$	A 处铰约束力
$\boldsymbol{F}_{\mathrm{N}}$	法向约束力,轴力
$\boldsymbol{F}_{\mathrm{P}}$	载荷
$\boldsymbol{F}_{\mathrm{Pcr}}$	临界载荷
$\boldsymbol{F}_{\mathrm{S}}$	剪力
$\boldsymbol{F}_{\mathrm{R}}$	合力、主矢
$\boldsymbol{F}_{\mathrm{T}}$	拉力
$\boldsymbol{F}_x$, $\boldsymbol{F}_y$, $\boldsymbol{F}_z$	力在 x, y, z 轴上的分量
G	切变模量
h	高度
I	惯性矩
I_{p}	极惯性矩
I_{xy}	惯性积
k	弹簧刚度系数
l	长度、跨度
M_{e}	外加扭转力偶矩
m	质量
$\boldsymbol{M}_O$	力系对点 O 的主矩
$\boldsymbol{M}_O(\boldsymbol{F})$	力 $\boldsymbol{F}$ 对点 O 之矩
$\boldsymbol{M}$	力偶矩
$\boldsymbol{M}_x$, $\boldsymbol{M}_y$, $\boldsymbol{M}_z$	力对 x, y, z 轴之矩
n	转速
$[n]_{\mathrm{st}}$	稳定安全系数
p	内压力
P	功率
q	均布载荷集度
$\boldsymbol{R}$, r	半径
r	矢径
s	路程,弧长

u	水平位移、轴向位移
$[u]$	许用轴向位移
v_d	畸变能密度
v_v	体积改变能密度
v	应变能密度
V_ε	应变能
W	功、质量、弯曲截面系数
W_p	扭转截面系数
α	倾角;线膨胀系数
β	角;表面质量系数
θ	梁横截面的转角、单位长度相对扭转角
φ	相对扭转角;折减系数;敏感系数
γ	切应变
Δ	变形、位移
δ	厚度
ε	线应变,尺寸影响系数
ε_e	弹性应变
ε_p	塑性应变
ε_v	体积应变
λ	柔度、长细比
μ	长度系数
ν	泊松比
ρ	密度、曲率半径
σ	正应力
σ^+	拉应力
σ^-	压应力
$\bar{\sigma}$	平均应力
σ_b	强度极限
σ_c	挤压应力
$[\sigma]$	许用正应力
$[\sigma]^+$	许用拉应力
$[\sigma]^-$	许用压应力
σ_{cr}	临界应力
σ_e	弹性极限
σ_p	比例极限
$\sigma_{0.2}$	条件屈服应力
σ_s	屈服应力
τ	切应力、剪应力
$[\tau]$	许用切应力、许用剪应力
w	挠度
σ_{-1}	对称循环时的疲劳极限
$\dot{\varepsilon}$	应变速率
K_f	有效应力集中系数
K_t	理论应力集中系数

1 绪　论

基本要求

(1) 理解材料力学的任务、变形固体的基本假设和基本变形的特征；
(2) 掌握正应力和切应力、正应变和切应变的概念；
(3) 掌握截面法，并能熟练运用截面法求解杆件(一维构件)各种变形的内力(轴力、扭矩、剪力和弯矩)及内力方程；
(4) 掌握本课程中运用变形协调关系、物理关系和静力学关系解决问题的基本分析方法；
(5) 熟练利用叠加原理绘制内力图，了解圣维南原理。

1.1 材料力学的任务和研究内容

1.1.1 构件分类及其变形

各种各样的结构或机械都是由某些基本构件组成的。根据组成构件的几何特征，可以将构件分成以下几类：

(1) 杆件——一个方向的尺寸远大于其他两个方向尺寸的构件。杆件的尺寸和形状由横截面和轴线确定。轴线与杆件的长度方向一致，横截面是与轴线垂直的截面。

根据轴线和横截面的特征，可以将杆件分为直杆和曲杆、等截面杆和变截面杆，如图 1-1 所示。

(a) 钢管通常简化为等截面薄壁圆筒直杆

(b) 烟囱可以简化为变截面直杆

(c) 杠铃用等截面曲杆和直杆简化　　(d) 拱形桥梁用变截面曲杆简化

图 1-1

(2) 板件——一个方向的尺寸远小于其他两个方向尺寸的构件。板件的形状和尺寸由中面确定,中面为平面的板件被称为平板,中面为曲面的板件被称为壳(图 1-2)。

(3) 块体——三个方向的尺寸相当的构件(图 1-3)。块体在工程机械和结构中的实例多为连接体或基础。在计算精度要求不高的情况下,块体可近似为杆件来处理。

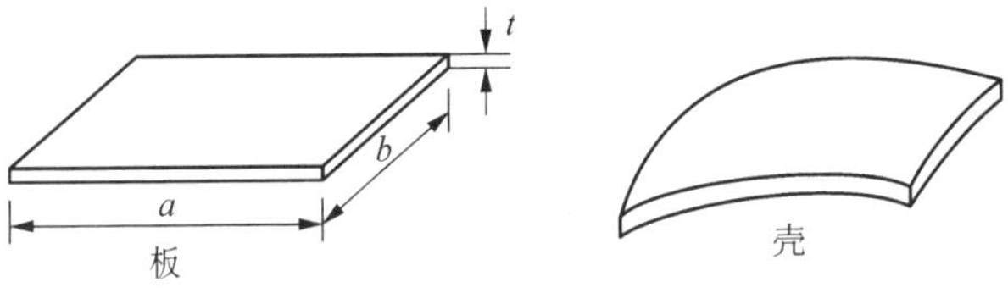

图 1-2

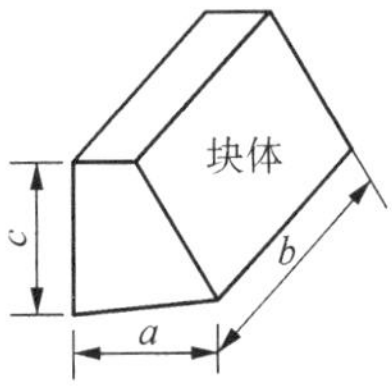

图 1-3

1.1.2 材料力学的研究对象和研究内容

材料力学是变形体力学的重要基础分支之一,是一门为设计工程实际构件提供必要理论基础的重要技术基础课,也是一门理论与实验相结合的课程。其研究对象仅限于杆件,如杆、轴、梁等构件。当然这并不是说材料力学的研究对象狭窄,而是实际工程中的大多数工程结构的构件或机器的零部件都可以简化为杆件。

从材料力学名字本身可以知道,其研究内容分属于两个学科。第一个学科是**固体力学(即变形体力学)**,即研究物体在外力作用下的应力、变形和能量,统称为**应力分析**。第二个学科是**材料科学**中的**材料的力学行为**,即研究材料在外力和温度作用下所表现出的宏观**力学性能**和**失效**行为。

就变形量的大小而言,变形还可以分为**大变形**和**小变形**。所谓小变形就是可以假设变形体构件的约束力和内力可用外力作用在对应的刚体上产生的约束力和内力来代替。在这种情况下,刚体力学的平衡方程可直接用来求内力和约束反力,即用构件的**原始尺寸求解**。而在大变形情况下,这种假设就不成立,仅仅使用静力学平衡理论是不能求出约束反力的。实际工程中的大多数承力构件的变形确实很小,完全符合小变形假设。此外,考虑小变形还可以将构件在多个载荷作用下发生的变形看成构件在每个载荷单独作用下产生的变形的代数和,即满足叠加法。**叠加法是材料力学的一个常用重要方法**。所以学好以小变形为前提的材料力学是非常重要的。

就承载构件变形在载荷消除后能否恢复而言，可将其分为**弹性变形**和**弹塑性变形**。弹性变形是指当作用在构件上的外力解除后可以完全恢复到原始状态的变形，而弹塑性变形则是指当外力解除后构件变形只能部分恢复，仍有部分变形不能消除，这部分不能消除的变形就是塑性变形。当外力与变形呈线性关系时，认为构件是发生线弹性变形。材料力学研究的就是这种线弹性变形情况下材料的力学反应。

1.1.3 构件的强度、刚度和稳定性

材料力学是对构件的应力、变形以及材料的失效行为进行分析、计算，其目的是要设计出具有合理形状和尺寸的杆状构件或零部件，以保证它们具有足够的**强度**、**刚度**和**稳定性**。这三个要求是工程设计的主要任务之一，下面分别简单介绍。

强度是指构件或零部件在确定的外力作用下，不发生破坏或过量塑性变形的能力。

刚度是指构件或零部件在确定的外力作用下，其弹性变形或位移不超过工程允许范围的能力。

稳定性是指构件或零部件在某些受力形式（例如轴向压力）下，构件或零部件的平衡形式不会发生突然转变的能力。

当然，在保证构件安全工作的前提下，还应尽可能地节省材料，减轻重量，降低构件的制造成本，提高经济效益。

例如，各种桥的桥面结构，采取什么形式才能保证不发生破坏，也不发生过大的弹性变形，即不仅要保证桥梁具有足够的强度，而且具有足够的刚度，同时还要具有重量轻、节省材料等优点。图 1-4 是东海大桥的主桥面。

图 1-4

又如，建筑施工用的脚手架不仅需要有足够的强度和刚度，而且还要保证有足够的稳定性，否则在施工过程中会由于局部杆件或整体结构的失稳而导致整个脚手架的倾覆或坍塌。图 1-5 是某建筑工程施工中的脚手架。

此外，各种大型水利设施、核反应堆容器、计算机硬盘驱动器、航空航天器及其发射装置等都涉及大量的强度、刚度和稳定性问题。

所以，材料力学的主要任务是研究构件在外力作用下的变形、受力与失效规律，为合理设计构件提供基本理论和分析方法。

图 1-5

1.2 杆件的受力和变形形式

实际杆件的受力方式可能是各式各样的。大量的实践和研究发现,可以将各类受力和变形归纳为四种基本受力和变形形式:轴向拉伸(或压缩)、剪切、扭转和弯曲,以及由两种或两种以上基本受力和变形形式叠加而成的组合受力与变形。下面分别简单介绍这四种受力和变形形式。

1. 拉伸或压缩

当杆件两端承受沿轴线方向的拉力或压力载荷时,杆件将产生轴向拉伸或压缩变形,承受拉伸和压缩的杆件分别如图 1-6(a),(b)所示。图 1-6(b)中实线为变形前的位置,虚线为变形后的位置。**拉伸或压缩**是本书第 2 章的主要内容。

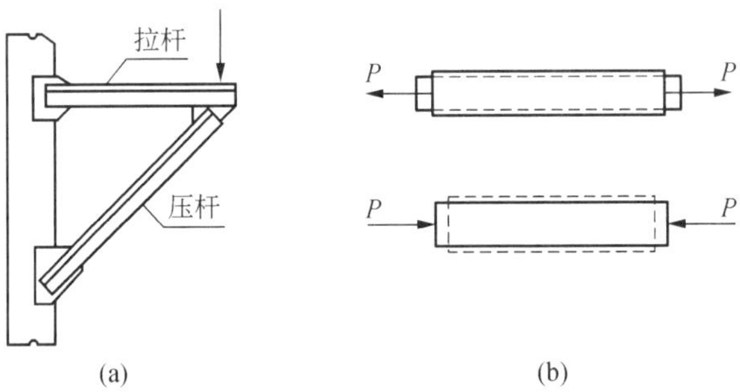

图 1-6

2. 剪切

在平行于杆件横截面的两个相距很近的平面内,方向相对地作用着两个横向力,当这两个力相互错动并保持二者之间的距离不变时,杆件将产生**剪切变形**,承受剪切的构件如图 1-7 所示。图中实线为变形前的位置,虚线为变形后的位置。本书第 3 章是剪切计算的展开和扩充。

3. 扭转

当作用在杆件上的力组成作用在垂直于杆轴平面内的力偶 m_x 时,杆件将产生**扭转变形**,即杆件的横截面绕其轴相互转动,承受扭转的圆轴如图 1-8 所示。本书第 4 章主要讲述各类杆件的扭转问题。

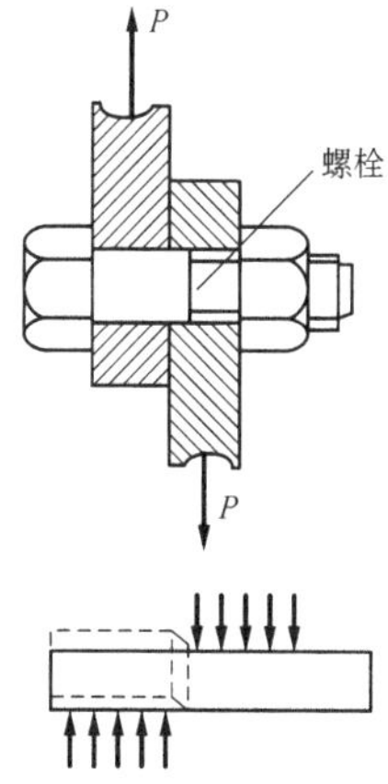

图 1-7

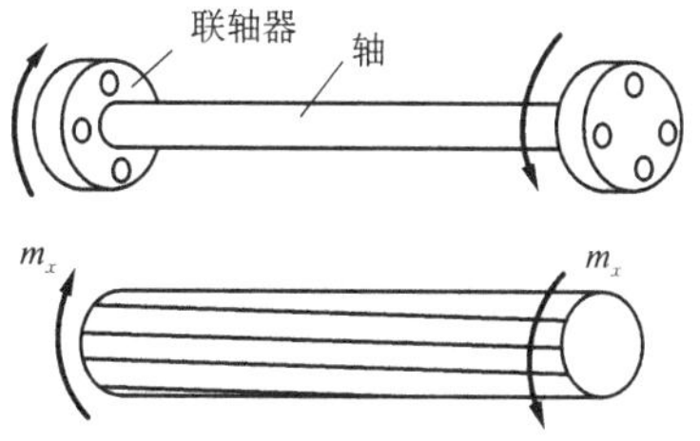

图 1-8

4. 弯曲

当外力(图 1-9)或外加力偶 M 作用于杆件的纵向平面内时，杆件将发生**弯曲变形**，其轴线将变成曲线。本书第 5～7 章主要讲述弯曲问题。

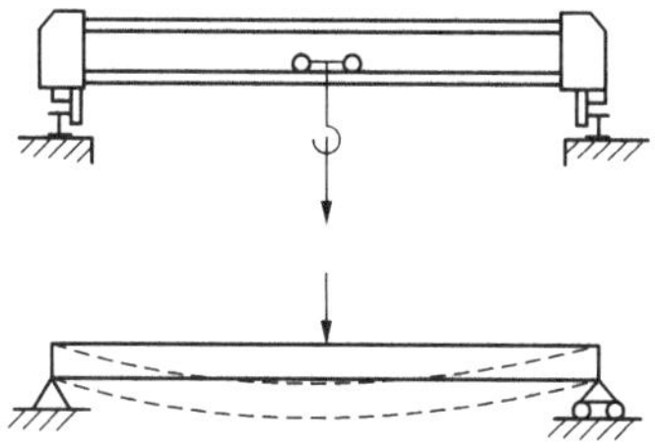

图 1-9

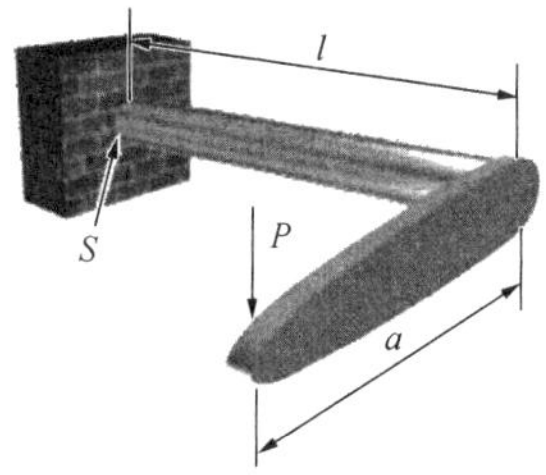

图 1-10

5. 组合受力与变形

上述基本受力形式中，由两种或两种以上基本受力形式所形成的受力与变形即为**组合受力与变形**。组合受力形式中，杆件将产生两种或两种以上的基本变形。如图 1-10 所示为弯曲与扭转的组合受力。实际杆件的受力不管多么复杂，在一定的条件下，都可以简化为基本受力形式的组合。组合变形计算主要体现在本书第 9 章。

工程上将承受拉伸的杆件统称为**拉杆**，简称杆；受压杆件称为**压杆**或**柱**；承受扭转或主要承受扭转的杆件统称为**轴**；将承受弯曲的杆件统称为**梁**。

1.3 基本假定

材料力学既然是将实际的构件进行抽象、简化成相应的力学模型，不可避免地要引入一些合理的假定。本节主要介绍材料力学学习中常用的几个假定。①

1.3.1 连续性假定

假设在构件的内部毫无空隙地充满了物质。当然，从微观的角度看，实际材料的微观结构

① 李敏，李依伦. 材料力学中小变形假设辨析[J]. 力学与实践，2021，43(3)：420-424.

会有各种各样的空隙,材料不是连续的。但是,从宏观的角度看,假设材料具有连续性却是非常合理的。由于材料力学关注的是材料的宏观力学性能和失效行为,所以该假设是没有问题的。有了这个假设,构件中的位移、应力以及应变可表达为质点的连续甚至可微分的函数,大大简化了理论分析。

1.3.2 均匀性假定

假设材料在外力作用下的力学性质与其在构件中的位置无关。也就是说,可以用构件内的任何部位切取的微小体的力学性质代表整个构件的力学性质。当然,微小体的大小依赖于实际材料的微观性能。如果材料在微观上十分均匀,则切取的微小体的尺寸可以大些。

1.3.3 各向同性假定

假设构件中的任何质点沿任何方向的力学性质都相同。在任意方向上均具有相同的物理和力学性能的材料,称为**各向同性**材料。如果材料在不同方向上具有不同的物理和力学性能,则称这种材料为**各向异性**材料。

大多数工程材料虽然在微观上不是各向同性的,例如金属材料,其单个晶粒呈**结晶各向异性**,但当它们形成多晶聚集体的金属时,呈随机取向,因而在宏观上表现为各向同性。

实践证明,在连续、均匀和各向同性假定条件下建立的可变形固体力学理论能满足工程要求,在工程应用的层次上仍是无可替代的正确理论。当然,随着科学技术的进步,特别是纳米材料的使用,传统的材料力学也将不断地被改造、完善。

1.4 外力和内力

1.4.1 外力

承力构件所受的外力包括主动力和被动力,即**载荷**、**约束反力**。

按照构件所受外力的作用区域,可以将外力分为**表面力**和**体积力**。顾名思义,表面力作用于构件的表面。如果表面力连续作用在一块表面上,则称为**面分布力**,单位面积上所受的表面力称为**面力集度**。各点集度大小不变的表面力称为**面均布力**。如果表面力的作用长度比宽度大很多,则把这样的表面力抽象为线作用力,称为**线载荷**。如果表面力的作用面积比构件的表面积小得多,则把这样的表面力抽象为点作用力,称为**集中力**。

体积力是连续分布于构件内部的力,如自重和由于运动而产生的惯性力等。

如果按照载荷随时间变化的情况,可以将载荷分为**静载荷**和**动载荷**。静载荷是缓慢施加达到某一数值后保持恒定或变化可以忽略的载荷。动载荷则是随时间变化明显的载荷,计算过程中不能忽略其变化速率的影响。

1.4.2 内力与内力分量

构件在外力作用下发生变形,使得构件内部产生相互作用的内力。这种内力不是构件中微观粒子间固有的短程相互作用力,而是一种由于外力作用而产生的“附加”内力,简称**内力**。由连续性假定可知,内力是连续分布的。单位面积上的内力称为**内力集度**或称为**全应力**。内力集度是矢量,与点的位置和微面的方向有关。内力集度的分布规律即应力场的确定是变形固体力学研究的重点内容之一。

材料力学中确定构件内力分布规律的基本方法是应用理论力学静力学中关于力系简化的理论和方法，得到横截面上内力集度关于截面形心的主矢和主矩与作用于杆件上的外力的关系，进而根据变形特点找出内力集度与内力的主矢或主矩的显式关系。

将横截面上的内力简化为主矢 $\boldsymbol{F}_R$ 和主矩 $\boldsymbol{M}$(图 1-11)。以横截面的中心 C 为坐标原点，建立 $Cxyz$ 坐标系，如图 1-12 所示。将主矢 $\boldsymbol{F}_R$ 和主矩 $\boldsymbol{M}$ 分别向 x 轴、y 轴和 z 轴分解，得到主矢在 3 个坐标轴上的分量 $\boldsymbol{F}_N$，$\boldsymbol{F}_{Qy}$，$\boldsymbol{F}_{Qz}$ 以及主矩在 3 个坐标轴上的分量 $\boldsymbol{M}_x$，$\boldsymbol{M}_y$，$\boldsymbol{M}_z$，从而得到内力分量，如图 1-12 所示。

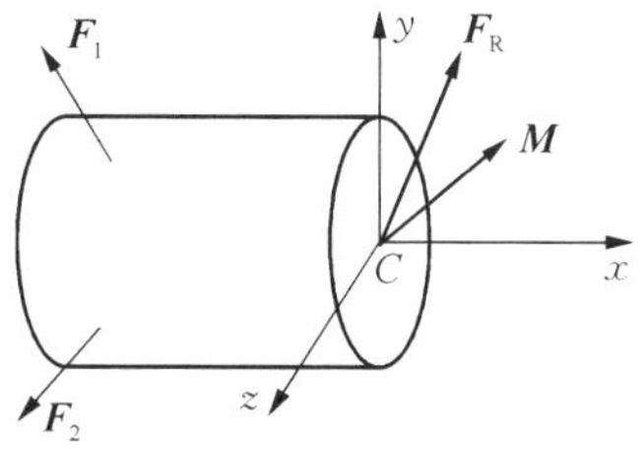

图 1-11

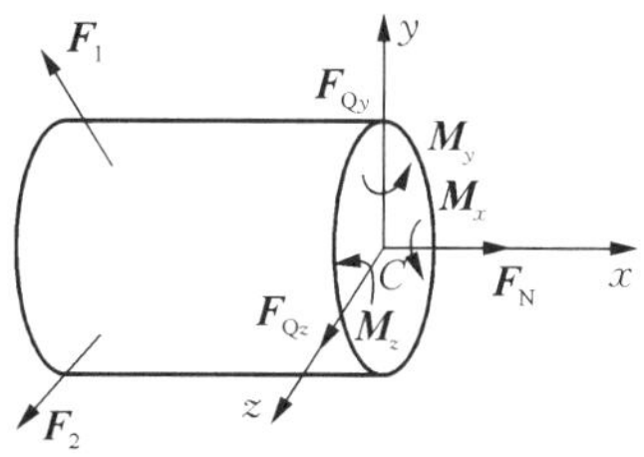

图 1-12

其中：

$\boldsymbol{F}_N$ 是主矢在 x 轴上的分量，这一分量将使杆件产生沿杆件轴线方向伸长或缩短变形，因而称为**轴向力**或**轴力**；

$\boldsymbol{F}_{Qy}$ 和 $\boldsymbol{F}_{Qz}$ 分别是主矢在 y 轴和 z 轴上的分量，这两个分量将使杆件产生剪切变形，因而称为**剪力**；

$\boldsymbol{M}_x$ 是主矩在 x 轴上的分量，这一分量将使杆件产生绕杆件轴线的扭转变形，因而称为扭矩，通常用 $\boldsymbol{T}$ 表示；

$\boldsymbol{M}_y$ 和 $\boldsymbol{M}_z$ 分别是主矩在 y 轴和 z 轴上的分量，这两个分量将分别使杆件产生绕 y 轴和 z 轴的弯曲变形，因而称为弯矩。

以上 6 个内力分量统称为杆件横截面上的内力分量。

如果作用在杆件上的外力是可以确定的，那么，一般情形下都可以应用平衡方法求得上述各内力分量。

1.4.3 截面法

要确定处于平衡状态的构件内力与作用在其上的外力的关系，常常利用一假想截面将构件截开，将内力显示出来，如图 1-13 所示。由于整体平衡的要求，对于截开的每一部分也必须是平衡的。因此，作用在每一部分上的外力必须与截面上分布的内力相平衡，即满足**内力与外力平衡**。这说明**外力变形引起的内力不是任意的**。这是弹性体受力、变形的一个特征。

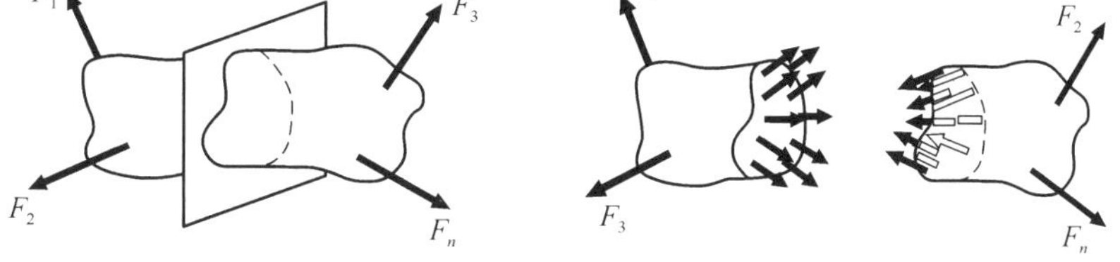

图 1-13

这种应用假想截面将构件截开,分成两部分,考虑其中任意一部分平衡,从而确定横截面上内力的方法,称为**截面法**。**截面法是求解内力的基本方法**,随着课程的学习,读者会发现,截面法体现在各个章节的内力分析中。

【例 1-1】 如图 1-14(a)所示的钻床,在载荷 P 作用下,试确定其截面 m—m 上的内力。

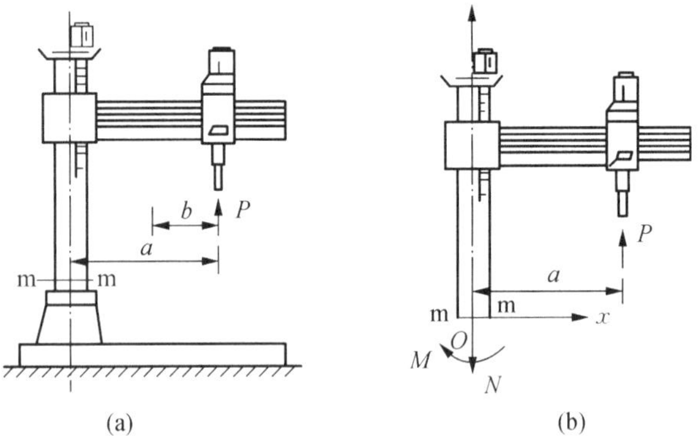

图 1-14

【解】 (1) 沿 m—m 截面假想地将钻床分成两部分。取 m—m 截面以上部分进行研究[图 1-14(b)],并以截面的形心 O 为原点。选取坐标系如图 1-14(b)所示。

(2) 为保持上部的平衡,m—m 截面上必然有通过点 O 的内力 N 和绕点 O 的力偶矩 M。

(3) 由平衡条件可得

$$\sum Y=0 \quad 得 \quad P-N=0$$
$$\sum m_O=0 \quad 得 \quad Pa-M=0$$

所以 m—m 截面上的内力为

$$N=P$$
$$M=Pa$$

可见,用截面法求内力可归纳为截、取、代、平 4 个字。

(1) 截:欲求某一横截面的内力,沿该截面将构件假想地截成两部分。

(2) 取:取其中任意部分为研究对象,而弃去其余部分。

(3) 代:用作用于截面上的内力,代替弃去部分对留下部分的作用力。

(4) 平:建立留下部分的平衡条件,由作用在留下部分上所有的外力确定未知的内力。

【例 1-2】 试求图 1-15 所示杆件中指定截面上的内力分量,并指出相应杆件的变形形式。

【解】 用截面法求指定截面上的轴力。

(1) 用 Ⅰ—Ⅰ 截面取研究对象如图 1-15(a)所示,截面上有轴向内力 N_1,由静力平衡条件 $\sum X=0$,得

$$N_1=P$$

(2) 用Ⅱ—Ⅱ截面取研究对象如图 1-15(b)所示,截面上有内力 $Q_{\text{Ⅱ}}$ 与力偶 $M_{\text{Ⅱ}}$,由静力平衡条件可得

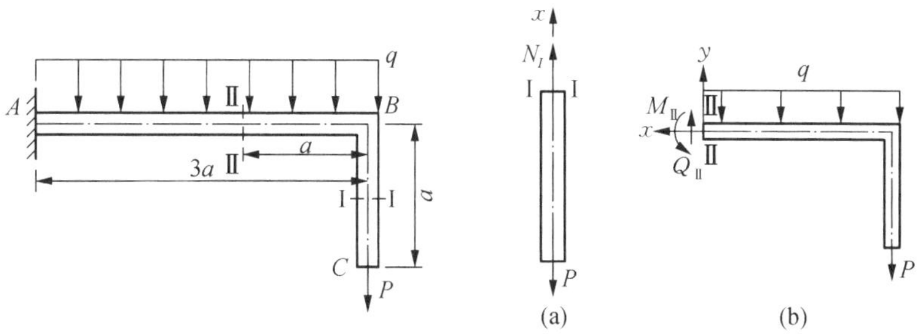

图 1-15

$$\sum Y=0 \quad 得 \quad Q_{II}=P+qa$$

$$\sum m_O=0 \quad 得 \quad M_{II}=Pa+\frac{1}{2}qa^2$$

由内力可知 BC 段为拉伸段,AB 段为弯曲段。

讨论 (1) 用截面法求指定截面内力时,作截面之前外力不得随意作静力等效处理,如求Ⅱ—Ⅱ截面内力时,不能先处理成图 1-16 所示的结构,再作Ⅱ—Ⅱ截面截取研究对象。

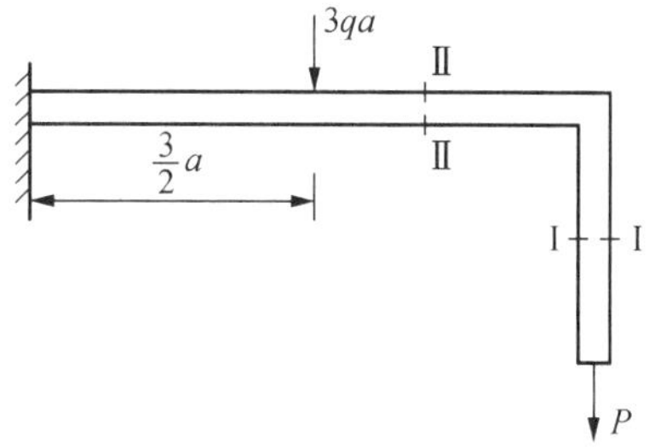

图 1-16

(2) 用截面法求指定截面内力时,研究对象可取两部分中的任一部分,如[例 1-2]中求Ⅱ—Ⅱ截面上内力可取 A—Ⅱ,也可取Ⅱ—BC,此时求得的内力应符合大小相等、方向相反的规律,因此可用于校核,读者试取 A—Ⅱ 为研究对象进行校核。

在外力作用下,弹性体的变形应使弹性体各相邻部分既不能断开,也不能发生重叠的现象,图 1-17 为从一弹性体中取出的两相邻部分的三种变形情况,其中图 1-17(a)、(b)所示的两种情形是不正确的,只有图 1-17(c)所示的情形是正确的。这表明,**弹性体受力后发生的变形也不是任意的**,而必须满足**变形协调一致**的要求。这是弹性体受力、变形的第 2 个特征。

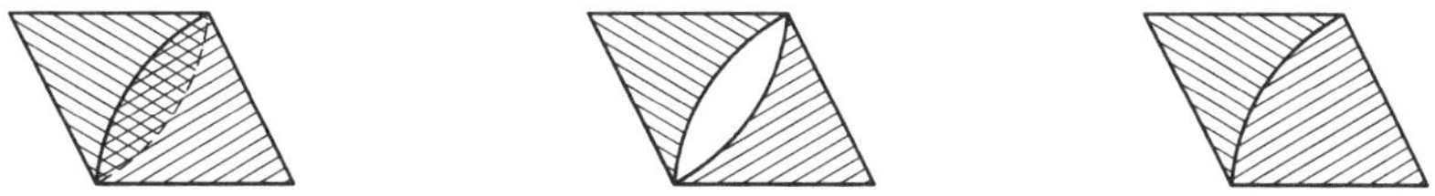

(a) 变形后两部分相互重叠　(b) 变形后两部分相互分离　(c) 变形后两部分协调一致

图 1-17

既然弹性体的受力变形不是任意的,那么受力变形之间有没有确定的关系呢?答案是肯定的。通常把这种受力与变形之间的确定关系,称为**物理关系**、**物性关系**或**本构方程**。

静力学关系(平衡方程)、变形协调、物性关系是求解所有变形体力学强度和刚度的三个基本方程,是研究变形体内力、应力、变形分布规律的基本方程,是后续相关课程的学习以及进行构件设计和科学研究的重要力学基础。

1.5 应力及其与内力分量之间的关系

1.5.1 正应力和切应力

如前所述,截面上某点的内力集度称为该点的**应力**①。作用线垂直于截面的应力称为**正应力**,用希腊字母 σ 表示;作用线位于截面内的应力称为**切应力**或**剪应力**,用希腊字母 τ 表示。

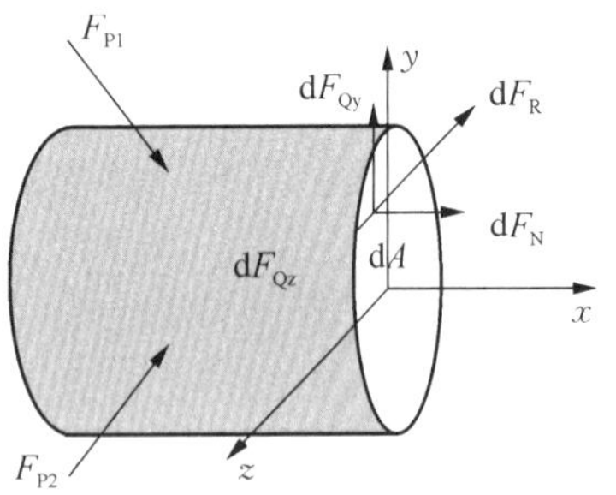

图 1-18

一般情形下的横截面上的附加分布内力,总可以分解为两种:作用线垂直于截面的和作用线位于横截面内的。图 1-18 所示为作用在微元面积 dA 上的总内力 dF_R 及其分量,其中 dF_N 和 dF_Q 的作用线分别垂直于和作用于横截面内。于是上述应力可以用下列极限表达式表示:

应力或全应力 $$p=\lim_{dA\to 0}\frac{dF_R}{dA} \tag{1-1}$$

正应力 $$\sigma=\lim_{dA\to 0}\frac{dF_N}{dA} \tag{1-2}$$

切应力 $$\tau=\lim_{dA\to 0}\frac{dF_Q}{dA} \tag{1-3}$$

全应力分量与正应力和切应力的关系为

$$p^2=\sigma^2+\tau^2 \tag{1-4}$$

在国际单位制中,应力的单位为 Pa(1 Pa=1 N/m^2),工程上多用 MPa(1 MPa=10^6 Pa)。需要指出的是,上述极限表达式的引入只是为了说明应力的概念,二者在应力计算中没有实际意义。

1.5.2 一点处应力状态的概念

由截面法可知,过一点有无数的截面,过这一点的各个截面上应力情况的集合,称为**这点的应力状态**,然而这样描述某一点的应力状态并不方便。在实际分析中,通常用包含该点周围的 6 个微小平面构成的一个微小正六面体上的应力状态作为该点的应力状态。这样的微小正六面体常常被称为**单元体**。通过这个单元体上的应力可以得到过该点任意截面的应力吗?也就是说,能够用单元体上的应力确定该点的应力分布吗?答案是肯定的。平面应力状态详细分析是本书第 8 章的内容,空间一般应力状态则可以参考相应的专著。使用单元体分析应力状态是材料力学的一个重要内容。**单元体有任一面上应力均匀和平行面上应力相等的性质。**对于构件承受复杂载荷的情况,单元体各微面上都可能有正应力

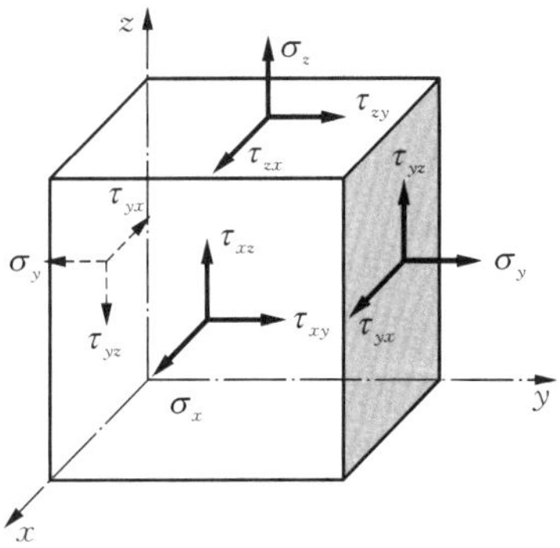

图 1-19

① Daeyeon Won, Seung Hwan Ko. Structural colour—the colour of stress[J]. Nature Materials, September 2022, 21(9):993-1002.

和切应力，如图 1-19 所示。每个微面上有 3 个应力分量，共 18 个应力分量。切应力的两个下标的含义是第 1 个下标表示切应力所在的微面，第 2 个下标表示切应力的方向，如 τ_{xy} 表示作用在 x 微面上沿 y 方向的切应力。

由于整个构件处于平衡状态，所以该单元体也应处于平衡状态。根据平衡理论，可以列出 6 个平衡方程。结合单元体的性质，可知相互平行微面上的正应力分量是对应相等的；相互垂直微面上的切应力大小相等，方向必然同时指向相互垂直截面的交线，或者同时离开这一交线，这一结论称为**切应力互等定理**（详细讲述见 4.2 节），这是材料力学的重要定理之一。由此可见，在最一般的情况下，一点处的应力分量只有 9 个，即 3 个正应力分量和 6 个切应力分量。

如果在 z 正微面（即该微面的法线方向沿 z 的方向）上，所有的应力分量都是零，则称为 xy 面内的平面应力状态，如图 1-20(a)所示。再进一步分析，还可以得到如图 1-20(b)，(c)所示的单向应力状态和纯剪切应力状态。它们是两个简单而重要的应力状态。

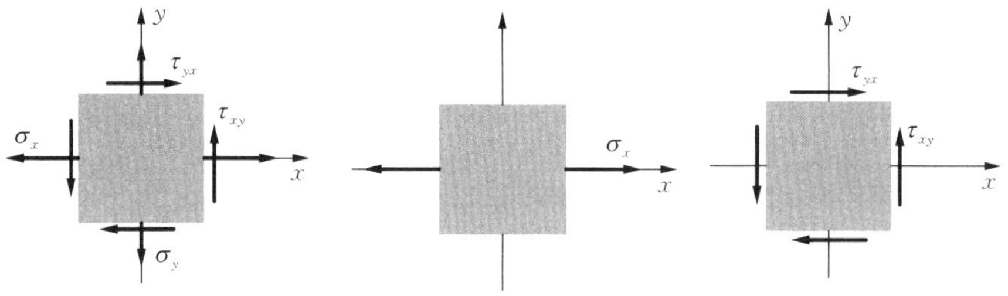

(a) 平面应力状态　　(b) 单向应力状态　　(c) 纯剪切应力状态

图 1-20

1.5.3　应力与内力分量之间的关系

应力作为分布内力在一点的集度，与内力分量有着密切的关系。为了得到这种关系，考察图 1-21 中作用在横截面的微元面积 $\mathrm{d}A$ 上正应力 σ 和切应力 τ_{xy}，τ_{xz}，将它们分别乘以微元面积，得到微元面积上的内力：$\sigma\mathrm{d}A$，$\tau_{xy}\mathrm{d}A$，$\tau_{xz}\mathrm{d}A$。将这些内力分别对 $Cxyz$ 坐标系中的 x 轴、y 轴和 z 轴投影和取矩，并且沿整个横截面积分，即可得到应力与上述 6 个内力分量之间的关系式：

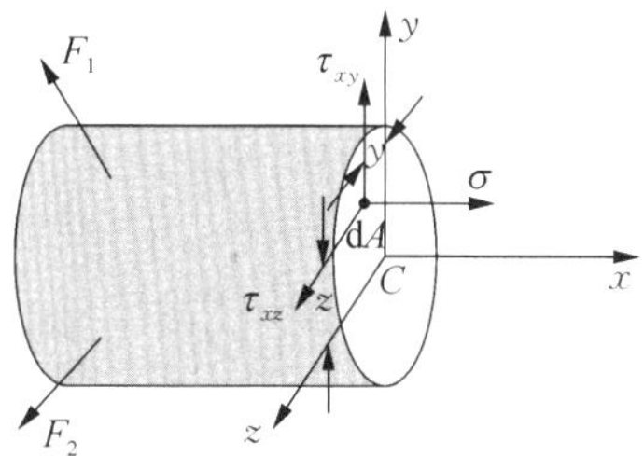

图 1-21

$$
\begin{cases}
\int_A \sigma\,\mathrm{d}A = F_N \\
\int_A z(\sigma\,\mathrm{d}A) = M_y \\
\int_A y(\sigma\,\mathrm{d}A) = M_z \\
\int_A \tau_{xy}\,\mathrm{d}A = F_{Qy} \\
\int_A \tau_{xz}\,\mathrm{d}A = F_{Qz} \\
\int_A (\tau_{xy}\,\mathrm{d}A)z + (\tau_{xz}\,\mathrm{d}A)y = M_x = T
\end{cases}
\tag{1-5}
$$

1.6 应变及应力-应变关系

1.6.1 应变的概念与定义

既然构件内某一点的应力状态可以用单元体上的应力状态表征,那该单元体的变形也应该可以表征该点的变形。单元体的变形包括体积的改变和形状的改变。体积的改变可以通过单元体相互垂直微段的伸长来表示,形状的改变则通过单元体三对两两相互垂直的两个微段的相对转角来表示。构件整体的变形是所有单元体变形累加的结果。

考察图 1-22(a),(b)两种最简单的应力状态。对于正应力作用下的单元体[图 1-22(a)],沿着正应力方向和垂直于正应力方向将产生伸长和缩短,这种变形称为线变形。描述弹性体在各点处线变形程度的量,称为**正应变**或**线应变**,用 ε_x 表示。根据单元体变形前后 x 方向长度 $\mathrm{d}x$ 的相对改变量,有

$$\varepsilon_x = \frac{\mathrm{d}u}{\mathrm{d}x} \tag{1-6}$$

式中 $\mathrm{d}x$——变形前单元体在正应力作用方向的长度。

$\mathrm{d}u$——单元体变形后相距 $\mathrm{d}x$ 的两截面沿正应力方向的相对位移。

ε_x——下标 x 表示应变方向,线应变的单位是 m/m 或 mm/mm,量纲为 1。规定使微段伸长的正应变为正。同理可以定义其他两个方向的正应变。

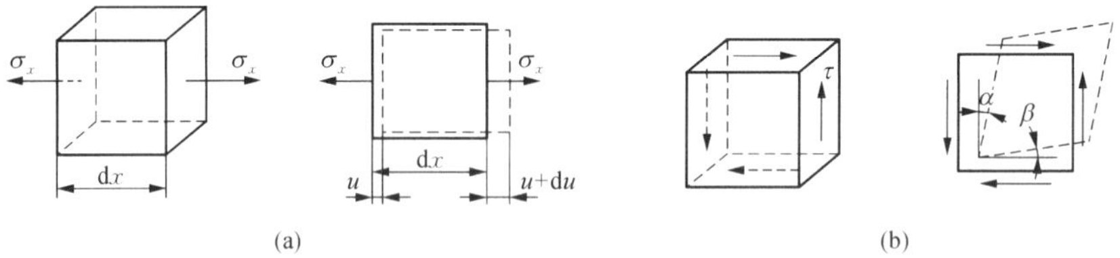

图 1-22

切应力作用下的单元体将发生剪切变形,剪切变形程度用单元体直角的改变量度量。微元直角改变量称为**切应变**或**剪应变**,用 γ 表示。在图 1-22(b)中,$\gamma=\alpha+\beta$。γ 的单位为弧度(rad),量纲为 1。同理可以定义其他两个方向的切应变。

和应力状态分析一样,只要知道了某一点处沿相互垂直方向的三个正应变 ε_x,ε_y,ε_z 和切应变 γ_{xy},γ_{yz},γ_{zx},就可以求出任意方向的正应变和切应变,感兴趣的读者可以查阅弹塑性力学方面的教材。注意,材料力学研究的变形是小变形,所以可以认为拉压变形和剪切变形是相互独立的两种变形。

需要强调的是,正应变和切应变是度量构件变形程度的两个基本量,不同方向的正应变是不同的,不同平面的切应变也是不同的,它们都是坐标的函数。因此,在描述物体的正应变和切应变时,应明确发生在哪一点,沿哪个方向或在哪一个平面。

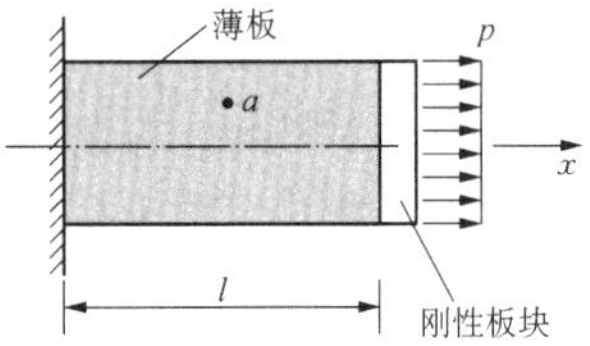

图 1-23

【例 1-3】 如图 1-23 所示为一矩形截面薄板受均布力 p 作用,已知薄板边长 l = 400 mm,受力后沿 x 方向均匀伸长 Δl = 0.05 mm。试求薄板中 a 点沿 x 方向的正应变。

【解】 由于矩形截面薄板沿 x 方向均匀受力，可认为板内各点沿 x 方向具有正应力与正应变，且处处相同，所以平均应变即 a 点沿 x 方向的正应变。

$$\varepsilon_a = \varepsilon_m = \frac{\Delta l}{l} = \frac{0.05}{400} = 1.25 \times 10^{-4} \quad x \text{ 正方向}$$

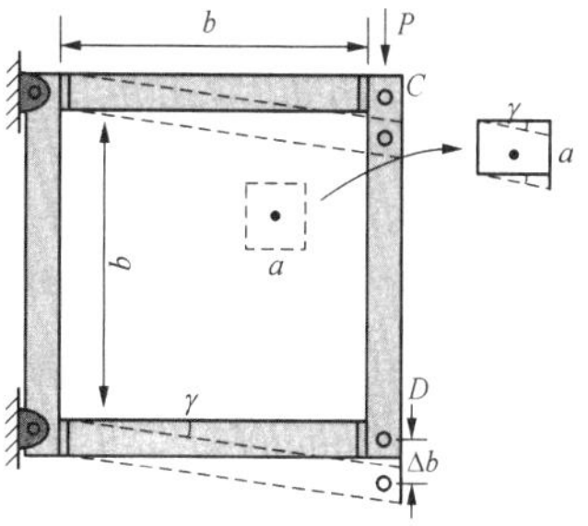

图 1-24

【例 1-4】 如图 1-24 所示为一嵌于四连杆机构内的薄方板，$b=250$ mm。若在力 P 作用下 CD 杆下移 $\Delta b=0.025$ mm，试求薄板中 a 点的切应变。

【解】 由于薄方板变形受四连杆机构的制约，可认为板中各点均产生剪应变，且处处相同。

$$\gamma_a = \gamma_m = \frac{\Delta b}{b} = \frac{0.025}{250} = 1.0 \times 10^{-4}$$

1.6.2 应力与应变之间的物性关系

尽管我们已经知道了外力与内力的关系、内力与应力的关系，但这还不够。因为无论是内力还是应力，都是很难直接观测到的。我们能直接观测到的是外力和外力造成的变形(应变)，如何把应力和应变联系起来是本节的重要内容。

对于工程中常用材料，大量的拉伸或纯剪切实验结果表明：当材料所受载荷小于某一极限值时，正应力与正应变以及切应力与切应变之间具有如下近似的线性关系。

$$\sigma_x = E\varepsilon_x \quad \text{或} \quad \varepsilon_x = \frac{\sigma_x}{E} \tag{1-7}$$

$$\tau_x = G\gamma_x \quad \text{或} \quad \gamma_x = \frac{\tau_x}{G} \tag{1-8}$$

式(1-7)和式(1-8)统称为**胡克定律**。式中，E 称为**弹性模量**或**杨氏模量**，G 称为**切变模量**。它们都是材料常数。纵向应变 ε_x 和横向应变 ε_x' 也存在线性关系，即

$$\varepsilon_x' = -\nu\varepsilon_x \tag{1-9}$$

式中，材料常数 ν 称为**泊松比**。负号表示横向应变和纵向应变符号相反。

对于各向同性材料，其材料常数 E，G，ν 并不独立，它们之间有如下关系：

$$G = \frac{E}{2(1+\nu)} \tag{1-10}$$

材料常数由实验确定。对于钢材，E 的取值为 200 ～ 210 GPa，G 的取值为 78 ～ 81 GPa，$\nu \approx 0.3$。

1.6.3 圣维南原理

圣维南原理是弹性力学的一个基本原理，材料力学研究的是线弹性(即小变形)体，当然符合弹性力学的范畴。这里仅仅给出圣维南原理的一般性描述，具体详细信息请参考弹性力学的相关教程。

圣维南原理认为：受力系作用的固体，若该力系用静力等效力系代替后，则在力系作用位

置附近的材料,应力和变形发生变化,而距力系作用位置较远的材料,应变和应力不发生变化。

材料力学研究的应力和变形认为是离外力作用点较远,或者说应力计算公式不能贸然用于外力作用点附近。

1.7 结论与讨论

1. 材料基本假定

材料力学分析中对材料作了连续性、均匀性以及各向同性假定。连续性和均匀性假定保证在几何方面和力学方面描述物体的物理量都是坐标的函数,且连续可导,同时也保证物体变形时不发生分离(裂缝),也不叠合。均匀性和各向同性假定则表示材料的力学性能是与坐标、方向无关的物理量。对于各向异性材料的力学性能则需要参考相关的书籍。

2. 弹性体受力与变形特点

弹性体在载荷作用下,将产生连续分布的内力。弹性体内力应满足:与外力的平衡关系;弹性体自身变形协调关系;力与变形之间的物性关系。这是材料力学与理论力学的重要区别。静力平衡、变形协调、物性关系是变形体力学的三个基本而又非常重要的方面。所有的工程结构的分析和设计都是在平衡、变形协调、物性关系的基础上进行的。

3. 截面法求解构件内力

截面法求解构件的内力对所有构件的受力状态都是适用的,是求构件内力的基本方法。需要注意的是,尽管截面法求内力的步骤非常清楚,但是当大量截面的内力需要求解时,需要画大量的受力图,列大量的平衡方程。

4. 叠加原理在材料力学中的应用

工程中绝大多数构件受力后所产生的变形相对于构件的尺寸都是很小的,这种变形通常称为“小变形”。在小变形条件下,叠加原理成立。也就是说,可以将多个载荷作用下发生的变形看作每个载荷单独作用产生变形的代数和,从而大大简化复杂载荷条件下应力和变形的求解。叠加法是材料力学的常用方法。

习 题

1-1 构件的内力与应力有什么区别和联系?

1-2 杆件的基本变形形式有几种?试各举一例。

1-3 试求如图 1-25 所示结构 m—m 和 n—n 两截面上的内力,并指出 AB 和 BC 两杆的变形属于何类基本变形。

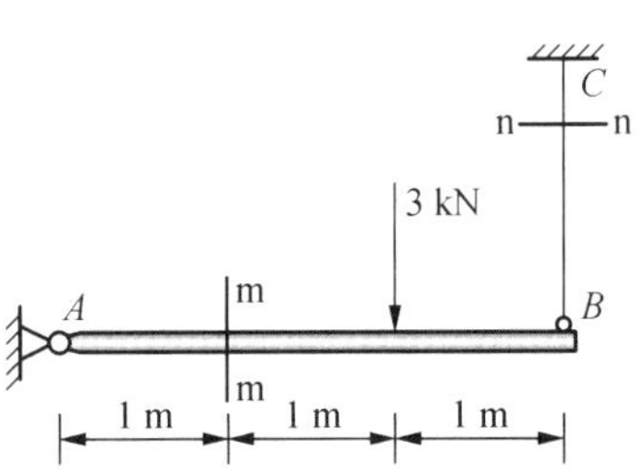

图 1-25

1-4 已知两种情形下直杆横截面上的正应力分布分别如图 1-26(a)和(b)所示。请根据应力与内力分量之间的关系,分析两种情形下杆件横截面存在什么内力分量。(不要求进行具体计算)

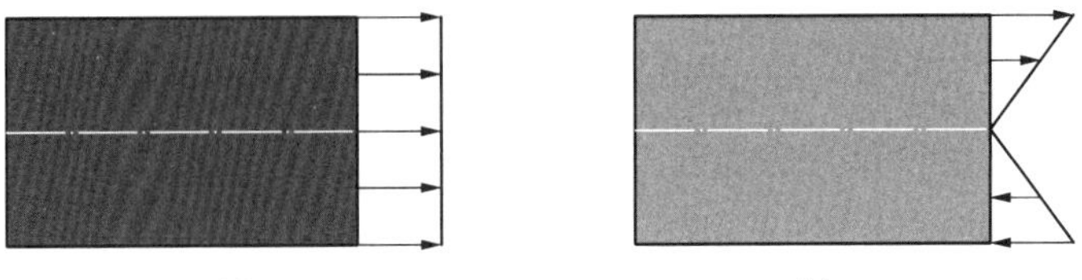

(a) (b)

图 1-26

1-5 单元体在两种情形下受力后的变形如图 1-27 所示，请确定两种情形下单元体的切应变。

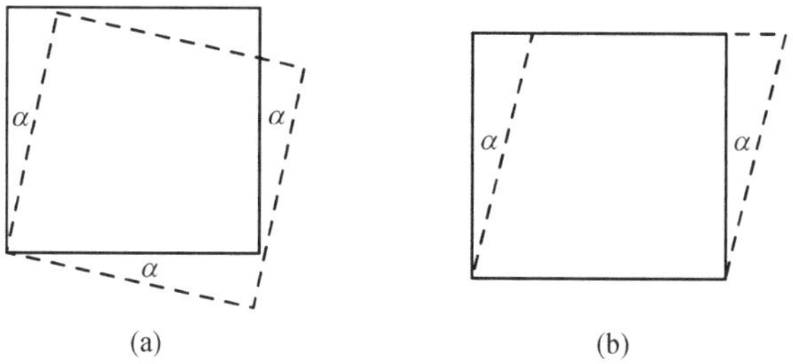

图 1-27

1-6 拉伸试样上 A，B 两点的距离为标距 l，如图 1-28 所示。受拉力作用后，用变形仪量出两点距离的增量为 $\Delta l = 5 \times 10^{-2}$ mm。若标距为 $l = 100$ mm，试求 A，B 两点间的平均正应变。

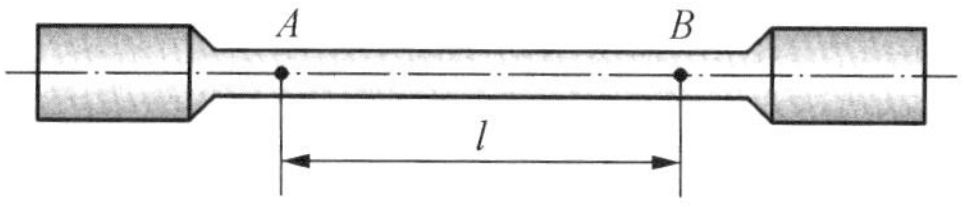

图 1-28

2 轴向拉伸和压缩

基本要求

(1) 掌握直杆在轴向拉伸与压缩时横截面、斜截面上的应力计算；
(2) 了解安全系数及许用应力的确定，能熟练地进行强度校核、截面设计和许用载荷的计算；
(3) 掌握胡克定律，了解泊松比，掌握直杆在轴向拉伸与压缩时的变形和应变计算；
(4) 理解应力集中的概念；
(5) 掌握求解拉压杆件一次静不定问题的方法，了解装配应力和温度应力的计算。

当外力(或者其合力)的作用线与杆件的轴线重合，此时杆件的主要变形为沿轴线方向的伸长或缩短。这种变形称为轴向拉伸或压缩，这类杆件称为**拉杆**或**压杆**。

轴向拉伸或压缩是杆件受力变形最基本的形式。在实际工程中，经常会遇到此类杆件，例如桥梁和屋顶桁架结构中的拉压杆件(图 2-1)。

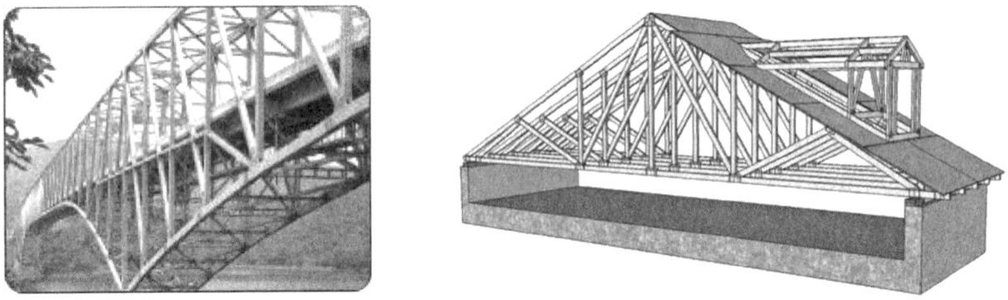

图 2-1

2.1 轴力与轴力图

2.1.1 杆件横截面上的内力

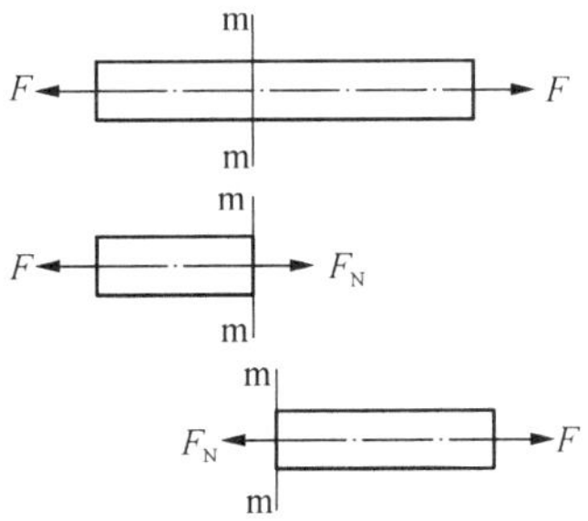

图 2-2

杆件的变形与内力有关。假设杆件在轴向载荷 F 作用下发生变形，其任意横截面上的内力可以按照截面法来进行计算。如图 2-2 所示用截面法确定轴力，假想一平面沿横截面 m—m 将杆件截成两段，取任意一段进行平衡分析，求得横截面上内力 $F_N=F$。 式中，F_N 的作用线与杆件轴线重合，F_N 称为**轴力**。一般规定用 F_N 表示轴力。

轴力可以是拉力，也可以是压力，通过正负号来区分。轴力的正负号与坐标方向无关，仅与杆件发生的变形有关。通常规定使杆件发生拉伸变形时的轴力为正，发生压缩变形时的轴力为负。

2.1.2 轴力图

若沿杆件轴向作用的外力多于两个，则杆件不同横截面上的轴力是不相同的。为了清楚地表示不同横截面上的轴力变化情况，可以采用图表的形式来表示。以杆件的轴线方向为横坐标，以各横截面上轴力的大小为纵坐标，绘制轴力大小沿横截面位置变化的关系图，称为**轴力图**。

【例 2-1】 一等直杆受力如图 2-3(a)所示，试求各段杆的轴力，并作出杆的轴力图。

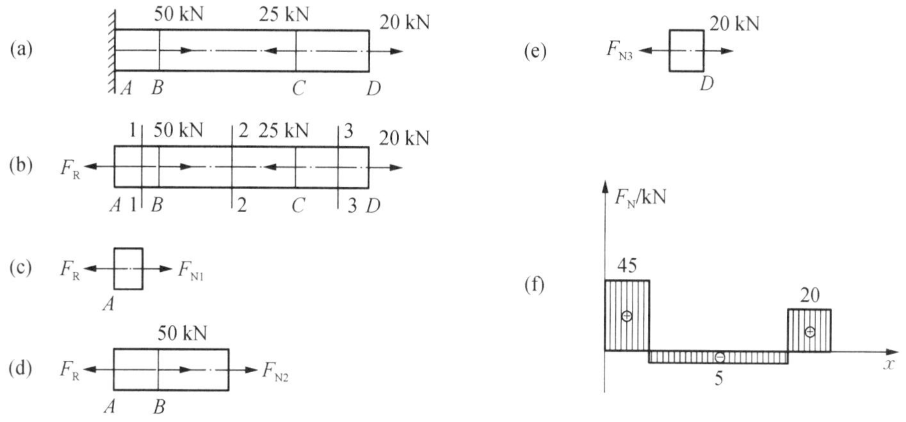

图 2-3

【解】 (1) 求支座反力

在计算内力之前，一般先求出支反力。设支反力 F_R 如图 2-3(b)所示，由整根杆的平衡方程

$$\sum F_x = 0,\ -F_R + 50 - 25 + 20 = 0$$

求得

$$F_R = 45\ \text{kN}$$

(2) 分段计算轴力

根据杆件的受力特点，该杆件内力可分为三段来求解。首先求 AB 段内任意横截面上的轴力，假设沿 1—1 截面将杆分成两段，取左边一段进行平衡分析。在计算前假设内力为正值，这种方法称为**设正法**。假设轴力 F_{N1} 为拉力，如图 2-3(c)所示，由平衡方程求得 AB 段内任意横截面上的轴力为

$$F_{N1} = 45\ \text{kN}$$

F_{N1} 为正值，说明 AB 段内真实的轴力，F_{N1} 为拉力，AB 段将发生拉伸变形。

同理，如图 2-3(d)所示，可求得 BC 段内任意横截面上的轴力为

$$F_{N2} = 45 - 50 = -5\ \text{kN}$$

F_{N2} 为负值,说明 BC 段内真实的轴力,F_{N2} 为压力,BC 段将发生压缩变形。

在求 CD 段内的轴力时,将杆件截开后可以取其右边部分进行平衡分析(因为右边部分比左边部分所受的外力少,可使计算简化),如图 2-3(e)所示,则

$$F_{N3}=20\ \text{kN}$$

F_{N3} 为正值,说明 CD 段内的真实轴力,F_{N3} 为拉力,CD 段将发生拉伸变形。

(3) 画轴力图

根据轴力图的作图规则,作出的轴力图如图 2-3(f)所示。可以看到,AB 段内的轴力最大,为 45 kN。

讨论 尽管通常情况下需要先求出支反力,而后确定各段的轴力,最后根据各段轴力画出轴力图。但对于此题,也可以不求支反力,而是总选择右侧部分作为分析对象,依次求出各段的轴力。当然,不同方法得到的轴力图是相同的。

2.2 拉压杆的应力

2.2.1 拉压杆横截面上的应力

轴力是杆件横截面上分布内力的合力,若要进行强度分析,还必须知道内力在横截面上的分布规律。内力的分布和变形有关,因此需要研究杆件的变形。

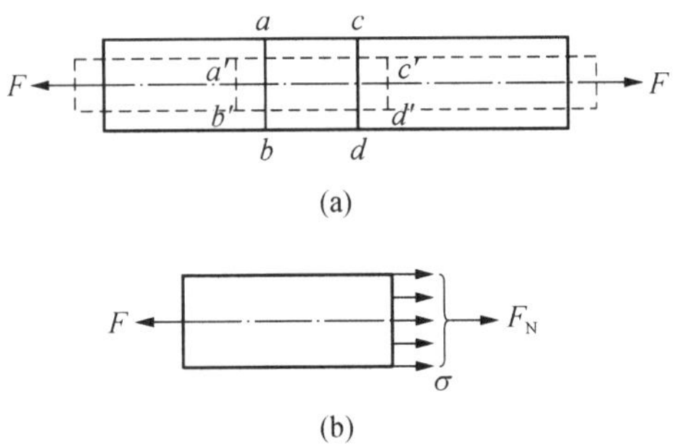

图 2-4

取一等直杆件,在杆件表面画上两条垂直于杆轴的横线 ab 和 cd,然后在杆两端作用一对大小相等、方向相反的轴向拉力 F。可以观察到:横线 ab 和 cd 平移到新位置 $a'b'$ 和 $c'd'$,仍为直线,且仍垂直于杆件轴线,只是间距增大,杆件轴向拉伸变形如图 2-4(a)所示。

根据这一表面变形现象,对杆件内部变形作如下假设:杆件变形前为平面的横截面,变形后仍为平面且仍然垂直于杆件轴线,这就是拉伸条件下的**平面假设**。根据平面假设可以推断,拉杆变形后两横截面将沿杆件轴线方向发生相对平移,即任意两个横截面之间的纵向线段的伸长量相等。由于假设材料是均匀的,变形又是均匀的,根据胡克定律,可以认为内力在横截面上的分布也是均匀的,且垂直于横截面,即横截面上各点处的正应力 σ 都相等,如图 2-4(b)所示。假设杆件的横截面面积为 A,轴力为 F_N,根据静力学中合力的概念,有

$$F_N=\int_A \sigma \mathrm{d}A=\sigma\int_A \mathrm{d}A=\sigma A$$

则拉压杆横截面上的正应力计算公式为

$$\sigma=\frac{F_N}{A} \tag{2-1}$$

式中,正应力 σ 与轴力 F_N 具有相同的正负号,即拉应力为正,压应力为负。

必须指出，公式(2-1)是根据假设杆件横截面上正应力为均匀分布得到的。当作用在杆端的轴向外力沿横截面非均匀分布(如集中载荷)时，外力作用点附近区域内的应力分布情况是复杂的，此时公式(2-1)不适用。但**圣维南原理**指出，力作用于杆端方式的不同，仅影响离杆端1～2个杆的横向尺寸的轴向范围。此原理已被大量的实验与计算所证实，所以在计算拉压杆的应力时，仍采用公式(2-1)，而不需考虑杆端力的作用方式。

【例2-2】 一变截面杆件分为两段，横截面为正方形，其受力情况、各段长度及横截面尺寸如图2-5(a)所示。试求载荷引起的杆内最大的工作应力。

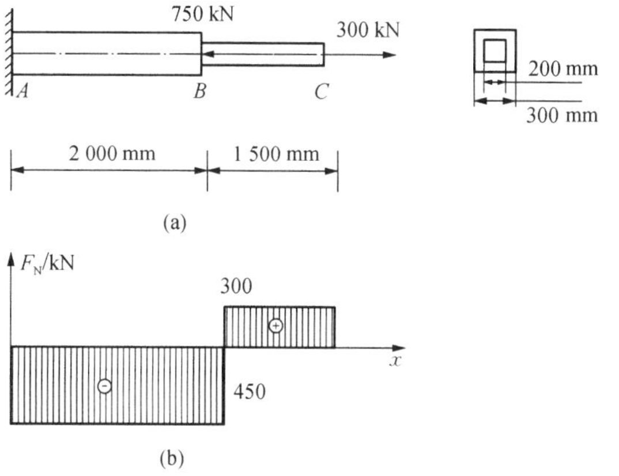

图2-5

【解】 首先作杆件轴力图，如图2-5(b)所示。

由于杆件为变截面杆件，所以需要求出每段杆件上的正应力，从而确定出杆件的最大工作应力。

AB 段杆件正应力：$\sigma_1=\dfrac{F_{N1}}{A_1}=-\dfrac{450\times10^3}{0.3\times0.3}=-5\text{ MPa}$

BC 段杆件正应力：$\sigma_2=\dfrac{F_{N2}}{A_2}=\dfrac{300\times10^3}{0.2\times0.2}=7.5\text{ MPa}$

可见，杆的最大工作应力发生在 BC 段，其值为7.5 MPa，是拉应力。

2.2.2 拉压杆斜截面上的应力

为了更全面地了解杆件内部的应力分布情况，还需要进一步研究杆件斜截面上的应力分布情况。仍以拉杆为例，利用截面法，沿斜截面m—m将杆件分成两个部分，如图2-6(a)所示，该斜截面的外法线方向与横截面外法线方向的夹角为 α，称为方位角。规定 α 角以从横截面外法线方向逆时针旋转到斜截面外法线方向时为正，反之为负，图2-6(a)所示 α 角为正。取截面所截左边部分并进行受力分析，由于整根杆件处于平衡状态，因此任何一局部也处于平衡状态，由平衡条件，可得斜截面m—m上的内力为

$$F_\alpha=F \tag{a}$$

按照横截面上正应力均匀分布的分析方法，同样可以得到斜截面上各点处应力 p_α 分布均匀的结论，如图2-6(b)所示，即

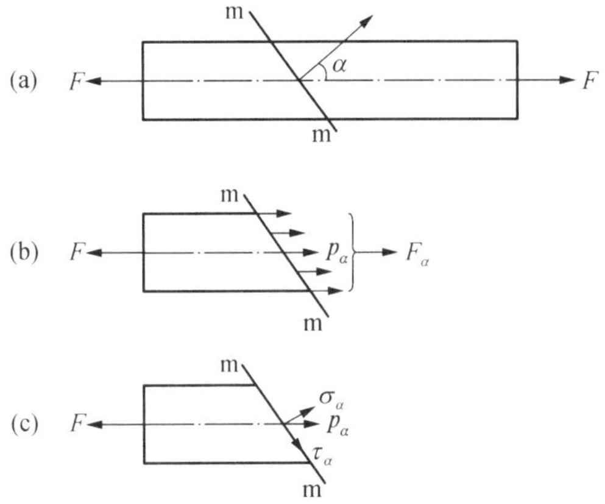

图 2-6

$$p_\alpha = \frac{F_\alpha}{A_\alpha} \tag{b}$$

式中,A_α 为斜截面面积,其与横截面面积 A 的关系为

$$A_\alpha = \frac{A}{\cos\alpha} \tag{c}$$

由式(a)、式(b)及式(c)可得斜截面上的应力 p_α 与横截面上的正应力 σ_0 之间的关系为

$$p_\alpha = \frac{F\cos\alpha}{A} = \sigma_0\cos\alpha \tag{d}$$

将应力 p_α 沿斜截面法线和切线方向分解,如图 2-6(c)所示,可以得到斜截面上的正应力 σ_α 与切应力 τ_α 的表达式分别为

$$\sigma_\alpha = p_\alpha\cos\alpha = \sigma_0\cos^2\alpha \tag{2-2}$$

$$\tau_\alpha = p_\alpha\sin\alpha = \sigma_0\cos\alpha\sin\alpha = \frac{\sigma_0}{2}\sin 2\alpha \tag{2-3}$$

由式(2-2)和式(2-3)可知,在拉压杆的任一斜截面上,既有正应力,又有切应力,其大小随截面方位角而改变。当 $\alpha = 0$ 时(横截面),正应力达到最大值,而 $\tau_\alpha = 0$,即

$$\sigma_0 = \sigma_{max}, \quad \tau_0 = 0$$

当 $\alpha = \pm 45^\circ$ 时,τ_α 分别达到最大值和最小值,而 $\sigma_\alpha = \frac{\sigma_0}{2}$,即

$$\sigma_{45^\circ} = \frac{\sigma_0}{2}, \quad \tau_{45^\circ} = \tau_{max} = \frac{\sigma_0}{2}$$

$$\sigma_{-45^\circ} = \frac{\sigma_0}{2}, \quad \tau_{-45^\circ} = \tau_{min} = -\frac{\sigma_0}{2}$$

正应力的正负号规定如前所述。切应力的正负号规定如下:对研究部分内部任一点取矩,使研究部分发生顺时针方向转动的切应力为正,反之为负。

2.2.3 应力集中的概念

拉压杆横截面上的正应力是均匀分布的,其大小可用式(2-1)计算得到。但是在实际工程中,由于结构或者工艺的要求,构件横截面尺寸会发生突变,如有铆钉孔的钢板,有螺纹的拉杆等。实验和理论研究表明,在尺寸发生突变的横截面上,应力的分布并不均匀,在截面突变处,将出现局部应力急剧增加的现象。图 2-7 为具有小圆孔的拉伸板,在圆孔附近,应力急剧增大,而离孔稍远处,应力迅速下降,并趋于均匀。这种由于杆件截面尺寸或形状发生突变引起的局部应力急剧增加的现象称为**应力集中**。

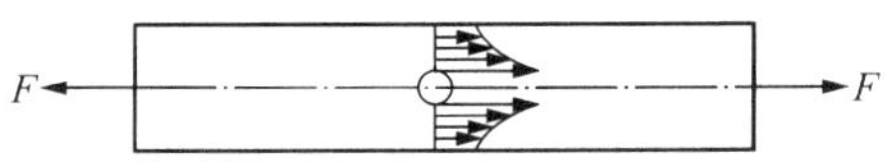

图 2-7

在实际工程中,发生应力集中的截面上的最大的

应力 σ_{max} 与该截面上的平均应力 σ_0 的比值用理论应力集中系数 K 表示，即

$$K=\frac{\sigma_{max}}{\sigma_0} \tag{2-4}$$

理论应力集中系数 K 反映了应力集中的程度。一般来说，截面尺寸或形状改变越剧烈，K 值就越大，应力集中程度越严重。对于常见构件，其应力集中系数可以在相关手册中查到。

2.3 材料的力学性能①

轴向拉伸和压缩是工程构件最常见的受力方式，材料在拉伸和压缩时的力学性能也是材料最重要的力学性能之一。常温、静载下金属材料的单向拉伸和压缩实验是测定材料力学性能的最基本的实验方法。

2.3.1 实验试样和设备

实验表明，试样的尺寸和形状对实验结果会产生一定的影响。为了便于比较各种材料的机械性能，国家标准中对试样的尺寸和形状有统一规定。拉伸实验常用的试样有圆截面和矩形截面两种，拉伸标准试件如图 2-8 所示。将试件中部等直部分的一段取为工作段，其长度 l 称为标距。圆截面标准试样标距和直径之间的比例有两种，即

$$l=10d \quad 和 \quad l=5d \tag{a}$$

矩形截面试样标距和横截面面积之间的比例也有两种，即

$$l=11.3\sqrt{A} \quad 和 \quad l=5.65\sqrt{A} \tag{b}$$

标准压缩试样通常采用圆截面或正方形截面的短柱体，如图 2-9 所示。其长度 l 与横截面直径 d 或者边长 b 的比值一般为 1～3，这样是为了在实验过程中避免试样被压弯，影响实验结果。

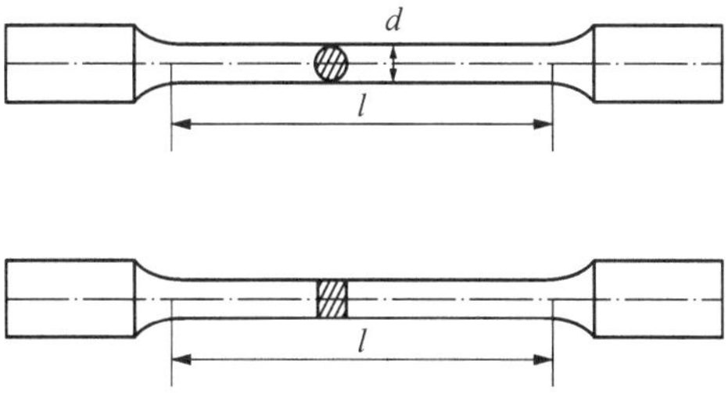

图 2-8

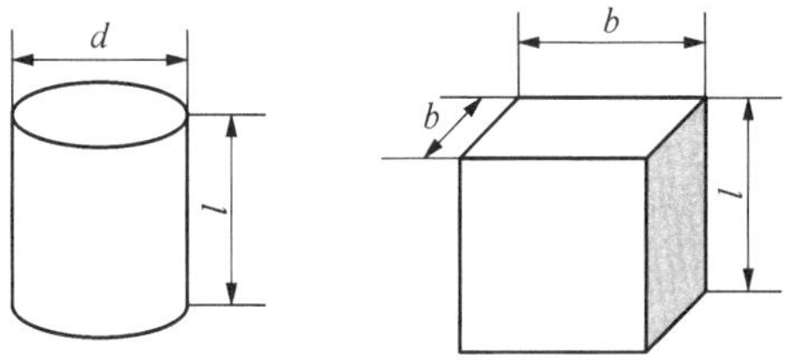

图 2-9

进行拉伸和压缩实验时使用的设备有两部分。一部分是加载和测定载荷的机器，通常用

① 注：现行“金属材料拉伸试验（室温、高温、低温及液氦试验方法）”国家标准（GB/T 228.1—GB/T 228.4）中分别用 R 表示应力（即工程应力）、R_{eH} 表示上屈服强度、R_{eL} 表示下屈服强度、R_m 表示抗拉强度、A 表示断后伸长率、Δl 表示延伸、e 表示延伸率（即工程应变）、Z 表示断面收缩率、S_0 表示原始横截面积、S_u 表示断后最小横截面积等，用 σ 和 ε 分别表示超塑性金属材料拉伸的真应力和真应变。若无特殊说明，本书中 σ 和 ε 分别表示应力（工程应力）和应变（即工程应变）。

的是万能试验机;另一部分是用来测量试样变形的变形仪,记录从开始加载直至试样破坏过程中试样的变形量。

2.3.2 低碳钢在拉伸时的力学性能

低碳钢是工程上广泛使用的材料,它在拉伸时的力学性能具有典型性,一般用它来探讨钢材的某些特性。一般万能试验机可以自动绘出试样在实验过程中载荷 F 和伸长量 Δl 之间的关系曲线,即 $F-\Delta l$ 曲线,这种曲线图称为**拉伸图**。

低碳钢拉伸时的载荷-变形曲线如图 2-10 所示,它记载了试样从开始加载直至破坏过程中载荷与变形之间的关系。为了消除试样尺寸对材料性能的影响,通常将载荷 F 除以试样横截面面积 A 得到正应力 σ,将变形量 Δl 除以原长 l 得到正应变,将拉伸实验的 $F-\Delta l$ 曲线改画为 $\sigma-\varepsilon$ 曲线,即应力-应变曲线,低碳钢拉伸时的应力-应变曲线如图 2-11 所示。由图可见,低碳钢的应力-应变曲线可分为四个阶段。

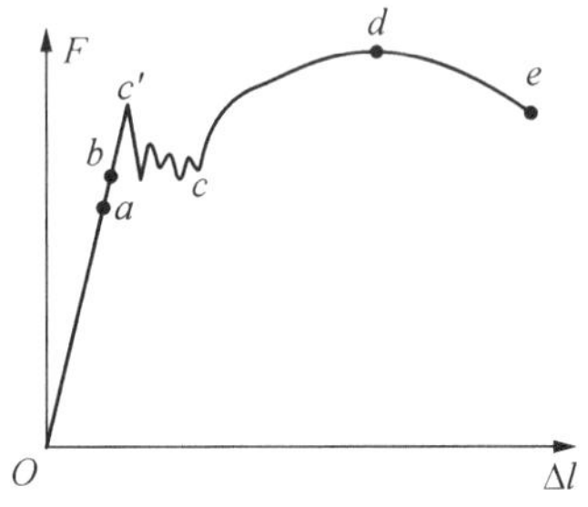

图 2-10

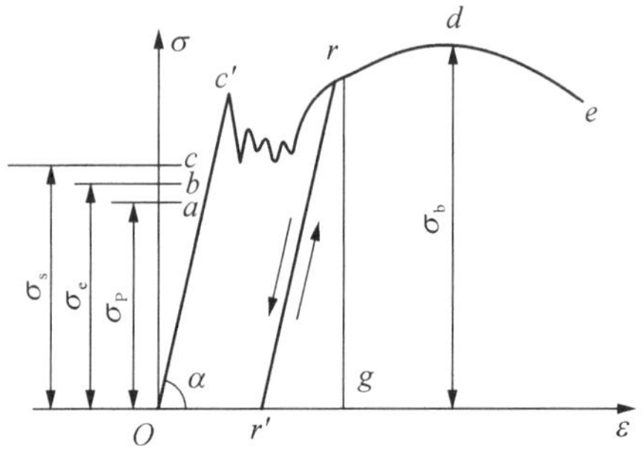

图 2-11

1. 弹性阶段(Ob 段)

在初始阶段 Ob 段内,试样的变形是完全弹性的,即若在此阶段内卸载,试样变形完全消失,试样恢复原长,故这一阶段称为**弹性阶段**。

在拉伸的弹性阶段,Oa 段为一直线,说明应力与应变成正比,即满足胡克定律 $\sigma=E\varepsilon$,此阶段称为线弹性阶段。线弹性阶段的最高点,即 a 点对应的应力称为材料的**比例极限**,用 σ_p 表示,线弹性阶段的直线斜率即为材料的弹性模量 E。

线弹性阶段后,$\sigma-\varepsilon$ 曲线为微弯曲线,即 ab 段,此时应力与应变不再成正比,但若在整个弹性阶段卸载,$\sigma-\varepsilon$ 曲线会沿原曲线返回,载荷卸载到零时,变形也完全消失。弹性阶段的最高点,即 b 点对应的应力称为材料的**弹性极限**,用 σ_e 表示。比例极限和弹性极限的意义虽然不同,但对于很多工程材料来说,其弹性极限与比例极限非常接近,一般不加以区分。

2. 屈服阶段(bc 段)

过 b 点后,应力几乎不变,只是在某一微小范围内上下波动,而应变却急剧增加,即材料失去了抵抗变形的能力,这种现象称为**屈服**。屈服阶段的最高点,即 c' 点对应的应力称为材料的**屈服上限或上屈服强度**,屈服阶段的最低点,即 c 点对应的应力称为材料的**屈服下限或下屈服强度**。实验指出,屈服上限受加载加速度等很多因素的影响,不太稳定,而屈服下限比较稳定,因此通常以屈服下限作为材料的屈服极限强度,并用 σ_s 表示。

当材料屈服时,如果试样表面足够光滑,会发现试样表面与轴线成 45°斜纹。这是由于试件的 45°斜截面上作用有最大切应力,这些斜纹是由于材料沿最大切应力作用面产生滑移所造成的,故称为**滑移线**。图 2-12 为表面磨光的低碳钢试样屈服时出现滑移线的示意图。

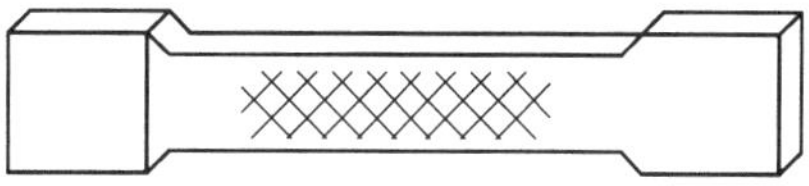

图 2-12

在屈服阶段,试样发生塑性变形,即若在屈服阶段卸载,则试样上会有残余变形。由于工程中一般不允许构件出现显著的塑性变形,所以对于低碳钢这类材料来说,屈服极限 σ_s 是衡量材料强度的一个重要指标。

3. 强化阶段(cd 段)

经过屈服阶段后,$\sigma-\varepsilon$ 曲线呈现上升趋势,说明材料抵抗变形的能力又增强了,这种现象称为材料的**强化**。强化阶段的最高点 d 点对应的应力称为材料的**强度极限**,即**抗拉强度**,用 σ_b 表示。强度极限是材料所能承受的最大应力,它是衡量材料强度的另一个重要指标。

若在此阶段卸载,则卸载过程的 $\sigma-\varepsilon$ 曲线为一条斜线(如 $r-r'$斜线),其斜率与线弹性阶段的斜率大致相等。当载荷卸载到零时,变形并未完全消失,应力减小至零时残留的应变称为**塑性应变或残余应变**,即图中 Or'段,用 ε_p 表示,相应地,应力减小至零时消失的应变称为**弹性应变**,即图中 $r'g$ 段,用 ε_e 表示。卸载完之后,立即再加载,则加载时的应力-应变关系基本上沿卸载时的直线变化。因此,如果将卸载后已有塑性变形的试样重新进行拉伸实验,其比例极限或弹性极限将得到提高,这一现象称为**冷作硬化**。

4. 局部变形阶段(de 段)

试样拉伸达到强度极限 σ_b 之前,在标距范围内的变形是均匀的。当应力增大至强度极限 σ_b 之后,试样出现显著局部收缩,这一现象称为**颈缩**,如图 2-13 所示。颈缩出现后,使试件继续变形所需载荷减小,故 $\sigma-\varepsilon$ 曲线呈现下降趋势,直至最后在 e 点断裂。试样的断裂位置处于颈缩处,断口形状呈杯口状,低碳钢拉伸作用下的破坏断面如图 2-14 所示。

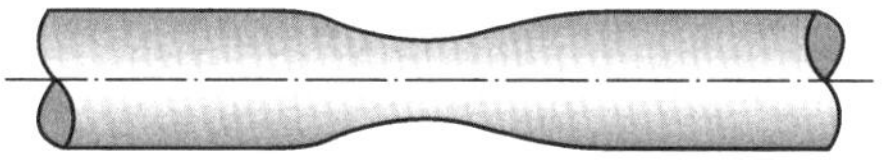

图 2-13

图 2-14

试样被拉断后,弹性变形消失,在标距范围内残留的塑性变形为断裂后的长度 l_1 与原长 l 之差。通常用塑性变形量(l_1-l)与原长 l 之比的百分数来表示材料拉断后的塑性变形程度,称为**断后伸长率**,用 δ 表示,即

$$\delta=\frac{l_1-l}{l}\times 100\% \tag{2-5}$$

断后伸长率 δ 是衡量材料塑性的一项重要指标。工程上一般按常温、静载下的伸长率大小将材料分成两大类:$\delta>5\%$的材料通常称为塑性材料,如低碳钢、铜、铝等;$\delta\leqslant 5\%$的材料通常称为脆性材料,如铸铁、岩石、玻璃等。

衡量材料塑性的另一个指标是断面收缩率 ψ,即

$$\psi=\frac{A-A_1}{A}\times 100\% \tag{2-6}$$

式中,A_1 为试样拉断后断口处的最小横截面面积。

2.3.3 其他塑性材料在拉伸时的力学性能

工程上常用的塑性材料，除低碳钢外，还有铜、铝和其他一些金属材料，图 2-15 给出了几种塑性材料在拉伸时的 $\sigma-\varepsilon$ 曲线。可以看到，有些塑性材料的 $\sigma-\varepsilon$ 曲线并不都像低碳钢那样具备四个阶段。对于没有明显屈服阶段的塑性材料，通常规定以试样产生 0.2%的残余(塑性)应变所对应的应力作为材料的屈服极限，称为**名义屈服极限或规定塑性延伸强度**，用 $\sigma_{0.2}$ 表示，名义屈服极限如图 2-16 所示。

单晶压缩实验

单晶压缩破坏

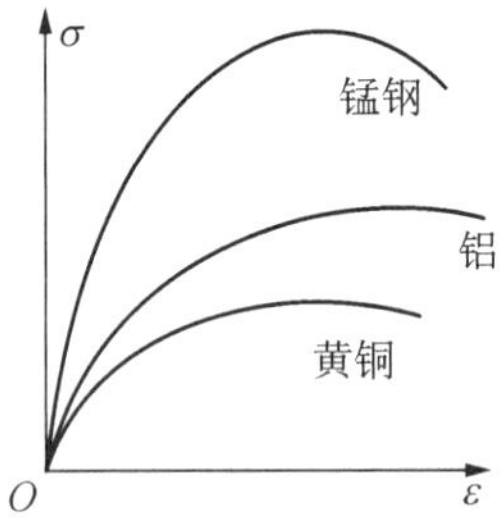

图 2-15

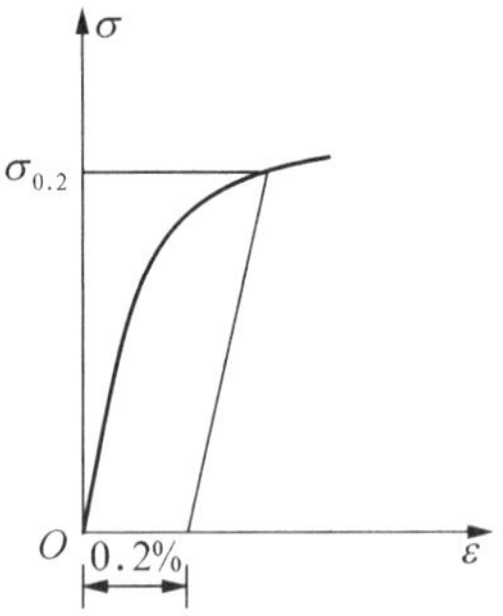

图 2-16

2.3.4 铸铁在拉伸时的力学性能

铸铁是典型的脆性材料，在拉伸时的力学性能明显不同于低碳钢，其 $\sigma-\varepsilon$ 曲线是一条微弯的曲线，铸铁拉伸时的应力-应变曲线如图 2-17 所示。由于铸铁的 $\sigma-\varepsilon$ 曲线没有明显的直线部分，通常在一定应力范围内取一割线，如图 2-17 虚线所示，用割线的斜率来确定其弹性模量 E，因此也称为**割线弹性模量**。

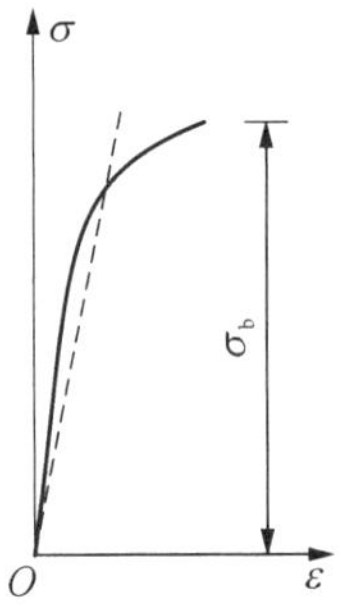

图 2-17

图 2-18

铸铁从开始受力直至断裂，变形始终很小，既不存在屈服阶段，也无颈缩现象，试样断口垂直于试样轴线，铸铁拉伸作用下的破坏断面如图 2-18 所示。衡量铸铁材料拉伸强度的唯一指标是强度极限 σ_b，即试样被拉断时的最大应力。

2.3.5 低碳钢在压缩时的力学性能

低碳钢在压缩时的 $\sigma-\varepsilon$ 曲线如图 2-19(a)中实线所示，图中虚线表示低碳钢拉伸时的 $\sigma-\varepsilon$ 曲线。通过拉伸曲线和压缩曲线的比较，可以发现，当应力低于屈服极限 σ_s 时，两条曲线基本重合，即低碳钢压缩时的比例极限 σ_p、弹性极限 σ_e、屈服极限 σ_s 及弹性模量 E 都与拉伸时基本相同。进入强化阶段后，试样产生显著的轴向和横向变形，试样越压越扁，如图 2-19(b)所示。随着载荷的增加，试样横截面面积不断增大，最后被压成薄饼，试样不发生断裂，因此无法测得其压缩强度极限。

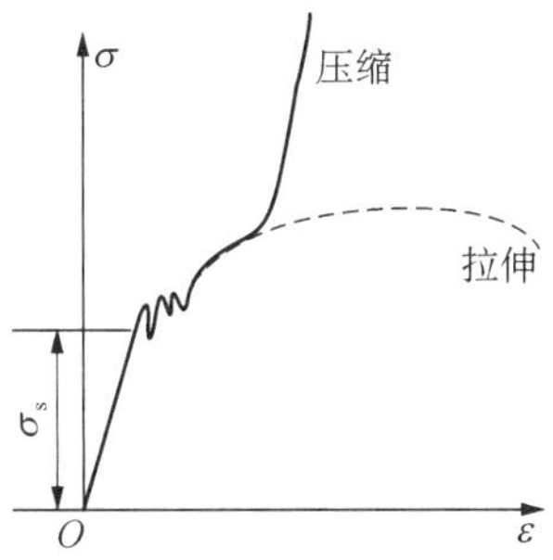

(a)低碳钢压缩时的应力-应变曲线

(b)低碳钢受压后的试样

图 2-19

2.3.6 铸铁在压缩时的力学性能

铸铁试样在压缩过程中，其 $\sigma-\varepsilon$ 曲线没有明显的线性阶段，也没有明显的屈服阶段，如图 2-20(a)中实线所示。图中虚线表示铸铁拉伸时的 $\sigma-\varepsilon$ 曲线。可以看到，铸铁的压缩强度极限为拉伸强度极限的 2～4 倍，因此这类材料宜用作受压构件。铸铁试件压缩断裂时，断口方向与试件轴线成 45°～55°，如图 2-20(b)所示，一般认为是切应力和摩擦力共同作用的结果。

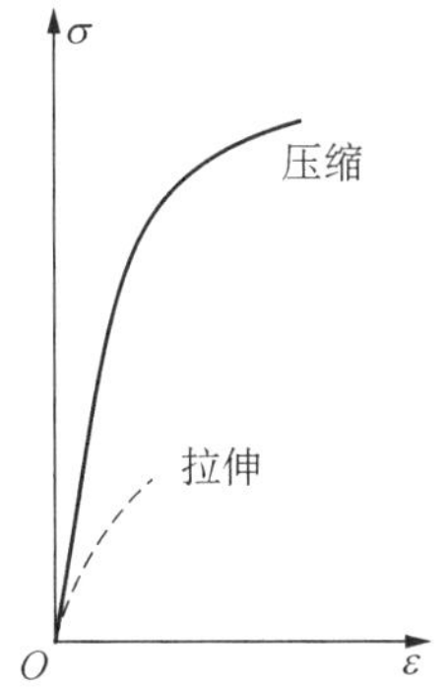

(a)铸铁压缩时的应力-应变曲线

(b)铸铁受压破坏

图 2-20

2.4 轴向拉伸和压缩时的强度条件

2.4.1 许用正应力和安全系数

材料实验表明，对于塑性材料，当正应力达到屈服极限 σ_s 时，构件产生显著的塑性变形；对于脆性材料，当正应力达到强度极限 σ_b 时，构件发生断裂。这些都会影响构件安全正常工作，所以通常将屈服极限和强度极限统称为材料的**极限应力**，用 σ_u 表示。

实际上，一般构件在还没有达到极限应力的情况下就已经发生破坏了，原因是多方面的。如：实际材料的不均匀性；作用在构件上的外力是近似的；计算应力的理论和公式是通过理论假设得到的；等等。除此之外，为了确保安全，构件本身还应当具有一定的强度储备，特别是某些重要构件。因此，在强度计算中，构件所能承受的最大正应力称为**许用正应力**，用$[\sigma]$表示，一般低于材料的极限应力，通常将极限应力除以一个大于 1 的因数，即

$$[\sigma]=\frac{\sigma_u}{n} \tag{2-7}$$

式中,n 为安全系数。安全系数的大小是由很多因素决定的,通常可以从相关规范和设计手册中查到。在静载作用下,一般塑性材料的安全系数要小于脆性材料的。许用切应力的定义与许用正应力类似。

2.4.2 强度条件

构件在载荷作用下产生的正应力称为**工作正应力**。为保证构件能安全正常地工作,必须保证构件的最大工作正应力不超过材料的许用正应力,即

$$\sigma_{max}\leqslant[\sigma] \tag{2-8}$$

式(2-8)称为**拉压杆的强度条件**。对于等截面直杆,可改写为

$$\frac{F_{N,max}}{A}\leqslant[\sigma] \tag{2-9}$$

根据强度条件,可以进行三类强度问题的计算。

1. 强度校核

已知拉压杆件的截面尺寸、所受外力和许用正应力,通过比较工作正应力和许用正应力的大小来判断该杆件是否满足强度要求,即若

$$\frac{F_{N,max}}{A}\leqslant[\sigma] \tag{2-10}$$

则是满足强度要求的。

2. 截面设计

已知拉压杆件所受外力和材料的许用正应力,根据强度条件确定该杆所需要的最小横截面面积,即要求

$$A\geqslant\frac{F_{N,max}}{[\sigma]} \tag{2-11}$$

3. 确定许用载荷

已知拉压杆件的截面尺寸和许用正应力,根据强度条件确定该杆所能承受的最大轴力,即

$$F_{N,max}\leqslant A[\sigma] \tag{2-12}$$

【例 2-3】 如图 2-21(a)所示受力结构中,杆 AB 和 BC 为直径 $d=20$ mm 的圆截面钢杆,材料的许用正应力$[\sigma]=160$ MPa,从构件的强度考虑,确定此结构的许用载荷$[F]$。

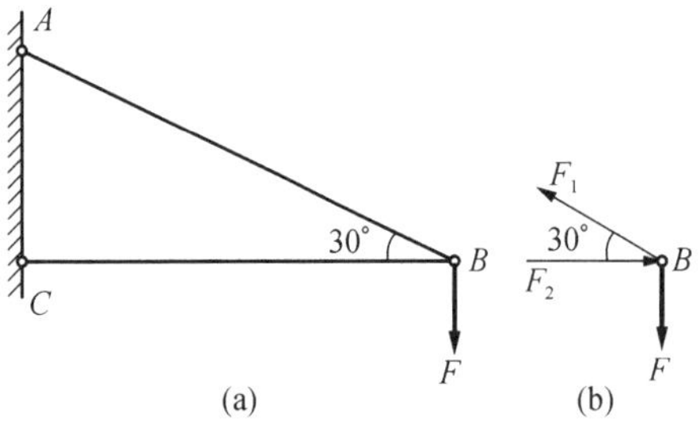

图 2-21

【解】 (1) 取 B 点进行受力分析,如图 2-21(b)所示,由平衡方程求出各杆内力。

$$\sum F_y=0\quad F_1\sin 30^\circ=F\quad F_1=2F$$

$$\sum F_x=0\quad F_1\cos 30^\circ=F_2\quad F_2=\sqrt{3}F$$

(2) AB 杆内轴力大于 BC 杆内轴力，故只要校核 AB 杆的强度即可。

$$\sigma_1=\frac{F_{N1}}{A}=\frac{2F}{\frac{\pi d^2}{4}}\leqslant[\sigma]$$

求解得 $F\leqslant 25.1\ \text{kN}$。

所以，此结构的许用载荷 $[F]=25.1\ \text{kN}$。

【例 2-4】 如图 2-22(a)所示结构中，AB 为圆截面直杆，CD 为刚杆。已知其材料的许用正应力 $[\sigma]=160\ \text{MPa}$，铅垂载荷 $F=20\ \text{kN}$，试确定直杆 AB 的直径。

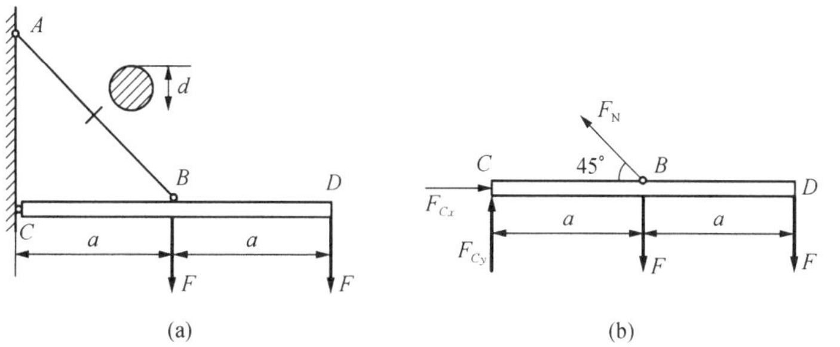

图 2-22

【解】 刚杆 CD 受力如图 2-22(b)所示，由平衡方程可求出 AB 直杆内力，即

$$\sum M_C=0,\ F_N\frac{\sqrt{2}}{2}a-F\times 2a-F\times a=0$$

解得：$$F_N=3\sqrt{2}F$$

由强度条件 $A\geqslant\frac{F_N}{[\sigma]}$，则

$$\frac{1}{4}\pi d^2\geqslant\frac{3\sqrt{2}F}{[\sigma]}$$

求得直杆 AB 的直径：$$d\geqslant\sqrt{\frac{12\sqrt{2}F}{\pi[\sigma]}}=26\ \text{mm}$$

故直杆 AB 的直径可取为 26 mm。

2.5 轴向拉伸和压缩时的变形

杆件在轴向拉力的作用下，轴向尺寸发生伸长，横向尺寸发生缩短；在轴向压力作用下，轴向尺寸发生缩短，横向尺寸发生伸长。杆件在轴线方向上的变形称为**轴向变形**；垂直于轴线方向上的变形称为**横向变形**。

2.5.1 拉压杆轴向变形

等直杆原长为 l，横截面面积为 A，在一对轴向拉力 F 的作用下发生轴向伸长，伸长后长度为 l_1，如图 2-23 所示，则杆件的轴向伸长为

$$\Delta l = l_1 - l \tag{a}$$

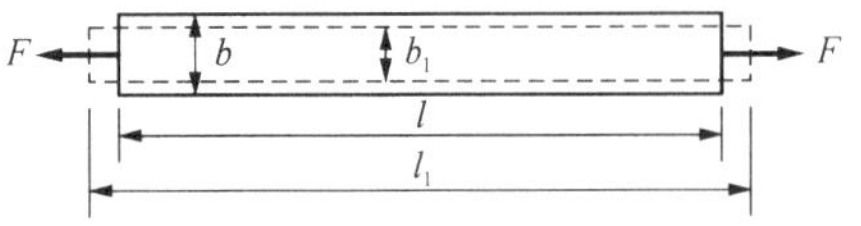

图 2-23

由于拉杆各段均匀变形,所以其轴向线应变(正应变)为

$$\varepsilon = \frac{\Delta l}{l} \tag{b}$$

轴向线应变伸长为正,缩短为负。

根据胡克定律,在比例极限内,正应变和正应力成正比,即

$$\varepsilon = \frac{\sigma}{E} \tag{c}$$

将式(2-1)代入式(b)和式(c),得

$$\Delta l = \frac{F_{N} l}{EA} \tag{2-13}$$

式(2-13)称为杆件变形的**胡克定律**。它表明,当杆内应力不超过材料的比例极限时,杆件的伸长量 Δl 与轴力 F_N、杆长 l 成正比,而与弹性模量和横截面面积的乘积 EA 成反比。乘积 EA 称为**杆件的拉伸(压缩)刚度**,它表示杆件抵抗弹性变形的能力。对相同长度且受力相同的杆件,拉伸刚度越大,杆件变形越小。

2.5.2 拉压杆横向变形

设杆件原来的横向尺寸为 b,在轴向拉力作用下,杆件横向缩短了 Δb,如图 2-23 所示,即

$$\Delta b = b_1 - b$$

则杆件横向正应变为

$$\varepsilon' = \frac{\Delta b}{b}$$

实验表明,当杆件内应力不超过材料比例极限时,横向正应变与轴向正应变成正比。对于同一种材料,它们比值的绝对值为一常数,称为**泊松比**,用 ν 表示,即

$$\nu = \left| \frac{\varepsilon'}{\varepsilon} \right|$$

负泊松比材料和结构的研究进展

泊松比是一个材料常数,大小由实验测定。对于绝大多数各向同性材料如下:

$$-1 \leqslant \nu \leqslant 0.5$$

考虑到轴向正应变和横向正应变的正负号相反,所以

$$\varepsilon' = -\nu\varepsilon \tag{2-6}$$

需要强调的是,从自然界发现负泊松比材料(通常又被称为拉胀材料、超材料)以来,负泊松比材料由于其独特的可设计性,被国内外研究者关注,是目前的研究热点之一。

【例 2-5】 在[例 2-1]中,已知杆件横截面面积 $A = 100\ \text{mm}^2$,各段杆长 $l_{AB} = 1\ \text{m}$, $l_{BC} = 3\ \text{m}$, $l_{CD} = 2\ \text{m}$,材料的弹性模量 $E = 200\ \text{GPa}$,试求 AD 杆的总变形以及截面 C 的位移。

【解】 (1) 求 AD 杆的总变形

在[例 2-1]中已经求得杆件的轴力图，由于杆件各段轴力不同，所以需分别求出各段杆件的变形，然后相加求得整根杆件的总变形。

AB 段：$\Delta l_{AB}=\dfrac{F_{N1}l_{AB}}{EA}=\dfrac{45\times10^3\times1}{200\times10^9\times100\times10^{-6}}=2.25\ \text{mm}$

BC 段：$\Delta l_{BC}=\dfrac{F_{N2}l_{BC}}{EA}=\dfrac{-5\times10^3\times3}{200\times10^9\times100\times10^{-6}}=-0.75\ \text{mm}$

CD 段：$\Delta l_{CD}=\dfrac{F_{N3}l_{CD}}{EA}=\dfrac{20\times10^3\times2}{200\times10^9\times100\times10^{-6}}=2\ \text{mm}$

全杆的总变形 $\Delta l=\Delta l_{AB}+\Delta l_{BC}+\Delta l_{CD}=2.25-0.75+2.0=3.5\ \text{mm}$

(2) 求截面 C 的位移

由于截面 A 固定不动，截面 C 的位移就等于 AC 段杆的轴向变形，即

$$\Delta_C=\Delta l_{AB}+\Delta l_{BC}=2.25-0.75=1.5\ \text{mm}\ (\rightarrow)$$

【例 2-6】 如图 2-24(a)所示杆系由钢杆 1 和 2 组成。已知杆端铰接，两杆与铅垂线均成 $\alpha=45^\circ$ 的角度，两杆长度 l 均为 1 m，直径 d 均为 20 mm，钢的弹性模量 E 为 200 GPa。设节点 A 处作用一集中载荷 $F=100$ kN，试求节点 A 处的铅垂位移 Δ_A。

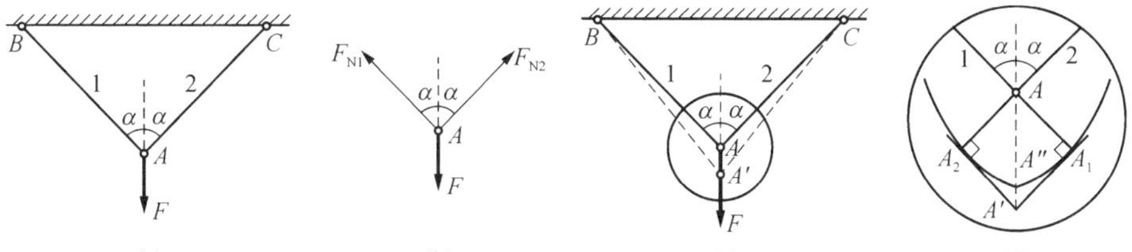

图 2-24

【解】 在小变形情况下，求各杆轴力时可以忽略 α 角的微小变化，即用变形前的位置求各杆件内力。假定各杆轴力均为拉力，如图 2-24(b)所示，由 A 点处节点平衡可求得杆 1 和杆 2 的轴力，即

$$\sum F_x=0\quad F_{N2}\sin\alpha-F_{N1}\sin\alpha=0$$

$$\sum F_y=0\quad F_{N2}\cos\alpha+F_{N1}\cos\alpha=F$$

得

$$F_{N1}=F_{N2}=\frac{F}{2\cos\alpha}\tag{a}$$

其结果都为正值，说明两根杆件都是拉杆。将 F_{N1} 和 F_{N2} 代入式(2-13)，得每根杆的伸长量为

$$\Delta l_1=\Delta l_2=\frac{F_{N1}l}{EA}=\frac{2Fl}{\pi d^2E\cos\alpha}\tag{b}$$

变形后，钢杆 AB 的新长度为 A_1B，钢杆 AC 的新长度为 A_2C。但是变形后两杆应仍铰接在一起，于是分别以 B, C 点为圆心，A_1B 和 A_2C 为半径作圆弧，相交于 A''，A''即为 A 点变

形后的位置，如图 2-24(d)所示。AA''即 A 点的位移。因为圆弧的计算相对较复杂，而在小变形情况下，两杆的变形比其原长要小得多，两段圆弧是极其微小的短弧，因此可以用切线代替圆弧来确定 A 点变形后的位置。过 A_1，A_2 分别作杆 1、杆 2 的垂线代替圆弧，两垂线相交于 A'点[图 2-24(c)，(d)]，位移 Δ_A 的大小可以用 AA'的长度表示，即

$$\Delta_A = AA' = \frac{\Delta l_1}{\cos\alpha}(\downarrow) \tag{c}$$

将式(b)代入式(c)后可得

$$\Delta_A = \frac{2Fl}{\pi d^2 E\cos^2\alpha} = 1.59\ \text{mm}\quad(\downarrow)$$

2.6 简单静不定问题

2.6.1 拉压静不定求解

在前面讨论的问题中，杆件的外力和内力都可以通过静力平衡方程得到，这类问题被称为**静定问题**。

然而，工程中也经常遇到另一类结构，其未知力的个数多于独立平衡方程的个数，单靠平衡方程不能求出所有的未知力，这类问题被称为**静不定问题**或**超静定问题**。通常把多于维持平衡所必需的约束，称为**多余约束**，相应的支反力或支反力偶矩，称为**多余支反力**。未知力的个数与独立平衡方程个数之差或者多余约束或多余支反力的个数称为**静不定次数**。为了得到静不定结构中所有的未知力，除了平衡方程之外，必须添加补充方程，并且补充方程的个数和静不定次数相当。此时，必须考虑结构在正常使用条件下，其各部分之间的变形几何关系，这一关系称为**变形协调方程**(也称为**几何方程**)。将变形协调条件作为补充方程，和平衡方程联立，就能求出所有的未知力。

静不定问题的求解通常可以按照以下步骤进行：

(1) 画出杆件或者结构的受力图，列出所有独立的平衡方程，并判断静不定次数。

(2) 根据杆件的受力分析，画出杆件的变形位移图，利用几何关系写出变形协调方程。变形协调方程的个数和结构的静不定次数一致。

(3) 根据变形和内力之间的物理方程，将变形协调方程改写为用内力表示的补充方程。

(4) 联立平衡方程和补充方程，解出所有未知力。

(5) 按静定结构进行强度、变形等问题的计算。

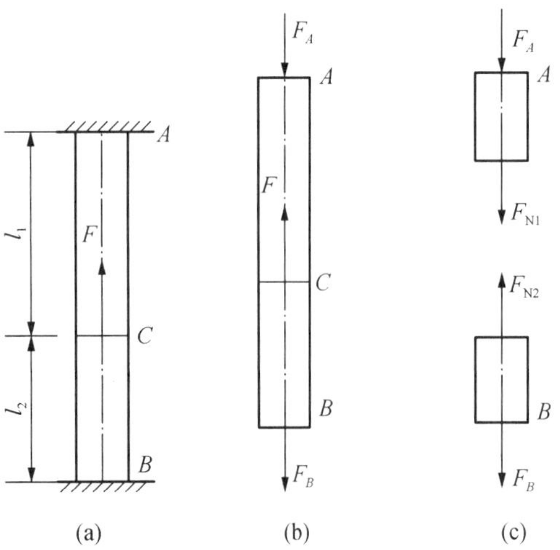

图 2-25

【例 2-7】 一等直杆 AB，上、下两端固定，在截面 C 处受轴向载荷 F 作用，如图 2-25(a)所示。已知杆的横截面面积为 A，材料的弹性模量为 E，求两端支座反力。

【解】 (1) 确定静不定次数。

杆 AB 上、下固定端约束反力分别为 F_A 和 F_B，杆件受力如图 2-25(b)所示。F_A，F_B 和 F 构成一共线力系，所以只有一个独立的平衡方程，即

$$F_A + F_B = F \tag{a}$$

未知力有两个：F_A 和 F_B，因此为一次静不定问题。

(2) 变形协调方程。

由于是一次静不定问题，所以需要补充一个变形协调方程。因为两端固定，因此杆 AB 变形前后长度保持不变，即

$$\Delta l_{AB} = \Delta l_{AC} + \Delta l_{BC} = 0 \tag{b}$$

根据截面法，如图 2-25(c)所示，AC 段和 BC 段内轴力分别为

$$F_{N1} = -F_A \quad F_{N2} = F_B \tag{c}$$

结合式(b)、式(c)和式(2-13)可得补充方程

$$F_A l_1 = F_B l_2 \tag{d}$$

(3) 求解支反力。

联立式(a)、式(d)可求得两端支座反力为

$$F_A = \frac{F l_2}{l_1 + l_2} \quad F_B = \frac{F l_1}{l_1 + l_2}$$

【例 2-8】 杆 1、杆 2、杆 3 用铰连接，如图 2-26(a)所示。已知杆 1、杆 2 的长度、横截面面积及材料都相同，即 $l_1 = l_2 = l$，$A_1 = A_2 = A$，$E_1 = E_2 = E$；杆 3 的长度为 l_3，横截面面积为 A_3，材料弹性模量为 E_3。求在外载 F 作用下各杆的内力。

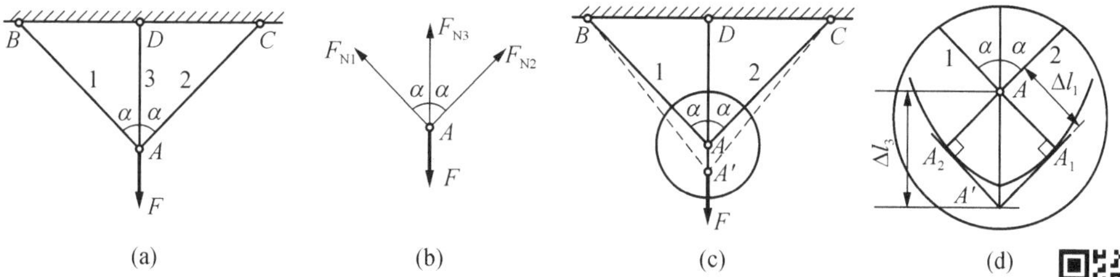

图 2-26

关于小变形假设的几何与数学分析

【解】 (1) 确定静不定次数。

三杆汇交于 A 点，其轴力都是未知量，但平面汇交力系仅 2 个独立的平衡方程，故为一次静不定问题。

(2) 列平衡方程。

设杆 1、杆 2、杆 3 的轴力分别为 F_{N1}，F_{N2} 和 F_{N3}，对节点 A 作受力分析，如图 2-26(b)所示。写出平衡方程

$$\begin{aligned} &\sum F_x = 0 \quad F_{N2}\sin\alpha - F_{N1}\sin\alpha = 0 \\ &\sum F_y = 0 \quad F_{N2}\cos\alpha + F_{N1}\cos\alpha + F_{N3} = F \end{aligned} \tag{a}$$

(3) 建立补充方程。

由于三杆铰接于 A 点，故三杆变形后仍应铰接于一点，如 A' 点，因此三杆变形之间存在一定的几何关系，如图 2-26(c)和(d)所示。由此图可得变形协调方程为

$$\Delta l_1 = \Delta l_2 = \Delta l_3 \cos\alpha \tag{b}$$

而物理关系式为

$$\Delta l_1 = \Delta l_2 = \frac{F_{N1} l}{EA} \quad \Delta l_3 = \frac{F_{N3} l \cos\alpha}{E_3 A_3} \tag{c}$$

(4) 求解。

联立式(b)和式(c)可得

$$F_{N1} = F_{N3} \cos^2\alpha \frac{EA}{E_3 A_3} \tag{d}$$

由方程式(a)、式(d)可求得杆内轴力，分别为

$$F_{N1} = F_{N2} = \frac{F}{2\cos\alpha + \dfrac{E_3 A_3}{EA\cos^2\alpha}}$$

$$F_{N3} = \frac{F}{1 + 2\cos^3\alpha \dfrac{EA}{E_3 A_3}}$$

讨论 从以上结果可以看出，在静不定结构中，各杆的内力与该杆本身的刚度和其他杆的刚度之比有关，杆件本身刚度越大，其内力也越大，这是静不定结构的一个特点。

*2.6.2 装配应力

加工构件时，杆件尺寸上有一些微小的误差是难免的。对于静定结构，这种误差只会使结构的几何形状有轻微的改变，并不会引起各杆件的内力。如图 2-27(a)所示，两根设计时长度相同的杆件加工后其中一根杆件稍短，则装配后仅引起刚性杆的略微倾斜，两根杆件内部并不产生内力。但对于静不定结构，由于有了多余约束，尺寸的误差将引起杆件内力的产生，如图 2-27(b)所示。与图 2-27(a)相比，该结构多了一根杆件，由于中间这根杆件比其他两根杆件短 Δ，在装配时先把短杆拉长，装配后撤掉外力，这时各杆长度均发生变形，因而在结构尚未承受外载时，各杆内部就有了内力，这种内力称为**装配内力**，与之相对应的应力称为**装配应力**。装配应力在杆件外载作用前就已经存在，又称为**初应力**。计算装配应力或者初应力的关键仍然是根据几何关系建立变形协调方程。

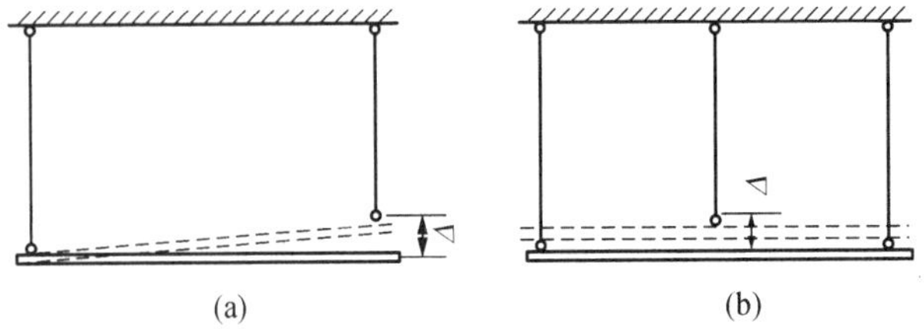

(a) (b)

图 2-27

【例 2-9】 如图 2-28(a)所示刚性梁 AB 由 3 根钢杆支承。钢杆的横截面面积均为 A，其中杆 2 的长度比杆 1、杆 3 短了 Δ，设各杆的弹性模量为 E，求 3 根钢杆横截面上的装配应力。

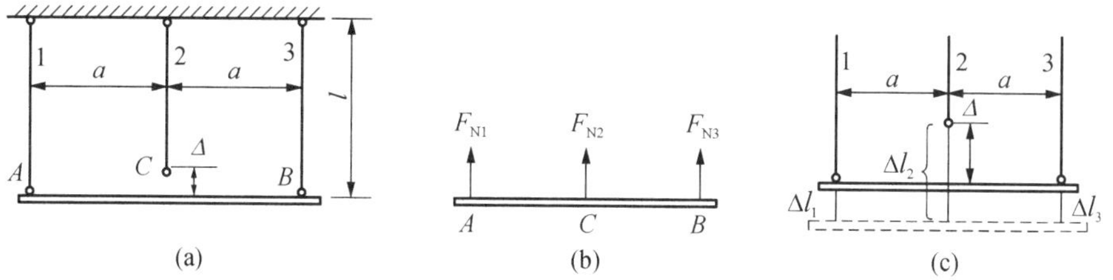

图 2-28

【解】 (1) 列平衡方程

装配后以刚性梁 AB 为研究对象，受力如图 2-28(b)所示。

$$\begin{aligned}\sum F_y=0 \quad F_{N1}+F_{N2}+F_{N3}=0\\ \sum M_C=0 \quad F_{N1}a-F_{N3}a=0\end{aligned} \tag{a}$$

三个未知量，两个独立的平衡方程，因此为一次静不定问题。

(2) 列补充方程

对于杆 1、杆 3，其长度、横截面面积、弹性模量均相等，且 $F_{N1}=F_{N3}$，故由 $\Delta l=\dfrac{F_N l}{EA}$ 可知，$\Delta l_1=\Delta l_3$。而刚性梁不发生变形，因此，结构的变形如图 2-28(c)所示。由此得到变形协调条件

$$\Delta l_1=\Delta l_3=\Delta l_2-\Delta$$

代入 $\Delta l=\dfrac{F_N l}{EA}$，得补充方程

$$\frac{F_{N1}l}{EA}=\frac{F_{N2}(l-\Delta)}{EA}-\Delta \tag{b}$$

联立方程式(a)和式(b)并考虑到 $l-\Delta\approx l$（因为 $\Delta\ll l$），可得三杆内轴力分别为

$$F_{N1}=F_{N3}=-\frac{EA\Delta}{3l} \qquad F_{N2}=\frac{2EA\Delta}{3l}$$

杆 1 和杆 3 轴力为负值，说明实际上杆 1 和杆 3 受到的是压力，和假设其为受拉杆正好相反。

因此三杆内装配应力分别为

$$\sigma_1=\sigma_3=-\frac{E\Delta}{3l} \qquad \sigma_2=\frac{2E\Delta}{3l}$$

*2.6.3 温度应力

在实际工程中，构件经常在变温环境中使用。温度变化将引起材料的膨胀或收缩，若杆内温度变化均匀，则杆件仅发生伸长或者缩短变形。在静定结构中，杆件可以自由变形，当温度发生均匀变化时，杆内不会产生内力。但是在静不定结构中，由于温度变化

引起的变形受到约束,杆内将产生内力,这种内力称为**温度内力**,与之对应的应力称为**温度应力**。计算温度应力的关键仍然是根据变形协调条件建立几何方程。与前面不同的是,此时杆件的变形包括两个部分,即温度变化引起的变形(自由膨胀或收缩)和由内力引起的弹性变形。

【例 2-10】 如图 2-29(a)所示的等直杆件 AB 两端固定,杆长为 l,横截面面积为 A,弹性模量为 E,线膨胀系数为 α_l,求温度升高 ΔT 时杆内的温度应力。

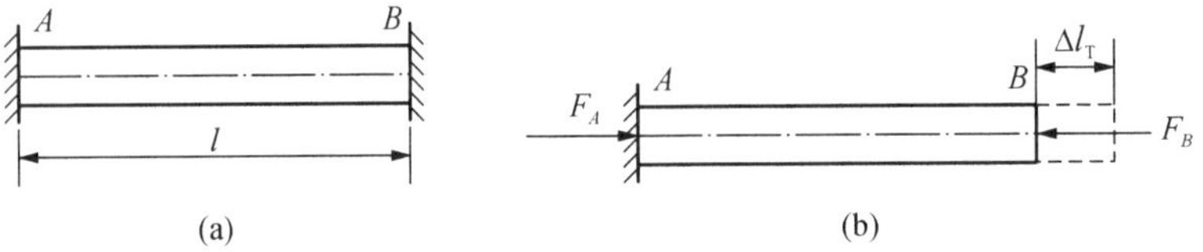

图 2-29

【解】 (1) 列平衡方程

根据杆端约束情况,可画受力图如图 2-29(b)所示。由平衡方程可得

$$\sum F_x = 0 \qquad F_A = F_B \tag{a}$$

(2) 列补充方程

由受力分析可知,杆内轴力 $F_N = -F_A$,因此由轴力引起的变形为

$$\Delta l_F = \frac{F_N l}{EA} = -\frac{F_A l}{EA} \tag{b}$$

若 AB 杆为自由变形杆件,则温度升高后,杆件伸长

$$\Delta l_T = \alpha_l \cdot l \cdot \Delta T \tag{c}$$

由于杆件两端固定,因此杆件的最终变形量为 0,即

$$\Delta l_T + \Delta l_F = 0 \tag{d}$$

把式(b)和式(c)代入式(d)可得温度内力为

$$F_N = -\alpha_l EA \Delta T \tag{e}$$

则温度应力 $\sigma = \dfrac{F_N}{A} = -\alpha_l E \Delta T$。

2.7 结论与讨论

1. 轴向拉压杆的受力特点及变形特点

受力特点:作用于杆件上的外力合力的作用线与杆件轴线重合。

变形特点:杆件产生沿轴线方向的伸长或缩短。

根据这一特点,图 2-30(a),(b),(c)都不是轴向拉压杆,各杆横截面上的内力不仅仅只有轴力,还存在其他的内力,因此其变形不是沿轴线方向上的伸长或缩短。

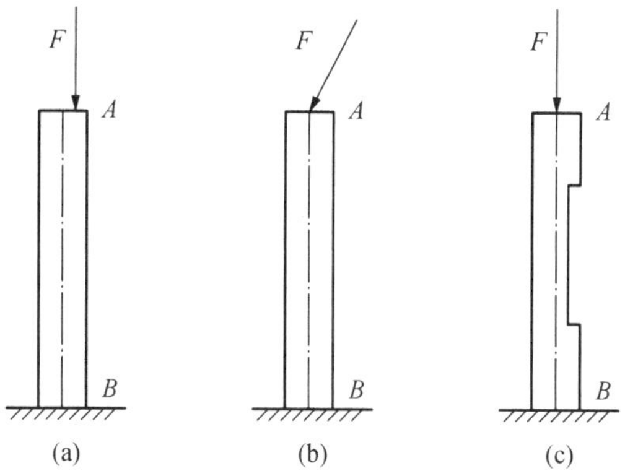

图 2-30

2. 轴向拉压杆横截面上内力、应力、变形和材料性能的关系

杆件内力是通过截面法由平衡方程求得，所以杆件横截面上的内力与材料本身无关，仅与其受到的外载荷有关。

轴向拉压杆横截面上的应力是均匀分布的，即 $\sigma=\dfrac{F_{\mathrm{N}}}{A}$，它与横截面上的轴力及横截面面积有关，与杆件的材料无关。但由于各种材料的极限应力不同，所以杆件的强度和材料有关。

轴向拉压杆的轴向变形为 $\Delta l=\dfrac{F_{\mathrm{N}}l}{EA}$，可以看到杆件变形量的大小和材料的弹性模量有关。相同的外力作用在相同长度和横截面的杆件上，杆件材料的弹性模量越大，杆件的变形越小。

3. 静不定问题的求解步骤

(1) 画出杆件或者结构的受力图，列出所有独立的平衡方程，并判断结构为几次静不定问题。

(2) 根据杆件的受力分析，画出杆件的变形位移图，利用几何关系写出变形协调方程。变形协调方程的个数和结构的静不定次数一致。

(3) 根据变形和内力之间的物理方程，将变形协调方程改写为用内力表示的补充方程。

(4) 联立平衡方程和补充方程，解出所有未知力。

(5) 和静定问题相类似，对杆件进行强度、变形等计算。

4. 关于静不定结构特性的讨论

对于由不同刚度杆件组成的静不定结构，各杆内力的大小不仅与外力有关，而且与各杆的刚度之比有关。

为什么静定结构中各构件受力与其刚度之比无关，而在静不定结构中却密切相关？其原因在于静定结构中各构件受力只需满足平衡要求，变形协调条件便会自然满足。而在静不定结构中，满足平衡要求的受力，不一定满足变形协调方程；静定结构中各构件的变形相互独立，静不定结构中各构件的变形却是互相牵制的。从这一意义上讲，这也是材料力学与静力分析最本质的差别。

正是由于这种差别，在静不定结构中，若其中的某一构件存在制造误差，装配后即使不加载，各构件也将产生装配应力。此外，温度的变化也会在静不定结构中产生热应力。这也是静定结构所没有的特性。

习 题

2-1 试求图 2-31 所示各杆 1—1 截面和 2—2 截面上的轴力,并画出轴力图。

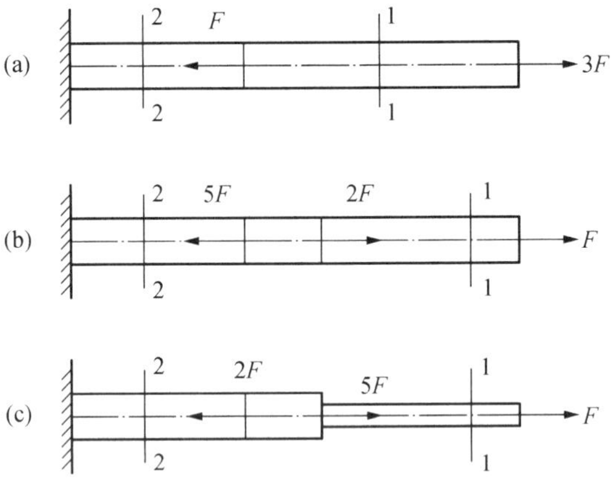

图 2-31

2-2 杆件载荷和尺寸如图 2-32 所示,画出轴力图。若横截面面积 $A = 100\ \text{mm}^2$,求各横截面上的应力。

2-3 求如图 2-33 所示阶梯状直杆横截面 1—1, 2—2, 3—3 上的轴力,并画出轴力图。若 AB 段内横截面面积 $A_1 = 300\ \text{mm}^2$,BC 段内横截面面积 $A_2 = 150\ \text{mm}^2$,求各横截面上的应力。

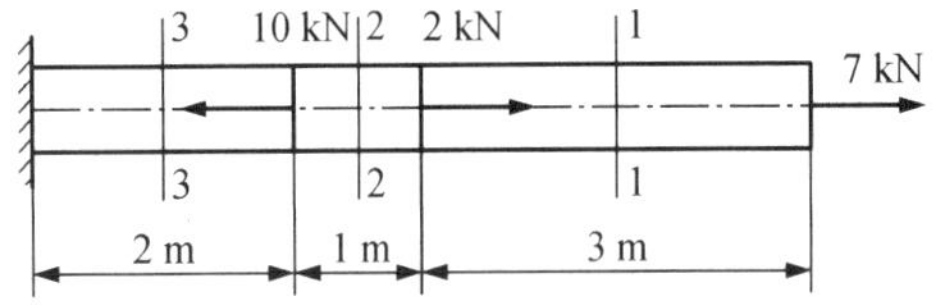

图 2-32

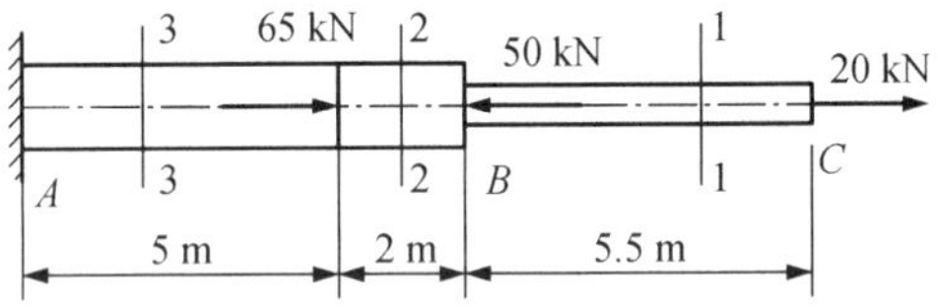

图 2-33

2-4 如图 2-34 所示为中段开槽的杆件,两端受轴向载荷 F 作用,已知 $F = 5\ \text{kN}$,截面尺寸 $b = 20\ \text{mm}$,$b_0 = 10\ \text{mm}$,$\delta = 5\ \text{mm}$。试计算截面 1—1 和截面 2—2 上的正应力。

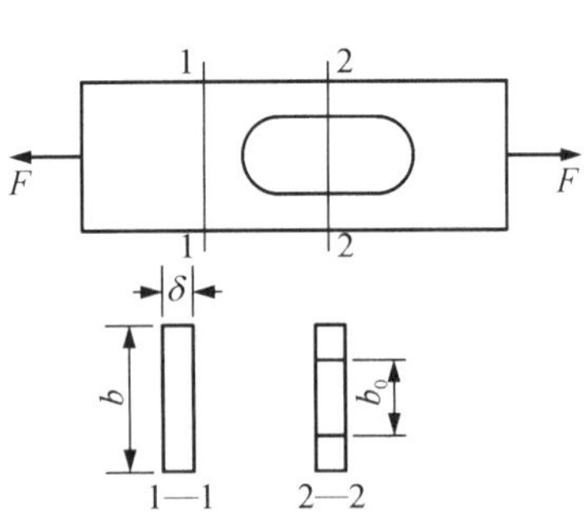

图 2-34

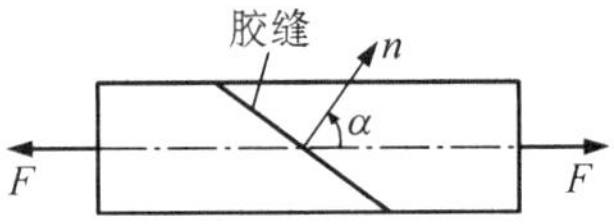

图 2-35

2-5 如图 2-35 所示为胶合而成的等截面轴向拉杆,轴向拉力 $F = 20\ \text{kN}$,杆件横截面面积 $A = 150\ \text{mm}^2$,试求 $\alpha = 30^\circ$ 和 $\alpha = -45^\circ$ 时胶缝处的切应力和正应力。

2-6 一拉伸试样,实验前直径 $d = 10\ \text{mm}$,长度 $l = 100\ \text{mm}$,断裂后颈缩处直径 $d_1 = 5.6\ \text{mm}$,长度 $l_1 = 118.7\ \text{mm}$。拉断时载荷 $F = 20\ \text{kN}$。试求材料的伸长率 δ 和断面收缩率 ψ。

2-7 某阶梯截面杆 AB 受力如图 2-36 所示，A 端固定，材料的许用拉应力 $[\sigma]^+ = 70$ MPa，许用压应力 $[\sigma]^- = 120$ MPa。若要使杆件每段内应力同时达到许用应力值(等强度设计)，求各段横截面面积。

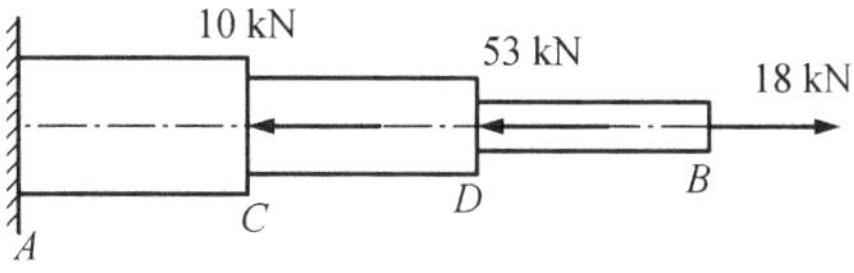

图 2-36

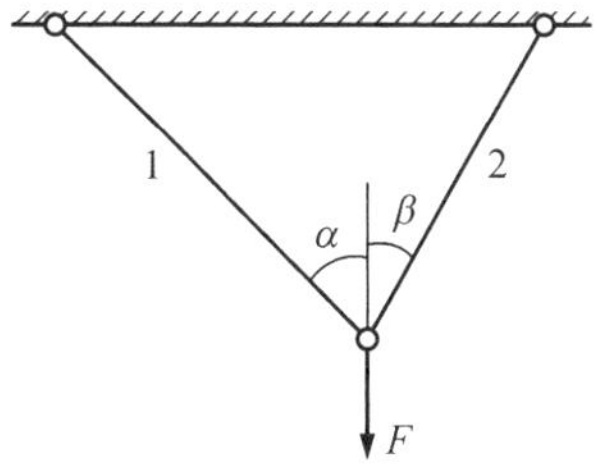

图 2-37

2-8 如图 2-37 所示受力结构，$\alpha = 45°$，$\beta = 30°$。杆 1 横截面面积 $A_1 = 112\ \text{mm}^2$，杆 2 横截面面积 $A_2 = 178\ \text{mm}^2$，材料的许用正应力$[\sigma]$为 100 MPa。试确定此桁架结构的许用载荷$[F]$。

2-9 如图 2-38 所示结构中 AB 为刚性梁，CD 为斜撑杆，许用正应力为$[\sigma]$。刚性梁 AB 上有均布载荷 q。为使斜杆的重量最小，斜撑杆 CD 与刚性梁 AB 之间的夹角 θ 应取何值？

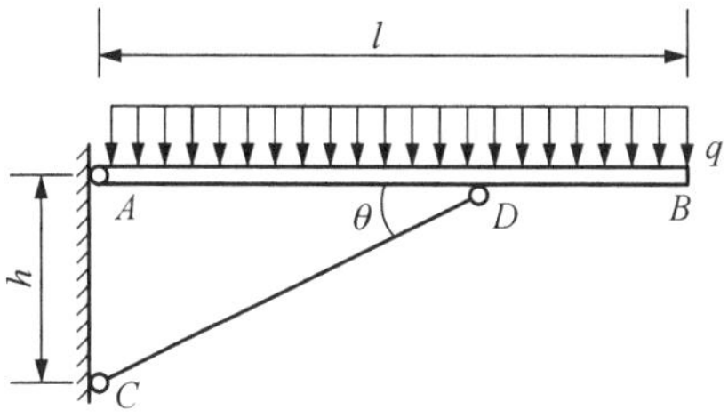

图 2-38

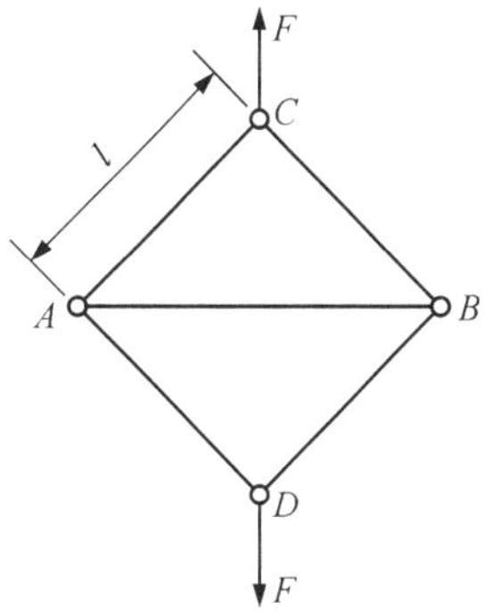

图 2-39

2-10 如图 2-35 所示杆件强度由胶缝控制。如果胶的许用切应力$[\tau]$是许用正应力$[\sigma]$的 $\frac{1}{2}$，问 α 为何值时，胶缝处的切应力和正应力同时达到各自的许用应力。

2-11 五杆铰接的正方形结构受力如图 2-39 所示，$F = 30$ kN，各杆横截面面积 $A = 1\,200\ \text{mm}^2$。材料的许用拉应力$[\sigma]^+ = 20$ MPa，许用压应力$[\sigma]^- = 60$ MPa，试校核各杆的强度。

2-12 杆件载荷和尺寸如图 2-32 所示，若材料的弹性模量 $E = 200$ GPa，求整根杆件的变形量。

2-13 阶梯状直杆截面尺寸和荷载情况如图 2-33 所示，若 AB 段材料弹性模量 $E = 210$ GPa，BC 段材料弹性模量 $E = 70$ GPa，求杆端点 C 的位移。

2-14 直径为 200 mm 的铜棒、铝棒以及外径相同的钢管由刚性板(计算中忽略其厚度)连接在一起，如图 2-40 所示。铜的弹性模量和泊松比分别为 100 GPa 和 0.34，铝的弹性模量和泊松比分别为 70 GPa 和 0.33，而钢管的弹性模量和泊松比分别为 210 GPa 和 0.3。在图中的载荷条件下，试确定(1)C 截面相对于 A 截面的位移；(2)铜棒的直径变化；(3)如果钢管的拉伸屈服应力为 200 MPa，试计算钢管的最大内直径。

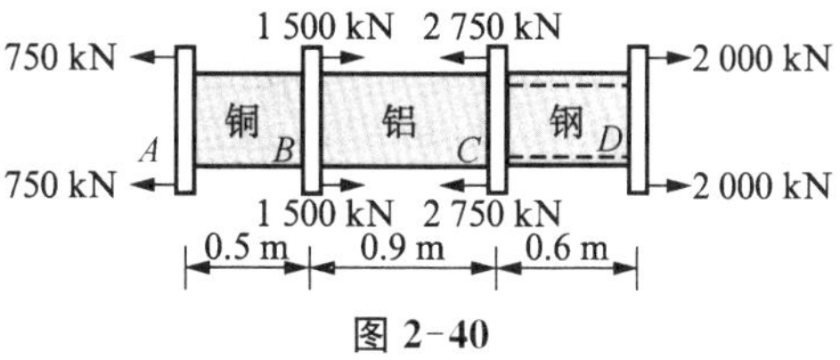

图 2-40

2-15 已知如图 2-41 所示结构中三杆的拉压刚度均为 EA，设杆 AB 为刚体，长 $2a$。如果载荷大小为 F，试求点 C 的铅垂位移和水平位移。

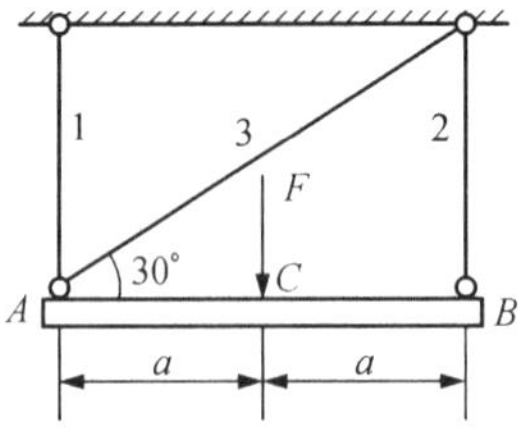

图 2-41

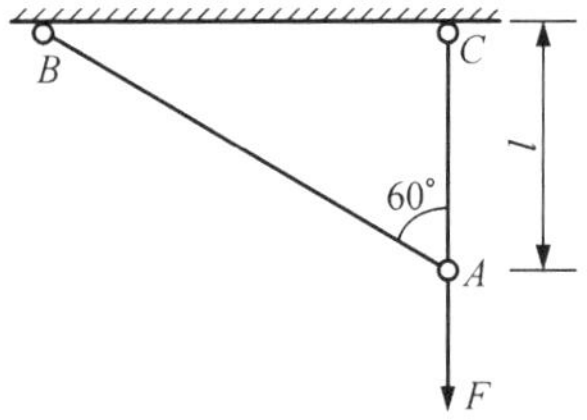

图 2-42

2-16 已知 AB、AC 两根杆的拉压刚度均为 EA，试求如图 2-42 所示桁架节点 A 的铅垂位移和水平位移。

2-17 如图 2-43 所示结构 CD 为刚性杆，圆截面钢杆 AB 的直径 $d=20\ \text{mm}$，其弹性模量 $E=210\ \text{GPa}$，$a=2\ \text{m}$，现测得杆 AB 的纵向线应变 $\varepsilon=8\times10^{-4}$，试求此时载荷 F 的大小及截面 D 处的铅垂位移 Δ_D。

2-18 工字钢等截面钢杆受轴向拉力 $F=200\ \text{kN}$，钢杆弹性模量 $E=210\ \text{GPa}$。若要求杆内的应力不得超过 120 MPa，应变不得超过 $\dfrac{1}{1\,000}$，试选择工字钢的型号。

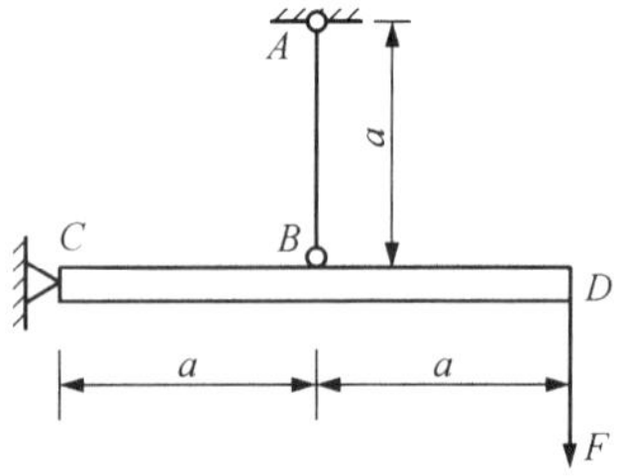

图 2-43

2-19 如图 2-44 所示结构 AB、CD 为刚性杆，$a=2\ \text{m}$。BG、CE 均为圆截面钢杆，直径 $d=20\ \text{mm}$，$l=3\ \text{m}$，其弹性模量 $E=210\ \text{GPa}$，许用正应力 $[\sigma]=100\ \text{MPa}$，载荷 $F=20\ \text{kN}$，试校核钢杆强度，并计算两根钢杆的变形量。

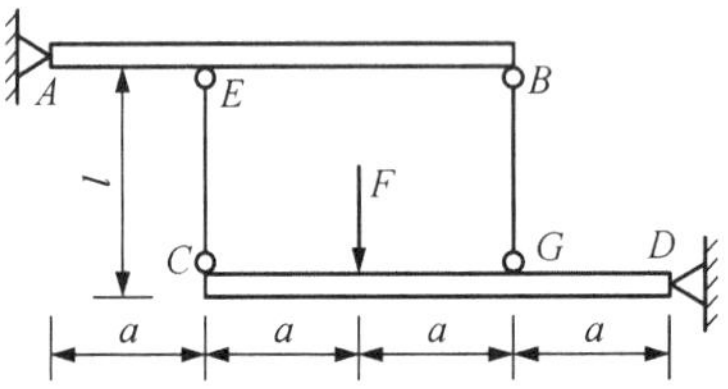

图 2-44

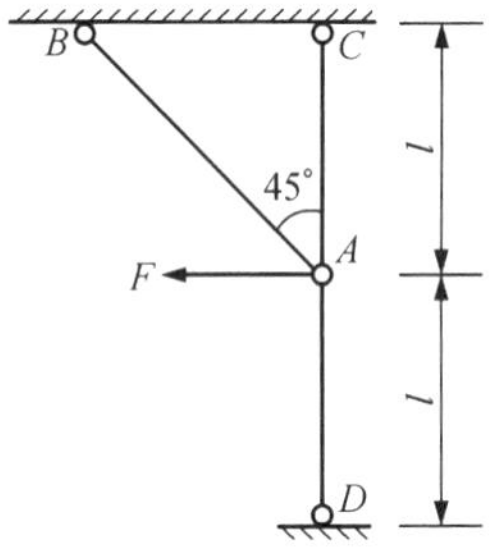

图 2-45

2-20 如图 2-45 所示结构中 AB、AC、AD 杆件的材料、横截面面积均相同。试求在 A 点作用水平外载 F 时各杆的轴力。

2-21 如图 2-46 所示为阶梯圆截面杆，其直径分别为 $d_{AB}=20\ \text{mm}$，$d_{BC}=10\ \text{mm}$。杆的弹性模量 $E=70\ \text{GPa}$，在截面 B 处作用有轴向力 $F=50\ \text{kN}$，试求约束反力和截面 B 的轴向位移。

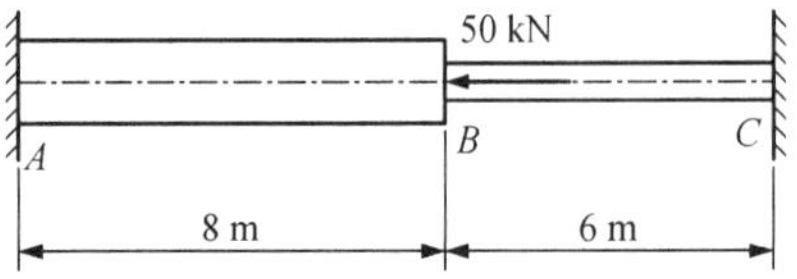

图 2-46

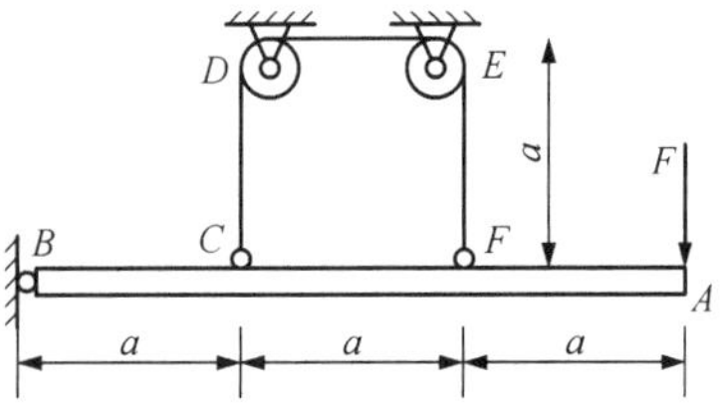

图 2-47

2-22 刚性梁 AB 在 C、F 两点用钢丝绳悬挂，钢丝绳绕过定滑轮 D 和 E，如图 2-47 所示。已知钢丝绳的拉压刚度为 EA，试求点 A 的铅垂位移。

***2-23** 如图 2-48 所示结构中，A、C、D、G、H 处均为铰接，杆 1 和杆 2 的材料相同，其弹性模量均为 E，横截面积均为 A，杆 2 由于制造不正确，短了 δ，装配后再加载荷 P。试求杆 1 和杆 2 中的内力。假设 AB 为刚体。其中已知：$P = 10\ \text{kN}$，$\delta = 5\ \text{mm}$，$E = 200\ \text{GPa}$，$A = 20\ \text{mm}^2$，$l = 0.8\ \text{m}$。

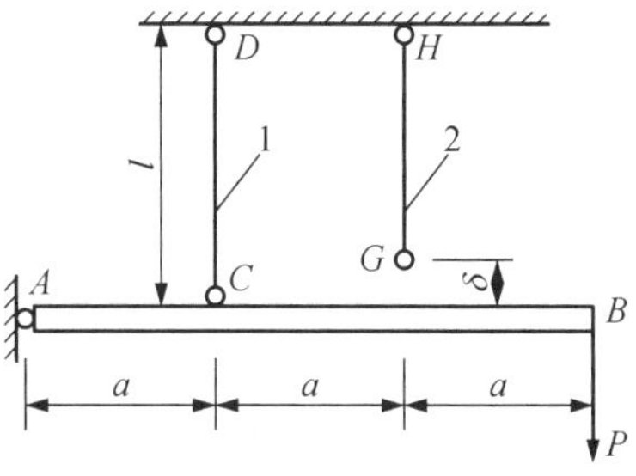

图 2-48

***2-24** 铝棒被固定在刚性板上，在如图 2-49 所示的载荷情况下不发生转动。铝棒被施加载荷前，在刚性板和钢棒之间存在 0.5 mm 的装配间隙。已知铝棒的直径为 20 mm，弹性模量为 70 GPa；钢棒的直径为 10 mm，弹性模量为 210 GPa。试确定：(1)刚性板的移动位移；(2)钢棒内的轴力大小。

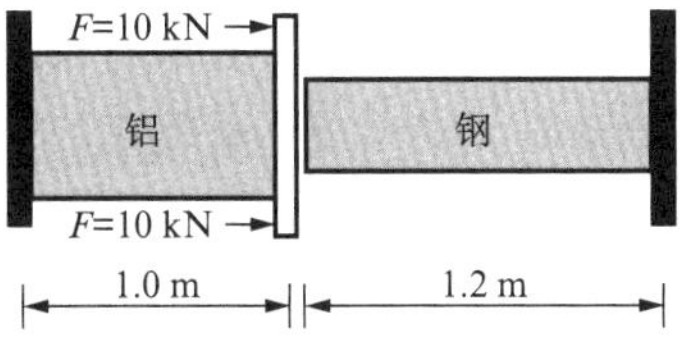

图 2-49

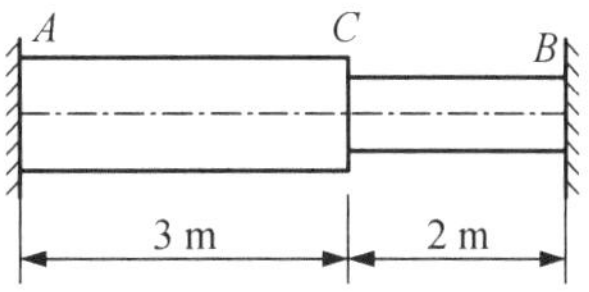

图 2-50

***2-25** 阶梯形杆件两端在 $T_1 = 20℃$ 时两端被固定，杆件尺寸如图 2-50 所示，AC 段横截面面积 $A_{AC} = 1\,000\ \text{mm}^2$，$BC$ 段横截面面积 $A_{BC} = 500\ \text{mm}^2$。材料弹性模量 $E = 100\ \text{GPa}$，线膨胀系数 $\alpha_l = 16 \times 10^{-6}/℃$。当温度升高至 $T_2 = 45℃$ 时，求杆内各部分的温度应力。

***2-26** 在如图 2-51 所示杆系中，点 A 为水平可动铰，已知杆 AB 和杆 AC 的横截面面积均为 $1\,000\ \text{mm}^2$，线膨胀系数 $\alpha_l = 12 \times 10^{-6}/℃$，弹性模量 $E = 200\ \text{GPa}$。试求当杆 AB 温度升高 20℃ 时两杆内的应力。

***2-27** ［第十二届全国周培源大学生力学竞赛（个人赛）试题］：如图 2-52(a) 所示，截面初始半径为 R、密度

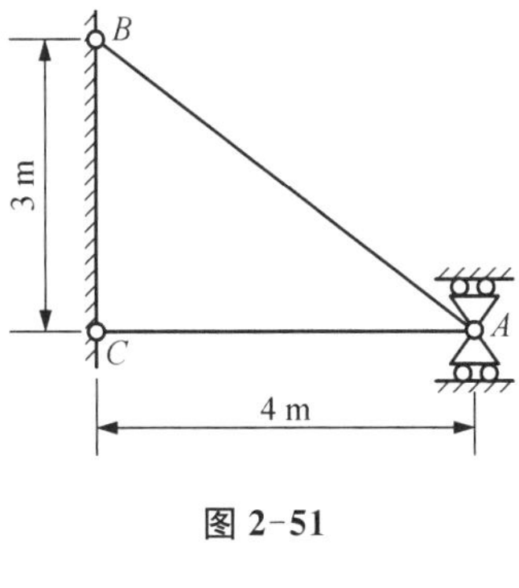

图 2-51

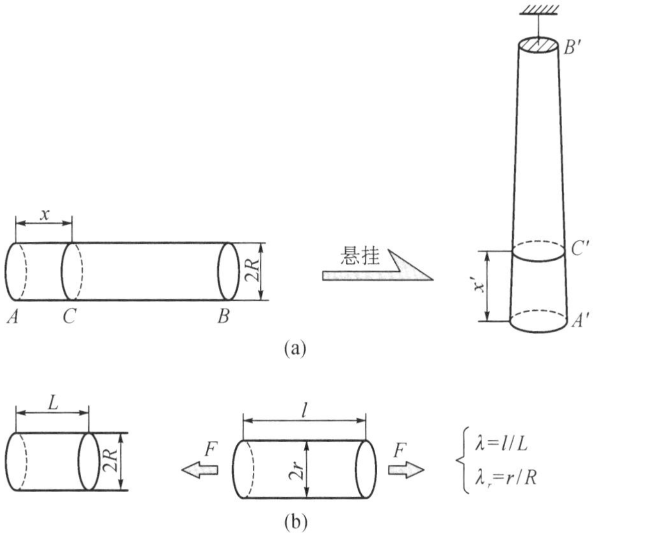

图 2-52

为 ρ 的圆柱体 AB（材料不可压缩）竖直悬挂，在重力作用下（重力加速度为 g）变形。(1) 截面 C 变形前距 A 端为 x，试求悬挂后该截面轴力；(2) 设变形后轴力与变形的关系为 $F=\pi r^2 G(\lambda^2-\lambda_r^2)$，其中 G 为剪切模量，λ 和 λ_r 为轴向和径向的伸长比[伸长比定义如图 2-52(b) 所示]。试根据题设推导 λ 和 λ_r 之间的关系，并建立变形后截面半径 r 随初始截面位置 x 的变化关系；(3) 若将变形后 $A'C'$ 段（测得其长度为 x'）近似为圆台，试求材料的剪切模量 G。

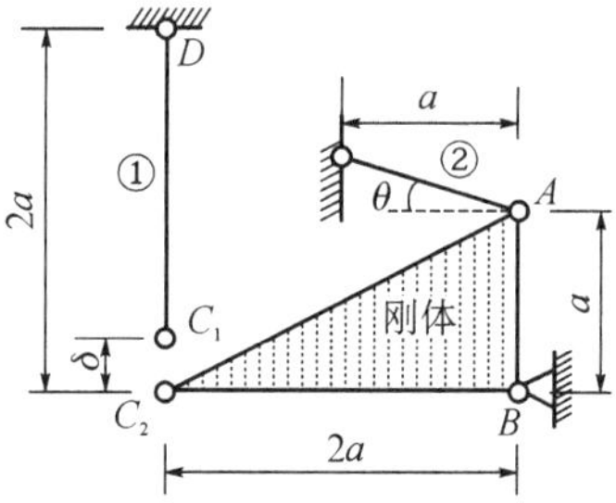

图 2-53

*2-28 [第十一届全国周培源大学生力学竞赛(个人赛)试题]：如图 2-53 所示结构中，铅垂杆①和斜杆②均为弹性杆，斜杆②与水平线之间的夹角为 θ，直角三角形 ABC_2 为刚体，边 BC_2 处于水平位置。已知 a、δ 和 θ，现将 C_1 和 C_2 连接在一起，求用两杆轴力表示的平衡方程和两杆变形表示的变形协调方程。

*2-29 [第十三届全国周培源大学生力学竞赛(个人赛)试题]：平面杆系结构由四根材料相同的圆截面直杆组成，其中杆 AC 与杆 BC 长度相同、直径均为 $d_1=20$ mm，杆 CD 与杆 CE 长度相同、直径均为 $d_2=40$ mm，设计尺寸如图 2-54(a) 所示。各杆材料的应力应变曲线如图 2-54(b) 所示（分段线性），Oa 段、ab 段的弹性模量分别为 $E_a=200$ GPa，$E_b=50$ GPa。装配时发现杆 AC 和杆 BC 均比设计尺寸短了 0.3 mm。(1) 求装配完成后各杆的内力；(2) 装配完成后，在点 C 施加垂直向下的力 $F=90$ kN，如图 2-54(c) 所示，求各杆的内力。

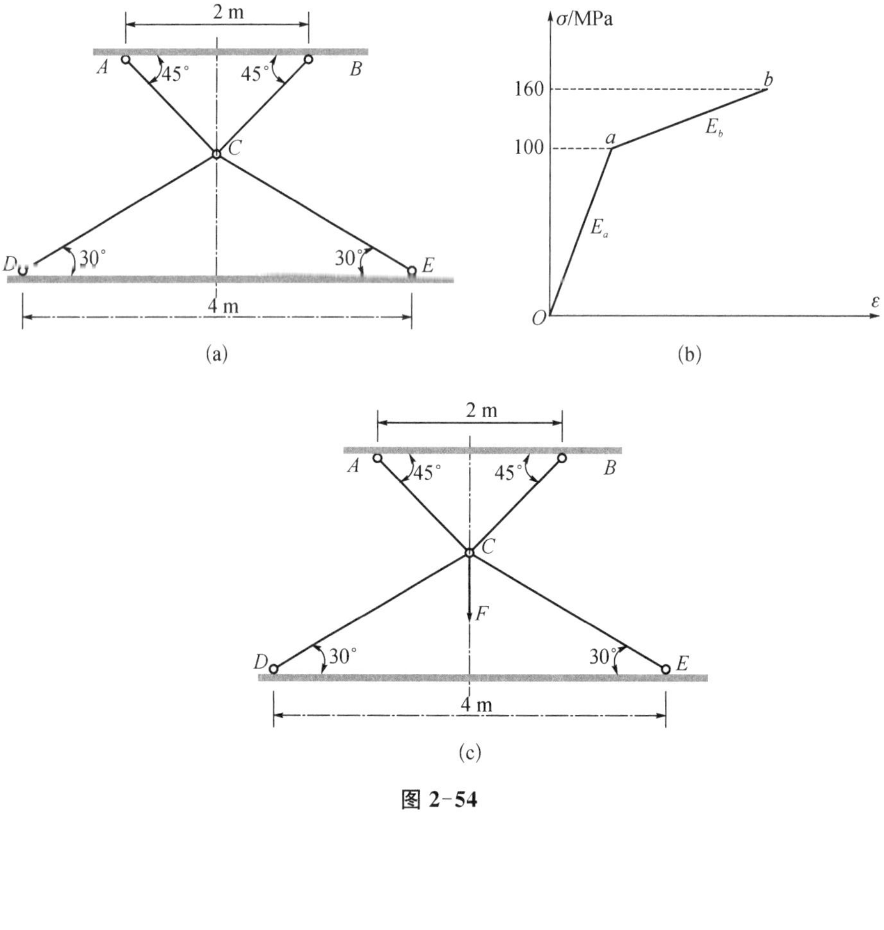

图 2-54

3 连接件的实用计算

基本要求

掌握剪切和挤压(工程)实用计算。

3.1 工程中常见的连接结构

由于制造工艺、实际加工或安装的需要,经常使用螺栓、销钉、铆钉、胶接以及焊接等连接形式将两个构件连接在一起,这种结构通常被称为**连接结构**,将螺栓、销钉等连接器称为**连接件**。由于连接件常常是形状不一、长度短小的构件,连接件的内应力以及被连接的构件在连接处的内应力分布规律都比较复杂,很难使用材料力学方法进行精确分析。因此,在工程设计中大都采用实用的计算方法,即从实践经验出发,假设应力在工作面上均匀分布,由此计算应力;并结合实物或模拟实验修正、完善实用计算公式。实践表明,这种方法行之有效,这类计算方法被称为**实用计算**。

工程中的连接结构形式繁多,图 3-1 所示是工程中几种常见的连接构件。机械连接(铆接、销接、螺栓连接等)及紧固的设计和计算可以参考相应的专业参考书;焊接结构的设计和计算也有相应的专业参考书。木榫连接在传统的木结构中使用广泛,现在也出现了很多木结构连接件,图 3-2 所示的是新型的木结构连接件中的几种,更多的设计和计算也可参考相应的专业参考书。

(a) 螺栓连接

(b) 铆钉连接

(c) 焊接构件

(d) 全木榫卯结构

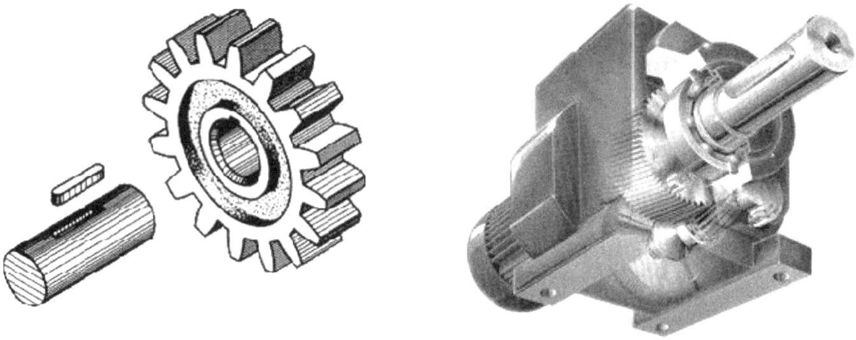

(e) 轮与轴之间的键连接

图 3-1

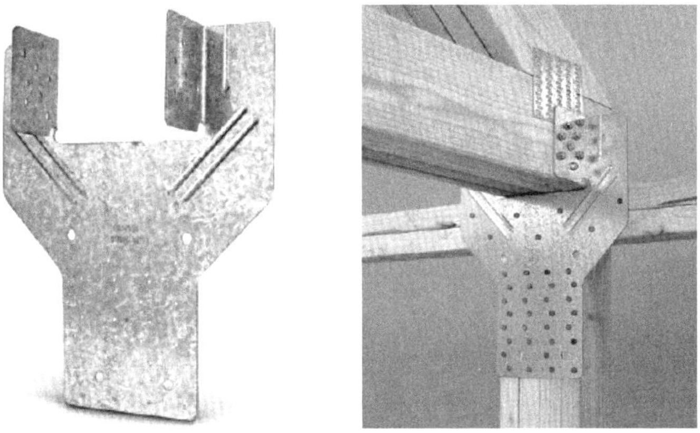

(a) 主梁紧固连接件

(b) 多接口连接件

(c) 抗拉拔连接件

(d) 木结构悬挂连接件

图 3-2

大自然中,存在很多主要由剪切效应形成的自然景色;日常生活用品中,也有很多承受剪切载荷的构件,图 3-3 是一些实例。

(a) 剪切效应形成的自然景色

(b) 某强力塑料粘钩(粘贴面主要承受剪力)

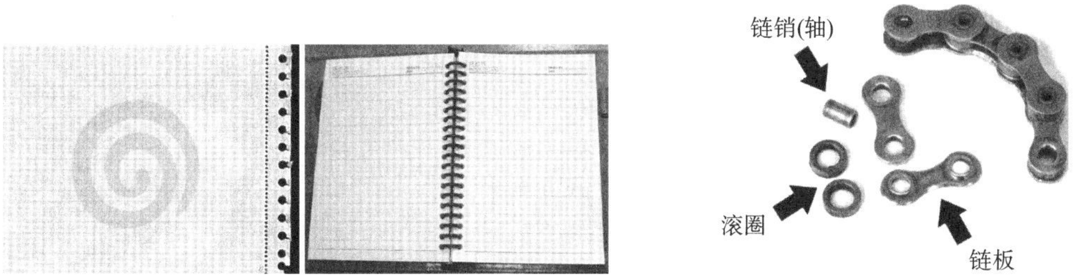

(c) 活页笔记本　　(d) 各类链条

图 3-3

3.2 铆钉或螺栓连接件的强度失效形式及相应的实用计算方法

铆钉或螺栓连接件的强度失效形式主要有剪切破坏、挤压破坏、连接板被拉断破坏、铆钉或螺栓连接板的剪切破坏 4 种，如图 3-4 所示。

(a) 铆钉或螺栓的剪切破坏　　(c) 连接板被拉断破坏

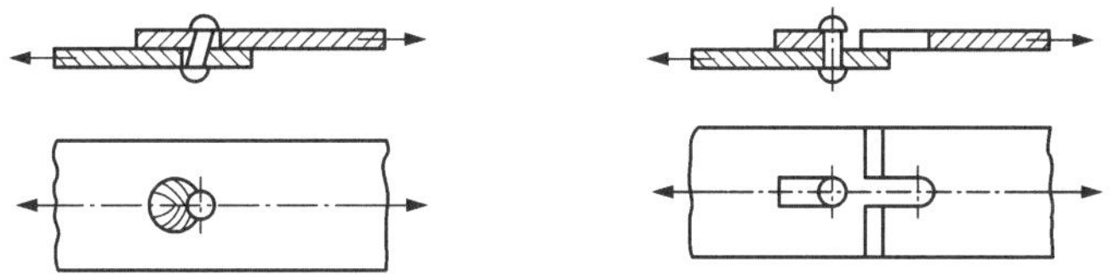

(b) 铆钉孔或螺栓孔的挤压破坏　　(d) 铆钉或螺栓连接板的剪切破坏

图 3-4

现将各种失效形式及相应的强度计算方法简述如下。

3.2.1 连接件剪切破坏及剪切实用计算

当作为连接件的铆钉、销钉、键、螺栓等零件承受一对大小相等、方向相反、作用线互相平行且相距很近的力作用时，这时在剪切面上既有弯矩又有剪力，但弯矩极小，故主要是由剪力引起的剪切破坏(图 3-5)。利用平衡方程不难求得剪切面上的剪力。

这种情形下，剪切面上的切应力分布是比较复杂的。在工程实用计算中，假设切应力在截面上均匀分布，于是有

$$\tau = \frac{F_Q}{A} \tag{3-1}$$

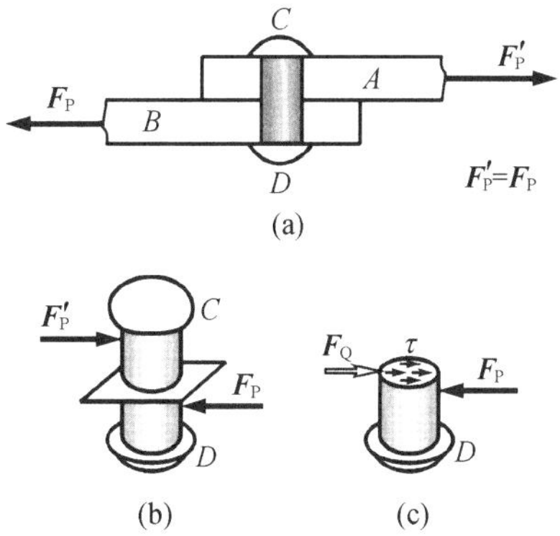

图 3-5

式中　A——剪切面面积；

螺栓连接木结构的分析

F_Q——作用在剪切面上的剪力。

$$\tau=\frac{F_Q}{A}=\frac{F_Q}{\frac{\pi d^2}{4}}\left(或=\frac{F_Q}{0.785d^2}\right) \tag{3-2}$$

式中 A——铆钉或螺栓的横截面面积；

d——铆钉或螺栓直径。

高强螺栓的双剪切测试

相应的强度条件为

$$\tau=\frac{F_Q}{0.785d^2}\leqslant[\tau] \tag{3-3}$$

式中 $[\tau]$——铆钉或螺栓剪切许用切应力，$[\tau]=\tau_b/n$；

τ_b——铆钉或螺栓实物与模拟剪切实验确定的剪切强度极限；

n——安全系数。

式(3-3)是铆钉或螺栓剪切强度计算的依据，各种材料的剪切许用切应力可以从有关规范中查到。

需要注意的是，在计算中要正确确定有几个剪切面以及每个剪切面上的剪力。如图 3-5 所示的铆钉只有一个剪切面，而图 3-6 所示的铆钉则有两个剪切面。

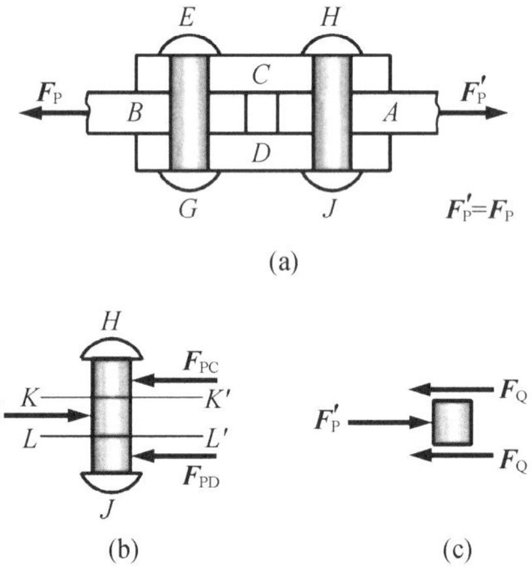

图 3-6

3.2.2 连接件的挤压破坏及挤压强度计算

在承载的情况下，铆钉或螺栓与连接板接触并挤压，因而在二者接触面的局部区域产生了较大的挤压力，从而发生挤压破坏(图 3 - 7)。挤压力是外力，不是内力。挤压应力(用 σ_c 表示)是垂直于接触面的正应力而不是切应力。

挤压力在挤压面上的分布规律也是非常复杂的。在工程计算中，和切应力实用计算一样，采用挤压实用计算方法。假设挤压应力在“有效挤压面”上均匀分布。所谓**有效挤压面**是指挤压面积在垂直于总挤压力方向上的投影(图 3-8)。于是，挤压应力为

图 3-7

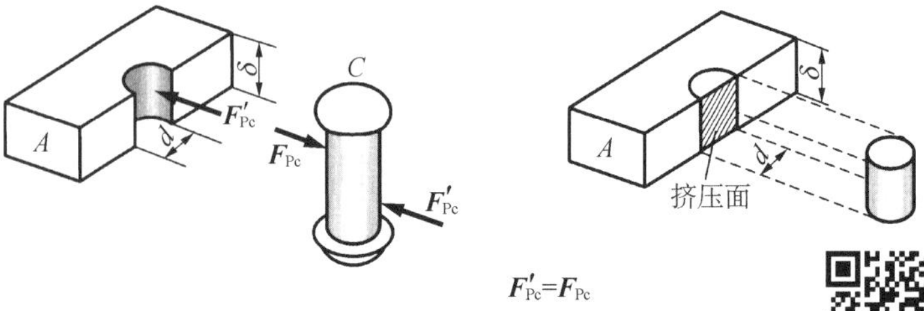

图 3-8

连接板错位对螺栓连接结构的影响

$$\sigma_c=\frac{F_{Pc}}{A} \tag{3-4}$$

式中 A——挤压面在挤压力方向上的投影面积，即有效挤压面面积；

F_{Pc}——挤压力。

挤压力过大，连接件会在承受挤压的局部区域产生过量的塑性变形，导致铆接件或螺栓连接件丧失承载能力从而导致失效，如图 3-4(b)所示。为了保证连接件具有足够的挤压强度，必须将挤压应力限制在一定的范围内。

拉伸下的螺栓群效应

假设挤压应力在有效挤压面上均匀分布之后，连接件需满足的挤压强度条件为

$$\sigma_c = \frac{F_{Pc}}{A} = \frac{F_{Pc}}{\delta d} \leqslant [\sigma_c] \tag{3-5}$$

式中 F_{Pc}——作用在铆钉或螺栓上的总挤压力；

$[\sigma_c]$——板材的挤压许用应力；各种材料的许用挤压应力可以从有关规范中查得，对于钢材 $[\sigma_c]=(1.7 \sim 2.0)[\sigma]$。由于连接件和被连接件的挤压应力是相同的，当二者材料相同时，校核其中任何一个就行了；当二者材料不同时，应对抗挤压能力较弱者进行挤压强度计算和校核。

3.2.3 连接板的拉断强度计算

连接板由于铆钉或螺栓等孔削弱了横截面面积而使其强度降低，在承受外载作用时，有可能被拉断而产生拉伸破坏，如图 3-4(c)所示。其拉断强度计算方法与第 2 章中拉、压杆件的强度计算方法相同。

3.2.4 连接件后面的连接板的剪切计算

如图 3-4(d)所示，若铆钉或螺栓孔后面自其中心线至连接板端部的距离很小时，其抗剪切面积很小，因而有可能使铆钉后面的连接板沿纵向被剪断。但是，当上述距离较大时(一般大于铆钉孔直径的 2 倍)，这种破坏则可以避免。

【例 3-1】 在如图 3-9 所示的钢板铆接结构中，已知钢板的拉伸许用应力 $[\sigma]=98$ MPa，挤压许用应力 $[\sigma_c]=196$ MPa，钢板厚度 $\delta=10$ mm，宽度 $b=100$ mm，铆钉直径 $d=17$ mm，铆钉许用切应力 $[\tau]=137$ MPa，挤压许用应力 $[\sigma_c]=314$ MPa。若铆接件承受的载荷 $F_P=23.5$ kN，试校核钢板与铆钉的强度。

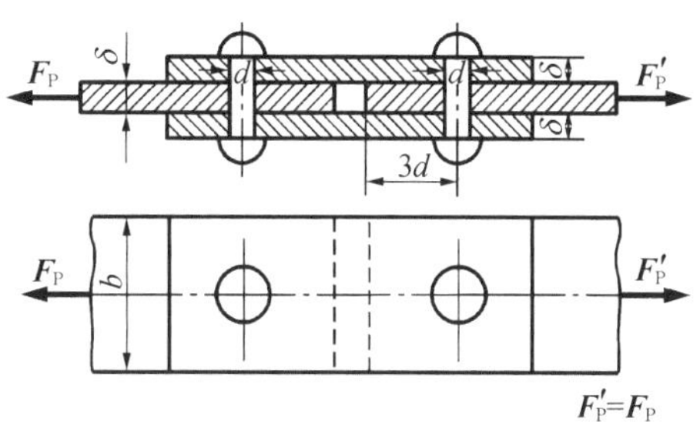

图 3-9

【解】 对于钢板，由于自铆钉孔边缘线至板端部的距离比较大，该处钢板纵向承受剪切的面积较大，因而具有较高的抗剪切强度。因此，本例中只需校核钢板的拉伸强度和挤压强度以及铆钉的挤压和剪切强度。现分别计算如下。

(1) 校核钢板的强度

拉伸强度： 考虑到铆钉孔对钢板的削弱，有

$$\sigma = \frac{F_N}{A} = \frac{F_P}{(b-d)\delta} = \frac{23.5 \times 10^3}{(100-17) \times 10^{-3} \times 10 \times 10^{-3}}$$
$$= 28.3 \times 10^6 \text{ Pa} = 28.3 \text{ MPa} < [\sigma] = 98 \text{ MPa}$$

钢板的拉伸强度是安全的。

挤压强度：在图 3-9 所示的受力情形下，钢板所受的总挤压力为 F_P；有效挤压面面积为 δd。于是有

$$\sigma_c=\frac{F_P}{\delta d}=\frac{23.5\times10^3}{10\times10^{-3}\times17\times10^{-3}}$$
$$=138\times10^6\ \text{Pa}=138\ \text{MPa}<[\sigma_c]=196\ \text{MPa}$$

钢板的挤压强度也是安全的。

(2) 校核铆钉的强度

剪切强度：在如图 3-9 所示受力下，铆钉有两个剪切面，每个剪切面上的剪力 $F_Q=F_P/2$，于是有

$$\tau=\frac{F_Q}{A}=\frac{\frac{F_P}{2}}{\frac{\pi d^2}{4}}=\frac{2F_P}{\pi d^2}=\frac{2\times23.5\times10^3}{\pi\times17^2\times10^{-6}}$$
$$=51.8\times10^6\ \text{Pa}=51.8\ \text{MPa}<[\tau]=137\ \text{MPa}$$

铆钉的剪切强度是安全的。

挤压强度：铆钉的总挤压力与有效挤压面面积均与钢板相同，而且挤压许用应力较钢板为高，因钢板的挤压强度已校核是安全的，故无需重复计算。

由此可见，整个连接结构的强度都是安全的。

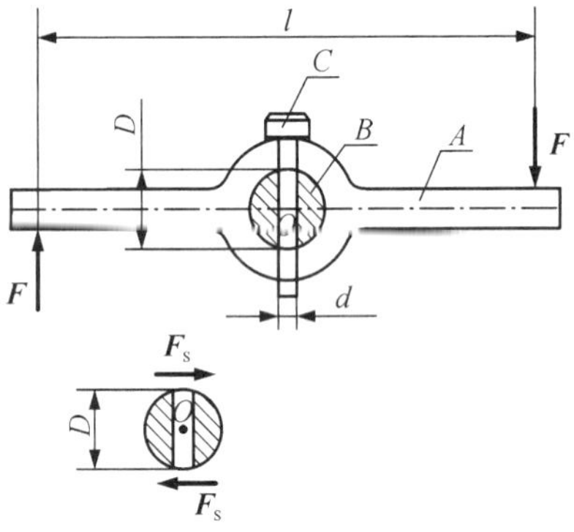

图 3-10

【例 3-2】 如图 3-10 所示的销钉连接中，构件 A 通过安全销 C 将力偶矩传递到构件 B。已知荷载 $F=2$ kN，加力臂长 $l=1.2$ m，构件 B 的直径 $D=65$ mm，销钉的极限切应力 $\tau_u=200$ MPa。试求安全销所需的直径 d。

【解】 取构件 B 和安全销为研究对象，由平衡条件

$$\sum M_O=0,\ F_sD=Fl$$

得

$$F_s=\frac{Fl}{D}=36.92\ \text{kN}$$

当安全销横截面上的切应力达到其极限值时，销钉被剪断，即剪断条件为

$$\tau=\frac{F_s}{A_s}=\frac{F_s}{\pi d^2/4}=\tau_u$$

解得

$$d=\sqrt{\frac{4F_s}{\pi\tau_u}}=0.015\,3\ \text{m}=15.3\ \text{mm}$$

【例 3-3】 如图 3-11(a)所示齿轮与轴由平键 ($b=16$ mm, $h=10$ mm,) 连接，它传递的扭矩 $m=1\,600$ N·m，轴的直径 $d=50$ mm，键的许用切应力$[\tau]=80$ MPa，许用挤压应力$[\sigma_{bs}]$

$=240\ \mathrm{MPa}$，试设计键的长度。

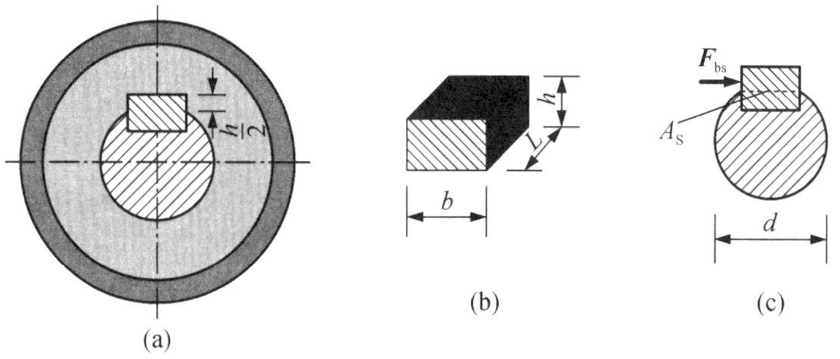

图 3-11

【解】 (1) 键的受力如图 3-11(b)，(c)所示，所以

$$F_s=F_{bs}=\frac{m}{d/2}=\frac{2\times 1\ 600}{0.05}=64\ \mathrm{kN}$$

(2) 根据切应力强度条件计算键的长度

$$\frac{F_s}{Lb}\leqslant[\tau]$$

$$L\geqslant\frac{F_s}{b[\tau]}=\frac{64\times 10^3}{16\times 80}=50\ \mathrm{mm}$$

(3) 根据挤压应力强度条件计算键的长度

$$\frac{2F_{bs}}{Lh}\leqslant[\sigma_{bs}]$$

$$L\geqslant\frac{2F_{bs}}{h[\sigma_{bs}]}=\frac{2\times 64\times 10^3}{10\times 240}=53.3\ \mathrm{mm}$$

要保证齿轮和轴的安全连接，键的长度应该取两种情况的较大值，所以，键的长度为 53.3 mm。

讨论 由上面的两个例题可知，销钉或键在连接件中主要承受剪切或挤压作用，其实用计算和铆钉或螺栓的实用计算类似。

3.3 焊缝与胶粘接缝的剪切实用计算

焊接和胶粘接也是工程中大量采用的连接方式。对于主要承受剪切的焊缝(焊缝剪切面，图 3-12)，设计时，假设破坏是在焊缝的最小断面(即剪切面)上发生，并假设切应力在剪切面上均匀分布。焊缝的横截面一般视为等腰三角形，则焊缝的最小厚度为三角形斜边的高，等于 cos 45°。于是焊缝上的切应力为

$$\tau=\frac{F_Q}{A}=\frac{F_Q}{2\delta l\cos 45^\circ} \qquad (3\text{-}6)$$

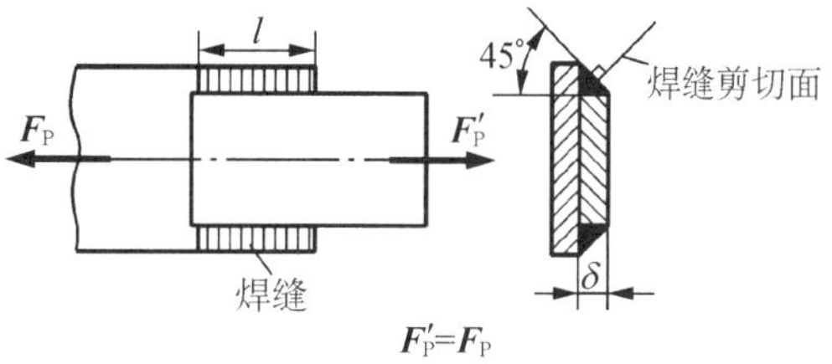

图 3-12

式中 F_Q——作用在单条焊缝最小断面上的剪力。

δ——图 3-12 所示钢板的厚度。

l——焊缝长度。通常情况下,由于焊缝两端的焊接质量不易保证,计算中常将焊缝长度扣除 10 mm 后作为计算长度。

根据实物实验以及式(3-1),也可以得到焊缝剪切破坏应力,进而得到许用切应力$[\tau]$。于是焊缝剪切实用计算的强度设计准则为

$$\tau=\frac{F_Q}{A}\leqslant[\tau] \tag{3-7}$$

对于胶粘连接,由于粘接构件的受力情况及胶粘接缝方向各不相同,因此破坏形式也是不同的。在实际计算时,可将胶层视为构件的一部分(其强度与构件的强度不同)。根据构件的受力情况,胶层可能承受切应力,也可能承受正应力,或二者均有。相应胶层的强度条件,可能是正应力强度条件,也可能是切应力强度条件,还可能二者都必须考虑。

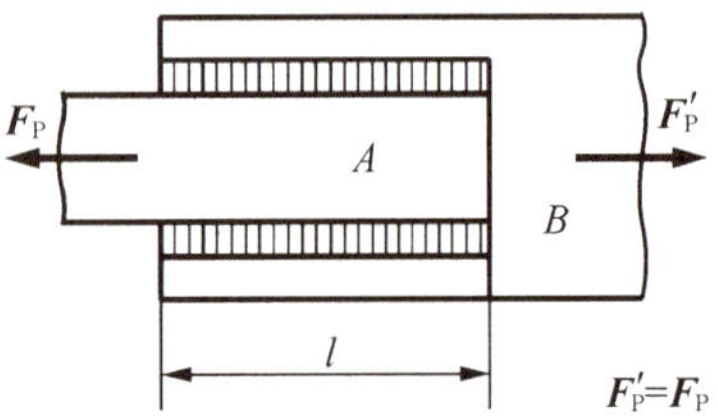

图 3-13

【例 3-4】 如图 3-13 所示两块钢板 A 和 B 搭接焊在一起,钢板 A 的厚度 $\delta=8$ mm。已知 $F_P=150$ kN,焊缝的许用切应力$[\tau]=108$ MPa。试求焊缝不发生剪切破坏所需要的长度。

【解】 在图 3-13 所示的受力情形下,焊缝主要承受剪切,两条焊缝上承受的总剪力 $F_Q=F_P$。焊缝的剪切面面积

$$A=2\delta l\cos 45^\circ$$

其中,$\delta=8$ mm,l 为未知量。由实用计算的强度设计准则得

$$\tau=\frac{F_Q}{A}=\frac{F_P}{2\delta\cos 45^\circ l}=\frac{150\times10^3}{2\times8\times10^{-3}\cos 45^\circ\times l}\leqslant[\tau]$$

由此,解得

$$l\geqslant\frac{150\times10^3}{2\times8\times10^{-3}\cos 45^\circ\times[\tau]}=\frac{150\times10^3}{2\times8\times10^{-3}\cos 45^\circ\times108\times10^6}$$

$$l=123\times10^{-3}\text{ m}=123\text{ mm}$$

考虑到在工程中开始焊接和焊接终了时的两段焊缝有可能未焊透,实际焊缝的长度应稍大于计算长度。一般应在由强度计算得到的长度上再加 2δ(δ 为钢板厚度),故本例中焊缝长度可取为 140 mm。

【例 3-5】 如图 3-14 所示的焊接接头由 160 mm×100 mm×14 mm 的不等边角钢与钢板焊接而成。载荷沿着通过角钢形心的轴线作用,$F_P=450$ kN;焊缝许用切应力$[\tau]=100$ MPa。求下列两种情况下所需各条焊缝长度:(1) 仅在角钢两侧焊接;(2) 在角钢两侧及端部都焊接。

【解】 为计算方便,可根据剪切面积及许用切应力,先算出单位长度(1 mm)焊缝所能承受的剪切力。因为剪切面积 $A=0.707\delta l$,其中 δ 为焊脚厚度,在本例中即为角钢厚度 $\delta=$

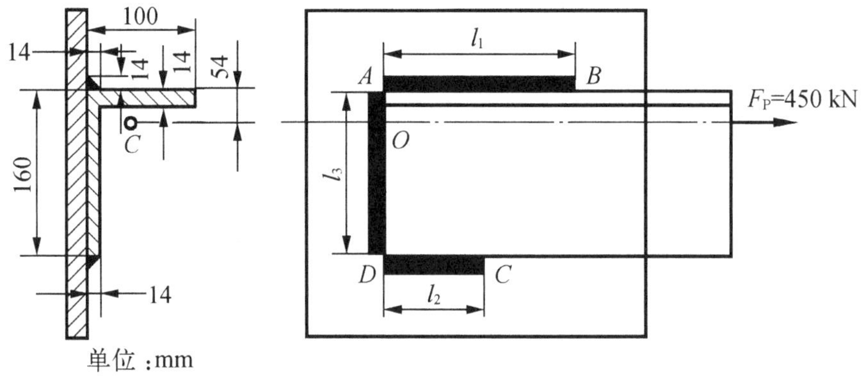

图 3-14

14 mm。于是由强度条件

$$\tau=\frac{F_Q}{A}=\frac{F_Q}{0.707\delta l}\leqslant[\tau]$$

得到单位长度焊缝所能承受的剪切力为

$$\frac{F_Q}{l}\leqslant 0.707\delta[\tau]=0.707\times14\times100=989.8\ \mathrm{N/mm}$$

因此，当轴向载荷 $F_P=450$ kN 时，所需要的焊缝总长度为 l_t，则

$$l_t\times\frac{F_Q}{l}=F_P$$

由此，得

$$l_t=F_P/(F_Q/l)=450\times10^3/989.8=454.6\ \mathrm{mm}$$

据此即可计算不同情形下的焊缝长度。

(1) 仅在角钢两侧焊接时。

AB 侧因距载荷 F_P 作用线较近，承受剪力较大，故所需焊缝较长。若设 AB 侧所需焊缝长度为 l_1，CD 侧所需长度为 l_2，则

$$l_1+l_2=l_t=454.6\ \mathrm{mm} \tag{a}$$

此外，根据平衡条件还可以确定两侧剪切力之比，亦即可以确定 l_1/l_2 之值。由 $\sum M_D=0$，有

$$\frac{F_Q}{l}\cdot l_1\cdot AD=F_P\cdot OD$$

由此，解得

$$l_1=\frac{F_P\cdot OD}{\dfrac{F_Q}{l}\cdot AD}=\frac{450\times10^3\times(160-54)}{989.8\times160}=301.2\ \mathrm{mm}$$

代入式(a)，得

$$l_2 = 454.6 - 301.2 = 153.4\ \text{mm}$$

(2) 两侧和端面都焊接的情形。

此时端面焊缝长度

$$l_3 = 160\ \text{mm}$$

于是有

$$l_1 + l_2 + l_3 = 454.6\ \text{mm}$$

亦即

$$l_1 + l_2 = 454.6 - 160 = 294.6\ \text{mm} \tag{b}$$

再利用 $\sum M_D = 0$,有

$$\frac{F_Q}{l} \times l_1 \times AD + \frac{F_Q}{l} \times l_3 \times \frac{AD}{2} = F_P \times OD$$

$$l_1 = \frac{F_P \times OD - \dfrac{F_Q}{l} \times l_3 \times \dfrac{AD}{2}}{\dfrac{F_Q}{l} \times AD} = \frac{450 \times 10^3 \times (160 - 54) - 989.8 \times 160 \times 80}{989.8 \times 160} = 221.2\ \text{mm}$$

代入式(b),得

$$l_2 = 294.6 - 221.2 = 73.4\ \text{mm}$$

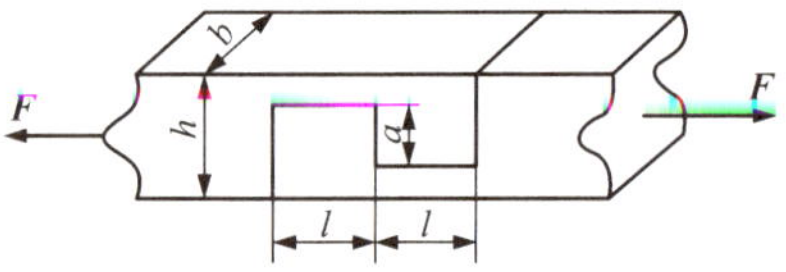

图 3-15

【例 3-6】 矩形截面木拉杆的榫接头如图 3-15 所示。已知轴向拉力 $F = 10$ kN,截面宽度 $b = 100$ mm,木材的许用挤压应力 $[\sigma_c] = 10$ MPa,许用切应力 $[\tau] = 1$ MPa。试按剪切与挤压强度确定接头的尺寸 l 和 a。

【解】 (1) 接头尺寸 l 由木材剪切强度决定,即

$$\tau = \frac{F}{b \times l} \leqslant [\tau]$$

解得

$$l \geqslant \frac{F}{b \times [\tau]} = \frac{10 \times 10^3}{100 \times 10^{-3} \times 1 \times 10^6} = 0.1\ \text{m} = 100\ \text{mm}$$

(2) 接头处尺寸 a 由木材挤压强度决定,即

$$\sigma = \frac{F}{b \times a} \leqslant [\sigma_c]$$

解得

$$a \geqslant \frac{F}{b \times [\sigma_c]} = \frac{10 \times 10^3}{100 \times 10^{-3} \times 10 \times 10^6} = 0.01\ \text{m} = 10\ \text{mm}$$

【例 3-7】 如图 3-16 所示木杆由 A、B 两部分用斜面胶接而成。已知胶缝的许用切应

力$[\tau]=517$ kPa，许用拉应力$[\sigma]=850$ kPa。求许可载荷$[F]$。

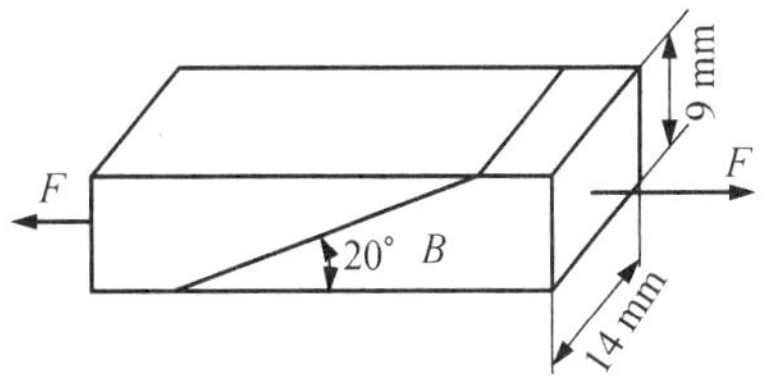

图 3-16

【解】 根据应力状态分析可知，胶粘接缝斜面上既有正应力又有切应力，需要分别确定许用载荷。

(1) 正应力确定的许用载荷为

$$\sigma_x=\frac{F}{A}\cos^2 70^\circ\leqslant[\sigma]$$

$$F\leqslant\frac{[\sigma]A}{\cos^2 70^\circ}=\frac{850\times10^3\times14\times9}{\cos^2 70^\circ}=915.6\ \text{N}$$

(2) 切应力确定的许用载荷为

$$\tau_{x'y'}=\frac{1}{2}\times\frac{F}{A}\sin 40^\circ\leqslant[\tau]$$

$$F\leqslant\frac{2[\tau]A}{\sin 40^\circ}=\frac{2\times517\times10^3\times14\times9}{\sin 40^\circ}=144.8\ \text{N}$$

许用载荷为二者中的较小者，所以许用载荷为 144.8 N。

3.4 结论与讨论

(1) 根据结构及其受力情况，正确判断构件是否主要承受剪切(或挤压)，并正确确定其承受剪切的作用面(或挤压面)。

(2) 根据平衡条件，确定剪切面上所承受的剪力。

(3) 无论是铆接、螺栓连接、键连接或者木结构中的榫连接，连接件主要承受切应力和挤压应力，其实用计算方法类似。

习 题

3-1 夹钳尺寸如图 3-17 所示。销子 A 的直径 $d=5$ mm。当夹力为 20 N，剪直径与销子直径相同的铜丝时，求铜丝与销子横截面的平均切应力。

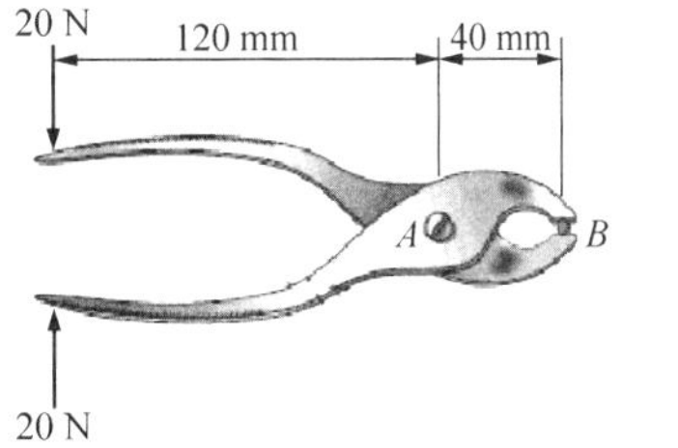

图 3-17

3-2 图 3-18 是某型号自行车链条的基本结构，主要由连接钢片(链片)和销钉组成。设销钉直径为 2.5 mm，相邻销钉间距为 12 mm，脚蹬传递给链条的拉力为 500 N，试计算销钉的平均切应力。

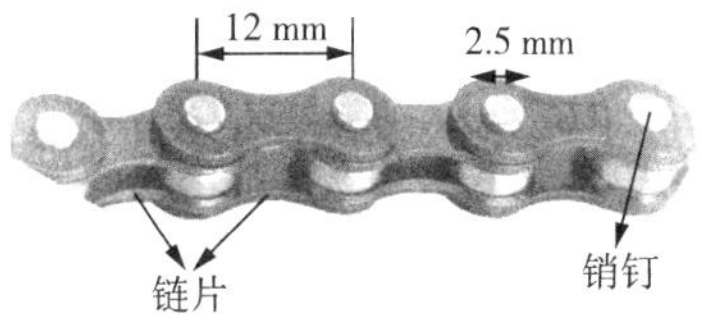

图 3-18 自行车链条

3-3 拉力 $P=80$ kN 的螺栓连接如图 3-19 所示。已知 $b=80$ mm，$t=10$ mm，$d=22$ mm，螺栓的许用切应力$[\tau]=130$ MPa，钢板的许用挤压应力$[\sigma_c]=300$ MPa，许用拉应力$[\sigma]=170$ MPa。试校核该接头的强度。

3-4 将图 3-19 所示的螺栓连接改为铆接，已知铆钉直径 $d=19$ mm，钢板宽度 $b=127$ mm，厚度 $t=12.7$ mm；铆钉的许用切应力$[\tau]=137$ MPa，挤压许用应力$[\sigma_c]=314$ MPa；钢板的拉伸许用应力$[\sigma]=98.0$ MPa，挤压许用应力$[\sigma_c]=196$ MPa。假设 4 个铆钉

所受剪力相等。试求此连接件的许可载荷 P。

3-5 销钉式安全离合器如图 3-20 所示，允许传递的外力偶矩 $m = 30\ \text{kN}\cdot\text{cm}$，销钉材料的剪切强度极限 $\tau_b = 360\ \text{MPa}$，轴的直径 $D = 30\ \text{mm}$，为保证 $m > 30\ \text{kN}\cdot\text{cm}$ 时销钉被剪断，求销钉的直径 d。

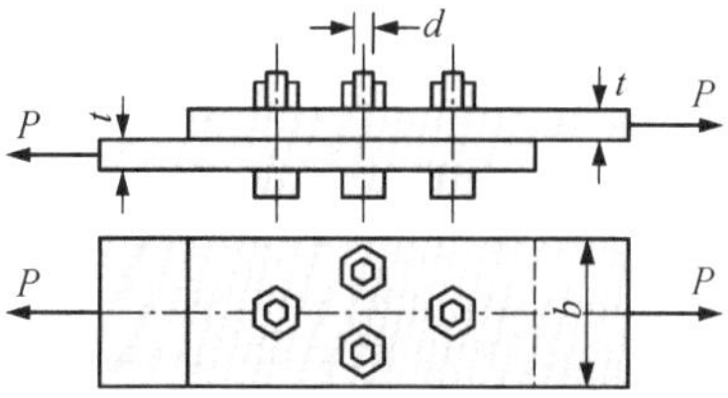

图 3-19

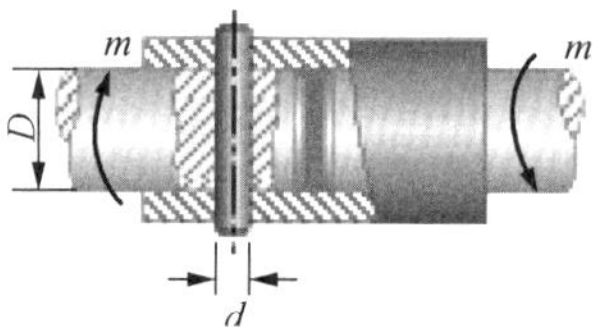

图 3-20

3-6 一冶炼厂使用的高压泵安全阀如图 3-21 所示。要求当活塞下高压液体的压强 $P=3.4\ \text{MPa}$ 时，使安全销沿 1—1 和 2—2 两截面剪断，从而使高压液体流出，以保证泵的安全。已知活塞直径 $D=5.2\ \text{cm}$，安全销采用钢材，其剪切极限$[\tau_b]=320\ \text{MPa}$，试确定安全销的直径 d。

3-7 如图 3-22(a)所示的发动机传动轴与齿轮用平键连接，计算简图如图 3-22(b)所示。已知该发动机传动轴的直径 $d=70\ \text{mm}$，平键的尺寸 $b\times h\times l=20\ \text{mm}\times 12\ \text{mm}\times 100\ \text{mm}$，传递最大力矩 $T=2\ \text{kN}\cdot\text{m}$，键的许用切应力$[\tau]=60\ \text{MPa}$，许用挤压应力$[\sigma_{bs}]=100\ \text{MPa}$，试校核该平键的强度。

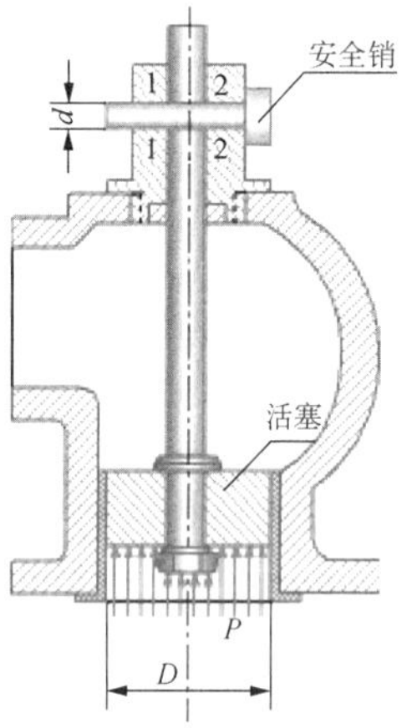

图 3-21

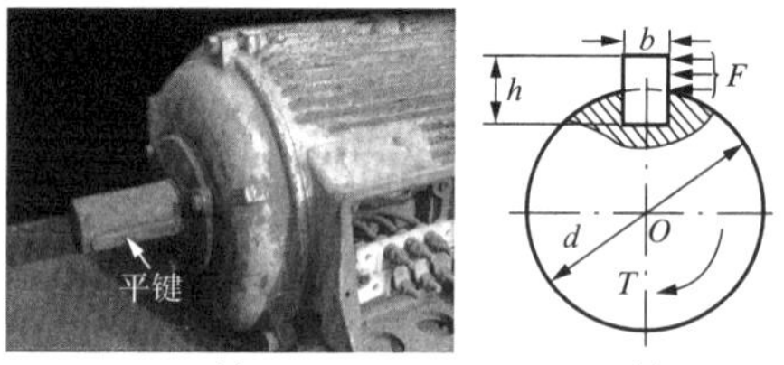

(a) (b)

图 3-22

3-8 两块钢板的搭接焊缝如图 3-23 所示，两钢板的厚度相同，$\delta = 12.7\ \text{mm}$，左端钢板宽度 $b = 127\ \text{mm}$，轴向加载。焊缝的许用切应力$[\tau] = 93.2\ \text{MPa}$；钢板的许用应力$[\sigma] = 137\ \text{MPa}$。试求钢板与焊缝等强度时(同时失效称为等强度)，每边所需的焊缝长度。

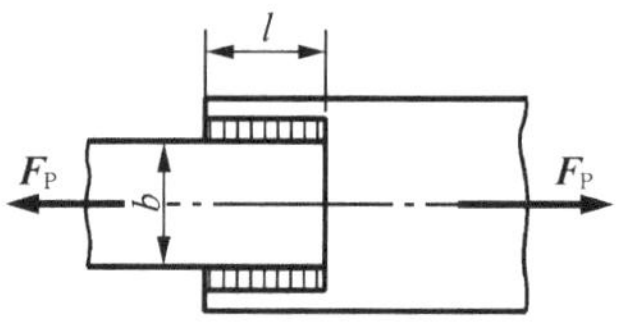

图 3-23

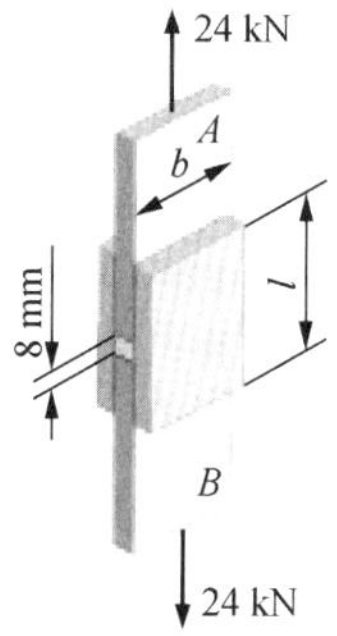

图 3-24

3-9　木构件 A 和 B 由两片层合板用胶粘接在一起，承受轴向载荷作用，如图 3-24 所示。已知 A 和 B 的空隙为 8 mm；板宽 $b=100$ mm；胶层的许用切应力$[\tau]=800$ kPa。试确定层合板的长度 l。

3-10　木梁由柱支撑，如图 3-25 所示，今测得柱中的轴向压力 $P=75$ kN，若已知木梁所能承受的许用挤压应力$[\sigma_{bc}]=3.0$ MPa。试确定柱与木梁之间垫板的尺寸。

3-11　某木材结构受力如图 3-26 所示，若已知木材的许用切应力$[\tau]=6.5$ MPa，试校核木接头剪切强度是否安全。

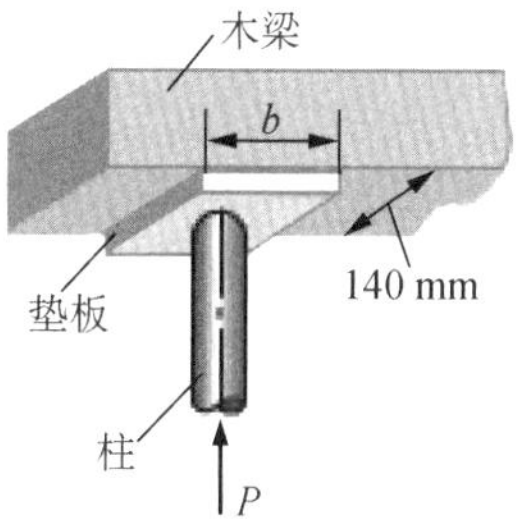

图 3-25

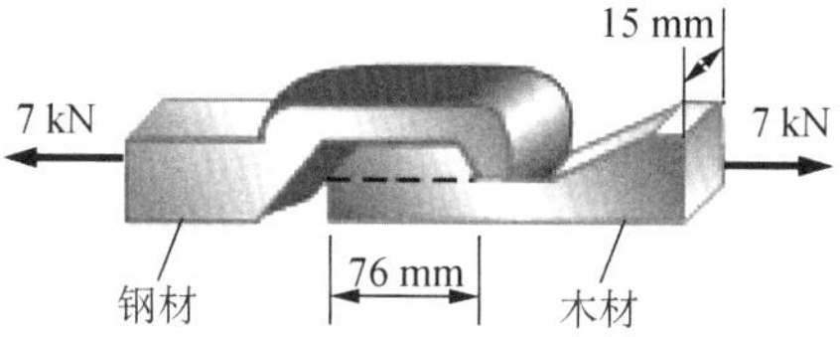

图 3-26

3-12　如图 3-27 所示两根木制矩形截面拉杆，中间用钢板卡子连接。已知轴向载荷 $F_P=60$ kN；截面宽度 $b=150$ mm；沿木纹方向的拉伸许用应力$[\sigma]=8$ MPa，许用切应力$[\tau_1]=1$ MPa，许用挤压应力$[\sigma_1]=10$ MPa。试确定木杆的截面高度 h、钢板的尺寸 a 和 l。

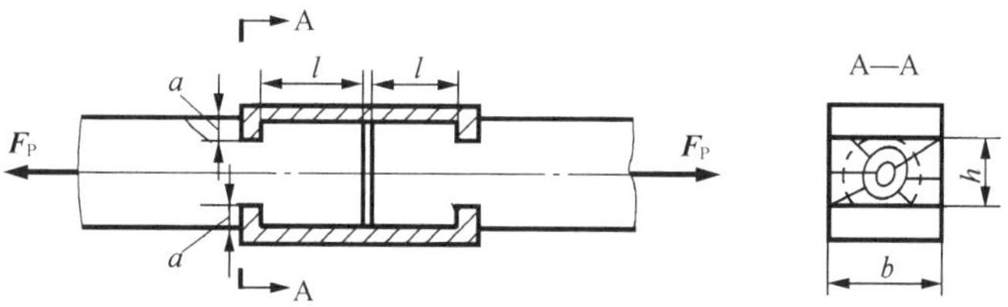

图 3-27

4 扭　转

基本要求

(1) 掌握扭转时外力偶矩的换算；
(2) 掌握切应力互等定理和剪切胡克定律；
(3) 掌握圆轴扭转时的应力与变形计算，能熟练地进行扭转的强度和刚度计算；
(4) 掌握薄壁圆筒扭转时的切应力计算；
(5) 理解扭转静不定问题，理解非圆截面杆扭转时的切应力计算；
(6) 掌握开口和闭口薄壁截面直杆自由扭转的概念。

扭转变形是杆件的一种基本变形。在实际工程中，有很多承受扭转作用的杆件，图 4-1 显示了几种扭转构件。

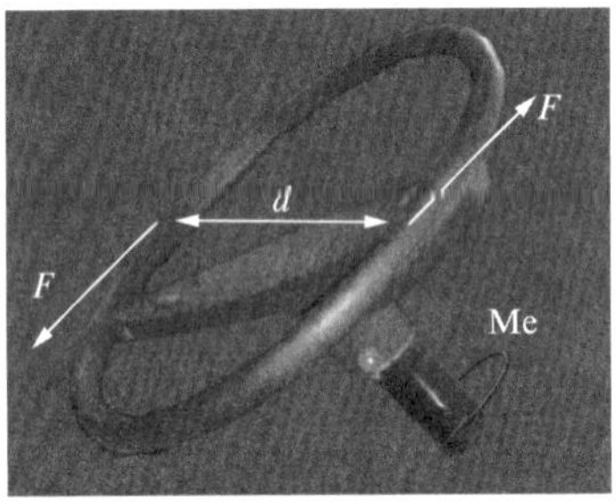

(a) 汽车方向盘轴

(b) 十字扳手

(c) 钻探机轴

(d) 某些传动轴

图 4-1

当外力偶矩作用面方位平行于杆件轴线时，杆件各横截面绕轴线发生相对转动，这种变形称为**扭转变形**，如图 4-2 所示。对于圆截面杆件，扭转时两个横截面发生相对转动，转动过的角度称为**扭转角**，用 φ 表示。杆件表面纵向线倾斜了一个角度 γ，称为**切应变**。以扭转变形为主的杆件称为轴。

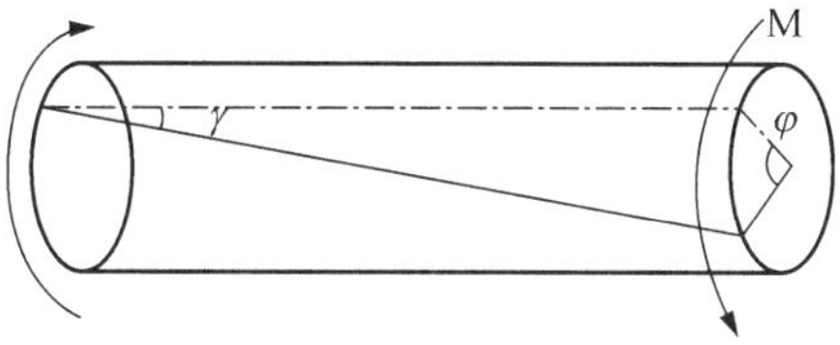

图 4-2

4.1 外力偶矩、扭矩和扭矩图

4.1.1 外力偶矩

工程中，传动轴所受的外力偶矩通常不是直接给出的，一般只知道轴所传递的功率和转速。因此需要根据功率和转速求出外力偶矩的大小。

由理论力学的动力学可知，力偶 M 在单位时间内所作的功，即为功率 P，即

$$P = M\omega$$

式中，ω 为角速度，国际单位为 arc/s，力偶矩 M 和功率 P 的国际单位分别为 N · m 和 W。在实际工程中，力偶矩的单位取 N · m，功率的单位取 kW，转速 n 的单位取 r/min，所以经过单位换算，上式可写成

$$M = 9\,549 \times \frac{P}{n} \tag{4-1}$$

4.1.2 扭矩

作用在轴上的外力偶矩确定后，可以通过截面法来研究轴的内力。

如图 4-3(a)所示，在外力偶矩 M 的作用下，杆件发生扭转变形。假想一平面沿横截面 m—m 将轴分成两段，并取左段进行平衡分析，如图 4-3(b)所示，由平衡方程 $\sum M_x = 0$ 可得横截面 m—m 上内力

$$T = M$$

式中，T 为扭矩。当然，也可以取右段进行平衡分析，如图 4-3(c)所示，同样可得横截面 m—m 上内力 $T = M$。

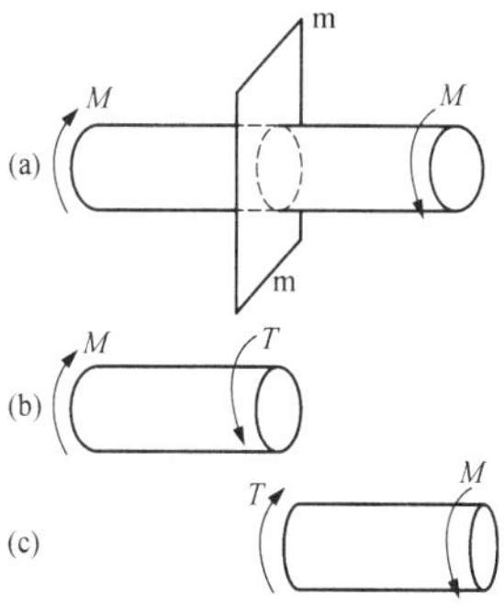

图 4-3

扭矩的正负号规定：按右手螺旋法则来判断扭矩矢量的方向，若扭矩矢量的方向与横截面的外法线方向一致，则扭矩为正，反之为负。

4.1.3 扭矩图

作用在传动轴上的外力偶矩通常是多个的,因此在不同轴段上的扭矩也可能各不相同,需要通过截面法分别计算各段扭矩值。为了形象地表示各横截面上扭矩的大小,确定最大扭矩发生的截面位置,可以绘制轴的扭矩图。和轴力图类似,扭矩图上的横坐标表示横截面的位置,纵坐标表示相应截面上扭矩的大小。

【例4-1】 如图4-4(a)所示传动轴的转速 $n=300$ r/min,主动轮 B 输入功率 $P_B=400$ kW,3个从动轮的输出功率分别为 $P_A=100$ kW, $P_C=P_D=150$ kW。试作轴的扭矩图。

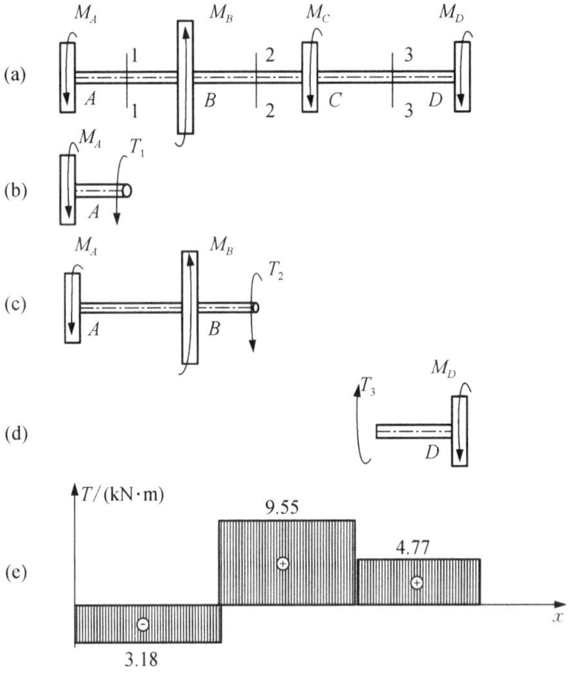

图4-4

【解】 (1) 计算外力偶矩。

由式(4-1)得 $M_A=9\,549\times\dfrac{P_A}{n}=9\,549\times\dfrac{100}{300}\approx3.18\ \text{kN}\cdot\text{m}$

$$M_B=9\,549\times\frac{P_B}{n}=9\,549\times\frac{400}{300}\approx12.73\ \text{kN}\cdot\text{m}$$

$$M_C=M_D=9\,549\times\frac{P_C}{n}=9\,549\times\frac{150}{300}\approx4.77\ \text{kN}\cdot\text{m}$$

(2) 用截面法计算各段轴内扭矩。

分别在截面1—1,2—2,3—3处将传动轴截开,假设各截面上的扭矩为正,如图4-4(b)、(c)、(d)所示。由平衡条件可计算出各段扭矩

$$T_1=-M_A=-3.18\ \text{kN}\cdot\text{m}$$
$$T_2=M_B-M_A=9.55\ \text{kN}\cdot\text{m}$$
$$T_3=M_D=4.77\ \text{kN}\cdot\text{m}$$

(3) 画扭矩图。

横截面的位置用 x 轴表示,纵坐标表示相应截面上的扭矩的大小,根据计算得到的各段扭矩值画出扭矩图,如图 4-4(e)所示。由图可见,BC 段内扭矩最大,其值为 9.55 kN·m。

4.2 切应力互等定理和剪切胡克定律

4.2.1 切应力互等定理

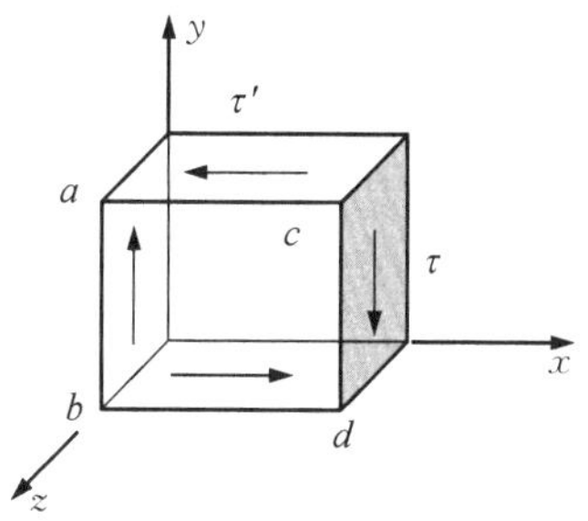

图 4-5

取如图 4-5 所示边长分别为 dx, dy 和 dz 的单元体。单元体左右两侧为横截面方位,由 y 方向平衡可知作用在该两横截面上的切应力 τ 应该大小相等、方向相反。为了保证单元体不发生转动,单元体上、下两个截面上必然也存在切应力,由 x 方向平衡可知,上、下两截面上的切应力 τ' 应该大小相等、方向相反。由平衡方程 $\sum M_z = 0$

$$(\tau' \mathrm{d}x\,\mathrm{d}z)\mathrm{d}y - (\tau\,\mathrm{d}y\mathrm{d}z)\mathrm{d}x = 0$$

得

$$\tau = \tau' \tag{4-2}$$

式(4-2)表明,在单元体相互垂直的两个截面上,切应力成对出现,它们大小相等,方向均指向或者背离两截面的交线。这个关系称为**切应力互等定理**。

在单元体 4 个侧面上,只有切应力而没有正应力,这种应力状态称为**纯剪切**。当单元体上同时存在正应力时,切应力互等定理仍然适用。

4.2.2 剪切胡克定律

扭转实验表明,当切应力不超过材料的剪切比例极限 τ_p 时,切应力与切应变成线性关系,即

$$\tau = G\gamma \tag{4-3}$$

式(4-3)称为**剪切胡克定律**。G 是材料的弹性常数,称为**切变模量或剪切弹性模量**,随材料而异,其量纲和弹性模量 E 相同。

4.2.3 各向同性材料各弹性常数之间的关系

对于各向同性材料,胡克定律中的弹性模量、切变模量及泊松比这 3 个弹性常数并不完全独立,它们之间存在如下关系:

$$G = \frac{E}{2(1+\nu)} \tag{4-4}$$

需要指出的是,对于很多各向同性材料,其泊松比一般在 0~0.5 之间取值,因此,切变模量 G 的取值范围为 $E/3 \sim E/2$。

4.3 圆轴扭转时横截面上的应力分析和强度计算

4.3.1 圆轴扭转时横截面上的应力

为了确定圆轴扭转时横截面上的应力分布，需要首先观察圆轴扭转变形特点，然后综合考虑几何关系、物理关系和静力平衡关系来推导应力公式。

1. 圆轴扭转变形与平面假设

为分析圆轴扭转时横截面上的应力，变形前在圆轴表面画上等间距纵向线和圆周线，并形成一系列方格。在圆轴两端施加一对大小相等、方向相反的外力偶矩 M，可以发现：各圆周线的大小、形状和间距均不发生改变；各纵向线发生倾斜，但仍保持直线，如图 4-6(a)所示。

根据表面变形特点，对圆轴内部变形做出假设：圆轴各横截面在变形前是平面，变形后仍然为平面，只是绕杆的轴线发生相对转动。这个假设称为**平面假设**，其正确性已由实验和弹性理论验证。

由圆轴变形特点及平面假设可以得到推论：圆轴扭转时横截面上只有切应力，正应力为零。为得到圆轴横截面上切应力的分布规律，下面从几何关系、物理关系和静力平衡关系三方面来考虑。

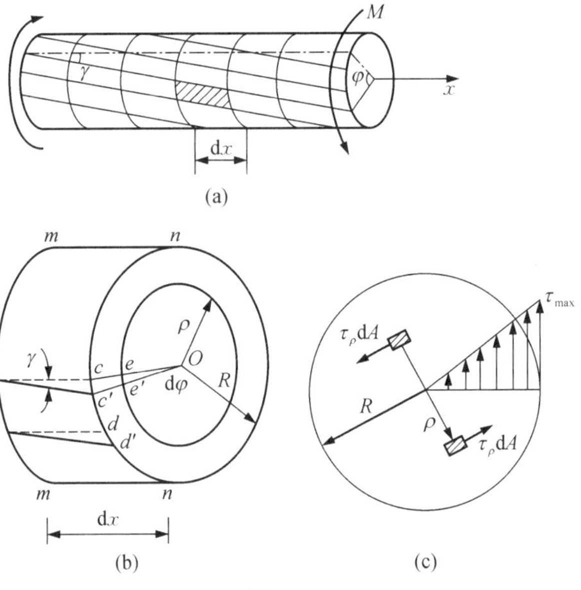

图 4-6

2. 几何关系

从圆轴中截取长为 dx 的微段，如图 4-6(b)所示。由平面假设可知，截面 n—n 相对于截面 m—m 转动了一个角度 dφ。由于截面转动，圆轴表面上单元体 $abcd$ 变成了平行四边形 $abc'd'$，杆表面上纵向线 ac 倾斜了一个角度 γ，γ 即 a 点处的切应变。由几何关系可得

$$\gamma \approx \tan\gamma = \frac{cc'}{\mathrm{d}x} = R \cdot \frac{\mathrm{d}\varphi}{\mathrm{d}x}$$

同理,根据平面假定,在圆轴内部半径为 ρ 处垂直于半径平面内的切应变为 γ_ρ,通过几何关系可得

$$\gamma_\rho \approx \tan\gamma_\rho = \rho \cdot \frac{d\varphi}{dx} \tag{4-5}$$

其中,$\frac{d\varphi}{dx}$为扭转角沿轴线 x 方向的变化率,即单位长度扭转角。对于某一处的横截面,$\frac{d\varphi}{dx}$为常量。由式(4-5)可知,圆轴扭转时,横截面上某点处的切应变与其到横截面中心的距离成正比,即切应变沿半径方向的线性分布。

3. 物理关系

由剪切胡克定律可知,在线弹性范围内,切应力和切应变成正比,即

$$\tau = G\gamma$$

将式(4-5)代入上式,并令离圆心距离为 ρ 处的切应力为 τ_ρ,得到横截面上切应力的分布为

$$\tau_\rho = G\gamma_\rho = G\rho \cdot \frac{d\varphi}{dx} \tag{4-6}$$

式(4-6)表明:横截面上任意点处的切应力与该点到圆心的距离成正比,即圆周边缘处切应力最大,圆心处切应力为零。由于切应变发生在垂直于半径的平面内,所以切应力的方向与半径垂直,如图 4-6(c)所示。

4. 静力平衡关系

由于式(4-6)中$\frac{d\varphi}{dx}$是一个待定参数,需要从静力平衡关系出发确定该参数。在横截面上离圆心距离 ρ 处取一微元 dA,如图 4-6(c)所示,其上作用的力为 $\tau_\rho dA$,其对圆心的力矩为 $\rho\tau_\rho dA$。因此,在整个横截面上所有微元对圆心的力矩之和等于横截面上的扭矩,即

$$\int_A \rho\tau_\rho \, dA = T \tag{4-7}$$

将式(4-6)代入式(4-7),整理后可得

$$G \cdot \frac{d\varphi}{dx}\int_A \rho^2 \, dA = T \tag{a}$$

由附录 A 的定义可知,式中积分 $\int_A \rho^2 dA$ 是仅与横截面几何尺寸有关的几何量,被称为横截面的**极惯性矩**,用 I_p 表示,即

$$I_p = \int_A \rho^2 \, dA \tag{b}$$

将式(b)代入式(a)可得单位长度扭转角

$$\frac{d\varphi}{dx} = \frac{T}{GI_p} \tag{4-8}$$

式中,GI_p 被称为圆轴的**扭转刚度**,反映了圆轴抵抗变形的能力。

将式(4-8)代入式(4-6),可得圆轴扭转时横截面上任意一点处切应力为

$$\tau_\rho = \frac{T}{I_p}\rho \tag{4-9}$$

当 $\rho = R$ 时，即在横截面边缘处，切应力取最大值

$$\tau_{max} = \frac{TR}{I_p} = \frac{T}{W_p} \tag{4-10}$$

式中，$W_p = \frac{I_p}{R}$，称为**抗扭截面系数。**

讨论 推导扭转时横截面上的切应力公式是以平面假设为依据的，而该假设只有对圆轴才正确。因此，式(4-8)、式(4-9)和式(4-10)仅适用于圆轴。此外，在推导过程中用到了剪切胡克定律，故这些公式只能在最大切应力小于材料的剪切比例极限时才能使用。

为计算极惯性矩 I_p 和抗扭截面系数 W_p，在圆截面上距圆心 ρ 处取厚度为 $d\rho$ 的圆环，如图 4-7(a)所示，由式(b)可得

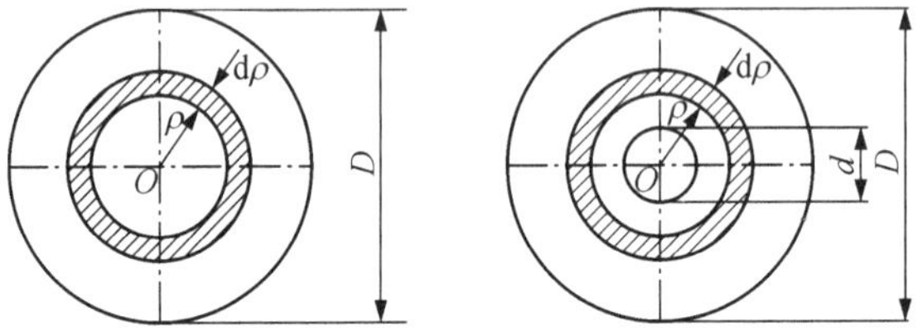

(a) (b)

图 4-7

$$I_p = \int_A \rho^2 dA = \int_0^{\frac{D}{2}} 2\pi\rho^3 d\rho = \frac{\pi D^4}{32} \tag{4-11}$$

实心圆轴的抗扭截面系数为

$$W_p = \frac{I_p}{R} = \frac{\pi D^3}{16} \tag{4-12}$$

由于平面假设同样适用于空心圆轴，所以切应力公式也适用于空心圆轴，设空心圆轴内、外径分别为 d 和 D，如图 4-7(b)所示，则空心圆轴的极惯性矩为

$$I_p = \int_A \rho^2 dA = \int_{\frac{d}{2}}^{\frac{D}{2}} 2\pi\rho^3 d\rho = \frac{\pi D^4}{32} - \frac{\pi d^4}{32} = \frac{\pi D^4}{32}(1-\alpha^4) \tag{4-13}$$

式中，$\alpha = d/D$ 为内外径之比。

同理空心圆轴的抗扭截面系数为

$$W_p = \frac{I_p}{R} = \frac{\pi D^3}{16}(1-\alpha^4) \tag{4-14}$$

4.3.2 圆轴扭转时斜截面上的应力

通过前面的分析可知，圆轴扭转时横截面边缘处各点切应力最大，为更全面地了解杆件内部的应力情况，还需要进一步研究斜截面上的应力。在受扭圆轴表面任意一点处用横截面、径

向截面以及与表面平行的面截取一个单元体,如图 4-8(a)所示,该单元体处于纯剪切应力状态。由于该单元体前后两面上无任何应力,故将其改用平面图表示,如图 4-8(b)所示。

分析单元体内垂直于前后两平面的任一斜截面 ef 上的应力,斜截面外法线方向 n 与 x 轴夹角为α,并规定从 x 轴至截面外法线方向逆时针转动时 α 为正值,反之为负。按截面法沿斜截面 ef 将单元体截开,分成两部分,取 ebf 部分进行平衡分析,如图 4-8(c)所示,由平衡方程可得

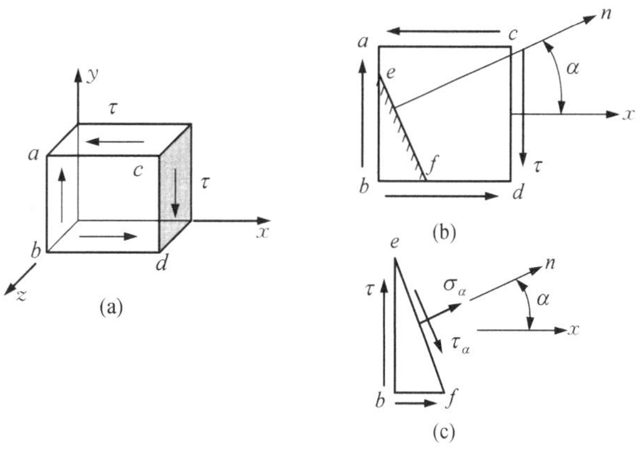

图 4-8

$$\sum F_x = 0 \qquad \sigma_\alpha \mathrm{d}A \cdot \cos\alpha + \tau_\alpha \mathrm{d}A \cdot \sin\alpha + \tau \mathrm{d}A_{bf} = 0$$

$$\sum F_y = 0 \qquad \sigma_\alpha \mathrm{d}A \cdot \sin\alpha - \tau_\alpha \mathrm{d}A \cdot \cos\alpha + \tau \mathrm{d}A_{eb} = 0$$

注意到 $\mathrm{d}A$ 为斜截面 ef 的面积,$\mathrm{d}A_{bf}$ 和 $\mathrm{d}A_{eb}$ 为直角面的面积,它们之间有如下关系:$\mathrm{d}A_{eb} = \mathrm{d}A\cos\alpha$ 和 $\mathrm{d}A_{bf} = \mathrm{d}A\sin\alpha$,代入平衡方程整理后得任意斜截面上的正应力 σ_α 和切应力 τ_α 的表达式为

$$\begin{aligned} \sigma_\alpha &= -\tau\sin 2\alpha \\ \tau_\alpha &= \tau\cos 2\alpha \end{aligned} \tag{4-15}$$

式(4-15)表明,斜截面上的应力随方位角 α 的变化而变化。

当 $\alpha = 0°$或 $\alpha = 90°$时,由式(4-15)可知,切应力绝对值达到最大,而正应力为零,即

$$\tau_{0°} = \tau_{\max} = \tau,\ \tau_{90°} = \tau_{\min} = -\tau,\ \sigma_{0°} = \sigma_{90°} = 0$$

当 $\alpha = \pm 45°$ 时,正应力分别达到最大值和最小值,而切应力为零,即

$$\sigma_{-45°} = \sigma_{\max} = \tau,\ \sigma_{45°} = \sigma_{\min} = -\tau,\ \tau_{\pm 45°} = 0$$

以上两种情况即为最大正应力及最大切应力所在截面,如图 4-9 所示。

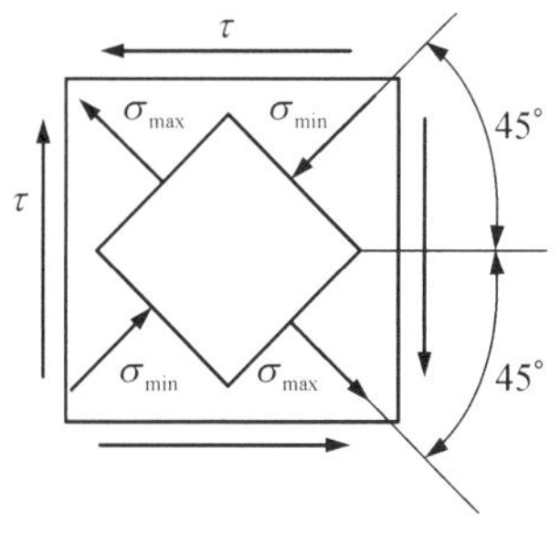

图 4-9

从以上分析可知,圆轴扭转时,在横截面和纵向面上切应力最大,而在±45°面上有最大的压应力和拉应力。这个结论可以对不同材料在扭转时的破坏现象做出解释。对于塑性材料(如低碳钢),其抗剪切能力低于抗拉能力,破坏发生在最大切应力面上,因此扭转时试件沿横截面被剪断,如图 4-10(a)所示。对于脆性材料(如铸铁),其抗压能力最强,抗剪能力次之,抗拉能力最弱,破坏发生在最大拉应力面上,因此扭转时试件沿 45°螺旋面被拉断,如图 4-10(b)所示,图 4-10(c)显示的是车用传动轴实际扭转破坏图片。

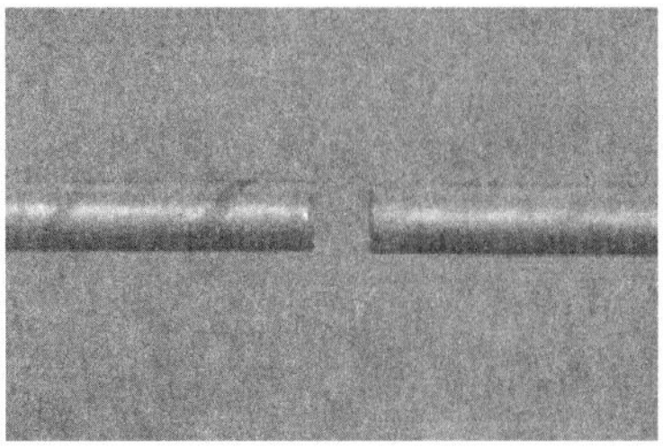

(a) 低碳钢扭转破坏

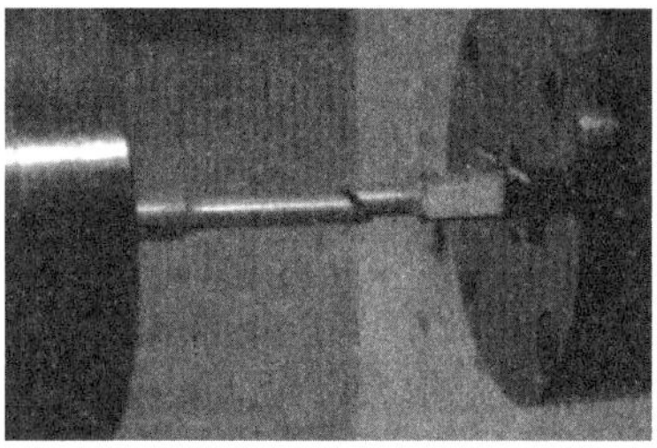

(b) 铸铁扭转破坏

(c) 车用传动轴实际扭转破坏图片

图 4-10

4.3.3 圆轴扭转时的强度条件

圆轴扭转时,轴内的最大切应力 $\tau_{\max}$ 不允许超过材料的许用切应力$[\tau]$,即

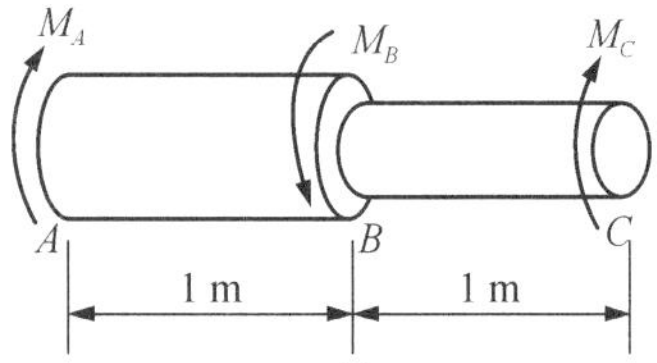

(a)

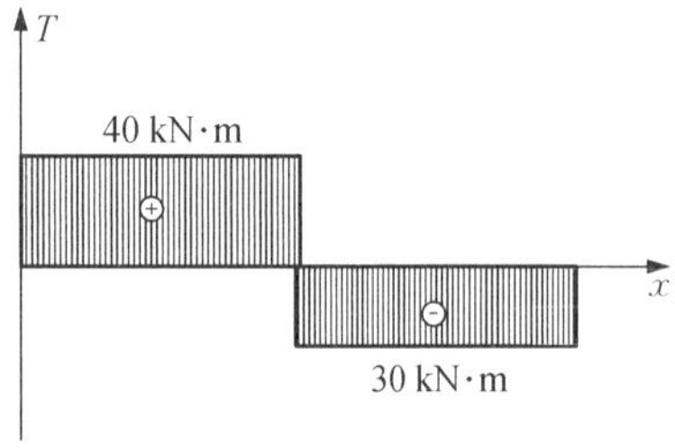

(b)

图 4-11

$$\tau_{\max} \leqslant [\tau] \tag{4-16}$$

式中,许用切应力$[\tau]$和材料的极限切应力 τ_u 及结构的安全系数 n 相关,即$[\tau]=\tau_u/n$。

对等直圆轴,最大的工作应力发生在最大扭矩所在危险面边缘处任一点处,故式(4-16)可写作

$$\tau_{\max}=\frac{T_{\max}}{W_p} \leqslant [\tau] \tag{4-17}$$

用式(4-17)对圆轴扭转进行强度计算,可以解决三方面的问题,即强度校核、截面尺寸设计以及许用载荷确定。

【例 4-2】 如图 4-11(a)所示阶梯实心圆轴,AB 段直径为 150 mm, BC 段直径为 120 mm。扭转力偶矩 $M_A=40$ kN · m, $M_B=70$ kN · m, $M_C=30$ kN · m。材料的许用切应力$[\tau]=100$ MPa, 试校核该轴的扭转强度。

【解】 用截面法求得 AB、BC 段的扭矩如图 4-11(b)所示。由扭矩图可知 AB 段扭矩大于 BC 段扭矩，但同时 AB 段直径大于 BC 段直径，因此需要分别校核两段轴的强度。

AB 段

$$\tau_{AB,\max}=\frac{T_{AB}}{W_{p,AB}}=\frac{40\times 10^3}{\frac{\pi}{16}\times 0.15^3}=60.36\ \text{MPa}<[\tau]$$

BC 段

$$\tau_{BC,\max}=\frac{T_{BC}}{W_{p,BC}}=\frac{30\times 10^3}{\frac{\pi}{16}\times 0.12^3}=88.42\ \text{MPa}<[\tau]$$

因此，该阶梯轴满足强度要求。

【例 4-3】 圆轴横截面上的扭矩 $T=10\ \text{kN}\cdot\text{m}$，材料的许用应力$[\tau]=100\ \text{MPa}$。

(1) 若此轴为空心圆轴，内径 $d=80$ mm，外径 $D=100$ mm，试校核该轴的强度。

(2) 若改用实心圆轴，在最大切应力相同的情况下，确定实心圆轴的直径 d_1，并计算空心圆轴和实心圆轴的重量比。

【解】 (1) 校核空心圆轴强度。

$$\tau_{\max}=\frac{T}{W_p}=\frac{T}{\frac{\pi D^3}{16}(1-\alpha^4)}=\frac{16\times 10\times 10^3}{\pi\times 0.1^3\times(1-0.8^4)}=86.3\ \text{MPa}<[\tau]$$

故满足强度要求。

(2) 在最大切应力相同情况下，选择实心圆轴直径。

$$\tau_{\max}=\frac{T}{W_p}=\frac{10\times 10^3}{\frac{\pi d_1^3}{16}}=86.3\ \text{MPa},\ \text{则}\ d_1=83.88\ \text{mm}。$$

在两轴长度和材料相同的情况下，两轴的重量比为横截面面积之比，即

$$\frac{W_{\text{空心}}}{W_{\text{实心}}}=\frac{D^2-d^2}{d_1^2}=0.512$$

可见，在相同强度条件下，空心圆轴的重量约为实心圆轴的一半。从满足强度要求来看，空心圆轴比实心圆轴具有优越性。

圆柱形工程材料的扭转

4.4 圆轴扭转时的变形分析与刚度条件

圆轴扭转变形是用两个横截面绕轴线转过的相对扭转角 φ 来表示的。由式(4-8)可知，相距 dx 的两个横截面之间的相对扭转角为

$$d\varphi=\frac{T}{GI_p}dx$$

因此，相距为 l 的两个横截面之间的相对扭转角 φ 为

$$\varphi=\int_0^l\frac{T}{GI_p}dx \tag{4-18}$$

对于由同一种材料制成的等截面圆轴，且相距为 l 的两个横截面之间的扭矩为常量 T，则式(4-18)可写成

$$\varphi=\frac{Tl}{GI_{p}} \tag{4-19}$$

扭转角 φ 的单位为 rad。式(4-19)表明，扭转角 φ 与圆轴的抗扭刚度 GI_{p} 成反比。

由于圆轴扭转时各横截面上的扭矩可能并不相同，而且轴的长度也各不相同，因此，一般用单位长度扭转角 φ' 来度量圆轴的扭转刚度，即

$$\varphi'=\frac{d\varphi}{dx}=\frac{T}{GI_{p}}$$

为保证圆轴能安全正常工作，除满足强度条件外，还需要满足刚度条件。通常要求圆轴内最大单位长度扭转角 φ'_{max} 小于许用单位扭转角 $[\varphi']$，即圆轴扭转时的刚度条件为

$$\varphi'_{max}\leqslant[\varphi'] \tag{4-20}$$

式中，许用单位扭转角 $[\varphi']$ 的单位为 rad/m，而工程中的常用单位为°/m，因此需要进行单位转换，式(4-20)可写成

$$\varphi'_{max}=\frac{T_{max}}{GI_{p}}\times\frac{180}{\pi}\leqslant[\varphi'] \tag{4-21}$$

许用单位扭转角 $[\varphi']$ 需要根据载荷性质、工作要求、工作条件等因素确定，可查相关的设计手册。

【例 4-4】 如[例 4-1]所示传动轴为实心圆轴。材料的许用切应力 $[\tau]=40$ MPa，切变模量 $G=80$ GPa，许用单位扭转角 $[\varphi']=1°/m$。试选择该轴直径。

【解】 由[例 4-1]可知，该轴最大的扭矩 $T_{max}=9.55$ kN·m。

由强度条件 $\tau_{max}=\dfrac{16T_{max}}{\pi d^{3}}\leqslant[\tau]$ 可得

$$d\geqslant\sqrt[3]{\frac{16T_{max}}{\pi[\tau]}}=\sqrt[3]{\frac{16\times 9\,550}{\pi\times 40\times 10^{6}}}=106.7\ \text{mm}$$

由刚度条件 $\varphi'=\dfrac{32T_{max}}{G\pi d^{4}}\leqslant[\varphi']$ 可得

$$d\geqslant\sqrt[4]{\frac{32T_{max}}{G\pi[\varphi']}\times\frac{180}{\pi}}=\sqrt[4]{\frac{32\times 9\,550}{\pi\times 80\times 10^{9}\times 1}\times\frac{180}{\pi}}=91.4\ \text{mm}$$

因此，该轴的直径应大于 106.7 mm。

4.5 薄壁截面杆件扭转

横截面的厚度远小于其他两个方向尺寸的杆件，称为**薄壁杆件**。为减轻结构本身的自重，充分利用材料，工程中经常采用薄壁截面杆件，如薄壁圆筒、工字形截面杆件、槽形截面杆件、箱形截面杆件等。若薄壁截面的壁厚中线是一条封闭的曲线，称为**闭口薄壁杆件**；若薄壁截面

的壁厚中线是一条不封闭的曲线，称为**开口薄壁杆件**。本节简要介绍薄壁圆筒和非圆闭口薄壁杆件扭转。

4.5.1 薄壁圆筒扭转

壁厚 t 远小于横截面平均半径 r_0，并满足$\frac{t}{r_0}\leqslant 0.1$ 的空心圆轴，通常称为**薄壁圆筒**。分析薄壁圆筒扭转时横截面上应力的方法和圆轴扭转类似。首先观察其表面扭转变形，变形前在薄壁圆筒表面画上等间距纵向线和圆周线，并形成一系列方格，如图 4-12(a)所示。在两端施加一对大小相等、方向相反的外力偶矩 M，杆件发生变形，可以发现：各圆周线的大小、形状和间距均不发生改变，而各纵向线发生倾斜，但仍保持为直线。可以设想，薄壁圆筒发生扭转变形后，横截面形状保持不变，相邻两横截面只是绕轴发生相对转动。圆筒两端截面之间相对转动的角度称扭转角，依然用 φ 表示。圆筒表面各方格变成平行四边形，这种直角的改变量用切应变 γ 表示，如图 4-12(b)所示。

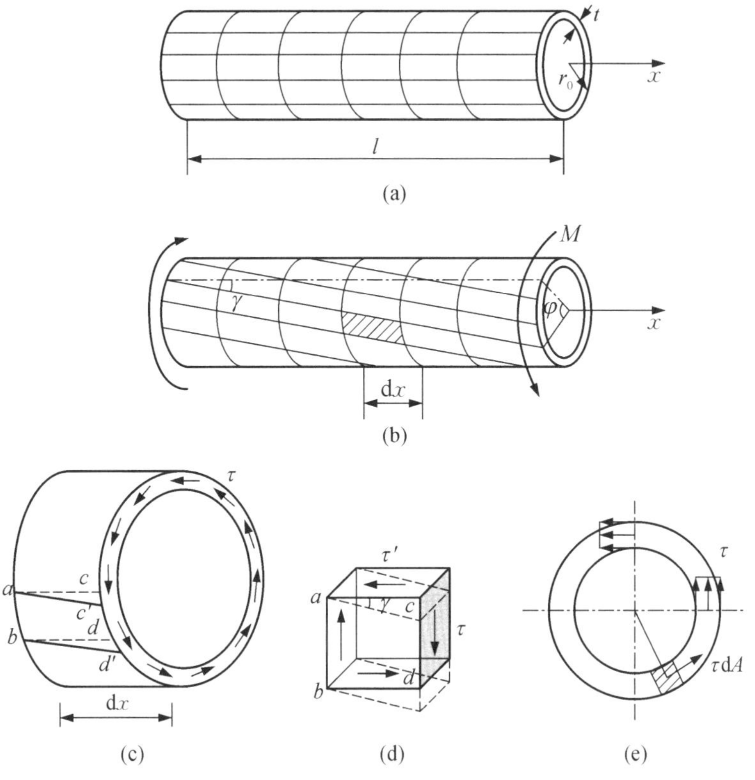

图 4-12

从薄壁圆筒中取微元段 dx 分析，在微元段上取单元体 $abcd$，如图 4-12(c)、(d)所示，由上述变形现象可知：相邻横截面 ab 和 cd 之间间距不变，因此横截面上不存在正应力；$abcd$ 单元体由矩形变成平行四边形，说明相邻横截面之间发生相对转动，即发生了剪切变形[图 4-12(d)]，所以横截面上存在切应力。所有矩形单元体沿圆周切线方向错动引起的直角改变量都相同，所以圆周上各点的切应力相同，且切应力方向和直径垂直。由于筒壁很薄，可以认为切应力沿壁厚方向也是均匀分布的，如图 4-12(e)所示。

根据对薄壁圆筒扭转时的应力分布分析，薄壁圆筒扭转时，横截面上只有垂直于直径方向的均匀分布的切应力，其方向与横截面上的扭矩一致。在横截面上取微元 dA，其上作用的力为 τdA，它对横截面圆心的力矩为 $r_0 \cdot \tau dA$，如图 4-12(e)所示。横截面上所有微元对圆心的力矩之和为横截面上的扭矩，即

$$\int_A r_0 \cdot \tau dA = T$$

由此求得薄壁圆筒扭转时横截面上的切应力公式为

$$\tau = \frac{T}{2\pi r_0^2 t} \tag{4-22}$$

由图 4-12(b)所示的几何关系，可得薄壁圆筒切应变 γ 和扭转角之间的关系为

$$\gamma l = R\varphi$$

即

$$\gamma = \frac{R\varphi}{l} \tag{4-23}$$

式中，R 是薄壁圆筒的外半径。

需要指出的是，薄壁圆筒是特殊的空心圆轴，因此其横截面上的应力计算可以采用精确计算，即式(4-9)，也可以采用式(4-22)进行近似计算。当 $\tau \leqslant 0.1\gamma_0$ 时，其最大计算误差不超过 4.53%。但是，相对于式(4-9)，式(4-22)在推导过程中仅用到了静力等效，而没有用到胡克定律，因此，对于薄壁圆筒，式(4-22)可以推广使用到非线弹性阶段。

4.5.2 非圆闭口薄壁截面杆件扭转

对于非圆闭口截面杆件的自由扭转，与薄壁圆筒相似，由于壁厚很小，可以假定切应力 τ 沿壁厚均匀分布，其方向沿着截面中线的切线而形成环流。在此假设下，用相距 dx 的两个横截面以及垂直于截面中线的两个纵截面切出一个单元体，由单元体的轴向(x 方向)平衡得

$$\tau_1 \delta_1 dx - \tau_2 \delta_2 dx = 0$$

即 $\tau_1 \delta_1 = \tau_2 \delta_2 =$ 常量。$\tau \delta$ 被称为**剪力流**，剪力流如图 4-13(a)所示。

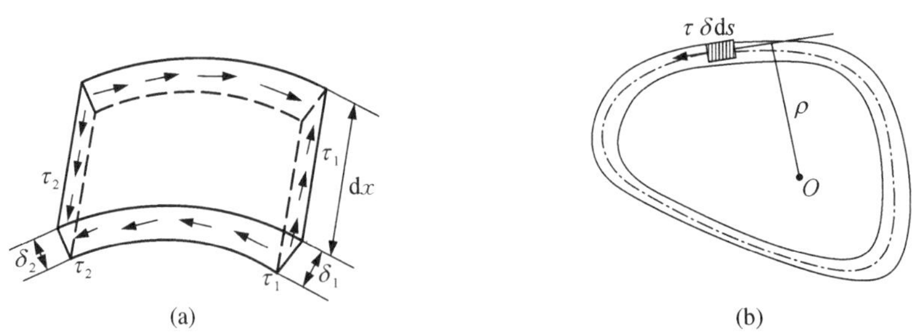

图 4-13

为得到横截面上切应力 τ 与扭矩 T 的关系，沿壁厚中线取出长为 ds 的一段，该段上力为 $\tau\delta ds$，剪力等效如图 4-13(b)所示，其对横截面内 O 点的矩为

$$T=\tau\delta\oint\rho\,\mathrm{d}s$$

而$\oint\rho\,\mathrm{d}s=2A_0$，$A_0$ 为壁厚中线所围成的面积。因此,闭口薄壁杆件上任意一点处的切应力为

$$\tau=\frac{T}{2A_0\delta}\tag{4-24}$$

由上式可知,最大的切应力发生在 δ 为最小值处,即

$$\tau_{\max}=\frac{T}{2A_0\delta_{\min}}\tag{4-25}$$

闭口非圆薄壁杆件的扭转角可以用能量法求得。由纯剪切状态下的应变能密度公式可得

$$\mathrm{d}V_\varepsilon=\frac{\tau^2}{2G}\cdot\delta\,\mathrm{d}s\,\mathrm{d}x=\frac{T^2}{8GA_0^2\delta}\mathrm{d}s\,\mathrm{d}x$$

则整根杆件的应变能为

$$V_\varepsilon=\int_l\oint\frac{T^2}{8GA_0^2\delta}\mathrm{d}s\,\mathrm{d}x=\frac{T^2l}{8GA_0^2}\oint\frac{\mathrm{d}s}{\delta}$$

将外力功全部转换为应变能,可得

$$\frac{T\varphi}{2}=\frac{T^2l}{8GA_0^2}\oint\frac{\mathrm{d}s}{\delta}$$

则在扭矩 T 作用下,杆件的扭转角为

$$\varphi=\frac{Tl}{4GA_0^2}\oint\frac{\mathrm{d}s}{\delta}\tag{4-26}$$

若杆件壁厚 δ 为常量,则

$$\varphi=\frac{Tls}{4GA_0^2\delta}\tag{4-27}$$

*4.6 非圆截面杆件扭转

在圆截面杆的扭转计算中,其横截面上的应力推导是以平面假设为基础的。但是,对于非圆截面杆件,如矩形截面,组合形截面杆件,其横截面在扭转后并不符合平面假设。若取一矩形截面杆,其非圆截面杆件的翘曲扭转变形情况如图 4-14 所示。由图可见,扭转后其横截面不再保持平面而变为曲面,即横截面发生翘曲。因此,圆轴扭转时横截面上的应力计算公式不适用于非圆轴截面杆。

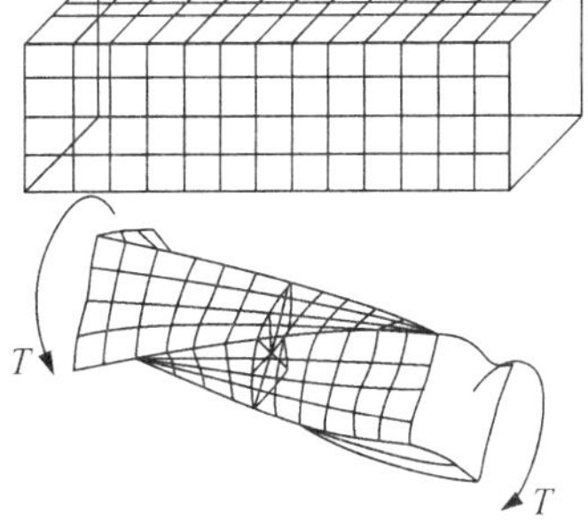

图 4-14

对于**非圆截面杆件**,若相邻各横截面的翘曲程度完全

相同,各横截面能自由翘曲,则横截面上只有切应力,没有正应力,这种扭转称为**自由扭转**。若相邻各横截面的翘曲程度不同,各横截面翘曲受到约束,则横截面上既有切应力,又有正应力,这种扭转称为**约束扭转**。对非圆实心轴,通常附加正应力很小,可忽略不计。但对非圆薄壁杆,有时附加正应力很大,必须考虑附加正应力。

4.6.1 矩形截面轴扭转

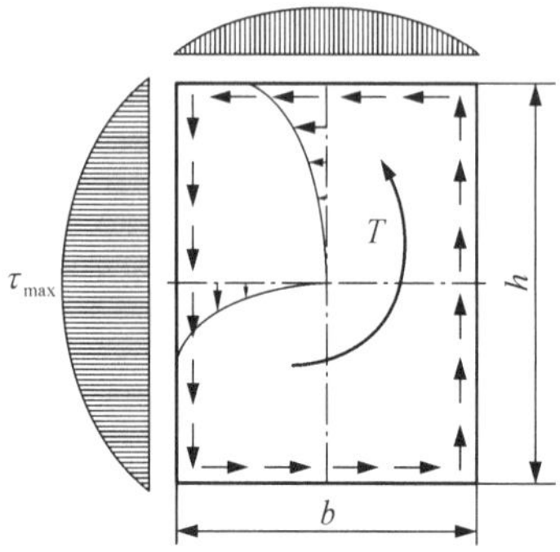

图 4-15

矩形截面轴扭转问题不能用材料力学的方法解决。下面给出弹性理论得到的矩形截面杆自由扭转时的一些结果。图 4-15 显示了矩形截面杆件自由扭转时横截面上的切应力分布。截面周边上各点处切应力与周边平行,可用切应力互等定理来证明。同理,在矩形截面各凸角处,切应力为零。

由图 4-15 可知,矩形截面上最大的切应力发生在长边中点处,计算公式为

$$\tau_{max} = \frac{T}{W_t} \tag{4-28}$$

式中,$W_t = \alpha b^3$。

短边中点处切应力也比较大,它同最大切应力的关系为

$$\tau = \gamma \tau_{max} \tag{4-29}$$

矩形截面轴单位长度扭转角为

$$\varphi' = \frac{T}{GI_t} \tag{4-30}$$

式中,$I_t = \beta b^4$。以上公式中系数 α, β, γ 分别与 h/b 有关,其值列于表 4-1。

表 4-1 矩形截面杆扭转时系数 α, β, γ

h/b	1.0	1.2	1.5	2.0	2.5	3.0	4.0	6.0	8.0	10.0
α	0.208	0.263	0.346	0.493	0.645	0.801	1.128	1.789	2.456	3.123
β	0.141	0.199	0.294	0.457	0.622	0.790	1.123	1.794	2.456	3.123
γ	1.000	0.935	0.859	0.795	0.766	0.753	0.745	0.743	0.743	0.743

当 $h/b > 10$ 时,截面为狭长矩形,此时,$\alpha = \beta \approx \frac{1}{3}\frac{h}{b}$,因此 W_t 和 I_t 可写成

$$I_t = \frac{1}{3}h\delta^3$$

$$W_t = \frac{I_t}{\delta} = \frac{1}{3}h\delta^2 \tag{4-31}$$

式中,δ 为狭长矩形的宽度。

狭长矩形截面轴的切应力分布规律如图 4-16 所示。

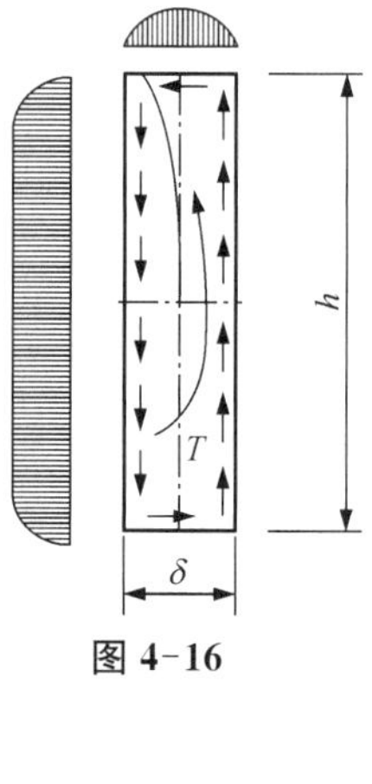

图 4-16

【例 4-5】 材料、横截面面积和长度均相同的两根轴，其横截面分别为圆形截面和正方形截面，若两端作用的外力矩 M 也相同，计算两轴的最大切应力和扭转变形。

【解】 设圆截面的直径为 d，正方形截面的边长为 a，则由于两截面的面积相等，有

$$a=\frac{\sqrt{\pi}\,d}{2}$$

对于圆形截面轴，最大切应力和扭转角分别为

$$\tau_{c,\max}=\frac{16M}{\pi d^3},\ \varphi_c=\frac{32Ml}{G\pi d^4}$$

对于正方形截面轴，查表可得 $\alpha=0.208$，$\beta=0.141$，最大切应力和扭转角分别为

$$\tau_{s,\max}=\frac{Ml}{\alpha a^3}=\frac{Ml}{0.208a^3},\ \varphi_s=\frac{Ml}{G\beta a^4}=\frac{Ml}{0.141Ga^4}$$

从而

$$\frac{\tau_{c,\max}}{\tau_{s,\max}}=0.737,\ \frac{\varphi_c}{\varphi_s}=0.866$$

由此可见，无论是扭转强度或是扭转刚度，圆形截面杆比正方形截面杆具有更好的力学性能。

薄壁梁的约束扭转

4.6.2 矩形开口薄壁截面杆件的自由扭转

分析表明，对于由若干个矩形组成截面的开口薄壁杆件的自由扭转，采用以下近似假设：

(1) 切应力在每个小矩形上的分布与狭长矩形截面杆扭转时相同，即切应力沿壁厚线性分布，在边界上达到最大值，并沿边界的切线方向；

(2) 每个小矩形截面的扭转角相等，并且等于薄壁杆件的整个扭转角；

(3) 每个小矩形截面上的扭矩总和等于整个截面上的扭矩。因此，对于由狭长矩形组成的截面，最大切应力将发生在厚度最大的矩形截面的长边上，其值为

$$\tau_{\max,i}=\frac{3T\delta_{\max}}{\sum_{i=1}^{k}h_i\delta_i^3} \tag{4-32}$$

扭转角为

$$\varphi=\frac{3Tl}{G\sum_{i=1}^{k}h_i\delta_i^3} \tag{4-33}$$

【例 4-6】 如图 4-17 所示，设有尺寸相同的无缝钢管和有缝钢管，r_0 为平均半径，δ 为壁厚，$\frac{r_0}{\delta}=10$。承受相同的扭矩 T，计算它们的切应力之比和扭转角之比。

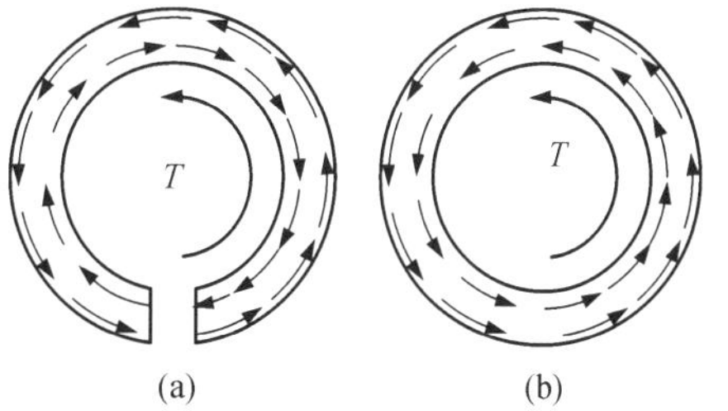

图 4-17

【解】 由分析可知,有缝钢管与无缝钢管的切应力如图 4-17 所示。

根据假定,对有缝钢管,最大切应力为

$$\tau_{a,\max}=\frac{T\delta}{\frac{1}{3}ht^3}=\frac{3T}{2\pi r_0\delta^2}$$

扭转角为

$$\varphi_a=\frac{Tl}{GI_t}=\frac{3Tl}{2G\pi r_0\delta^3}$$

对无缝钢管,最大切应力为

$$\tau_{b,\max}=\frac{T}{2A_0\delta}=\frac{T}{2\pi r_0^2\delta}$$

扭转角为

$$\varphi_b=\frac{Tls}{4GA_0^2\delta}=\frac{Tl(2\pi r_0)}{4G(\pi r_0^2)^2\delta}=\frac{Tl}{2G\pi r_0^3\delta}$$

在相同扭矩作用下,两钢管的最大切应力之比为

$$\frac{\tau_{a,\max}}{\tau_{b,\max}}=\frac{\dfrac{3T}{2\pi r_0\delta^2}}{\dfrac{T}{2\pi r_0^2\delta}}=\frac{3r_0}{\delta}=30$$

两钢管的扭转角之比为

$$\frac{\varphi_a}{\varphi_b}=\frac{\dfrac{3Tl}{2G\pi r_0\delta^3}}{\dfrac{Tl}{2G\pi r_0^3\delta}}=\frac{3r_0^2}{\delta^2}=300$$

可见,在相同条件下,闭口薄壁杆件比开口薄壁杆件有更好的抗扭性能。

4.7 简单扭转静不定问题

如拉压杆件有静不定问题一样,扭转杆件也存在静不定问题。和拉压杆件静不定问题求解类似,扭转静不定问题也涉及静力平衡关系、几何关系(变形协调)、物理关系(剪切胡克定律)三方面联合。这个我们在推导实心圆轴扭转切应力计算公式时就已经使用过。下面我们通过两个例题分析扭转静不定问题的具体求解过程。

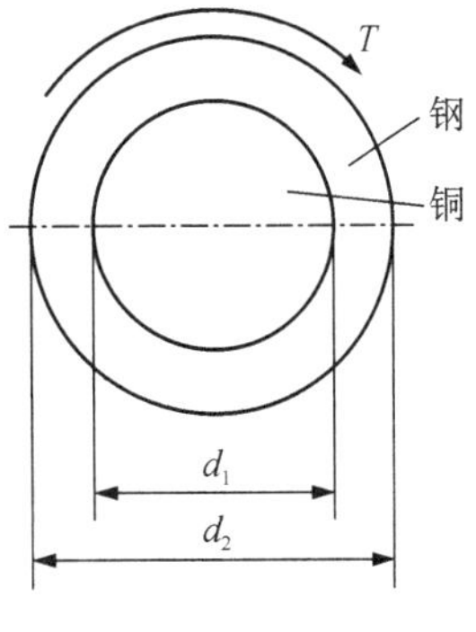

图 4-18

【例 4-7】 钢管和实心铜杆组合结构横截面尺寸如图 4-18 所示。材料切变模量分别为 G_1, G_2。当二者套紧为一体并受扭矩 T 时(之间无相对滑动),试分别求钢管与实心铜杆中的扭矩。

【解】 设钢管为 1 杆,内力为 T_1;实心铜杆为 2 杆,内力为 T_2。

两根杆件并为一体并受扭矩 T 的作用，可以写出独立的平衡方程只有一个，即

$$T_1 + T_2 = T \tag{a}$$

因此，这是一次静不定问题，需要补充方程。

由于两杆件紧套且无相对滑动，因此两杆件的变形量相同，即

$$\varphi_1 = \varphi_2$$

代入扭转变形公式 $\varphi = \dfrac{Tl}{GI_p}$，可得

$$\frac{T_1}{G_1 I_{p1}} = \frac{T_2}{G_2 I_{p2}} \tag{b}$$

式(a)、式(b)联立，求得各杆内力分别为

$$T_1 = \frac{TG_1(d_2^4 - d_1^4)}{G_1(d_2^4 - d_1^4) + G_2 d_1^4}$$

$$T_2 = \frac{TG_2 d_1^4}{G_1(d_2^4 - d_1^4) + G_2 d_1^4}$$

【例 4-8】 两端固定的圆轴，其受力及尺寸如图 4-19 所示，求杆内最大切应力。

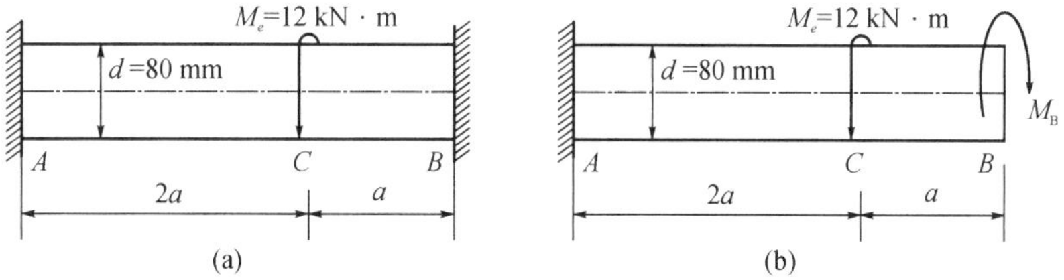

图 4-19

【解】 (1) 取 B 端的固定端约束为多余约束，静定系统见图 4-19(b)。

(2) 静力平衡方程为

$$M_A + M_B = M_e \tag{a}$$

(3) 变形协调方程为

$$\varphi_{AB} = \varphi_{AC} + \varphi_{CB} = 0 \tag{b}$$

$$\varphi_{AC} = \frac{M_A 2a}{GI_P}, \quad \varphi_{CB} = -\frac{M_B a}{GI_P} \tag{c}$$

(4) 将式(b)、式(c)代入式(a)，求得

$$M_A = 4\ \text{kN} \cdot \text{m}, \quad M_B = 8\ \text{kN} \cdot \text{m}$$

(5) 求杆内最大切应力

最大切应力发生在 CB 段，大小为

$$\tau_{\max} = \frac{M_B}{W_P} = \frac{8 \times 10^3}{\dfrac{\pi}{16} \times 0.08^3} = 79.58\ \text{MPa}$$

圆柱形凝胶的扭转

4.8 结论与讨论

圆轴扭转时，由平面假设可知，横截面上只有切应力，没有正应力。由于剪切变形发生在垂直于半径的平面内，因此切应力方向垂直于半径。圆轴横截面上任意一点处的切应力 τ 与其到圆心的距离 ρ 成正比，切应力为线性分布，圆轴边缘处切应力最大。

非圆轴扭转时，平面假设不成立，因此其应力与变形的计算与圆轴扭转时的计算完全不一样，需要通过弹性理论进行求解。

通过计算比较，相同条件下的扭转杆件，一般来说，闭口截面杆件比开口截面杆件有更好的抗扭性能，环形闭口截面杆件比矩形闭口截面杆件有更好的抗扭性能。

习 题

4-1 如图 4-20 所示传动轴的转速 $n = 200$ r/min，主动轮 C 输入功率 $P_C = 520$ kW，三个从动轮的输出功率分别为 $P_A = 150$ kW，$P_B = 200$ kW，$P_D = 170$ kW。试作该轴的扭矩图。

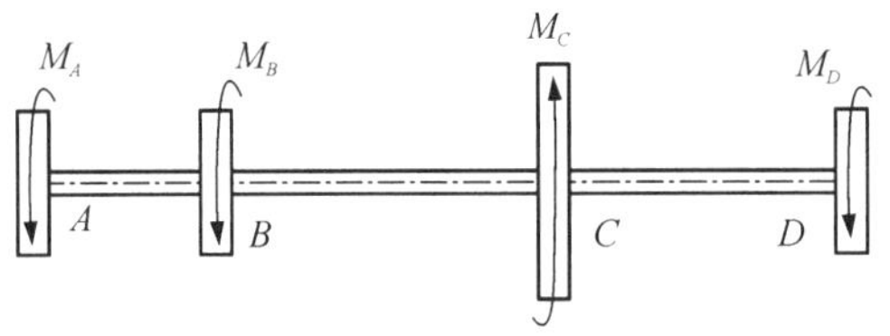

图 4-20

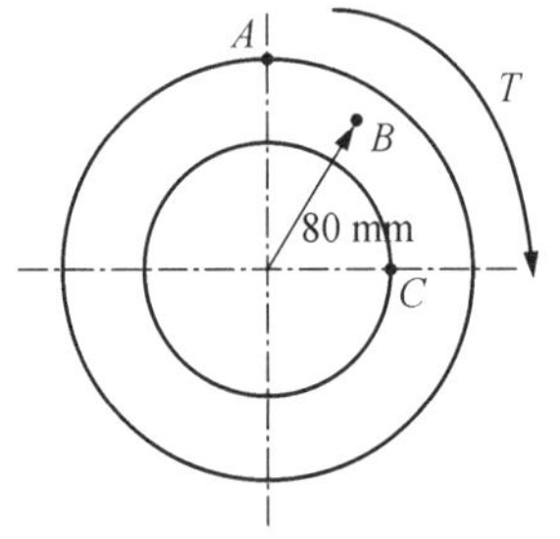

图 4-21

4-2 如图 4-21 所示空心圆轴的内径 $d = 100$ mm，外径 $D = 200$ mm，长度 $l = 1$ m。横截面受扭扭矩 $T = 30$ kN·m。求 A，B，C 三点处的切应力大小。

4-3 画出如图 4-22 所示各轴横截面上的切应力分布示意图。

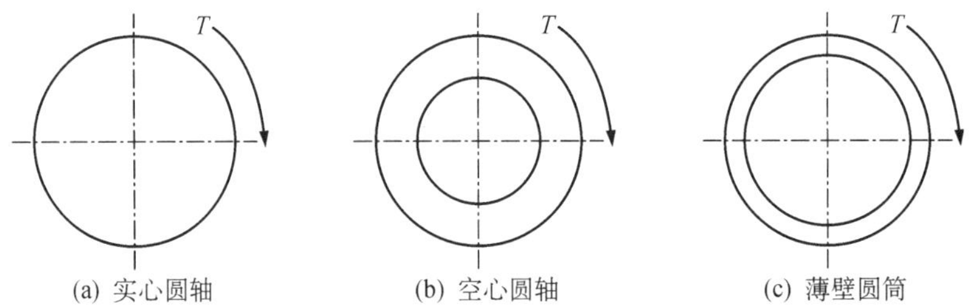

(a) 实心圆轴　(b) 空心圆轴　(c) 薄壁圆筒

图 4-22

4-4 一空心圆轴，内外径之比 $\alpha = 0.5$，两端受扭转力偶矩作用，最大许用扭矩为 $[T]$，若将轴的横截面面积减小 1 倍，内外径之比仍保持不变，则其最大许用扭矩是 $[T]$ 的多少倍？

4-5 如图 4-23 所示圆轴的直径 $d = 100$ mm，材料的许用切应力 $[\tau] = 50$ MPa。$M_A = 9$ kN·m，$M_B = 12$ kN·m，$M_C = 8$ kN·m，$M_D = 5$ kN·m。试求：(1)校核该轴强度。(2)若 M_A 和 M_B 位置互换，

该轴是否满足强度要求。

4-6 如图 4-24 所示受扭圆轴，右段实心，其直径 $d=280$ mm，并满足强度条件。左段是空心的，外径为 D，其内径 $d=D/2$。在两段产生相同最大切应力的条件下，求空心轴的外径 D。

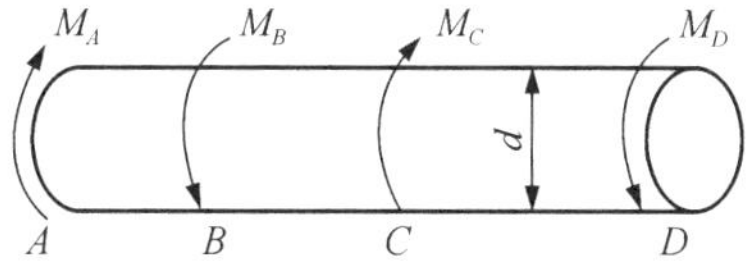

图 4-23

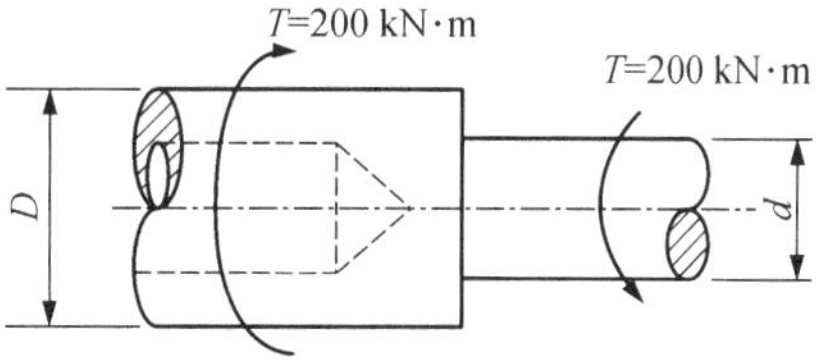

图 4-24

***4-7** 一端固定长为 l 的圆轴受集度为 m 的均布力偶作用，发生扭转变形，已知材料的许用应力$[\tau]$，若要求轴为等强度轴，试确定轴直径沿轴向变化的表达式 $d(x)$。

4-8 如果人手比较容易施加的扭力矩是 1.7 N·m，如图 4-25 所示瓶盖的直径是 60 mm，高度是 8 mm，计算拧开瓶盖和瓶子之间密封圈的剪切强度。如果将此剪切强度作用在直径为 45 mm、高度为 6 mm 的瓶盖上，试计算拧开瓶盖需要的扭矩是多少？

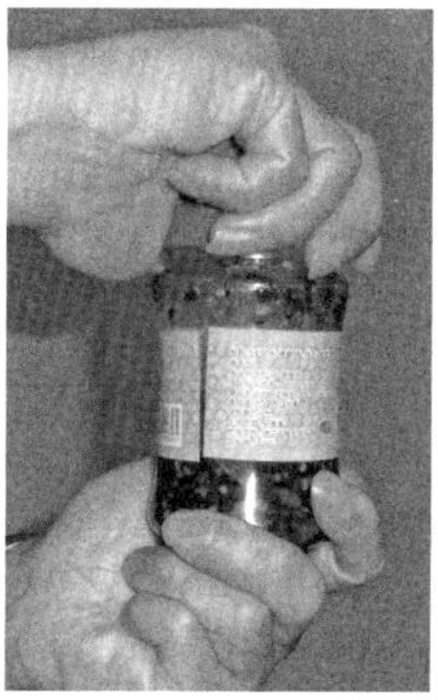

图 4-25

4-9 如图 4-26 所示圆轴的直径 $d=100$ mm，$M_A=45$ kN·m，$M_B=15$ kN·m，$M_C=30$ kN·m。已知材料的切变模量 $G=80$ GPa。试求 A 截面、C 截面的相对扭转角 φ_{AC}。

4-10 一直径为 d 的实心圆轴和一个内外径之比 $\alpha=0.6$ 的空心圆轴，它们的材料、长度、所受扭矩及最大切应力均相同。试求两轴的扭转刚度之比。

4-11 如图 4-27 所示实心圆轴的两端在外力偶矩 M 作用下扭过 $\varphi=2°$，此时的应力为 40 MPa，已知材料的切变模量 $G=80$ GPa。试问此轴的长度与直径之比应为多少？

4-12 如图 4-28 所示为阶梯形圆轴，已知圆轴直径 $d_2=2d_1$，若使两段内单位长度的扭转角 θ 相等，则 M_2/M_1 的值为多少？

图 4-26

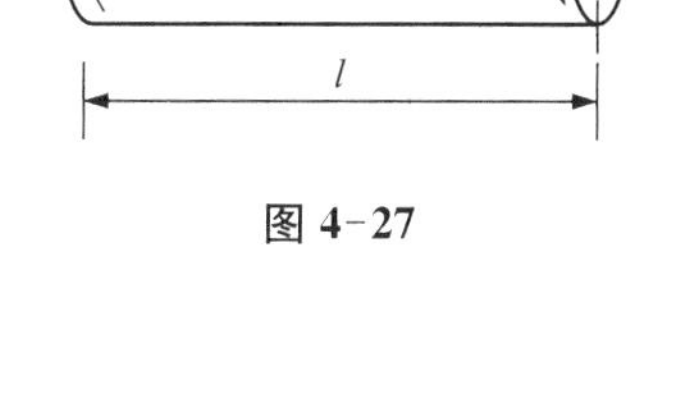

图 4-27

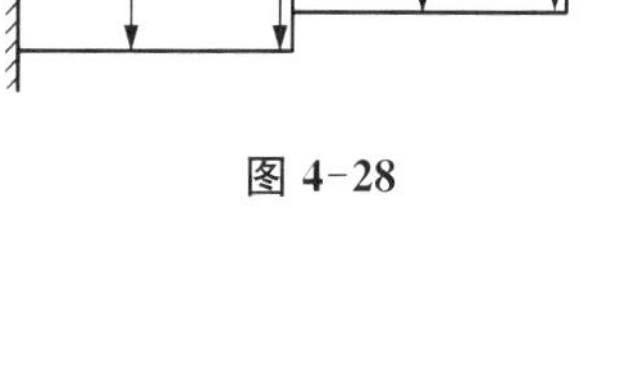

图 4-28

4-13 某一空心圆截面轴，外径 $D = 100$ mm，内径 $d = 80$ mm，长度 $l = 1$ m，最大切应力 $\tau_{max} = 50$ MPa，切变模量 $G = 80$ GPa，全长所受扭矩为 T，试求：(1)两端面的相对扭转角；(2)在相同应力条件下实心轴的直径。

4-14 某传动轴如图 4-20 所示。已知轴材料：$[\tau] = 100$ MPa，$[\varphi'] = 1°/\text{m}$，$G = 80$ GPa。试按轴的强度和刚度设计轴的直径。

4-15 外径为 120 mm、厚度为 5 mm 的等截面薄壁圆管承受扭矩 T=4 kN·m，试求其最大的切应力。

4-16 如图 4-29(a)所示为某板式桨叶搅拌器的实物图，图 4-29(b)所示为工作示意图。已知电动机的功率是 17 kW，搅拌器的转速是 60 r/min，机械传动的效率是 90%，轴用直径为 117 mm，壁厚为 6 mm 的不锈钢管制成，材料的许用切应力$[\tau]$=30 MPa，试校核搅拌器轴是否安全(提示：强度校核时，轴应减去 1 mm 厚的腐蚀裕度，使用薄壁圆管计算)。

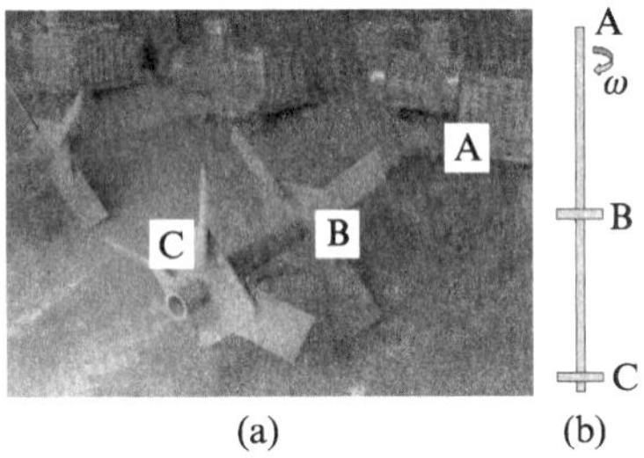

图 4-29

图 4-30

*4-17 如图 4-30 所示汽车驱动轴 AB 是钢制空心圆轴，其许用切应力为 60 MPa。当转速是 1 200 r/min，发动机作用在驱动轴的功率是 150 kW。如果驱动轴的外直径是 65 mm，试确定驱动轴的最小内直径。

*4-18 如图 4-31 所示(a)矩形截面、(b)正方形截面、(c)圆形截面三种受扭杆件，设其横截面面积及材料的许用切应力$[\tau]$均相同。试求三种杆件所能承受的扭矩之比。

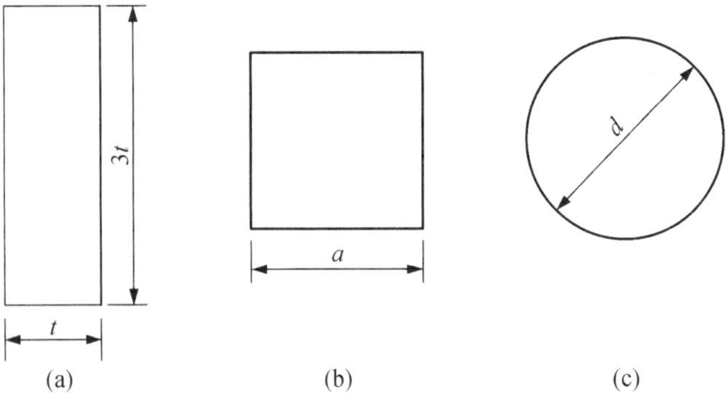

图 4-31

*4-19 长度为 3 m 的 T 形薄壁杆承受扭矩 T=500 N·m，其横截面尺寸如图 4-32 所示。许用切应力$[\tau]$=50 MPa，切变模量 G=70 GPa，试校核该杆的强度，并求两端面间的相对扭转角。

*4-20 如图 4-33 所示，有一圆形薄壁截面轴和一正方形薄壁截面轴，两轴的材料相同，长度为 l，壁厚 δ 和横截面面积均相同。如作用在杆端的扭转力偶均为 T，计算并比较它们的切应力和扭转角。

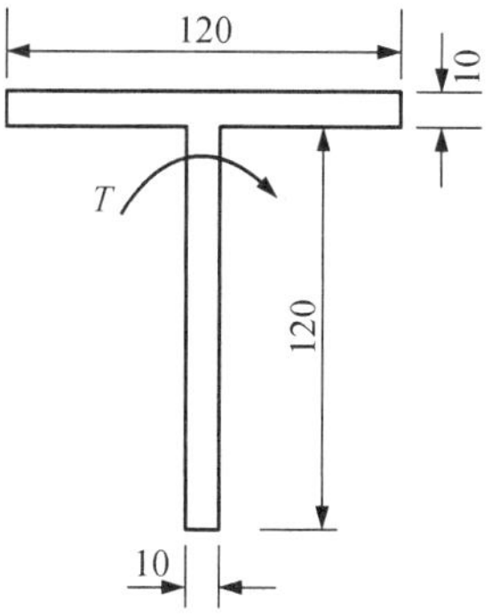

图 4-32

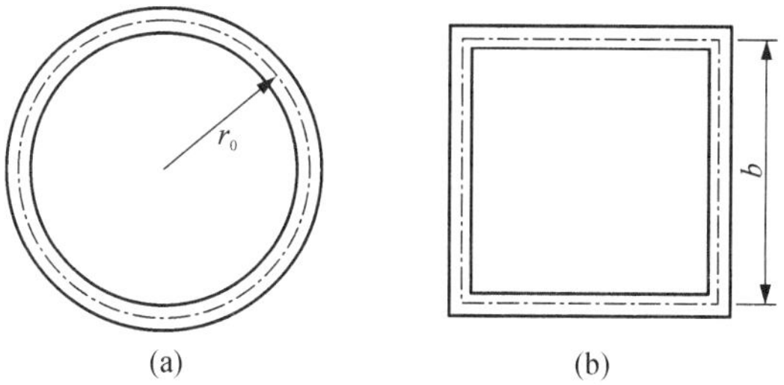

图 4-33

4-21　如图 4-34 所示为阶梯形实心圆轴，$d_1 = 60$ mm，$M = 6$ kN·m，材料的许用切应力$[\tau] = 50$ MPa。试设计轴的直径 d_2。

4-22　如图 4-35 所示，圆轴上作用有外力偶，材料的许用切应力 $[\tau] =$ 40 MPa。试求图中圆轴的直径 d。

4-23　已知一阶梯圆轴，尺寸如图 4-36 所示，材料的许用切应力 ，试求轴的许用外力偶矩。

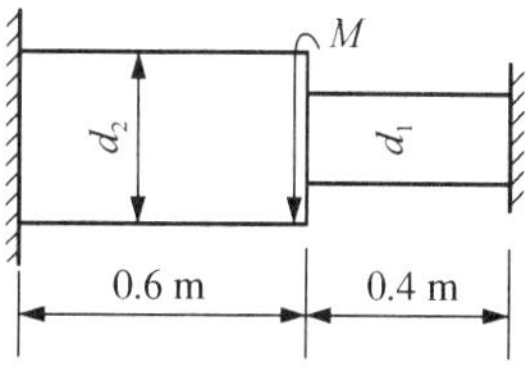

图 4-34

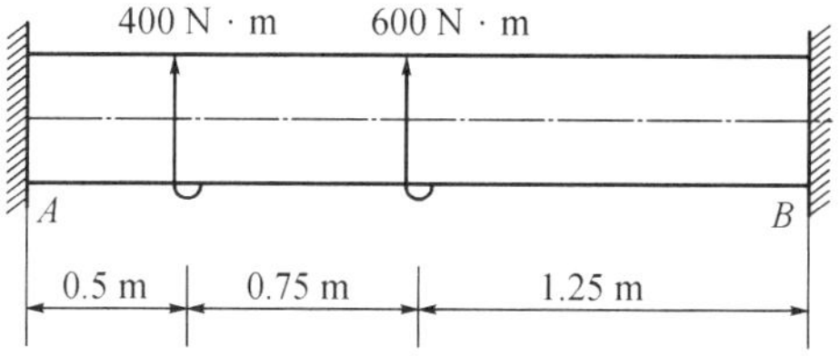

图 4-35

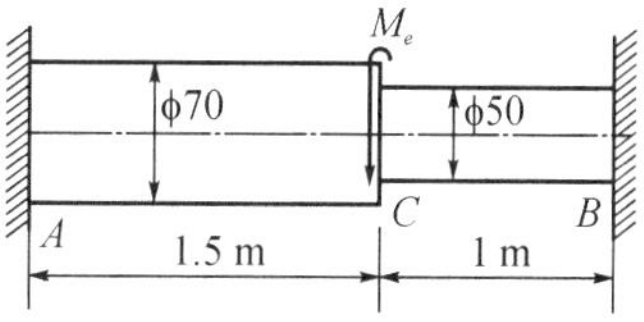

图 4-36

***4-24**　（第四届全国周培源大学生力学竞赛试题）：如图 4-37 所示，为传递扭矩 T，将一实心圆轴与一空心圆轴以紧配合的方式连接在一起。设两轴间均匀分布的配合压强 p、摩擦系数 μ，实心轴直径 d、空心轴外径 D，连接段长度 L 均为已知。两轴材料相同。试求：(1)二轴在连接段全部发生相对滑动时的临界扭矩；(2)设初始内外轴扭矩均为零，当传递的扭矩从 0 增加到 $T = \dfrac{2}{3}T_{cr}$ 时（无卸载过程），绘制实心圆轴在连接段 L 的扭矩图（假定材料力学关于圆轴扭转的公式全部成立）。

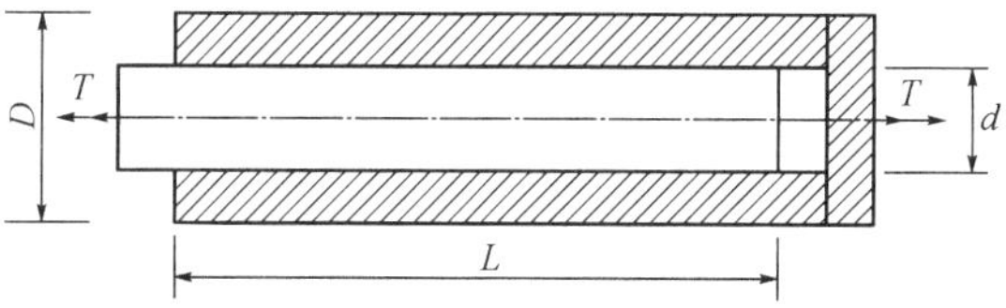

图 4-37

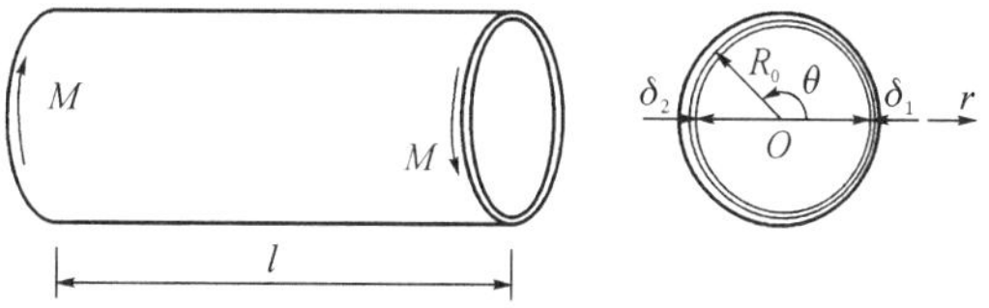

图 4-38

***4-25**　（第五届全国周培源大学生力学竞赛试题）：一变厚度薄壁圆管如图 4-38 所示，在两端承受扭力偶矩 M 作用。已知管长为 l，平均半径为 R_0，最小壁厚为 δ_1，最大壁厚为 δ_2，壁厚 δ 随 $\theta(0 \leqslant \theta \leqslant \pi)$ 呈线性变化（上下对称），管材的剪切模量为 G。试求方位角为 θ 处的扭转切应力与圆管两端相对转角。

5 弯曲内力

基本要求

(1) 掌握纯弯曲、平面弯曲、对称弯曲和横力弯曲的概念;
(2) 理解梁非对称弯曲的概念;
(3) 熟练掌握弯曲内力计算,能熟练地绘制内力图;
(4) 掌握弯曲时的载荷集度、剪力和弯矩的微分关系及其应用。

5.1 弯曲的几个基本概念

在工程结构中,存在大量的受弯构件。例:如图 5-1 所示的桥梁面板在车辆载荷下将发生弯曲变形。

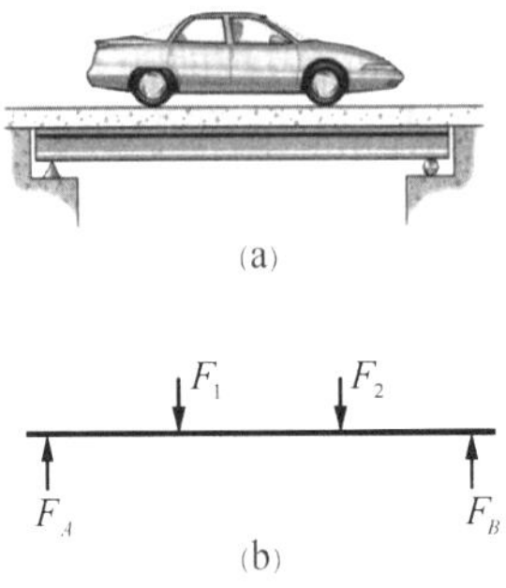

图 5-1

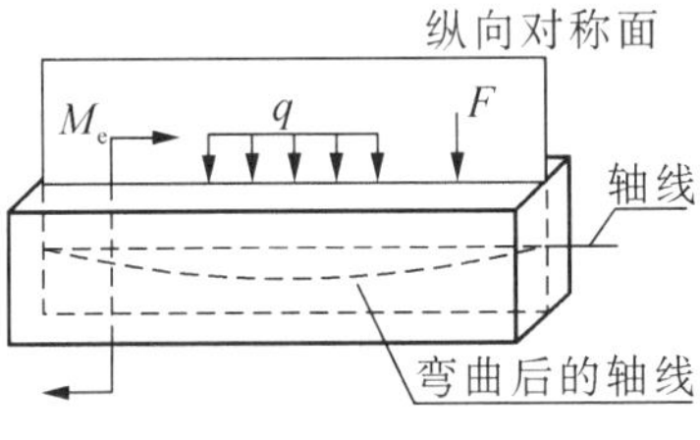

图 5-2

当外力或者外力偶矢量垂直于杆轴时,杆轴将由直线变为曲线。这种以轴线变弯为主要特征的变形形式,被称为**弯曲**。以弯曲变形为主要变形的杆件,被称为**梁**。梁包括直梁和曲梁。垂直于杆轴的载荷,被称为**横向载荷**。

工程中常见的梁,其横截面通常具有对称性。梁横截面的对称轴和梁的轴线所组成的平面就是通常所说的纵向对称面,如图 5-2 所示。如果梁上的所有外力(或外力的合力)和梁变形后的轴线处于同一平面内,即力的作用平面和梁变形平面重合,这样的弯曲称为**平面弯曲**。如果梁上的外力和梁变形后的轴线正好处于梁的纵向对称面内,这样的弯曲称为**对称弯曲**,对称弯曲是平面弯曲的一种特例。反之,若梁不具有纵向对称面,或者梁虽具有纵向对称面但外力并不作用在对称面内,这种弯曲则统称为**非对称弯曲**。

此外，通常把梁段内既有弯矩又有剪力的弯曲称为**横力弯曲（或剪切弯曲）**。大多数情况下，梁的弯曲都属于横力弯曲，如图 5-1(b)中 F_A 和 F_1 之间以及 F_B 和 F_2 之间的梁段。而剪力为零、弯矩是常数的弯曲则称为**纯弯曲**，如图 5-1(b)中 F_1 和 F_2 之间的梁段，以及图 5-3 所示的举重运动员两手之间的横杆。本章主要研究对称弯曲。

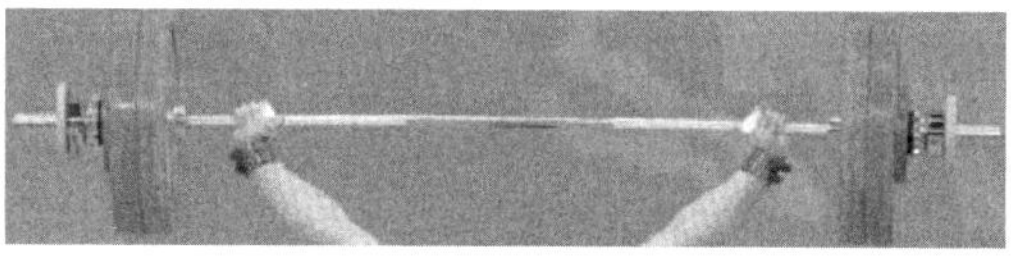

图 5-3

5.2 梁的约束及类型

5.2.1 支座形式与支反力

对于等截面直梁，并且外力为作用在梁的纵向对称面内的平面力系时，在计算简图中可以用梁的轴线代表梁。在平面情况下，梁的支座可以按照其对梁的约束情况，简化为以下 3 种基本形式。

1. 固定端

如图 5-4(a)所示，固定端限制梁端截面在支座处沿任何方向的线位移和角位移，相应支反力可由 3 个分量表示：沿梁轴方向的支反力 F_{Rx}，垂直于梁轴方向的支反力 F_{Ry} 以及位于梁轴平面的支反力偶 M。

2. 固定铰支座

如图 5-4(b)所示，固定铰支座通过铰链与梁连接，限制梁端截面在平面内的线位移，相应的支反力可由两个分量表示：沿梁轴方向的支反力 F_{Rx} 以及垂直于梁轴方向的支反力 F_{Ry}。

3. 活动铰支座

如图 5-4(c)所示，活动铰支座可在支承平面上滑动，因此活动铰支座仅限制梁在支座处垂直于支承平面的线位移，相应的支反力也只有一个：垂直于支承平面的支反力 F_R。

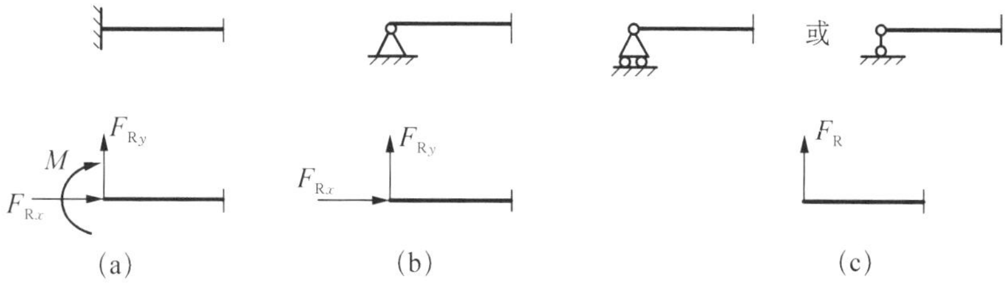

图 5-4

5.2.2 梁的类型

本章所讨论的梁，外力均在同一平面内。对于平面力系，有效平衡方程为 3 个。因此，作用在梁上的支反力(包括支反力偶)不超过 3 个时，所有的支反力可由平衡方程确定。能够根据平衡方程确定全部支反力的梁，称为**静定梁**。工程上常见的静定梁有以下 3 种类型：

(1) 悬臂梁：如图 5-5(a)所示，一端固定，另一端自由的梁；

(2) 简支梁：如图 5-5(b)所示，一端固定铰支，另一端活动铰支的梁；

(3) 外伸梁：如图 5-5(c)所示，具有一个或两个外伸部分的简支梁。

以上 3 种梁，所有支座反力可由平衡方程直接解出。

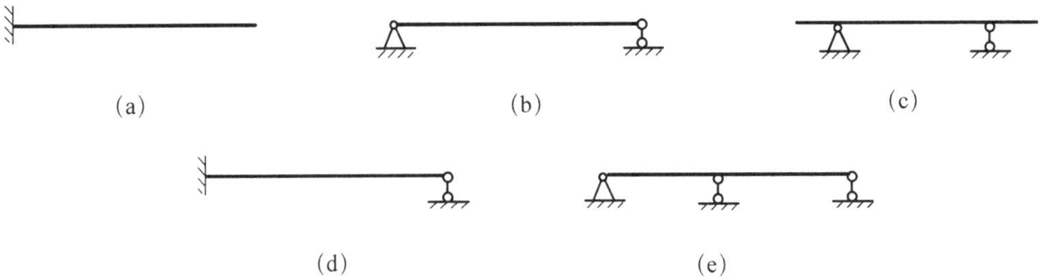

图 5-5

然而，在工程实践中，为了提高结构的安全性，常常对梁施加较多的支座约束，如图 5-5(d)，(e)所示。此时，支座提供的支反力个数多于独立的平衡方程数，仅用平衡方程无法确定所有的支反力，这种梁称为**静不定梁**。静不定梁的解法将在第 7 章弯曲变形中介绍。

5.3 梁的剪力和弯矩

当杆件在发生轴向拉压或扭转变形时，杆件内部只存在一种内力；当梁发生弯曲变形时，梁内通常同时存在两种内力：剪力和弯矩。因此，弯曲问题的内力分析要更加复杂。

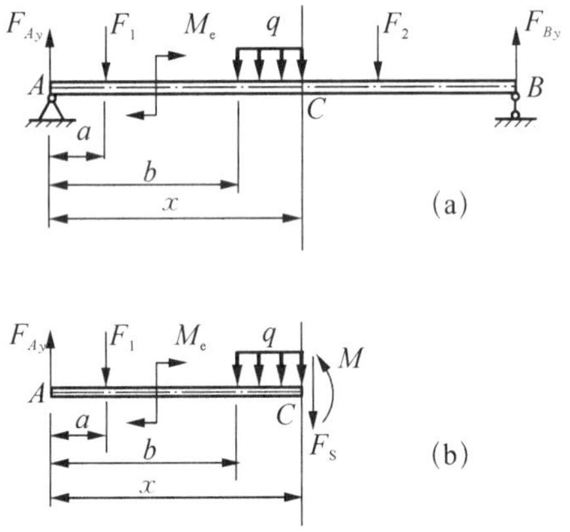

图 5-6

如图 5-6(a)所示简支梁，作用其上的外力和支反力均已知，求距离左端支座 x 处横截面上的剪力和弯矩。

求剪力和弯矩，仍然需要用到截面法。在截面 C 处假想地将梁截开，选取截出的左段为研究对象，截面右段部分对左段的作用体现为梁左段在截面 C 上受到的剪力和弯矩，如图 5-6(b)所示。

由于梁是平衡的，因此，梁的截出部分在外力和在截面 C 上受到的内力的共同作用下应该依然保持平衡，即该力系的合力和合力偶矩均应为零。

首先，考虑竖直方向合力为零，有：

$$F_{Ay}-F_1-q(x-b)-F_S=0$$

得
$$F_S=F_{Ay}-F_1-q(x-b)$$

然后，将左段梁上所有的外力对截面 C 的形心取矩，考虑合力偶矩为零，有：

$$F_{Ay}\cdot x-F_1\cdot(x-a)+M_e-\frac{1}{2}q(x-b)^2-M=0$$

得
$$M=F_{Ay}\cdot x-F_1\cdot(x-a)+M_e-\frac{1}{2}q(x-b)^2$$

剪力和弯矩的正负号规定：在横截面上，使得截出梁段沿顺时针方向转动的剪力为正

[图 5-7(a)],反之为负;使得梁发生凹形弯曲的弯矩为正[图 5-7(b)],反之为负。

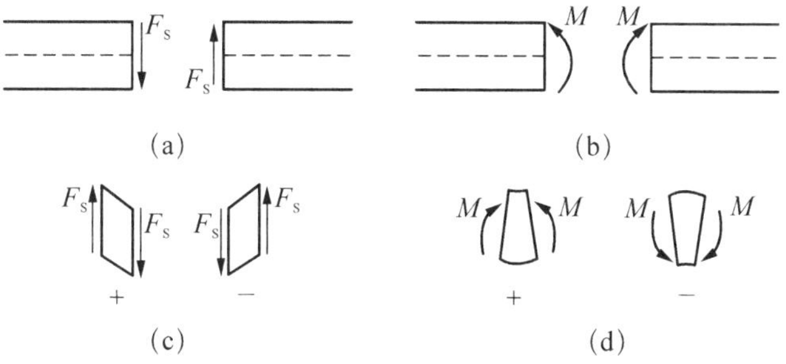

图 5-7

在图 5-7(a)中,位于截开截面右侧方向向下的剪力和位于截面左侧方向向上的剪力均为正,**说明剪力的正负号不可简单地根据方向确定,而必须根据剪力的作用效果确定。**如图 5-7(c)所示,左侧微段上的一对剪力虽然方向相反,但是其效果都是使微段左右截面发生顺时针方向错动,因此该对剪力均为正。同理,右侧微段上的一对剪力均为负。

对于弯矩,如图 5-7(d)所示,左侧微段的一对弯矩虽然方向不同,但都使得梁段发生凹变形,因此均为正。而右侧微段的一对弯矩使得梁段发生凸变形,故都为负。

由此,可以总结梁的剪力和弯矩计算方法如下:

(1) 在需要求内力的横截面处,假想地将梁切开,选取切开后的任一段为研究对象;

(2) 画出所选取梁段的受力图,截面上的剪力 F_S 和弯矩 M 沿正方向假定(若最后算出剪力和弯矩值为正,说明实际剪力、弯矩和假定方向一致,若计算结果为负,说明和假定方向相反);

(3) 根据合力为零的条件,由平衡方程 $\sum F_y=0$ 计算剪力 F_S;

(4) 根据合力偶矩为零的条件,由平衡方程 $\sum M_C=0$ 计算弯矩 M。

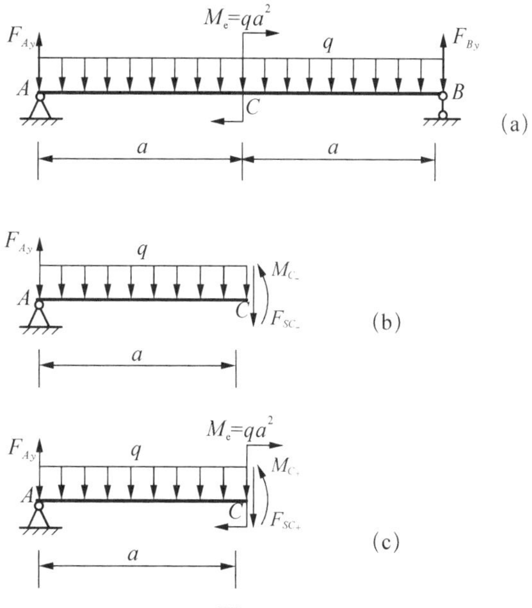

图 5-8

【例 5-1】 如图 5-8(a)所示的简支梁,承受均布载荷 q 和力偶矩 M_e 的作用,试计算横截面 C_- 和 C_+ 上的剪力和弯矩,截面 C_- 代表距横截面 C 无限近并位于其左侧的截面,截面 C_+ 代表距横截面 C 无限近并位于其右侧的截面。

【解】 (1) 计算支反力,如图 5-8(a)所示,根据平衡条件:

合外力为零: $\sum F_y=0,\ F_{Ay}+F_{By}-q\cdot 2a=0$

所有外力对 C 截面的合力偶矩为零:

$$\sum M_C=0,\quad F_{Ay}a+M_e-F_{By}a=0$$

由以上两式,得 $$F_{Ay}=\frac{1}{2}qa,\ F_{By}=\frac{3}{2}qa$$

(2) 计算截面 C_- 上的剪力和弯矩,如图 5-8(b)所示,在截面 C 左侧无限近的地方将梁切开,取左侧切出梁段为研究对象,并在截面上代以剪力 F_{SC_-} 和弯矩 M_{C_-}(剪力和弯矩均沿正方向假定),根据平衡条件:

考虑合外力为零: $$\sum F_y=0,\ F_{Ay}-qa-F_{SC_-}=0,$$

得 $$F_{SC_-}=F_{Ay}-qa=-\frac{1}{2}qa$$

考虑所有外力对 C 截面的合力偶矩为零:

$$\sum M_C=0,\ F_{Ay}a-\frac{1}{2}qa^2-M_{C_-}=0$$

得 $$M_{C-}=F_{Ay}a-\frac{1}{2}qa^2=0$$

(3) 计算截面 C_+ 上的剪力和弯矩,如图 5-8(c)所示,在截面 C 右侧无限近的地方将梁切开,依然取左侧切出梁段为研究对象,并在截面上代以剪力 F_{SC+} 和弯矩 M_{C_+},根据平衡条件:

考虑合外力为零: $$\sum F_y=0,\ F_{Ay}-qa-F_{SC_+}=0,$$

得 $$F_{SC_+}=F_{Ay}-qa=-\frac{1}{2}qa$$

考虑所有外力对 C 截面的合力偶矩为零:

$$\sum M_C=0,\ F_{Ay}a-\frac{1}{2}qa^2+M_e-M_{C+}=0$$

得 $$M_{C+}=F_{Ay}a+M_e-\frac{1}{2}qa^2=qa^2$$

讨论 $F_{SC_-}=F_{SC_+}=-\frac{1}{2}qa$,负号说明实际剪力与规定的正方向相反;而 $M_{C-}=0$ 和 $M_{C+}=qa^2$ 说明虽然 C_- 和 C_+ 截面无限接近,但是由于 C 截面处作用有外力偶 M_e,所以内力弯矩发生跃迁。另外,本题中选取截面左侧梁段为研究对象,如选取截面右侧梁段为研究对象,结果也必然相同。

5.4 剪力、弯矩方程和剪力图、弯矩图

一般情况下,梁横截面上的剪力和弯矩是随横截面的位置而变化的。为了表述剪力和弯矩沿梁轴线变化的情况,可将剪力和弯矩写成沿梁轴线的坐标 x 的函数,即

$$F_S=F_S(x)\ 和\ M=M(x)$$

以上两式描述剪力和弯矩沿梁轴线变化的规律,分别称为**剪力方程**和**弯矩方程**。

为了直观显示剪力和弯矩的分布,通常还以横截面位置 x 为横坐标,剪力值或弯矩值为

纵坐标,描绘出剪力方程 $F_S(x)$ 或弯矩方程 $M(x)$ 的函数图象。这样的图像称为**剪力图**和**弯矩图**。通过剪力图和弯矩图,可以很快地确定梁的危险截面。

对于土木类专业,绘图时习惯将正值剪力画在 x 轴上方,而将正值弯矩画在 x 轴下方。对于力学类专业和机械类专业,正值剪力和正值弯矩都画在 x 轴上方。

【例 5-2】 如图 5-9(a)所示简支梁,承受集度为 q 的均布载荷作用。试作出该梁的剪力图和弯矩图。

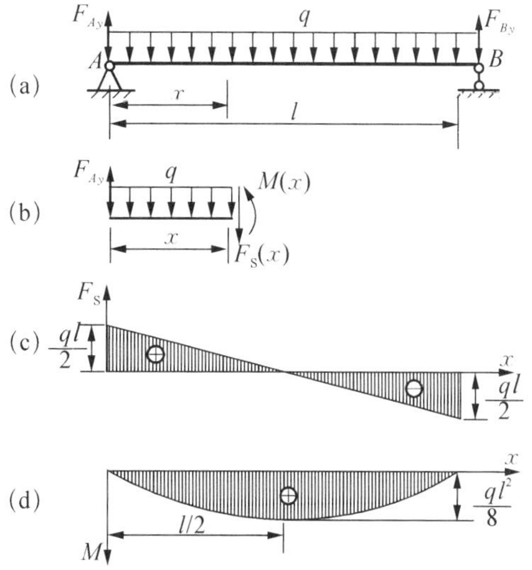

图 5-9

【解】 (1) 计算支反力。

根据对称性,图 5-9(a)中左右两侧支反力相等,考虑平衡方程 $\sum F_y = 0$, 得

$$F_{Ay} = F_{By} = \frac{1}{2}ql$$

(2) 列剪力和弯矩方程。

如图 5-9(b)所示,根据截面法将梁在 x 处截开,取左侧梁段为研究对象,截面上的剪力和弯矩按正方向假定,平衡方程为

$$F_S(x) = F_{Ay} - qx = \frac{ql}{2} - qx \quad (0 < x < l)$$

$$M(x) = F_{Ay}x - qx \cdot \frac{x}{2} = \frac{qlx}{2} - \frac{qx^2}{2} \quad (0 \leqslant x \leqslant l)$$

(3) 作剪力图、弯矩图。

根据上面得到的剪力和弯矩方程,即可作出剪力图和弯矩图,且可知剪力图为一斜直线,弯矩图为二次抛物线,如图 5-9(c)和(d)所示。

【例 5-3】 如图 5-10(a)所示简支梁,在 C 点处受集中载荷 F 的作用。试作出该梁的剪力图和弯矩图。

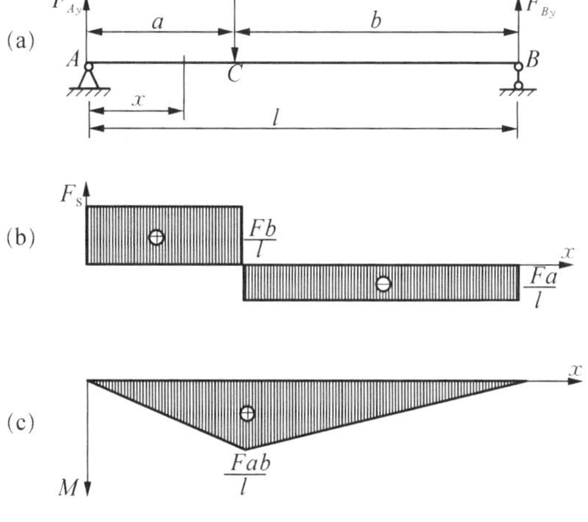

图 5-10

【解】 (1) 计算支反力。

根据平衡方程

$$\sum F_y = 0,\ F_{Ay} + F_{By} = F$$

$$\sum M_B = 0,\ F_{Ay}l - Fb = 0$$

得

$$F_{Ay} = \frac{Fb}{l},\ F_{By} = \frac{Fa}{l}$$

(2) 列剪力和弯矩方程。

由于在 C 点处作用有集中力 F,因此在集中力 F 左右两侧,剪力和弯矩均不能由同一个方程描述。所以,需要在 C 截面处将梁分为 AC 段和 CB 段,分别列出剪力和弯矩方程。

对于 AC 段,剪力和弯矩方程分别为

$$F_S(x)=\frac{Fb}{l} \quad (0<x<a)$$

$$M(x)=\frac{Fbx}{l} \quad (0\leqslant x\leqslant a)$$

对于 CB 段,剪力和弯矩方程分别为

$$F_S(x)=\frac{Fb}{l}-F=\frac{F(b-l)}{l}=-\frac{Fa}{l} \quad (a<x<l)$$

$$M(x)=\frac{Fbx}{l}-F(x-a)=\frac{Fa}{l}(l-x) \quad (a\leqslant x\leqslant l)$$

(3) 作剪力图和弯矩图。

根据上述剪力和弯矩的分段函数,可作出整个梁上的剪力图和弯矩图,如图 5-10(b)和(c)所示。可见,梁中段作用有集中载荷时,在集中载荷作用处左、右两侧截面上剪力值将发生突变,突变量等于该集中载荷之值。

讨论 由上述例题可见,当梁承受集中载荷时,剪力和弯矩方程需要分段描述。同样地,当梁承受集中力偶作用或只在梁部分长度上分布载荷时,也需要根据载荷情况将梁分段,分别求出剪力和弯矩方程。

【例 5-4】 如图 5-11(a)所示悬臂梁,分别作用有分布载荷 q 和集中力偶 $M_e=2qa^2$,试作出该梁的剪力图和弯矩图。

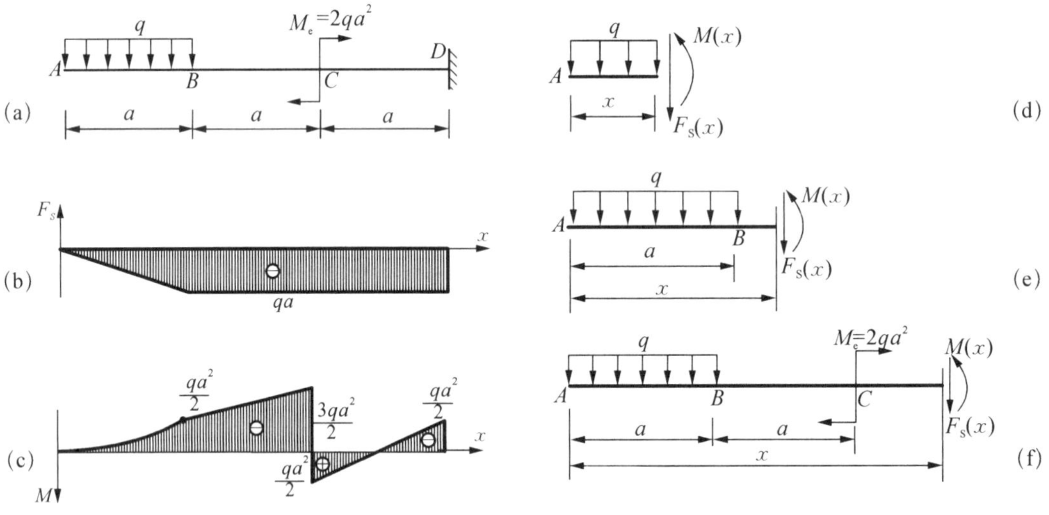

图 5-11

【解】 梁左端为自由端,无支座约束,如图 5-11(a)所示,根据截面法在梁上坐标为 x 处截面截开,取左侧梁段作为研究对象,该梁段上无未知支反力。所以无须求支反力。

(1) 分段求剪力和弯矩方程。

本例中,梁上有 2 个间断载荷:分布载荷 q 和力偶矩 $M_e=2qa^2$。因此,需要在截面 B 和 C 处截开,将梁分为 AB, BC 和 CD 三段,分别求剪力和弯矩方程。

AB 段,如图 5-11(d)所示,取左侧切出梁段为研究对象,根据平衡方程:

合力为零：$$\sum F_y=0,\ F_S(x)=-qx,\ (0\leqslant x\leqslant a) \tag{a}$$

对截面合力矩为零：$$\sum M=0,\ M(x)=-\frac{1}{2}qx^2,\ (0\leqslant x\leqslant a) \tag{b}$$

BC 段，如图 5-11(e)所示，在 BC 段中任意位置将梁截开，取左侧梁段为研究对象，根据平衡方程，合力为零：

$$\sum F_y=0,\ F_S(x)=-qa,\ (a\leqslant x\leqslant 2a) \tag{c}$$

对截面合力矩为零：

$$\sum M=0,\ M(x)=-qa\left(x-\frac{a}{2}\right)=-qax+\frac{1}{2}qa^2,\ (a\leqslant x\leqslant 2a) \tag{d}$$

CD 段，如图 5-11(f)所示，在 CD 段中任意位置将梁截开，取左侧切出梁段为研究对象，根据平衡方程，合力为零：

$$\sum F_y=0,\ F_S(x)=-qa,\ (2a\leqslant x<3a) \tag{e}$$

对截面合力矩为零：

$$\sum M=0,\ M(x)=-qa\left(x-\frac{a}{2}\right)+M_e=-qax+\frac{5}{2}qa^2,\ (2a\leqslant x\leqslant 3a) \tag{f}$$

(2) 作剪力图和弯矩图。

根据式(a)—式(f)可知：AB 段上剪力图为斜直线，弯矩图为从零开始的二次抛物线；BC 段上剪力为常数，弯矩图为斜直线；CD 段上剪力仍为常数，弯矩图为斜直线。将各段函数图形画出，即得到如图 5-11(b)和(c)所示的剪力图、弯矩图。

由以上各例所作出的剪力图和弯矩图，可总结如下：

(1) 若梁中段存在间断载荷(集中力、集中力偶以及只在部分长度上分布的分布载荷)，需要在外力不连续处(即集中力、集中力偶作用处以及分布载荷开始和结束处)将梁分段，分别求剪力方程和弯矩方程，并分段作出剪力图和弯矩图。

(2) 在梁上集中力作用处，剪力图有突变，其左、右两侧横截面上剪力的突变值等于集中力值。类似地，梁上集中力偶作用处，弯矩图有突变，其左、右两侧横截面上弯矩的突变值等于集中力偶矩值。

5.5 剪力、弯矩与分布载荷集度之间的微分关系

在 5.4 节中，介绍了利用截面法作出剪力图和弯矩图的方法。但是，该方法具有较大的局限性，对于具有较多间断载荷的情况，需要多次利用截面法截出梁段建立平衡方程。因此本节尝试找出较为简单的作出剪力图和弯矩图的方法。

在[例 5-4]中，可以注意到在梁上任意位置，弯矩对 x 的一阶导数恰好等于剪力，而剪力对 x 的一阶导数则恰好等于分布载荷的集度。该例中的剪力、弯矩和分布载荷集度之间的微分关系是否是对所有情况均成立？下面将尝试推导并解答。

5.5.1 分布载荷集度与剪力、弯矩之间的微分关系

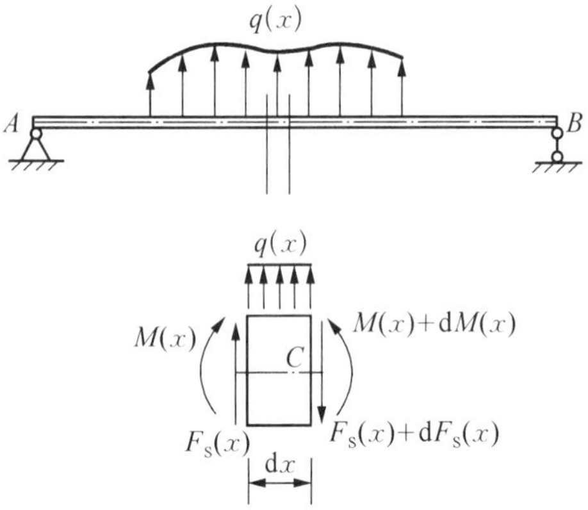

图 5-12

如图 5-12 所示的简支梁受分布载荷作用，分布载荷集度由函数 $q(x)$ 描述。不失一般性，以坐标为 x 和 $x+\mathrm{d}x$ 的两截面截取长度为 $\mathrm{d}x$ 的微段。在该微段上，因为 $\mathrm{d}x$ 趋近于 0，可近似认为分布载荷集度 $q(x)$ 在微段上为常数。此处，规定分布载荷向上为正。

同时，因为在该微段上载荷连续分布，无突变载荷，因此剪力和弯矩也为连续分布。其左侧截面上的剪力和弯矩分别为 $F_S(x)$ 和 $M(x)$，而右侧截面上的剪力为 $F_S(x)+\mathrm{d}F_S(x)$，弯矩为 $M(x)+\mathrm{d}M(x)$。

因为梁处于平衡状态，所以该微段需满足平衡方程 $\sum F_y=0$ 以及 $\sum M=0$。

由
$$\sum F_y=0,\ F_S(x)+q(x)\mathrm{d}x-[F_S(x)+\mathrm{d}F_S(x)]=0$$

得到
$$\frac{\mathrm{d}F_S(x)}{\mathrm{d}x}=q(x) \tag{5-1}$$

所有载荷对右侧截面形心 C 取矩，有

$$\sum M_C=0,\ M(x)+F_S(x)\mathrm{d}x+q(x)\mathrm{d}x\cdot\frac{\mathrm{d}x}{2}-[M(x)+\mathrm{d}M(x)]=0$$

将该方程简化并忽略二阶微量，得到

$$\frac{\mathrm{d}M(x)}{\mathrm{d}x}=F_S(x) \tag{5-2}$$

将式(5-1)和式(5-2)联立，可进一步得到

$$\frac{\mathrm{d}^2M(x)}{\mathrm{d}x^2}=q(x) \tag{5-3}$$

式(5-1)—式(5-3)说明了弯矩 $M(x)$、剪力 $F_S(x)$ 和分布载荷集度 $q(x)$ 函数之间的微分关系。

从剪力图和弯矩图的几何意义上讲，式(5-1)说明剪力图上某点处的切线斜率等于该点的分布载荷集度，式(5-2)说明弯矩图上某点处的切线斜率等于该点处的剪力值，式(5-3)说明若分布载荷集度为常数，则弯矩图为二次抛物线，其凹凸性由分布载荷 $q(x)$ 的正负决定。

5.5.2 集中力和集中力偶在剪力图、弯矩图中的表现

节 5.5.1 中讨论了分布载荷和剪力、弯矩之间的关系。本节主要讨论集中力和集中力偶在剪力图、弯矩图中的表现。

对于集中力，可以将集中力视为分布在无限小长度 $\mathrm{d}x$ 上的分布载荷 q，满足 $q\mathrm{d}x=F$。因为集中力作用于一点，所以 $\mathrm{d}x$ 趋近于零，分布载荷集度 $q=\dfrac{F}{\mathrm{d}x}\to\infty$。反映在剪力图中如图 5-13(a)所示，表现为剪力图突变，在集中力 F 作用点处斜率无穷大，突变值等于集中力 F 的大小，方向与 F 一致。

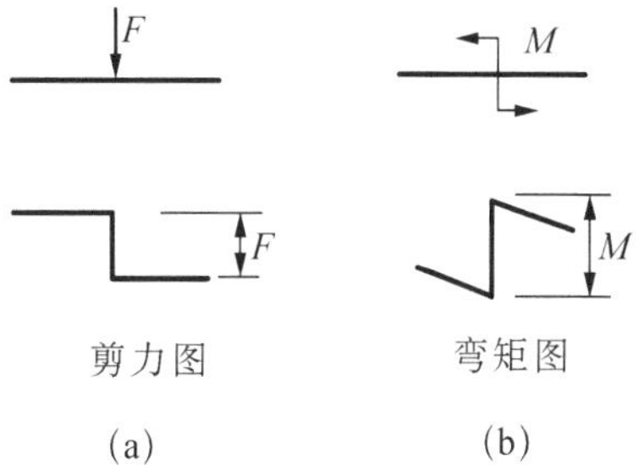

图 5-13

对于集中力偶，同理，由式(5-2)可知，在集中力偶 M 作用点处，弯矩增量 $\mathrm{d}M(x)=M$，而 $\mathrm{d}x$ 趋近于零，所以 $F_S(x)=\dfrac{\mathrm{d}M(x)}{\mathrm{d}x}\to\infty$。反映在弯矩图中如图 5-13(b)所示，表现为弯矩图突变，在集中力偶 M 作用点处斜率无穷大，突变值等于集中力偶 M 的大小。顺时针力偶引起弯矩图正向突变，逆时针力偶则正相反。

5.5.3 剪力、弯矩与分布载荷集度的微分关系以及几何意义汇总

根据式(5-1)和式(5-2)以及对集中力和集中力偶在剪力图、弯矩图中表现的讨论，可以将不同载荷作用时梁内剪力、弯矩方程和剪力图、弯矩图的特征汇总在表 5-1 中，以供参考。

表 5-1 剪力、剪力图、弯矩、弯矩图和载荷分布的特征汇总

梁段载荷	无载荷 $q=0$	$q>0$	$q<0$	集中力 F	集中力偶 M
剪力 $F_S(x)$	常数	一次函数(递增)	一次函数(递减)	突变	无影响
剪力图	水平直线	斜直线	斜直线	F	—
弯矩 $M(x)$	一次函数	二次函数	二次函数	仅斜率改变	突变
弯矩图	一般为斜直线 或	凸二次抛物线 或	凹二次抛物线 或	有尖角	M

5.5.4 剪力、弯矩与分布载荷集度的积分关系

将式(5-1)变形，可得到 $\mathrm{d}F_S(x)=q(x)\mathrm{d}x$，再将该式左右两边同时在区间$(a,b)$内积分，得

$$\int_a^b \mathrm{d}F_S(x)=\int_a^b q(x)\mathrm{d}x$$

进一步可得到

$$F_S(b)-F_S(a)=\int_a^b q(x)\mathrm{d}x \tag{5-4}$$

式(5-4)说明，梁上 x 方向坐标为 a 和 b 的两个截面上的剪力差值等于区间(a,b)内分布载荷图的面积。同理，由式(5-2)，可以得到

$$M(b)-M(a)=\int_a^b F_S(x)\mathrm{d}x \tag{5-5}$$

式(5-5)说明,梁上 x 方向坐标为 a 和 b 的两个截面上的弯矩差值等于区间 (a,b) 内剪力图的面积。需要注意,此处所述分布载荷图和剪力图的面积均为代数值,需考虑正负。

【例 5-5】 试根据剪力、弯矩与分布载荷集度间的微分关系,作如图 5-11 所示悬臂梁的剪力图和弯矩图。

【解】 (1) 作剪力图,习惯上,从左向右作剪力图和弯矩图。

A 截面:因为 A 截面为自由端,所以剪力 $F_{SA}=0$,剪力图从零开始;

AB 段:AB 段上分布有向下均布载荷 q,由式(5-1),AB 段的剪力图为向下斜直线,斜率为 q;

B 截面:根据式(5-4),$F_{SB}=F_{SA}+\int_0^a q(x)\mathrm{d}x$,即 B 截面上的剪力等于 A 截面上的剪力加上 AB 段分布载荷图面积,所以 $F_{SB}=0-qa=-qa$;

BD 段:BD 段上无分布载荷和集中力作用,虽有集中力偶作用,但是对剪力无影响,因此,BD 段剪力为常数,等于 $-qa$;

D 截面:D 截面为固定端,有支反力 qa 作用,方向向上,该支反力对于梁来说属于集中力,因此剪力图发生突变,从 $-qa$ 向上跃迁 qa 至 0。

得到的剪力图依然如图 5-11(b)所示。

(2) 作弯矩图。

A 截面:因为 A 截面为自由端,所以弯矩 $M_A=0$,弯矩图从零开始;

AB 段:AB 段上剪力方程为 x 的一次函数,剪力图为负向斜直线,根据式(5-2),弯矩方程为 x 的二次函数,弯矩图为斜率不断向负方向增大的二次抛物线,抛物线凹面指向纵坐标轴负向;

B 截面:根据式(5-5),$M_B=M_A+\int_0^a F_S(x)\mathrm{d}x$,即 B 截面上的弯矩等于 A 截面上的弯矩加上 AB 段剪力图面积,所以 $M_B=0-qa\cdot\dfrac{a}{2}=-\dfrac{1}{2}qa^2$;

BC 段:BC 段剪力为常数 $-qa$,剪力图为平直线,根据式(5-2),对应弯矩图为斜直线,其斜率等于该段剪力大小 $-qa$;

C 截面:根据式(5-5),C_- 截面上弯矩值等于 B 截面弯矩值加上 BC 段剪力图面积,所以 $M_{C_-}=M_B+\int_a^{2a}F_S(x)\mathrm{d}x=-\dfrac{1}{2}qa^2-qa\cdot a=-\dfrac{3}{2}qa^2$,同时,该截面上作用有顺时针方向集中力偶 $M_e=2qa^2$,所以弯矩图在 C 截面向正方向发生突变,由 C_- 截面的 $M_{C_-}=-\dfrac{3}{2}qa^2$ 突变至 $M_{C_+}=-\dfrac{3}{2}qa^2+2qa^2=\dfrac{1}{2}qa^2$;

CD 段:该段剪力不变,因此对应弯矩图为斜直线,斜率等于该段剪力大小 $-qa$;

D 截面:D_- 截面弯矩值等于 C 截面弯矩值加 CD 段剪力图面积,所以 $M_{D_-}=\dfrac{1}{2}qa^2-qa\cdot a=-\dfrac{1}{2}qa^2$,但同时,固定端提供顺时针方向的支反力偶矩 $\dfrac{1}{2}qa^2$,所以弯矩图由 $M_{D_-}=$

$-\frac{1}{2}qa^2$ 向正方向突变$\frac{1}{2}qa^2$ 至0。总体弯矩图依然如图5-11(c)所示。

【例5-6】 如图5-14(a)所示外伸梁承受集中力 F 和集中力偶 $M_e=Fa$ 的作用，试利用剪力、弯矩与分布载荷集度间的微分关系绘制梁的剪力图与弯矩图。

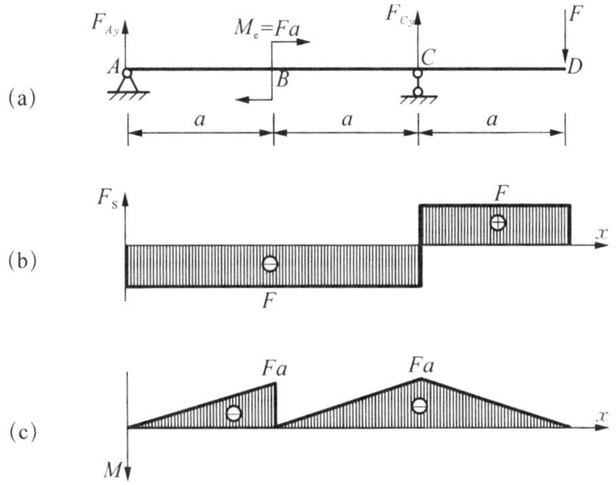

图5-14

【解】 (1) 求支反力。

由平衡方程 $\sum F_y=0$ 和 $\sum M_C=0$ 可以求出支座 A 和 C 处的支反力分别为

$$F_{Ay}=-F(\downarrow),\ F_{Cy}=2F(\uparrow)$$

式中，$F_{Ay}=-F$ 说明支座 A 的支反力向下。

(2) 作剪力图。

如图5-14(b)所示，A 截面作用有支反力 $F_{Ay}=-F$，所以 A 截面处剪力从0向下突变至 $-F$；AC 段上无分布载荷和集中力，剪力图为平直线；C 截面处作用有支反力 $2F$，所以剪力图由 $-F$ 向上跃迁 $2F$ 至 F；CD 段上无分布载荷和集中力，剪力图为平直线；D 截面作用有向下的集中力 F，所以剪力图向下跃迁至0，结束。

(3) 作弯矩图。

如图5-14(c)所示，A 截面无支反力偶，弯矩图从0起始；AB 段剪力保持不变，所以 AB 段弯矩图为斜直线，斜率为 $-F$；B_- 截面的弯矩等于 A 截面弯矩加上 AB 段剪力图面积，$M_{B_-}=M_A+\int_0^a F_S(x)\mathrm{d}x=0-Fa=-Fa$；$B$ 截面作用有集中力偶 Fa，弯矩图从 $-Fa$ 向正方向突变 Fa 至0；BC 段弯矩图为斜直线，斜率为对应段剪力大小 $-F$；C 截面弯矩 $M_C=M_B+\int_a^{2a} F_S(x)\mathrm{d}x=0-Fa=-Fa$；$CD$ 段弯矩图也为斜直线，斜率为对应段剪力大小 F；D 截面弯矩 $M_D=M_C+\int_{2a}^{3a} F_S(x)\mathrm{d}x=-Fa+Fa=0$。

【例5-7】 如图5-15(a)所示组合梁，由两根梁经铰链 B 铰接而成。在梁 BD 上作用有两段反向的均布载荷 q 以及集中力偶 $M_e=qa^2$，试利用剪力、弯矩与分布载荷集度间的微分关系绘制梁的剪力图与弯矩图。

【解】 本例结构为含铰链的组合梁,对于梁间铰,有两点需要注意:(a)梁间铰只传递剪力,不能传递力偶矩,所以铰链处弯矩一定为零,而剪力可以不为零;(b)遇到梁间铰,通常将结构在铰链处拆开,研究梁各段的受力。

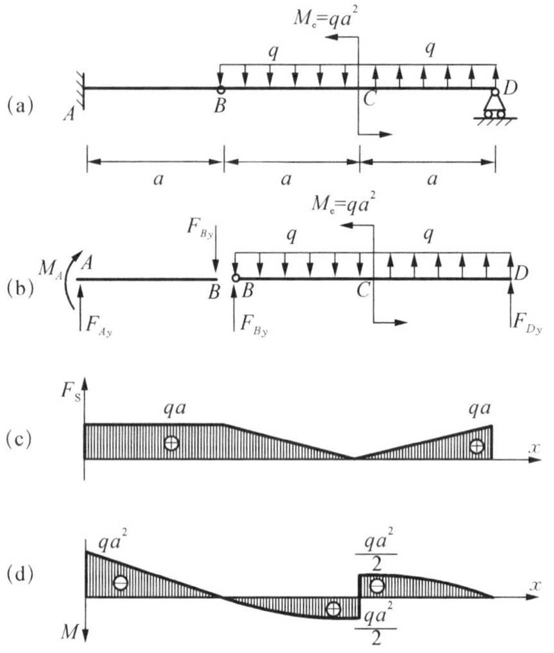

图 5-15

(1) 求支反力。

如图 5-15(b)所示,将梁在铰链 B 处拆开,右段考虑平衡方程 $\sum M_D=0$,得 $F_{By}=qa$,$F_{Dy}=-qa$,考虑左侧微段平衡,得 $F_{Ay}=qa$,$M_A=-qa^2$(F_{Dy} 和 M_A 为负说明该支反力或支反力偶与正方向相反)。

(2) 作剪力图。

A 截面有支反力 $F_{Ay}=qa$,剪力图由 0 向上跃迁至 qa;AB 段无分布载荷,剪力图为平直线;BC 段承受向下均布载荷 q,所以剪力图为向下斜直线,斜率为 q;CD 段承受向上均布载荷 q,所以剪力图为向上斜直线,斜率为 q;D 截面承受支反力 $F_{Dy}=-qa$,所以剪力图向下跃迁 $-qa$ 回到 0 结束。

(3) 作弯矩图。

A 截面有支反力偶 $M_A=-qa^2$,弯矩图由 0 向负方向跃迁 qa^2 至 $-qa^2$;AB 段剪力为常数,所以弯矩图为斜直线,斜率等于该段剪力 qa;B 截面弯矩 $M_B=M_A+\int_0^a F_S(x)\mathrm{d}x=qa^2-qa\cdot a=0$,符合铰链处弯矩必为 0 的条件;$BC$ 段剪力图为向下斜直线,所以该段弯矩图为二次抛物线,斜率不断减小;C 截面,$M_{C_-}=M_B+\int_a^{2a}F_S(x)\mathrm{d}x=0+qa\cdot\frac{a}{2}=\frac{1}{2}qa^2$,同时集中力偶 $M_e=qa^2$ 使得弯矩图突变,所以 $M_{C_+}=M_{C_-}-M_e=\frac{1}{2}qa^2-qa^2=-\frac{1}{2}qa^2$;$CD$ 段,类似于 BC 段,弯矩图为二次抛物线,最终回到 0 结束。

5.6 刚架和曲梁的内力

5.6.1 刚架内力

在工程实践中，有些杆系是用刚硬的接头连接杆件而成。如图 5-16(a)所示，横杆和竖杆由刚硬的焊接接头连接。这种受力时可视为不变形的接头，称为**刚性接头**。刚架是由不同取向的杆件，通过刚性接头连接而成的组合结构。所有杆件处于同一平面内的刚架称为平面刚架。

刚架中，因为接头为刚性，所以相连杆件在刚性接头处的夹角不变，如图 5-16(b)所示。平面刚架各杆的内力分量通常有轴力、剪力和弯矩。刚性接头不仅能够传递力，还能够传递力偶矩。

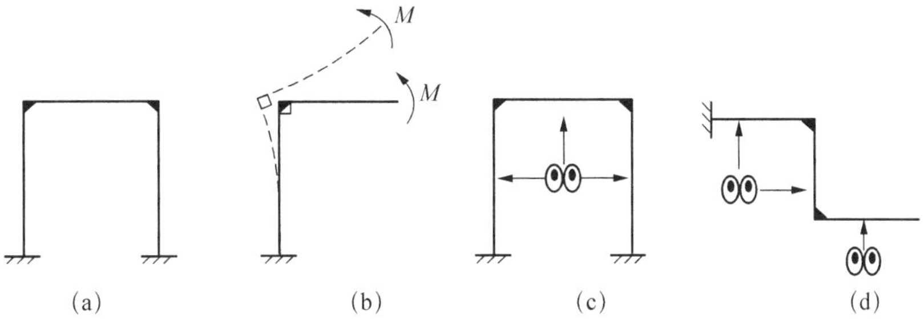

图 5-16

对于平面刚架的内力图绘制，需要注意：

(1) 轴力仍以拉为正，压为负；

(2) 剪力和弯矩的正负号规定如下：设想人站在刚架内部环顾刚架各杆[图 5-16(c)]，或沿刚架各杆同一侧的侧面连续观察[图 5-16(d)]，则剪力、弯矩的正负号与梁的规定相同；

刚架内力图的习惯画法：通常轴力和剪力画在刚架轴线上的任一侧并要标明正负号；而弯矩则画在杆件受拉侧，可不标正负号。

刚架的内力图可通过截面法画出，或通过分布载荷、剪力和弯矩的微分关系画出。

【例 5-8】 如图 5-17(a)所示平面刚架，试绘制其轴力图、剪力图和弯矩图。

【解】 本例利用截面法绘制该刚架的内力图，读者也可自行利用分布载荷、剪力和弯矩的微分关系绘制。

(1) 求解支反力。

根据平衡方程：

$$\sum F_x = 0,\ F_{Ax} = qa\,(\leftarrow)$$

$$\sum M_A = 0,\ F_{Cy} = \frac{qa}{2}\,(\uparrow)$$

$$\sum F_y = 0,\ F_{Ay} = \frac{qa}{2}\,(\downarrow)$$

结果如图 5-17(a)所示。

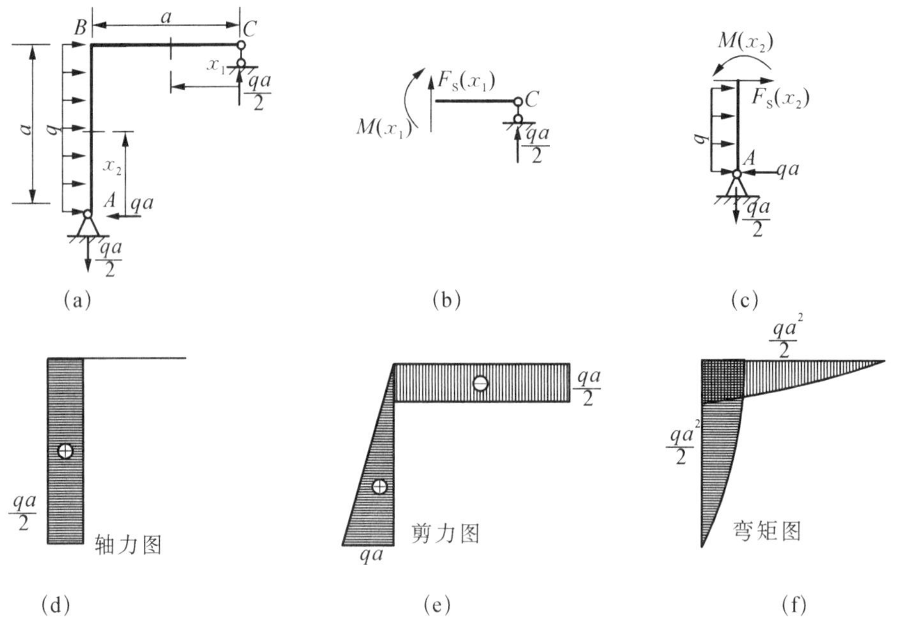

图 5-17

(2) 求内力方程。

如图 5-17(a)所示,分别截取横杆右侧以及竖杆下侧作为研究对象,此时应注意 x_1 坐标正方向为从右至左,而 x_2 坐标正方向为从下至上,画内力图时也必须与之对应。

根据图 5-17(b)所示,横杆的轴力、剪力和弯矩方程分别为

$$F_N(x_1)=0,\ F_S(x_1)=-\frac{1}{2}qa,\ M(x_1)=\frac{qa}{2}x_1$$

根据图 5-17(c)所示,竖杆的轴力、剪力和弯矩方程分别为

$$F_N(x_2)=\frac{1}{2}qa,\ F_S(x_2)=q(a-x_2),\ M(x_2)=qax_2-\frac{q}{2}x_2^2$$

(3) 绘制轴力、剪力和弯矩图。

根据已求出的横杆和竖杆内力,同时根据内力图的绘制要求,最终得到刚架的轴力、剪力和弯矩图,分别如图 5-17(d),(e)和(f)所示。

*5.6.2 曲梁内力

在工程结构中,还有一类其轴线为平面曲线的杆件,若杆件各截面的纵向对称轴也位于该平面内,称为**平面曲杆**。以弯曲为主要变形的平面曲杆,称为**平面曲梁。**

对于曲梁,很难利用分布载荷、剪力和弯矩的微分关系来绘制内力图。主要还是通过截面法求解。习惯画法上,曲梁的轴力和剪力正负号规定仍和之前一样,规定使曲梁轴线曲率增加的弯矩为正。弯矩通常沿轴线画在曲梁受拉一侧,可不标正负号。

【例 5-9】 如图 5-18(a)所示平面曲梁,试绘制其弯矩图。

【解】 (1) 求支反力。

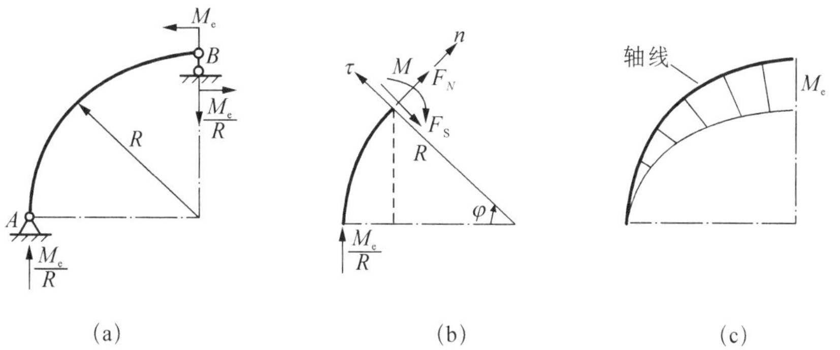

图 5-18

曲梁只承受一个力偶 M_e，所以 A 和 B 支座处的支反力应形成一个反向力偶与 M_e 平衡；同时，B 为滑动支座，只可能存在支反力 F_{By}。所以，两支座支反力分别为 $F_{Ay}=\dfrac{M_e}{R}(\downarrow)$，$F_{By}=\dfrac{M_e}{R}(\uparrow)$。

(2) 截面法求内力。

在 φ 角对应的横截面将曲梁假想地截开，因为 A 端只有 1 个载荷，而 B 端有两个载荷（M_e 和 F_{By}），所以取下侧截开部分为研究对象较为简单。

如图 5-18(b)所示，所截截面上有轴力、剪力和弯矩。按照规定，轴力以拉为正，剪力以使微段顺时针转动为正，弯矩以使轴线曲率增大为正，将每个内力均按正方向假设并在图上作出。为了简单，沿截面法向 n 和切向 τ 建立坐标系，根据平衡方程：

$$\sum F_n=0,\ F_N+\frac{M_e}{R}\cos\varphi=0,\text{得 } F_N=-\frac{M_e}{R}\cos\varphi$$

$$\sum F_\tau=0,\ F_S-\frac{M_e}{R}\sin\varphi=0,\text{得 } F_N=\frac{M_e}{R}\sin\varphi$$

$$\sum M_C=0,\ M+\frac{M_e}{R}(R-R\sin\varphi)=0,\text{得 } M=-M_e(1-\sin\varphi)$$

(3) 根据所得弯矩方程，作出曲梁的弯矩图如图 5-18(c)所示。因为该梁内侧受拉，所以弯矩图画在曲梁内侧。

5.7 结论与讨论

1. 关于弯曲内力与内力图的几点重要结论

(1) 根据弹性体的平衡原理，应用刚体静力学中的平衡方程，可以确定静定梁上任意横截面上的剪力和弯矩。

(2) 剪力和弯矩的正负号规则不同于静力学，但在建立平衡方程时，依然可以规定某一方向为正、相反方向为负。

(3) 剪力方程与弯矩方程都是横截面位置坐标 x 的函数表达式，不是某个指定横截面上剪力与弯矩的数值。

(4) 无论是写剪力与弯矩方程，还是画剪力与弯矩图，都需要注意分段。因此，正确确定控制截面是很重要的。

(5) 可以根据剪力方程和弯矩方程绘制剪力图和弯矩图,也可以不写方程,直接利用载荷集度、剪力、弯矩之间的微分关系绘制剪力图和弯矩图。

2. 正确应用力系简化方法确定控制截面上的剪力和弯矩

使用局部平衡的方法可以确定任意控制截面上的剪力和弯矩。某些情形下,采用力系简化方法,确定控制截面上的剪力和弯矩,可能更方便一些。

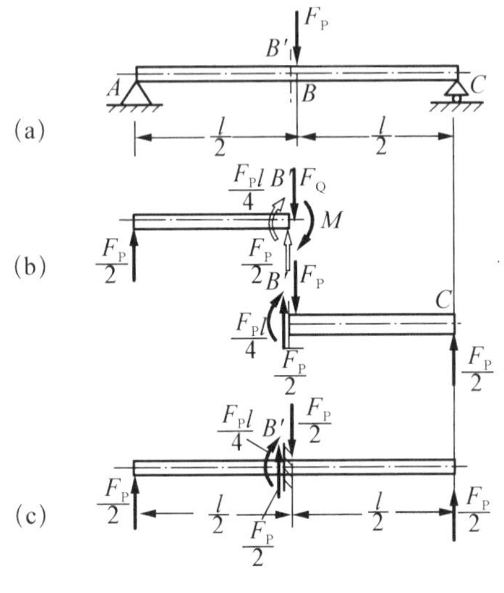

图 5-19

以图 5-19(a)中的简支梁为例:为求 B' 截面上的剪力和弯矩,可以将梁从 B' 处截开,考察左边部分,将其上的外力向 B' 处简化,得到大小为 $\frac{F_P}{2}$ 的力和大小为 $\frac{F_P l}{4}$ 的力偶。当然,这并不是 B' 截面上的剪力和弯矩,而是其左边外力的简化结果,仍然是外力。剪力和弯矩 F_Q 和 M 分别与二者大小相等、方向相反。

由牛顿第三定律可知,B' 右侧截面上的剪力和弯矩应与 B' 左侧截面上剪力和弯矩大小相等、方向相反[图 5-19(b)]。可见,B' 左边部分的外力简化结果,即为其右侧截面上的剪力和弯矩。反之,B' 右边部分的外力简化结果即为左侧截面上的剪力和弯矩。

结合力系简化和牛顿第三定律可以大大简化控制截面上剪力和弯矩的确定过程,无需将杆一一截开,只在控制截面处作一记号,图 5-19(c)中采用斜剖面线标记,然后将外力向该处简化,即可确定该截面上剪力和弯矩大小及其正负号。在实际分析时,如果概念清楚,也可以不作任何记号。

习 题

5-1 建立如图 5-20 所示各梁的剪力、弯矩方程,并作出剪力图和弯矩图。

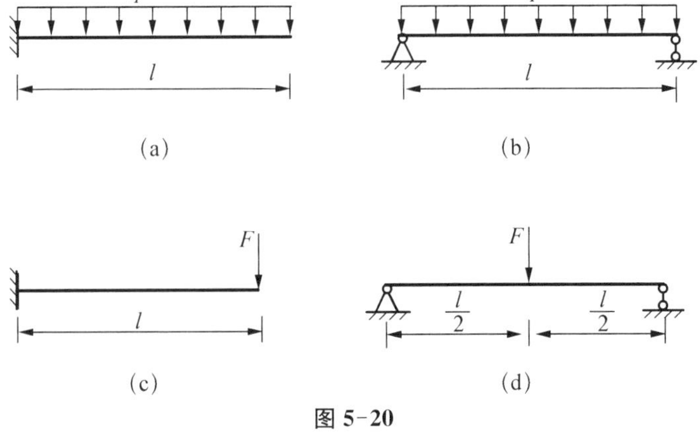

图 5-20

5-2 建立如图 5-21 所示各梁的剪力、弯矩方程，作出剪力图和弯矩图，并总结集中力偶作用截面处剪力图和弯矩图的变化规律。

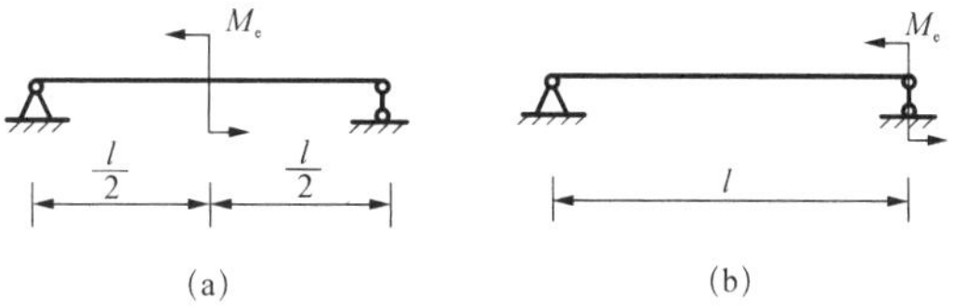

图 5-21

5-3 建立如图 5-22 所示各梁的剪力、弯矩方程，并作出剪力图和弯矩图。

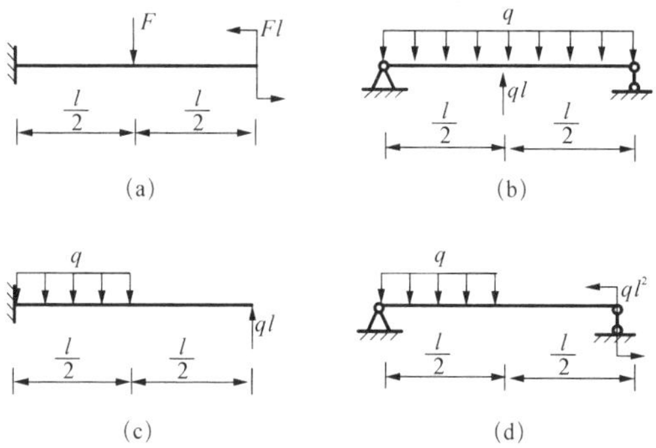

图 5-22

5-4 试建立如图 5-23 所示的承受非均布载荷的梁的剪力、弯矩方程，并作出剪力图和弯矩图。

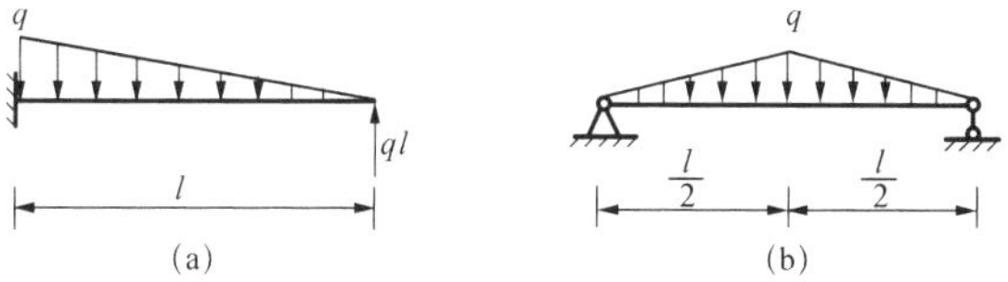

图 5-23

5-5 某施工工地两点起吊如图 5-24(a)所示预制矩形梁，可以简化为如图 5-24(b)所示的计算简图。假设梁材料密度为 ρ，横截面面积为 A，总长度为 l。若忽略起吊中梁的轴向压力，只考虑梁自重引起的弯矩，并假设缆绳不会滑动，吊装过程中梁也不会发生翻转。试分析起吊缆绳附着点的间距 x 为多少最合适，请试着将结果推而广之。

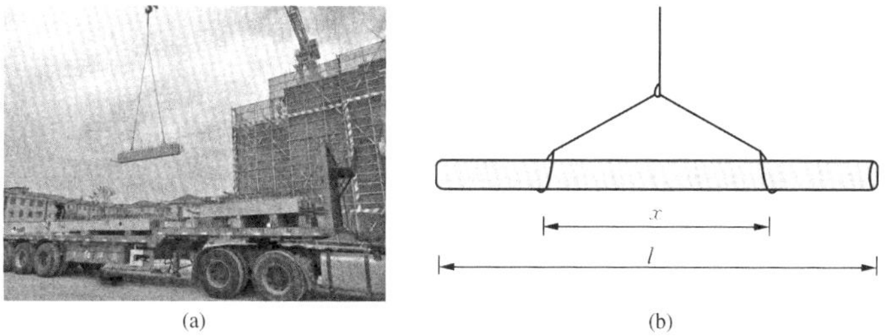

图 5-24

5-6 如图 5-25 所示路灯立柱承受两种模式的风压作用。试写出两种载荷分布下的剪力和弯矩方程，忽略路灯和立柱的重量。

(a) 均布载荷　　(b) 二次分布载荷

图 5-25

5-7 如图 5-26 所示的是 75 公斤级举重比赛时的图片,试根据图中的载荷情况,画杠铃横杆 AB 之间的剪力图和弯矩图(取重力加速度为 9.8 N/kg)。

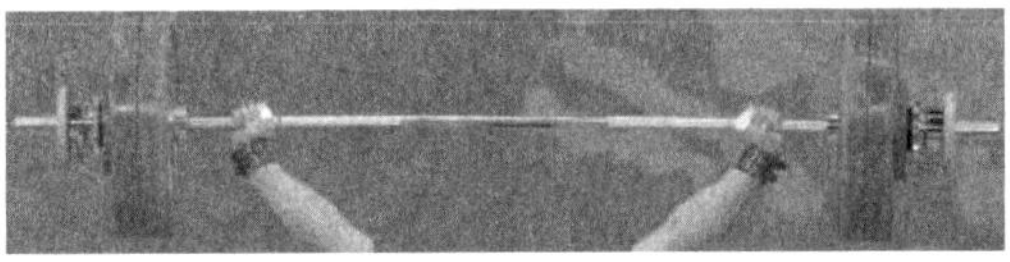

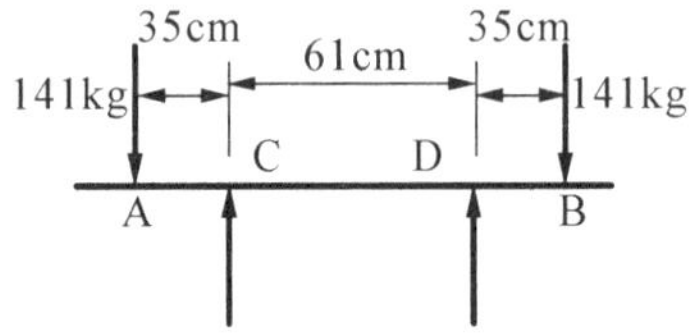

图 5-26

5-8 如图 5-27 所示为某一路口的交通信号灯。若已知交通信号灯的质量均为 10 kg,悬臂杆 AB 的质量密度为 1.5 kg/m。试画出杆 AB 的剪力图和弯矩图(取重力加速度为 9.8 N/kg)。

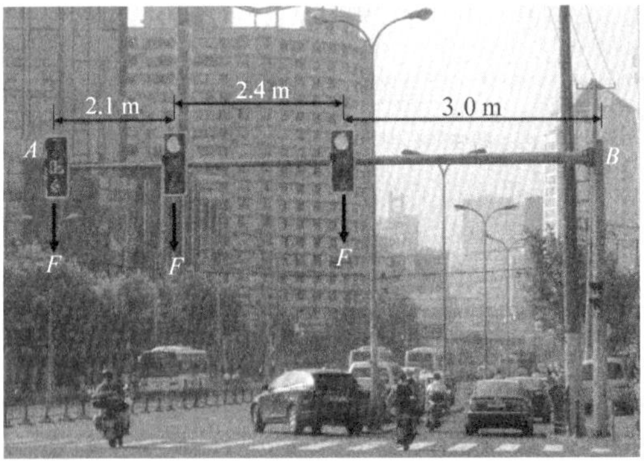

图 5-27

5-9 某大型压路机示意图如图 5-28 所示。以常速前进,总质量是 20 mg,除去前轮后的压路机重心在位置 G 处,前轮的质量是 5 mg。试确定连接前轮侧梁 C 处的内力,忽略侧向梁的质量,前轮可以自由转动。

5-10 已知 G 形夹具作用在木块上的预紧力为 900 N,确定图 5-29 中通过 A 点的 a—a 截面的内力。

5-11 试利用分布载荷集度、剪力和弯矩之间的微分关系解释集中力和集中力偶作用处剪力图和弯矩图的突变。

5-12 试利用分布载荷集度、剪力和弯矩之间的微分关系作出如图 5-22 所示各梁的剪力图和弯矩图。

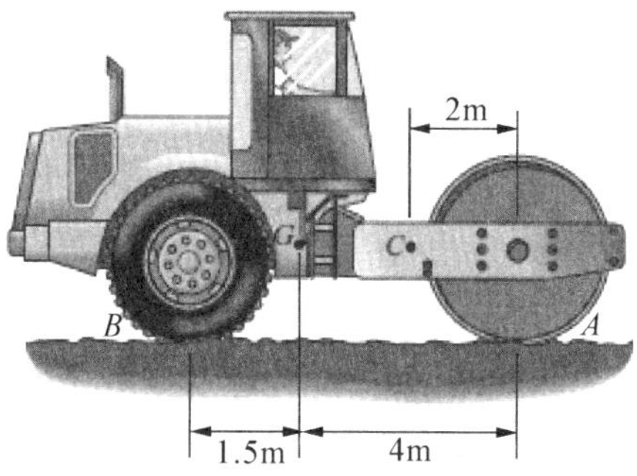

图 5-28

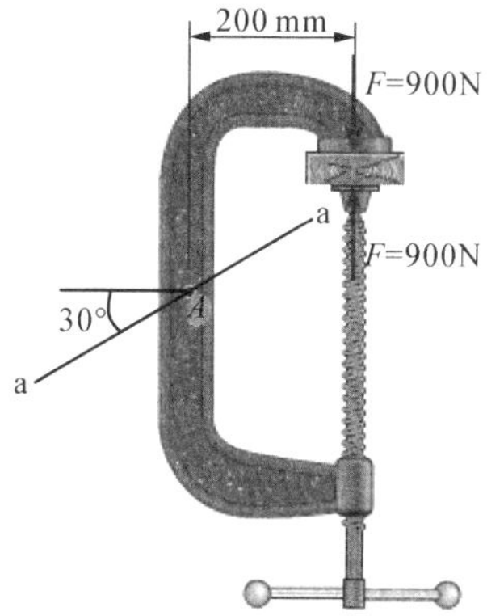

图 5-29

5-13 试利用分布载荷集度、剪力和弯矩之间的微分关系作出如图 5-30 所示各梁的剪力图和弯矩图。

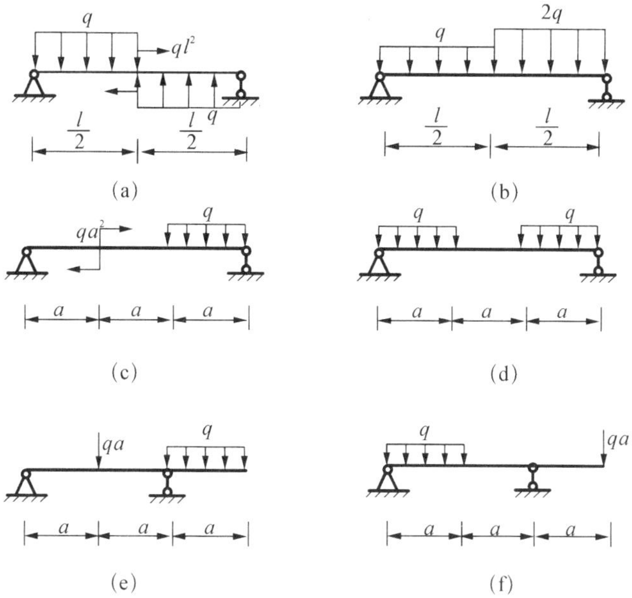

图 5-30

5-14 试利用分布载荷集度、剪力和弯矩之间的微分关系作如图 5-31 所示的带中间铰链的梁的剪力图和弯矩图。

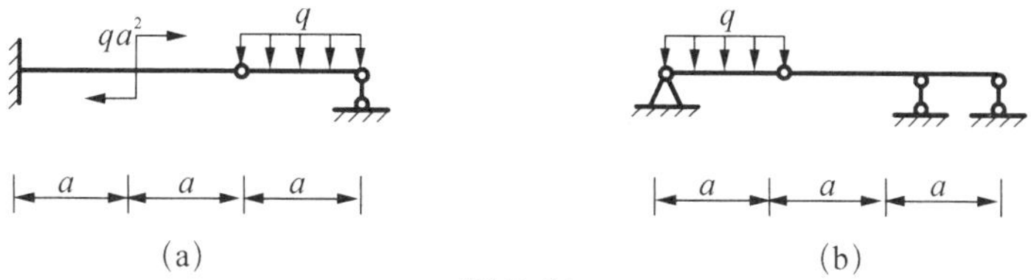

图 5-31

5-15 试作如图 5-32 所示各刚架的轴力、剪力和弯矩图。

*__5-16__ 利用截面法，列出如图 5-33 所示平面曲梁的轴力、剪力和弯矩方程，并作弯矩图。

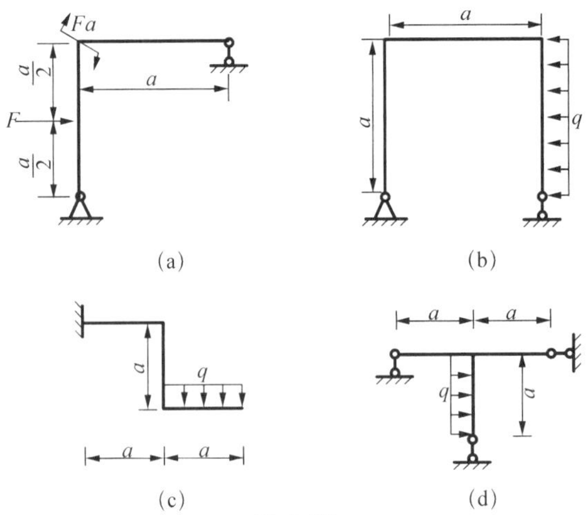

图 5-32

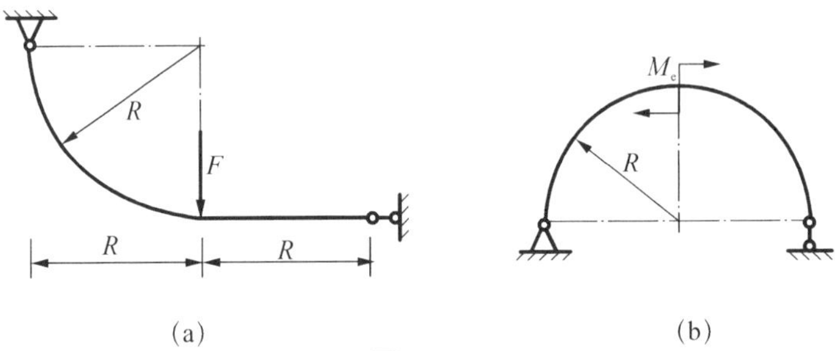

图 5-33

*5-17 假设如图 5-34 所示路灯平面曲杆为某个圆的四分之一,受力如图中所示,试建立其轴力、剪力和弯矩方程,并作出弯矩图。

图 5-34

6 弯曲应力

基本要求

(1) 掌握弯曲正应力和切应力的计算;
(2) 掌握开口薄壁截面梁的切应力计算方法;
(3) 了解开口薄壁截面弯曲中心的概念和工程中常用截面弯曲中心位置;
(4) 掌握异质材料复合梁在对称弯曲时横截面上的正应力分析;
(5) 能熟练地进行弯曲强度计算,了解提高梁弯曲强度的措施。

第 5 章介绍了梁内力图的画法,根据所作内力图可以很快确定梁的危险截面。然而,若要进行梁的强度和刚度分析,还需要知道梁横截面上的应力与截面内力之间的定量关系。本章主要解决应力和内力的定量关系问题。

一般情况下,梁内同时存在剪力和弯矩。因此,梁横截面上也同时存在切应力与正应力。如图 6-1 所示,在面积为 $\mathrm{d}A$ 的微元上,切向力 $\tau\mathrm{d}A$ 构成剪力,法向力 $\sigma\mathrm{d}A$ 对截面形心轴取矩构成弯矩。梁弯曲时横截面上的切应力和正应力,分别被称为**弯曲切应力**和**弯曲正应力**。

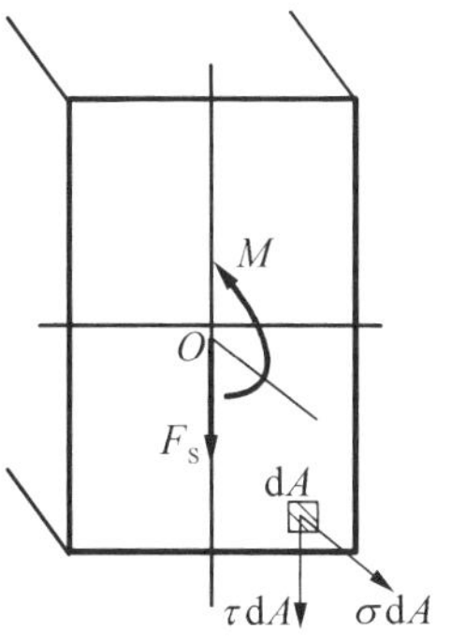

图 6-1

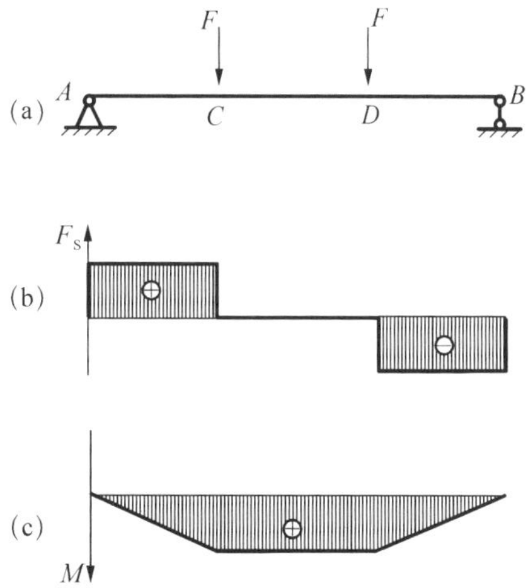

图 6-2

梁的弯曲分为纯弯曲和剪切弯曲。如图 6-2 所示,CD 段内剪力为零,只有弯矩,属于纯弯曲;AC 段或 DB 段内既有剪力,又有弯矩,属于剪切弯曲。

本章先从纯弯曲入手,分析梁内横截面上的弯曲正应力。

6.1 弯曲正应力

应力是物体内部一点处内力的集度,很难直接通过常规实验测得。因此,需要首先从几何方面观察梁的变形特征,得到应变分布规律;进而根据**物理**方程(应力-应变关系),得到应力分布规律;最后结合**平衡**条件,推导出梁弯曲正应力的计算公式。

6.1.1 几何关系

分析如图 6-3(a)所示的矩形横截面梁。若梁两端承受大小为 M_e 的外力偶,根据截面法可知,该梁任何一横截面上剪力为零,弯矩 M 为常量。所以,该梁上任何一段的弯曲变形和受力情况皆相同,梁弯曲后将由直线变为圆弧线,各段具有相同的曲率半径。

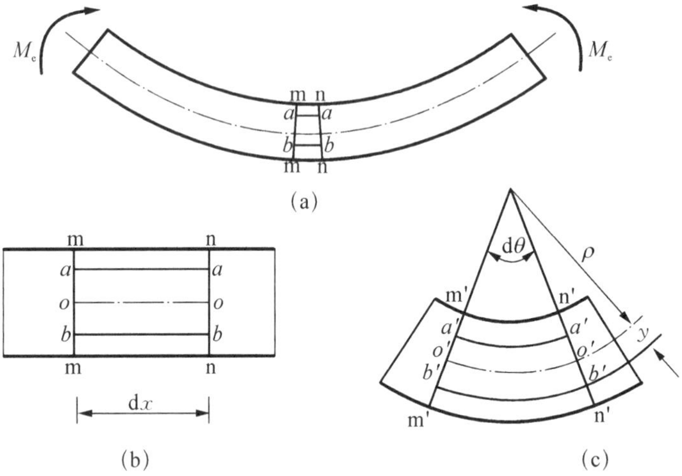

图 6-3

在梁处于平直状态时,以横截面 m—m 和 n—n 从梁上截取出一微段,两截面间的梁轴线为 oo,同时画和轴线平行的纵线 aa 和 bb,如图 6-3(b)所示。根据实验观察可知,在梁两端承受力偶发生弯曲变形时,该微段上横截面 m—m 和 n—n 相对转动一角度后仍保持为平面,如图 6-3(c)所示。所以我们可以总结出梁弯曲时的**平面假设**,即:梁在纯弯曲时,横截面始终保持为平面,并绕垂直于纵向对称面的某一轴旋转,且仍垂直于梁变形后的轴线。

再观察梁的纵线,原先相互平行的纵向直线段 oo, aa 和 bb 在弯曲后分别变成弧线 $o'o'$, $a'a'$和 $b'b'$,但仍然保持相互平行并且与截面 m′—m′和 n′—n′垂直,其中,纵线 aa 缩短(受压),纵线 bb 伸长(受拉),而轴线 oo 长度不变(既不受压也不受拉)。由此可以总结出梁弯曲时的**单向受力假设**,即:梁在发生纯弯曲时,所有与轴线平行的纵向纤维均处于轴向拉伸或轴向压缩状态;纵向纤维之间无互相挤压。梁中纵向纤维长度不变的过渡层称为**中性层**。中性层和横截面的交线称为**中性轴**,如图 6-4 所示。

因梁弯曲后轴线变为圆弧线,且横截面变形后仍为平面,所以将横截面 m′—m′和 n′—n′延长即可得到圆弧的圆心,该微段对应圆心角 $d\theta$。记中性层 $y=0$,对应曲率半径 ρ,与中性层距离为 y 的纵线 $b'b'$对应的曲率半径为 $\rho+y$(假设坐标轴 y 的正方向向下)。若变形前微段

长度 $\overline{oo}=\overline{aa}=\overline{bb}=\mathrm{d}x$，变形后，因为中性层长度不变，所以 $\overline{o'o'}=\overline{oo}=\mathrm{d}x=\rho\,\mathrm{d}\theta$。变形后纵线 $b'b'$ 的长度为 $\overline{b'b'}=(\rho+y)\mathrm{d}\theta$，该点处的正应变为

$$\varepsilon=\frac{\overline{b'b'}-\overline{bb}}{\overline{bb}}=\frac{(\rho+y)\mathrm{d}\theta-\rho\,\mathrm{d}\theta}{\rho\,\mathrm{d}\theta}=\frac{y}{\rho} \tag{6-1}$$

式(6-1)说明梁横截面上任意一点的纵向线应变 ε 与该点到中性轴的距离 y 成正比。

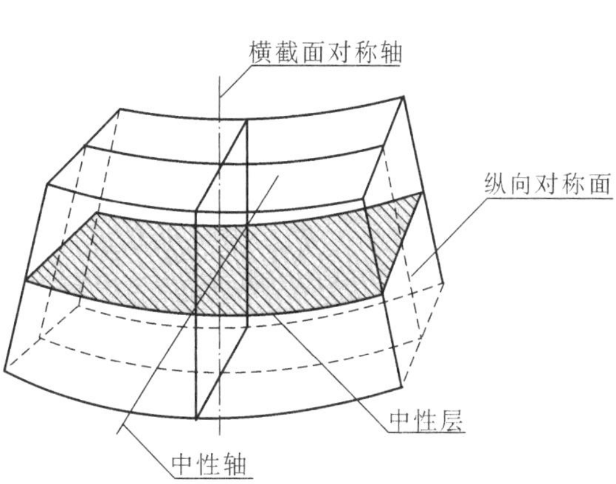

图 6-4

6.1.2 物理关系

根据梁弯曲时的**单向受力假设**，可知梁在纯弯曲时横截面上各点均处于单向应力状态。于是，当材料处于线弹性范围内，且压缩与拉伸模量相同时，由单轴应力状态下的胡克定律，得横截面上的正应力为

$$\sigma=E\varepsilon=E\frac{y}{\rho} \tag{6-2}$$

式(6-2)说明，横截面上任意一点处的正应力与该点至中性轴的距离成正比。横截面上正应力分布的规律如图 6-5 所示。

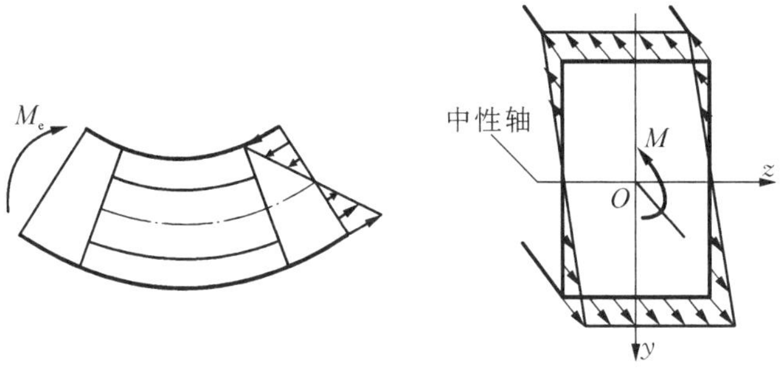

图 6-5

梁中性轴的若干研究进展

6.1.3 静力平衡关系

根据式(6-2)可知横截面上正应力为线性分布，然而应力值的大小还无法求出，因此还需要根据平衡关系进一步得出应力与外载荷之间的关系。

由图 6-5 可知，纯弯曲时梁横截面上仅存在正应力 σ，正应力可组成 3 个内力分量

$$F_{\mathrm{N}}=\int_A\sigma\,\mathrm{d}A,\ M_y=\int_A z\sigma\,\mathrm{d}A,\ M_z=\int_A y\sigma\,\mathrm{d}A \tag{a}$$

由于是纯弯曲，所以横截面上只有 $M_z=M$，而轴力 F_{N} 和矢量方向沿 y 轴的弯矩 M_y 均为零，即

$$F_N = \int_A \sigma \mathrm{d}A = 0 \tag{b}$$

$$M_y = \int_A z\sigma \mathrm{d}A = 0 \tag{c}$$

$$M_z = \int_A y\sigma \mathrm{d}A = M \tag{d}$$

将式(6-2)代入以上三式，得

$$F_N = \frac{E}{\rho}\int_A y \mathrm{d}A = 0 \tag{e}$$

$$M_y = \frac{E}{\rho}\int_A zy \mathrm{d}A = 0 \tag{f}$$

$$M_z = \frac{E}{\rho}\int_A y^2 \mathrm{d}A = M \tag{g}$$

以上三式中积分符号以内的部分均为只与截面几何性质相关的物理量，根据附录A中的定义，式(e)中，$\int_A y\mathrm{d}A = S_z$ 为截面对 z 轴静矩，因为$\frac{E}{\rho}$不可能为零，所以 $S_z = 0$，说明 z 轴必通过截面形心，从而可确定中性轴的位置。

式(f)中，$\int_A zy\mathrm{d}A = I_{zy}$ 为截面对 y 轴和 z 轴的惯性积，因为截面关于 y 轴对称，$I_{zy} = \int_A zy\mathrm{d}A = 0$ 自动满足。

式(g)中，$\int_A y^2\mathrm{d}A = I_z$ 为截面对 z 轴的惯性矩，将其代入式(g)，得

$$\frac{1}{\rho} = \frac{M}{EI_z} \tag{6-3}$$

式(6-3)说明梁弯曲的曲率$\frac{1}{\rho}$与弯矩 M 和 EI_z 有关，其中 EI_z 越大，梁弯曲曲率越小，所以 EI_z 通常被称为**梁的弯曲刚度**。

将式(6-3)代入式(6-2)，得梁在纯弯曲时横截面上任一点的正应力为

$$\sigma = \frac{My}{I_z} \tag{6-4}$$

式中 M——横截面上的弯矩；

y——所求应力点的纵坐标；

I_z——横截面对中性轴 z 的惯性矩。

以上由几何关系、物理关系和静力平衡关系等方面推导出横截面上正应力公式的流程可参考公式(6-5)。

$$\left.\begin{array}{l}\left.\begin{array}{ll}\text{几何} & \varepsilon = \dfrac{y}{\rho} \\ \text{物理} & \sigma = E\varepsilon\end{array}\right\} \quad \sigma = E\dfrac{y}{\rho} \\ \text{平衡} \quad M = \dfrac{E}{\rho}\displaystyle\int_A y^2 \mathrm{d}A = \dfrac{EI_z}{\rho}\end{array}\right\} \quad \sigma = \frac{My}{I_z} \tag{6-5}$$

在式(6-4)中，正应力 σ 的正负由弯矩 M 和坐标 y 的正负决定，这样比较麻烦。实际计算可以简单根据梁的受力情况直接确定，梁凹侧受压正应力 σ 为负值，梁凸侧受拉正应力 σ 为正值。

在实际工程中，通常关注梁内的最大弯曲应力。由式(6-4)和图 6-5 可知，梁的最大弯曲正应力发生在距离中性轴最远处，即 $y=y_{\max}$ 处，最大正应力为

$$\sigma_{\max}=\frac{My_{\max}}{I_z} \tag{6-6}$$

定义截面的**抗弯截面系数**或称**截面模数**为

$$W_z=\frac{I_z}{y_{\max}} \tag{6-7}$$

由式(6-7)可知，抗弯截面系数 W_z 的值仅与截面的形状和尺寸有关，单位为 m^3，对于常见的图形，如矩形、圆形和空心圆环形截面，可以通过 $I_z=\int_A y^2\mathrm{d}A$ 和 $W_z=\dfrac{I_z}{y_{\max}}$ 分别计算其惯性矩以及抗弯截面系数，其结果见表 6-1。而对于非规则截面，如 T 形截面等，则需要依据定义计算或查表得到。

将抗弯截面系数的定义式(6-7)代入式(6-6)，得最大弯曲正应力计算公式为

$$\sigma_{\max}=\frac{M}{W_z} \tag{6-8}$$

表 6-1　　常见截面的惯性矩及抗弯截面系数

截面形状	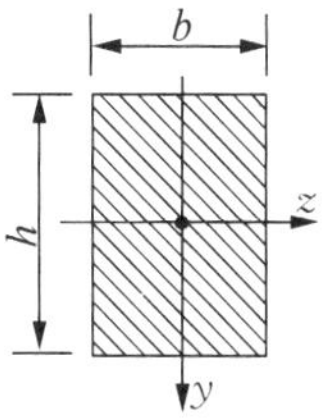	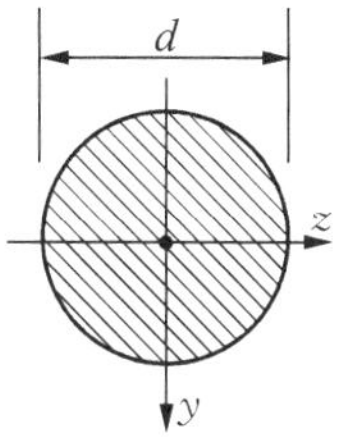	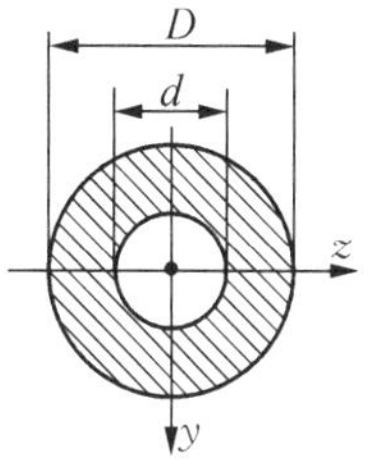 $d/D=0.8$	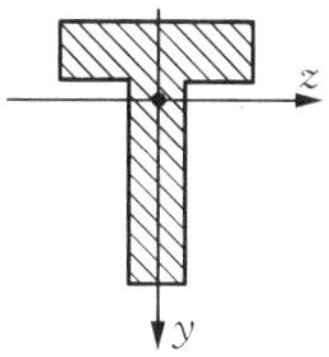
惯性矩	$I_z=\dfrac{1}{12}bh^3$	$I_z=\dfrac{\pi d^4}{64}$	$I_z=\dfrac{\pi}{64}D^4(1-\alpha^4)$	查附录
抗弯截面系数	$W_z=\dfrac{1}{6}bh^2$	$W_z=\dfrac{\pi d^3}{32}$	$W_z=\dfrac{\pi}{32}D^3(1-\alpha^4)$ $\alpha=\dfrac{d}{D}$	查附录
W/A	$0.167h$	$0.125d$	$0.205D$	—

【例 6-1】 如图 6-6 所示叠梁，由两片高度为 h 和宽度为 b 的矩形薄板组成。图 6-6(a)中板间无约束，而图 6-6(b)中两板用若干螺栓连接。两梁长度均为 l，均承受载荷 F 作用。不计板间摩擦，不考虑剪力的作用，试分析两种情况下梁内的最大弯曲正应力。

【解】 (1) 问题分析

如图 6-6(a)所示叠梁，因为无约束且不考虑摩擦，所以两矩形薄板分别独立地发生弯曲

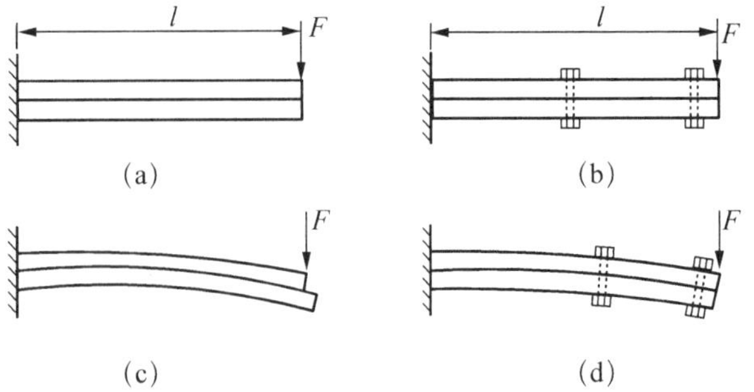

图 6-6

变形。如图 6-6(c)所示,两板右端表面发生错动,不再保持同一平面。

如图 6-6(b)所示叠梁,因为有螺栓约束,所以两矩形板应视作一整体发生弯曲变形。如图 6-6(d)所示,两板右端表面在弯曲后仍保持为一个平面。

(2) 应力分析

图 6-6(a)叠梁中,最大弯矩发生在固定端处,每个板上的最大弯矩为$\dfrac{Fl}{2}$,最大弯曲正应力发生在每个薄板的上下表面处,所以,最大弯曲正应力为

$$\sigma_{\max}=\frac{\dfrac{Fl}{2}\cdot\dfrac{h}{2}}{\dfrac{bh^3}{12}}=\frac{\dfrac{Fl}{2}}{\dfrac{bh^2}{6}}=\frac{3Fl}{bh^2}$$

图 6-6(b)整体梁中,两矩形薄板视作一整体梁,其宽度为 b,高度为 $2h$。最大弯矩 Fl 由该叠梁整体承担。所以,最大弯曲正应力为

$$\sigma_{\max}=\frac{Fl\cdot h}{\dfrac{b(2h)^3}{12}}=\frac{Fl}{\dfrac{2bh^2}{3}}=\frac{3Fl}{2bh^2}$$

显然,整体梁的最大弯曲正应力是叠梁的一半,整体梁具有更高的承载能力。

6.1.4 经济型截面

由式(6-5)可知,和梁的上下表面附近的应力相比,中性轴附近的应力比较小,材料没有被充分利用,所以矩形截面或圆形截面梁的材料利用率不高,中性轴附近的材料对提高抗弯强度贡献不大。回想扭转切应力分析时空心圆截面比实心圆截面具有较高的抗扭能力,可以想象弯矩问题也会有类似的经济型截面。

考虑如图 6-7 所示的矩形截面梁,其截面模量 $W=\dfrac{bh^2}{6}=\dfrac{50\times150^2}{6}=187.5\times10^3\ \text{mm}^3$。如果假设材料的许用应力$[\sigma]=125\ \text{MPa}$,则梁可承受的最大弯矩 $M=[\sigma]W=23.4\ \text{kN}\cdot\text{m}$。

如果保持高度不变,重新布置截面如图 6-7(b) 所示,则截面模量 $W=395.3\times10^3\ \text{mm}^3$,保持许用应力不变下梁能承受的最大弯矩,则梁可承受的最大弯矩 $M=49.4\ \text{kN}\cdot\text{m}$,是同样面积矩形截面形状梁承受最大弯矩的两倍多。可以看出,弯矩承受能力的增加是由于更多的截

面面积被布置在距离中性轴比较远的位置。当然，如图 6-7(b)所示截面没有实际应用价值，因为这两个通常被称为翼缘的部分是相互独立的，不能被视为一个整体单元。为此，需要用一定的截面面积将上、下翼缘连接起来，如例 6-7(c)所示。把连接翼缘的部分称为腹板，腹板的作用主要是承受剪力。

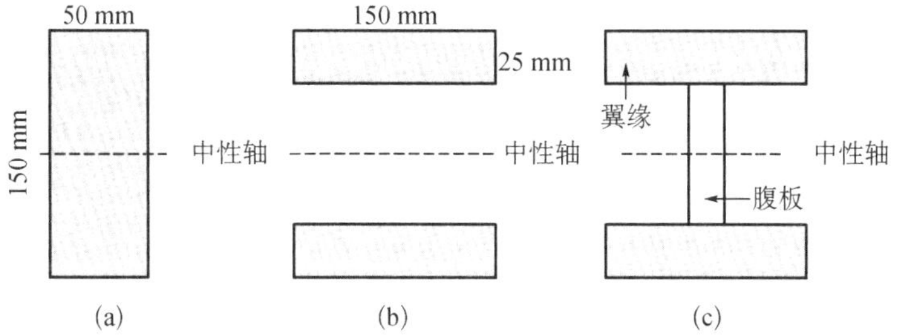

图 6-7

通常我们把图 6-7(c)所示的截面称为 H 形截面，这是工业界中常见的经济型结构形状。其他的标准截面形状还有 I 字形（I 形）、槽形（⊏形）、L 形等，其截面性质详见附录 B。需要注意的是，如果梁过窄，会在达到许用应力前发生侧向失稳，该问题会在压杆稳定章节有所涉及。本章的所有经济型截面梁都假定不存在侧向失稳问题。

【例 6-2】 如图 6-8(a)所示简支梁承受 45 kN 的载荷，材料的许用弯曲正应力为 120 MPa，确定重量最轻的 HT 型号，计算此时梁的最大真实弯曲正应力。

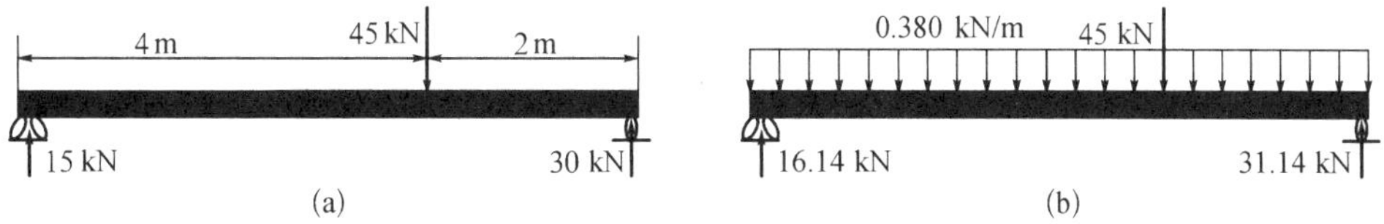

图 6-8

【解】 易知支反力的大小如例 6-8(a)所示，最大弯矩 $M_{max}=60\ \text{kN}\cdot\text{m}$，承受此弯矩的最小截面模量为

$$W_{min}=\frac{|M_{max}|}{[\sigma]}=\frac{60\times10^3}{120\times10^6}=500\times10^{-6}\ \text{m}^3=500\times10^3\ \text{mm}^3$$

根据附录 B 中的 HT 型截面形状的几何性质，发现如表 6-2 所示的型号既满足最小截面模量要求又符合重量最轻限制。

表 6-2 部分截面几何性质

型号	截面模量 W/cm^3	单位长度质量/($\text{kg}\cdot\text{m}^{-1}$)
HT300×200	515	38.7
HT400×150	602	37.3

真实应力的计算应该包含梁的自重，HT300×200 产生的自重载荷为

$$w_0=mg=38.7\times9.81=380\ \text{N/m}$$

图 6-8(b)显示在自重和外载荷共同作用下的支反力，最大弯矩为 $M_{max}=61.52\ kN \cdot m$（需要注意的是自重相对于外载荷而言比较小，考虑自重后的最大弯矩只增加了 2.5%）。梁的最大弯曲正应力为

$$\sigma_{max}=\frac{|M_{max}|}{W}=\frac{61.52\times10^3}{515\times10^{-6}}=119.5\times10^6\ Pa=119.5\ MPa<[\sigma]$$

所以可选用 HT300×200 型号梁，此时的最大弯曲正应力为 119.5 MPa。

6.2 弯曲切应力

如图 6-2(a)所示梁的 AC 段或 BD 段处于剪切弯曲，梁截面上不仅有正应力，还有切应力。本节主要研究几种常见截面梁的弯曲切应力。

6.2.1 矩形截面梁的弯曲切应力

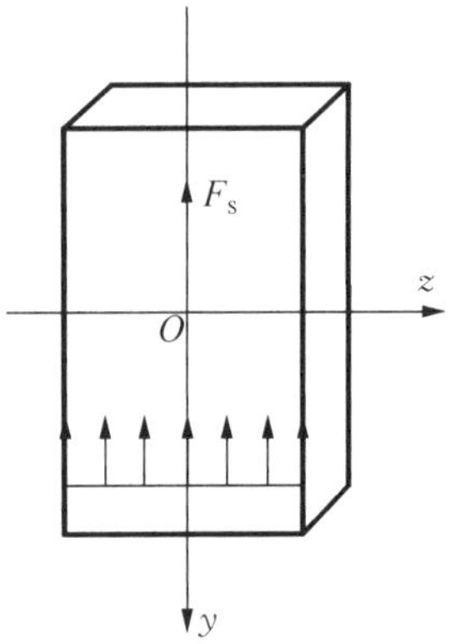

图 6-9

考虑如图 6-9 所示狭而高的矩形截面梁，在纵向对称面内承受剪力 F_S 作用。因为梁侧面均为自由表面，所以截面内左右两侧边缘处切应力无垂直于边缘的分量，只能平行于侧边；同时，因为截面狭而高，可以认为在相同高度上沿宽度方向切应力的大小和方向没有明显变化。所以，对于狭长截面梁的弯曲切应力，可有如下假设：

(1) 横截面上各点处切应力均与侧边平行。

(2) 横截面上切应力沿宽度方向均布（距中性轴等距离各点处的切应力相等）。

下面，研究弯曲切应力沿横截面高度变化的规律。

如图 6-10(a)所示的悬臂梁自由端承受集中力作用。由内力分析可知该梁任一截面上都是同时承受剪力和弯矩作用。将该梁上长度为 dx 的一微段截出，由截面法可知，微段两侧截面上剪力相等，设为 F_S，弯矩不等，记左侧截面上弯矩为 M，则右侧截面上弯矩以增量形式写为 $M+dM$。

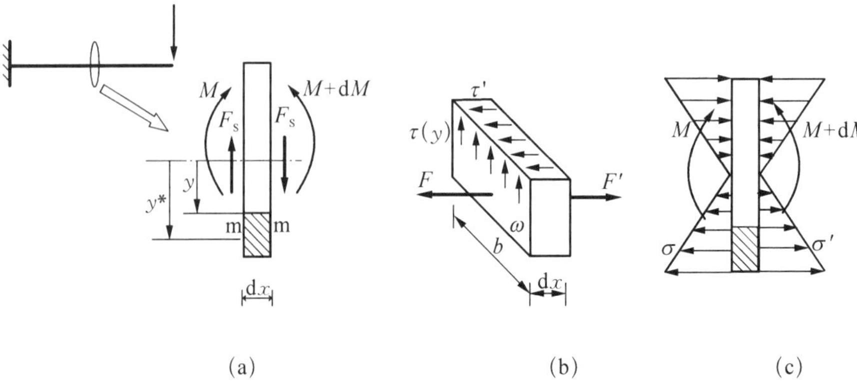

(a) (b) (c)

图 6-10

现在求坐标为 y 处的切应力 $\tau(y)$。在该处用截面 m—m 将微段截开，取截面下方部分作为研究对象，截出部分如图 6-10(b)所示。在该截出部分上，根据切应力成对定理，$\tau(y)$ 等于

上侧面内的切应力 τ'。显然，若 τ' 确定，则 $\tau(y)$ 也可以被确定。

考虑图 6-10(b)所示部分的水平方向平衡，因为微段长度很小，τ' 可认为在上侧面内不变化，形成剪力 $\tau' b\mathrm{d}x=\tau(y)b\mathrm{d}x$。同时，在左右侧面上分别作用有由弯曲正应力所形成的轴向合力 F 与 F'。显然，该微段的平衡需满足

$$F+\tau(y)b\mathrm{d}x=F' \tag{a}$$

式中，F 为图 6-10(b)中微块的左侧截面上的弯曲正应力 σ 的合力，$\sigma=\dfrac{My^*}{I_z}$，为该截面上距离中性轴 y^* 处的弯曲正应力，所以可得

$$F=\int_\omega \sigma \mathrm{d}A=\frac{M}{I_z}\int_\omega y^* \mathrm{d}A$$

式中，ω 为侧面面积。

同理，右侧侧面上 $F'=\int_\omega \sigma' \mathrm{d}A=\dfrac{M+\mathrm{d}M}{I_z}\int_\omega y^* \mathrm{d}A$。

注意到 $S_z(\omega)=\int_\omega y^* \mathrm{d}A$ 代表截面面积ω 对中性轴的静矩(即**面积矩**)，同时考虑弯矩和剪力的微分关系 $F_\mathrm{S}=\dfrac{\mathrm{d}M}{\mathrm{d}x}$，式(a)可写成

$$\tau(y)=\frac{F'-F}{b\mathrm{d}x}=\frac{\mathrm{d}M}{\mathrm{d}x}\cdot\frac{\int_\omega y^*\mathrm{d}A}{bI_z}=\frac{F_\mathrm{S}S_z(\omega)}{bI_z} \tag{6-9}$$

对于如图 6-11 所示矩形截面梁，距中性轴 y 处位置下方的面积对中性轴 z 轴的静矩为

弯曲切应力讨论与分析拓展阅读

$$S_z(\omega)=b\left(\frac{h}{2}-y\right)\cdot\left(\frac{\frac{h}{2}-y}{2}+y\right)=\frac{b}{2}\left(\frac{h^2}{4}-y^2\right)$$

将该静矩代入式(6-11)，得到距中性轴 y 处的弯曲切应力为

$$\tau(y)=\frac{F_\mathrm{S}S_z(\omega)}{bI_z}=\frac{3F_\mathrm{S}}{2bh}\left(1-\frac{4y^2}{h^2}\right) \tag{6-10}$$

由式(6-10)和图 6-11 可见：矩形截面梁的弯曲切应力沿截面高度呈抛物线分布，在截面上下边缘处 $\left(y=\pm\dfrac{h}{2}\right)$切应力 $\tau=0$；在中性轴处($y=0$)有最大值

$$\tau_{\max}=\frac{3}{2}\frac{F_\mathrm{S}}{bh}=\frac{3}{2}\frac{F_\mathrm{S}}{A} \tag{6-11}$$

式中，A 为横截面面积。式(6-11)表明矩形截面梁的最大弯曲切应力为其平均切应力的 3/2 倍。以上公式虽然运用了假设对问题进行简化，但与精确解相比，当 $h/b\geqslant 2$ 时，解的误差极小；当 $h/b=2$ 时，误差约为 6%。

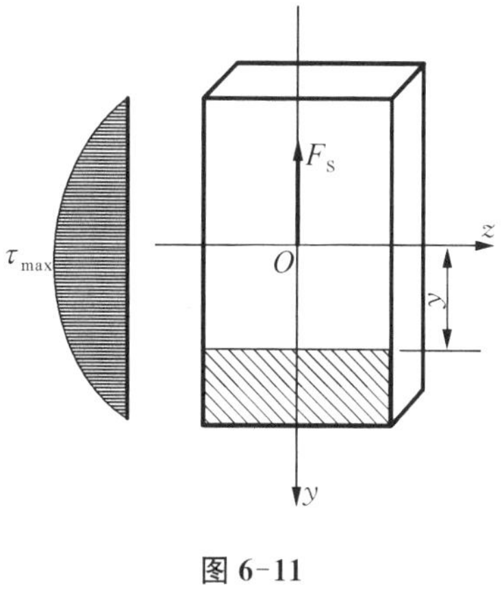

图 6-11

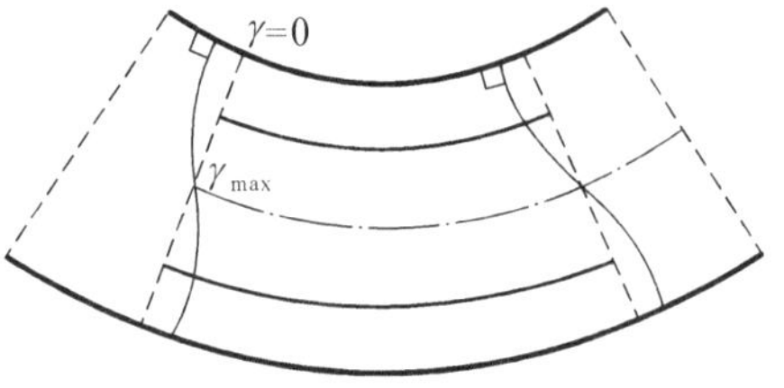

图 6-12

根据剪切胡克定律，切应变 γ 在截面上也是非均匀分布。在中性轴处最大，在上、下边缘处为零。所以，可以发现纯弯曲中的平截面假设在剪切弯曲中不再成立，截面因为切应力的作用，将发生如图 6-12 所示的翘曲变形。若相邻横截面的剪力相同，则翘曲变形相同，各“纤维”的纵向应变不受剪力影响。但若相邻横截面的剪力不同，或一端截面被约束，翘曲变形受限，则纵向“纤维”将受到挤压或拉伸。

6.2.2 工字形截面梁的切应力

工字形截面梁由腹板和上、下翼缘组成，见图 6-13。其中腹板为狭长矩形，所以，仍可假设腹板中弯曲切应力平行于侧边，并沿厚度均匀分布，式(6-9)仍然适用。由式(6-9)可知，距中性轴 y 处的切应力为

$$\tau(y)=\frac{F_S S_z(\omega)}{dI_z} \tag{6-12}$$

式中 $S_z(\omega)$——距中性轴为 y 的横线以外部分的面积 ω(图中阴影部分)对中性轴的静矩；

d——腹板厚度；

I_z——整个工字截面对中性轴的惯性矩，可直接计算或由附录 B 中型钢表获得。

根据面积矩定义，在腹板范围内 $S_z(\omega)$ 是 y 的二次函数，所以腹板内的弯曲切应力沿腹板高度也是按二次抛物线规律变化。

由图 6-13 可知，最大切应力发生在中性轴处，最小切应力发生在腹板和上、下翼缘交界处。

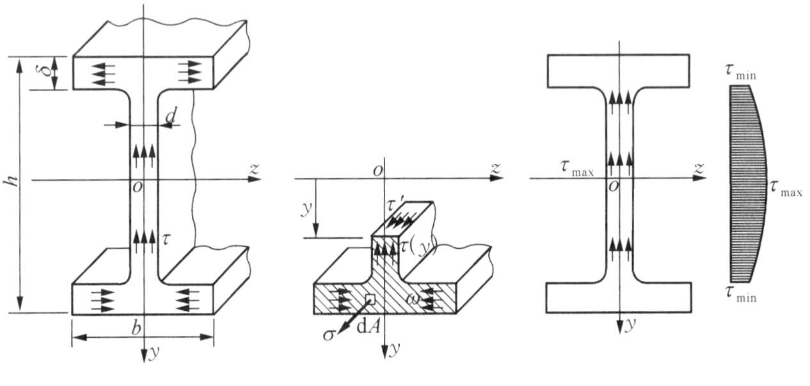

图 6-13

对于上、下翼缘，因为翼缘很薄，根据前面的分析可知，切应力应主要沿平行于翼缘板方向分布，平行于 y 轴的切应力可忽略不计。平行于翼缘板方向的切应力可参照求解矩形截面内弯曲切应力的方法求出。但由于翼缘板内的最大切应力远小于腹板内的最大切应力，所以通常忽略不计。

工程中，常常需要计算工字形型钢的最大切应力。因为最大切应力一般发生在中性轴处，所以，可以将式(6-12)稍作变形为

$$\tau_{\max}=\frac{F_{S,\max}}{d\dfrac{I_z}{S_z^*}} \tag{6-13}$$

式中 I_z——整个工字形截面对中性轴的惯性矩；

S_z^*——中性轴以上或以下截面面积对中性轴的静矩。

6.2.3 箱形截面梁的切应力

箱形截面梁也是由腹板和翼缘组成(图 6-14)，因为腹板和翼缘厚度均很小，因此切应力须平行于腹板和翼缘的边缘。同时，切应力的分布需要满足两个条件：

(1) 沿 y 轴，切应力的合力等于截面承受的剪力，即 $F_S=\int_A\tau(y)\mathrm{d}A$；

(2) 沿 z 轴，切应力的合力为零。

综合以上条件，可以分析得出箱形截面梁内切应力一定沿腹板和翼缘方向关于 y 轴对称分布，如图 6-14 所示。切应力仍可由式(6-9)计算，但是因为箱形梁具有 2 个腹板，所以壁厚 $b=2\delta$，则

$$\tau(y)=\frac{F_S S_z(\omega)}{2\delta I_z} \tag{6-14}$$

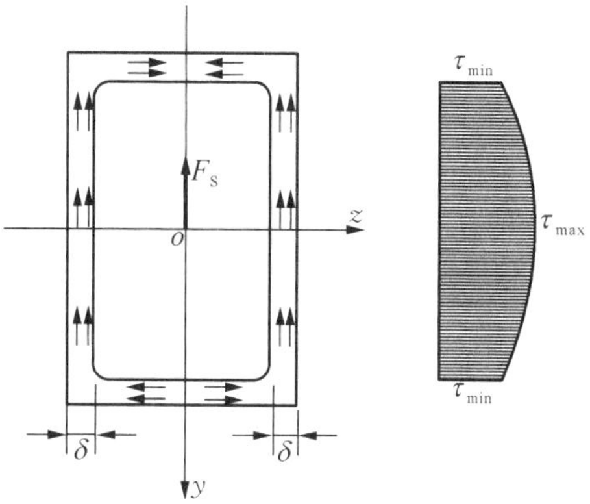

图 6-14

与工字形梁类似，箱形梁最大切应力发生在中性轴处，最小切应力发生在腹板和翼缘交界处。上、下翼缘内的切应力可以忽略。

6.2.4 薄壁环形截面梁的切应力

图 6-15 所示为薄壁环形截面梁，平均半径 r_0，壁厚 δ。因为 δ 相比 r_0 非常小，所以切应力须沿薄壁轴线分布，并且其大小在厚度上无变化。同时，切应力的分布仍需满足条件：

(1) 沿 y 轴，切应力的合力等于截面承受的剪力，即 $F_S=\int_A\tau(y)\mathrm{d}A$。

(2) 沿 z 轴，切应力的合力为零。

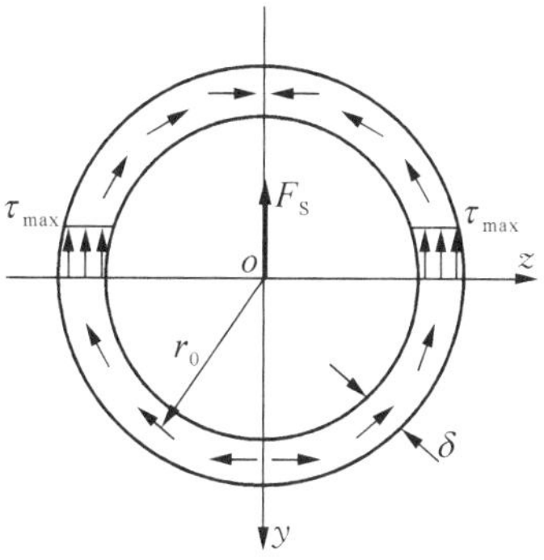

图 6-15

所以，切应力须沿薄壁轴线且对称分布，如图 6-15 所示。最大切应力发生在中性轴处，考虑穿过中性轴的截面厚度为 2δ，则最大切应力为

$$\tau_{\max}=\frac{F_S S_z(\omega)}{2\delta I_z}$$

其中，I_z 为圆环对中性轴的惯性矩，其值为 $I_z=\pi r_0^3\delta$，而 $S_z(\omega)$ 为中性轴一侧的半圆环对中性轴的静矩，即

$$S_z(\omega)=\pi r_0\delta\cdot\frac{2r_0}{\pi}=2r_0^2\delta,$$

所以，最大切应力为

$$\tau_{\max}=\frac{F_S S_z(\omega)}{2\delta I_z}=\frac{F_S \cdot 2r_0^2\delta}{2\delta \cdot \pi r_0^3\delta}=\frac{F_S}{\pi r_0\delta}=2\frac{F_S}{A} \tag{6-15}$$

可见,薄壁环形梁的最大切应力为平均切应力的两倍。

6.2.5 圆截面梁的切应力

对于圆截面梁,首先在横截面边缘处切应力应平行于边界,同时考虑到对称性,切应力应关于 y 轴对称,合力向上。所以,圆截面梁横截面内的切应力分布如图 6-16(a)所示,在截面内各点处,切应力的大小和方向一般都不相同。

然而,最大切应力仍发生在中性轴上,如图 6-16(b)所示。并且可以近似认为中性轴上各点处的切应力均平行于剪力,且大小相等。所以,圆截面梁的最大弯曲切应力为

$$\tau_{\max}=\frac{F_S S_z(\omega)}{dI_z}$$

式中 d——圆截面直径;

I_z——圆截面对中性轴的惯性矩,$I_z=\frac{\pi d^4}{64}$;

$S_z(\omega)$——中性轴一侧的半圆对中性轴的静矩,因为半圆形心到中性轴距离 $y^*=\frac{2d}{3\pi}$,

所以 $S_z(\omega)=\frac{1}{2}\times\frac{\pi d^2}{4}\cdot\frac{2d}{3\pi}=\frac{d^3}{12}$

由此可见,最大切应力为

$$\tau_{\max}=\frac{F_S S_z(\omega)}{dI_z}=\frac{F_S\cdot\frac{d^3}{12}}{d\cdot\frac{\pi d^4}{64}}=\frac{4F_S}{3\times\frac{\pi d^2}{4}}=\frac{4F_S}{3A} \tag{6-16}$$

说明,圆环截面的最大弯曲切应力为平均切应力的 4/3 倍。

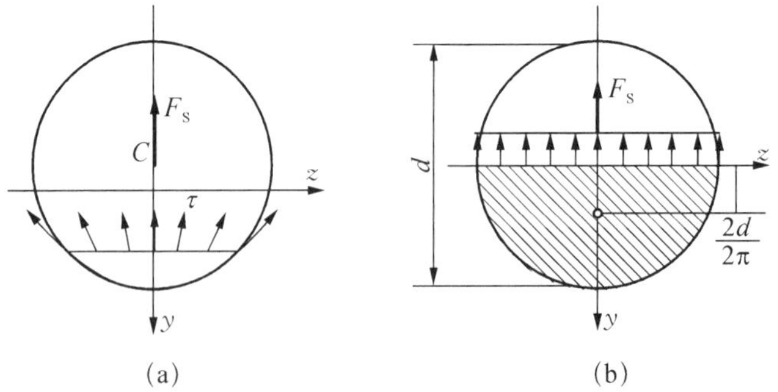

图 6-16

6.2.6 弯曲正应力和弯曲切应力的比较

由以上分析可知,在剪切弯曲变形中,梁的横截面一般同时存在正应力和切应力。那么,

哪一种应力数值较大，在变形中起主要作用？下面，将通过一个简单的例子来比较。

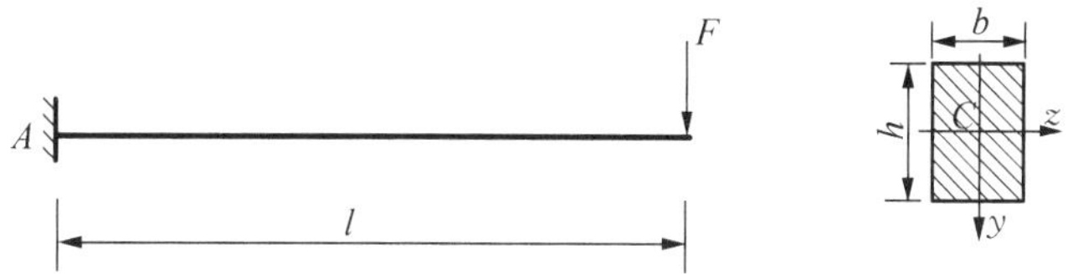

图 6-17

如图 6-17 所示，一矩形截面悬臂梁，自由端承受集中载荷 F 作用。易知，梁内剪力在整个梁长度上均为 $F_S=F$，最大弯矩发生在固定端，$M_{max}=Fl$。则最大弯曲正应力和最大弯曲切应力分别为

$$\sigma_{max}=\frac{M_{max}}{W_z}=\frac{Fl}{\frac{bh^2}{6}}=\frac{6Fl}{bh^2},\ \tau_{max}=\frac{3}{2}\times\frac{F_S}{A}=\frac{3F}{2bh}$$

二者之比为

$$\frac{\sigma_{max}}{\tau_{max}}=\frac{6Fl}{bh^2}\cdot\frac{2bh}{3F}=\frac{4l}{h}$$

工程中常见的梁，其长度 l 都远大于梁截面的高度 h。可见，一般情况下，梁的最大弯曲正应力远大于弯曲切应力。所以，多数情况下，计算梁的强度只需考虑弯曲正应力。

【例 6-3】 如图 6-18 所示，横截面为槽形的外伸梁同时承受 $F=20$ kN 的集中载荷以及 $q=10$ kN/m 的均布载荷作用，已知 $I_z=5\ 493\times10^4$ mm^4。试求该梁剪力最大截面内的最大弯曲切应力以及腹板和上翼缘交界处的弯曲切应力。

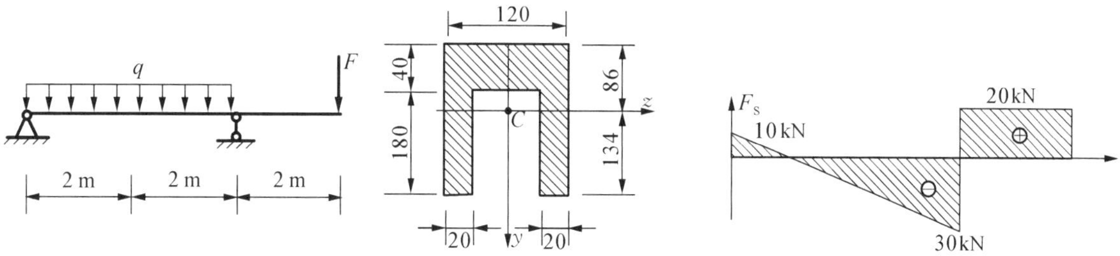

（单位：mm）

图 6-18

【解】 (1) 求梁内最大剪力。

根据剪力图可知该梁内最大剪力发生在滑动支座处，最大值为 $F_{S,max}=30$ kN。

(2) 最大弯曲切应力。

最大弯曲切应力发生在中性轴处，中性轴下方截面对该轴的静矩为

$$S_{z,max}=2\times0.134\times0.02\times\frac{0.134}{2}=3.59\times10^{-4}\ \text{m}^3$$

所以，最大弯曲切应力为

$$\tau_{\max}=\frac{F_{S,\max}S_{z,\max}}{2\delta I_z}=\frac{30\times10^3\times3.59\times10^{-4}}{2\times0.02\times5\,493\times10^{-8}}=4.9\ \text{MPa}$$

(3) 腹板和翼缘交界处的弯曲切应力。

腹板和翼缘交界处横线以上部分的截面对中性轴的静矩为

$$S_z=0.120\times0.04\times\frac{0.086-0.02}{2}=1.58\times10^{-4}\ \text{m}^3$$

所以,该交界处的弯曲切应力为

$$\tau=\frac{F_{S,\max}S_z}{2\delta I_z}=\frac{30\times10^3\times1.58\times10^{-4}}{2\times0.02\times5493\times10^{-8}}=2.2\ \text{MPa}$$

*6.3 开口薄壁非对称截面梁的弯曲

薄壁杆件结构力学是土木、航空航天特别是飞机结构设计的重要基础课程之一,本节只简单讲述开口薄壁结构的弯曲问题。需要进一步学习或钻研的同学可以参照相关结构力学教材或薄壁杆件结构力学等专业书籍。

6.3.1 薄壁结构的工程实例

薄壁结构在工程应用中是很常见的。图 6-19 给出了工程中几种常用薄壁结构。

(a) 薄壁型钢龙骨

(b) 密肋薄壁钢龙骨

(c) 薄壁型钢

(d) 薄壁 H 型钢

(e) 完全使用薄壁型钢做龙骨的实体建筑

图 6-19

6.3.2 弯曲中心

前面所讨论的平面弯曲，载荷均作用于纵向对称面(或形心主惯性平面)内。非对称截面梁的纯弯曲，由 6.1.4 节可知，只要外力偶作用于梁的一个形心主轴所在纵向平面或与之平行的平面内，梁就只发生平面弯曲。但如果是剪切弯曲，即使横向力作用在形心主惯性平面内，梁除弯曲变形外，还将发生扭转变形，薄壁槽形截面梁的弯曲与扭转变形如图 6-20(a)所示，开口薄壁圆环形截面梁和不等边角钢的弯曲与扭转变形如图 6-20(c)、(d)所示。

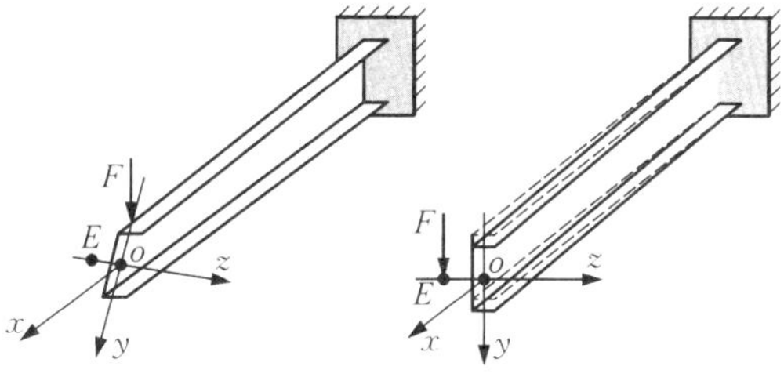

(a) (b)

图 6-19

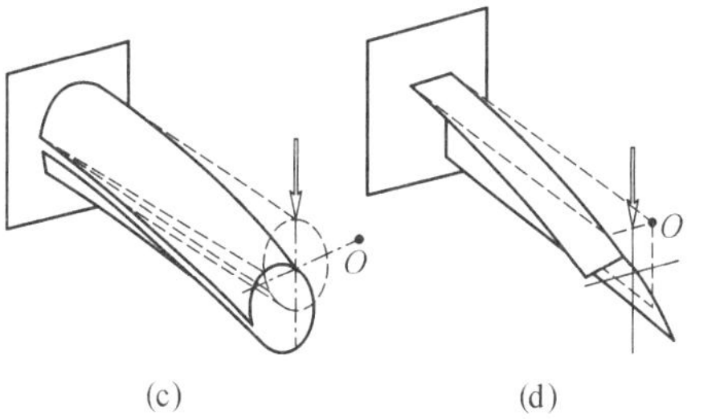

(c) (d)

图 6-20

有没有只发生弯曲而不产生扭转的情况呢？答案是肯定的。

只有当横向力的作用平面平行于形心主惯性平面，且通过某个特定点[图 6-20(b)中的 E 点或图 6-20(c)、(d)中的 O 点]时，梁只发生弯曲而不发生扭转，称这样的特定点为截面的**弯曲中心或剪力中心**，简称弯心或剪心。

对于薄壁截面，由于切应力方向必须平行于截面周边的切线方向，所以与切应力相对应的分布力系向横截面所在平面内不同点简化，将得到不同的结果。如果向截面的弯曲中心简化，则简化结构的主矢不为零而主矩为零。

以图 6-21(a)所示的薄壁槽形截面为例，先应用式(6-12)分别确定腹板和翼缘上的切应力 τ_1 和 τ_2[图 6-21(b)和(c)]分别为

$$\tau_1 = \frac{6F_Q\left(bh + \frac{h^2}{4} - y^2\right)}{\delta h^2(h + 6b)} \quad \text{(腹板)}$$

$$\tau_2=\frac{6F_QS}{\delta h^2(h+6b)} \qquad \text{(翼缘)}$$

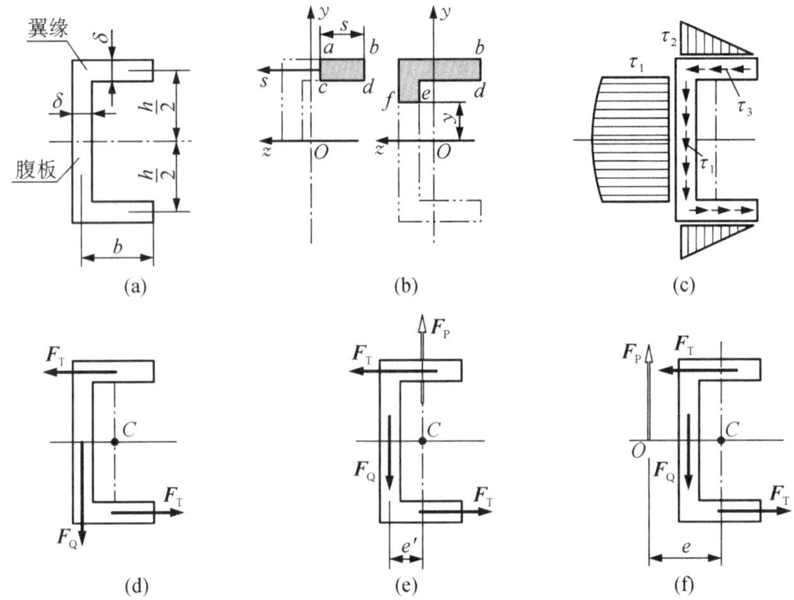

图 6-21

然后由积分求得作用在翼缘上的合力 F_T 为

$$F_T=\int_0^b \tau_2\delta \mathrm{d}s$$

作用在腹板上的剪力 F_Q 仍由平衡求得。横截面上所受的剪切内力如图 6-21(d)所示。这时,如果将 F_T, F_Q 等向截面形心 C 简化,将得到主矢 F_Q 和主矩 M,其中 $M=F_Th+F_Qe'$,如图 6-21(e)所示。若将 F_T, F_Q 等向截面左侧点 O 简化,则有可能使 $M=0$。点 O 便为弯曲中心,如图 6-21(f)所示。当横向载荷作用线通过横截面弯曲中心时,由于横截面上与切应力对应的分布力系向弯曲中心简化后,只有非零的主矢,故这时的横向载荷与剪力将使杆只发生弯曲而不产生扭转。

设弯曲中心 O 与形心 C 之间的距离为 e,则 $e=e'+\dfrac{F_Th}{F_Q}$。

对于非对称截面的实体梁,由于实心截面的弯曲中心一般靠近截面形心,产生的扭矩不大,同时实心截面梁的抗扭能力较强,一般可不考虑扭转的影响。而对于工程中常用的开口薄壁截面梁来说,由于其抗扭刚度较差,确定其弯曲中心的位置,使外力尽量通过弯曲中心,具有重要的实际意义。

6.3.3 弯曲中心的确定方法

既然当载荷通过构件的弯曲中心时,只发生弯曲变形,不产生扭转变形。如何确定复杂构件的弯曲中心就显得非常重要。以下内容简单给出了确定弯曲中心的方法。

当截面有两个对称轴时,两个对称轴的交点即为弯曲中心,此时弯曲中心与形心重合,如工字形截面。当截面有一个对称轴时，可假定外力垂直于该对称轴，并产生平面弯曲，求得截面上切应力合力的作用线，该作用线与对称轴的交点即为弯曲中心，此时弯曲中心一般与形心不重合，如槽形截面。

对于没有对称轴的薄壁截面可按以下步骤确定弯曲中心：

(1) 确定形心主轴。

(2) 设横向力平行于某一形心主轴，并使梁产生平面弯曲，求出截面上弯曲切应力合力作用线的位置。

(3) 设横向力平行于另一形心主轴，并使梁产生平面弯曲，求出对于此平面弯曲截面上切应力合力作用线的位置。

(4) 两合力作用线的交点即为弯曲中心的位置。

表 6-2 中给出了几种常见薄壁截面弯曲中心的位置。

表 6-2　　常见薄壁截面弯曲中心的位置

截面形状	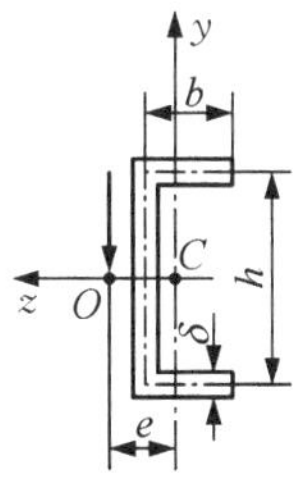	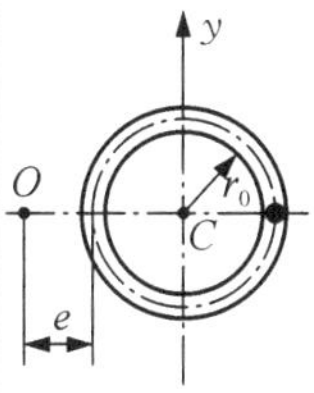	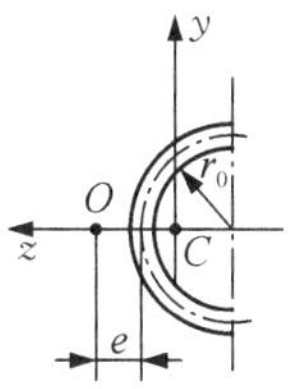	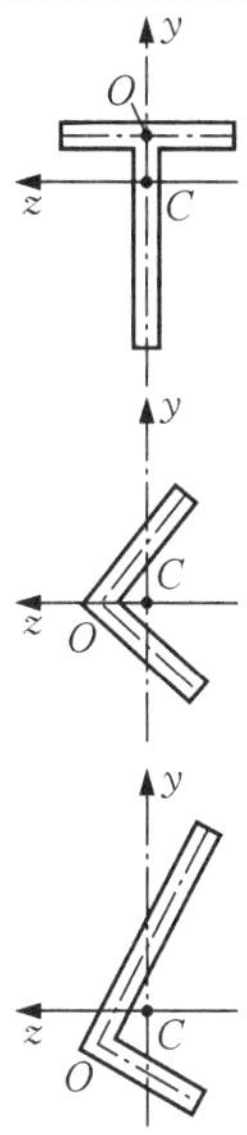	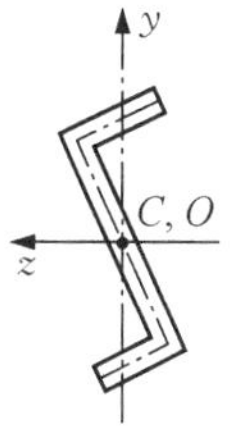
弯曲中心 O 的位置	$e=\frac{b^2h^2\delta}{4I_z}$	$e=r_0$	$e=\left(\frac{4}{\pi}-1\right)r_0$	两个狭长矩形中线的交点	与形心重合

6.4 复合梁横截面上的弯曲正应力计算

6.4.1 复合梁的工程实例

通常由两种或两种以上材料构成的梁被称为**复合梁**。本节主要介绍两种材料组成的复合梁横截面的弯曲正应力计算，两种以上材料的复合梁应力计算很容易类推。

复合结构在土木、桥梁、机械、微电子(薄膜与衬底)等领域有着广泛的应用，在钢筋混凝土梁的设计和计算中，受压区只考虑混凝土的作用，受拉区则忽略混凝土作用，只考虑钢筋受拉。这样将钢筋混凝土梁变成一个典型的复合梁设计和计算。图 6-22 所示为土木或桥梁工程中因改变原结构用途或结构性能退化，使得原来结构性能不能满足新要求而进行的改造。加固后的梁属于复合梁结构，其加固方案设计和材料选择等都需要进行复合梁的应力计算。当然，随着科学技术的进步，出现了更多、更广意义上的复合梁，其中钢-混凝土复合结构是一个典型的代表，相关内容可以参考相关专业书籍。

(a) 某文化中心碳纤维布、粘钢加固

(b) 某商场井字梁碳纤维布加固

(c) 某广场井字梁粘钢加固

(d) 某桥梁之T形梁碳纤维布加固

图 6-22

6.4.2 复合梁横截面弯曲正应力计算

实验表明，当复合梁各组成部分紧密结合且弯曲变形时无相对错动情况下，应力分析的平面假定、单向受力假定依然成立。在计算过程中，可以把各组成部分看作一个整体。下面就推导图 6-23(a)所示矩形截面复合梁在纯弯曲条件下横截面弯曲正应力的计算公式。

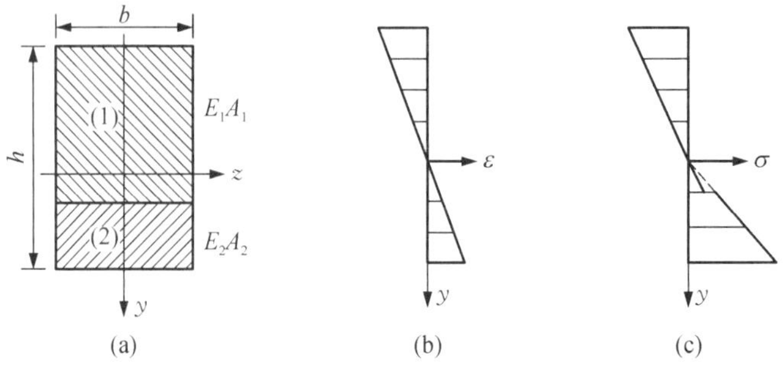

(a) (b) (c)

图 6-23

组合梁中性轴位置确定方法及应力分析

设变形后梁中性层曲率半径为 ρ，各点的线应变 $\varepsilon=\dfrac{y}{\rho}$。由于各部分之间无错动，所以纵向线应变沿截面高度线性变化（连续变化），如图 6-23(b)所示。根据胡克定律，有

$$\sigma'=E_1\frac{y}{\rho}\qquad\qquad \sigma''=E_2\frac{y}{\rho}\tag{a}$$

由此可知，弯曲正应力沿截面高度线性变化，但在两种材料交界处正应力不连续，如图 6-23(c)所示。合成横截面上的微内力（轴力），有

$$\int_{A_1}\sigma'\mathrm{d}A+\int_{A_2}\sigma''\mathrm{d}A=F_{\mathrm{N}}=0\tag{b}$$

将应力计算式(a)代入式(b)，得到

$$\frac{1}{\rho}\left[E_1\int_{A_1}y\mathrm{d}A+E_2\int_{A_2}y\mathrm{d}A\right]=\frac{1}{\rho}\left[E_1S'_z+E_2S''_z\right]=0$$

式中，S'_z，S''_z 分别为 A_1，A_2 对中性轴 z 的静矩。由于曲率不为零，所以有

$$E_1S'_z+E_2S''_z=0\tag{c}$$

多层梁的多中性轴分析

式(c)就是确定截面中性轴位置的条件。可以看出，组合梁的中性轴不再是截面的水平对称轴。弯矩的静力学平衡为

$$\int_{A_1}y\sigma'\mathrm{d}A+\int_{A_2}y\sigma''\mathrm{d}A=M_z=M\tag{d}$$

将式(a)代入式(d)，得

$$\frac{E_1}{\rho}\int_{A_1}y^2\mathrm{d}A+\frac{E_2}{\rho}\int_{A_2}y^2\mathrm{d}A=M\tag{e}$$

根据附录 A 中的定义，可以得到中性层的曲率公式为

$$\frac{1}{\rho}=\frac{M}{E_1I'_z+E_2I''_z}\tag{f}$$

式中，I'_z，I''_z 分别为 A_1，A_2 对中性轴 z 的惯性矩。

将中性层曲率公式代入式(a)，得到不同部分的弯曲正应力计算公式，分别为

$$\sigma'=E_1\cdot\frac{y}{\rho}=\frac{E_1My}{E_1I'_1+E_2I''_2}=\frac{My}{I'_z+\dfrac{E_2}{E_1}I''_z}\tag{6-17a}$$

$$\sigma''=E_2\cdot\frac{y}{\rho}=\frac{MyE_2}{E_1I'_z+E_2I''_z}=\frac{E_2}{E_1}\cdot\frac{My}{I'_z+\dfrac{E_2}{E_1}I''_z}\tag{6-17b}$$

【例 6-4】 如图 6-24 所示三明治梁的高为 160 mm，宽为 200 mm，面层（编号 1）为铝合金，夹心（编号 2）为塑料泡沫。已知该结构受到 3.0 kN · m 的弯矩作用，铝合金面层的厚度为 5 mm，弹性模量为 72 GPa；塑料泡沫的高度为 150 mm，弹性模量为 800 MPa。试确定面层和塑料泡沫内的最大拉应力和最大压应力。

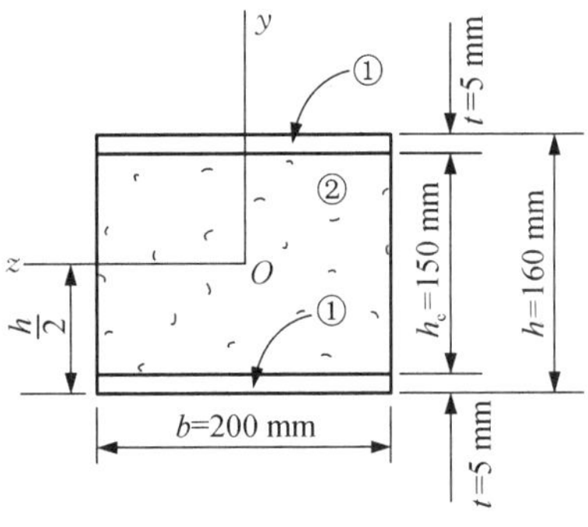

图 6-24

【解】 (1) 中性轴位置确定

由于截面是双对称结构,所以中性轴位于截面高度的一半处(图 6-24 的 z 轴)。

(2) 惯性矩计算

根据附录 A 的定义,易知面层关于 z 轴的惯性矩 I_1 为

$$I_1 = \frac{b(h^3 - h_c^3)}{12} = \frac{200}{12} \times [(160)^3 - (150)^3] = 12.017 \times 10^6\ \text{mm}^4$$

而塑料泡沫芯关于 z 轴的惯性矩 I_2 为

$$I_2 = \frac{bh_c^3}{12} = \frac{200}{12} \times (150)^3 = 56.250 \times 10^6\ \text{mm}^4$$

整个截面对 z 轴的惯性矩为两者的和,即 $I_1 + I_2$。

(3) 正应力计算

复合梁截面的弯曲刚度为

$$E_1I_1 + E_2I_2 = (72\ \text{GPa}) \times (12.017 \times 10^6\ \text{mm}^4) + (800\ \text{MPa}) \times (56.250 \times 10^6\ \text{mm}^4) = 910\ 200\ \text{N} \cdot \text{m}^2$$

根据式(6-17a)和式(6-17b)可知,面层内的最大拉应力和最大压应力为

$$(\sigma_1)_{\max} = \pm \frac{M(h/2)E_1}{E_1I_1 + E_2I_2} = \pm \frac{(3.0\ \text{kN} \cdot \text{m}) \times (80\ \text{mm}) \times (72\ \text{GPa})}{910\ 200\ \text{N} \cdot \text{m}^2} = \pm 19.0\ \text{MPa}$$

而塑料泡沫芯内的最大拉应力和最大压应力为

$$(\sigma_2)_{\max} = \pm \frac{M(h_c/2)E_2}{E_1I_1 + E_2I_2} = \pm \frac{(3.0\ \text{kN} \cdot \text{m}) \times (75\ \text{mm}) \times (800\ \text{MPa})}{910\ 200\ \text{N} \cdot \text{m}^2} = \pm 0.198\ \text{MPa}$$

讨论 可以看出,铝合金面层内的最大应力是塑料泡沫芯最大应力的 96 倍,这个差异主要是由两种材料的弹性模量差异造成的。如果我们忽略塑料泡沫芯,将整个截面视为铝合金一种材料,易知其上下截面的应力最大值为

$$(\sigma_1)_{\max} = \pm \frac{M(h/2)}{I_1} = \pm 20.0\ \text{MPa}$$

比前面得到的值稍大。所以对于这类三明治梁可以使用均一材料的最大应力公式进行估算。

除了使用上面的整体法计算应力外,还有一种方法被称为等效截面法。下文简单介绍该方法。

等效截面法的核心是将由多种材料组成的复合梁的横截面**等效换算**为仅由**一种材料组成**的梁的横截面,然后按**均质**材料梁的公式计算。

如图 6-25 所示的矩形截面复合梁，将该复合梁变换为仅有材料 1 组成的等效截面，截面上材料 2 的宽度变换成 $b'=\frac{E_2}{E_1}b=nb$，其中 $n=\frac{E_2}{E_1}$ 为模量折算比。

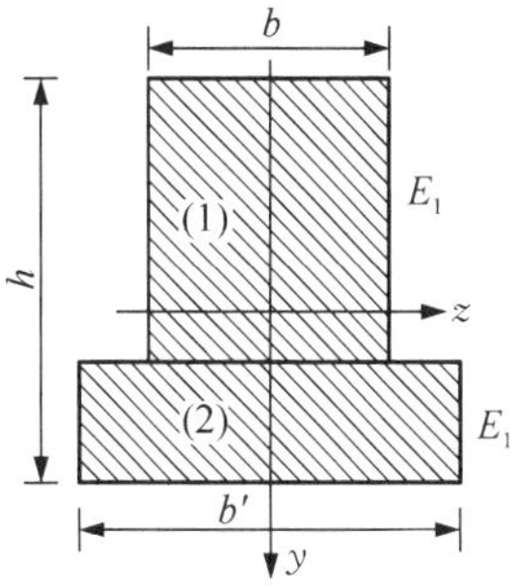

图 6-25

可以证明：等效截面的中性轴与两种材料的实际截面的中性轴重合；等效截面梁的弯曲刚度与两种材料的复合梁的弯曲刚度相同。

曲率公式为 $\frac{1}{\rho}=\frac{M}{E_1 I_{zt}}$，其中 $I_{zt}=I'_z+nI''_z$ 为等效截面对中性轴 z 的等效惯性矩，所以应力计算公式变为

$$\sigma'=\frac{My}{I_{zt}} \qquad \sigma''=n\frac{My}{I_{zt}}$$

可以看出它们分别与式(6-17a)、式(6-17b)等价。

【例 6-5】 如图 6-26(a)所示为一简支复合梁，$l=3$ m，$F=4$ kN，该梁由宽为 100 mm、高为 150 mm 的木梁(编号 1)及其底部加 10 mm 厚的钢板(编号 2)组成，该梁横截面如图 6-26(b)所示。已知 $E_{木}=10$ GPa，$E_{钢}=200$ GPa。试求这两部分的最大正应力。

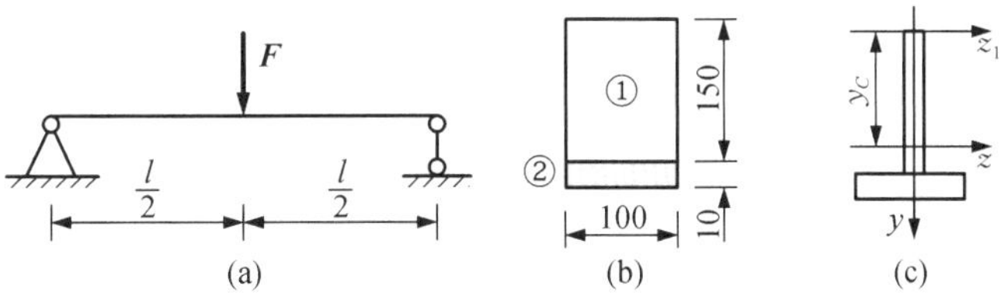

图 6-26

【解】 使用等效截面法求解

(1) 确定等效截面及其几何性质

以钢为基本材料，将木材部分横截面的宽度进行变换。模量折算比为

$$n=\frac{E_{木}}{E_{钢}}=\frac{10}{200}=\frac{1}{20}$$

所以可以得到等效截面中木材部分的宽度为[图 6-26(c)]

$$b'=nb=(1/20)\times 100=5\ \text{mm}$$

根据附录 A 的定义，可以得到等效截面的形心坐标为

$$y_C=\frac{A_1 y_1+A_2 y_2}{A_1+A_2}=120.7\ \text{mm}$$

同理，可以得到等效截面对中性轴的惯性矩为

$$I_{zt}=(I_z)_1+(I_z)_2=4.16\times 10^{-6}\ \text{m}^4$$

(2) 计算最大应力

易知，最大弯矩发生在跨中，且最大弯矩值为

$$M_{\max}=\frac{1}{4}Fl=3\ \mathrm{kN\cdot m}$$

根据弯曲正应力计算公式，可得钢板的最大正应力为

$$\sigma_{钢,\max}=\frac{M_{\max}y_{钢,\max}}{I_{zt}}=28.34\ \mathrm{MPa}$$

位置为下边缘点，属于拉应力状态。

同理可得，木材的最大正应力为

$$\sigma_{木,\max}=n\frac{M_{\max}y_{木,\max}}{I_{zt}}=-4.35\ \mathrm{MPa}$$

木材受压，压应力最大值发生在上边缘点。

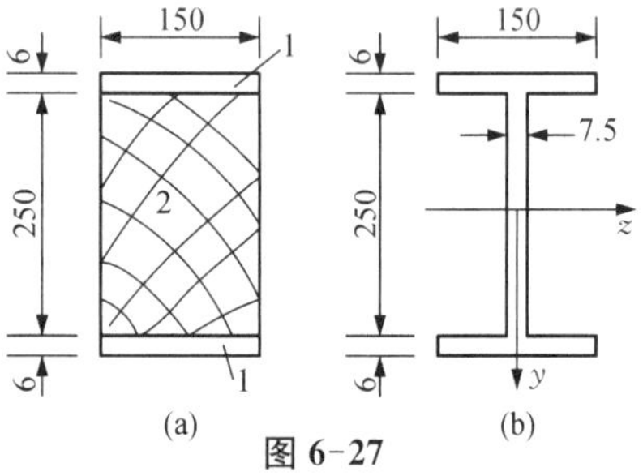

图 6-27

【例6-6】 如图 6-27(a)所示木梁(编号 2)因承载能力不足，在梁的顶部和底部用钢板(编号 1)加固。钢板和木材的弹性模量和许用应力分别为 $E_1=210$ GPa，$[\sigma]_1=160$ MPa，$E_2=10.5$ GPa，$[\sigma]_2=10$ MPa。试求该梁所能承受的最大弯矩 $M_{\max}$。

【解】 (1) 确定等效截面及其几何性质

以钢为基本材料，将木材部分横截面的宽度进行变换。模量折算比为

$$n=\frac{E_{木}}{E_{钢}}=\frac{10.5}{210}=0.05$$

所以可以得到等效截面中木材部分的宽度为

$$b'=0.05\times150=7.5\ \mathrm{mm}$$

得到如图 6-27(b)所示的等效截面。其惯性矩为

$$I_z=2\times\left(\frac{150\times6^3}{12}+128^2\times150\times6\right)+\frac{7.5\times250^3}{12}=39.262\times10^6\ \mathrm{mm^4}$$

(2) 确定最大弯矩

由钢板的强度条件

$$\sigma_{1\max}=\frac{M\times10^6\times131}{39.26\times10^6}\leqslant160$$

得

$$M_1\leqslant47.95\ \mathrm{kN\cdot m}$$

由木材的强度条件

$$\sigma_{2\max}=0.05\times\frac{M\times10^6\times125}{39.262\times10^6}\leqslant10$$

双材料层合梁的弯曲切应力分析

得

$$M_2 \leqslant 62.82\ \text{kN} \cdot \text{m}$$

所以，梁能承受的最大弯矩为 $M_{max} = 47.95\ \text{kN} \cdot \text{m}$

6.5 梁的强度条件

弯曲变形中，梁内一般同时存在弯曲正应力和切应力。本节将分别根据正应力和切应力建立梁的强度条件。

6.5.1 弯曲正应力强度条件

根据正应力公式，梁的最大正应力发生在距中性轴最远的表面各点处，而在表面处切应力一般均为零。因此，梁的最大正应力处一般可视为处于单向受力状态，相应强度条件为

$$\sigma_{max} = \left(\frac{M}{W_z}\right)_{max} \leqslant [\sigma] \tag{6-18}$$

可以看出，要确定最大正应力需要同时考虑梁内弯矩和截面几何形状。对于等截面梁，弯曲截面系数 W_z 不变，式(6-18)变为

$$\sigma_{max} = \frac{M_{max}}{W_z} \leqslant [\sigma] \tag{6-19}$$

以上两式适用于许用拉应力$[\sigma_t]$和许用压应力$[\sigma_c]$相同的材料。若对于铸铁这种许用拉应力和许用压应力差别极大的脆性材料，则需要分开按照拉伸和压缩进行强度验算。

由于最大正应力作用点，只有正应力作用，因此，斜弯曲时的强度条件与平面弯曲时完全相同。

6.5.2 弯曲切应力强度条件

最大弯曲切应力通常发生在截面中性轴处，而该处的弯曲正应力一般为零。因此，梁的最大切应力处一般可视为处于纯剪切受力状态，相应强度条件为

$$\tau_{max} = \left(\frac{F_S S_{z,max}}{dI_z}\right)_{max} \leqslant [\tau] \tag{6-20}$$

即要求梁内的最大切应力不超过材料在纯剪切时的许用切应力。对于等截面梁，上式变为

$$\tau_{max} = \frac{F_{S,max} S_{z,max}}{dI_z} \leqslant [\tau] \tag{6-21}$$

由节 6.2.6 可知，一般情况下，梁的强度由弯曲正应力控制，并不需要验算弯曲切应力。然而，在如下情况下，还需要验算梁的切应力：

(1) 梁的最大弯矩比较小，但是最大剪力却非常大。

(2) 在焊接或铆接的组合截面(如工字形)钢梁中，当其横截面腹板部分的厚度与梁高之比小于型钢截面的相应比值。

(3) 由于木材在其顺纹方向的剪切强度较差,木梁在剪切弯曲时可能因中性层上的切应力过大而使梁沿中性层发生剪切破坏,所以需要验算切应力。

【例 6-7】 如图 6-28(a)所示,一简支梁中间承受集中载荷。该梁 T 形横截面如图 6-28(b)所示,材料为铸铁,许用拉应力 $[\sigma_t]=30$ MPa,许用压应力 $[\sigma_c]=90$ MPa。试求:该梁如图 6-28(b)所示放置以及如图 6-28(c)所示放置时,该结构的许可载荷 $[F]$ 分别为多少?

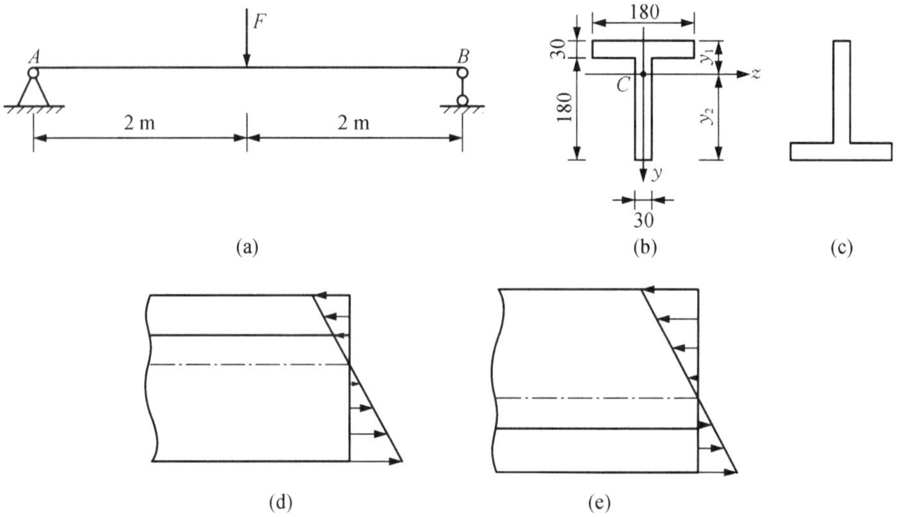

图 6-28

【解】 (1) 截面几何分析

根据附录 A 的定义,易知截面形心高度为

$$y_2=\frac{S_z}{A}=\frac{30\times180\times\left(180+\frac{30}{2}\right)+30\times180\times\frac{180}{2}}{30\times180\times2}=142.5\ \text{mm}$$

则

$$y_1=180+30-y_2=67.5\ \text{mm}$$

利用平行移轴公式计算截面对中性轴的惯性矩为

$$I_z=\frac{1}{12}\times180\times30^3+30\times180\times\left(67.5-\frac{30}{2}\right)^2+\frac{1}{12}\times30\times180^3+30\times180\times\left(142.5-\frac{180}{2}\right)^2$$
$$=2.82\times10^8\ \text{mm}^4=2.82\times10^{-4}\ \text{m}^4$$

(2) 当梁按如图 6-28(b)所示的状态放置时的强度验算

此状态下的应力分布如图 6-28(d)所示,可知梁的下端受拉,梁的上端受压。所以,对梁的上端边缘验算许用压应力,对下端边缘验算许用拉应力。

易知危险截面在梁中间,梁上最大弯矩为

$$M_{\max}=\frac{F}{2}\cdot2=F$$

上边缘强度条件验算

$$\sigma_{c,\max}=\frac{M_{\max}y_1}{I_z}=\frac{F\times 67.5\times 10^{-3}}{2.82\times 10^{-4}}\leqslant[\sigma_c]=90\ \text{MPa}$$

得

$$[F]=376\ \text{kN}$$

下边缘强度条件验算

$$\sigma_{t,\max}=\frac{M_{\max}y_2}{I_z}=\frac{F\times 142.5\times 10^{-3}}{2.82\times 10^{-4}}\leqslant[\sigma_t]=30\ \text{MPa}$$

得

$$[F]=59.4\ \text{kN}$$

所以，当梁按照如图 6-28(b)所示的状态放置时，该结构的许可载荷$[F]=59.4$ kN。

(3) 当梁按照如图 6-28(c)所示的状态放置时的强度验算

此状态下的应力分布如图 6-28(e)所示，可知梁上端受压，梁的下端受压。对梁的上端边缘验算许用压应力，对下端边缘验算许用拉应力。

上边缘强度条件验算

$$\sigma_{c,\max}=\frac{M_{\max}y_2}{I_z}=\frac{F\times 142.5\times 10^{-3}}{2.82\times 10^{-4}}\leqslant[\sigma_c]=90\ \text{MPa}$$

得

$$[F]=178.1\ \text{kN}$$

下边缘强度条件验算

$$\sigma_{t,\max}=\frac{M_{\max}y_1}{I_z}=\frac{F\times 67.5\times 10^{-3}}{2.82\times 10^{-4}}\leqslant[\sigma_t]=30\ \text{MPa}$$

得

$$[F]=125.3\ \text{kN}$$

所以，当梁按照如图 6-28(c)所示的状态放置时，该结构的许可载荷$[F]=125.3$ kN。

由以上分析可知，对于抗压明显大于抗拉且截面非对称的梁，将较多面积的一侧用于受拉，有利于充分利用材料，提高结构的承载能力。

【例 6-8】 如图 6-29(a)所示外伸梁，承受两集中载荷作用，$l=2$ m，载荷$F=10$ kN，梁的许用正应力$[\sigma]=100$ MPa，许用切应力$[\tau]=60$ MPa，试选择安全的工字钢型号。

【解】 (1) 内力分析

由梁的剪力图和弯矩图[图 6-29(b)和图 6-29(c)]可知，梁的最大剪力靠近 B 截面处，其值为

$$F_{S,\max}=2F=20\ \text{kN}$$

最大弯矩也发生在 B 截面处，其值为

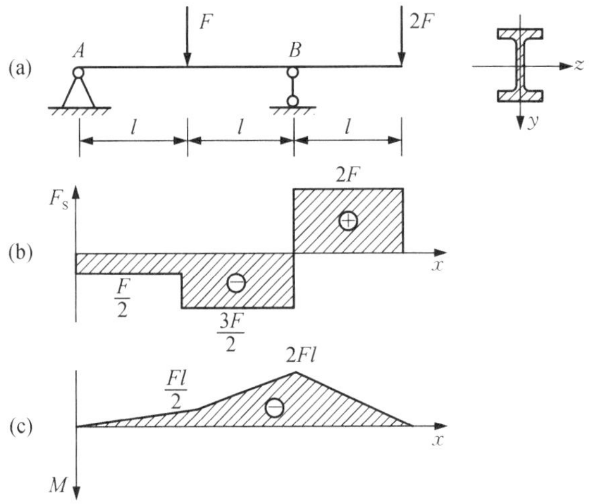

图 6-29

$$M_{\max}=2Fl=40\ \text{kN}\cdot\text{m}$$

(2) 按照弯曲正应力选择截面

根据强度条件,要求

$$\sigma_{\max}=\frac{M_{\max}}{W_z}\leqslant[\sigma]=100\ \text{MPa}$$

所以,工字钢截面的抗弯截面系数

$$W_z\geqslant\frac{M_{\max}}{[\sigma]}=\frac{40}{100}=4\times10^{-4}\ \text{m}^3$$

根据型钢表(附录 B),Ⅰ25a 工字钢的抗弯截面系数为 $4.02\times10^{-4}\ \text{m}^3$,所以选取Ⅰ25a 工字钢。

(3) 根据选取工字钢截面校核剪切强度

根据剪切强度条件,要求

$$\tau_{\max}=\frac{F_{S,\max}}{d\cdot\dfrac{I_z}{S_z^*}}\leqslant[\tau]=60\ \text{MPa}$$

查表,Ⅰ25a 号工字钢的 $\dfrac{I_z}{S_z^*}=0.215\,8\ \text{m}$, $d=8\ \text{mm}$,代入上式,得

$$\tau_{\max}=\frac{20\times10^3}{8\times10^{-3}\times0.215\,8}=11.58\ \text{MPa}<[\tau]$$

所以,选择Ⅰ25a 号工字钢,可以同时满足梁的弯曲正应力和弯曲切应力强度条件。

6.6 梁的合理强度设计

梁的强度主要由弯曲正应力决定,因此,讨论如何提高梁的强度也主要从弯曲正应力方面入手。根据式(6-19),梁的弯曲正应力强度条件为

$$\sigma_{\max}=\frac{M_{\max}}{W_z}\leqslant[\sigma]$$

该式说明,要降低梁的最大弯曲正应力,至少可以从两个方面入手: **①合理设计梁的受力和支撑情况,减小梁内最大弯矩 $M_{\max}$;②合理设计梁的截面形状和尺寸,提高梁的抗弯截面系数 W_z。**

6.6.1 改变梁的加载方式,减小梁的最大弯矩

如图 6-30(a)所示,当一集中力作用在简支梁中间时,梁内最大弯矩 $M_{\max}=\dfrac{Fl}{4}$;将该集中力向一侧支座处偏移,梁内最大弯矩减小,如图 6-30(b)所示,当集中力距左侧支座 $l/6$ 长度

时，梁最大弯矩已经减小为 $M_{\max}=\dfrac{5Fl}{36}$，是前者的$\dfrac{5}{9}$；或者，如图 6-30(c)所示，在主梁上加一次梁将原集中力分散，这时最大弯矩减小为最初的$\dfrac{1}{2}$；再或者，将集中力分布在整个梁长上，最大弯矩为 $M_{\max}=\dfrac{Fl}{8}$，为最初的$\dfrac{1}{2}$。

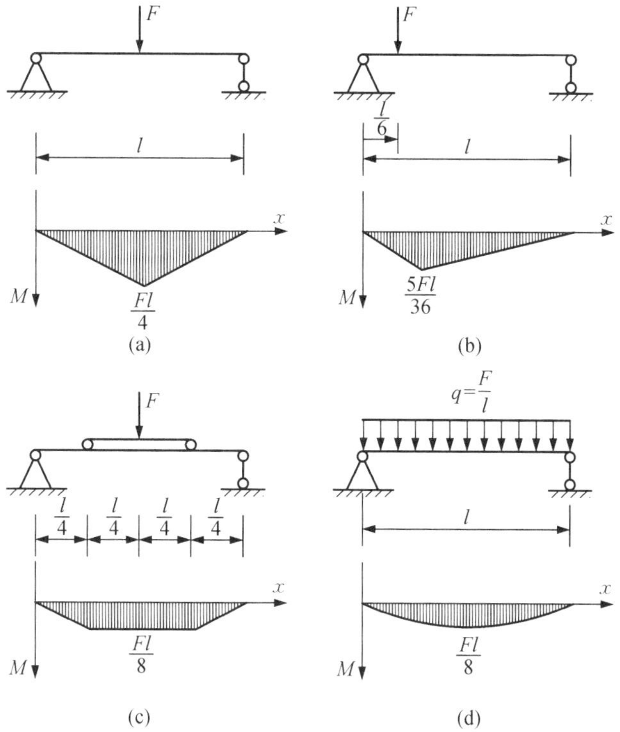

图 6-30

6.6.2 合理安排支撑方式，减小梁的最大弯矩

合理安排梁的支撑方式也可以减小梁的最大弯矩。如图 6-31 所示均布载荷简支梁的最大弯矩是$\dfrac{ql^2}{8}$，将两边的支撑适当内缩，减小梁跨度后，可以发现梁最大弯矩减小为原先的 1/5；或者可在梁中增加一个支座，使结构变为超静定，梁的弯矩减小为原先的 1/4。

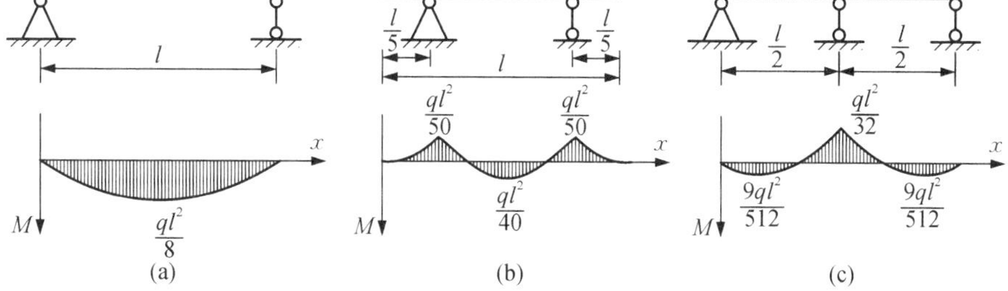

图 6-31

6.6.3 合理设计梁的截面形状和尺寸,提高梁的抗弯截面系数

合理的截面设计,应该使用较小的截面面积,获得较大的抗弯截面系数。如图 6-32 所示两梁截面相同,但是放置的角度不同。很明显,图 6-32(b)中的梁具有更大的抗弯截面系数。究其原因,可以发现在一般截面中,梁的抗弯截面系数与梁的高度的平方成正比。同时,弯曲正应力沿截面高度线性分布,在离中性轴最远处达到许用应力值时,在截面中性轴附近应力值仍然很小。因此,当截面面积一定时,应尽量使得材料尽量往距离中性轴远的地方分布,以达到充分利用材料。

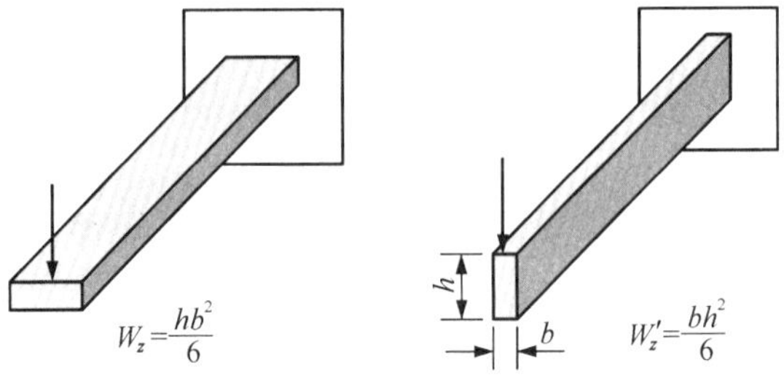

(a) (b)

图 6-32

对不同形状、不同面积的截面进行比较时,可计算截面的$\frac{W_z}{A}$,该值越大,说明截面形状越合理,材料使用更加经济。总的来说:

(1) 空心的比实心的好(图 6-33 中空心圆环比实心圆的抗弯截面系数大)。

(2) 实心截面,高大于宽的矩形截面优于圆截面。

(3) 工字形截面、槽形截面比矩形截面合理。

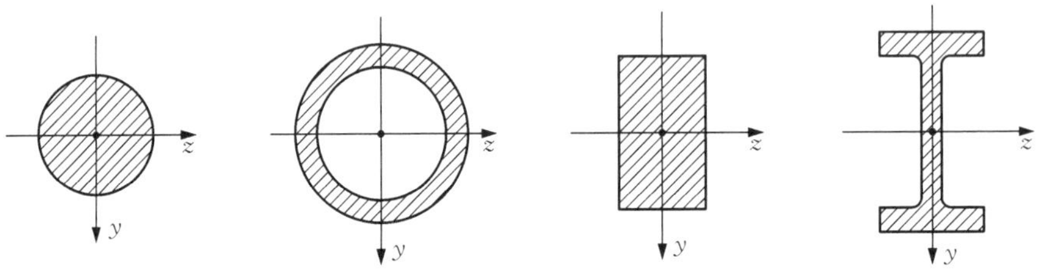

(a) (b) (c) (d)

图 6-33

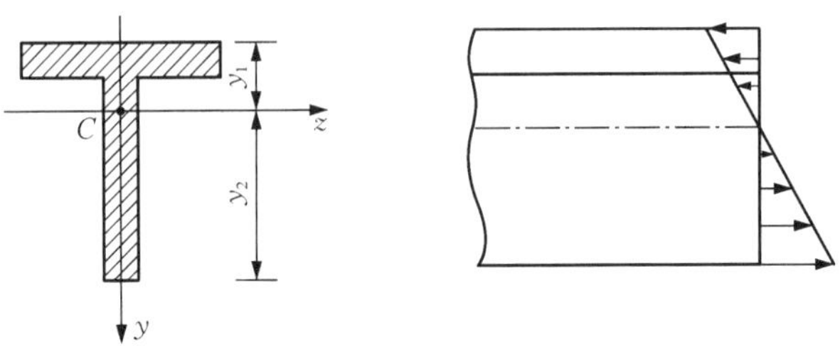

图 6-34

对于抗拉和抗压强度相等的塑性材料,一般宜采用对中性轴对称的截面,例如:工字形和箱形截面。但对于抗拉和抗压强度不等的脆性材料,一般宜采用非对称截面,例如:T 形截面(图 6-34),通过调整上下边缘到中性轴的距离 y_1 和 y_2,使得材料上下边缘同时达到许用压应力和许用拉应力。

为了合理地利用材料，减轻结构重量，很多工程构件都设计成变截面的：弯矩大的地方截面大一些，弯矩小的地方截面也小一些。图 6-35 展示了几种工程中使用的变截面构件。

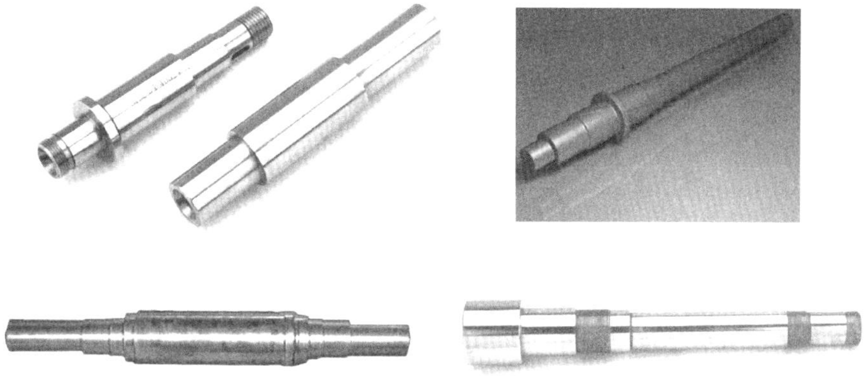

(a) 某些机械设备用变截面轴

(b) 结构中的变截面梁

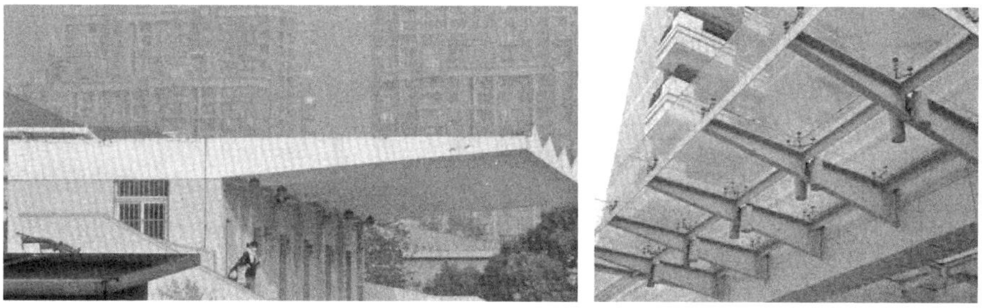

(c) 变截面看台梁和雨篷梁

悬臂弹簧的分析与设计

图 6-35

6.6.4 等强度梁

对于如图 6-36(a)所示等截面简支梁，从弯矩图可以看出，当最大弯矩面上的最大正应力达到许用应力时，其余截面上的最大正应力还没有达到材料的许用应力。因此，可将梁设计成如图 6-36(c)所示的变截面梁，使得梁的各个横截面上的最大正应力均相等，这样可以充分利用材料。这样的变截面梁称为**等强度梁**。当然，等强度梁是一种特殊的变截面梁。图 6-37 展示了几种等强度梁的工程实例。

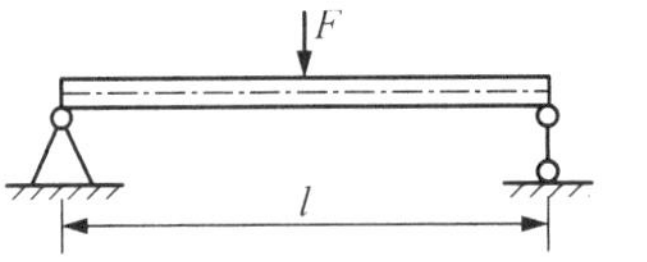

(a)

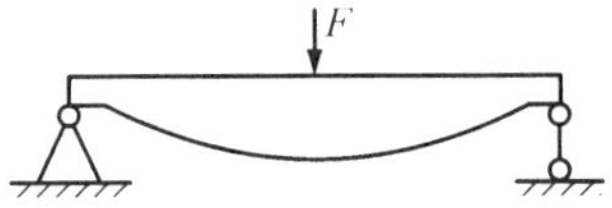

(c)

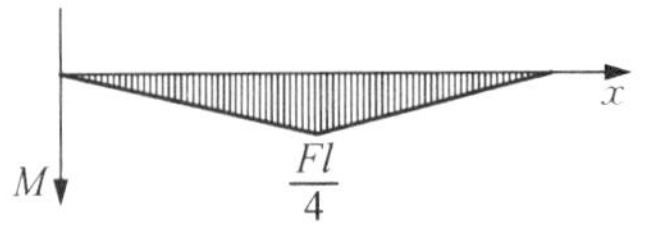

(b)

图 6-36

(a) 土木领域的等强度梁(常叫鱼腹梁)实例

(b) 交通运输领域的等强度梁(常叫鱼腹梁)实例

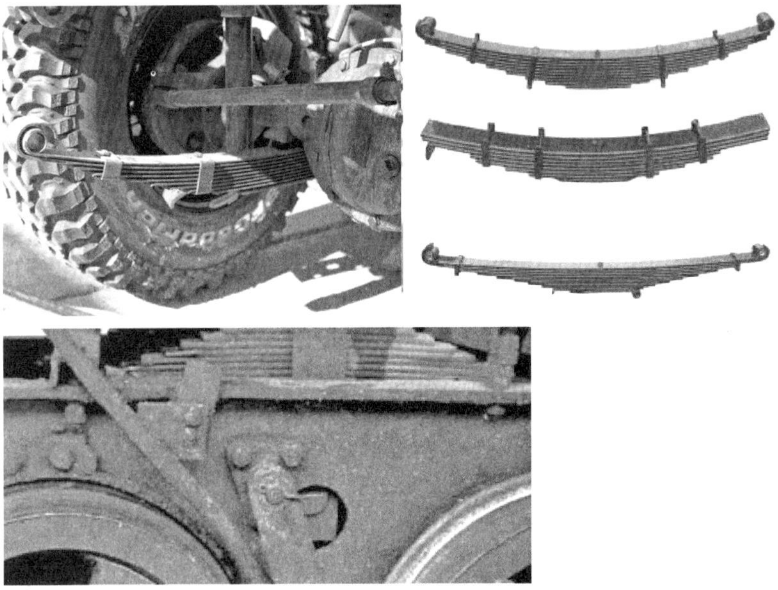

(c) 车辆上的板弹簧组成的等强度梁

图 6-37

重型汽车复合材料板弹簧的
设计优化与数值分析

【例6-9】 悬臂梁受力如图6-38所示。若截面可能有图示四种形式,中空部分的面积A都相等,截面实心部分面积也相等。试分析哪一种形式截面梁的强度最高。

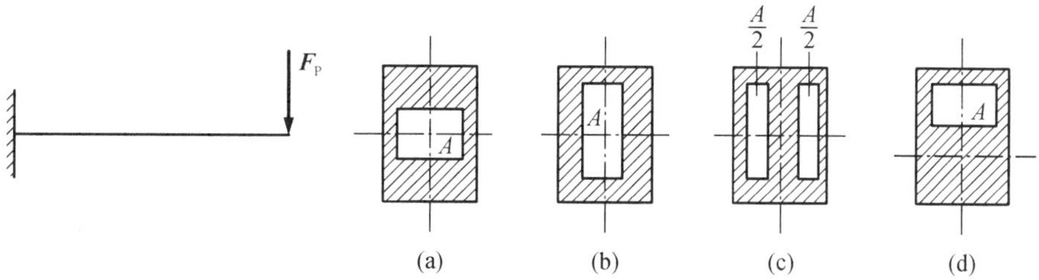

图6-38

【解】 根据截面设计的原则,应使截面的面积尽量向远离中性轴的地方分布,靠近中性轴的区域尽量使用少的材料。根据该原则,图6-38(a)中的A截面最合理。

6.7 结论与讨论

1. 关于正应力公式应用中的讨论

(1) 加载方向与加载范围。应用正应力公式时,要注意其中的$\boldsymbol{M}_z$必须是作用在形心主轴平面内的弯矩。因此,横向载荷(垂直于杆件轴线的载荷)必须施加在主轴平面内。

对于不是作用在主轴平面内的载荷,需要将其向主轴平面分解,使之变为两个平面弯曲的叠加。

应用平面弯曲正应力公式时,对加载范围也有一定限制,即在弹性范围内加载。这是因为,只有满足线性的物性关系,才能由应变的平面分布导出应力的平面分布。

但是,对于均匀的应变分布,例如:承受轴力作用的直杆dx微段上两截面之间的变形,是否只有在满足线性的物性关系时,应力才是均匀分布的,这一问题留给读者去研究。

(2) 应力正负号的确定。确定正应力正负号的方法有两种:一种是根据$\boldsymbol{F}_{Nx}$, $\boldsymbol{M}_y$, $\boldsymbol{M}_z$的方向(其矢量正方向分别与x, y, z坐标轴正向一致者为正;反之为负)和所求应力点的坐标值,连同应力公式中的正负号,最后确定应力的正负号;另一种是根据截面上$\boldsymbol{F}_{Nx}$, $\boldsymbol{M}_y$, $\boldsymbol{M}_z$的实际方向,确定它们在所求应力点所产生的正应力的拉、压性质,从而确定正应力公式中各项的正负号。本书使用的是后一种方法。

2. 关于切应力的讨论

切应力的计算和分布比弯曲正应力要复杂得多,不同的截面有不同的切应力计算公式和分布规律,需要读者依据具体情况进行具体分析。

对于常见跨度的梁,最大弯曲正应力常常远大于切应力,可以只进行弯曲正应力的计算或校核。需要注意的是在梁的支座附近,尽管弯矩不是最大,但剪力却很大,通常需要进行最大弯曲切应力的计算和校核。

3. 关于弯曲中心的讨论

弯曲中心是使截面在受力状态下只出现一种变形的载荷作用点,这对开口薄壁杆件非常重要。开口薄壁杆件两个方向的截面性质差异较大,设计时常常要发挥优势,避免劣势,这要求载荷作用线通过截面的弯曲中心。

4. 复合梁的应力计算问题

复合梁经常在实际工程中出现，其应力计算可以使用通用方法和等效截面法。复合梁也是发挥各类材料优势的常用结构形式。随着科学技术的进步，由不同新材料形成的复合梁的计算方法也需要进行相应的修正。

5. 提高梁强度的措施

工程上主要从以下几方面提高梁的强度。

(1) 选择合理的截面形状。平面弯曲时，梁横截面上的正应力沿高度方向呈线性分布，离中性轴距离越远的点，其正应力越大，在中性轴附近的各点正应力很小。当中性轴上最远点的正应力达到许用应力值时，中性轴附近各点的正应力还远远小于许用应力值。因此，可以认为，横截面上中性轴附近的材料没有被充分利用。为了使这部分材料得到充分利用，在不破坏截面整体性的前提下，可以将横截面上中性轴附近的材料移到距离中性轴较远处，从而形成“经济型截面”。工程结构中，常用的空心截面和各种各样的薄壁截面(如 H 形、工字形、槽形、箱形截面等)是经济型截面的某种形式。

(2) 采用变截面梁或等强度梁。大多数情形下，梁上只有一个或者少数几个截面上的弯矩达到最大值，也就是说只有极少数截面是危险截面。当危险截面上的最大正应力达到许用应力值时，其他大多数截面上的最大正应力还没有低于许用应力值，有的甚至远远低于许用应力值。这些截面处的材料同样没有被充分利用。所以可以选用变截面梁。如果使每一个截面上的最大正应力都正好等于材料的许用应力，这样设计出的梁就是“等强度梁”。

(3) 改善梁的受力状况。改善梁的受力状况，一是改变加载方式；二是调整梁的约束。这些措施都可以减小梁上的最大弯矩值。

考虑层间滑移的复合梁弯曲

考虑内摩擦的弯曲响应

习 题

6-1 如图 6-39 所示，若将一张白纸平放在两支架上，纸张会立即弯曲并滑落下支座。但是，若将同样的纸张如图 6-39(b)所示折叠后再放上支架，不仅纸张不会变弯滑落，甚至还能在纸张上放置一定的重物。试解释其中的原理。

(a) (b)

图 6-39

6-2 如图 6-40 所示，某撑杆跳运动员过杆前的某个时刻，假设此时撑杆的最小曲率近似为 4.5 m。撑杆材料为玻璃增强复合材料，弹性模量为 130 GPa。如果撑杆直径为 40 mm，试确定撑杆内的最大弯曲应力。

6-3 如图 6-41 所示为矩形截面简支梁，承受均布载荷 q 作用。若已知 $q=10\ \text{kN/m}$，$l=3\ \text{m}$，$h=2b=240\ \text{mm}$。试求截面横放[图 6-41(b)]和竖放[图 6-41(c)]时梁内的最大正应力，并加以比较。

$\rho=4.5\ \text{m}$

图 6-40

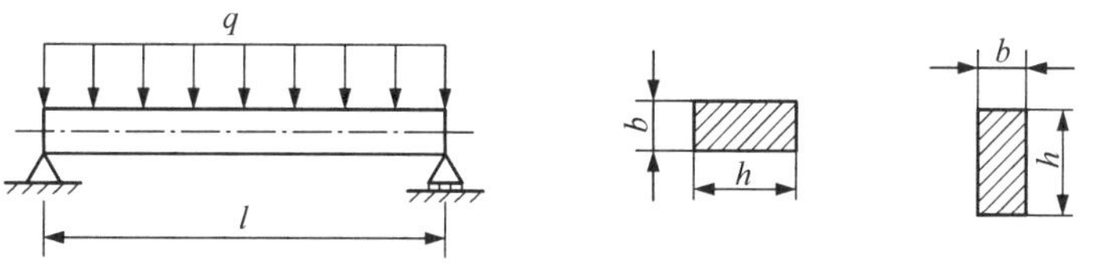

图 6-41

6-4 简支梁承受均布载荷如图 6-42 所示。若分别采用截面面积相同的实心和空心圆截面，且 $D_1=40$ mm，$d_2/D_2=3/5$，试分别计算它们的最大正应力。并问空心圆截面比实心圆截面的最大正应力减小了百分之多少？

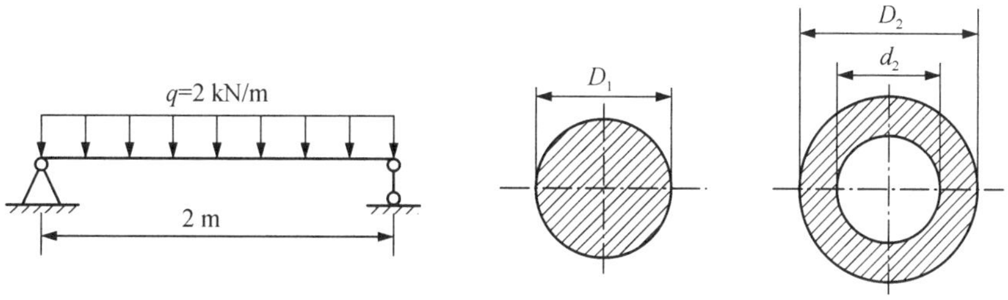

图 6-42

6-5 施加在 HW400×400 截面的弯矩为 460 kN·m，分别计算翼缘和腹板内的最大弯曲正应力。

6-6 如图 6-43 所示的悬臂梁 $L=6$ m，如果采用截面 HN200×100，确定梁的许用均布载荷 w_0，考虑自重，许用应力不超过 140 MPa。

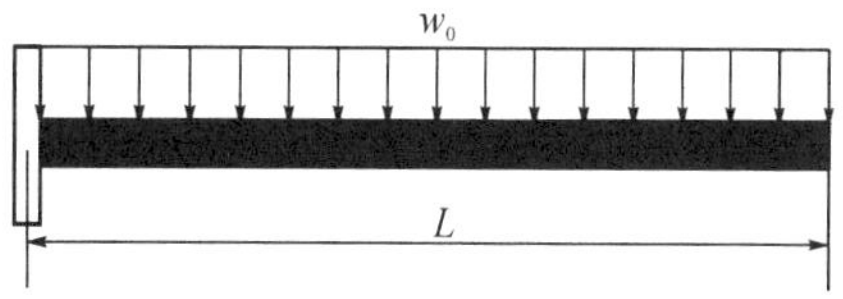

图 6-43

6-7 悬臂梁由两根槽钢背靠背(二者之间未作任何固定连接)叠加起来放置，结构如图 6-44 所示。在载荷作用下，试画出横截面上正应力的分布。

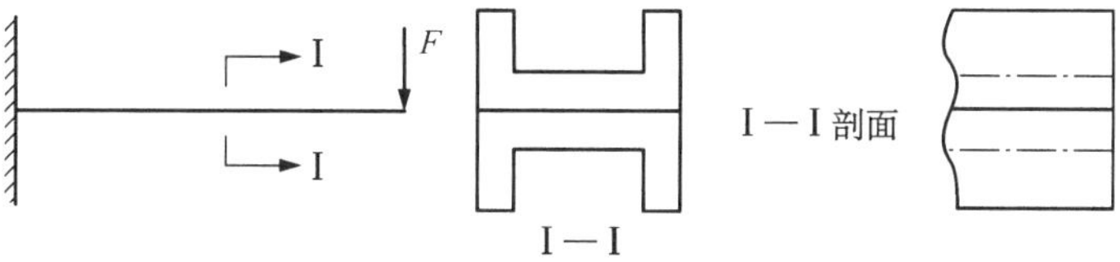

图 6-44

6-8 如图 6-45(a)所示长度为 800 mm 的悬臂木梁，由 3 根相同矩形截面的木料胶合而成，图 6-45(b)是其截面尺寸。如果胶合面上的许用切应力为 0.34 MPa，木材的许用弯曲正应力为 10 MPa，许用切应力为 1 MPa。试求(1)梁的许用载荷及梁内的最大弯曲正应力。(2)如果 3 根木料是无联系地叠放在一起，仍承受同样的载荷作用，情况会如何？

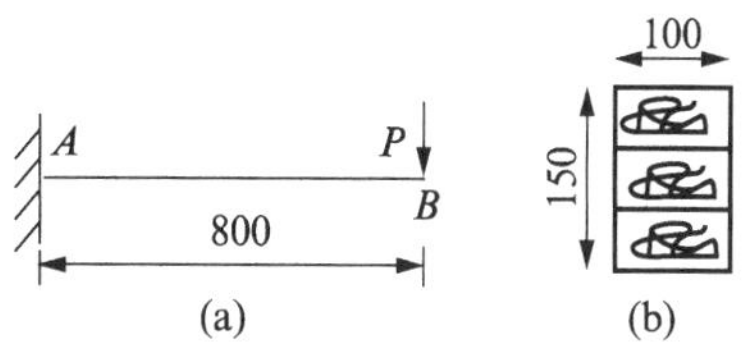

图 6-45

6-9 如图 6-46 所示，一圆截面钢筋横放于地上，截面直径为 d，钢密度为 ρ；用缆绳从钢筋中间截面起吊，初始某个时刻，钢筋离开地面部分的长度为 l，求该时刻钢筋中的最大弯曲正应力。

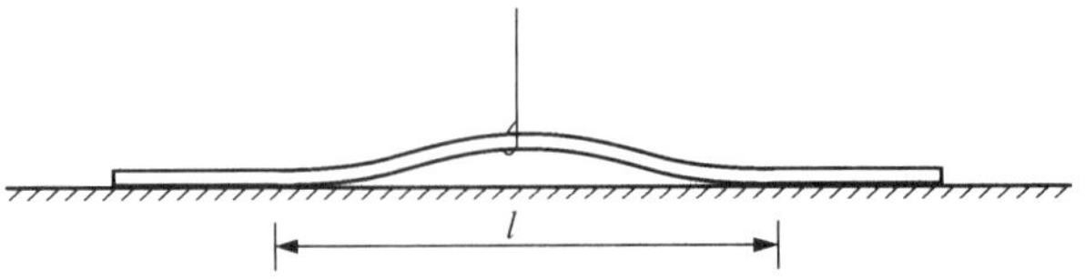

图 6-46

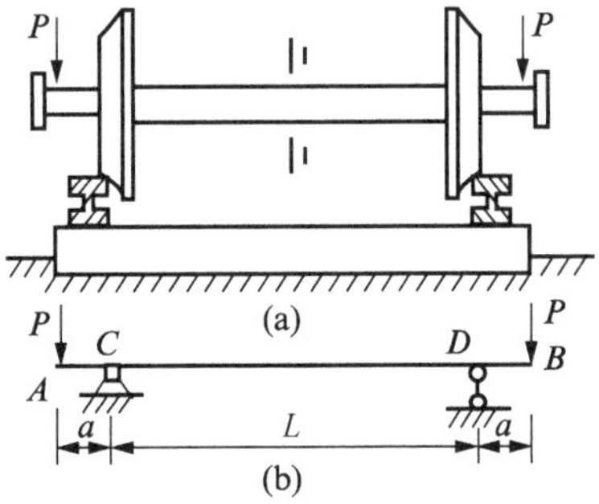

图 6-47

6-10 火车轮轴及其受载情况及计算简图分别如图 6-47 所示，已知 AC 和 DB 的长度 a 均为 500 mm，CD 的长度 L 为 1 435 mm，CD 段轴的直径为 150 mm。载荷 P 为 50 kN。试求 CD 轴中心处的最大弯曲应力。

6-11 简支梁如图 6-48 所示，承受集中力 F 作用，已知截面的宽度和高度分别为 b 和 h，试将梁中所示单元体 $ABCD$ 截出，并标明每个截面上的应力，说明该单元体如何平衡。

6-12 悬臂梁如图 6-49 所示，发生剪切弯曲，已知截面宽度 b，高度 h，材料剪切模量 G。求梁轴线横截面上最大的切应变 γ_{max}。

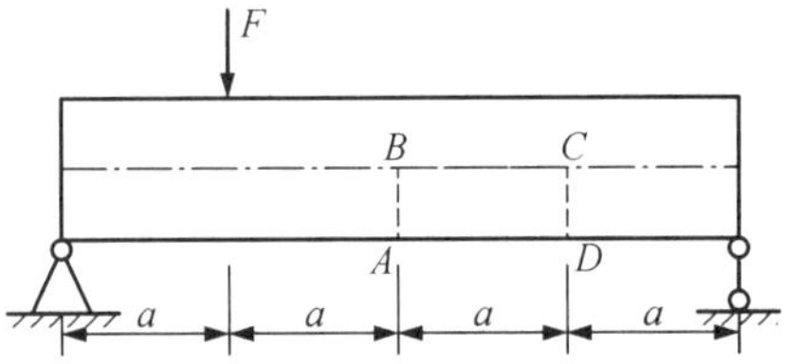

图 6-48

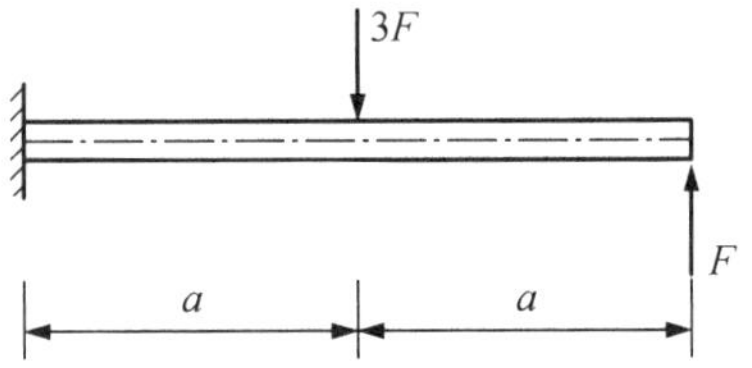

图 6-49

6-13 外伸梁如图 6-50 所示，$q = 10\ \mathrm{kN/m}$，$M_e = 20\ \mathrm{kN \cdot m}$，截面形心距离底边 $y_1 = 55.4\ \mathrm{mm}$。试：(1) 作出梁的剪力图和弯矩图。(2)梁横截面上最大拉应力和最大压应力。(3)梁横截面上最大切应力。

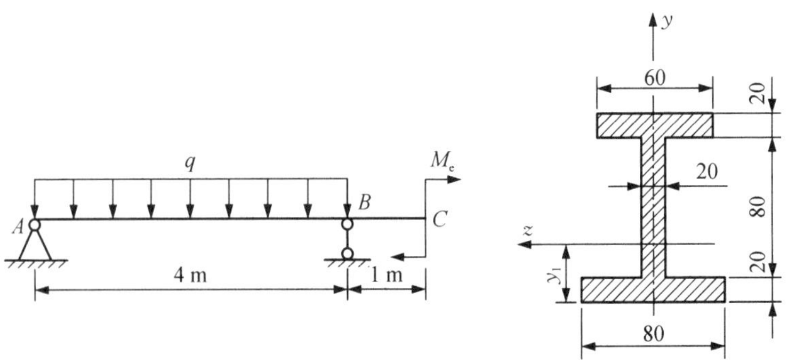

图 6-50

6-14 一正方形截面的悬臂木梁，其尺寸及所受载荷如图 6-51 所示，$q = 2\ \mathrm{kN/m}$，$F = 5\ \mathrm{kN}$，木材的许用应力$[\sigma] = 10\ \mathrm{MPa}$。若在 C 截面的高度中间钻一直径为 d 的圆孔，在保证该梁的正应力强度条件下，不考虑应力集中，试求圆孔的最大直径 d。

6-15 I22a 工字钢梁全跨受均布载荷 q 作用。如图 6-52 所示，梁的上下用钢板加强，钢板厚度 $\delta = 10\ \mathrm{mm}$，宽度 $b = 75\ \mathrm{mm}$。若 $l = 6\ \mathrm{m}$，$[\sigma] = 160\ \mathrm{MPa}$，求许用均布载荷$[q]$。

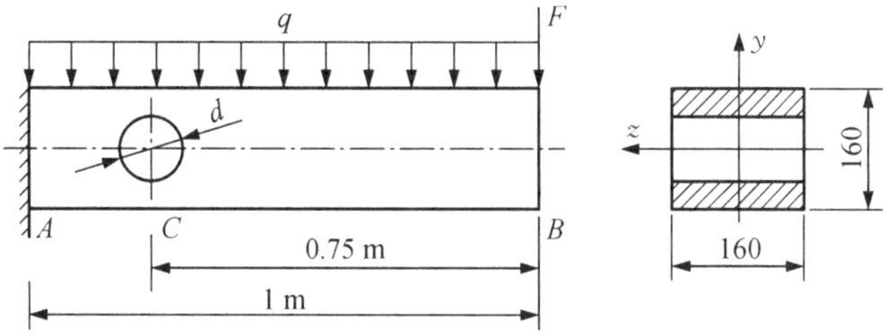

图 6-51

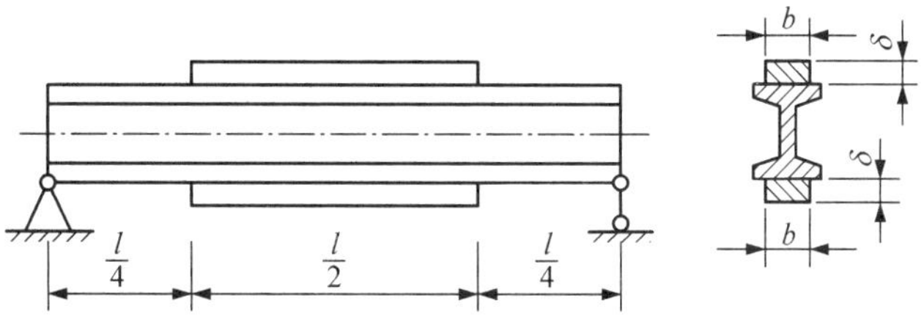

图 6-52

6-16 如图 6-53 所示 T 形铸铁制截面梁，$I_z = 10\,180\ \text{cm}^4$，材料的拉伸和压缩许用应力分别为$[\sigma_t] = 40\ \text{MPa}$ 以及$[\sigma_c] = 160\ \text{MPa}$，$a = 1.2\ \text{m}$。试计算该梁的许可载荷$[q]$。

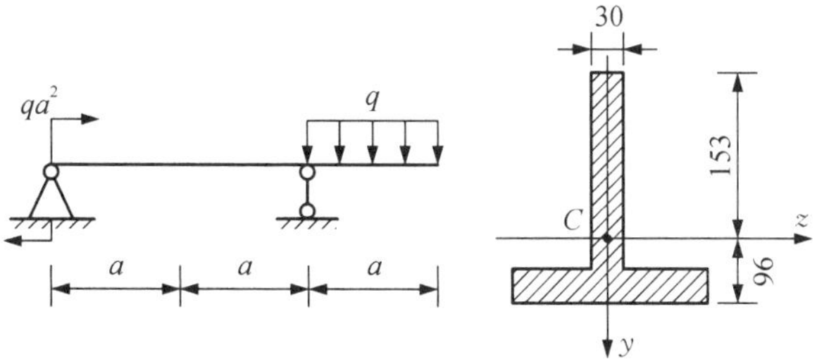

图 6-53

6-17 如图 6-54 所示两块钢板焊接而成的 T 形梁，用两根橡木进行增强。已知橡木的弹性模量为 12.5 GPa，钢的弹性模量为 200 GPa，该复合梁受到的弯矩为 50 kN·m。试确定橡木内的最大应力和钢板上边缘的应力。

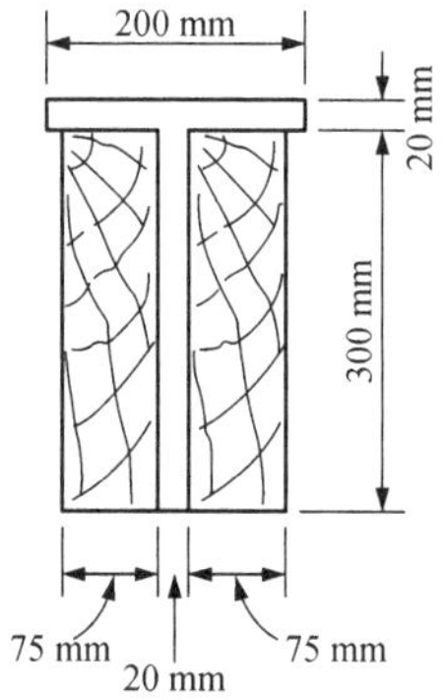

图 6-54

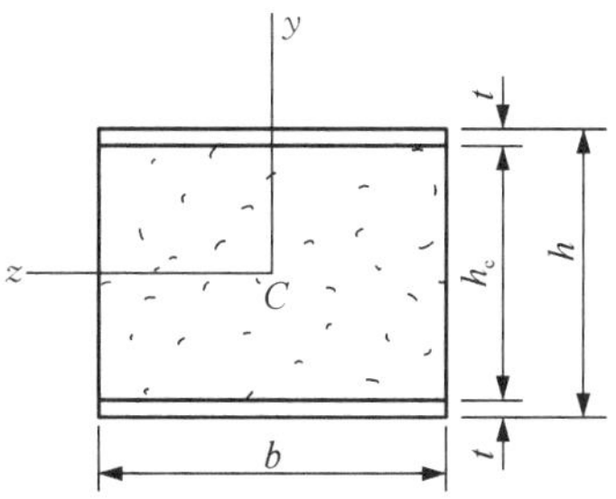

图 6-55

6-18 如图 6-55 所示三明治梁的面层为玻璃纤维，夹层为轻质塑料泡沫。已知梁的宽度为 50 mm，面层厚度为 4 mm,弹性模量为 75 GPa;轻质塑料泡沫高度为 92 mm,弹性模量为 1.2 GPa。z 轴方向承受了 275 N·m 的弯矩作用。试分别用复合梁一般理论公式和等效截面法计算面层和芯层的最大应力。

6-19 如图 6-56 所示的简支梁是木头和钢板组成的复合梁,承受大小为 3.0 kN/m 的均布载荷。梁的横截面尺寸如图 6-56 所示。已知木材的弹性模量 E_w 为 10 GPa,钢板的弹性模量 E_s 为 210 GPa,试求木材和钢板内的最大弯曲应力。

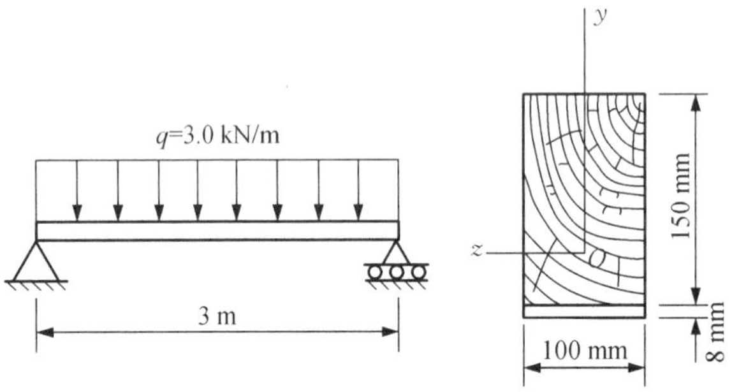

图 6-56

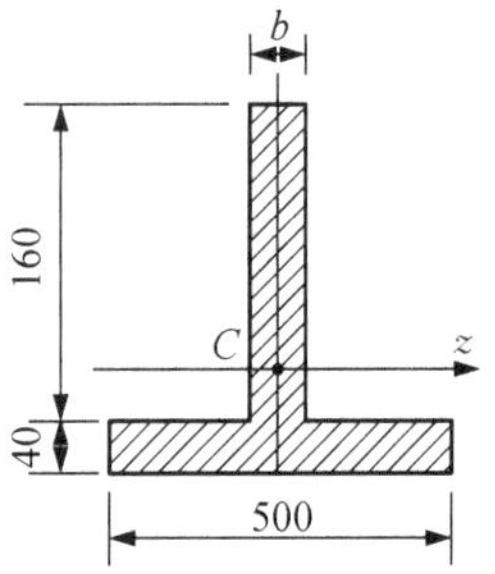

图 6-57

6-20 如图 6-57 所示 T 形截面铸铁梁,已知其许用压应力为许用拉应力的 3 倍,即 $[\sigma_c]=3[\sigma_t]$。试从强度条件考虑,确定宽度 b 的最佳值。

6-21 如图 6-58 所示槽钢截面悬臂梁承受均布载荷和集中力偶作用,已知 $q=3\ \text{kN/m}$, $a=1\ \text{m}$。材料的拉伸许用应力 $[\sigma_t]=40$ MPa,压缩许用应力 $[\sigma_c]=160$ MPa。试分析:若槽钢只能如图所示开口向上或向下放置,哪种更合理?并根据强度条件选择适合的槽钢型号。

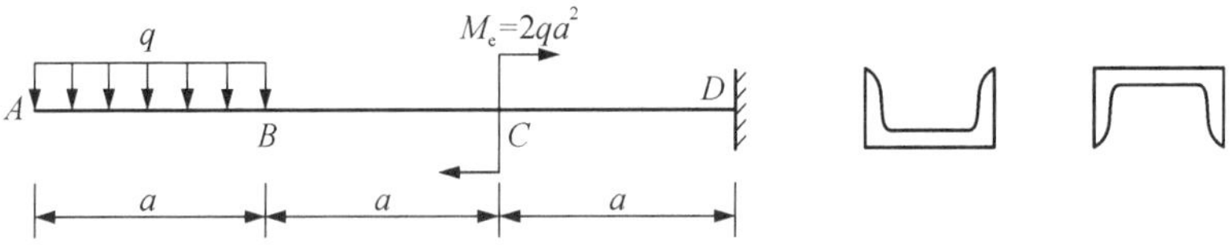

图 6-58

*__6-22__ 如图 6-59(a)所示板弹簧梁的最大应力 σ 和最大变形 δ 的计算公式分别为 $\sigma=3FL/(nbt^2)$ 和 $\delta=3FL^3/(4Enbt^3)$,其中 F 是板弹簧梁承受的载荷,L 是板弹簧梁的长度,n 是组成板弹簧梁的片数,b 是每一片弹簧的宽度,t 是每一片弹簧的厚度,E 是板弹簧梁的弹性模量。已知板弹簧梁的长度 $L=60$ mm,弹性模量为 206 GPa。每一片弹簧的宽度和厚度分别为 50 mm 和 6 mm。板弹簧梁的许用应力和许用变形分别为 200 MPa 和 4 mm。板弹簧梁所能承受的最大载荷为 1 200 N。试确定该板弹簧梁需要的最小弹簧片数。

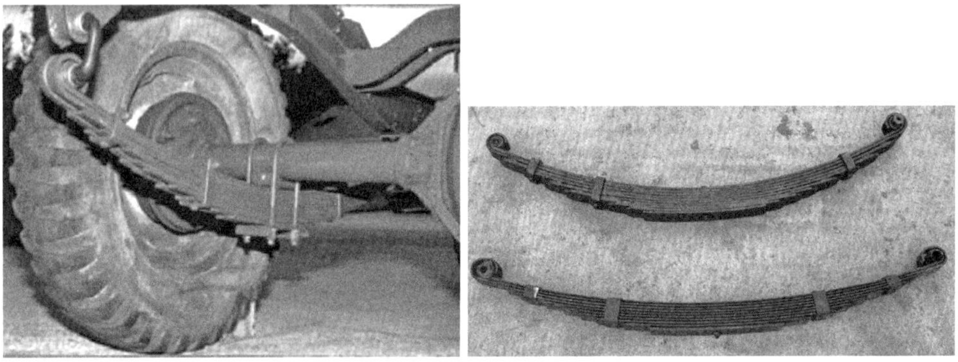

图 6-59

*6-23 [第七届全国周培源大学生力学竞赛(个人赛)试题]：单杠运动是奥运会、世界体操锦标赛、世界杯体操比赛中比赛项目之一。如图 6-60 所示，假设单杠的横杆和立柱均为直径 $D=28$ mm 的钢杆，弹性模量 $E=200$ GPa，许用应力为 160 MPa，横杆长 $L=2.4$ m，立柱高 $H=2.6$ m。立柱与地面、横杆与立柱之间均为固定联结。假设两人旋转到单杠所在平面内的惯性载荷均为 $F=1\,000$ N，不计人的自重。(1)试分析两人同步旋转到单杠所在平面内时，结构中的最大应力；(2)若两人相差 180°旋转到单杠所在平面内，对结构中的最大应力有什么影响；(3)为提高结构承载能力，有人提出在单杠距地面 0.6 m 处增加一个直径 20 mm 的横杆。试定性分析该杆对上述两种情况的影响。

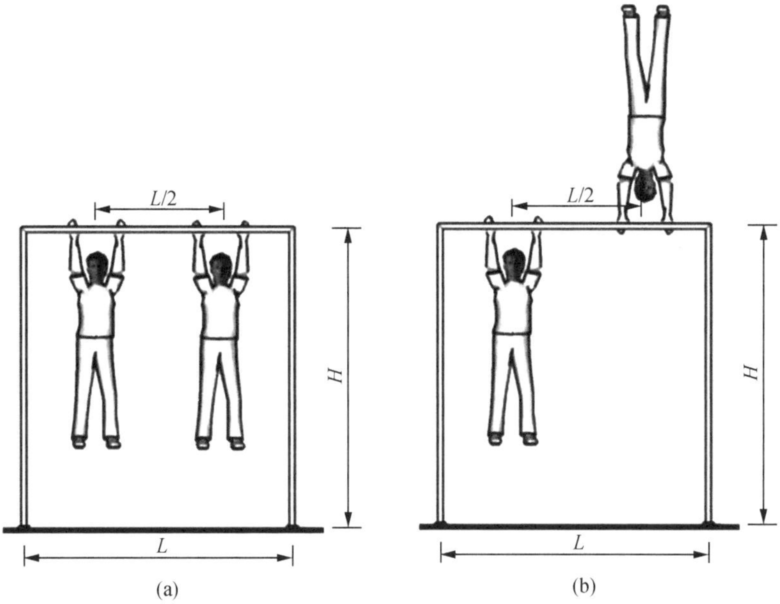

图 6-60

*6-24 [第八届全国周培源大学生力学竞赛(个人赛)试题]：紧密结合的复合梁如图 6-61 所示。有一模量为 E_1 的矩形截面悬臂梁 AB，A 端固定，B 端自由，梁长为 L，截面高度为 h_1，宽度为 b。梁上表面粘着模量 $E_2=2E_1$ 的增强材料层，该层高度 $h_2=0.1h_1$，长度和宽度与梁 AB 相同。工作台面 D 距离 B 端下表面高度为 Δ。在 B 端作用垂直向下的载荷 F_P。不考虑各部分的自重。(1)求组合截面形心的位置；(2)求使梁 B 端下表面刚好接触 D 台面所需的载荷 F_P；(3)求此时粘接面无相对滑动情况下的剪力；(4)计算梁的切应力值并画出其沿梁截面高度的分布图。

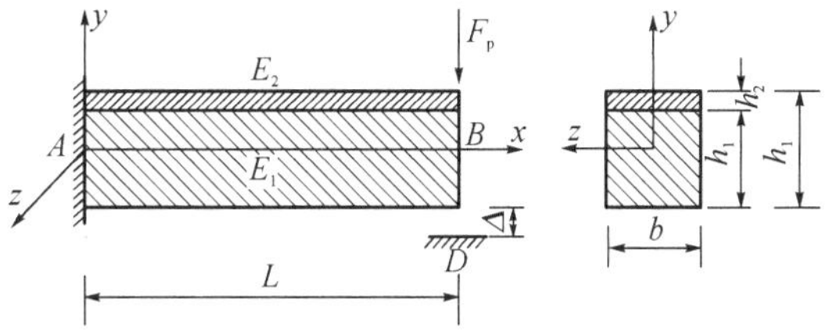

图 6-61

*6-25 [第十二届全国周培源大学生力学竞赛(个人赛) 试题]：如图 6-62 所示宽为 b 的矩形截面三层复合梁，各层固结为一体；已知各层材料弹性模量分别为 E_1，E_2 和 E_3，相应的厚度分别为 h_1，h_2 和 h_3，其中 $E_1=E_3=E_2/5=E$，$h_1=h_2=h_3/50=h$。对其进行四点弯曲实验。(1) 试求中性层的位置；(2) 设弯曲后 BC 段中性层曲率半径为 ρ，试写出该段横截面上的正应力与 ρ 的关系，画出正应力的分布图；

(3) 当层 2 断裂时,层 1 和层 3 仍为线弹性变形,BC 段梁上缘的曲率半径为 R,由此计算层 2 材料的强度极限 σ_b。

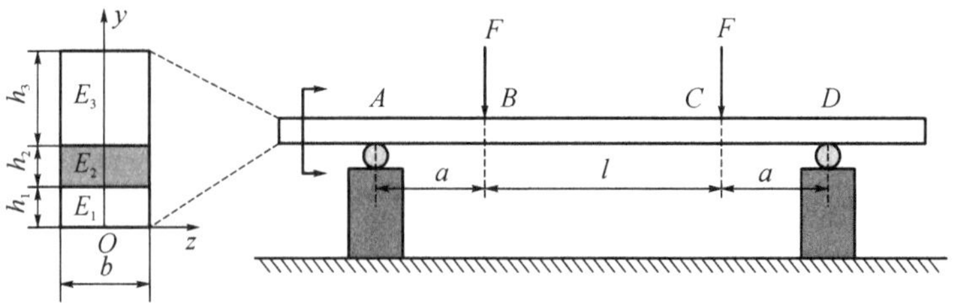

(a) 截面　　(b)

图 6-62

7 弯曲变形

基本要求

(1) 掌握梁的挠曲线近似微分方程和积分法，掌握叠加法求梁的挠度和转角；
(2) 能熟练地进行刚度计算，了解提高梁弯曲刚度的措施；
(3) 掌握一次静不定梁的求解，了解静不定连续梁的计算。

工程中，经常需要计算梁的弯曲变形(即位移)，并在工程设计中加以控制。图 7-1 是美国科罗拉多大峡谷的 U 形桥，该桥使用了 454 t 钢梁，桥身全长约 49 m，宽超过 3 m，桥体自崖壁向外伸出长达 21 m，距谷底超过 1 200 m。为了保证游客心情舒适地欣赏大峡谷美景，就需要将悬桥末端的竖直向位移必须控制在一个非常小的范围内。

本章将主要分析梁的弯曲变形，在此基础上进一步建立梁的刚度条件或进行刚度设计，讨论梁的静不定问题。

图 7-1

7.1 梁的位移-挠度和转角

研究梁的弯曲变形有两个问题非常关键：①如何表征梁的变形；②如何将梁的变形与受到的载荷联系起来。

对于第一个问题，如图 7-2 所示，梁上任意一个横截面在弯曲变形中的位移可以用两个物理量表示：横截面形心(同时也是截面与轴线的交点，图中以 C 表示)在铅垂方向上的位移，称为**挠度**，用 w 表示；横截面相对原位置转动的角度，称为**转角**，用 θ 表示。根据梁弯曲的平面假设，横截面与弯曲后的轴线仍保持垂直，所以转角 θ 同时也是梁变形后弯曲轴线的切线与 x 轴之间的夹角。

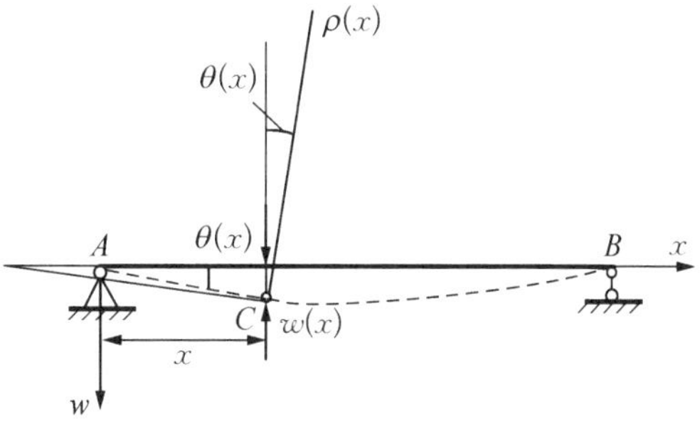

图 7-2

需要注意的是在弯曲变形中,梁截面也有沿 x 轴方向的位移。但在小变形情况下,梁的挠度远小于跨长,截面沿 x 轴方向的位移相对于挠度属于高阶微量,可以忽略不计。

由图 7-2 可见,梁轴线变形后成为曲线,该曲线称为**挠曲线**。在挠曲线上,挠度随截面位置而变化,将挠度写成变形前截面位置坐标 x 的函数,则

$$w = w(x) \tag{a}$$

该函数描述了梁的挠度随位置而变化的情况,称为**挠曲线方程**。

因为在弹性范围内挠曲线为一条光滑曲线,所以,梁的转角也是连续变化,可以将转角写为

$$\theta = \theta(x) \tag{b}$$

该函数描述了梁的转角随位置而变化的情况,称为**转角方程**。在小变形情况下,转角足够小,因此式(b)可变为

$$\theta \approx \tan\theta = w'(x) \tag{c}$$

即挠曲线上任一点的切线斜率 w' 可以足够精确地代表该点处截面的转角 θ。

由式(a)、式(b)和式(c)可见,求得梁的挠曲线方程后,即可求得梁的转角方程。对于土木工程类专业,通常规定挠度正值向下,负值向上;顺时针转角为正,使得梁向挠度正方向弯曲,逆时针转角为负。

7.2 梁的挠曲线近似微分方程

7.1 节介绍了如何表征梁的弯曲变形,本节将研究如何将梁的变形与承受的载荷联系起来。首先,忽略剪力 F_S 的影响,只考虑纯弯曲,梁的弯矩和曲率 κ 可以通过式(6-3)联系起来,即

$$\kappa = \frac{1}{\rho} = \frac{M(x)}{EI} \tag{a}$$

曲率 κ 与挠度的关系,可通过图 7-3 分析得到。曲率定义为曲线上某个点的切线方向角对弧长的转动率,即 $\kappa = \lim\limits_{\alpha \to 0}\left|\frac{\alpha}{\Delta S}\right|$。当 $\alpha \to 0$ 时,可认为 AB 段弧线曲率半径 ρ 不改变,弧长 $\Delta S = \rho\alpha$,其中,α 为 AB 段弧线所对应的圆心角,则曲率为

$$\kappa = \lim_{\alpha \to 0}\left|\frac{\alpha}{\Delta S}\right| = \frac{1}{\rho} \tag{b}$$

同时,当 $\alpha \to 0$ 时,AB 点间的圆弧线可近似被视为直线段[图 7-3(b)]。所以,弧长 ΔS 还可以写为

$$\Delta S = \sqrt{\mathrm{d}x^2 + \mathrm{d}w^2} = \sqrt{1 + \left(\frac{\mathrm{d}w}{\mathrm{d}x}\right)^2} \cdot \mathrm{d}x = \sqrt{1 + w'^2}\,\mathrm{d}x \tag{c}$$

由图 7-3(a)可知,若令挠曲线上 A 点处的转角为 θ,B 点处转角以增量形式写为 $\theta + \mathrm{d}\theta$,则 AB 段弧长所对应的圆心角 $\alpha = \mathrm{d}\theta$。根据斜率定义以及图 7-3(b),可得

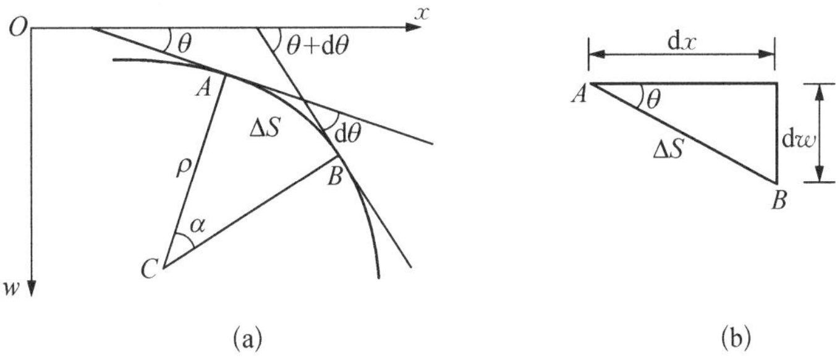

图 7-3

$$w' = \frac{\mathrm{d}w}{\mathrm{d}x} = \tan\theta \tag{d}$$

所以,挠曲线上任一点处的转角 $\theta = \arctan(w')$,相应地

$$\theta' = \frac{\mathrm{d}\theta}{\mathrm{d}x} = \frac{w''}{1+w'^2} \tag{e}$$

所以,转角的增量为

$$\mathrm{d}\theta = \frac{w''}{1+w'^2} \cdot \mathrm{d}x \tag{f}$$

联立式(c)和式(f),同时考虑 $\alpha = \mathrm{d}\theta$ 以及曲率的定义 $\kappa = \lim\limits_{\alpha \to 0}\left|\frac{\alpha}{\Delta S}\right|$,则曲率又可以写为

$$\kappa = \lim_{\alpha \to 0}\left|\frac{\alpha}{\Delta S}\right| = \left|\frac{\mathrm{d}\theta}{\Delta S}\right| = \frac{\left|\frac{w''}{1+w'^2}\right|\mathrm{d}x}{\sqrt{1+w'^2}\,\mathrm{d}x} = \frac{|w''|}{(1+w'^2)^{\frac{3}{2}}} \tag{g}$$

联立式(a)、式(b)和式(g),可以得到梁的挠度与弯矩之间的关系

$$\frac{|w''|}{(1+w'^2)^{\frac{3}{2}}} = \frac{M(x)}{EI} \tag{h}$$

按照弯矩和挠度正负规定,如图 7-4(a)所示的梁为凸变形,承受弯矩为负值,而挠曲线开口方向指向 w 轴正向(向下),所以 w''为正值。如图 7-4(b)所示的梁为凹变形,承受弯矩为正值,w''为负值。所以式(h)中绝对值打开后为

$$\frac{w''}{(1+w'^2)^{\frac{3}{2}}} = -\frac{M(x)}{EI} \tag{7-1}$$

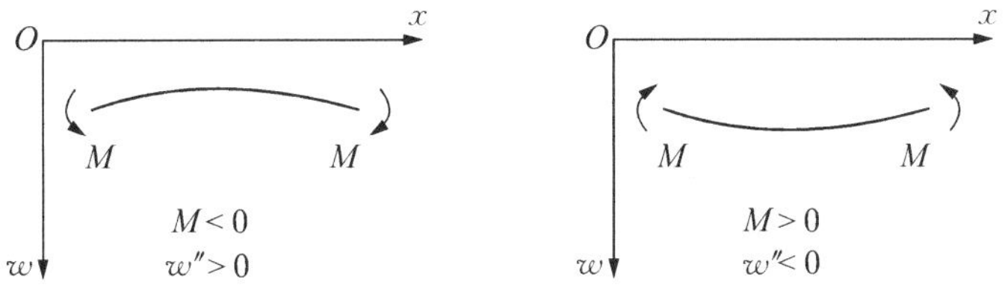

图 7-4

在材料力学中,梁的弯曲都是在小变形范围内,挠曲线为平坦光滑的曲线,所以,w'趋近于0,相对1而言可以忽略。式(7-1)可近似写为

$$w''=-\frac{M(x)}{EI} \tag{7-2}$$

式(7-2)描述了梁的挠度与弯矩之间的关系,但是因为推导过程中忽略了剪力 F_S 的影响,同时在 $(1+w'^2)^{\frac{3}{2}}$ 中忽略了 w',所以该式称为**挠曲线近似微分方程**。

7.3 积分法计算梁的位移

一种阶梯轴的横向变形的分析模型

对于等截面梁,弯曲刚度 EI 为常数,式(7-2)可写为

$$EIw''=-M(x) \tag{7-3}$$

弯矩方程 $M(x)$ 可以通过第5章的弯曲内力分析得出,所以,梁的挠曲线方程可以通过对式(7-3)进行两次积分获得。

对式(7-3)连续进行不定积分,可分别得到

$$EIw'=EI\theta=-\int M(x)\mathrm{d}x+C \tag{7-4}$$

$$EIw=-\int\left[\int M(x)\mathrm{d}x\right]\mathrm{d}x+Cx+D \tag{7-5}$$

任意阶梯型截面 Timoshenko 梁的弯曲

其中,通过式(7-4)可以得到转角方程,通过式(7-5)可以得到挠曲线近似微分方程,两式中的积分常数 C 和 D 需要通过边界条件确定。如图7-5所示简支梁两端铰支座处梁的挠度等于零,悬臂梁固定端处梁的挠度和转角均等于零。

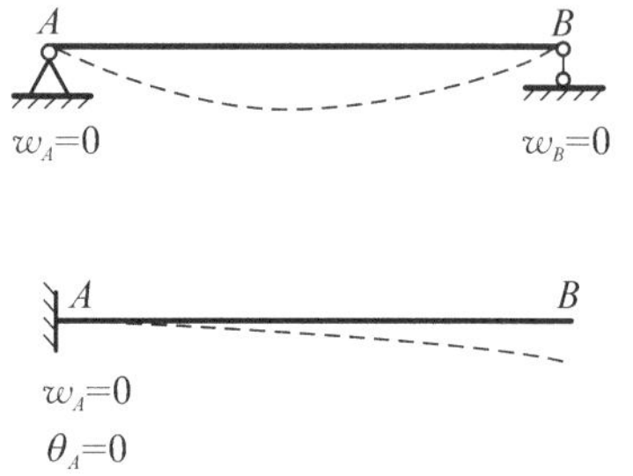

图 7-5

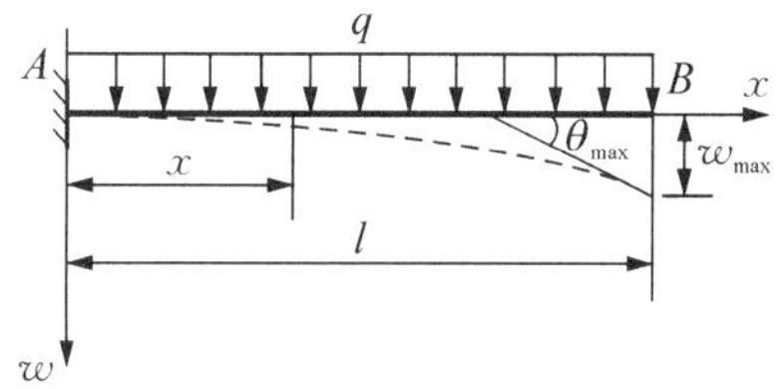

图 7-6

叠梁的变形与弯曲切应力

【例7-1】 图7-6显示悬臂梁承受均布载荷 q 作用,梁长度为 l,弯曲刚度 EI,求梁的最大挠度和最大转角。

【解】 (1)弯矩方程。根据截面法,坐标为 x 处截面上的弯矩为

$$M(x)=-\frac{1}{2}q(x-l)^2 \tag{a}$$

(2)积分法确定梁的挠曲线函数和转角函数。

根据挠曲线近似微分方程,有

$$EIw''=-M(x)=\frac{1}{2}q(x-l)^2 \tag{b}$$

将式(b)左右两端分别积分,得

$$EIw'=\frac{1}{6}q(x-l)^3+C \tag{c}$$

$$EIw=\frac{1}{24}q(x-l)^4+Cx+D \tag{d}$$

悬臂梁在 $x=0$ 处为固定端,由边界条件可得

$$x=0,\ w'=0 \quad 得 \quad C=\frac{1}{6}ql^3$$

$$x=0,\ w=0 \quad 得 \quad D=-\frac{1}{24}ql^4$$

将积分常数 C 和 D 代入式(c)和式(d)中,则梁的转角函数和挠曲线函数分别为

$$Q=w'=\frac{q}{EI}\cdot\left(\frac{x^3}{6}-\frac{x^2l}{2}+\frac{xl^2}{2}\right) \tag{e}$$

$$w=\frac{q}{EI}\cdot\left(\frac{x^4}{24}-\frac{x^3l}{6}+\frac{x^2l^2}{4}\right) \tag{f}$$

(3) 最大挠度和最大转角:根据梁的载荷,可以大致画出梁的挠曲线(图 7-6 中的虚线),由图可知,最大挠度 w_{max} 和最大转角 θ_{max} 均发生在 $x=l$ 的自由端处。当然根据挠曲线函数和转角函数也可知道最大挠度 w_{max} 和最大转角 θ_{max} 均发生在 $x=l$ 的自由端处,所以将 $x=l$ 代入式(e)以及式(f),即可得到最大转角和最大挠度为

$$\theta_{max}=\frac{ql^3}{6EI},\ w_{max}=\frac{ql^4}{8EI}$$

二者均为正值,说明自由端 B 截面向顺时针转动,其挠度向下沿 w 轴正向。

【例 7-2】 如图 7-7 所示弯曲刚度为 EI 的简支梁,长度为 l,B 端铰支座处承受大小为 M_e 的力偶作用,求该梁的最大挠度和最大转角。

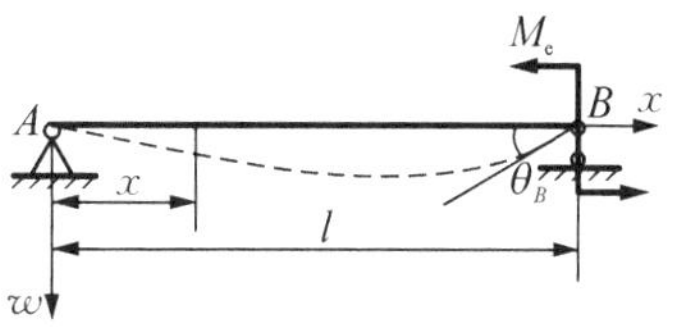

图 7-7

【解】 (1) 弯矩方程。

该梁仅承受一力偶作用,所以左右两侧支反力应该大小相等、方向相反、形成一反向力偶和外力偶平衡,所以

$$F_A=\frac{M_e}{l}(\uparrow),\ F_B=\frac{M_e}{l}(\downarrow)$$

根据截面法,距离左侧支座 x 处截面上的弯矩为

$$M(x)=F_Ax=\frac{M_e}{l}x \tag{a}$$

(2) 积分法确定梁的挠曲线函数和转角函数。

根据挠曲线近似微分方程,有

$$EIw''=-M(x)=-\frac{M_e}{l}x \tag{b}$$

将式(b)左右两端分别积分,得

$$EIw'=-\frac{M_e}{2l}x^2+C \tag{c}$$

$$EIw=-\frac{M_e}{6l}x^3+Cx+D \tag{d}$$

简支梁左右两侧铰支座处挠度为零,由边界条件

$$x=0,\ w=0 \quad 得 \quad D=0$$

$$x=l,\ w=0 \quad 得 \quad C=-\frac{M_e l}{6}$$

将积分常数 C 和 D 代入式(c)和式(d),则梁的转角函数和挠曲线函数分别为

$$\theta=w'=\frac{M_e}{6EIl}(l^2-3x^2) \tag{e}$$

$$w=\frac{M_e x}{6EIl}(l^2-x^2) \tag{f}$$

(3) 最大挠度和最大转角。根据梁的载荷,可以大致画出梁的挠曲线(图7-7中的虚线),最大转角发生在弯矩最大处截面,即 B 截面,其转角为

$$\theta_{max}=\theta_B=w'|_{x=l}=-\frac{M_e l}{3EI}$$

所得转角为负,说明截面 B 沿逆时针方向转动。

最大挠度处截面须满足 $w'=0$,令式(e)等于零,可得最大挠度截面坐标为

$$x'=\frac{\sqrt{3}}{3}l$$

将其代入式(f),即可得最大挠度

$$w_{max}=\frac{M_e l^2}{9\sqrt{3}EI}$$

讨论 以上例题中,梁的载荷连续,弯矩可以用一个方程表达,边界条件足够。若是梁的载荷不连续,或者梁的弯曲刚度不为常数,梁的弯矩需要用分段函数表达,则每段挠曲线函数均会引入两个积分常数。此时,除了边界条件外,还需要考虑连续性条件才能确定未知的积分常数。所谓的**连续性条件**,是指弹性范围内,梁的挠曲线是光滑曲线,所以在相邻梁段的交界处,相邻截面的挠度和转角应相等。

【例7-3】 简支梁如图7-8所示,长度 l,弯曲刚度 EI,右半段上承受集度为 q 的均布载荷。试求梁中间截面 C 的挠度和转角。

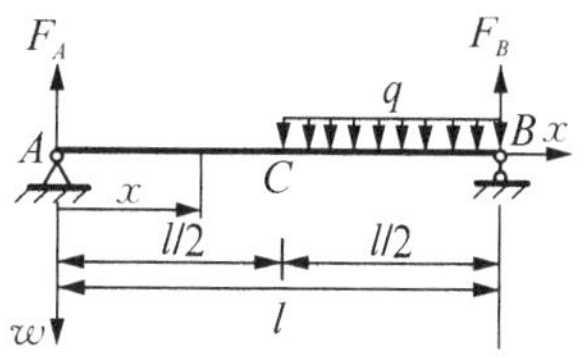

图 7-8

【解】 本题中的梁与[例 7-1]和[例 7-2]中的不同,在本例中,均布载荷仅作用在梁的部分长度上,弯矩方程在整个梁的长度上不能用一个方程描述。因此,必须分段建立弯矩方程,并结合连续性条件求解挠曲线方程。

(1) 梁的挠曲线微分方程和转角方程。首先求支反力,根据平衡方程,该梁竖直方向上合力为零,并且合力矩也为零,所以

$$\sum M_A = 0,\quad 得\ F_B = \frac{3}{8}ql$$

$$\sum F_y = 0,\quad 得\ F_A + F_B = \frac{1}{2}ql$$

该梁两侧铰支座支反力 $F_A = \frac{1}{8}ql$, $F_B = \frac{3}{8}ql$。

然后,分段写出弯矩方程和挠曲线微分方程,并进行积分(表 7-1)。

表 7-1 梁段的弯矩方程和挠曲线微分方程

梁段	AC 段 $(0 \leqslant x \leqslant l/2)$	CB 段 $(l/2 \leqslant x \leqslant l)$
弯矩方程	$M_1(x) = \frac{1}{8}qlx$ (1)	$M_2(x) = \frac{1}{8}qlx - \frac{1}{2}q\left(x - \frac{l}{2}\right)^2$ (2)
挠曲线微分方程	$EIw''_1 = -\frac{1}{8}qlx$ (3)	$EIw''_2 = -\frac{1}{8}qlx + \frac{1}{2}q\left(x - \frac{l}{2}\right)^2$ (4)
一次积分	$EIw'_1 = -\frac{1}{16}qlx^2 + C_1$ (5)	$EIw'_2 = -\frac{1}{16}qlx^2 + \frac{1}{6}q\left(x - \frac{l}{2}\right)^3 + C_2$ (6)
二次积分	$EIw_1 = -\frac{1}{48}qlx^3 + C_1x + D_1$ (7)	$EIw_2 = -\frac{1}{48}qlx^3 + \frac{1}{24}q\left(x - \frac{l}{2}\right)^4 + C_2x + D_2$ (8)

(2) 利用边界条件和连续性条件确定积分常数。由表 7-1 中可见,两段梁的挠曲线微分方程二次积分后,共有 4 个积分常数需要确定。

根据连续性条件,在 C 截面,左右两段梁的挠度和转角相等,所以

$$在\ x = \frac{l}{2}\ 处, w'_1 = w'_2,\ w_1 = w_2$$

将上述连续条件代入式(5)、式(6)和式(7)、式(8),得

$$C_1 = C_2,\ D_1 = D_2 \tag{9}$$

再考虑边界条件,截面 A 处为铰支座,所以在 $x=0$ 处,$w_1 = 0$,代入式(8)可得 $D_1 = 0$,由式(9)可得,$D_1 = D_2 = 0$。

截面 B 处也为铰支座,所以在 $x = l$ 处,$w_2 = 0$,代入式(8)并考虑 $D_2 = 0$ 可得 $C_2 = \frac{7}{384}ql^3$,由式(9)可得,$C_1 = C_2 = \frac{7}{384}ql^3$。

所以,梁的挠曲线微分方程为

$$AC\text{ 段}: w_1 = -\frac{1}{48EI}qlx^3 + \frac{7}{384EI}ql^3x,\ (0 \leqslant x \leqslant l/2)$$

$$CB\text{ 段}: w_2 = -\frac{1}{48EI}qlx^3 + \frac{1}{24EI}q\left(x - \frac{l}{2}\right)^4 + \frac{7}{384EI}ql^3x,\ (l/2 \leqslant x \leqslant l)$$

梁的转角方程为

$$AC\text{ 段}: \theta_1 = -\frac{1}{16EI}qlx^2 + \frac{7}{384EI}ql^3,\ (0 \leqslant x \leqslant l/2)$$

$$CB\text{ 段}: \theta_2 = -\frac{1}{16EI}qlx^2 + \frac{1}{6EI}q\left(x - \frac{l}{2}\right)^3 + \frac{7}{384EI}ql^3,\ (l/2 \leqslant x \leqslant l)$$

(3) C 截面的转角和挠度。将坐标 $x = \frac{l}{2}$ 代入挠曲线微分方程和转角方程，即可知 C 截面的转角 $\theta_C = \frac{1}{384EI}ql^3$，挠度 $w_C = \frac{5}{768EI}ql^4$。转角和挠度均为正，说明 C 截面沿顺时针方向偏转，挠度向下。

7.4 叠加法计算梁的挠度和转角

积分法可以确定梁的挠度和转角，然而，若梁的承载情况比较复杂，则需要多次分段，计算量也非常大。本节讲述如何使用叠加原理计算梁的挠度和转角。

由式(7-3)和式(7-4)可知，在线弹性和小变形的情况下，梁的挠度和转角都是弯矩的一次函数，同时，弯矩和梁所受到的载荷成线性关系。所以，梁的挠度和转角均与梁所受到的载荷成线性关系。这种情况下，梁在几种载荷(集中力、力偶、分布载荷)共同作用下的某一截面的挠度和转角应等于各种载荷分别作用时该截面的挠度和转角的叠加，这就是叠加原理。

常见结构(简支梁和悬臂梁)在常见载荷作用下的挠度和转角，可以由表 7-2 确定。

表 7-2　　简单载荷作用下梁的变形(挠度向下为正，转角顺时针为正)

序号	梁的简图	挠曲线方程	端截面转角	最大挠度
1	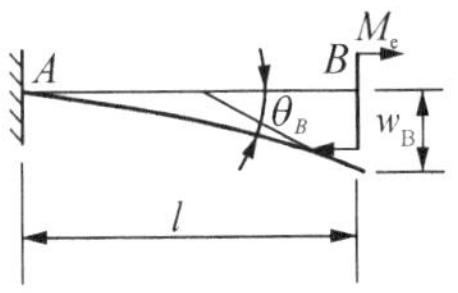	$w = \frac{M_e x^2}{2EI}$	$\theta_B = \frac{M_e l}{EI}$	$w_B = \frac{M_e l^2}{2EI}$
2	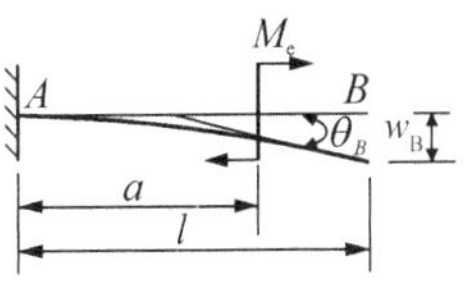	$w = \frac{M_e x^2}{2EI},\ 0 \leqslant x \leqslant a$ $w = \frac{M_e a}{EI}\left[(x-a) + \frac{a}{2}\right]$ $a \leqslant x \leqslant l$	$\theta_B = \frac{M_e a}{EI}$	$w_B = \frac{M_e a}{EI}\left(l - \frac{a}{2}\right)$

续 表

序号	梁的简图	挠曲线方程	端截面转角	最大挠度
3	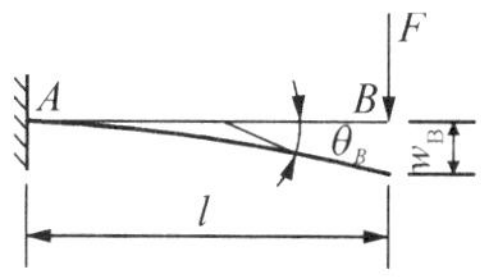	$w=\dfrac{Fx^2}{6EI}(3l-x)$	$\theta_B=\dfrac{Fl^2}{2EI}$	$w_B=\dfrac{Fl^3}{3EI}$
4	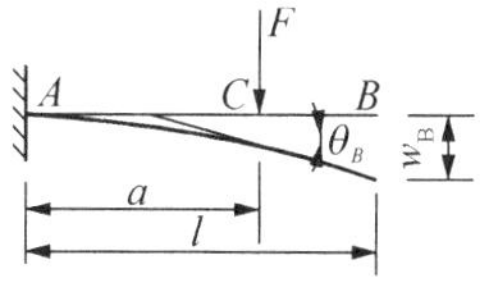	$w=\dfrac{Fx^2}{6EI}(3a-x)$ $0\leqslant x\leqslant a$ $w=\dfrac{Fa^2}{6EI}(3x-a)$ $a\leqslant x\leqslant l$	$\theta_B=\dfrac{Fa^2}{2EI}$	$w_B=\dfrac{Fa^2}{6EI}(3l-a)$
5	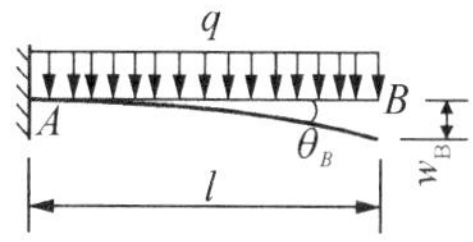	$w=\dfrac{qx^2}{24EI}(x^2-4lx+6l^2)$	$\theta_B=\dfrac{ql^3}{6EI}$	$w_B=\dfrac{ql^4}{8EI}$
6	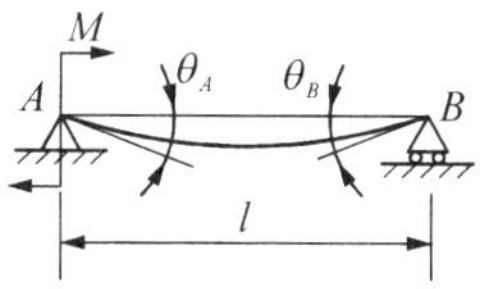	$w=\dfrac{M_e x}{6EIl}(l-x)(2l-x)$	$\theta_A=\dfrac{M_e l}{3EI}$ $\theta_B=-\dfrac{M_e l}{6EI}$	$x=\left(1-\dfrac{1}{\sqrt{3}}\right)l$ $w_{\max}=\dfrac{M_e l^2}{9\sqrt{3}EI}$ $w_{\frac{l}{2}}=\dfrac{M_e l^2}{16EI}$
7	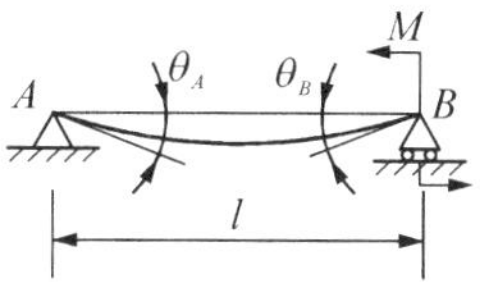	$w=\dfrac{M_e x}{6EIl}(l^2-x^2)$	$\theta_A=\dfrac{M_e l}{6EI}$ $\theta_B=-\dfrac{M_e l}{3EI}$	$x=\dfrac{1}{\sqrt{3}}l$ $w_{\max}=\dfrac{M_e l^2}{9\sqrt{3}EI}$ $w_{\frac{l}{2}}=\dfrac{M_e l^2}{16EI}$
8	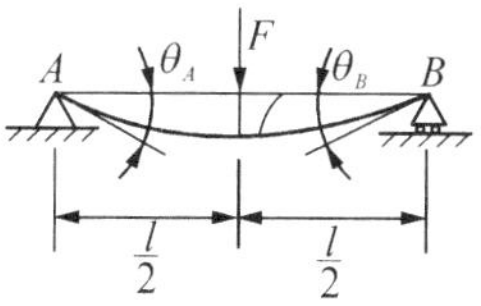	$w=\dfrac{Fx}{48EI}(3l^2-4x^2)$ $0\leqslant x\leqslant l/2$	$\theta_A=-\theta_B=\dfrac{Fl^2}{16EI}$	$w_{\max}=\dfrac{Fl^3}{48EI}$
9	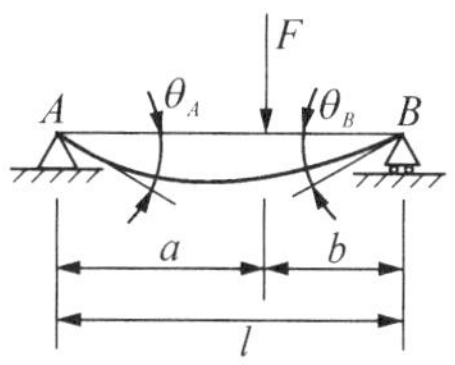	$w=\dfrac{Fbx}{6EIl}(l^2-x^2-b^2)$ $0\leqslant x\leqslant a$ $w=\dfrac{Fb}{6EIl}\left[\dfrac{l}{b}(x-a)^3-x^3+(l^2-b^2)x\right]$ $a\leqslant x\leqslant l$	$\theta_A=\dfrac{Fab(l+b)}{6EIl}$ $\theta_B=-\dfrac{Fab(l+a)}{6EIl}$	设 $a>b$ 在 $x=\sqrt{\dfrac{l^2-b^2}{3}}$ 处 $w_{\max}=\dfrac{Fb(l^2-b^2)^{3/2}}{9\sqrt{3}EIl}$ $w_{\frac{l}{2}}=\dfrac{Fb(3l^2-4b^2)}{48EI}$

续 表

序号	梁的简图	挠曲线方程	端截面转角	最大挠度
10	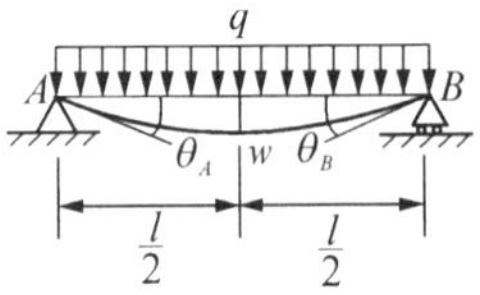	$w=\dfrac{qx}{24EI}(l^3-2lx^2+x^3)$	$\theta_A=-\theta_B=\dfrac{ql^3}{24EI}$	$w_{\max}=\dfrac{5ql^4}{384EI}$
11	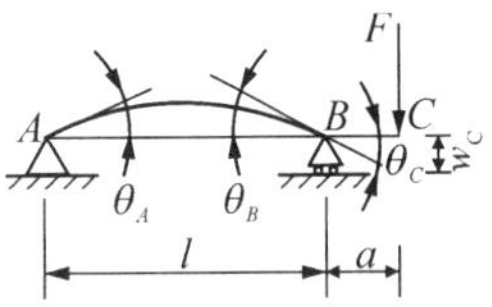	$w=\dfrac{Fax}{6EIl}(l^2-x^2)$ $0\leqslant x\leqslant l$ $w=\dfrac{F(x-l)}{6EI}[a(3x-l)$ $-(x-l)^2]$ $l\leqslant x\leqslant(l+a)$	$\theta_A=-\dfrac{1}{2}\theta_B$ $=-\dfrac{Fal}{6EI}$ $\theta_C=\dfrac{Fa}{6EI}(2l+3a)$	$w_C=\dfrac{Fa^2}{3EI}(l+a)$
12	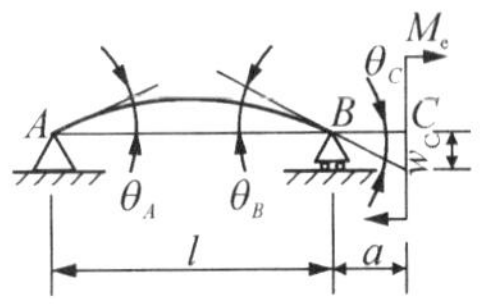	$w=\dfrac{M_e x}{6EIl}(x^2-l^2)$, $0\leqslant x\leqslant l$ $w=\dfrac{M_e}{6EI}(3x^2-4xl+l^2)$ $l\leqslant x\leqslant(l+a)$	$\theta_A=-\dfrac{1}{2}\theta_B$ $=-\dfrac{M_e l}{6EI}$ $\theta_C=\dfrac{M_e}{3EI}(l+3a)$	$w_C=\dfrac{M_e a}{6EI}(2l+3a)$

【例 7-4】 如图 7-9(a)所示,悬臂梁承受集度为 q 的均布载荷以及大小为 F 的集中力,梁的弯曲刚度 EI,求自由端截面的转角和挠度。

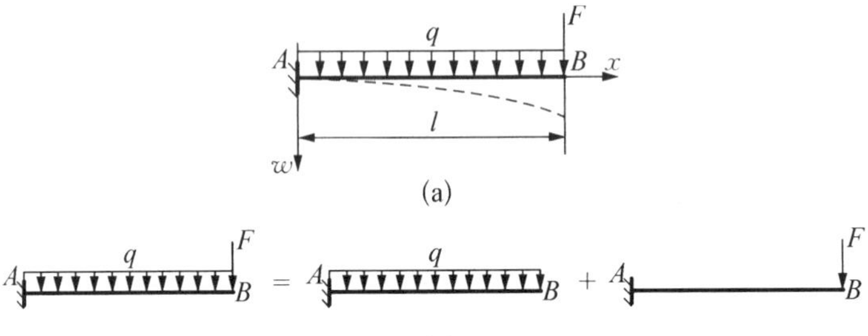

图 7-9

【解】 如图 7-9(b)所示,原载荷可以认为是均布载荷和集中力的叠加。查表 7-1:在均布载荷作用下,梁自由端 B 截面的挠度和转角分别为

$$w_{B,q}=\frac{ql^4}{8EI},\ \theta_{B,q}=\frac{ql^3}{6EI}$$

在集中力作用下,梁自由端 B 截面的挠度和转角分别为

$$w_{B,F}=\frac{Fl^3}{3EI},\ \theta_{B,F}=\frac{Fl^2}{2EI}$$

所以,根据叠加原理,梁自由端 B 截面的挠度和转角为两种载荷分别作用时相应位移的叠加

$$w_B = w_{B,q} + w_{B,F} = \frac{ql^4}{8EI} + \frac{Fl^3}{3EI}$$

$$\theta_B = \theta_{B,q} + \theta_{B,F} = \frac{ql^3}{6EI} + \frac{Fl^2}{2EI}$$

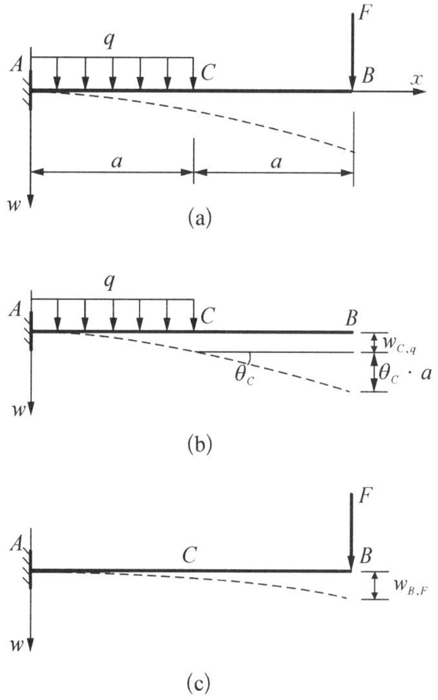

图 7-10

【例 7-5】 如图 7-10(a)所示，悬臂梁一半长度上承受集度为 q 的均布载荷，自由端承受大小为 F 的集中力，梁的弯曲刚度 EI，求自由端截面的挠度。

【解】 原载荷可以认为是图 7-10(b)中均布载荷和图 7-10(c)中集中力的叠加。

图 7-10(b)中，AC 段受均布载荷 q 作用，发生弯曲变形，C 截面的挠度 $w_{C,q}$ 和转角 θ_C 可查表 7-2 获得：

$$w_{C,q} = \frac{qa^4}{8EI},\ \theta_C = \frac{qa^3}{6EI}$$

CB 段无载荷作用，因此无变形，仍为一条直线，B 截面和 C 截面之间的挠度差为 $\theta_C \cdot a$。所以，均布载荷引起的自由端挠度

$$w_{B,q} = w_{C,q} + \theta_C \cdot a = \frac{qa^4}{8EI} + \frac{qa^3}{6EI} \cdot a = \frac{7qa^4}{24EI}$$

图 7-10(c)中，悬臂梁自由端承受集中力作用的情况可以查表获得

$$w_{B,F} = \frac{F(2a)^3}{3EI} = \frac{8Fa^3}{3EI}$$

根据叠加原理，梁自由端截面的挠度为

$$w_B = w_{B,q} + w_{B,F} = \frac{7qa^4}{24EI} + \frac{8Fa^3}{3EI}$$

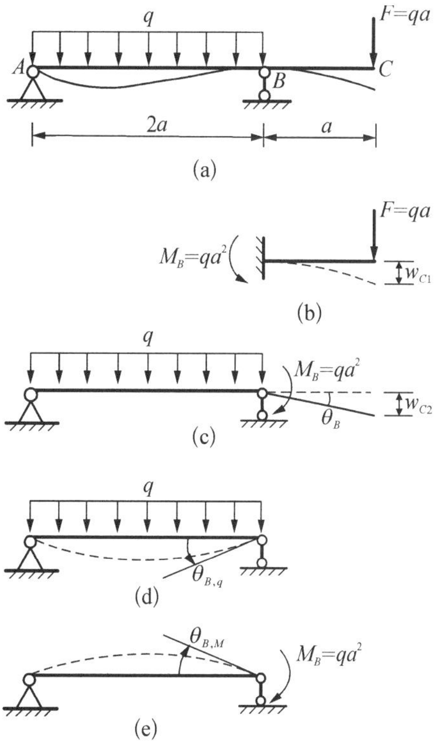

图 7-11

【例 7-6】 如图 7-11(a)所示外伸梁，弯曲刚度 EI，承受集度为 q 的均布载荷和大小 $F=qa$ 的集中力作用，求 B 截面的转角和 C 截面的挠度。

【解】 本题中，不仅需要考虑载荷的叠加，还需要将结构分解。如图 7-11(b)、图 7-11(c)所示，原结构在 B 截面处假想地截开，则可分解为左侧的简支梁和右侧的悬臂梁，但同时，原作用在 B 截面处的弯矩 $M_B = qa^2$ 需保留。

图 7-11(b)，集中力作用时 BC 段弯曲产生的挠度可由表 7-2 获得

$$w_{C1} = \frac{Fa^3}{3EI} = \frac{qa^4}{3EI}$$

然而,BC 段梁不仅自身弯曲产生挠度,而且整体还随 B 截面转动,产生挠度 $w_{C2}=\theta_B\cdot a$,其中 θ_B 为 B 截面的转角,如图 7-11(c)所示。

根据叠加原理,θ_B 由两种载荷共同作用产生,分别是分布载荷以及作用在截面 B 上的弯矩,如图 7-11(d)、(e)所示。

查表 7-2,分布载荷 q 作用使得 B 截面发生转角 $\theta_{B,q}=-\dfrac{q(2a)^3}{24EI}=-\dfrac{qa^3}{3EI}$,负号说明 B 截面在分布载荷作用下沿逆时针方向转动。

在力矩 $M_B=qa^2$ 作用下,B 截面发生转角 $\theta_{B,M}=\dfrac{M_B(2a)}{3EI}=\dfrac{2qa^3}{3EI}$。

所以,B 截面的转角为

$$\theta_B=\theta_{B,q}+\theta_{B,M}=-\frac{qa^3}{3EI}+\frac{2qa^3}{3EI}=\frac{qa^3}{3EI}$$

θ_B 为正值说明 B 截面沿顺时针方向转动。

C 截面的挠度即为 w_{C1} 和 w_{C2} 之和,即

$$w_C=w_{C1}+w_{C2}=w_{C1}+\theta_B\cdot a=\frac{qa^4}{3EI}+\frac{qa^3}{3EI}a=\frac{2qa^4}{3EI}$$

【例 7-7】 如图 7-12(a)所示,刚架竖杆和横杆长度均为 a,弯曲刚度为 EI,自由端承受大小为 M_e 的外力偶作用,求自由端 C 的位移。

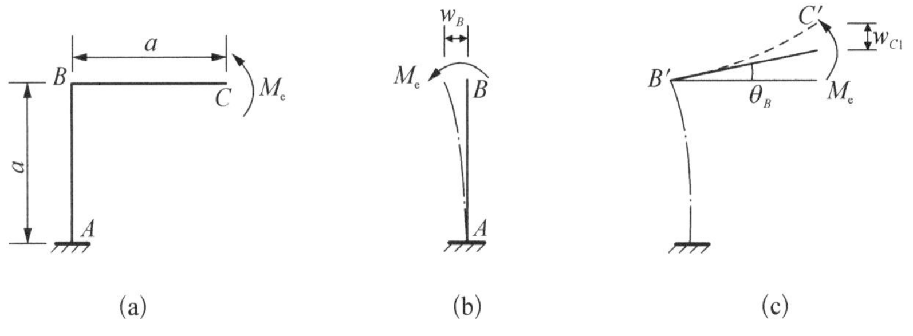

图 7-12

【解】 自由端 C 的位移包括水平和竖直方向的位移。在线弹性和小变形的范围内,可认为竖杆 AB 的位移沿水平方向,横杆 BC 的位移沿竖直方向。因此,C 截面的水平位移等于 B 截面的水平位移。

如图 7-12(b)所示,根据截面法将刚架在刚性铰 B 截面处截开,下端悬臂梁 AB 承受大小为 M_e 的力矩作用,B 截面的挠度(即水平位移)和转角可查表 7-2 获得

$$\Delta_{Cx}=w_B=-\frac{M_e a^2}{2EI}\quad(\leftarrow),\ \theta_B=-\frac{M_e a}{EI}$$

如图 7-12(c)所示,C 截面的竖直位移由两部分组成:

(1) 由横杆 BC 自身弯曲变形产生的挠度

$$w_{C1}=-\frac{M_e a^2}{2EI}$$

(2) 横杆 BC 整体随 B 截面转动而产生位移 $\theta_B \cdot a$，其中

$$\theta_B = -\frac{M_e a}{EI}$$

所以，C 截面的竖直位移

$$\Delta_{Cy} = w_C = w_{C1} + \theta_B \cdot a = -\left(\frac{M_e a^2}{2EI} + \frac{M_e a}{EI} \cdot a\right) = -\frac{3M_e a^2}{2EI}$$

7.5 简单静不定梁

在工程上出于维系结构安全考虑，往往会在静定结构上增加支座或约束，提高结构的强度和刚度。静定梁如图 7-13(a)所示，为了保证梁中挠度不至于过大，增加一支座，使得原静定梁变成了如图 7-13(b)所示的静不定梁。

对静不定梁的变形分析拓展阅读

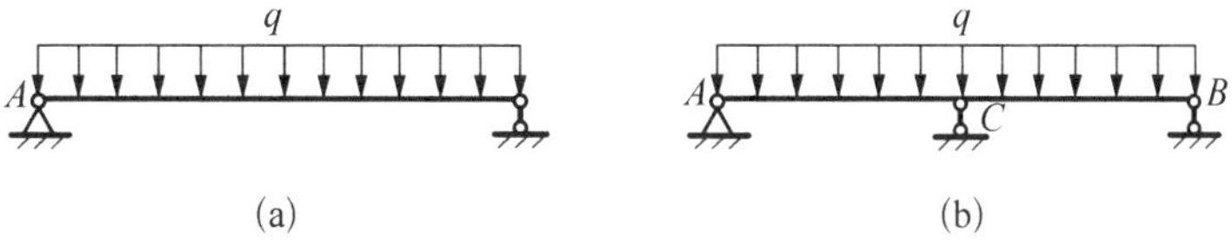

图 7-13

7.5.1 简单静不定梁的计算

我们已经接触过静不定轴向拉压构件、静不定扭转构件，现在我们来分析静不定梁的计算。如图 7-13(b)所示，有效的平衡条件有两个：竖直方向合力为零以及合力偶矩为零。然而未知的支反力有 3 个。所以有一个多余约束，静不定次数是一次。

需要注意的是，多余约束在这里只是一种名称，并不意味着该约束真正多余。如图 7-13(b)所示梁中间的多余约束，该约束使梁的强度和刚度提高，因此不仅不多余，反而十分有用。另外，多余约束并不是固定的，在静不定结构中，可以根据计算的需要，选择多余约束。如图 7-13(b)所示，支座 A 也可被认为是多余约束，则相应的多余支反力为 F_{Ay}。

分析静不定梁的基本方法和分析静不定拉压构件或静不定扭转构件类似。首先需要确定梁的静不定次数，如图 7-14(a)所示悬臂梁，未知支反力 3 个(F_{Ay}，M_A，F_{By})，有效平衡方程 2 个($\sum F_y = 0$，$\sum M = 0$)，所以静不定次数为一次，缺一个方程。

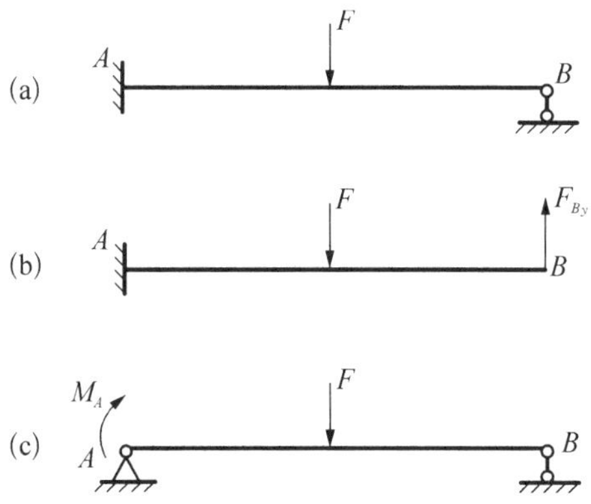

图 7-14

然后，解除多余约束，建立原静不定系统的等效结构。如图 7-14(b)所示，B 端支座被视为多余约束，将该多余约束解除并代以相应支反力，得到等效结构。

最后，根据选取的多余约束建立变形协调条件。例如：考虑 B 端支座对梁变形的约束效果，得到变

形协调方程 $w_B=0$。至此,原有的 2 个平衡方程加上变形协调方程,求解该 3 个方程即可获得原静不定系统的 3 个未知支反力。

依然要强调的是,静不定系统中多余约束的选择不是唯一的。所以,对于图 7-14(a)所示静不定梁,也可以将 A 端固定端处限制梁转动的约束视为多余约束并拆除,代以相应支反力偶 M_A 建立如图 7-14(c)所示的相当系统。

【例 7-8】 如图 7-14(a)所示,静不定梁弯曲刚度为 EI,长度为 l,集中力 F 作用在梁中间截面上。求梁的支反力、梁内最大剪力以及弯矩。

【解】 该梁为一次静不定,缺一个方程。

如图 7-14(c)所示,将 A 端固定端处限制梁转动的约束视为多余约束并拆除,代以支反力偶 M_A 建立相当系统。变形协调方程为 A 处转角为零,即 $\theta_A=0$。

查表 7-2,集中力 F 作用下,相当系统中支座 A 的转角为 $\theta_{A,F}=\dfrac{Fl^2}{16EI}$;在支反力偶矩 M_A 作用下,支座 A 的转角为 $\theta_{A,M_A}=\dfrac{M_Al}{3EI}$。因为 $\theta_A=0$,所以

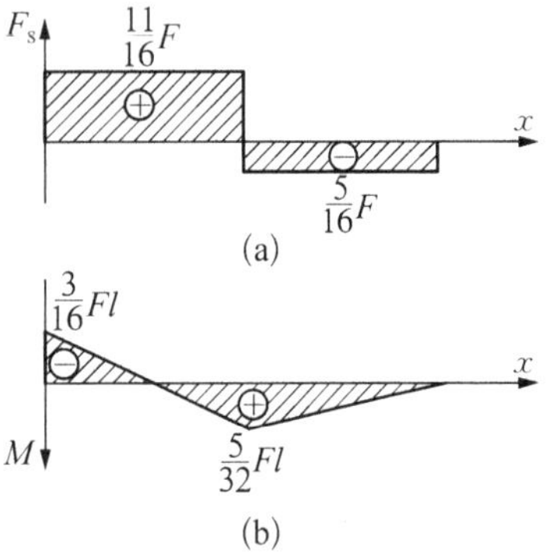

图 7-15

$$\theta_{A,F}+\theta_{A,M_A}=\frac{Fl^2}{16EI}+\frac{M_Al}{3EI}=0$$

得,$M_A=-\dfrac{3Fl}{16}$,负号说明支反力偶矩和假设方向相反,沿逆时针方向。

根据平衡条件:

$$\sum M_A=-\frac{3Fl}{16}+\frac{Fl}{2}-F_{By}l=0,\quad 得\quad F_{By}=\frac{5}{16}F(\uparrow)$$

$$\sum F_y=F_{Ay}+F_{By}=F,\quad 得\quad F_{Ay}=\frac{11}{16}F(\uparrow)$$

最后,可以得到该梁的剪力图和弯矩图[图 7-15(a)、(b)]。

【例 7-9】 如图 7-16(a)所示,双跨梁弯曲刚度为 EI,右跨梁长上承受集度为 q 的均布载荷作用,试计算梁的支反力。

【解】 (1) 静不定次数分析。未知支反力 3 个,分别为 3 个支座处竖直方向的支反力。有效平衡方程数 2 个,为竖直向合力为零 $\sum F_y=0$,以及合力偶矩为零 $\sum M=0$。所以,静不定次数为 1,缺一个方程,需要由变形协调条件确定。

(2) 相当系统。为求解需要解除多余约束,并代以相应支反力,建立相当系统。本结构中,任何一个支座都可以认为是多余约束。但是,考虑到附录挠度表中只提供简支梁和悬臂梁的挠度,为了方便,将中间截面 C 处的滑动支座认为是多余约束。如图 7-16(b)所示,将 C 处的滑动支座解除,并代以相应支反力 F_{Cy},建立相当系统。

(3) 变形协调条件为 C 截面处挠度为零,即 $w_C=0$。相当系统中,均布载荷 q 和未知支反力 F_{Cy} 都会使 C 截面产生挠度,因此需利用叠加法求位移。

如图 7-16(c)所示,只有未知支反力 F_{Cy} 作用时,C 截面挠度可查表得 $w_{C,F_{Cy}}=\dfrac{F_{Cy}a^3}{6EI}(\uparrow)$。

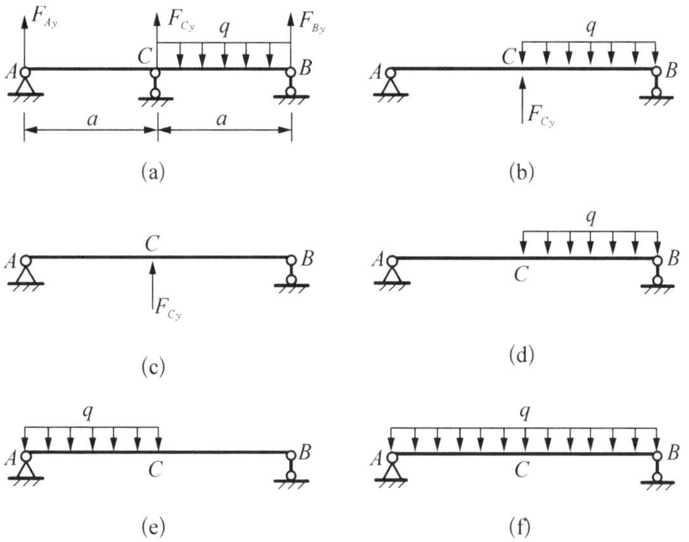

图 7-16

如图 7-16(d)所示，只有均布载荷 q 作用时，C 截面挠度无表可查，须作一定变化。考虑图 7-16(f)中均布载荷 q 作用在整个梁长时的挠度是可查的，中间截面挠度为 $w'_{C,q}=\dfrac{5qa^4}{24EI}(\downarrow)$。同时，根据对称性，图 7-16(d)和图 7-16(e)中 C 截面的挠度一定相等，而两图叠加正好是图 7-16(f)所示的承载情况。所以当图 7-16(d)中一半梁长上承受均布载荷 q 作用时，C 截面的挠度为 $w_{C,q}=\dfrac{1}{2}w'_{C,q}=\dfrac{5qa^4}{48EI}(\downarrow)$。

因为 $w_C=w_{C,F_{Cy}}+w_{C,q}=0$，所以 $\dfrac{5qa^4}{48EI}-\dfrac{F_{Cy}a^3}{6EI}=0$，得 $F_{Cy}=\dfrac{5}{8}qa(\uparrow)$。

考虑平衡方程

$$\sum M_A=0,\ F_{Cy}\cdot a+F_{Cy}\cdot 2a-qa\cdot\frac{3}{2}a=0$$

$$\sum F_y=0,\ F_{Ay}+F_{By}+F_{Cy}=0$$

可得支反力 $F_{Ay}=-\dfrac{1}{16}qa(\downarrow)$，$F_{By}=\dfrac{7}{16}qa(\uparrow)$。

【例 7-10】 如图 7-17(a)所示，一圆截面梁两端固定，总长 l，中间一半长度处通过铰链连接，左侧梁截面直径 d，右侧梁截面直径 $\sqrt{2}d$，弹性模量均为 E。因为支座沉陷，B 端截面向下移动了距离 δ。求梁内的最大弯曲正应力。

【解】 (1) 静不定次数分析。

对于含中间铰链的结构，可以把铰链拆开分析。梁内轴力很小，所以，水平方向内力可以忽略不计。如图 7-17(b)拆开后，结构共有 5 个未知力，分别为 F_{Ay}，M_A，F_C，F_{By}，M_B；而平衡方程共有四个，分别为 AC 梁和 BC 梁应在竖直方向上合力为零，以及合力偶矩为零。因此静不定次数为 1，缺一个方程。

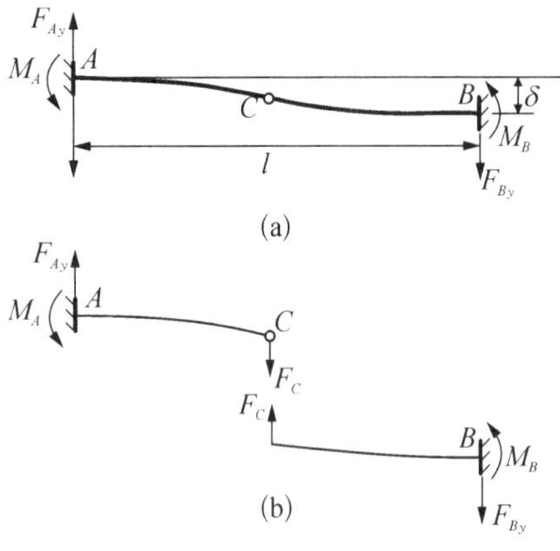

图 7-17

(2) 求解。

注意到左右两梁通过铰链连接,所以变形协调方程为:AC 梁和 BC 梁的挠度之和等于 B 端截面的位移,即

$$w_{AC}+w_{BC}=\delta \tag{a}$$

查表 7-2,得

$$w_{AC}=\frac{F_C\left(\frac{l}{2}\right)^3}{3E\cdot\frac{\pi d^4}{64}},\ w_{BC}=\frac{F_C\left(\frac{l}{2}\right)^3}{3E\cdot\frac{\pi(\sqrt{2}d)^4}{64}} \tag{b}$$

将式(b)代入式(a),得

$$F_C=\frac{3\pi E\delta d^4}{10l^3}$$

(3) 最大弯曲正应力。最大弯矩发生在 A 端或 B 端截面上,为

$$M_{\max}=F_C\cdot\frac{l}{2}=\frac{3\pi E\delta d^4}{20l^2}$$

因为 A 端截面小,所以最大弯曲正应力发生在 A 端截面上,为

$$\sigma_{\max}=\frac{M_{\max}}{W}=\frac{M_{\max}}{\frac{\pi d^3}{32}}=\frac{24E\delta d}{5l^2}$$

*7.5.2 连续梁计算

通常将支承超过 3 个的梁称为**连续梁**,如图 7-18(a)所示,这种结构在建筑、桥梁、航空以及管道线路等工程中经常被用到。当然连续梁的求解完全可以依照简单静不定梁的思路进行,即去掉中间多余的可动铰支座,得到一简支梁基本结构,然后施加多余的约束力,得到相当系统,再由每个多余铰支座处挠度为零的变形协调条件,建立若干个变形协调方程。这种求解方法的每个方程中,均包含全部的多余约束力和全部外力引起的变形项,需要做大量的计算。

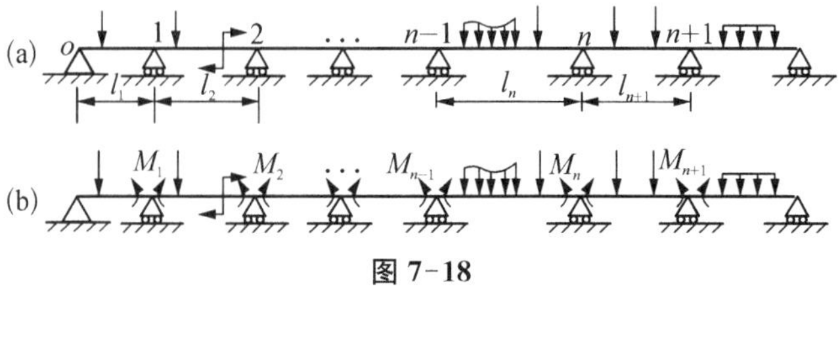

图 7-18

现在我们换一种思路,即在多余的中间铰支座处将梁切开,并代以铰链连接。这样,梁在

支承处失去连续性,使得该处的弯矩内力暴露为“外力”(未知力)。此时,相当系统就是一系列简支梁,每个简支梁上只承受作用于该跨的外载荷和两端支承处的未知弯矩,如图 7-18(b)所示。对于每个简支梁,很容易计算其两端截面的转角,然后根据支承处相连两截面转角相等这一变形协调方程建立补充方程,最后解出全部多余支承处的弯矩。

现在从图 7-18(b)中所示的相当系统中第 n 个铰支座处取出左右两跨简支梁,如图 7-19 所示。作用在左跨,即第 n 跨简支梁上有已知载荷和两端未知弯矩 M_{n-1}, M_n;作用于右跨,即第 $n+1$ 跨简支梁上有已知载荷和两端未知弯矩 M_{n-1}, M_n。这里直接给出两跨的总转角公式,感兴趣的读者可以在学习图乘法后自行推导。

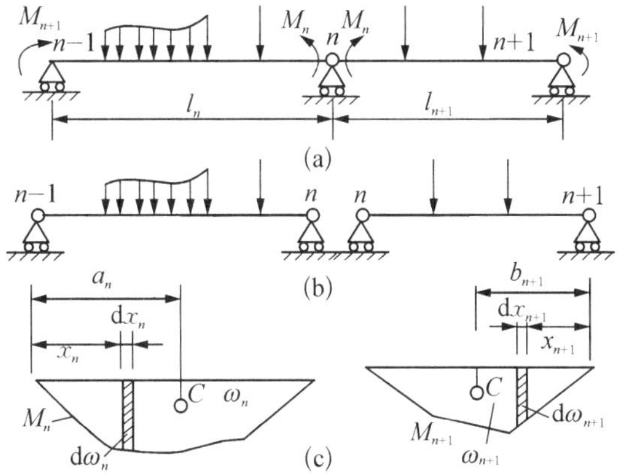

图 7-19

第 n 跨梁右端截面 n 的总转角为

$$\theta'_n = \frac{1}{EI_n}\left(\frac{\omega_n a_n}{l_n} + \frac{M_{n-1} l_n}{6} + \frac{M_n l_n}{3}\right) \tag{a}$$

式中 EI_n——第 n 跨简支梁的抗弯刚度;

ω_n——第 n 跨简支梁在外载荷作用下弯矩图面积;

a_n——弯矩图形心 C 与第 $n-1$ 支座的距离。

第 $n+1$ 跨简支梁左端截面 n 的总转角为

$$\theta''_n = -\frac{1}{EI_{n+1}}\left(\frac{\omega_{n+1} b_{n+1}}{l_{n+1}} + \frac{M_n l_{n+1}}{3} + \frac{M_{n+1} l_{n+1}}{6}\right) \tag{b}$$

式中 EI_{n+1}—— 第 $n+1$ 跨简支梁的抗弯刚度;

ω_{n+1}—— 第 $n+1$ 跨简支梁在外载荷作用下弯矩图面积;

b_{n+1}——弯矩图形心 C 与第 $n+1$ 支座的距离。

根据第 n 个支承处左、右相连的梁截面转角应该相等这一条件,即 $\theta'_n = \theta''_n$,便得到补充方程,可得

$$\frac{M_{n-1} l_n}{I_n} + 2M_n\left(\frac{l_n}{I_n} + \frac{l_{n+1}}{I_{n+1}}\right) + \frac{M_{n+1} l_{n+1}}{I_{n+1}} = -6\left(\frac{\omega_n a_n}{I_n l_n} + \frac{\omega_{n+1} b_{n+1}}{I_{n+1} l_{n+1}}\right) \tag{7-6}$$

式(7-6)是对于第 n 个支承所列出的方程,其中只包含第 n 个支承以及左右相邻两个支承处的未知弯矩,所以被称为**三弯矩方程**。

三弯矩方程最早由法国的克拉珀龙(1849)和贝尔托(1855)得到,他们得到的方程组只适用于支座等高、跨距相等并受均布横向载荷的连续梁。后来德国的舍夫勒等人将方程组推广到支座不等高的情况。法国的布雷斯进一步又推广到跨距不等并且载荷任意分布的情况。20世纪初,捷克斯洛伐克的恰利谢夫和美国的克罗斯为便于工程运用,又提出逐次近似的力矩分配法。50年代后期以来,发展出用有限元法解连续梁的多种标准程序。

从简单静不定梁和静不定连续梁的求解可以看出,变形协调方程可取支承条件和连续条件两种形式。而后者在有限元求解中具有更广泛的应用。三弯矩方程构成的系数矩阵是三对角矩阵,这在数学上容易求解。

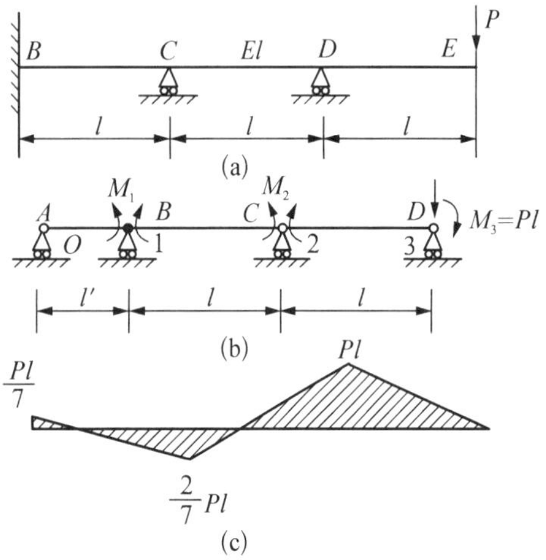

图 7-20

【例 7-11】 左端为固定端,右端为自由端的连续梁受力作用如图 7-20(a)所示,其抗弯刚度为 EI,试用三弯矩方程求解 B 处、C 处、D 处的弯矩。

【解】 为能应用三弯矩方程,将固定端视为跨度为无限小($l'\to 0$)的简支梁 AB,而外伸端的载荷可向支座 D 简化,得一力 P 与弯矩 Pl,原结构[图 7-20(a)]变化为图 7-20(b)所示结构。将 A, B, C, D 四处支座处分别用 0, 1, 2, 3 表示,则对 1, 2 两支座应用三弯矩方程式(7-6),并用:$l_1=l'=0$, $l_2=l_3=l$, $M_0=0$, $M_3=Pl$ 代入,得

$$2M_1 l+M_2 l=0$$

$$M_1 l+4M_2 l-Pl^2=0$$

解得:

$$M_1=M_B=-\frac{1}{7}Pl,\ M_2=M_C=\frac{2}{7}Pl,\ M_D=Pl$$

浅议梁的强度与刚度的关系

7.6 梁的刚度条件与合理刚度设计

7.6.1 梁的刚度条件

土木和机械结构中的许多梁,不仅要求足够的强度,有时还要求具有一定的刚度。例如:磁悬浮轨道梁的设计要求中,明确规定轨道梁的挠度不得超过 1 mm;机床主轴的变形若过大,将影响加工零件的精度。

在工程设计中,梁的刚度条件一般要求梁的最大挠度和最大转角不得超过各自的许用值,即

$$w_{\max}\leqslant[w]\ \text{且}\ \theta_{\max}\leqslant[\theta] \tag{7-7}$$

有些情况下,还需要考虑梁的跨长,将刚度条件写为

$$\frac{w_{\max}}{l}\leqslant\left[\frac{w}{l}\right] \tag{7-8}$$

土木工程中，$\left[\frac{w}{l}\right]$值常限制在$\frac{1}{1000}\sim\frac{1}{250}$的范围内。各类梁的挠度以及转角的许用值，可以从有关设计规范或手册中查得。

【例 7-12】 如图 7-21(a)所示，一圆截面轴承末端连接飞轮，飞轮重 10 kN，轴承由两个支座支撑，重量可忽略不计，材料为钢材，弹性模量 $E=200$ GPa。为保证轴承正常工作，轴承在支座处的转角须小于 0.3°。试根据该条件设计轴承最小直径 d。

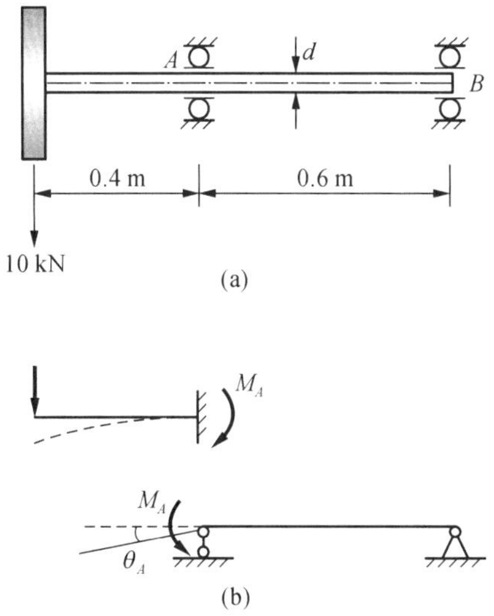

图 7-21

【解】 通过弯矩图可知梁内最大弯矩发生在支座 A 处，因此，仅需校核该处梁的转角即可。

如图 7-21(b)所示，原结构可等效为一悬臂梁加一梁端受力偶作用的简支梁。查挠度表可知轴承在支座 A 处的转角为

$$\theta_A=\frac{M_A l}{3EI} \tag{a}$$

其中，$M_A=10\ \text{kN}\times0.4\ \text{m}=4\,000\ \text{N}\cdot\text{m}$，$l=0.6$ m，$I=\frac{\pi d^4}{64}$。

根据刚度条件：

$$\theta_A\leqslant[\theta]=0.3^\circ=0.005\ \text{rad} \tag{b}$$

由式(a)和式(b)，得

$$I=\frac{\pi d^4}{64}\geqslant\frac{M_A l}{3E[\theta]}$$

所以，轴承的直径为

$$d\geqslant\sqrt[4]{\frac{64M_A l}{3\pi E[\theta]}}=\sqrt[4]{\frac{64\times4000\times0.6}{3\pi\times2\times10^9\times0.005}}\approx0.063\ \text{m}=63\ \text{mm}$$

为保证正常工作，轴承直径最少应为 63 mm。

7.6.2 梁的合理刚度设计

工程设计中，提高梁的刚度主要是为了减小梁的弹性位移(包括挠度和转角)。由表 7-2 可见，梁的位移不仅与梁的支承和载荷有关外，还和梁的弯曲刚度 EI 成反比，并和跨长 l 的 n 次幂成正比。

以图 7-22 所示的简支梁中间截面承受集中力为例，由表 7-2 可以知道，最大挠度发生在中间截面，为

$$w_{\max}=\frac{Fl^3}{48EI} \tag{7-9}$$

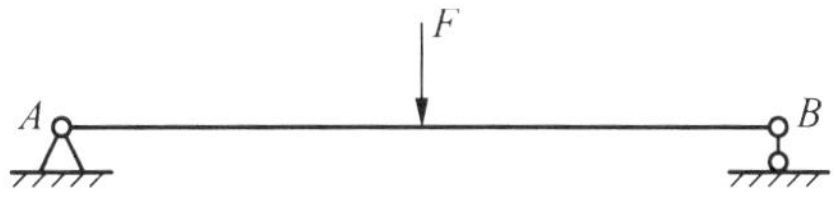

图 7-22

最大转角发生在两侧，为

$$\theta_{\max}=\frac{Fl^2}{16EI} \tag{7-10}$$

所以,若要提高该梁的刚度,减小弹性位移,可以由以下几个方面入手:

1. 使用高强度钢材,提高梁的弹性模量 E

选用弹性模量 E 较高的材料能够提高梁的刚度。但是,对于各种钢材,弹性模量的数值相差甚微,因而与一般钢材相比,选用高强度钢材并不能明显提高梁的刚度。

2. 在截面面积不变的情况下提高梁截面的惯性矩 I

增大梁截面的惯性矩 I 可以有效地降低梁的弯曲应力,提高梁的弯曲刚度。所以,应该将梁的截面面积尽量分布在距离梁的中性轴较远的区域,如工程上常使用的箱形梁、工字梁等。

3. 调整梁的跨长和改变结构

由结构的挠度公式可知,受集中力作用的梁的最大挠度通常与跨长的三次方成正比,最大转角通常与跨长的二次方成正比。所以减小梁的跨长可以非常显著地提高梁的弯曲刚度。将如图 7-23(a)所示将的两侧支座内移,既减小跨长,同时作用在两侧外伸部分梁上的载荷还可使支座中间的梁段产生向上的挠度;或如图 7-23(b)所示,在梁跨中增加支座,但是增加支座会使结构由静定变为静不定。

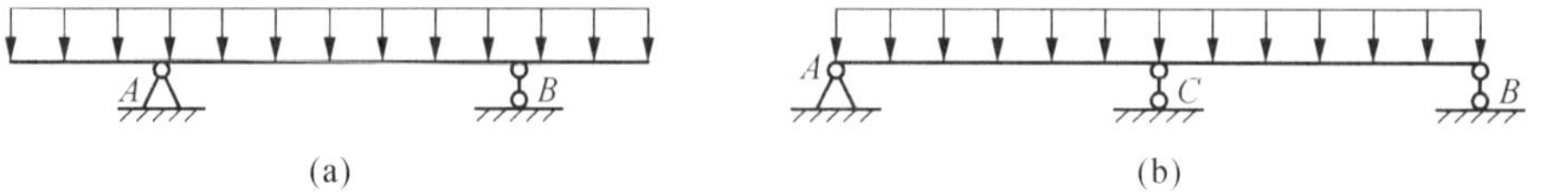

图 7-23

7.7 结论与讨论

1. 小挠度微分方程的适用条件

本章的全部内容是在平面内的平面弯曲和小挠度条件下导出的,因而微分方程只有在小挠度、弹性范围内才能适用。

2. 关于变形和位移的相依关系

(1) 位移是杆件各部分变形累加的结果。位移不仅与变形有关,而且与杆件所受的约束有关(在铰支座处,约束条件为 $w=0$;在固定端处约束条件为 $w=0$, $\theta=0$)。请读者比较图 7-24 中两种梁所受的外力、梁内弯矩以及梁的变形和位移有何相同之处和不同之处。

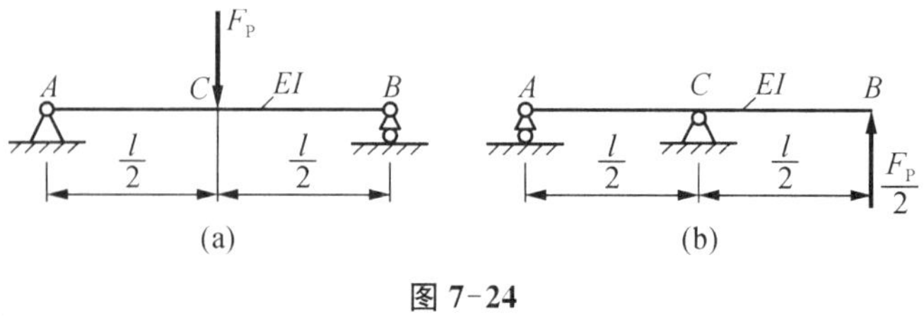

图 7-24

(2) 是不是有变形就一定有位移,或者有位移就一定有变形。这一问题请读者结合图 7-25 所示的梁与杆的变形和位移的关系,分析并得出自己的结论。

3. 关于梁的连续光滑曲线

在平面弯曲情形下,若在弹性范围内加载,梁的轴线弯曲后必然成为一条连续光滑曲线,并在支承处满足约束条件。根据弯矩的实际方向可以确定挠度曲线的大致形状(凹凸性);进而根

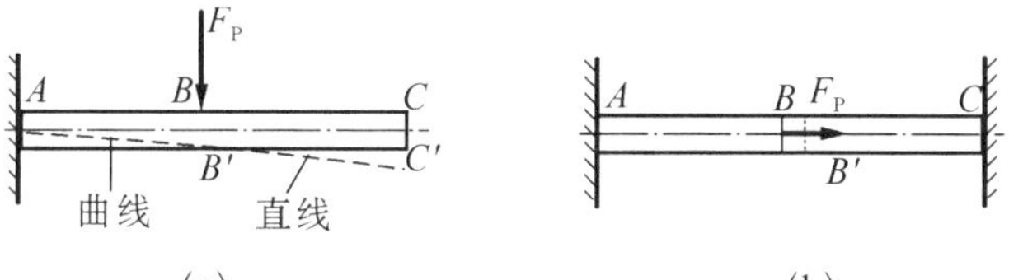

(a) (b)

图 7-25

据约束性质以及连续光滑要求,即可确定挠度曲线的大致位置,并大致画出梁的挠度曲线。

【例 7-13】 悬臂梁受力如图 7-26 所示。试判断梁的挠度曲线哪一个是正确的?

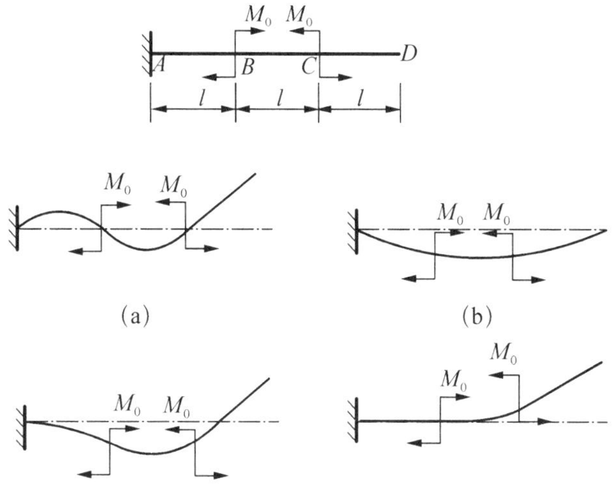

(a) (b) (c) (d)

图 7-26

【解】 (1) 根据受力判断弯矩的实际方向,确定轴线变形的大致形状(凹凸性)。

作用在梁上的两个外加力偶大小相等,方向相反,所以 AB 段和 CD 段因为没有弯矩作用,这两段保持直线而不发生弯曲变形;BC 段所受弯矩为正,因而将产生凹变形。据此,答案(a)与(c)都是不正确的。

(2) 根据约束条件和连续光滑性质,确定各段变形曲线之间的相互关系。A 处为固定端约束,该处的挠度和转角都必须等于零。此外,根据连续光滑的要求,AB 段、BC 段和 CD 段三段变形曲线在交界处应该有共切线。

根据这一要求答案(b)也是不正确的,综合以上分析,只有答案(d)是正确的。

4. 提高刚度的途径

提高梁的刚度主要是指减小梁的弹性位移。弹性位移不仅与载荷有关,而且与梁的长度和梁的弯曲刚度(EI)有关。对于梁,其长度对弹性位移影响较大,例如对于集中力作用的情形,挠度与梁长的三次方成比例;转角则与梁长的二次方成比例。因此减小弹性位移除了采用合理的截面形状以增加惯性矩 I 外,主要是减小梁的长度 l,当梁的长度无法减小时,则可增加中间支座。

此外,选用弹性模量 E 较高的材料也能提高梁的刚度。但是,对于各种钢材,弹性模量的数值相差甚微，因而与一般钢材相比，选用高强度钢材并不能提高梁的刚度。

类似地，受扭圆轴的刚度，也可以通过减小轴的长度、增加轴的扭转刚度(GI_P)来实现。同样，对于各种钢材，切变模量 G 的数值相差甚微，所以通过采用高强度钢材以提高轴的扭转刚度，效果也是不明显的。

习 题

7-1 试画出图 7-27 所示结构挠曲线的大致形状，并写出所有的边界条件和连续性条件，支座 D 是弹簧系数为 k 的弹簧。

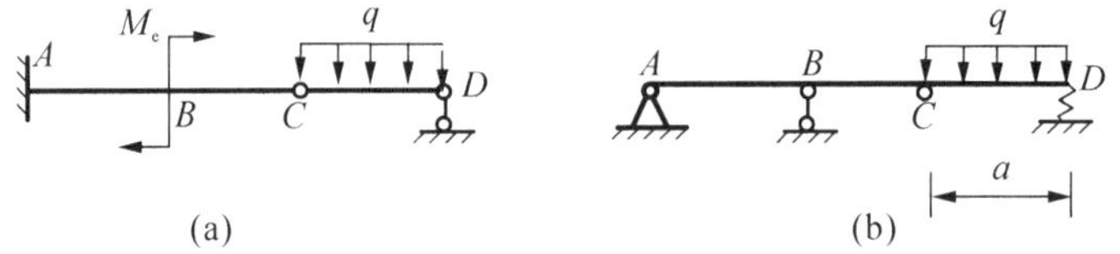

图 7-27

7-2 如图 7-28 所示悬臂梁，受力偶 M_e 和集中力 F 作用。已知该梁的挠曲线由凹曲线变为凸曲线的拐点在 C 截面处。问：力偶 M_e 和集中力 F 之间应满足什么关系？

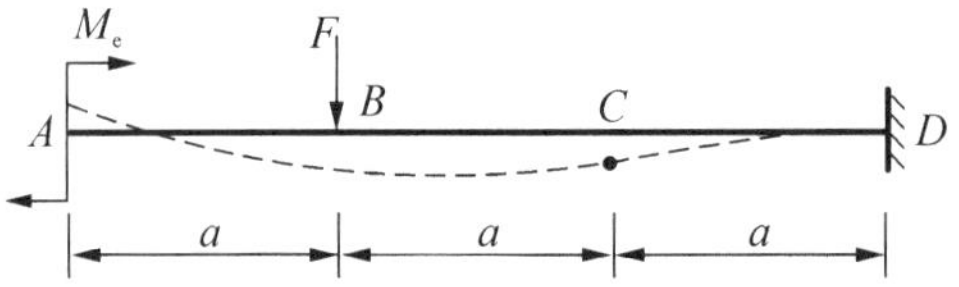

图 7-28

7-3 如图 7-29 所示各结构的弯曲刚度 EI 均为常数，试利用积分法计算所有悬臂梁中 B 截面的挠度以及所有简支梁中 B 截面的转角。

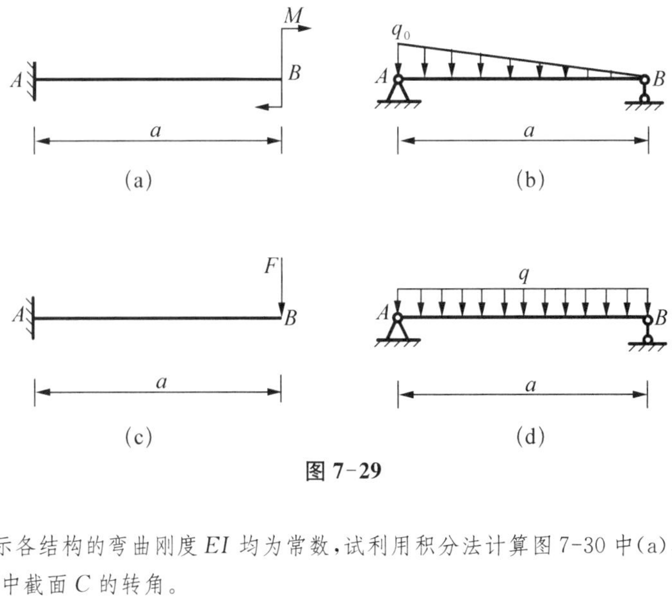

图 7-29

7-4 如图 7-30 所示各结构的弯曲刚度 EI 均为常数，试利用积分法计算图 7-30 中(a)、(c)截面 C 的挠度以及(b)、(d)图中截面 C 的转角。

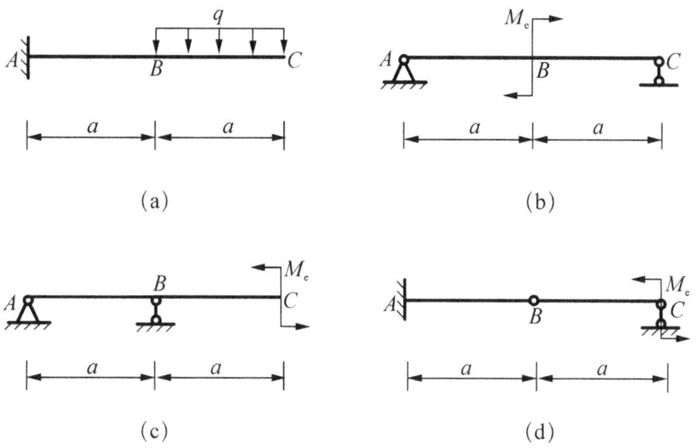

图 7-30

7-5 如图 7-31 所示结构的弯曲刚度 EI 均为常数,试利用叠加法求(a)图中 B 截面的挠度和转角以及(b)图中 B 截面的转角。

7-6 如图 7-32 所示结构的弯曲刚度 EI 为常数,试利用叠加法求自由端 B 截面的挠度和转角。

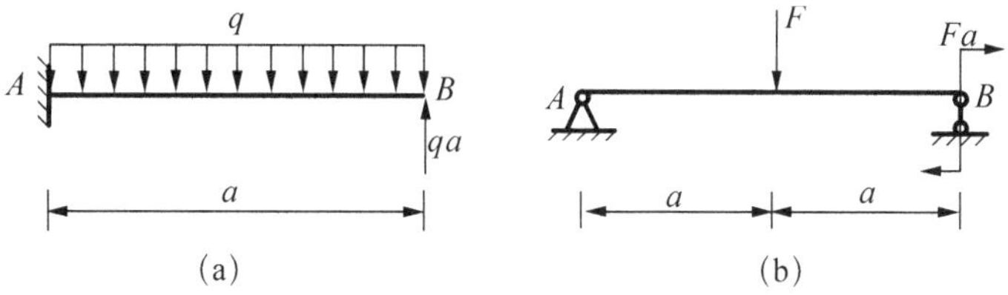

图 7-31

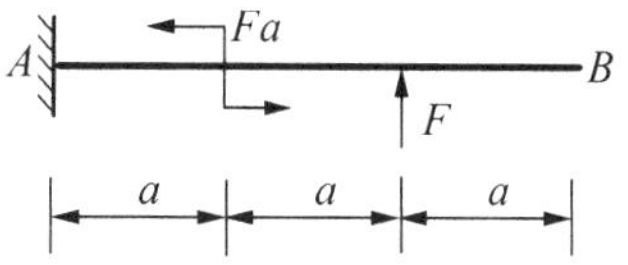

图 7-32

7-7 如图 7-33 所示结构的弯曲刚度 EI 为常数,试利用叠加法求自由端 B 截面的挠度和转角。

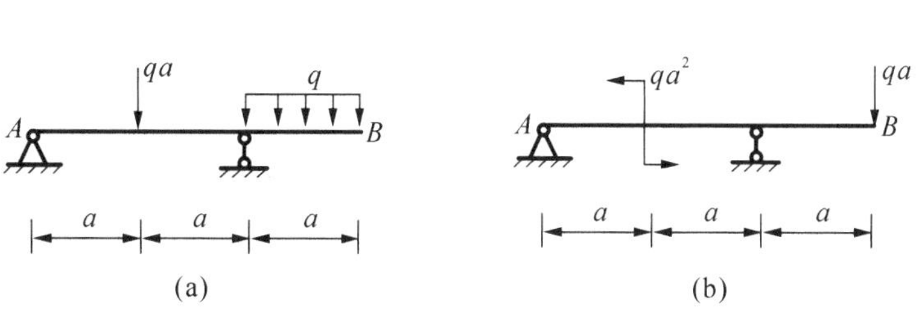

图 7-33

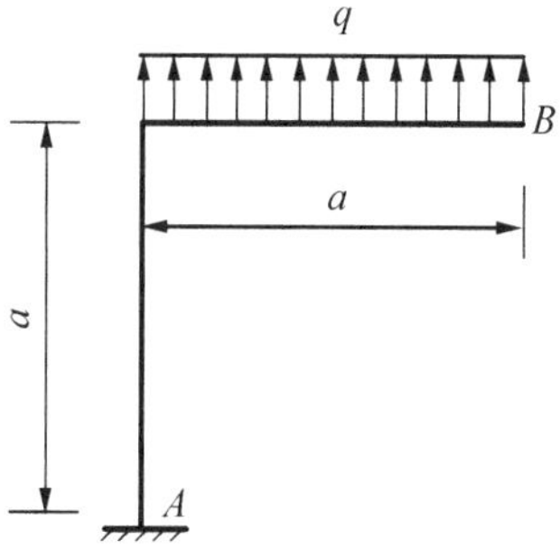

图 7-34

7-8 如图 7-34 所示刚架中,横梁和竖梁的弯曲刚度 EI 均为常数,横梁受均布载荷 q 的作用,试利用叠加法求自由端 B 截面的位移。

7-9 如图 7-35 所示结构中,直角轴杆 ABC,其中 AC 轴为圆截面,AB 轴为矩形截面,由同一种材料制成。AC 轴的 A 截面处有一轴承,AC 轴可在轴承中自由转动,但位移被限制。已知 $P = 60\ \text{N}$, $E = 210\ \text{GPa}$, $G = 0.4E$。求 B 截面的铅垂位移。

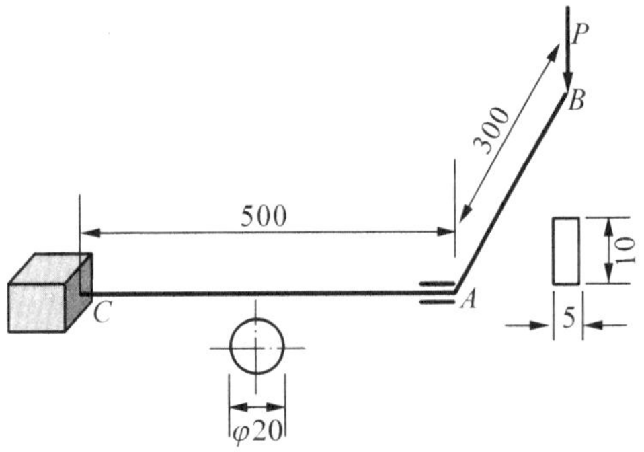

图 7-35

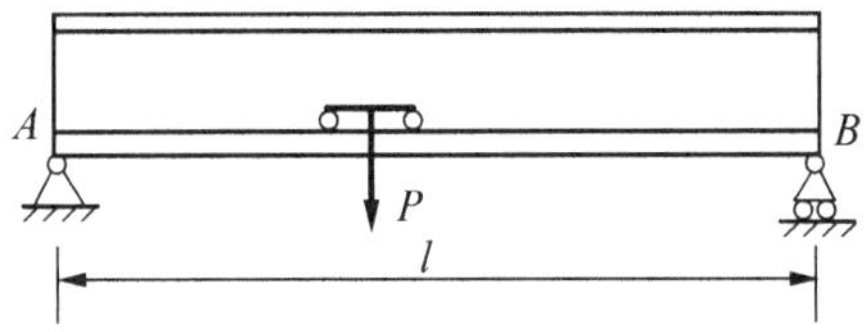

图 7-36

7-10 如图 7-36 所示，桥式起重机的最大载荷为 $P=20\ \text{kN}$，起重机的大梁为 I32a 工字型钢，$E=210\ \text{GPa}$，$l=8.7\ \text{m}$，允许发生的最大挠度为 $[w]=l/500$。若不计工字型钢梁自重，且起重机的载荷可简化为集中载荷，试校核该大梁刚度。

7-11 如图 7-37 所示结构中，简支梁 AB 与 CD 均由 I18 号工字型钢制成，由圆截面连杆 EF 连接，连杆 EF 的直径为 40 mm，长度 $a=40\ \text{cm}$。结构内所有梁和杆的弹性模量均为 $E=200\ \text{GPa}$。若载荷 $F=40\ \text{kN}$，试计算横截面 F 的挠度。

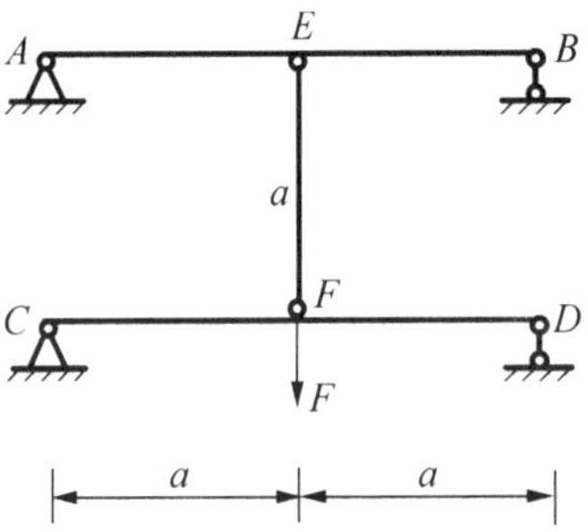

图 7-37

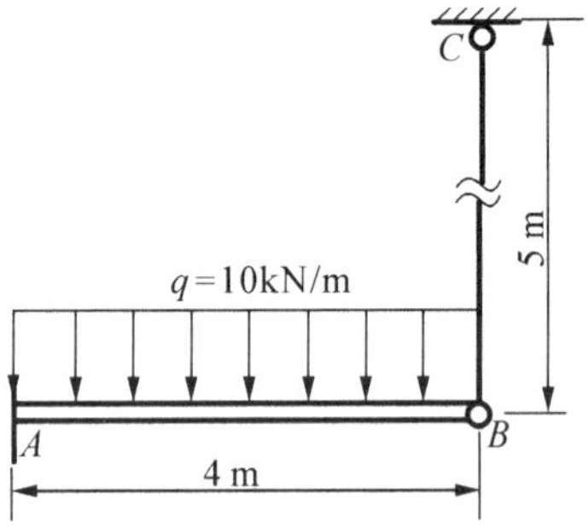

图 7-38

7-12 如图 7-38 所示结构中，梁为 I16 号工字型钢，拉杆为直径 $d=10\ \text{mm}$ 的圆截面直杆，材料均为低碳钢，$E=200\ \text{GPa}$。试求铰点 B 的位移。

7-13 如图 7-39 所示悬臂梁 AB、CD 经杆 CB 连接。已知二梁的惯性矩均为 I，杆 CB 的横截面面积为 A，且三者材料相同。若 I, A, q, a 为已知，试求 CB 杆的内力。

***7-14** 如图 7-40 所示梁的抗弯刚度 EI 为常量，若支座 B 下沉 δ，试用三弯矩方程求约束反力并作梁的弯矩图。

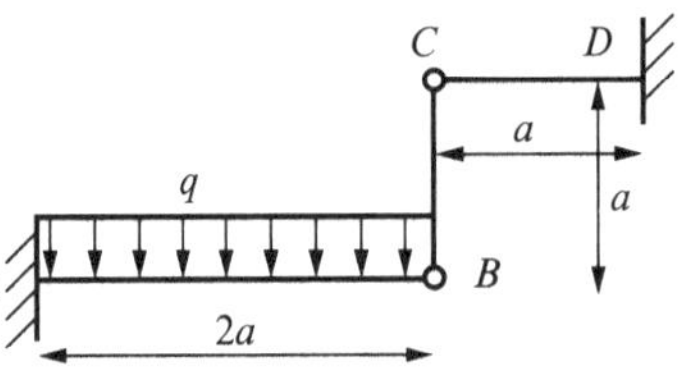

图 7-39

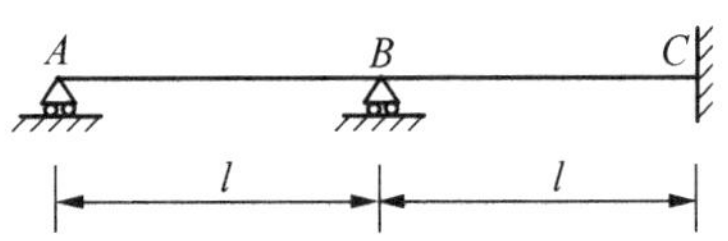

图 7-40

*7-15 抗弯刚度 EI 为常量，试用三弯矩方程求解，作如图 7-41 所示梁的弯矩图。

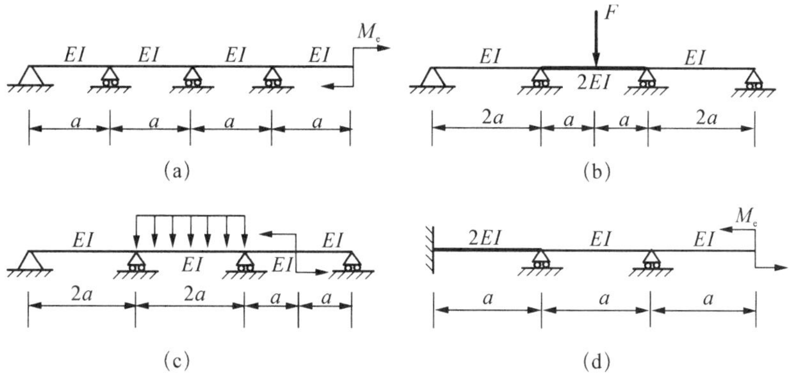

图 7-41

*7-16 （第五届全国周培源大学生力学竞赛材料力学试题）：如图 7-42 所示，一根足够长的钢筋，放置在水平刚性平台上。钢筋单位长度的重量为 q，抗弯刚度为 EI。钢筋的一端伸出刚性平台边缘 B 的长度为 a，试分别计算载荷 $F=0$ 和载荷 $F=qa$ 时自由端 A 的挠度。

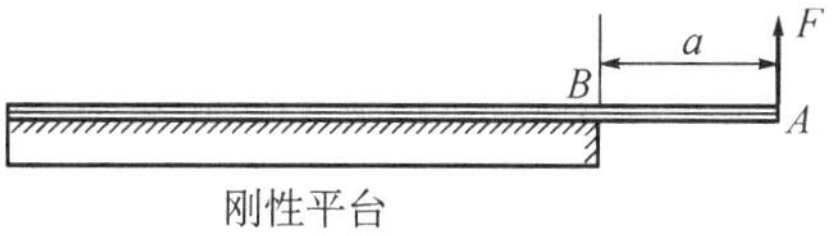

图 7-42

*7-17 [第十一届全国周培源大学生力学竞赛(个人赛)试题]：一种能量收集装置，可简化为如图 7-43 所示悬臂梁模型。梁 AB 长为 l，弯曲刚度为 $2EI$；梁 BC、BD 长均为 l，弯曲刚度均为 EI。梁 AB 与梁 BC、BD 通过刚节点 B 连接，三梁均处于水平位置。梁和刚节点 B 的重量均不计。梁 BC、BD 端部均固定有重量为 W 的物块，该两梁之间有小间隙。计算梁端 D 的挠度与物块重量之比。

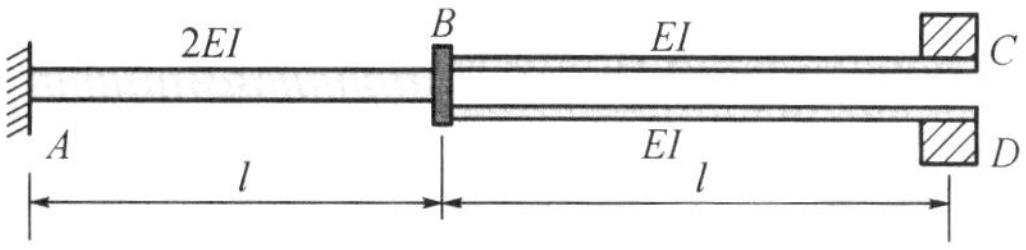

图 7-43

8 应力状态与强度理论

基本要求

(1) 理解应力状态的概念，掌握平面应力状态下应力分析的解析法及图解法；
(2) 了解三向应力状态的概念；
(3) 掌握主应力、主平面和最大切应力的计算；
(4) 掌握广义胡克定律，了解体积应变；
(5) 理解强度理论的概念，掌握4种常用强度理论及其应用；了解莫尔强度理论；
(6) 了解薄壁压力容器的应力计算和强度设计。

8.1 应力状态的基本概念

8.1.1 应力状态概述

通过前面几章的学习，已经知道了拉伸、压缩、弯曲以及扭转时杆件的截面应力问题，并且根据横截面上的应力以及相应的实验结果，建立了只有正应力或只有切应力作用时的强度条件。它们具有共同的特点，一是危险截面上的危险点只承受正应力或切应力；二是通过实验直接确定失效时的极限应力，并以此为依据建立强度设计准则。

但仅有这些分析远远不能解决进一步的强度问题，因为实际工程中经常会出现横截面上的一些点同时承受正应力与切应力的构件或结构。这种情况下的强度条件建立和危险应力的确定是本章要解决的问题。

要解决这些问题，不仅需要引入应力状态的概念，也要研究不同应力状态下构件的破坏规律，挖掘其破坏的共同原因。

例如：仅仅根据横截面上的应力，无法解释低碳钢试样拉伸至屈服时，为什么表面会出现与轴线成45°夹角的滑移线；也不能解释铸铁压缩试样的破坏面为什么不像铸铁扭转试样破坏面那样呈颗粒状，而是呈错动光滑状；以及铸铁圆试样扭转时，为什么沿45°螺旋面断开。同样，根据横截面上的应力分析和相应的实验结果，也不能直接建立正应力和切应力同时存在时的失效判据与设计准则。

通常把过受力构件内一点所有斜截面上应力的集合称为这一点的应力状态，由于构件受力的不同，应力状态多种多样。只受一个方向正应力作用的应力状态，称为单向应力状态。只受切应力作用的应力状态，称为纯切应力状态。所有应力作用线都处于同一平面内的应力状态，称为平面应力状态；反之，则称为空间应力状态。单向应力状态与纯切应力状态都是平面应力状态的特例。本章主要讨论平面应力状态以及空间应力状态的某些特例。

通过分析一点的应力状态，不仅可以解释上面提到的实际实验中的破坏现象，而且是建立构件在复杂受力条件下失效判据和设计准则的重要基础。

8.1.2 描述一点应力状态的基本方法

为了描述一点的应力状态，在一般情形下，总是围绕所考察的点作一个三对面互相垂直的六面体，当各边边长足够小时，六面体便趋于宏观上的“点”。这种六面体就是通常提到的单元体。该类单元体具有边长无穷小、每一个面上应力均匀分布以及相互平行的面上应力相同等特点。

从受力处于平衡状态物体中截取的单元体必是平衡的，当然单元体的任意一局部也必然是平衡的。所以，当单元体三对面上的应力已知时，就可以应用假想截面将单元体从任意斜截面处截开，考察截开后的任意一部分的平衡，由平衡条件就可以求得任意方位面上的应力。因此，通过单元体及其三对互相垂直的面上的应力可以描述一点的应力状态。

为了确定一点的应力状态，需要确定代表这一点的单元体的三对互相垂直的面上的应力。为此，围绕一点截取单元体时，应尽量使其三对面上的应力容易确定。例如，矩形截面杆与圆截面杆中单元体的取法就应有所不同。对于矩形截面杆，三对面中的一对面为杆的横截面，另外两对面为平行于杆表面的纵截面。对于圆截面杆，除一对面为横截面外，另外两对面中有一对为同轴圆柱面，另一对则为通过杆轴线的纵截面。

8.2 平面应力状态下任意斜截面上的应力

当单元体三对面上的应力已经确定时，要计算某个斜截面上的应力，可用一假想截面将单元体从所考察的斜截面处截为两部分，考察其中任意一部分的平衡，就可由平衡条件求得这一斜截面上的正应力和切应力。下面应用这一基本方法确定平面一般应力状态中任意斜截面上的应力。

8.2.1 应力的正负号规定

对于平面应力状态，由于单元体有一对面上没有应力作用，所以三维单元体可以用一平面单元体表示。如图 8-1(a)所示即平面应力状态的一般情形，其两对互相垂直的面上都有正应力和切应力作用。

在平面应力状态下，任意斜截面(法线为 n)是由它的法线 n 与水平坐标轴 x 正向的夹角 α 所定义的。如图 8-1(b)中所示是用法线为 x' 的斜截面从单元体中截出单元体局部。

为了确定任意斜截面(任意 α 角)上的正应力与切应力，首先需要规定正应力、切应力以及 α 角的正负号：

(1) 正应力——正面上应力以沿着坐标轴正方向为正，反之为负；负面上应力以沿着坐标轴负方向为正，反之为负。也即，拉为正；压为负。

(2) 切应力——使单元体或其局部产生顺

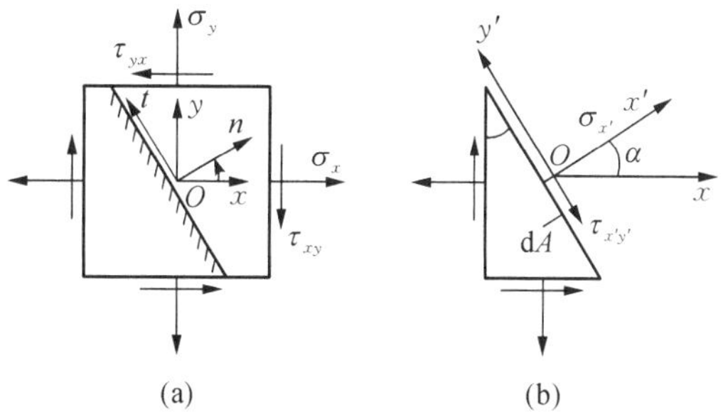

图 8-1

时针方向转动趋势者为正;反之为负。

(3) α 角——从 x 正方向逆时针转至 x' 正方向者为正;反之为负。

由正负号规则可知,如图 8-1 所示的 α 角及正应力 σ_x，σ_y 和切应力 τ_{xy} 均为正;τ_{yx} 为负。

8.2.2 平面应力状态中任意斜截面上的正应力与切应力

为确定平面应力状态中任意斜截面(法线为 x',方向角为 α)上的应力,将单元体从任意斜截面处截为两部分。考察其中任意部分,例如斜截面左下方部分,其受力如图 8-1(b)所示,假定任意斜截面上的正应力 $\sigma_{x'}$ 和切应力 $\tau_{x'y'}$ 均为正方向。

考虑到参加平衡的量是力而不是应力,应力必须乘以它的作用面积才能参加平衡。于是,根据 x' 和 y' 方向力的平衡条件,可以写出下列平衡方程。

由 $\sum F_n = 0$ 可得

$$\sigma_{x'}\mathrm{d}A - (\sigma_x \mathrm{d}A\cos\alpha)\cos\alpha + (\tau_{xy}\mathrm{d}A\cos\alpha)\sin\alpha - (\sigma_y \mathrm{d}A\sin\alpha)\sin\alpha + (\tau_{yx}\mathrm{d}A\sin\alpha)\cos\alpha = 0 \tag{a}$$

由 $\sum F_t = 0$ 可得

$$-\tau_{x'y'}\mathrm{d}A + (\sigma_x \mathrm{d}A\cos\alpha)\sin\alpha + (\tau_{xy}\mathrm{d}A\cos\alpha)\cos\alpha - (\sigma_y \mathrm{d}A\sin\alpha)\cos\alpha - (\tau_{yx}\mathrm{d}A\sin\alpha)\sin\alpha = 0 \tag{b}$$

利用三角函数倍角公式,根据上述平衡方程式(a)和式(b),可以得到计算平面应力状态中任意斜截面上正应力与切应力的表达式分别为

$$\begin{aligned}\sigma_{x'} &= \frac{\sigma_x + \sigma_y}{2} + \frac{\sigma_x - \sigma_y}{2}\cos 2\alpha - \tau_{xy}\sin 2\alpha \\ \tau_{x'y'} &= \frac{\sigma_x - \sigma_y}{2}\sin 2\alpha + \tau_{xy}\cos 2\alpha\end{aligned} \tag{8-1}$$

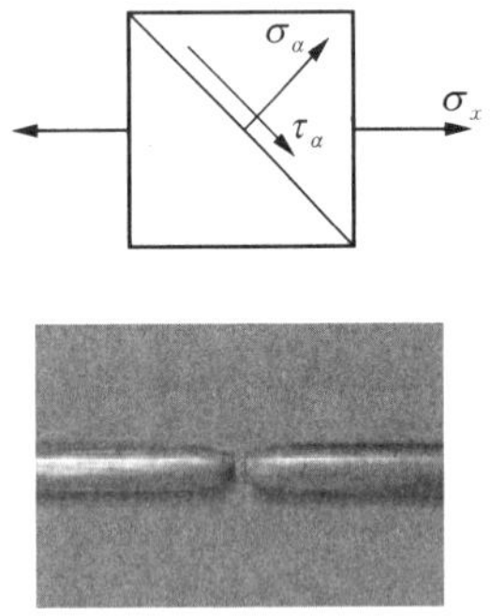

图 8-2

【例 8-1】 分析轴向拉伸杆件的最大切应力的作用面,解释低碳钢拉伸时发生屈服的主要原因。

【解】 杆件承受轴向拉伸时,其上任意一点都是单向应力状态,如图 8-2 所示。

在本例的情形下,$\sigma_y = 0$, $\tau_{yx} = 0$。于是,根据式(8-1),任意斜截面上的正应力和切应力分别为

$$\begin{aligned}\sigma_\alpha &= \frac{\sigma_x}{2} + \frac{\sigma_x}{2}\cos 2\alpha \\ \tau_\alpha &= \frac{\sigma_x}{2}\sin 2\alpha\end{aligned} \tag{8-2}$$

当 $\alpha = 45^\circ$ 时,斜截面上既有正应力又有切应力,其值分别为

$$\sigma_{45^\circ} = \frac{\sigma_x}{2}$$

$$\tau_{45^\circ} = \frac{\sigma_x}{2}$$

不难看出，在所有的斜截面中，45°斜截面上的正应力不是最大值，而切应力却是最大值。这表明，轴向拉伸时最大切应力发生在与轴线夹45°角的斜面上，这正是低碳钢试样拉伸至屈服时颈缩区域表面出现滑移线的方向。因此，可以认为屈服是由最大切应力引起的。

【例8-2】 分析圆轴扭转时最大切应力的作用面，解释铸铁圆试样扭转破坏的主要原因。

【解】 当圆轴扭转时，由横截面、纵截面以及圆柱面截取的单元体，可以近似地看作为平行六面体，六面体与横截面和纵截面对应的面上都只有切应力作用。因此，圆轴扭转时，其上任意一点的应力状态都是纯切应力状态，如图8-3所示。

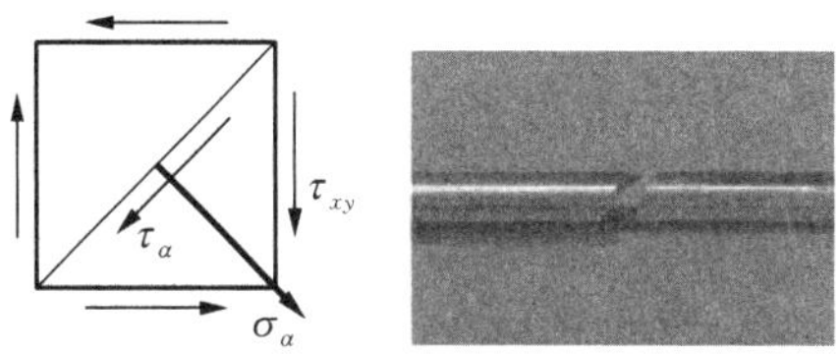

图8-3

纯切应力状态中，$\sigma_x=\sigma_y=0$，根据式(8-1)，得到单元体任意斜截面上的正应力和切应力分别为

$$\begin{aligned}\sigma_\alpha&=-\tau_{xy}\sin 2\alpha\\ \tau_\alpha&=\tau_{xy}\cos 2\alpha\end{aligned}\tag{8-3}$$

根据这一结果，当$\alpha=\pm45°$时，斜截面上只有正应力没有切应力。当$\alpha=45°$时（自x轴逆时针方向转过45°），压应力最大；当$\alpha=-45°$时（自x轴顺时针方向转过45°），拉应力最大。

$$\begin{aligned}&\sigma_{45°}=\sigma^-_{\max}=-\tau_{xy}\\ &\tau_{45°}=0\\ &\sigma_{-45°}=\sigma^+_{\max}=\tau_{xy}\\ &\tau_{-45°}=0\end{aligned}$$

当圆截面铸铁构件扭转时，表面各点所在的主平面连成倾角为45°的螺旋面。由于铸铁抗拉强度较低，构件将沿这一螺旋面拉伸而发生断裂破坏。

8.3 应力状态中的主应力与最大切应力

8.3.1 主平面、主应力与主方向

观察前面得到的任意斜截面上应力计算表达式(8-1)可知，正应力和切应力都与斜截面的取向（方向角θ）有关，因而可能存在应力为零的某种斜截面。我们把切应力$\tau_{x'y'}=0$的斜截面称为**主平面**，其方向角用θ_p表示。令式(8-1)中的$\tau_{x'y'}=0$，则主平面方向角的表达式为

$$\tan 2\theta_\mathrm{p}=-\frac{2\tau_{xy}}{\sigma_x-\sigma_y}\tag{8-4}$$

主平面上的正应力称为**主应力**。主平面法线方向即主应力作用线方向，称为**主方向**。主方向用方向角θ_p表示。不难证明：对于确定的主应力，例如σ_p，其方向角θ_p由式(8-5)确定

$$\tan\theta_\mathrm{p}=\frac{\sigma_x-\sigma_p}{\tau_{xy}}\tag{8-5}$$

式中，θ_p为σ_p的作用线与x轴正方向的夹角。

若将式(8-1)中$\sigma_{x'}$的表达式对θ求一次导数，并令其等于零，有

$$\frac{\mathrm{d}\sigma_{x'}}{\mathrm{d}\theta}=-(\sigma_x-\sigma_y)\sin 2\theta-2\tau_{xy}\cos 2\theta=0$$

据此解出的角度与式(8-4)具有完全相同的形式。根据数学极值定理,认为主应力具有极值性质。即主应力是所有垂直于 xy 坐标平面的斜截面上正应力的极大值或极小值。

根据切应力成对定理,当一对斜截面为主平面时,另一对与之垂直的斜截面的切应力也等于零($\theta=\theta_{\mathrm{P}}+\pi/2$),因而也是主平面,其上的正应力也是主应力。

需要指出的是,**对于平面应力状态,平行于 xy 坐标平面的平面,其上既没有正应力作用,也没有切应力作用,这种平面也是主平面。只不过这一主平面上的主应力等于零。**

8.3.2 平面应力状态的 3 个主应力

将由式(8-4)解得的主应力方向角 θ_{p} 代入式(8-1),得到平面应力状态的两个不等于零的主应力。将这两个不等于零的主应力以及上述平面应力状态固有且等于零的主应力分别用 σ', σ'', σ'''表示,则有

$$\sigma'=\frac{\sigma_x+\sigma_y}{2}+\frac{1}{2}\sqrt{(\sigma_x-\sigma_y)^2+4\tau_{xy}^2} \tag{8-6a}$$

$$\sigma''=\frac{\sigma_x+\sigma_y}{2}-\frac{1}{2}\sqrt{(\sigma_x-\sigma_y)^2+4\tau_{xy}^2} \tag{8-6b}$$

$$\sigma'''=0 \tag{8-6c}$$

按代数值将 3 个主应力 σ', σ'', σ'''由大到小顺序排列,并分别用 σ_1, σ_2, σ_3 表示,且 $\sigma_1\geqslant\sigma_2\geqslant\sigma_3$。根据主应力的大小与方向可以确定材料何时发生失效或破坏,确定失效或破坏的形式。因此,可以说主应力是反映应力状态本质内涵的特征量。

8.3.3 面内最大切应力

与正应力相类似,一般情形下,不同斜截面上的切应力也是各不相同的,因而切应力亦可能存在极值。为求此极值,将式(8-1)的第 2 个等式对方向角求一次导数,并令其等于零,得到

$$\frac{\mathrm{d}\tau_{x'y'}}{\mathrm{d}\theta}=(\sigma_x-\sigma_y)\cos 2\theta-2\tau_{xy}\sin 2\theta=0$$

由此得出另一特征角,用 θ_{s} 表示,得到

$$\tan 2\theta_{\mathrm{s}}=\frac{\sigma_x-\sigma_y}{2\tau_{xy}} \tag{8-7}$$

从中解出 θ_{s},将其代入式(8-1)的第 2 式,得到 $\tau_{x'y'}$ 极值。根据切应力成对定理以及切应力正负号规则,$\tau_{x'y'}=-\tau_{y'x'}$,因而,$\tau_{x'y'}$ 和 $\tau_{y'x'}$ 中,若一个为极大值,另一个必为极小值,其数值由式(8-8)确定:

$$\left.\begin{matrix}\tau'\\ \tau''\end{matrix}\right\}=\pm\frac{1}{2}\sqrt{(\sigma_x-\sigma_y)^2+4\tau_{xy}^2} \tag{8-8}$$

需要特别指出的是,上述切应力极值仅对垂直于 xy 坐标平面的斜截面而言,因而称为这一组斜截面内的最大切应力,简称为面内最大切应力与面内最小切应力。二者不一定是过一

点的所有斜截面中切应力的最大值和最小值。

8.3.4 过一点所有斜截面中的最大切应力

为确定过一点所有斜截面上的最大切应力，可以将平面应力状态视为有 3 个主应力(σ_1，σ_2，σ_3)作用的应力状态的特殊情形，即 3 个主应力中有 1 个等于零。

考察单元体三对面上分别作用着 3 个主应力($\sigma_1 > \sigma_2 > \sigma_3 \neq 0$)，如图 8-4(a)所示。

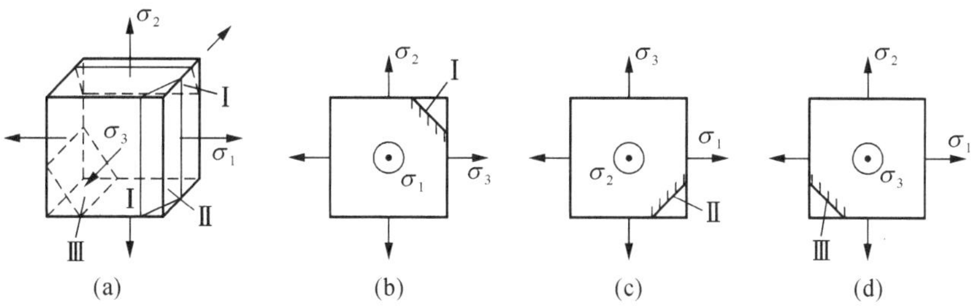

图 8-4

在平行于主应力 σ_1 方向的任意斜截面Ⅰ上，正应力和切应力都与 σ_1 无关。因此，当研究平行于 σ_1 的这一组斜截面上的应力时，所研究的应力状态可视为图 8-4(b)所示的平面应力状态，其斜截面上的正应力和切应力可由式(8-1)计算。这时，式中的 $\sigma_x = \sigma_3$，$\sigma_y = \sigma_2$，$\tau_{xy} = 0$。

同理，对于在平行于主应力 σ_2 和平行于 σ_3 的任意斜截面Ⅱ和Ⅲ上，正应力和切应力分别与 σ_2 和 σ_3 无关。因此，当研究平行于 σ_2 和 σ_3 的这两组斜截面上的应力时，所研究的应力状态可视为图 8-4(c)和(d)所示的平面应力状态，其斜截面上的正应力和切应力都可以由式(8-1)计算。

应用式(8-8)，可以得到Ⅰ，Ⅱ和Ⅲ各组斜截面内的最大切应力分别为

$$\tau' = \frac{\sigma_2 - \sigma_3}{2} \tag{a}$$

$$\tau'' = \frac{\sigma_1 - \sigma_3}{2} \tag{b}$$

$$\tau''' = \frac{\sigma_1 - \sigma_2}{2} \tag{c}$$

一点应力状态中的最大切应力，必然是上述三者中的最大者，即

$$\tau_{\max} = \tau'' = \frac{\sigma_1 - \sigma_3}{2} \tag{8-9}$$

【例 8-3】 某结构上危险点处的应力状态如图 8-5 所示，其中 σ，τ 均为已知。试确定这一应力状态的 3 个主应力和最大切应力表达式。

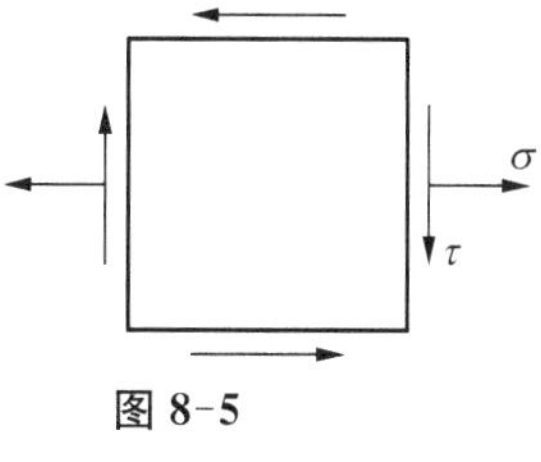

图 8-5

【解】 应用式(8-6)，即

$$\sigma' = \frac{\sigma_x + \sigma_y}{2} + \frac{1}{2}\sqrt{(\sigma_x - \sigma_y)^2 + 4\tau_{xy}^2}$$

$$\sigma'' = \frac{\sigma_x + \sigma_y}{2} - \frac{1}{2}\sqrt{(\sigma_x - \sigma_y)^2 + 4\tau_{xy}^2}$$

$$\sigma''' = 0$$

对于已知的平面应力状态,有 $\sigma_x = \sigma$, $\sigma_y = 0$, $\tau_{xy} = \tau$,代入上式后,得到

$$\begin{cases} \sigma' = \dfrac{\sigma}{2} + \dfrac{1}{2}\sqrt{\sigma^2 + 4\tau^2} \\ \sigma'' = \dfrac{\sigma}{2} - \dfrac{1}{2}\sqrt{\sigma^2 + 4\tau^2} \\ \sigma''' = 0 \end{cases}$$

将这 3 个主应力按代数值大小顺序,得到

$$\begin{cases} \sigma_1 = \dfrac{\sigma}{2} + \dfrac{1}{2}\sqrt{\sigma^2 + 4\tau^2} \\ \sigma_2 = 0 \\ \sigma_3 = \dfrac{\sigma}{2} - \dfrac{1}{2}\sqrt{\sigma^2 + 4\tau^2} \end{cases} \tag{8-10}$$

根据式(8-9),这一应力状态的最大切应力为

$$\tau_{\max} = \frac{\sigma_1 - \sigma_3}{2} = \frac{1}{2}\sqrt{\sigma^2 + 4\tau^2} \tag{8-11}$$

【例 8-4】 薄壁圆管受扭转和拉伸同时作用,如图 8-6(a)所示。已知圆管的平均直径 $D=50$ mm,壁厚 $\delta=2$ mm。外加力偶的力偶矩 $M_e=600$ N·m,轴向载荷 $F_P=20$ kN。薄壁管截面的扭转截面模量可近似取为 $W_P=\dfrac{\pi D^2\delta}{2}$。试求:

(1) 圆管表面上过 D 点与圆管母线夹角为 30°的斜截面上的应力。

(2) D 点主应力和最大切应力。

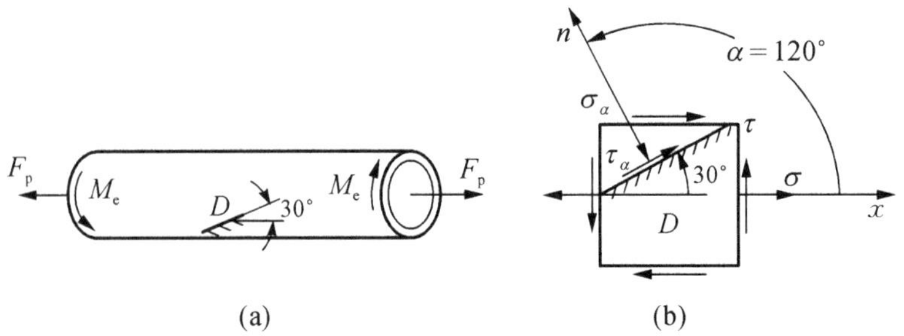

图 8-6

【解】 (1) 取单元体,确定单元体各个面上的应力。围绕 D 点用横截面、纵截面和圆柱面截取单元体,其受力如图 8-6(b)所示。利用拉伸和圆轴扭转时横截面上的正应力和切应力公式计算单元体各面上的应力:

$$\sigma=\frac{F_{\mathrm{P}}}{A}=\frac{F_{\mathrm{P}}}{\pi D\delta}=\frac{20\times10^{3}}{\pi\times50\times10^{-3}\times2\times10^{-3}}=63.7\times10^{6}\ \mathrm{Pa}=63.7\ \mathrm{MPa}$$

$$\tau=\frac{M_x}{W_{\mathrm{P}}}=\frac{2M_{\mathrm{e}}}{\pi D^2\delta}=\frac{2\times600}{\pi\times(50\times10^{-3})^2\times2\times10^{-3}}=76.4\times10^{6}\ \mathrm{Pa}=76.4\ \mathrm{MPa}$$

(2) 求斜截面上的应力。根据图 8-6(b)所示的应力状态以及关于 α，σ_x，σ_y，τ_{xy} 的正负号规则，本例中有：$\sigma_x=63.7\ \mathrm{MPa}$，$\sigma_y=0$，$\tau_{xy}=-76.4\ \mathrm{MPa}$，$\alpha=120°$。将数据代入式(8-1)，则过 D 点与圆管母线夹角为 30°的斜截面上的应力为

$$\begin{aligned}\sigma_\alpha&=\frac{\sigma_x+\sigma_y}{2}+\frac{\sigma_x-\sigma_y}{2}\cos2\alpha-\tau_{xy}\sin2\alpha\\&=\frac{63.7+0}{2}+\frac{63.7-0}{2}\cos(2\times120°)-(-76.4)\sin(2\times120°)\\&=-50.3\ \mathrm{MPa}\end{aligned}$$

$$\begin{aligned}\tau_\alpha&=\frac{\sigma_x-\sigma_y}{2}\sin2\alpha+\tau_{xy}\cos2\alpha\\&=\frac{63.7-0}{2}\sin(2\times120°)+(-76.4)\cos(2\times120°)\\&=10.7\ \mathrm{MPa}\end{aligned}$$

二者的方向如图 8-6(b)所示。

(3) 确定主应力与最大切应力。根据式(8-10)，则 D 点的主应力分别为

$$\begin{cases}\sigma_1=\dfrac{\sigma}{2}+\dfrac{1}{2}\sqrt{\sigma^2+4\tau^2}\\\sigma_2=0\\\sigma_3=\dfrac{\sigma}{2}-\dfrac{1}{2}\sqrt{\sigma^2+4\tau^2}\end{cases}$$

$$\begin{aligned}\sigma_1&=\frac{\sigma}{2}+\frac{1}{2}\sqrt{\sigma^2+4\tau^2}\\&=\frac{63.7}{2}+\frac{1}{2}\sqrt{(63.7)^2+4\times(-76.4)^2}=114.6\ \mathrm{MPa}\end{aligned}$$

$$\sigma_2=0$$

$$\begin{aligned}\sigma_3&=\frac{\sigma}{2}-\frac{1}{2}\sqrt{\sigma^2+4\tau^2}\\&=\frac{63.7}{2}-\frac{1}{2}\sqrt{(63.7)^2+4(-76.4)^2}=-50.9\ \mathrm{MPa}\end{aligned}$$

根据式(8-11)，则 D 点的最大切应力为

$$\begin{aligned}\tau_{\max}&=\frac{1}{2}\sqrt{\sigma^2+4\tau^2}\\&=\frac{1}{2}\sqrt{(63.7)^2+4\times(-76.4)^2}=82.8\ \mathrm{MPa}\end{aligned}$$

因为主应力已经求得，所以也可以根据式(8-9)直接求得最大切应力。

应力圆的解析
与图解法证明

8.4 应力圆及其应用

8.4.1 应力圆方程

将单元体任意斜截面上的正应力与切应力表达式(8-1)中第1式等号右边的第1项移至等号的左边,然后将两式平方后再相加,得到新的方程如下

$$\left(\sigma_{x'}-\frac{\sigma_x+\sigma_y}{2}\right)^2+\tau_{x'y'}^2=\left(\sqrt{\left(\frac{\sigma_x-\sigma_y}{2}\right)^2+\tau_{xy}^2}\right)^2 \tag{8-12}$$

可以看出,在以 $\sigma_{x'}$ 为横轴,$\tau_{x'y'}$ 为纵轴的坐标系中,上述方程为圆方程。这种圆称为**应力圆或莫尔(Mohr)圆**。圆心位于横轴上,其坐标为 $\left(\frac{\sigma_x+\sigma_y}{2},\ 0\right)$,半径为 $\sqrt{\left(\frac{\sigma_x-\sigma_y}{2}\right)^2+\tau_{xy}^2}$。

8.4.2 应力圆的画法

式(8-12)表明,对于平面应力状态,根据其上的应力分量 σ_x,σ_y 和 τ_{xy},则可画出与给定的平面应力状态相对应的应力圆。

这种应力圆的画法并不简便。为了得到简化的应力圆绘制方法,需要考察表示平面应力状态单元体相互垂直的一对面上的应力与应力圆上点的坐标值之间的对应关系。

相互对应的应力状态与应力圆如图 8-7(a)、(b)所示。

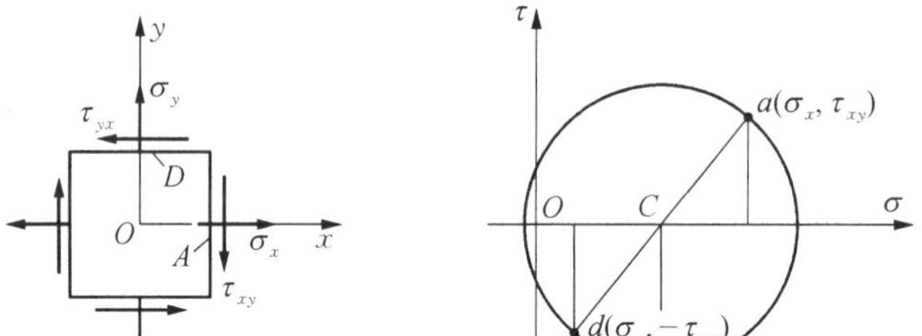

(a) (b)

图 8-7

假设应力圆上点 a 的坐标对应着单元体 A 面上的应力(σ_x,τ_{xy})。将点 a 与圆心 C 相连,并延长 aC 交应力圆于点 d。根据图中的几何关系,容易证明,应力圆上点 d 坐标对应单元体 D 面上的应力(σ_y,$-\tau_{xy}$)。

根据上述分析,可以得到平面应力状态单元体相互垂直的一对面上的应力与应力圆上点的坐标值之间的几种对应关系:

(1) **点面对应**——应力圆圆周上某一点及其纵横坐标值分别对应着单元体某一方位的截面及该面上的正应力和切应力值。

(2) **转向对应**——应力圆半径旋转时,对应单元体上斜截面的法线亦沿相同方向旋转,以

保证单元体斜截面上的应力与应力圆上半径端点的坐标值相对应。

(3) **二倍角对应**——应力圆上半径转过的角度，等于相应单元体上斜截面法线旋转角度的两倍。

(4) **应力符号对应**——单元体上正号正应力，在应力圆周上位于 τ_α 轴的右方，反之位于左方。反过来，应力圆圆周上位于 τ_α 轴右方的点，对应于单元体上是正号正应力，反之是负号正应力。使单元体有逆时针旋转趋势的切应力在应力圆上位于 σ 轴的下方，反之位于 σ 轴上方。反过来也成立。

8.4.3 应力圆的应用

利用前述对应关系，不仅可以根据单元体两相互垂直面上的应力确定应力圆上一直径上的两端点，并由此确定圆心 C，进而画出应力圆，这大大简化了应力图绘制过程。而且还可以确定任意斜截面上的正应力、切应力以及主应力和面内最大切应力。

以图 8-8(a)所示的平面应力状态为例。首先，在如图 8-8(b)所示的 $O\sigma\tau$ 坐标系中，找到与单元体 A 面和 D 面上的应力(σ_x, τ_{xy})，(σ_y, $-\tau_{yx}$)对应的两点 a，d，连接 ad 交 σ 轴于点 C，以点 C 为圆心，以 Ca 或 Cd 为半径作圆，即为与所给应力状态对应的应力圆。

在求 x 轴逆时针旋转 α 角至 x' 轴位置时单元体斜截面 G 上的应力时，可将应力圆上的半径 Ca 按相同方向旋转 2α，得到点 g，则点 g 的坐标值即为 G 面上的应力值，如图 8-8(c)所示。读者可以自己证明该结论。

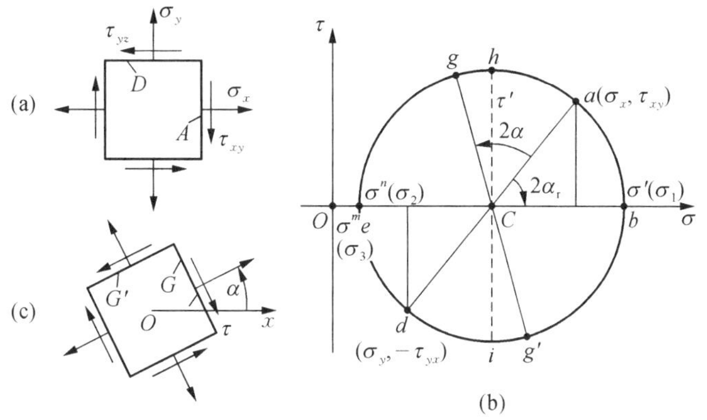

图 8-8

根据应力圆上的几何关系，可以得到平面应力状态主应力与面内最大切应力的表达式，结果与前面所得到的完全一致。

从图 8-8(b)所示应力圆可以看出，应力圆与 σ 轴的交点 b 和 e，对应着平面应力状态的主平面，其横坐标值即为主应力 σ' 和 σ''。此外，对于平面应力状态，根据主平面的定义，其上没有应力作用的平面为主平面，只不过这一主平面上的主应力 σ''' 为零。

图 8-8(b)中应力圆的最高和最低点(h 和 i)，切应力绝对值最大，均为面内最大切应力。不难看出，在切应力最大处，正应力不一定为零。即在最大切应力的作用面上，一般存在正应力。

【例 8-5】 对于图 8-9(a)中所示的平面应力状态，若要求面内最大切应力 $\tau'<85$ MPa，试求 τ_{xy} 的取值范围，图中应力的单位为 MPa。

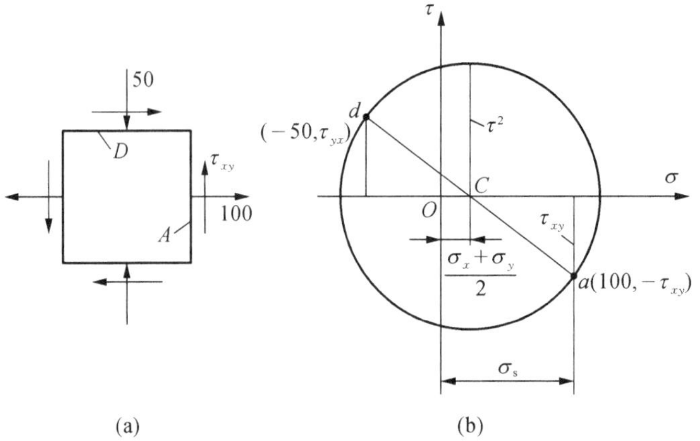

图 8-9

【解】 因为 σ_y 为负值,故所给应力状态的应力圆如图 8-9(b)所示。根据图中的几何关系,不难得到

$$\left(\sigma_x-\frac{\sigma_x-\sigma_y}{2}\right)^2+\tau_{xy}^2=\tau'^2$$

将 $\sigma_x=100$ MPa,$\sigma_y=-50$ MPa, $\tau'\leqslant 85$ MPa 代入上式,根据题意,得到

$$\tau_{xy}^2\leqslant\left[(85\times10^6)^2-\left(\frac{100\times10^6+50\times10^6}{2}\right)^2\right]$$

由此解得
$$\tau_{xy}\leqslant 40 \text{ MPa}$$

8.5 广义胡克定律

8.5.1 广义胡克定律

根据各向同性材料在弹性范围内应力-应变关系的实验结果,可以得到单向应力状态下单元体沿正应力方向的正应变:

$$\varepsilon_x=\frac{\sigma_x}{E}$$

实验结果还表明,在 σ_x 作用下,除 x 方向的正应变外,在与其垂直的 y 方向、z 方向亦有反号的正应变 ε_y 和 ε_z 的存在,二者与 ε_x 之间存在下列关系:

$$\varepsilon_y=-\nu\varepsilon_x=-\nu\frac{\sigma_x}{E},\ \varepsilon_z=-\nu\varepsilon_x=-\nu\frac{\sigma_x}{E}$$

式中,ν 为材料的泊松比。对于各向同性材料,上述两式中的泊松比是相同的。

对于纯切应力状态,切应力和切应变在弹性范围内也存在比例关系,即

$$\gamma=\frac{\tau}{G}$$

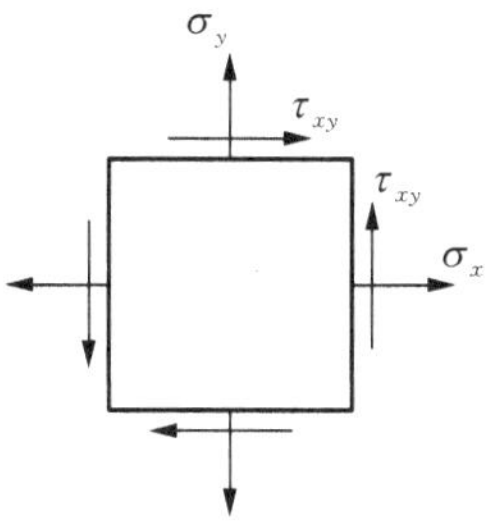

图 8-10

在小变形条件下，考虑到正应力与切应力所引起的正应变和切应变都是相互独立的，因此，应用叠加原理，可以得到如图 8-10 所示平面应力状态下的应力-应变关系：

$$\begin{cases} \varepsilon_x = \dfrac{1}{E}(\sigma_x - \nu\sigma_y) \\ \varepsilon_y = \dfrac{1}{E}(\sigma_y - \nu\sigma_x) \\ \varepsilon_z = -\dfrac{\nu}{E}(\sigma_x + \sigma_y) \\ \gamma_{xy} = \dfrac{\tau_{xy}}{G} \end{cases} \tag{8-13}$$

同理，可以得到三向应力状态下的应力-应变关系：

$$\begin{cases} \varepsilon_x = \dfrac{1}{E}[\sigma_x - v(\sigma_y + \sigma_z)] \\ \varepsilon_y = \dfrac{1}{E}[\sigma_y - v(\sigma_x + \sigma_z)] \\ \varepsilon_z = \dfrac{1}{E}[\sigma_z - v(\sigma_x + \sigma_y)] \end{cases} \tag{8-14a}$$

$$\begin{cases} \gamma_{xy} = \dfrac{\tau_{xy}}{G} \\ \gamma_{yz} = \dfrac{\tau_{yz}}{G} \\ \gamma_{zx} = \dfrac{\tau_{zx}}{G} \end{cases} \tag{8-14b}$$

式(8-13)或式(8-14)通常被称为**广义胡克定律**。

8.5.2 体积应变

如图 8-11 所示为某微元体，边长分别为 dx，dy 和 dz。在三个互相垂直的面上有主应力 σ_1，σ_2 和 σ_3。则变形前微元体的体积为

$$V = \mathrm{d}x\,\mathrm{d}y\,\mathrm{d}z \tag{a}$$

变形后，微元体三个棱边的长度分别变为

$$\begin{cases} \mathrm{d}x + \varepsilon_1\mathrm{d}x = (1+\varepsilon_1)\mathrm{d}x \\ \mathrm{d}y + \varepsilon_2\mathrm{d}y = (1+\varepsilon_2)\mathrm{d}y \\ \mathrm{d}z + \varepsilon_3\mathrm{d}z = (1+\varepsilon_3)\mathrm{d}z \end{cases} \tag{b}$$

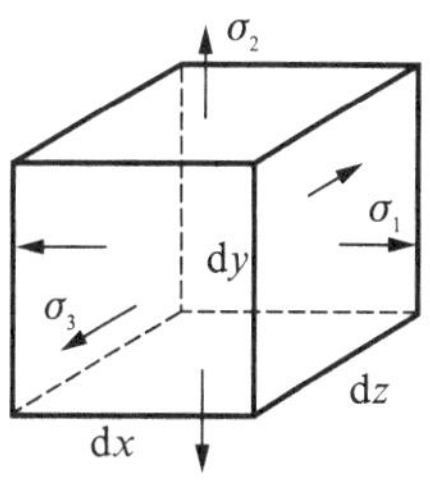

图 8-11

由于是微元体，变形后三个棱边仍互相垂直，所以，变形后的体积为

$$V_1 = (1+\varepsilon_1)(1+\varepsilon_2)(1+\varepsilon_3)\mathrm{d}x\,\mathrm{d}y\,\mathrm{d}z \tag{c}$$

将式(c)展开，并略去含二阶以上微量的各项，得

$$V_1 = (1+\varepsilon_1+\varepsilon_2+\varepsilon_3)\mathrm{d}x\,\mathrm{d}y\,\mathrm{d}z \tag{d}$$

于是,用主应变表示的单元体单位体积的改变为

$$\theta=\frac{V_1-V}{V}=\varepsilon_1+\varepsilon_2+\varepsilon_3 \tag{8-15}$$

θ 称为**体积应变**(或**体应变**)。它描述了构件内一点的体积变化程度。

应用广义胡克定律,可以得到主应力表示的体积应变公式如下:

$$\theta=\frac{3(1-2\nu)}{E}\cdot\frac{\sigma_1+\sigma_2+\sigma_3}{3}=\frac{\sigma_m}{K} \tag{8-16a}$$

$$\theta=\varepsilon_1+\varepsilon_2+\varepsilon_3=\frac{1-2\nu}{E}(\sigma_1+\sigma_2+\sigma_3) \tag{8-16b}$$

式中,$K=\frac{E}{3(1-2\nu)}$,称为**体积弹性模量**;$\sigma_m=\frac{1}{3}(\sigma_1+\sigma_2+\sigma_3)$,称为**静水应力**或**平均应力**。

从式(8-16)可以看出,体积应变 θ 只与平均应力 σ_m 有关,或者说只与 3 个主应力之和有关,而与 3 个主应力之间的比值无关。体积应变 θ 与平均应力 σ_m 成正比,称为**体积胡克定律**。

【例 8-6】 如图 8-12 所示的钢质立方块,其各个面上都承受均匀静水压力 p。已知边长 ΔAB 的改变量为 $\Delta AB=-24\times10^{-3}$ mm, $E=200$ GPa, $\nu=0.29$。试:

(1) 求 BC 和 BD 边的长度改变量。

(2) 确定静水压力值 p。

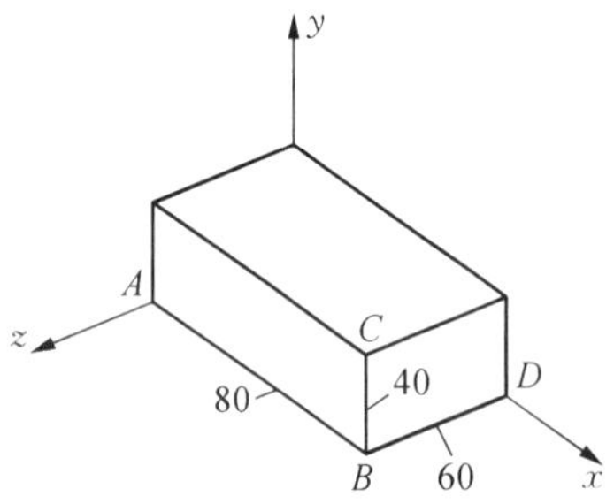

图 8-12

【解】 (1) 计算 BC 边和 BD 边的长度改变量。

在静水压力作用下,弹性体各方向发生均匀变形,因而任意一点均处于三向等压应力状态,且

$$\sigma_x=\sigma_y=\sigma_z=-p \tag{a}$$

应用广义胡克定律,得

$$\varepsilon_x=\varepsilon_y=\varepsilon_z=-\frac{p}{E}(1-2\nu) \tag{b}$$

由已知条件,有

$$\varepsilon_x=\frac{\Delta AB}{AB}=-0.3\times10^{-3} \tag{c}$$

于是,得

$$\Delta BC=\varepsilon_y BC=(-0.3\times10^{-3})\times40\times10^{-3}=-12\times10^{-3}\text{ mm}$$

$$\Delta BD=\varepsilon_y BD=(-0.3\times10^{-3})\times60\times10^{-3}=-18\times10^{-3}\text{ mm}$$

(2) 确定静水压力值 p。

将式(c)中的结果及 E, ν 的数值代入式(b),解出:

$$p=-\frac{E\varepsilon_x}{1-2\nu}=\frac{-200\times10^9\times(-0.3\times10^{-3})}{1-2\times0.29}=142.9\times10^6\text{ Pa}=142.9\text{ MPa}$$

8.6 强度理论概述

低碳钢与铸铁拉伸或压缩和扭转时的破坏现象，统称为强度失效或材料失效。屈服和断裂是材料在常温、静载作用下主要发生的两种失效模式。

在简单应力状态下，材料发生哪种失效，将取决于材料本身的力学性能。例如：由于铸铁是脆性材料，其抗拉能力低于抗剪能力，而抗拉能力、抗剪能力都低于抗压能力。所以单向拉伸时在横截面处拉断；扭转时在与轴线成 45°的螺旋面处拉断；压缩时在与轴线成 45°的斜截面处剪断。低碳钢是塑性材料，其抗剪能力低于抗拉、抗压能力。低碳钢拉伸时先屈服后拉断；扭转时先屈服后剪断。

在复杂应力状态下，材料发生哪种失效，不仅取决于材料本身的力学性能，还取决于应力状态。大量关于材料失效的实验结果以及工程构件强度失效的实例表明，复杂应力状态虽然各式各样，但是材料在各种复杂应力状态下的强度失效的形式却是共同的，而且是有限的。通常情况下，都是发生材料屈服或断裂。

材料发生什么形式的失效？何时发生失效？失效时的应力即极限应力是多大？怎样建立失效判据？要解决这些问题，对于单向应力状态可以通过模拟实际的单向应力状态，即进行拉伸实验得到。而对于复杂应力状态，前面的问题就不那么容易回答了。

建立复杂应力状态下的强度理论或失效判据，就是结合大量的工程实践和实验结果，提出关于材料在不同应力状态下失效共同原因的各种假说。不同的假说下得到不同的强度理论，有不同的强度条件。

尽管已经提出许多强度理论，但目前尚没有十全十美的强度理论。新的强度理论的提出需要大量的生产实践和科学实验的检验。下节主要介绍工程中常用的几种经典强度理论。

8.7 经典强度理论和莫尔强度理论

在长期的工程实践和科学研究中，发现静载破坏基本上可以分成两大类：第一类是脆性破坏。破坏前没有明显变形，断裂突然发生，断面上颗粒清晰是其主要特征。第二类是塑性屈服破坏。特征是材料破坏（失效）时，已有明显变形。下面分别介绍这两类破坏的强度理论。

8.7.1 脆性断裂的强度理论

关于脆性断裂的强度理论有第一强度理论和第二强度理论。由于第二强度理论只与少数材料的实验结果相吻合，在工程上已经很少应用。

1. 第一强度理论

第一强度理论又称为**最大拉应力准则**。最早由英国的蓝金（Rankine W. J. M.）提出，他认为引起材料断裂破坏的原因是由于最大正应力达到某个共同的极限值。对于拉、压强度相同的材料，这一理论现在已被修正为最大拉应力理论。

第一强度理论认为：**无论材料处于什么应力状态，只要发生脆性断裂，其共同原因都是由于单元体内的最大拉应力 $\boldsymbol{\sigma}_{max}$ 达到了某个共同的极限值 $\boldsymbol{\sigma}^0_{max}$。**

根据这一理论，“无论什么应力状态”当然包括单向应力状态。脆性材料单向拉伸实验结果表明，当横截面上的正应力 $\sigma=\sigma_b$ 时，发生脆性断裂；对于单向拉伸，横截面上的正应力，就是单元体所有斜截面中的最大正应力，即$\sigma_{max}=\sigma$；所以σ_b就是所有应力状态发生脆性断裂的极限值：

$$\sigma_{max}^0=\sigma_b \tag{a}$$

同时，无论什么应力状态，只要存在大于零的正应力，σ_1就是最大拉应力

$$\sigma_{max}=\sigma_1 \tag{b}$$

比较式(a)和式(b)，所有应力状态发生脆性断裂的失效判断依据为

$$\sigma_1=\sigma_b \tag{8-17}$$

相应的强度条件为

$$\sigma_1\leqslant[\sigma]=\frac{\sigma_b}{n_b} \tag{8-18}$$

式中 σ_b——材料的强度极限；

n_b——对应的安全因数。

意大利面的弯曲断裂实验1

第一强度理论虽然只突出σ_1而未考虑σ_2和σ_3的影响，但与铸铁、工具钢、工业陶瓷、玻璃、石膏等多种脆性材料的实验结果吻合较好。特别适用于拉伸型应力状态、混合型应力状态中拉应力占优者($\sigma_1>0,\sigma_3<0$，但$|\sigma_1|>|\sigma_3|$)。

2. 第二强度理论

第二强度理论又称为**最大拉应变准则**。也是关于无裂纹脆性材料构件的断裂失效的理论。

意大利面的弯曲断裂实验2

这一理论认为：**无论材料处于什么应力状态，只要发生脆性断裂，其共同原因都是由于单元体的最大拉应变ε_1达到了某个共同的极限值ε_1^0。**

意大利面的弯曲断裂模拟

根据这一理论以及胡克定律，单向应力状态的最大拉应变$\varepsilon_{max}=\dfrac{\sigma_{max}}{E}=\dfrac{\sigma}{E}$，$\sigma$为横截面上的正应力；脆性材料单向拉伸实验结果表明，当$\sigma=\sigma_b$时发生脆性断裂，这时的最大应变值为$\dfrac{\sigma_b}{E}$；所以$\dfrac{\sigma_b}{E}$就是所有应力状态发生脆性断裂的极限值

$$\varepsilon_{max}^0=\frac{\sigma_b}{E} \tag{c}$$

同时，对于主应力为σ_1，σ_2，σ_3的任意应力状态，根据广义胡克定律，最大拉应变为

$$\varepsilon_{max}=\frac{\sigma_1}{E}-\nu\frac{\sigma_2}{E}-\nu\frac{\sigma_3}{E}=\frac{1}{E}(\sigma_1-\nu\sigma_2-\nu\sigma_3) \tag{d}$$

比较式(c)和式(d)，所有应力状态发生脆性断裂的失效判断依据为

$$\sigma_1-\nu(\sigma_2+\sigma_3)=\sigma_b \tag{8-19}$$

相应的强度条件为

$$\sigma_1-\nu(\sigma_2+\sigma_3)\leqslant[\sigma]=\frac{\sigma_b}{n_b} \tag{8-20}$$

式中 σ_b——材料的强度极限；

n_b——对应的安全因数。

第二强度理论不仅考虑了 σ_1 的影响，还考虑了 σ_2，σ_3 的影响。实践发现，它只与石料、混凝土等少数脆性材料的实验结果吻合较好。与铸铁在混合型压应力占优应力状态下（$\sigma_1>0$，$\sigma_3<0$，但 $|\sigma_1|<|\sigma_3|$）的实验结果也较符合，但上述材料的脆断实验不支持本理论描写的 σ_2，σ_3 对材料强度的影响规律。

8.7.2 塑性屈服破坏的强度理论

关于塑性屈服破坏的强度理论主要有第三强度理论和第四强度理论。

1. 第三强度理论

第三强度理论又称为**最大切应力准则**。

这一理论认为：**无论材料处于什么应力状态，只要发生屈服（或剪断），其共同原因都是单元体内的最大切应力 τ_{max} 达到了某个共同的极限值 τ_{max}^0。**

根据这一理论，由拉伸实验得到的屈服应力 σ_s，即可确定各种应力状态下发生屈服时最大切应力的极限值 τ_{max}^0。

轴向拉伸实验发生屈服时，横截面上的正应力达到屈服强度，即 $\sigma=\sigma_s$，此时最大切应力

$$\tau_{max}=\frac{\sigma_1-\sigma_3}{2}=\frac{\sigma}{2}=\frac{\sigma_s}{2}$$

因此，根据第三强度理论，$\sigma_s/2$ 即为所有应力状态下发生屈服时最大切应力的极限值

$$\tau_{max}^0=\frac{\sigma_s}{2} \tag{e}$$

同时，对于主应力为 σ_1，σ_2，σ_3 的任意应力状态，其最大切应力为

$$\tau_{max}=\frac{\sigma_1-\sigma_3}{2} \tag{f}$$

比较式(e)、式(f)，任意应力状态发生屈服时的失效判据可以写成

$$\sigma_1-\sigma_3=\sigma_s \tag{8-21}$$

据此，得到相应的强度条件

$$\sigma_1-\sigma_3\leqslant[\sigma]=\frac{\sigma_s}{n_s} \tag{8-22}$$

式中 $[\sigma]$——许用应力；

n_s——安全因数。

第三强度理论最早由法国工程师、科学家库仑(Coulomb)于 1773 年提出，是关于剪断的强度理论，并应用于建立土的破坏条件；1864 年，特雷斯卡(Tresca)通过挤压实验研究屈服现象和屈服准则，将剪断准则发展为屈服准则，因而第三强度理论又称为**特雷斯卡屈服准则**。

第三强度理论虽然只考虑了最大主切应力 $\tau_{1,3}$，而未考虑其他两个主切应力 $\tau_{1,2}$，$\tau_{3,2}$ 的影响，但与低碳钢、铜、软铝等塑性较好材料的屈服实验结果符合较好；并可用于像硬铝那样塑性变形较小，无颈缩材料的剪切破坏。

2. 第四强度理论

第四强度理论又称为**形状改变比能准则**或**畸变能密度准则**。

这一理论认为:**无论材料处于什么应力状态,只要发生屈服(或剪断),其共同原因都是由于单元体内的畸变能密度 u_d 达到了某个共同的极限值 u_d^0。**

根据这一理论,由拉伸屈服实验结果 σ_s,即可确定各种应力状态下发生屈服时畸变能密度的极限值 u_d^0。

因为单向拉伸实验至屈服时,$\sigma_1=\sigma_s$,$\sigma_2=\sigma_3=0$,这时的畸变能密度就是所有应力状态发生屈服时的极限值

$$u_d^0=\frac{1+\nu}{6E}[(\sigma_1-\sigma_2)^2+(\sigma_2-\sigma_3)^2+(\sigma_3-\sigma_1)^2]=\frac{1+\nu}{3E}\sigma_s^2 \tag{g}$$

同时,对于主应力为 σ_1,σ_2,σ_3 的任意应力状态,其畸变能密度为

$$u_d=\frac{1+\nu}{6E}[(\sigma_1-\sigma_2)^2+(\sigma_2-\sigma_3)^2+(\sigma_3-\sigma_1)^2] \tag{h}$$

比较式(g)、式(h),主应力为 σ_1,σ_2,σ_3 的任意应力状态屈服失效判据为

$$\frac{1}{2}[(\sigma_1-\sigma_2)^2+(\sigma_2-\sigma_3)^2+(\sigma_3-\sigma_1)^2]=\sigma_s^2 \tag{8-23}$$

相应的强度条件为

$$\sqrt{\frac{1}{2}[(\sigma_1-\sigma_2)^2+(\sigma_2-\sigma_3)^2+(\sigma_3-\sigma_1)^2]}\leqslant[\sigma]=\frac{\sigma_s}{n_s} \tag{8-24}$$

第四强度理论由米泽斯(R. von Mises)于 1913 年从修正最大切应力准则出发提出的。1924 年,德国的亨奇(H. Hencky)从畸变能密度出发对这一准则作了解释,从而形成了畸变能密度准则,因此,这一理论又称为**米泽斯准则**。

该强度理论既突出了最大主切应力对塑性屈服的作用,又适当考虑了其他两个主切应力的影响,它与塑性较好材料的实验结果比第三强度理论符合得更好。需要注意的是由于机械、动力行业遇到的载荷往往较不稳定,因而较多地采用偏于安全的第三强度理论;而土木工程领域的载荷往往较为稳定,因而较多地采用第四强度理论。

大量的实验结果表明,第四强度理论能够很好地描述铜、镍、铝等大量工程韧性材料的屈服状态。

8.7.3 四种强度理论的统一表达式

工程上为了计算方便,常常将强度条件中直接与许用应力$[\sigma]$相比较的量,称为**计算应力**或**相当应力**,用 σ_{ri} 表示,$i=1, 2, 3, 4$,其中数码 1, 2, 3, 4 分别表示了强度理论的序号。这样,上述四种经典强度理论可以写成如下的统一表达式:

$$\sigma_{ri}\leqslant[\sigma]\quad(i=1, 2, 3, 4)$$

其中,σ_{ri} 从第一到第四强度理论的次序分别为

$$\begin{cases}\sigma_{r1}=\sigma_1\\ \sigma_{r2}=\sigma_1-\nu(\sigma_2+\sigma_3)\\ \sigma_{r3}=\sigma_1-\sigma_3\\ \sigma_{r4}=\sqrt{\dfrac{1}{2}[(\sigma_1-\sigma_2)^2+(\sigma_2-\sigma_3)^2+(\sigma_3-\sigma_1)^2]}\end{cases}$$

近年来,一些科学技术文献中也将相当应力称为**应力强度**,用 S_i 表示。不论是"计算应力"还是"应力强度",它们本身都没有确切的物理含义,只是为了计算方便起见而引进的名词和记号。

*8.7.4 莫尔强度理论

不同于四个经典强度理论,德国工程师莫尔于1900年提出的莫尔强度理论不是致力于寻找(假设)引起材料失效的共同力学原因,而是致力于尽可能多地结合不同应力状态下材料失效的实验资料,用宏观的唯象理论处理方法力图建立对该材料普遍适用(不同应力状态)的失效条件。是一个直接以材料的破坏实验结果为依据而建立的带一定经验性的理论。

莫尔强度理论认为材料发生破坏是由于材料的某一面上切应力达到一定的限度,而这个切应力与材料本身性质和正应力在破坏面上所造成的摩擦阻力有关。即材料发生破坏除了取决于该点的切应力,还与该点正应力相关。

为了得到切应力与正应力的关系,莫尔认为可以通过轴向拉伸、轴向压缩、扭转实验等一系列破坏实验,进而画出一系列对应于破坏值的极限应力圆,绘出这一系列极限应力圆的包络线(图 8-13),包络线就是极限切应力的轨迹,当应力圆与包络线相切时,材料发生破坏。

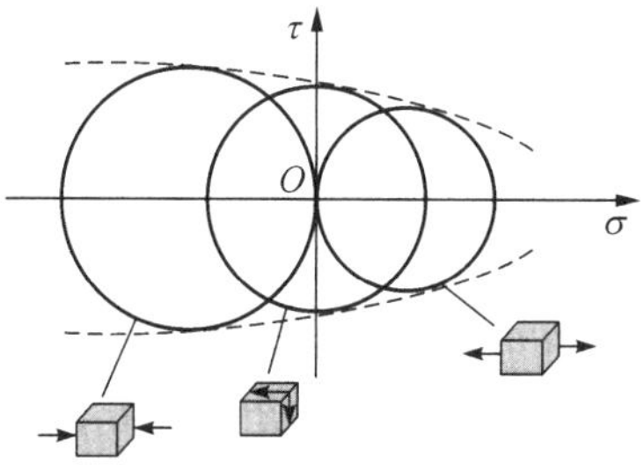

图 8-13

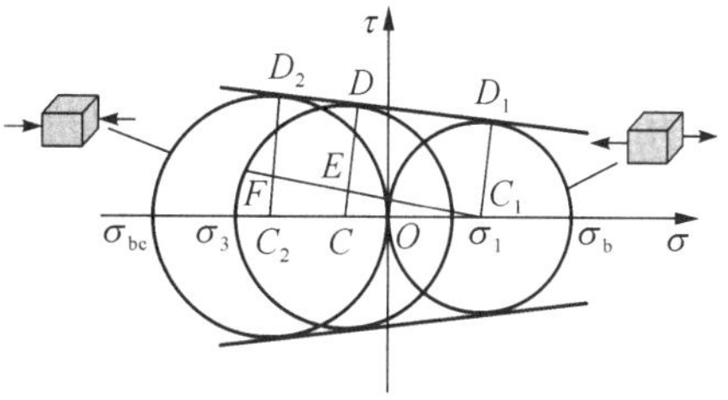

图 8-14

确定精确的包络线需要大量的实验,但使用起来却不容易(没有数学表达式)。为了简化和实用,用拉伸、压缩实验的极限应力圆的公切线代替包络线来推导莫尔强度理论表达式,如图 8-14 所示。此时如果应力圆 C 与公切线相切并切于 D 点,材料发生破坏。显然简化后的结果偏于保守。

由三角形相似可以得到

$$\frac{CE}{C_2F}=\frac{C_1C}{C_1C_2} \tag{a}$$

将

$$CE=CD-ED=\frac{\sigma_1-\sigma_3}{2}-\frac{\sigma_b}{2},\ C_2F=C_2D_2-D_2F=\frac{\sigma_{bc}}{2}-\frac{\sigma_b}{2},$$

$$C_1C=\frac{\sigma_b}{2}-\frac{\sigma_1+\sigma_3}{2},\ C_1C_2=\frac{\sigma_b}{2}+\frac{\sigma_{bc}}{2}$$

代入式(a)并化简,得

$$\sigma_1-\frac{\sigma_b}{\sigma_{bc}}\sigma_3=\sigma$$

引入安全系数后,得到莫尔强度理论的强度条件为

$$\sigma_{rM}=\sigma_1-\frac{\sigma_b}{\sigma_{bc}}\sigma_3\leqslant[\sigma_b] \tag{8-25a}$$

式(8-25a)适用于抗压强度极限 σ_{bc} 大于抗拉强度极限 σ_b 的材料(即 $\sigma_{bc}>\sigma_b$)。

对于抗压屈服极限 σ_{sc} 大于抗拉屈服极限 σ_s 的材料(即 $\sigma_{sc}>\sigma_s$),强度条件为

$$\sigma_{rM}=\sigma_1-\frac{\sigma_s}{\sigma_{sc}}\sigma_3\leqslant[\sigma_s] \tag{8-25b}$$

可以将此两种强度条件写成统一形式:

$$\sigma_1-k\sigma_3\leqslant[\sigma] \tag{8-25c}$$

相应于式(8-25a),有

$$k=\frac{\sigma_b}{\sigma_{bc}},\ [\sigma]=\frac{\sigma_b}{n_b}$$

相应于式(8-25b),有

$$k=\frac{\sigma_s}{\sigma_{sc}},\ [\sigma]=\frac{\sigma_s}{n_s}$$

对铸铁 $k=0.2\sim0.4$,陶瓷材料 $k=0.1\sim0.2$,对大多数金属有 $\sigma_{sc}=\sigma_s$,此时莫尔强度条件退化为最大切应力强度条件。可以认为莫尔强度理论是第三强度理论的推广。

与经典强度理论一样,莫尔强度理论也有其适用范围。具体如下:

(1) 适用于从拉伸型到压缩型应力状态的广阔范围,可以描述从脆性断裂向塑性屈服失效形式过渡(或反之)的多种失效形态,例如"脆性材料"在压缩型或压应力占优的混合型应力状态下呈剪切破坏的失效形式。

(2) 特别适用于抗拉与抗压强度不等的材料。

(3) 在新材料(如新型复合材料)不断涌现的今天,莫尔理论从宏观角度归纳大量失效数据与资料的唯象处理方法仍具有广阔应用前景。

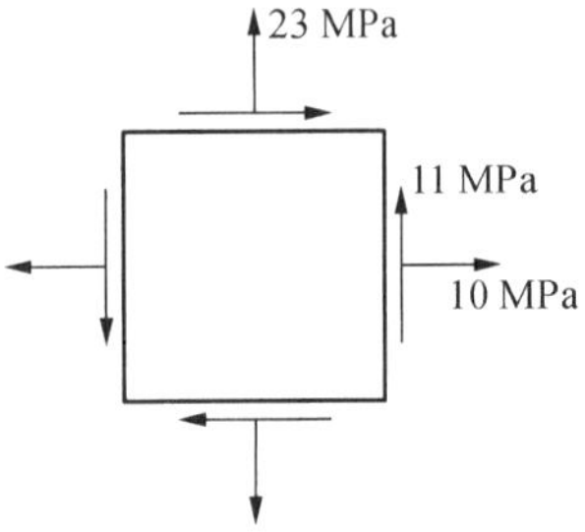

图 8-15

【例 8-7】 已知铸铁构件上危险点处的应力状态,如图 8-15 所示。若铸铁拉伸许用应力为 $[\sigma]^+=30$ MPa,试校核该点处的强度是否安全。

【解】 根据所给的应力状态,在单元体各个面上只有拉应力而无压应力。因此,可以认为铸铁在这种应力状态下可能发生脆性断裂,故采用第一强度理论,即

$$\sigma_1\leqslant[\sigma]^+$$

对于所给的平面应力状态,可以算得非零主应力值为

$$\left.\begin{matrix}\sigma'\\ \sigma''\end{matrix}\right\}=\frac{\sigma_x+\sigma_y}{2}\pm\frac{1}{2}\sqrt{(\sigma_x-\sigma_y)^2+4\tau_{xy}^2}$$

$$=\left[\frac{10+23}{2}\pm\frac{1}{2}\sqrt{(10-23)^2+4\times(-11)^2}\right]\times 10^6$$

$$=(16.5\pm 12.78)\times 10^6=\begin{cases}29.28\ \text{MPa}\\ 3.72\ \text{MPa}\end{cases}$$

因为是平面应力状态，有 1 个主应力为零，故 3 个主应力分别为

$$\sigma_1=29.28\ \text{MPa},\quad \sigma_2=3.72\ \text{MPa},\quad \sigma_3=0$$

显然，

$$\sigma_1=29.28\ \text{MPa}<[\sigma]=30\ \text{MPa}$$

故此危险点强度是足够的。

【例 8-8】 某结构上危险点处的应力状态如图 8-16 所示，其中 $\sigma=116.7$ MPa，$\tau=46.3$ MPa。材料为钢材，许用应力 $[\sigma]=160$ MPa，试校核此结构是否安全。

【解】 对于这种平面应力状态，根据式(8-9)，有

$$\begin{cases}\sigma_1=\dfrac{\sigma}{2}+\dfrac{1}{2}\sqrt{\sigma^2+4\tau^2}\\ \sigma_2=0\\ \sigma_3=\dfrac{\sigma}{2}-\dfrac{1}{2}\sqrt{\sigma^2+4\tau^2}\end{cases}$$

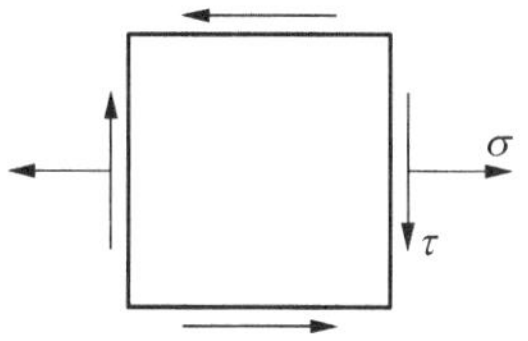

图 8-16

钢材在这种应力状态下可能发生屈服，故可根据第三或第四强度理论进行强度计算。于是，其强度条件为

$$\sigma_1-\sigma_3=\sqrt{\sigma^2+4\tau^2}\leqslant[\sigma] \tag{8-26}$$

$$\sqrt{\frac{1}{2}[(\sigma_1-\sigma_2)^2+(\sigma_2-\sigma_3)^2+(\sigma_3-\sigma_1)^2]}=\sqrt{\sigma^2+3\tau^2}\leqslant[\sigma] \tag{8-27}$$

将已知的 σ 和 τ 数值代入上述两式不等号的左侧，得

$$\sqrt{\sigma^2+4\tau^2}=\sqrt{116.7^2\times 10^{12}+4\times 46.3^2\times 10^{12}}=149.0\times 10^6\ \text{Pa}=149.0\ \text{MPa}$$

$$\sqrt{\sigma^2+3\tau^2}=\sqrt{116.7^2\times 10^{12}+3\times 46.3^2\times 10^{12}}=141.6\times 10^6\ \text{Pa}=141.6\ \text{MPa}$$

二者均小于 $[\sigma]=160$ MPa。可见，无论采用第三或第四强度理论进行强度校核，该结构都是安全的。

8.8 薄壁压力容器的应力分析与强度设计简述

8.8.1 薄壁压力容器中环向应力与纵向应力

承受内压的薄壁容器是化工、热能、空调、制药、石油、航空等工业部门重要的零件或部件。

薄壁容器的设计关系着安全生产,关系着人民的生命与国家财产的安全。本节将在应力分析的基础上对薄壁容器设计作一简述,更多内容可以参考压力容器的相关书籍。

薄壁容器承受内压后,在横截面和纵截面上都将产生应力,如图 8-17(a)所示。作用在横截面上的正应力沿着容器轴线方向,故称为**纵向应力或轴向应力**,用σ_m 表示,如图 8-17(b)所示;作用在纵截面上正应力沿着圆周的切线方向,故称为**环向应力**,用σ_t 表示,如图 8-17(c)所示。

因为容器壁较薄($D/\delta \gg 1$),若不考虑端部效应,可认为上述两种应力均沿容器厚度方向均匀分布。因此,可以采用平衡方法,导出纵向和环向应力与 D, δ, p 的关系式。而且,由于容器壁很薄,可用平均直径近似代替内径。

用横截面和纵截面分别将容器截开,其受力如图 8-17(b)、(c)所示。根据平衡方程 $\sum F_x = 0$, $\sum F_y = 0$, 可以写出:

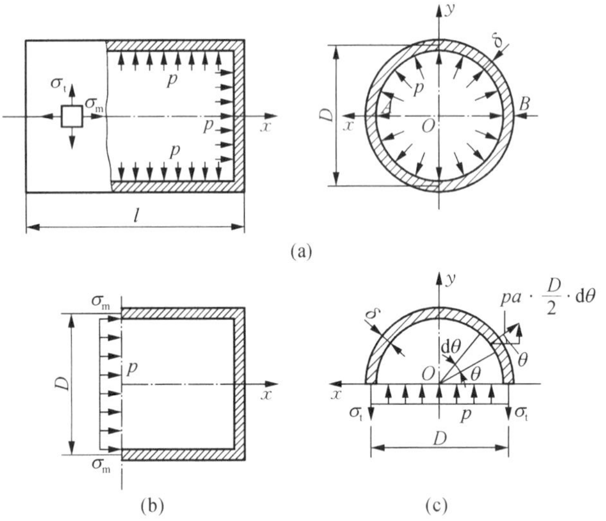

图 8-17

$$\sigma_m(\pi D\delta) - p \cdot \frac{\pi D^2}{4} = 0$$

$$\sigma_t(l \cdot 2\delta) - p \cdot D \cdot l = 0$$

由此解出:

$$\begin{cases} \sigma_m = \dfrac{pD}{4\delta} \\ \sigma_t = \dfrac{pD}{2\delta} \end{cases} \tag{8-28}$$

上述分析中,只涉及容器表面的应力状态。在容器内壁,由于内压作用,还存在垂直于内壁的**径向应力**,$\sigma_r = -p$。但是,对于薄壁容器,由于 $D/\delta \gg 1$,故$\sigma_r = -p$ 与σ_m 和σ_t 相比甚小。而且σ_r 自内向外沿壁厚方向逐渐减小,至外壁时变为零。因此,忽略σ_r 是合理的。从式(8-28)还可以看出,环向应力是纵向应力的 2 倍,所以破裂方向应沿圆柱壳纵向。如图 8-18 所示圆柱形压力容器的典型破坏模式,其中图 8-18(a)是潜水员使用的内含高压缩空气的铝合金气瓶,图 8-18(b)是钢制丙烷气瓶,图 8-18(c)是某金属圆柱管的爆破实验结果。读者可以思考过度加热后的圆柱形热狗、香肠等食品会出现什么样的破坏。

(a) (b) (c)

图 8-18

8.8.2 薄壁容器的强度设计

承受内压的薄壁容器,在忽略径向应力的情形下,其各点的应力状态均为两向拉伸应力状态,σ_m,σ_t 都是主应力。于是,按照代数值大小顺序,3 个主应力分别为

$$\begin{aligned}&\sigma_1=\sigma_t=\frac{pD}{2\delta}\\&\sigma_2=\sigma_m=\frac{pD}{4\delta}\\&\sigma_3=0\end{aligned}\tag{8-29}$$

以此为基础,考虑到薄壁容器由韧性材料制成,可以根据第三或第四强度理论进行强度设计。例如,应用第三强度理论,有

$$\sigma_1-\sigma_3=\frac{pD}{2\delta}-0\leqslant[\sigma]$$

由此得到壁厚的设计公式

$$\delta\geqslant\frac{pD}{2[\sigma]}+C\tag{8-30}$$

式中,C 为考虑加工、腐蚀等影响的附加壁厚量,读者可以参照有关的设计规范。

【例 8-9】 已知薄壁容器的平均直径 $D=500$ mm,承受的内压力 $p=3.36$ MPa,材料的许用应力$[\sigma]=160$ MPa,附加壁厚为 1 mm。试用第三强度理论设计容器的壁厚。

【解】 根据式(8-30),可得

$$\begin{aligned}d&\geqslant\frac{pD}{2[\sigma]}+C\\&=\frac{3.36\times10^6\times500\times10^{-3}}{2\times160\times10^6}+1\times10^{-3}\\&=6.25\times10^{-3}\text{ m}=6.25\text{ mm}\end{aligned}$$

式中,5.25 mm 为理论壁厚;1.00 mm 为附加壁厚。

8.9 结论与讨论

1. 关于应力状态的几点重要结论

(1) 应力状态的概念,不仅是材料力学的基础,而且也是其他变形体力学的基础。

(2) 斜截面上的应力与应力圆的类比关系,为分析应力状态提供了一种重要手段。需要注意的是,不应当将应力圆作为图解工具,因而无需用绘图仪器画出精确的应力圆,只要徒手即可画出。根据应力圆中的几何关系,就可以得到所需要的答案。

(3) 要注意区分面内最大切应力与应力状态中的最大切应力。

2. 平衡方法是分析应力状态最重要、最基本的方法

平衡方法不仅限于建立不同斜截面上应力的转换关系,在分析和处理某些复杂问题时,也

是非常有效的。

3. 关于应力状态的不同的表示方法

同一点的应力状态可以有不同的表示方法，但以主应力表示的应力状态最为重要。应力状态等价不仅要主应力的数值相同，而且主应力的作用线方向也必须相同。

4. 学会应用应力圆求解复杂的应力状态问题

与应力状态相对应的应力圆，几乎包含了应力状态的全部信息：主应力、主方向、最大切应力以及任意斜截面上的应力，等等。利用应力状态与应力圆的 3 种对应关系(点面对应、二倍角对应、转向对应)，正确地画出应力圆，由此可以分析、处理比较复杂的应力状态问题。

5. 关于强度理论的结论与讨论

根据本章分析以及工程实际应用的要求，应用强度理论时，需要注意以下几方面问题。

(1) 要注意不同强度理论的适用范围

由于强度理论只适用于某种确定的失效形式，因此，在实际应用中，应当先判别将会发生什么形式的失效——是屈服还是断裂，然后选用合适的强度理论。在大多数应力状态下，脆性材料将发生脆性断裂，因而应选用第一强度理论；而在大多数应力状态下，韧性材料将发生屈服和剪断，故应选用第三或第四强度理论。

但是，必须指出，材料的失效形式，不仅取决于材料的力学行为，而且与其所处的应力状态、温度和加载速度等都有一定的关系。实验表明，韧性材料在一定的条件下(例如低温或三向拉伸时)，会表现为脆性断裂；而脆性材料在一定的应力状态(例如：三向压缩)下，会表现出屈服或剪断。

(2) 要注意强度设计的全过程

在对构件或零部件进行强度计算时，要根据强度设计步骤进行。在复杂受力形式下，要正确确定危险点的应力状态，并根据可能的失效形式选择合适的强度理论。

6. 关于薄壁压力容器的讨论

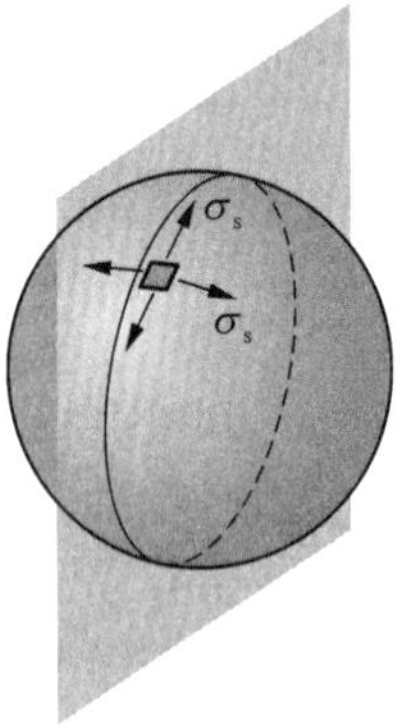

图 8-19

本节给出的纵向应力和环向应力计算公式不适合容器端部或其他不连续处附近的应力计算。这是因为，端部连接需要使用焊接或其他方式，接头附近都会经历显著的局部变形，还会有局部弯曲应力卷入。该部分的计算可以参考板壳理论或者压力容器专业书籍。

球形薄壁压力容器的计算比圆柱形的简单。由于球形对称，所以壳内任意方向的正应力都相同，球形薄壁压力容器如图 8-19 所示。易知，正应力计算公式为 $\sigma_s=\dfrac{pD}{4\delta}$，其中 σ_s 表示球形压力容器的应力，其余符号意义同前。可以看出，如果球形薄壁压力容器与圆柱形的具有相同的径厚比，其应力与圆柱形薄壁压力容器的纵向应力相同。所以，对于给定的压力，球形压力容器的壁厚要比圆柱形的薄。

习 题

8-1 已知应力状态如图 8-20 所示(应力单位为 MPa)，试用解析法计算图中指定截面的应力。

8-2 已知应力状态如图 8-21 所示(应力单位为 MPa)，试用解析法求：(1)主应力及主方向；(2)最大切应力。

8-3 试作应力圆来确定图 8-20 中指定截面的应力。

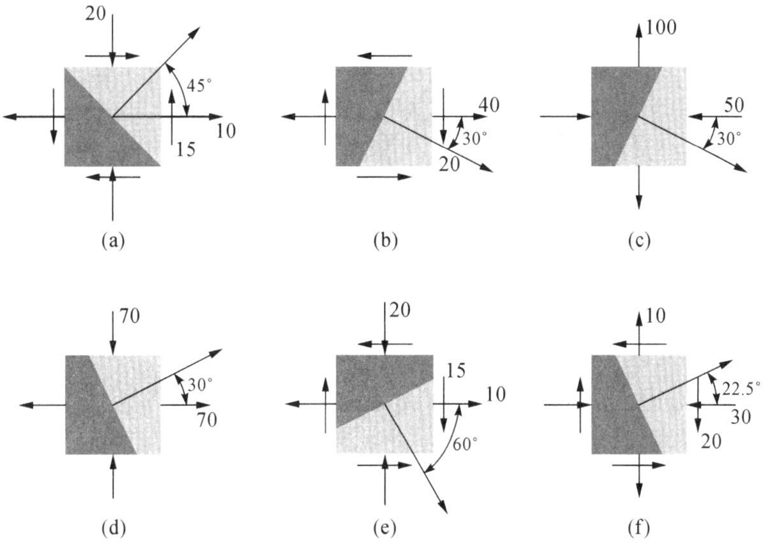

图 8-20

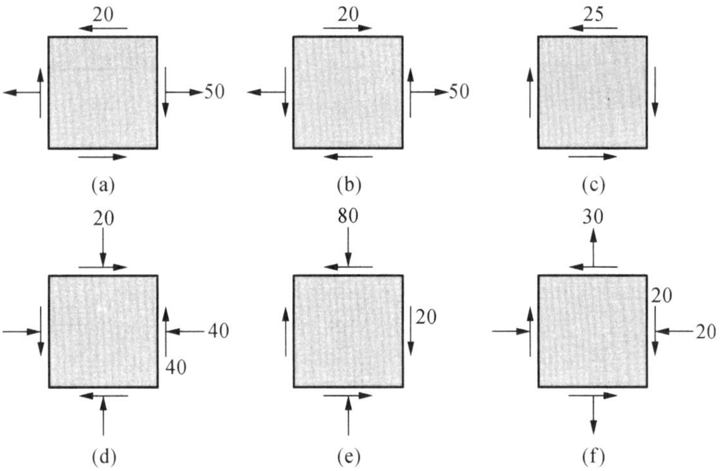

图 8-21

8-4 已知应力状态如图 8-22 所示(单位为 MPa),试画三向应力圆,并求主应力、最大正应力与最大切应力。

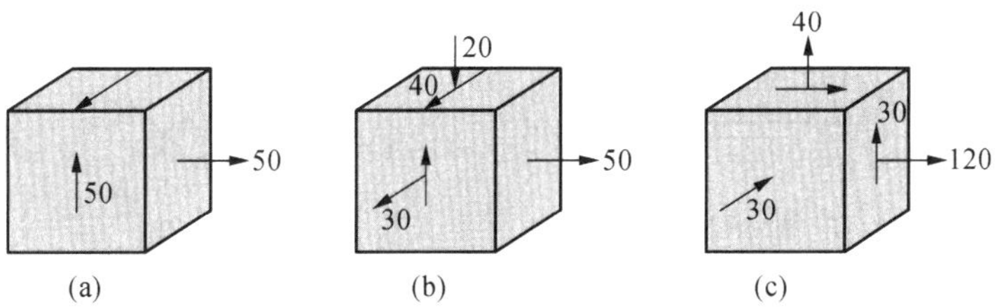

图 8-22

8-5 两向应力状态如图 8-23 所示,应力单位为 MPa。试求主应力并作应力圆。

8-6 构件单元体表面 AC 上作用有数值为 14 MPa 的压应力,其余受力如图 8-24 所示,试求 σ_x 和 τ_{xy}。

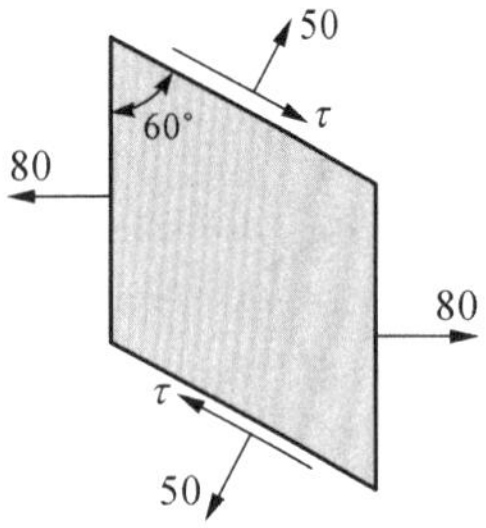

图 8-23

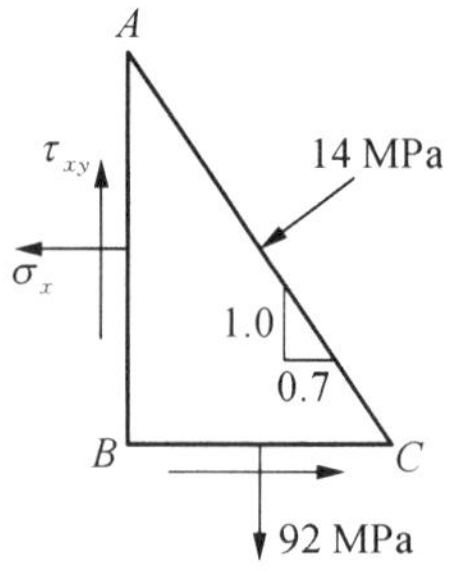

图 8-24

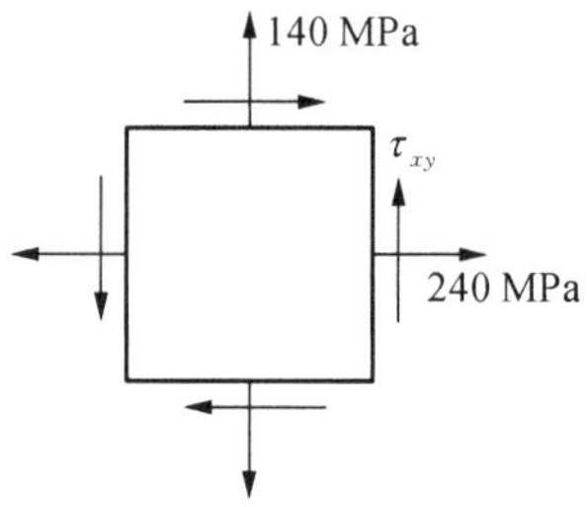

图 8-25

8-7 对于如图 8-25 所示的应力状态,若其中的最大切应力 $\tau_{max}<160$ MPa,试求 τ_{xy}。

8-8 已知自行车脚蹬曲柄的横截面如图 8-26 所示,B 点固定在齿轮上,承受 270 N 的力时不旋转,求材料横截面上 D 点的主应力。

图 8-26

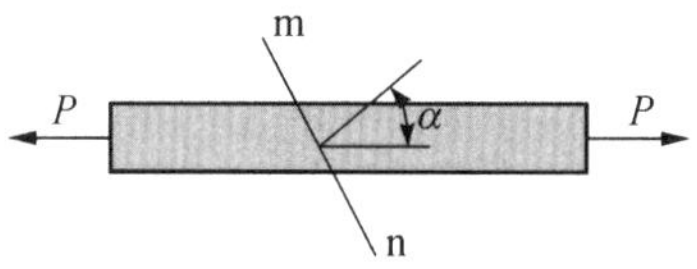

图 8-27

8-9 如图 8-27 所示的拉杆,由两段杆沿 m—n 面胶合而成。已知杆件横截面面积 $A=2\,000\ \text{mm}^2$,如要求胶合面上作用的拉应力 $\sigma_\alpha=10$ MPa,剪应力 $\tau_\alpha=6$ MPa。试求此时胶合面倾角和轴向拉伸载荷 P。

8-10 从某铸铁构件内取出的危险点处的单元体,其各面上的应力分量如图 8-28 所示。已知铸铁材料的横向变形系数 $\nu=0.25$,许用拉应力 $[\sigma_t]=30$ MPa,许用压应力 $[\sigma_c]=90$ MPa。试按第一和第二强度理论校核其强度。

8-11 构件中危险点的应力状态如图 8-29 所示。试选择合适的准则对以下两种情形作强度校核:

(1) 构件为钢制:$\sigma_x=45$ MPa,$\sigma_y=135$ MPa,$\sigma_z=0$ 许用应力$[\sigma]=160$ MPa。

(2) 构件材料为铸铁:$\sigma_x=20$ MPa,$\sigma_y=-25$ MPa,$\sigma_z=30$ MPa,$[\sigma]=30$ MPa。

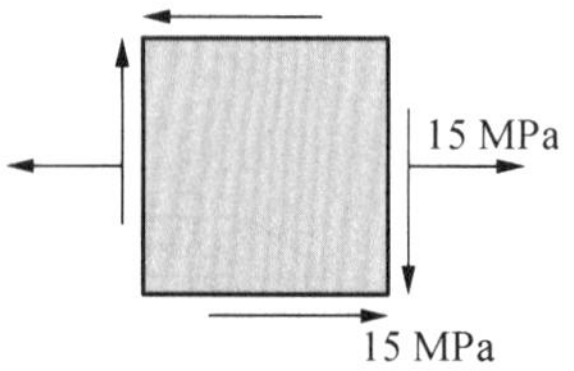

图 8-28

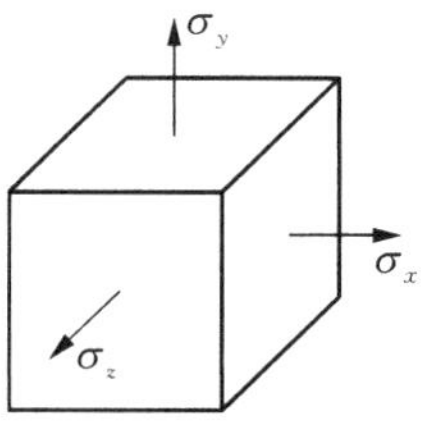

图 8-29

8-12 铝制圆轴右端固定、左端受力如图 8-30 所示。若轴的直径 $d=32$ mm,试确定点 a 和点 b 的应力状态,并计算 σ_{r3} 和 σ_{r4} 值。

8-13 用 Q235 钢制成的实心圆截面杆如图 8-31 所示,受轴向拉力 P 及扭转力偶矩 m 共同作用,且 $m=Pd/10$。今测得圆杆表面 k 点处沿图 8-31 所示方向的线应变 $\varepsilon_{30^\circ}=57.33\times10^{-5}$。已知该杆直径 $d=10$ mm,材料的弹性常数 $E=200$ GPa,泊松比 $\nu=0.3$。试求荷载 P 和 m。若其许用应力

$[\sigma]=160$ MPa，试按第四强度理论校核该杆的强度。

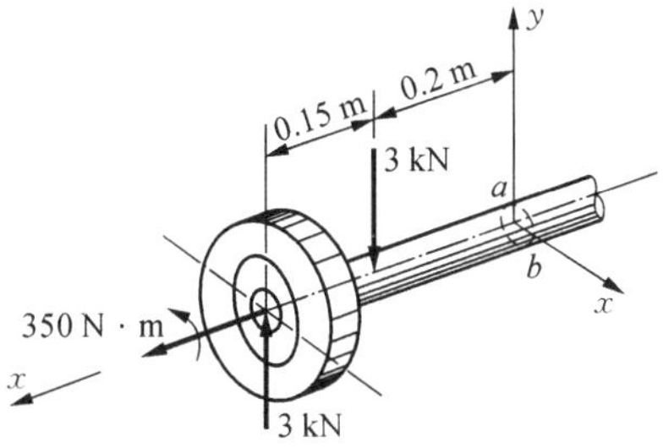

图 8-30

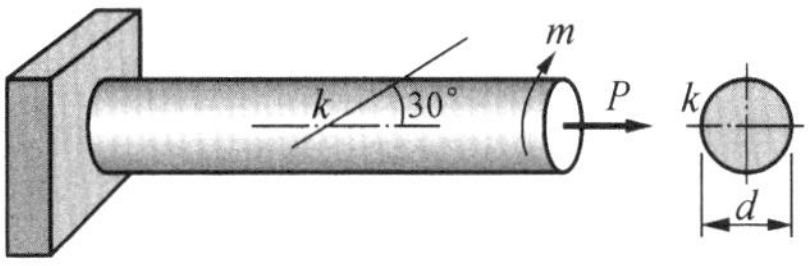

图 8-31

8-14 一简支钢板梁受荷载如图 8-32(a)所示，它的截面尺寸如图 8-32(b)所示。已知钢材的许用应力 $[\sigma]=170$ MPa，$[\tau]=100$ MPa。试校核梁内的最大正应力和最大切应力，并按第四强度理论对危险截面上的 a 点作强度校核(a 点为翼缘与腹板的交界处)。

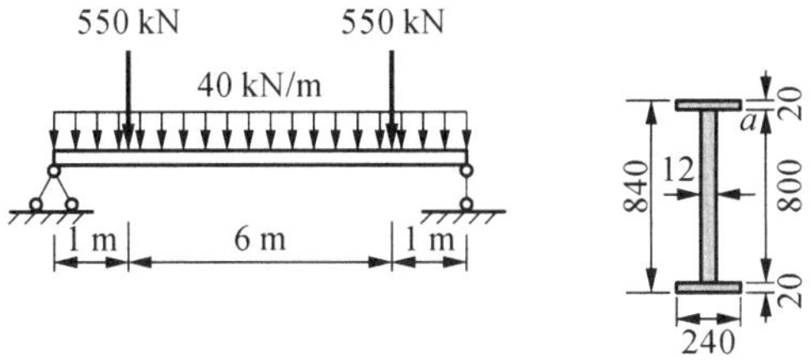

(a) (b)

图 8-32

8-15 承受内压的铝合金制的圆筒形薄壁容器如图 8-33 所示。已知内压 $p=3.5$ MPa，材料的弹性模 $E=75$ GPa，$\nu=0.33$。试求圆筒的半径改变量。

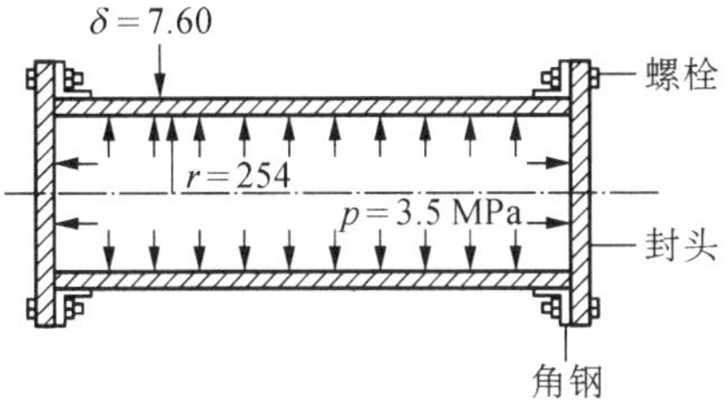

图 8-33

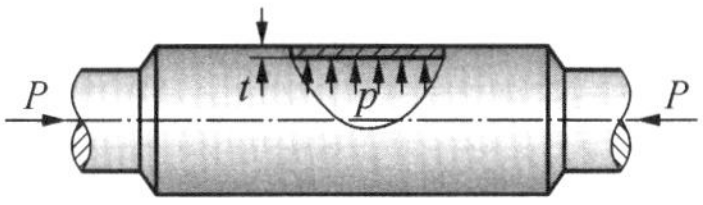

图 8-34

8-16 如图 8-34 所示铸铁薄壁管的外径为 200 mm，壁厚 $t=15$ mm，内压 $p=4$ MPa，$P=200$ kN。铸铁的抗拉及抗压许用应力分别为 $[\sigma_t]=30$ MPa，$[\sigma_c]=120$ MPa，泊松比 $\nu=0.25$。试用第二强度理论及莫尔强度理论校核薄壁管的强度。

8-17 假设某坦克用炮筒横截面如图 8-35 所示。在危险点处，$\sigma_t=550$ MPa，$\sigma_r=-350$ MPa，第三个主应力垂直于图面且是拉应力，大小为 420 MPa。试按第三和第四强度理论，计算其相当应力。

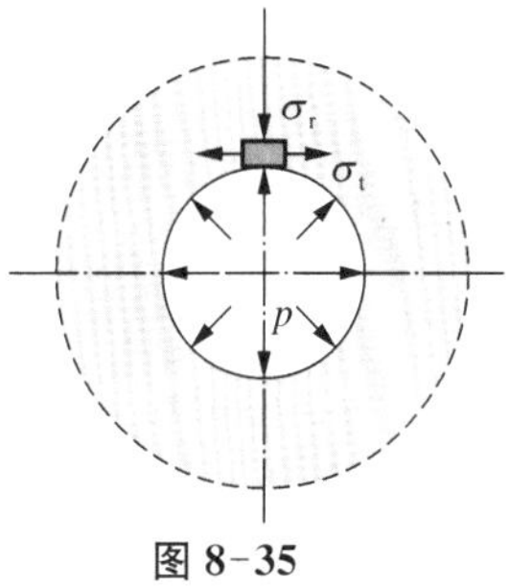

图 8-35

8-18 某工业用薄壁锅炉的平均直径为 1 250 mm，最大内压力为 23 个大气压(1 大气压≈0.1 MPa)，在高温下工作，屈服点 $\sigma_s=182.5$ MPa。若安全系数为 1.8，试按第三强度理论设计锅炉的壁厚并讨论内压对壁厚的影响。

8-19 通常采用承受拉伸与扭转组合作用的薄壁圆筒对铜、铝、软钢等材料做屈服实验(图 8-36),以验证最大切应力理论与形状改变比能理论。已知图示试件平均直径 D,壁厚 δ,扭矩 m_x,轴向拉力 P。要求:(1)画出圆筒的应力状态,并写出相应应力分量的表达式;(2)在 $\sigma/\sigma_s-\tau/\sigma_s$ 坐标平面内按上述理论画理论曲线。

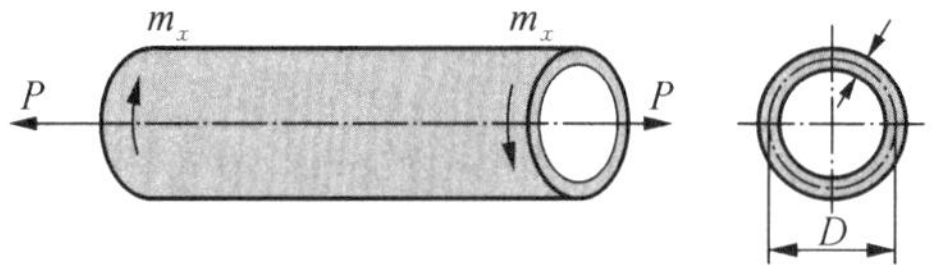

图 8-36

图 8-37

8-20 直径为 24 cm 的高压锅(图 8-37),设计内压为 70 kPa。假设该圆柱形高压锅的许用正应力为 21 MPa,试确定该高压锅的最小壁厚。如果限压阀的重量是 2 N,试确定限压阀的直径。

8-21 设有单元体如图 8-38 所示,已知材料的许用拉应力为 $[\sigma_t]=60$ MPa,许用压应力为 $[\sigma_c]=180$ MPa。试按莫尔强度理论作强度校核。

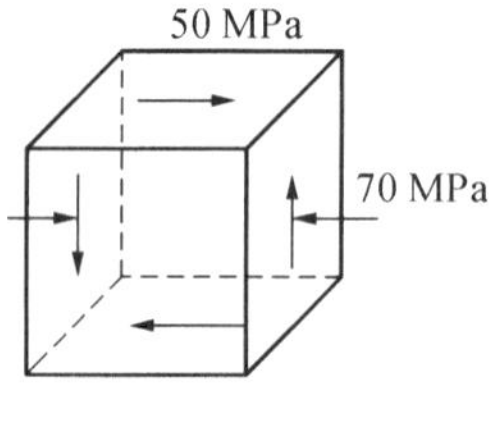

图 8-38

***8-22** [第十届全国周培源大学生力学竞赛(个人赛)试题]:如图 8-39 所示,传送装置中 AB 是一段横截面为矩形的梁,A 端自由,B 端固定。截面宽度为 b,高度为 $h(h>2b)$。弹性模量为 E,泊松比为 ν。设传送带连同带上分布均匀的散装物在单位长度上的重量为 q,传送带给予 AB 梁单位长度的切向作用力为 t。建立图示的坐标系,考虑离 A 端为已知长度 $L(L>5h)$ 的 C 截面,假定该截面中水平直线上的切应力均匀分布。(1)若 q 和 t 为已知,试确定 C 截面的上边缘 P 点和下边缘 Q 点的应力状态,画出单元体示意图,并写出各应力分量的表达式。(2)若 q 和 t 为已知,试求 C 截面上切应力的表达式。(3)事实上,q 和 t 的数值不易直接得到。为了用电测法测定 q 和 t 的具体数值,拟在 C 截面所在区域且垂直于 C 截面的外表面上贴应变片。暂不考虑温度补偿片及组桥连接等事宜,先设计一个贴片最少的方案,并说明如何利用这些应变片的读数来求得 q 和 t 的数值。

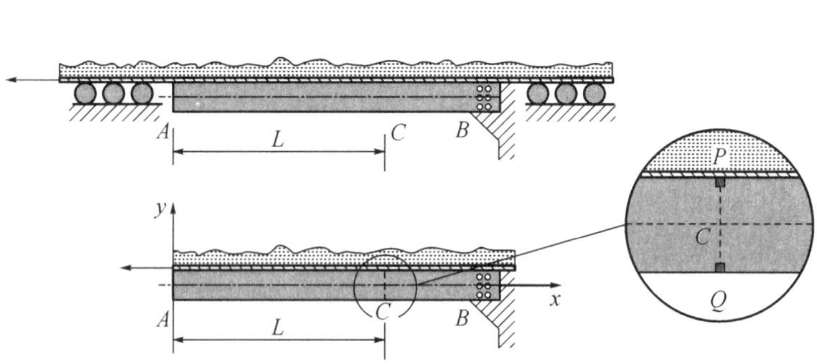

图 8-39

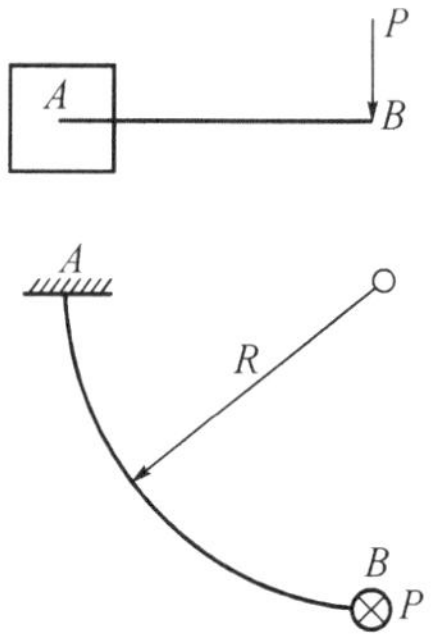

图 8-40

***8-23** (第四届全国周培源大学生力学竞赛试题):如图 8-40 所示,曲杆 AB 的轴线是半径为 R 的四分之一圆弧,杆的横截面是直径为 d 的实心圆,$d<<R$,杆的 A 端固定,B 端自由,并在 B 端作用有垂直于杆轴线所在平面的集中力 P。已知材料拉压弹性模量 E、剪切弹性模量 G 与许用拉应力$[\sigma]$。(1)按第三强度理论,计算许用载荷;(2)在载荷 P 的作用下,自由端绕杆轴线的转角 θ_B。试求

***8-24** [第三十届全国周培源大学生力学竞赛(个人赛)试题]:“小口尖底彩陶瓶”是距今约六千年新石器时代(仰韶文化)的汲水器或酒礼器,如图 8-41(a)所示。现将其简化为如图 8-41(b)所示的充满液体的

圆锥形薄壁容器，处于铅垂直立位置，上沿周边支承，圆锥角为 2α，其体积按薄壁结构计算。容器的密度为 ρ_c，容器各处壁厚均为 δ，液体的密度为 ρ_w，液面高度为 h。(1) 求容器内沿母线方向的正应力 σ_m；(2) 求容器内与母线垂直且与表面相切方向的正应力 σ_t；(3) 设 $\rho_c = 3\rho_w$，$\delta = h/90$，$\alpha = 30°$，根据第三强度理论求容器内的最大相当应力。

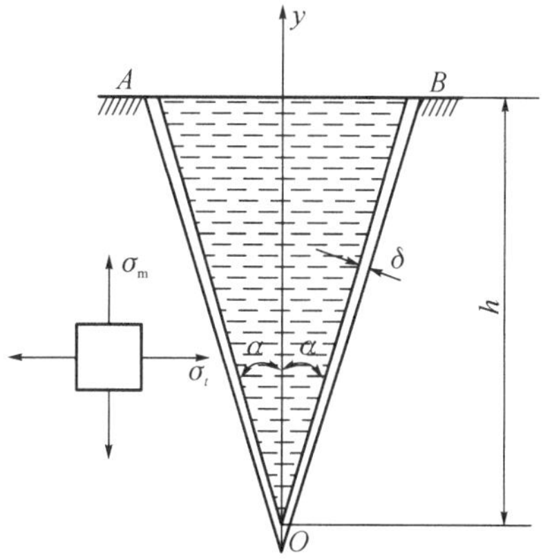

图 8-41

9 组合变形

基本要求

(1) 理解组合变形的概念;
(2) 掌握非对称纯弯曲梁的正应力计算方法;
(3) 掌握杆件的斜弯曲、拉伸(压缩)和弯曲、扭转与弯曲组合变形的应力与强度计算;
(4) 掌握截面核心的概念和确定方法。

9.1 组合变形的基本概念和工程实例

前面分别讲述了杆件横截面上只作用有轴力、扭矩、一个方向弯矩等一个内力分量时的应力与变形计算问题。实际工程中大量杆件常处在多种载荷共同作用的情况。本章将主要研究两个或两个以上内力分量(即组合内力)下杆件的应力计算问题。图 9-1 显示了几种复杂载荷作用下的工程实例。例如:超高层建筑既有自重引起的轴向压缩还有水平方向风力作用引起的弯曲;工程中常见的齿轮轴、电动机轴、曲柄轴等,大多发生弯扭组合转变形。

(a) 受风载作用的超高层建筑和图示立柱处于压弯组合受力

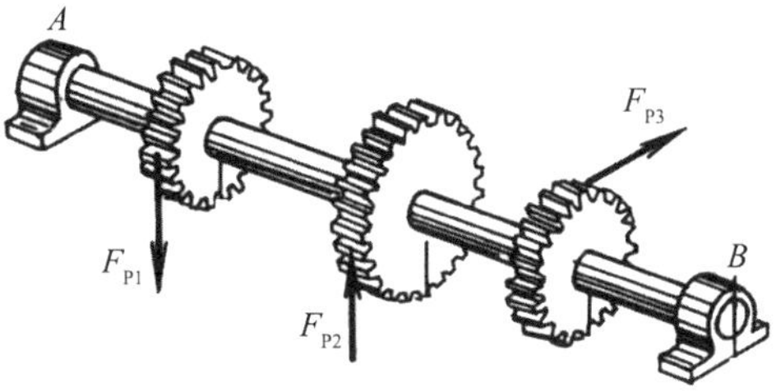

(b) 齿轮轴处于弯扭组合受力

(c) 辘轳处于弯扭组合受力

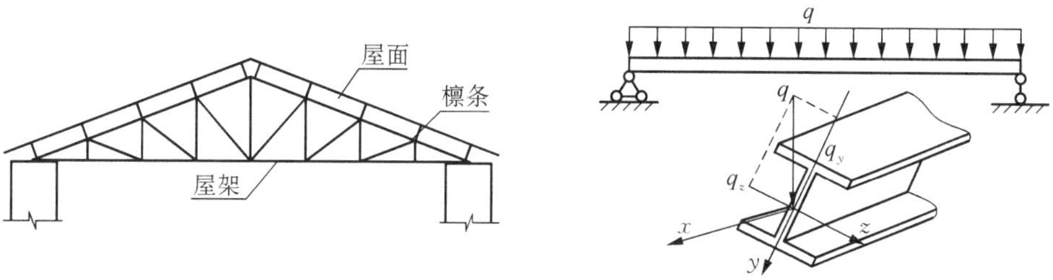

(d) 屋架檩条受力属于斜弯曲

图 9-1

对于小变形和线弹性问题，每一种内力引起的应力或变形是各自独立、互不影响的，因此，可用叠加原理来解决。这种叠加包含以下 3 个过程：

(1) 载荷的分解和简化。通过载荷的分解或移动，将产生同种基本变形的载荷归为一组，形成若干组载荷，一组对应一种基本受力和变形，将组合受力转化成若干种基本受力和变形。

(2) 基本内力下的应力计算。对每种基本受力进行内力计算，判断危险截面及危险点，计算应力。

(3) 叠加求解。将各基本受力在同一点上产生的应力叠加，即得到该点的应力。进而对危险点根据强度理论进行强度分析。

9.2 非对称纯弯曲梁的正应力计算

在实际工程中，经常可以看到异型结构件(梁、柱)，而其应力计算不能再简单地使用对称弯曲下的正应力计算公式。如图 9-2 所示高架立交系统中的弯梁。当梁不具有纵向对称平面，或梁虽具有纵向对称平面，但外力作用面与该平面间有一夹角，梁将发生非对称弯曲(图 9-3)。本节将研究非对称弯曲时，梁横截面上的正应力计算。异型柱的设计、计算可参考相应的专题教材。

图 9-2

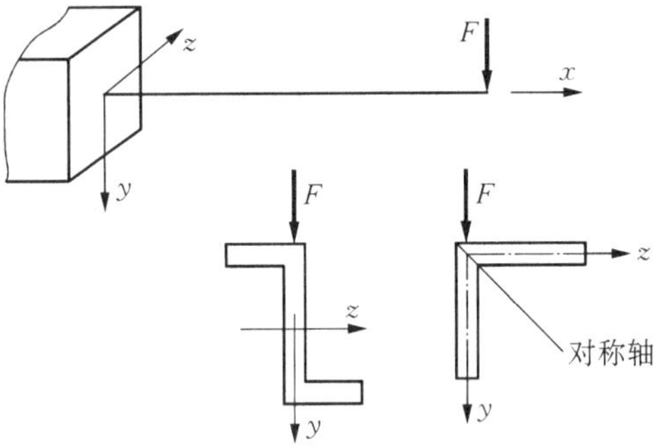

图 9-3

9.2.1 非对称纯弯曲梁正应力的普遍公式

如图 9-4 所示是没有对称轴的任意截面梁。其中，y，z 为任意一对相互垂直的形心轴，弯矩在两个坐标轴上的分量分别为 M_y 和 M_z。和建立对称弯曲梁的正应力计算公式一样，仍然需要从几何、物理、平衡三方面入手。

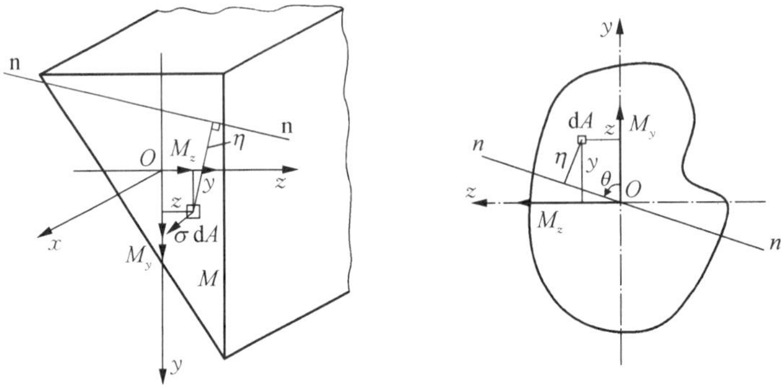

图 9-4

1. 几何方面

实验表明，非对称弯曲时，平面假设依然成立，设横截面的中性轴为 n—n(位置未定)，距中性轴为 η(图 9-4)的任一点的线应变为

$$\varepsilon=\frac{\eta}{\rho} \tag{a}$$

式中，ρ 为变形后中性层的曲率半径。

2. 物理方面

横截面上各点仍为单轴应力状态，并设材料在线弹性范围内工作，且拉伸和压缩时的弹性

模量均为 E,横截面上任一点的正应力为

$$\sigma = E\frac{\eta}{\rho} \tag{b}$$

3. 平衡方面

法向内力元素 $\sigma \mathrm{d}A$ 组成的内力分别为

$$\int_A \sigma \mathrm{d}A = F_{\mathrm{N}} = 0 \tag{c}$$

$$\int_A z\sigma \mathrm{d}A = M_y \tag{d}$$

$$\int_A y\sigma \mathrm{d}A = -M_z \tag{e}$$

将式(b)代入式(c),得

$$F_{\mathrm{N}} = \frac{E}{\rho}\int_A \eta \mathrm{d}A = 0$$

因为 $E/\rho \neq 0$, 必有

$$\int_A \eta \mathrm{d}A = 0$$

可见,中性轴 n—n 通过横截面的形心。

设中性轴 n—n 和 y 轴的夹角为θ(图 9-5),由图可见

$$\eta = y\sin\theta - z\cos\theta$$

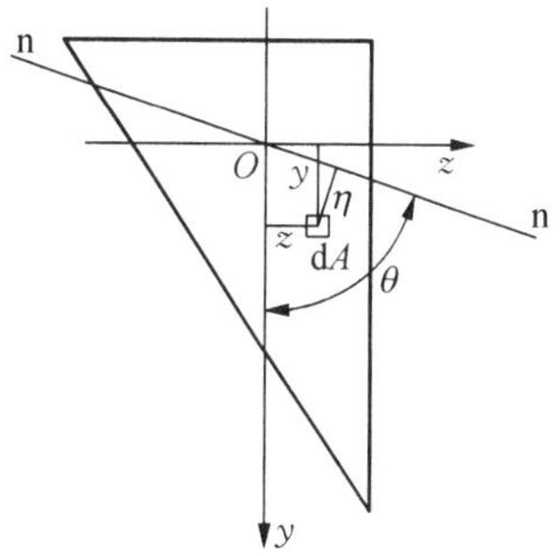

图 9-5

将上式代入式(b),得

$$\sigma = \frac{E}{\rho}(y\sin\theta - z\cos\theta) \tag{f}$$

将式(f)代入式(d)和式(e),并注意到 $I_y = \int_A z^2 \mathrm{d}A$, $I_z = \int_A y^2 \mathrm{d}A$, $I_{yz} = \int_A yz \mathrm{d}A$, 可得

$$\frac{E}{\rho}(I_{yz}\sin\theta - I_y\cos\theta) = M_y$$

$$\frac{E}{\rho}(I_z\sin\theta - I_{yz}\cos\theta) = -M_z$$

联立以上两式,得

$$\frac{E}{\rho}\cos\theta = -\frac{M_y I_z + M_z I_{yz}}{I_y I_z - I_{yz}^2} \tag{g}$$

$$\frac{E}{\rho}\sin\theta = -\frac{M_z I_y + M_y I_{yz}}{I_y I_z - I_{yz}^2} \tag{h}$$

将式(g)、式(h)代入式(f),得

$$\sigma=\frac{M_y(zI_z-yI_{yz})-M_z(yI_y-zI_{yz})}{I_yI_z-I_{yz}^2} \tag{9-1}$$

式(9-1)称为**广义弯曲正应力公式**。

由式(g)和式(h)可以解出中性轴和 y 轴的夹角 θ 为

$$\tan\theta=\frac{M_zI_y+M_yI_{yz}}{M_yI_z+M_zI_{yz}} \tag{9-2}$$

由式(9-2)可以确定中性轴的位置。令式(9-1)等于零也可以得到上式。

横截面上的最大拉应力和最大压应力分别发生在距中性轴最远的位置,如图 9-6 所示的 D_1 和 D_2 处。把 D_1 和 D_2 点的坐标(y, z)代入式(9-1),可以得到横截面上的最大拉应力和最大压应力 $\sigma_{t,\max}$ 和 $\sigma_{c,\max}$。

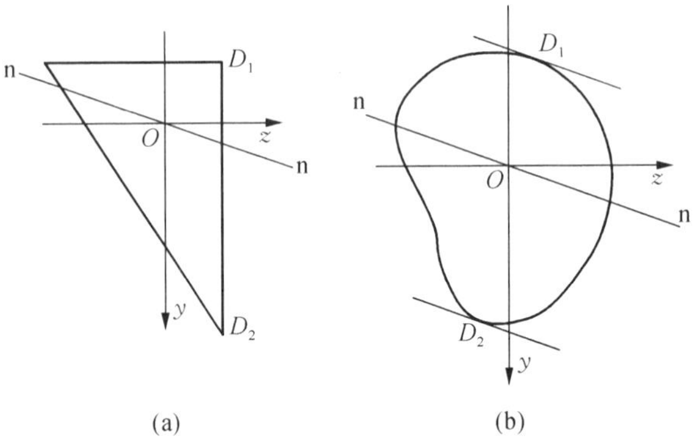

图 9-6

需要注意的是,广义弯曲正应力计算公式的基础是平面假设和纵向层面间互不挤压。在剪切弯曲时,由于横截面上剪力的影响,变形后横截面要发生翘曲(图 6-12),平面假设不再成立。另一方面,由于横向力的作用,各纵向层间产生相互挤压作用。但是精确的理论分析和大量的实验都表明,当梁的长度 l 与截面的高度 h 之比足够大时 $\left(\frac{l}{h}>5\right)$,上述两个因素对横截面上的正应力分布及大小的影响都很小。所以,式(9-1)用于细长梁剪切弯曲正应力的计算已有足够的精度,能满足工程要求。

9.2.2 广义弯曲正应力公式的讨论

广义弯曲正应力公式(9-1)适用一切弯曲情况下梁横截面上正应力的计算。现讨论如下:

(1) 当梁具有纵向对称平面 xy,且外力作用在该平面内(对称弯曲)时,有 $M_y=0$, $M_z=M$, $I_{yz}=0$,则式(9-1)简化为

$$\sigma=-\frac{M}{I_z}y$$

此式和对称弯曲梁的正应力计算式(6-4)相比,只是多了一个负号。而负号是由式(9-1)中 M_z 为负值引起的。

(2) 如果梁不具有纵向对称平面,但外力作用在梁的形心主惯性平面内,或外力作用面与形心主惯性平面平行。

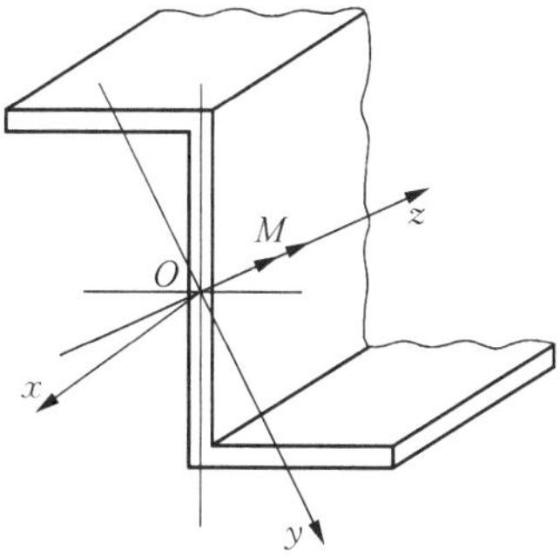

图 9-7

如图 9-7 所示 Z 形截面梁,图中 y, z 轴为形心主惯性轴($I_{yz}=0$), xy, xz 均为形心主惯性平面。弯矩 M 位于 xy 面内(M 的矢量沿 z 轴)。将 $M_y=0$, $M=M_z$, $I_{yz}=0$ 代入式(9-1),得

$$\sigma=-\frac{M}{I_z}y$$

上式表明,只要外力作用在形心主惯性平面内,或者外力作用面平行于形心主惯性平面时,对称弯曲时的正应力公式仍然适用。

将 $M_y=0$, $M=M_z$, $I_{yz}=0$ 代入式(9-2),得 $\tan\theta=\infty$,即 $\theta=90°$。说明中性轴为 z 轴,梁只绕 z 轴弯曲,梁的挠曲线和外力均在 xy 平面内,或外力所在平面和挠曲线平面平行,即梁发生对称弯曲。

(3) 当梁不具有纵向对称平面时,外力也不作用在形心主惯性平面内。

如图 9-8 所示 Z 形截面梁,其 y, z 轴为形心主惯性轴,弯矩 M 的矢量与 y 轴的夹角为 φ,把弯矩在形心主惯性轴的分量 $M_y=M\cos\varphi$, $M_z=M\sin\varphi$,及 $I_{yz}=0$ 代入式(9-1),得

$$\sigma=\frac{M\cos\varphi}{I_y}z-\frac{M\sin\varphi}{I_z}y \tag{9-3}$$

式(9-3)右端的第一项表示 xz 平面内弯曲时的正应力,第二项表示 xy 平面内弯曲时的正应力。可见外力不作用在形心主惯性平面内时,可将外力向两个形心主惯性平面内分解,分别计算两个形心主惯性平面内的弯曲正应力,将二者叠加可得到横截面上任一点的正应力。

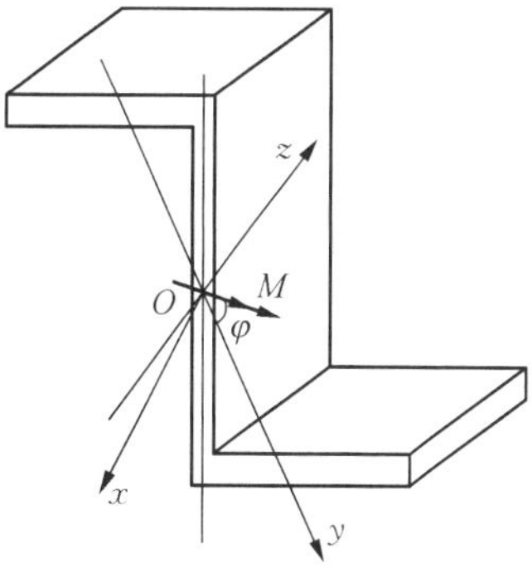

图 9-8

中性轴公式成为

$$\tan\theta=\frac{M_z}{M_y}\cdot\frac{I_y}{I_z}=\frac{I_y}{I_z}\tan\varphi \tag{9-4}$$

因为 $I_y\neq I_z$,所以 $\theta\neq\varphi$。即中性轴不再垂直于 M(外力)作用平面(中性轴不沿 M 的矢量方向)。外力和挠曲线不在同一平面内,梁产生斜弯曲。

(4) 梁具有纵向对称平面,但外力作用面与纵向对称平面有一夹角。

该情况是第三种情况的特例,称为斜弯曲。

【例 9-1】 Z 形截面梁受力如图 9-9(a)所示,截面尺寸如图 9-9(b)所示。已知 $F=5$ kN, $l=4$ m。试求该梁的最大拉应力和最大压应力。

【解】 (1) 使用广义弯曲正应力公式计算。

由于载荷作用线沿 y 轴,所以各截面上只有 M_z 不为零。由第 5 章弯曲内力计算可知,危险截面在跨中,且最大弯矩为

$$M_{z,\max}=\frac{1}{4}Fl=5\ \text{kN}\cdot\text{m}$$

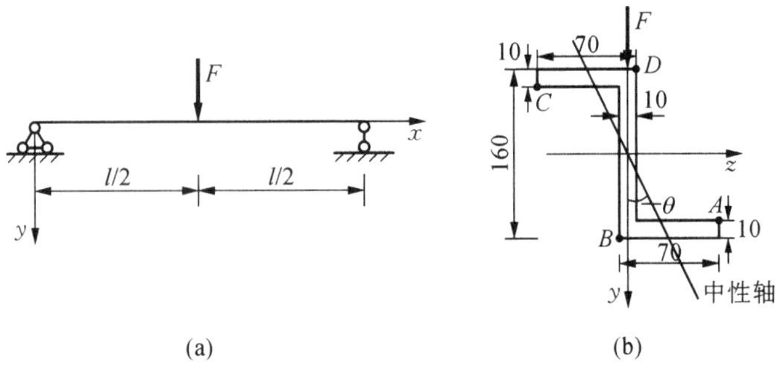

图 9-9

假设中性轴与 y 轴的夹角为 θ,如图 9-9(b)所示。由附录 A 的定义,可以得到对 y 轴、z 轴的惯性矩、惯性积分别为

$$I_z=\left[\frac{70\times10^3}{12}+\left(\frac{160-10-10}{2}+\frac{10}{2}\right)^2\times(10\times70)\right]$$
$$+\frac{10\times(160-20)^3}{12}+\left[\frac{70\times10^3}{12}+\left(\frac{160-10-10}{2}+\frac{10}{2}\right)^2\times(10\times70)\right]$$
$$=1.02\times10^7\ \text{mm}^4$$

$$I_y=\left[\frac{10\times70^3}{12}+\left(\frac{70}{2}-\frac{10}{2}\right)^2\times(10\times70)\right]$$
$$+\frac{(160-20)\times10^3}{12}+\left[\frac{10\times70^3}{12}+\left(\frac{70}{2}-\frac{10}{2}\right)^2\times(10\times70)\right]$$
$$=1.84\times10^6\ \text{mm}^4$$

$$I_{yz}=0+\left[\left(-\frac{160-10-10}{2}-\frac{10}{2}\right)\times\left(-\frac{70}{2}+\frac{10}{2}\right)\right]\times(10\times70)$$
$$+0+\left[\left(\frac{160-10-10}{2}+\frac{10}{2}\right)\times\left(\frac{70}{2}-\frac{10}{2}\right)\right]\times(10\times70)$$
$$=3.15\times10^6\ \text{mm}^4$$

所以有

$$\tan\theta=\frac{M_zI_y+M_yI_{yz}}{M_yI_z+M_zI_{yz}}=\frac{I_y}{I_{yz}}=0.730\,2$$

即

$$\theta=36.14^\circ$$

最大正应力应为距离中性轴最远处的点,即如图 9-9(b)所示点 A, B, C, D。这些点的坐标分别为

$$\begin{cases}y_A=70\ \text{mm}\\z_A=65\ \text{mm}\end{cases},\ \begin{cases}y_B=80\ \text{mm}\\z_B=-5\ \text{mm}\end{cases},\ \begin{cases}y_C=-70\ \text{mm}\\z_C=-65\ \text{mm}\end{cases},\ \begin{cases}y_D=-80\ \text{mm}\\z_D=5\ \text{mm}\end{cases}$$

将上述坐标值及截面惯性矩、惯性积代入广义弯曲正应力计算公式(9-1),得

$$\sigma=\frac{-M_z(yI_y-zI_{yz})}{I_yI_z-I_{yz}^2}=\frac{M_{z,\max}(yI_y-zI_{yz})}{I_yI_z-I_{yz}^2}$$

经计算得到 A，B，C，D 四点的应力分别为

$$\sigma_A=-11.8\ \text{MPa},\ \sigma_B=53.7\ \text{MPa},\ \sigma_C=11.8\ \text{MPa},\ \sigma_D=-53.7\ \text{MPa}$$

由此可知，梁的最大拉应力、最大压应力分别发生在 B，D 两点上。

9.3 斜弯曲

关于斜弯曲定义的讨论

9.3.1 产生斜弯曲的加载条件

在 9.2 节我们已经推导出了广义弯曲正应力计算公式并对该公式进行了讨论。当载荷作用在梁的对称面(或主轴平面)内时，如图 9-10(a)所示，广义弯曲正应力计算公式就退化为第 6 章的平面弯曲正应力计算公式。然而，当外力如图 9-10(b)所示作用在梁的非对称面(或主轴平面)内时，或如图 9-10(c)所示有不同外力分别作用在梁的不同对称面内时，梁的弯曲变形方向与弯矩作用平面将不在一个平面内。这种变形方向与弯矩作用平面不在同一平面内的弯曲称为**斜弯曲**，此时应力计算不能简单地使用平面内弯曲正应力公式。

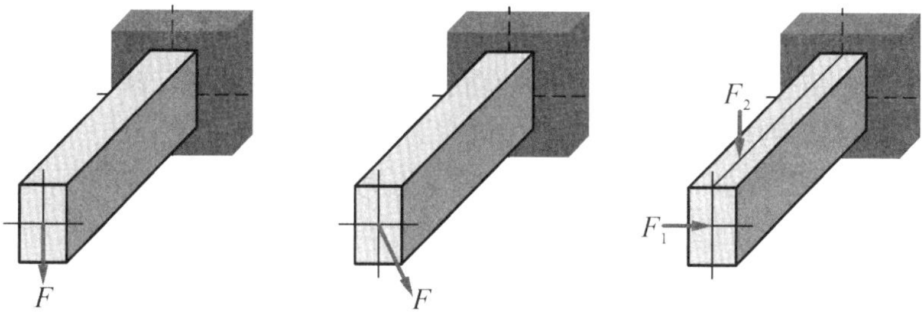

(a) (b) (c)

图 9-10

9.3.2 叠加法确定斜弯曲时梁横截面上的正应力

当然，我们完全可以使用刚刚学过的广义弯曲正应力计算公式计算斜弯曲时梁横截面上的正应力。为了巩固梁横截面上平面弯曲正应力计算公式的理解，我们将应用叠加法推导斜弯曲时的正应力计算公式。为了确定斜弯曲时梁横截面上的应力，在小变形的条件下，可以将斜弯曲分解成两个纵向对称面内(或主轴平面)的对称弯曲，然后将两个对称弯曲引起的同一点应力的代数值相加，便得到斜弯曲在该点的应力值。也就是说可以使用叠加原理计算某一点的应力。

斜弯曲时梁横截面上的应力分布如图 9-11 所示，当梁的横截面上同时作用两个弯矩 M_y 和 M_z(二者分别都作用在梁的两个对称面内)时，两个弯矩在同一点引起的正应力叠加后，得到如图 9-11(b)所示的应力分布图。

9.3.3 最大正应力确定

对于矩形截面，由于两个弯矩引起的最大拉应力发生在同一点；最大压应力也发生在同一点，因此，叠加后，横截面上的最大拉伸和压缩正应力必然发生在矩形截面的角点处。最大拉

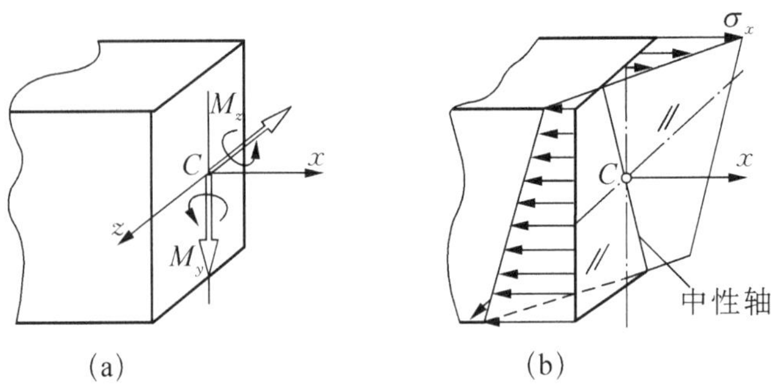

图 9-11

伸和压缩正应力值由下式确定：

$$\sigma^+_{\max}=\frac{M_y}{W_y}+\frac{M_z}{W_z} \tag{9-5a}$$

$$\sigma^-_{\max}=-\left(\frac{M_y}{W_y}+\frac{M_z}{W_z}\right) \tag{9-5b}$$

式(9-5)不仅对矩形截面,而且对槽形截面、工字形截面也适用。因为这些截面上由两个主轴平面内的弯矩引起的最大拉应力和最大压应力都发生在同一点。

对于圆截面,上述计算公式是不适用的。这是因为,两个对称面内的弯矩所引起的最大拉应力不发生在同一点,最大压应力也不发生在同一点。

对于圆截面,因为过形心的任意轴均为截面的对称轴,所以当横截面上同时作用有两个弯矩时,可以将弯矩用矢量表示,然后求二者的矢量和。这一矢量仍然沿着横截面的对称轴分析,弯矩的作用面仍然与对称面一致,所以对称弯曲的公式依然适用。于是,圆截面上的最大拉应力和最大压应力计算公式分别为

$$\sigma^+_{\max}=\frac{M}{W}=\frac{\sqrt{M_y^2+M_z^2}}{W} \tag{9-6a}$$

$$\sigma^-_{\max}=-\frac{M}{W}=-\frac{\sqrt{M_y^2+M_z^2}}{W} \tag{9-6b}$$

此外,还可以证明,斜弯曲情形下,梁的横截面上依然存在中性轴,而且中性轴一定通过横截面的形心,但不垂直于加载方向,这是斜弯曲与对称弯曲的重要区别。

【例 9-2】 一般生产车间所用的吊车大梁,两端由钢轨支撑,可以简化为简支梁,如图 9-12(a)所示。图中 $l=4$ m。大梁由 I32a 热轧普通工字钢制成。起吊重物的重量 $F_P=80$ kN,并且作用在梁的中点,作用线与 y 轴之间的夹角 $\alpha=5°$,试确定吊车大梁的最大应力。

【解】 (1) 易知梁将发生斜弯曲。将斜弯曲分解为两个对称弯曲的叠加

将 F_P 分解为 z 和 y 方向的两个分力 F_{Pz} 和 F_{Py},将斜弯曲分解两个对称弯曲,分别如图 9-12(b)和(c)所示。图中：

$$F_{Pz}=F_P\sin\alpha,\ F_{Py}=F_P\cos\alpha$$

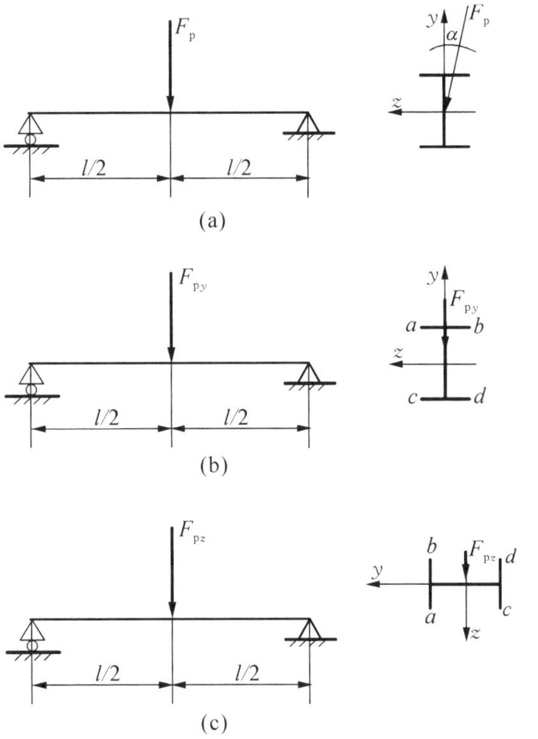

图 9-12

(2) 求两个对称弯曲情形下的最大弯矩

根据弯矩图易知,简支梁在中点受力的情形下,最大弯矩 $M_{max}=\frac{F_Pl}{4}$。将其中的 F_P 分别替换为 F_{Pz} 和 F_{Py},便得到两个对称弯曲情形下的最大弯矩:

$$M_{max}(F_{Pz})=\frac{F_{Pz}\times l}{4}=\frac{F_P\sin\alpha\times l}{4}$$

$$M_{max}(F_{Py})=\frac{F_{Py}\times l}{4}=\frac{F_P\cos\alpha\times l}{4}$$

(3) 计算两个对称弯曲情形下的最大正应力

在 $M_{max}(F_{Py})$ 作用的截面上[图 9-12(b)],截面上边缘的角点 a, b 承受最大压应力;下边缘的角点 c, d 承受最大拉应力。

在 $M_{max}(F_{Pz})$ 作用的截面上[图 9-12(c)],截面上角点 b, d 承受最大压应力;角点 a, c 承受最大拉应力。

两个对称弯曲叠加结果,角点 c 承受最大拉应力;角点 b 承受最大压应力。因此 b, c 两点都是危险点。这两点的最大正应力数值相等:

$$\begin{aligned}\sigma_{max}(b,\ c)&=\frac{M_{max}(F_{Pz})}{W_y}+\frac{M_{max}(F_{Py})}{W_z}\\&=\frac{F_P\sin\alpha\times l}{4W_y}+\frac{F_P\cos\alpha\times l}{4W_z}\end{aligned}$$

式中 $l=4\ \mathrm{m}$, $F_P=80\ \mathrm{kN}$, $\alpha=5°$。另外从型钢表(附录 B) 中可查到 I32a 热轧普通工字钢的 $W_y=70.8\ \mathrm{cm}^3$, $W_z=692\ \mathrm{cm}^3$。将这些数据代入上式,得到

$$\sigma_{\max}(b,\ c)=\frac{80\times10^3\ \mathrm{N}\times\sin5°\times4\ \mathrm{m}}{4\times70.8\times(10^{-2}\ \mathrm{m})^3}+\frac{80\times10^3\ \mathrm{N}\times\cos5°\times4\ \mathrm{m}}{4\times692\times(10^{-2}\ \mathrm{m})^3}$$
$$=98.5\times10^6\ \mathrm{Pa}+115.2\times10^6\ \mathrm{Pa}=213.7\times10^6\ \mathrm{Pa}$$
$$=213.7\ \mathrm{MPa}$$

讨论 如果载荷不偏离梁的纵向垂直对称面,则跨度中点的最大应力为

$$\sigma_{\max}(b,\ c)=\frac{80\times10^3\ \mathrm{N}\times\sin0°\times4\ \mathrm{m}}{4\times70.8\times(10^{-2}\ \mathrm{m})^3}+\frac{80\times10^3\ \mathrm{N}\times\cos0°\times4\ \mathrm{m}}{4\times692\times(10^{-2}\ \mathrm{m})^3}$$
$$=0+115.6\times10^6\ \mathrm{Pa}=115.6\ \mathrm{MPa}$$

这一数值远小于斜弯曲时的最大正应力。

可见,载荷偏离对称轴 y 轴很小的角度,最大正应力就会有很大的增加(本例题中增加了 84.9%),这对于梁的强度是很大的威胁,实际工程中应当尽量避免这种现象的发生。这就是为什么吊车起吊重物时只能在吊车大梁垂直下方起吊,而不允许在大梁的侧面斜方向起吊的原因。

【例 9-3】 如图 9-13(a)所示矩形截面梁,截面宽度 $b=90\ \mathrm{mm}$,高度 $h=180\ \mathrm{mm}$。梁在两个互相垂直的平面内分别受有水平力 F_{P1} 和铅垂力 F_{P2}。若已知 $F_{P1}=800\ \mathrm{N}$, $F_{P2}=1\,650\ \mathrm{N}$, $l=1\ \mathrm{m}$,试求梁内的最大弯曲正应力并指出其作用点的位置。

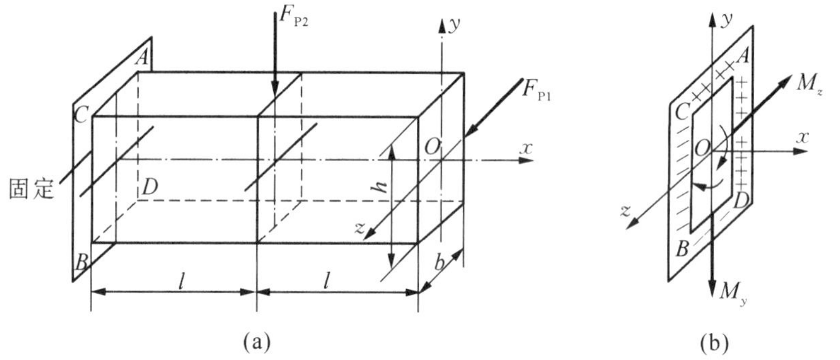

图 9-13

【解】 为求梁内的最大弯曲正应力,必须分析水平力 F_{P1} 和铅垂力 F_{P2}。所产生的弯矩在何处取最大值。不难看出,两个力均在固定端处产生最大弯矩,其作用方向如图 9-13(b)所示。其中 $M_{y\max}$ 由 F_{P1} 引起,$M_{z,\max}$ 由 F_{P2} 引起,

$$M_{y,\max}=-F_{P1}\times2l$$
$$M_{z,\max}=-F_{P2}\times l$$

对于矩形截面,在 $M_{y,\max}$ 作用下最大拉应力和最大压应力分别发生在 AD 边和 CB 边;在 $M_{z,\max}$ 作用下,最大拉应力和最大压应力分别发生在 AC 边和 BD 边。在图 9-13(b)中,最大拉应力和最大压应力作用点分别用"+"和"−"表示。

二者叠加的结果,点 A 和点 B 分别为最大拉应力和最大压应力作用点。于是,这两点的正应力分别为

点 A：

$$\sigma_{x,\max}^{+}=\frac{|M_{y,\max}|}{W_y}+\frac{|M_{z,\max}|}{W_z}=\frac{6\times2\times F_{P1}l}{hb^2}+\frac{6\times F_{P2}l}{bh^2}$$
$$=\frac{6\times2\times800\times1}{180\times90^2\times10^{-9}}+\frac{6\times1650\times1}{90\times180^2\times10^{-9}}$$
$$=9.979\times10^6\ \text{Pa}=9.979\ \text{MPa}$$

点 B：

$$\sigma_{x,\max}^{-}=-\left(\frac{|M_{y,\max}|}{W_y}+\frac{|M_{z,\max}|}{W_z}\right)=-9.979\ \text{MPa}$$

请读者思考：如果将本例中的梁改为圆截面，其他条件不变，上述确定最大拉应力和最大压应力的方法是否仍然有效？这种情形下的最大拉应力和最大压应力怎样确定？

9.4 弯曲与轴向拉压共同作用下的应力计算

9.4.1 横向力和轴向力共同作用

当杆件同时承受垂直于轴线的横向力和沿着轴线方向的纵向力时，如图 9-14(a)所示，杆件的横截面上将同时产生轴力、弯矩和剪力。其中，轴力和弯矩都将在横截面上产生正应力。

此外，如图 9-14(b)所示如果作用在杆件上的纵向力与杆件的轴线不一致，这种情形称为**偏心加载**。这时，将纵向力向横截面的形心简化，同样将在杆件的横截面上产生轴力和弯矩。

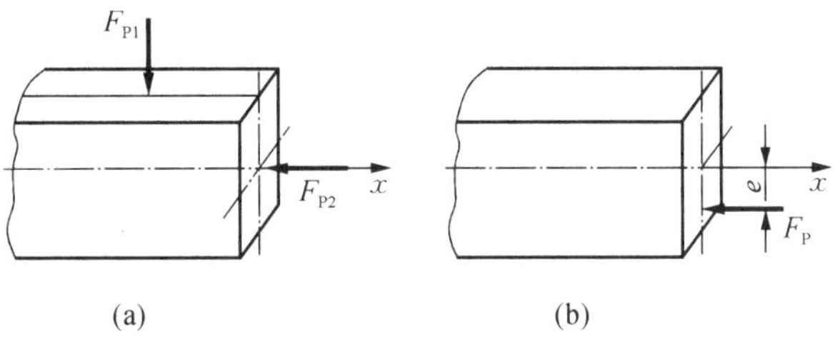

图 9-14

在梁的横截面上同时产生轴力和弯矩的情形下，根据轴力图和弯矩图可以确定杆件的危险截面以及危险截面上的轴力 F_N 和弯矩 $M_{\max}$。

轴力 F_N 引起的正应力沿整个横截面均匀分布，轴力为正时，产生拉应力；轴力为负时产生压应力：

$$\sigma=\pm\frac{F_N}{A}$$

弯矩 $M_{\max}$ 引起的正应力沿横截面高度方向线性分布

$$\sigma=\frac{M_z y}{I_z}$$

应用叠加法，将二者分别引起的同一点的正应力相加，所得到的应力就是二者在同一点引起的总应力。

由于轴力 F_N 和弯矩 M_{max} 的方向有不同形式的组合,因此,横截面上的最大拉伸和压缩正应力的计算式也不完全相同,需要根据实际受力情况确定每种载荷引起的应力的正负。例如,对于图 9-14(b)中的情形,有:

$$\sigma_{max}^{+}=\frac{M}{W}-\frac{F_N}{A} \tag{9-7a}$$

$$\sigma_{max}^{-}=-\left(\frac{F_N}{A}+\frac{M}{W}\right) \tag{9-7b}$$

式中 M——$M=F_p e$;

e——偏心距;

A——横截面面积。

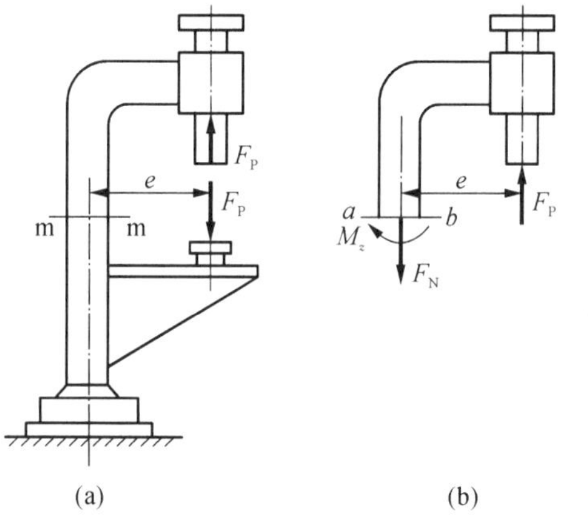

图 9-15

【例 9-4】 如图 9-15(a)所示钻床结构及其受力简图。钻床立柱为空心铸铁管,管的外径 $D=140$ mm,内、外径之比 $d/D=0.75$。钻孔时钻头和工作台面的受力如图 9-15(a)所示,其中 $F_P=15$ kN,其作用线与立柱轴线之间的距离(偏心距)$e=400$ mm。已知立柱的拉伸许用应力$[\sigma]^+=35$ MPa,压缩许用应力$[\sigma]^-=90$ MPa。求立柱横截面的最大应力,并校核立柱的强度是否安全。

【解】 (1) 确定立柱横截面上的内力分量。用假想截面 m—m 将立柱截开,以截开的上半部分为研究对象,如图 9-15(b)所示。由平衡条件得截面上的轴力和弯矩分别为

$$F_N=F_P=15\text{ kN}$$
$$M_z=F_P\times e=15\times 400\times 10^{-3}=6\text{ kN}\cdot\text{m}$$

(2) 确定危险截面并计算最大应力。立柱在偏心力 F_P 作用下产生拉伸与弯曲的组合变形。因为立柱内所有横截面上的轴力和弯矩都相同,所有横截面的危险程度相同。根据如图 9-15(b)所示横截面上轴力 F_N 和弯矩 M_z 的实际方向可知,横截面左、右两侧的 a 点和 b 点分别承受最大压应力和最大拉应力,其值分别为

$$\sigma_{max}^{-}=-\frac{M_z}{W}+\frac{F_N}{A}=-\frac{F_P\times e}{\dfrac{\pi D^3(1-\alpha^4)}{32}}+\frac{F_P}{\dfrac{\pi(D^2-d^2)}{4}}$$
$$=-\frac{32\times 6\times 10^3}{\pi\times(140\times 10^{-3})^3\times(1-0.75^4)}+\frac{4\times 15\times 10^3}{\pi\times(140\times 10^{-3})^2-(0.75\times 140\times 10^{-3})^2}$$
$$=-30.35\times 10^6\text{ Pa}=-30.35\text{ MPa}$$

$$\sigma_{max}^{+}=\frac{M_z}{W}+\frac{F_N}{A}=\frac{F_P\times e}{\dfrac{\pi D^3(1-\alpha^4)}{32}}+\frac{F_P}{\dfrac{\pi(D^2-d^2)}{4}}$$
$$=\frac{32\times 6\times 10^3}{\pi\times(140\times 10^{-3})^3(1-0.75^4)}+\frac{4\times 15\times 10^3}{\pi\times(140\times 10^{-3})^2-(0.75\times 140\times 10^{-3})^2}$$

$=34.81\times10^{6}$ Pa $=34.81$ MPa

(3) 强度校核。

将最大拉应力与拉应力许用应力值比较，最大压应力与压应力许用应力值也比较后发现，立柱的拉伸和压缩的强度都是安全的。

9.4.2 偏心拉伸(压缩)

当轴向力和杆件轴线一致时，杆件横截面均匀受拉(压)，正应力在横截面上均匀分布。然而，当作用在杆件上的外力和杆件的轴线平行但不重合时，如图 9-16(a)所示，将引起偏心拉伸或偏心压缩。如图 9-16(b)所示的工业厂房中常用的牛腿柱即是典型的承受偏心压缩结构。

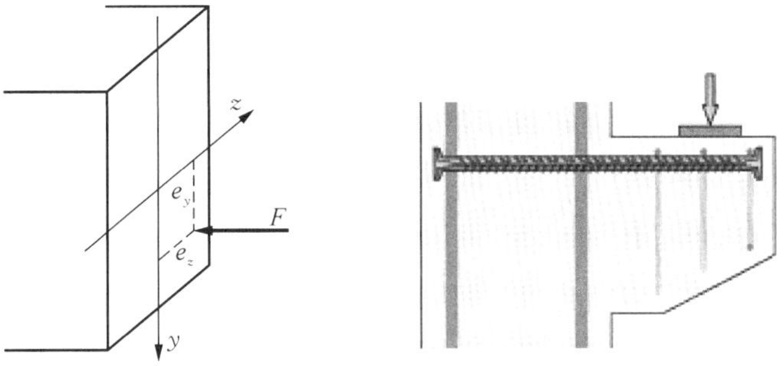

(a) (b)

纵横弯曲中轴力对最大正应力的影响

图 9-16

对于偏心拉伸或压缩，仍采用叠加原理的思想予以求解。对如图 9-17(a)所示的偏心拉伸载荷，偏心拉力 F 作用点的坐标为 e_y，e_z。如图 9-17(b)所示，将该偏心拉力向截面形心简化，得到轴向拉力 F 以及两个作用在纵向对称面内的力偶

$$M_y=Fe_z,\ M_z=Fe_y$$

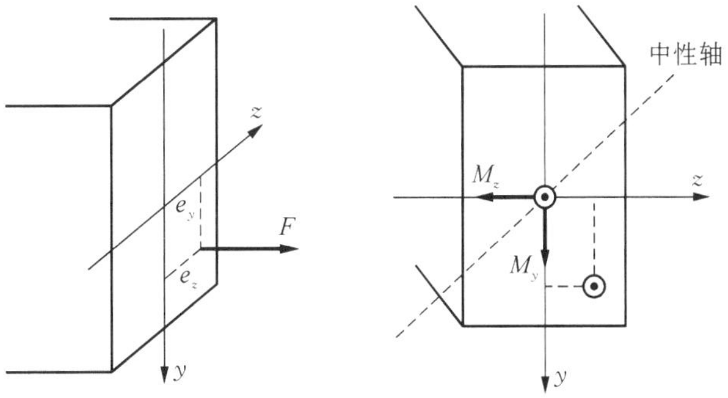

(a) (b)

图 9-17

在上述载荷作用下，轴向拉力 F 引起的正应力为

$$\sigma_N=\frac{F_N}{A}=\frac{F}{A}$$

两力偶引起的弯曲正应力为

$$\sigma_{M}=\frac{M_{y}\cdot z}{I_{y}}+\frac{M_{z}\cdot y}{I_{z}}$$

代入 $M_y=Fe_z$，$M_z=Fe_y$，则截面内总的正应力为

$$\sigma=\sigma_{N}+\sigma_{M}=\frac{F}{A}+\frac{Fe_{z}z}{I_{y}}+\frac{Fe_{y}y}{I_{z}} \tag{a}$$

根据惯性矩与惯性半径的关系，横截面对 y 轴和 z 轴的惯性矩有 $I_y=A\cdot i_y^2$，$I_z=A\cdot i_z^2$（参见附录 A)，从而式(a)可以进一步表述为

$$\sigma=\frac{F}{A}(1+\frac{e_{z}z}{i_{y}^{2}}+\frac{e_{y}y}{i_{z}^{2}}) \tag{9-8}$$

式(9-8)描述了在偏心拉伸或压缩作用下杆件横截面内坐标为$(y,\ z)$点处的正应力。

在式(9-8)中，令正应力 $\sigma=0$，就可以得到横截面上正应力为零处的直线(即中性轴)的方程。令中性轴上任一点的坐标为$(y_0,\ z_0)$，则中性轴方程为

$$1+\frac{e_{z}}{i_{y}^{2}}\cdot z_{0}+\frac{e_{y}}{i_{z}^{2}}\cdot y_{0}=0 \tag{9-9}$$

根据中性轴，可以很快确定截面内的最大应力。若截面周边无棱角，将中性轴向两侧平移，移至与截面边界相切于一点的最远处，该相切点即为最大拉应力或最大压应力点，该点的应力即为相应的应力极值。

若截面有棱角，如图 9-17 所示，则危险点必定在截面的棱角处，具体位置可以根据杆件的变形分析。由图 9-17 可知，最大拉应力发生在右下角点处，而最大压应力发生在左上角点处。其最大拉应力和最大压应力分别为

$$\begin{matrix}\sigma_{\max}^{+}\\ \sigma_{\max}^{-}\end{matrix}=\frac{F}{A}\pm\frac{Fe_{y}}{W_{z}}\pm\frac{Fe_{z}}{W_{y}} \tag{9-10}$$

需要注意的是，式(9-10)中的正负号需要根据实际载荷的方向和作用位置确定。例如，当拉力 F 变为压力时，由轴力引起的应力(上式中等号右侧第一项)应为负号。

【例 9-5】 开口链环由直径 $d=12$ mm 的圆钢弯制而成，其形状、链环的受力及其他尺寸如图 9-18 所示。试求：

(1) 链环直段部分横截面上的最大拉应力和最大压应力；

(2) 中性轴与截面形心之间的距离。

【解】 (1) 计算直段部分横截面上的最大拉、压应力。

将链环从直段的某一横截面处截开，根据平衡，截面上作用有内力分量 F_N 和 M_z，如图 9-18(b)所示。由平衡方程 $\sum F_x=0$ 和 $\sum M_C=0$，得

$$F_{N}=800\ \text{N},\ M_{z}=800\times15\times10^{-3}=12\ \text{N}\cdot\text{m}$$

轴力 F_{Nx} 引起的正应力在截面上均匀分布，如图 9-18(c)所示，其值为

$$\sigma_{x}(F_{Nx})=\frac{F_{Nx}}{A}=\frac{4F_{N}}{\pi d^{2}}=\frac{4\times800}{\pi\times(12\times10^{-3})^{2}}=7.07\times10^{6}\ \text{Pa}=7.07\ \text{MPa}$$

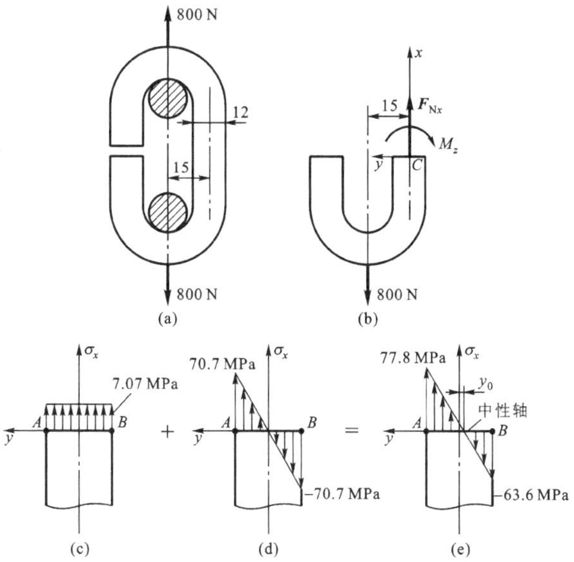

图 9-18

弯矩 M_z 引起的正应力分布如图 9-18(d)所示。最大拉、压应力分别发生在 A，B 两点，其绝对值为

$$\sigma_{x,\max}(M_z)=\frac{M_z}{W_z}=\frac{32M_z}{\pi d^3}=\frac{32\times 12}{\pi\times(12\times 10^{-3})^3}=70.7\times 10^6\ \text{Pa}=70.7\ \text{MPa}$$

将上述两个内力分量引起的应力分布叠加，便得到由载荷引起的链环直段横截面上的正应力分布，如图 9-18(e)所示。

从图 9-18(e)中可以看出，横截面上的 A，B 两点处分别承受最大拉应力和最大压应力，其值分别为

$$\sigma_{x,\max}^{+}=\sigma_x(F_{Nx})+\sigma_x(M_z)=77.8\ \text{MPa}$$
$$\sigma_{x,\max}^{-}=\sigma_x(F_{Nx})-\sigma_x(M_z)=-63.6\ \text{MPa}$$

(2) 计算中性轴与形心之间的距离。

令 F_{Nx} 和 M_z 引起的正应力之和等于零，即

$$\sigma_x=\frac{F_{Nx}}{A}-\frac{M_z(-y_0)}{I_z}=0$$

其中，y_0 为中性轴到形心的距离[图 9-18(e)]，于是，由上式解出

$$y_0=\frac{F_N I_z}{M_z A}=\frac{F_N\cdot\dfrac{\pi d^4}{64}}{M_z\cdot\dfrac{\pi d^2}{4}}=\frac{4\times 800\times(12\times 10^{-3})^2}{64\times 12}=0.6\times 10^{-3}\ \text{m}=0.6\ \text{mm}$$

*9.4.3 截面核心

在土木工程中，混凝土地基、桥墩以及砖石建筑物的立柱等一般都承受偏心压缩。这些材

料的抗压强度较高，而抗拉强度比较低，因此不希望出现拉应力。这就要求力的作用点限制在距离截面形心较近的范围内，一旦力的作用点超出这个范围，偏心作用产生的弯矩使截面内产生拉应力。这样的区域被称为**截面核心**。

下面给出广泛意义下的截面核心的确定方法。根据式(9-9)中性轴方程可知，e_y，e_z 是偏心距，也就是力的作用点坐标，(y_0, z_0)是中性轴上任意一点的坐标。i_y，i_z 分别为横截面对 y 轴、z 轴的惯性半径。中性轴为杆件截面上正应力为零的直线，中性轴两侧的截面上分别为压应力和拉应力。因此，若要求杆件横截面内全为压应力，则中性轴至多应与截面边界相切。

如图 9-19 所示，杆件截面无棱角，y 轴、z 轴分别为该截面的两惯性主轴。在截面边界上任一点处作切线。临界状态时，轴向压力作用在点 1，使切点应力恰好为零，所以点 1 即为截面核心的边界上一点，而切线即为轴向力作用在点 1 时所对应的中性轴。切线上所有点的坐标(y_0, z_0)均满足中性轴方程 $1+\frac{e_z}{i_y^2}\cdot z_0+\frac{e_y}{i_z^2}\cdot y_0=0$。式中，$(e_y, e_z)$为点 1 的坐标。分别取中性轴与 y 轴、z 轴的交点$(a_{y1}, 0)$和$(0, a_{z1})$代入以上方程，即可求得截面核心上点 1 处的坐标，为

$$e_{y1}=-\frac{i_z^2}{a_{y1}},\ e_{z1}=-\frac{i_y^2}{a_{z1}} \tag{9-11}$$

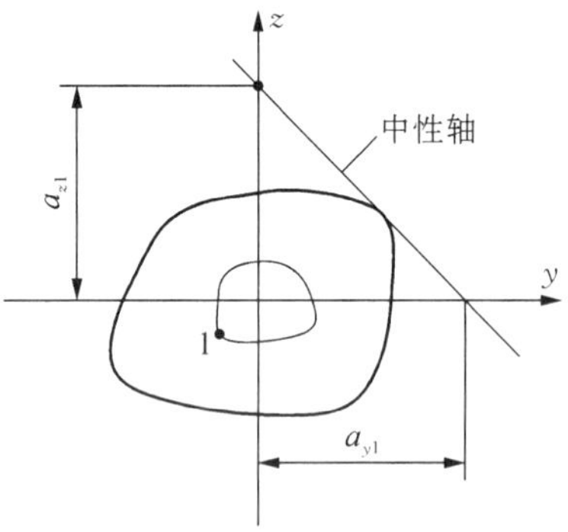

图 9-19

重复以上步骤，即可求出该截面的截面核心边界上所有点的坐标。

图 9-20 分别显示了圆形截面、矩形截面、工字形截面以及槽形截面的截面核心。

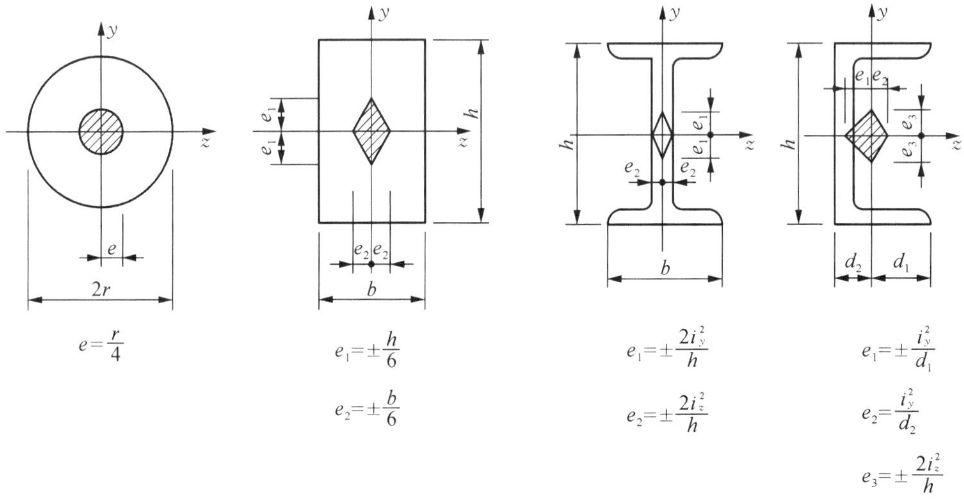

图 9-20

【**例 9-6**】 确定如图 9-21 所示矩形截面短柱的截面核心。

【**解**】 对称轴 y，z 即为截面图形的形心主惯性轴，$i_y^2=\frac{b^2}{12}$，$i_z^2=\frac{h^2}{12}$。

设中性轴与 AB 边重合，则它在坐标轴上截距为 $y_{0t}=-\frac{h}{2}$，$z_{0t}=\infty$，于是，偏心压力 P

的偏心距为

$$y_{\mathrm{p}}=-\frac{i_z^2}{y_{0\mathrm{t}}}=\frac{h}{6},\ z_{\mathrm{p}}=-\frac{i_z^2}{y_{0\mathrm{t}}}=0$$

即图 9-17 中的 a 点。

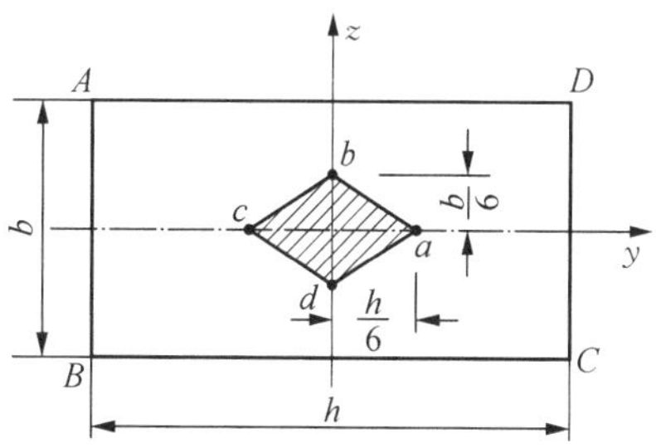

图 9-21

同理若中性轴为 BC 边，相应为 b 点 $\left(0,\ \frac{b}{6}\right)$。

同理，可以得到 c，d 两点的坐标。

由于中性轴方程为直线方程，最后可得图中矩形截面的截面核心边界为 $abcd$（阴影线所示）。该截面核心为一个菱形，其对角线长度为截面边长的三分之一。由此可知，当矩形截面杆件承受偏心压力时，欲使截面上都是压应力，则此压力作用点必须在上述菱形范围内。

9.5 弯曲与扭转共同作用下的应力计算

工程实际中，许多杆件发生弯曲和扭转的组合变形。如图 9-1 所示的齿轮传动轴和钻镳。如图 9-22 所示的路牌在自重和风压作用下，立柱发生弯曲和扭转组合变形。弯曲在杆件横截面上产生正应力，扭转在横截面上产生切应力，因此，弯曲和扭转的组合变形要更加复杂一些，需要结合叠加原理、应力状态以及强度理论来分析。

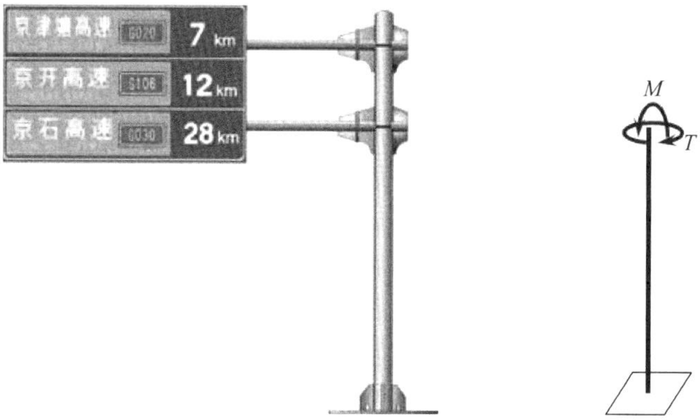

图 9-22

如图 9-23 所示，一杆件横截面上同时作用有弯矩 M 和扭矩 T。一般来说，同时发生弯曲和扭转的杆件多为圆形截面，所以这里主要讨论圆形截面。根据叠加原理，可将两个内力分开考虑。从而该横截面上正应力由弯矩决定，最大弯曲正应力发生在截面的上、下端点；横截面

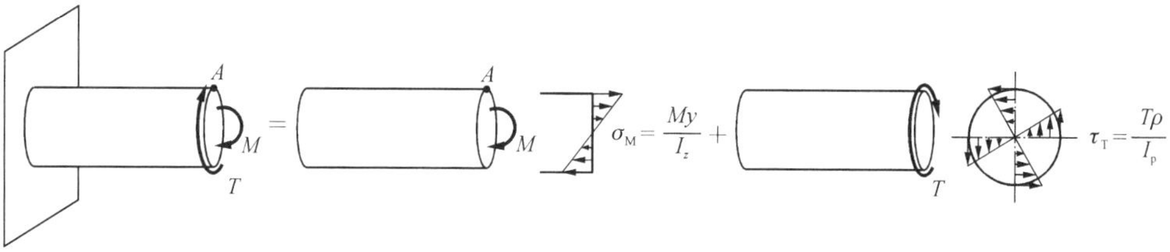

图 9-23

上的切应力由扭矩决定，最大切应力发生在截面圆周上各点。综合考虑，可知截面上最危险的点为上、下端点。

对于拉伸和压缩强度相同的塑性材料来说，截面上、下端点的危险程度相同。因此，取截面上端点 A 作为研究对象。从杆件上端向下俯视 A 点，并取如图 9-24 所示的微元，根据之前分析，可得图示该点处的应力状态。其中 $\sigma=\dfrac{M}{W}$ 为横截面内的最大弯曲正应力，$\tau=\dfrac{T}{W_p}$ 为横截面内的最大切应力。

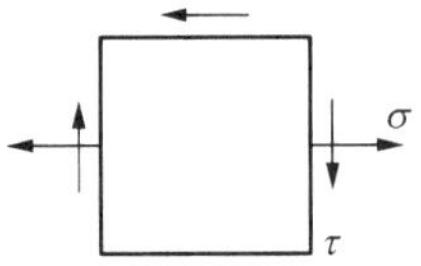

图 9-24

该点的 3 个主应力为

$$\left.\begin{matrix}\sigma_1\\ \sigma_3\end{matrix}\right\}=\frac{\sigma}{2}\pm\frac{1}{2}\sqrt{\sigma^2+4\tau^2},\ \sigma_2=0$$

所以，根据第三强度理论，该点的相当应力

$$\sigma_{r3}=\sigma_1-\sigma_3=\sqrt{\sigma^2+4\tau^2} \tag{9-12}$$

若根据第四强度理论，该点的相当应力

$$\sigma_{r4}=\sqrt{\sigma^2+3\tau^2} \tag{9-13}$$

根据以上两式，获得杆件在弯曲和扭转组合变形时危险点的相当应力时，即可与材料的许用应力$[\sigma]$进行对比，从而进行强度计算。

以上两式虽然可用于强度计算，却不是特别方便。对于杆件来说，一般先获得杆件内力，如弯曲和扭矩，进而才能计算出相应的应力。因此，对于弯扭组合的杆件，注意到 $\sigma=\dfrac{M}{W}$ 以及 $\tau=\dfrac{T}{W_p}$，同时对于圆截面杆件有 $W_p=2W$。所以式(9-12)和式(9-13)可相应写成

$$\sigma_{r3}=\sqrt{\left(\frac{M}{W}\right)^2+4\left(\frac{T}{W_p}\right)^2}=\frac{\sqrt{M^2+T^2}}{W} \tag{9-14}$$

$$\sigma_{r4}=\sqrt{\left(\frac{M}{W}\right)^2+3\left(\frac{T}{W_p}\right)^2}=\frac{\sqrt{M^2+0.75T^2}}{W} \tag{9-15}$$

根据式(9-14)和式(9-15)，对于圆形截面杆件，只要知道危险截面上的弯矩和扭矩，就可以直接计算该截面上危险点的相当应力。

一旦知道最大应力，就可以根据强度理论进行强度校核、杆件尺寸设计以及确定最大许用载荷等工作。

【例 9-7】 如图 9-25(a)所示手摇绞车，已知轴的直径 $d=25$ mm，材料为 Q235 钢，许用应力$[\sigma]=80$ MPa。根据第三强度理论求绞车的最大起吊重量 P。

【解】 (1) 先将所有载荷向轴线简化。如图 9-25(b)所示，起吊重量 P 向轴线简化，得到集中力 P 以及扭力偶矩 $M_1=0.15P$；摇车的力 F 向轴线简化，得到集中力 F 以及扭力偶矩 $M_2=0.5F$。径向轴承 A, B 只限制轴在 y, z 方向的位移，所以分别只提供两个支反力 F_{Ay}，F_{Az} 以及 F_{By}，F_{Bz}。

(2) 根据平衡条件求解支反力。

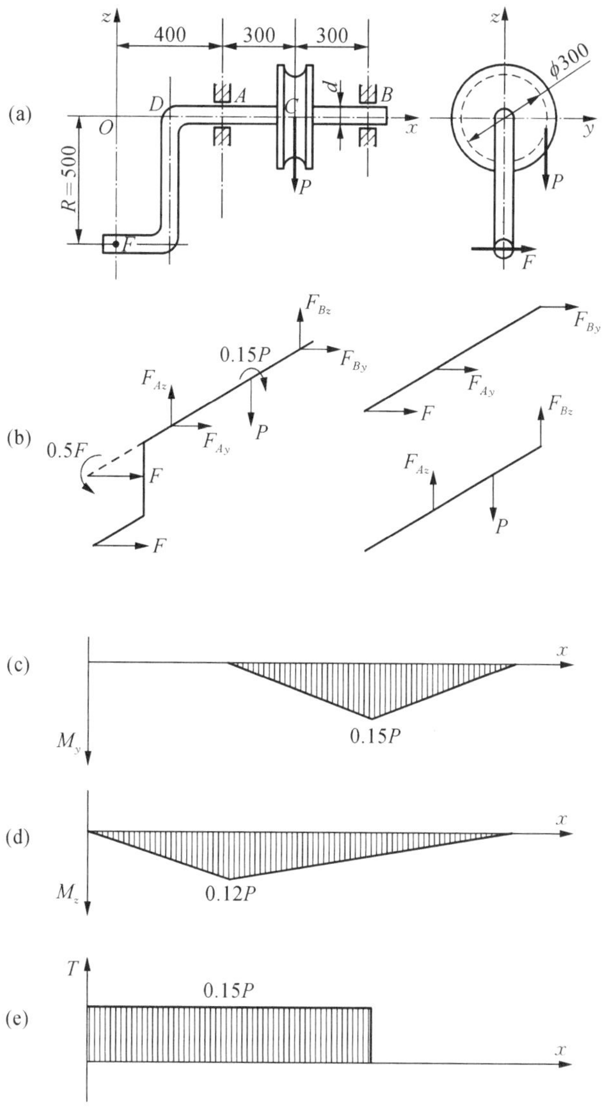

图 9-25

由图 9-25(b)知，

$$\sum M_x = 0,\ 0.5F = 0.15P \Rightarrow F = 0.3P$$

在 xy 平面内，

$$\left.\begin{aligned}&\sum F_y = 0,\ F_{Ay} + F_{By} + F = 0\\&\sum M_A = 0,\ 0.4F = 0.6F_{By}\end{aligned}\right\} \Rightarrow \begin{cases}F_{Ay} = -0.5P\\F_{By} = 0.2P\end{cases}$$

在 xz 平面内，

$$\left.\begin{aligned}&\sum F_z = 0,\ F_{Az} + F_{Bz} = P\\&\sum M_P = 0,\ 0.3F_{Az} = 0.3F_{Bz}\end{aligned}\right\} \Rightarrow F_{Az} = F_{Bz} = 0.5P$$

(3) 作轴线的弯矩图和扭矩图，如图 9-25(c)、(d)、(e)所示。

由弯矩图和扭矩图可以看出，滑轮所在截面的扭矩 T 以及弯矩 M_y 均为最大值，而矢量沿 z 轴方向的弯矩 M_z 则是较大值，因此该截面即为整个轴的危险截面，作用在该截面上的弯矩 $M=\sqrt{M_y^2+M_z^2}=\sqrt{(0.15P)^2+(0.06P)^2}=0.162P$，扭矩 $T=0.15P$。

代入式(9-14)并结合强度条件，得

$$\sigma_{r3}=\frac{\sqrt{M^2+T^2}}{W}=\frac{P\sqrt{0.15^2+0.06^2+0.15^2}}{W}\leqslant[\sigma]$$

得

$$P\leqslant\frac{W[\sigma]}{0.22}$$

对于实心圆轴，$W=\frac{\pi d^3}{32}$，且材料的许用应力$[\sigma]=80\ \text{MPa}$，所以该结构的载荷：

$$P\leqslant\frac{\frac{\pi\times0.025^3}{32}\times80\times10^6}{0.22}=0.59\ \text{kN}$$

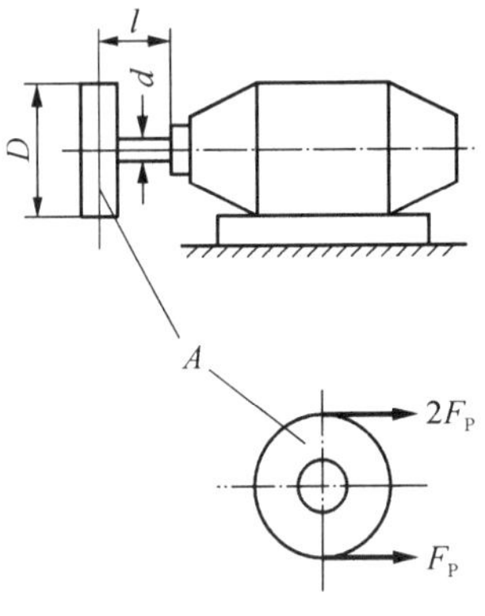

图 9-26

【例 9-8】 如图 9-26 所示电动机的功率 $P=9\ \text{kW}$，转速$n=715\ \text{r/min}$，带轮的直径$D=250\ \text{mm}$，皮带松边拉力为 F_P，紧边拉力为 $2F_P$。电动机轴外伸部分长度 $l=120\ \text{mm}$，轴的直径 $d=40\ \text{mm}$。若已知许用应力$[\sigma]=60\ \text{MPa}$，试用第三强度理论校核电动机轴的强度。

【解】 (1) 计算外加力偶的力偶矩以及皮带拉力。电动机通过带轮输出功率，因而承受由皮带拉力引起的扭转和弯曲共同作用。根据第 4 章中给出的功率、转速与外加力偶矩之间的关系，得到作用在带轮上的外加力偶矩为

$$M_e=9\,549\times\frac{P}{n}=9\,549\times\frac{9}{715}=120.2\ \text{N}\cdot\text{m}$$

根据作用在皮带上的拉力与外加力偶矩之间的关系，有

$$2F_P\times\frac{D}{2}-F_P\times\frac{D}{2}=M_e$$

于是，作用在皮带上的拉力为

$$F_P=\frac{2M_e}{D}=\frac{2\times120.2}{250\times10^{-3}}=961.6\ \text{N}$$

(2) 确定危险面上的弯矩和扭矩。将作用在带轮上的皮带拉力向轴线简化，得到一个力和一个力偶，

$$F_R=3F_P=3\times961.6=2\,884.8\ \text{N}$$
$$M_e=120.2\ \text{N}\cdot\text{m}$$

轴的左端可以看作自由端，右端可视为固定端约束。由于问题比较简单，可以不必画出弯矩图和扭矩图，就可以直接判断出固定端处的横截面为危险面，其上弯矩和扭矩分别为

$$M_{\max}=F_R\times l=3F_P\times l=3\times 961.6\times 120\times 10^{-3}=346.2\ \text{N}\cdot\text{m},$$
$$T=M_e=120.2\ \text{N}\cdot\text{m}$$

应用第三强度理论，由式(9-12)，有

$$\sigma_{r_3}=\frac{\sqrt{M^2+T^2}}{W}=\frac{\sqrt{(346.2)^2+(120.2)^2}}{\dfrac{\pi\times(40\times 10^{-3})^3}{32}}=58.32\times 10^6\ \text{Pa}=58.32\ \text{MPa}\leqslant[\sigma]$$

所以，电动机轴的强度是安全的。

【例 9-9】 如图 9-27 所示为一道路导向牌的实物和计算简图，如果导向牌重 $W=2\,100$ N，立柱为外径 120 mm、内径 108 mm 的钢管。如果作用在指示牌的最大水平风载 $F=600$ N。$h=3.6$ m，$l=1.2$ m。如果忽略钢管固定端四周加强肋（嵌入的固定端详图），试求(1)固定端截面 A，B 两点的应力分量；(2)计算 A，B 两点的第三和第四强度理论的相当应力。

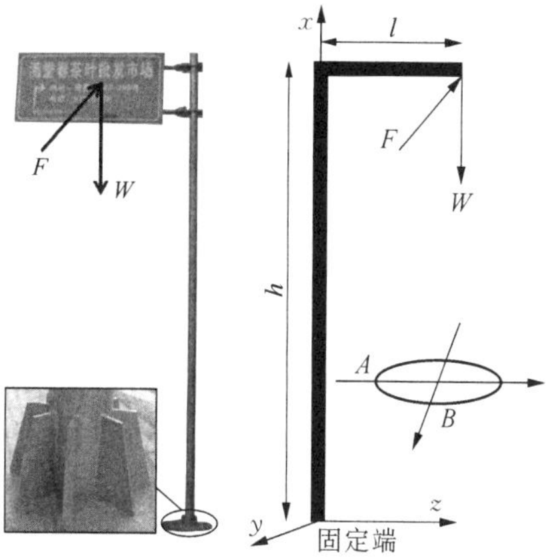

(a) (b)

图 9-27

【解】 (1) 内力分析。钢管受双向弯曲和扭转组合变形，危险截面在固定端。固定端截面所受内力有弯矩 M_y、M_z 扭矩 T、轴力 F_N 和剪力 F_S，它们的大小分别为

$$M_y=W\times l=2\,100\times 1.2=2\,520\ \text{N}\cdot\text{m}$$
$$M_z=F\times h=600\times 3.6=2\,160\ \text{N}\cdot\text{m}$$
$$T=F\times l=600\times 1.2=720\ \text{N}\cdot\text{m}$$
$$F_N=W=2\,100\ \text{N}$$
$$F_S=F=600\ \text{N}$$

(2) 应力分析。对危险点 A，内力引起的应力分量分别为

$$\sigma_{F_N}=\frac{F_N\times 4}{\pi(D^2-d^2)}=\frac{2\,100\times 4}{\pi\times(120^2-108^2)}=0.977\ \text{N}\cdot\text{mm}^{-2}=0.977\ \text{MPa}$$

$$\sigma_{M_y}=\frac{M_y}{W_y}=\frac{M_y\times 32}{\pi D^3(1-\alpha^4)}=\frac{2\,520\times 10^3\times 32}{\pi\times 120^3\times[1-(108/120)^4]}$$
$$=43.216\ \text{N}\cdot\text{mm}^{-2}=43.216\ \text{MPa}$$

$$\tau_T=\frac{T}{W_p}=\frac{T\times 16}{\pi D^3(1-\alpha^4)}=\frac{720\times 10^3\times 16}{\pi\times 120^3\times[1-(108/120)^4]}$$
$$=6.174\ \text{N}\cdot\text{mm}^{-2}=6.174\ \text{MPa}$$

$$\tau_{F_S}=\frac{2F_S}{A}=2\times\frac{600\times 4}{\pi\times(120^2-108^2)}=0.558\ \text{N}\cdot\text{mm}^{-2}=0.558\ \text{MPa}$$

应力大小简化为

$$\sigma_A=\sigma_{M_y}-\sigma_{F_N}=43.216-0.977=42.239\ \text{MPa}$$
$$\tau_A=\tau_T-\tau_{F_S}=6.174-0.558=5.616\ \text{MPa}$$

对于 B 点,内力引起的应力分量分别为

$$\sigma_{F_N}=\frac{F_N\times 4}{\pi(D^2-d^2)}=0.977\ \text{MPa}$$

$$\sigma_{M_z}=\frac{M_z}{W_z}=\frac{M_z\times 32}{\pi D^3(1-\alpha^4)}=\frac{2\,160\times 10^3\times 32}{\pi\times 120^3\times[1-(108/120)^4]}$$

$$=34.21\ \text{N}\cdot\text{mm}^{-2}=34.21\ \text{MPa}$$

$$\tau_T=\frac{T}{W_p}=6.174\ \text{MPa}$$

$$\tau_{F_S}=0$$

将应力分量合并,得到 B 点的应力大小为

$$\sigma_B=\sigma_{M_z}-\sigma_{F_N}=34.21-0.977=33.233\ \text{MPa}$$

$$\tau_B=\tau_T-\tau_{F_S}=6.174\ \text{MPa}$$

(3) 计算 A, B 两点的第三强度和第四强度理论的相当应力。对于 A 点,第三强度和第四强度理论的相当应力分别为

$$\sigma_{r3}=\sqrt{\sigma_A^2+4\tau_A^2}=\sqrt{42.239^2+4\times 5.616^2}=43.707\ \text{MPa}$$

$$\sigma_{r4}=\sqrt{\sigma_A^2+3\tau_A^2}=43.345\ \text{MPa}$$

对于 B 点,第三强度理论和第四强度理论的相当应力分别为

$$\sigma_{r3}=\sqrt{\sigma_B^2+4\tau_B^2}=\sqrt{33.233^2+4\times 6.174^2}=35.453\ \text{MPa}$$

$$\sigma_{r4}=\sqrt{\sigma_B^2+3\tau_B^2}=34.911\ \text{MPa}$$

讨论 弯扭组合变形构件的内力通常还有轴力和剪力,轴力和剪力对构件的变形也有影响。对于 A 点,忽略轴力和剪力影响后的第三强度理论相当应力为

$$\sigma_{r3}=\frac{\sqrt{M_A^2+T_A^2}}{W}=\frac{\sqrt{M_A^2+T_A^2}}{\pi D^3(1-\alpha^4)/32}=\frac{32\times\sqrt{2\,520^2+720^2}}{\pi\times 120^3\times[1-(108/120)^4]}\times 10^3=44.917\ \text{MPa}$$

与考虑轴力、剪力的结果比较后发现,后者比前者仅仅大 2.5%,所以轴力和剪力的影响很小,可以忽略不计。

9.6 结论和讨论

各种组合变形计算的核心是将各类组合变形分解为独立的变形,而后使用叠加法进行应力或强度计算。

1. 关于广义弯曲正应力计算公式的结论和讨论

尽管广义弯曲正应力计算公式的基础是平面假设和纵向层面间互不挤压,但是精确的理论分析和大量的实验都表明,当梁的长度 l 与截面的高度 h 之比足够大时 ($l/h>5$),剪切弯

曲造成的横截面翘曲以及横向力作用造成的层间相互挤压对横截面上的正应力分布及大小的影响都很小。所以，广义弯曲正应力计算公式用于细长梁剪切弯曲正应力的计算已有足够的精度，能满足工程要求。

2. 关于斜弯曲的结论和讨论

斜弯曲作为一般非对称弯曲的特殊情况，和对称弯曲不同，梁的挠曲线所在平面和外力不在同一平面内。斜弯曲的计算通常是将外力沿两个对称面分解，形成各自的对称弯曲，结合叠加原理进行应力计算。

对于截面抗弯系数明显不同的梁截面，应尽量避免出现斜弯曲受力。[例 9-2]很好地说明了此问题。

3. 关于截面核心的结论和讨论

当载荷作用位置在杆件的截面核心时，整个截面上将出现同种类型的受力状态(即全部受压或全部受拉)。这个结果具有重要的工程意义，例如：对于砖石、混凝土等抗压强度高而抗拉强度很低的脆性材料，设计时将载荷作用位置控制在截面核心内，就可以避免出现拉应力，发挥此类材料的优势，避免其劣势。

4. 关于弯扭组合变形的结论和讨论

通常情况下，弯扭组合变形的计算要比弯拉或弯压组合变形的应力计算要复杂些，主要是由于扭矩产生的是切应力，所以最大应力点需要综合确定。

尽管很多弯扭构件的内力还常常伴有构件的轴力和剪力，但是轴力和剪力的影响很小，可以忽略不计。

习 题

9-1 试分析如图 9-28 所示杆件各段杆的变形类型。

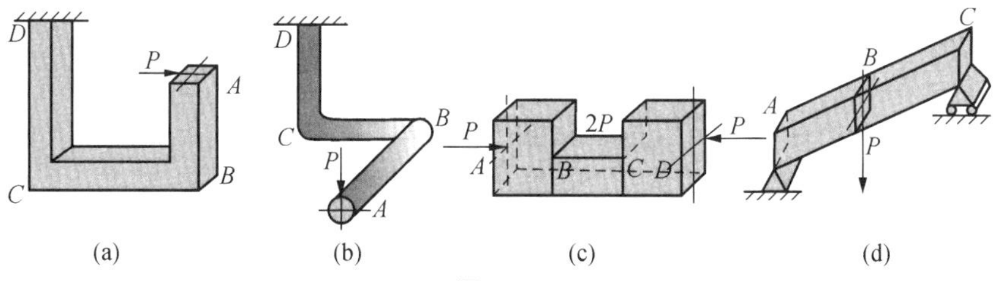

图 9-28

9-2 悬臂梁的横截面图形如图 9-29 所示，若梁的自由端作用有垂直于梁轴的横向载荷 P，其作用方向以图中虚线表示，试指出该梁会发生哪些变形形式，为什么？

9-3 试求如图 9-30 所示悬臂梁指定截面上各点的应力。

9-4 如图 9-31 所示为一矩形截面悬臂梁，已知 $F_1 = 0.5\ \text{kN}$，$F_2 = 0.8\ \text{kN}$，$b = 100\ \text{mm}$，$h = 150\ \text{mm}$。试计算梁的最大拉应力及所在位置。

9-5 如图 9-32 所示为一屋架结构。已知屋面坡度为 1 : 2，两屋架之间的距离为 4 m，木檩条梁的间距为 1.5 m，屋面重(包括檩条)为 $1.4\ \text{kN/m}^2$。若木檩条梁采用 120 mm × 180 mm 的矩形截面，许用应力 $[\sigma] = 10\ \text{MPa}$，试校核木檩条梁的强度。

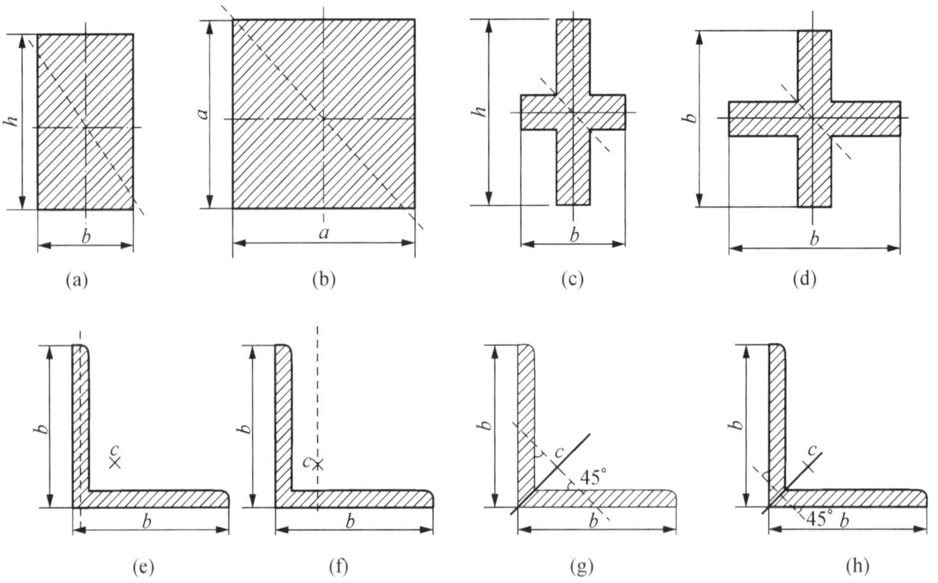

图 9-29

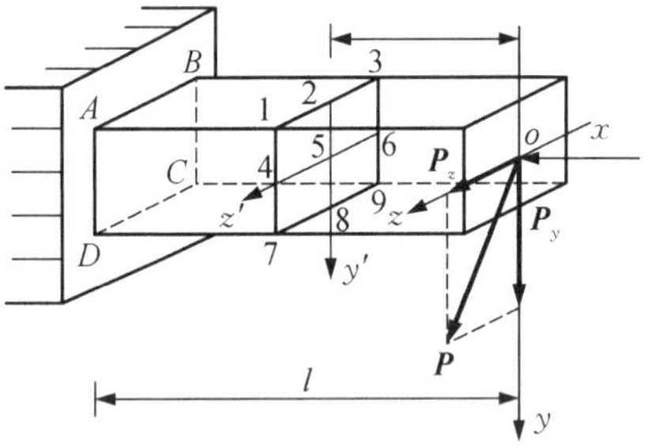

图 9-30

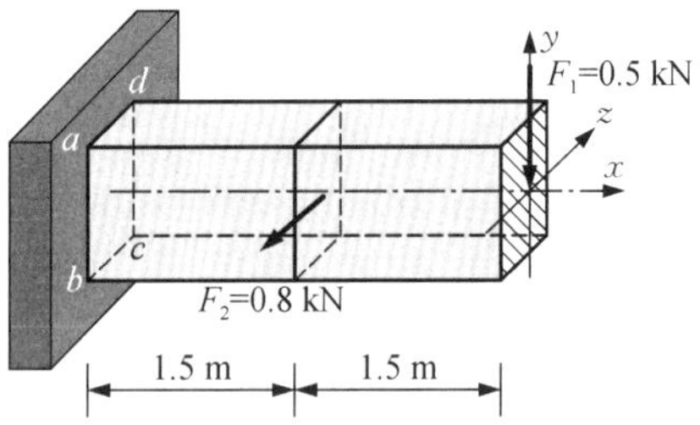

图 9-31

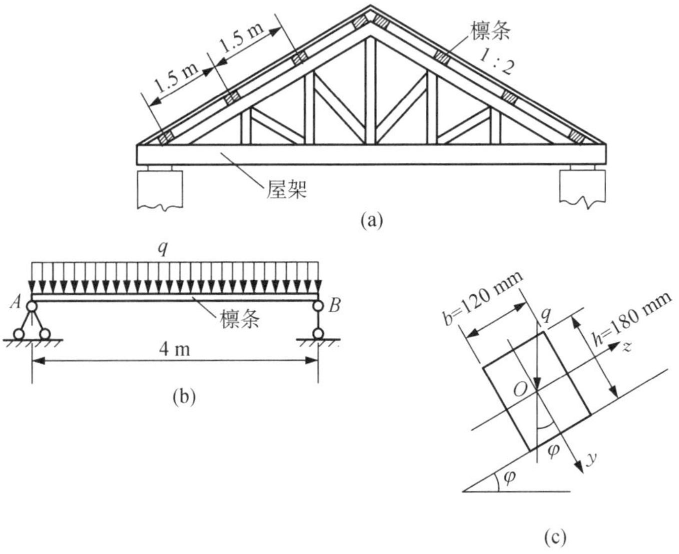

图 9-32

9-6 如图 9-33 所示起重机的大梁为 I32a 工字钢，许用应力 $[\sigma]=160$ MPa，跨度 $l=4$ m，载荷 $F=30$ kN，由于运动惯性等原因而偏离纵向对称面，$\varphi=15°$。(1)试校核梁的强度。(2)如果载荷没有偏离纵向对称面，计算其最大应力。(3)分析、讨论前两种计算结果。

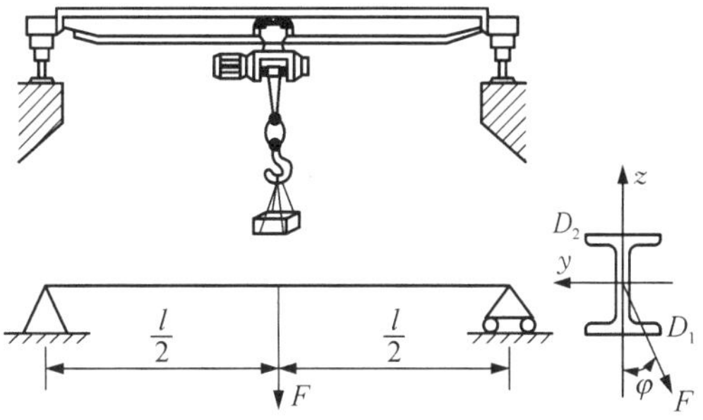

图 9-33

9-7 砖砌烟囱如图 9-34 所示。已知烟囱高 $H=30$ m，底截面的外径 I—I 的外径 $d_1=3$ m，内径 $d_2=2$ m，自重 $G_1=2\,000$ kN，受 $q=1$ kN/m 的风力作用。试求：(1) 烟囱底截面上的最大压应力。(2) 若烟囱的基础埋深 $h=4$ m，基础及填土自重按 $G_2=1\,000$ kN 计算，土壤的许用压应力 $[\sigma]=0.3$ MPa，圆形基础的直径 D 应为多大？(注：计算风力时，可省去烟囱直径的变化，把它看作是等截面的)

9-8 如图 9-35 所示为悬臂式起重架，在横梁的中点 D 作用集中力 $P=15.5$ kN，横梁材料的许用应力 $[\sigma]=170$ MPa。试按强度条件选择横梁工字钢的型号(自重不考虑)。

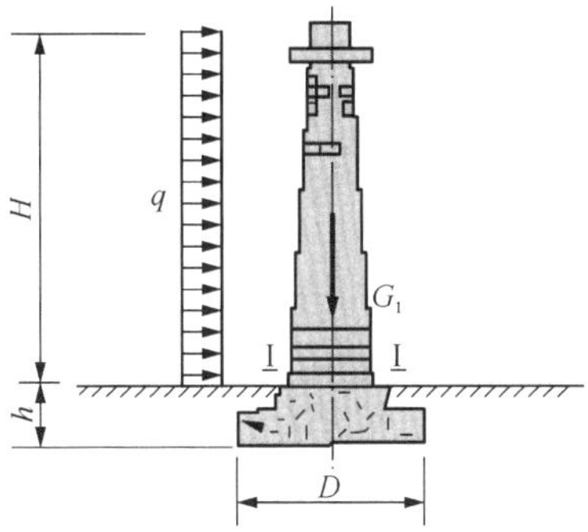

图 9-34

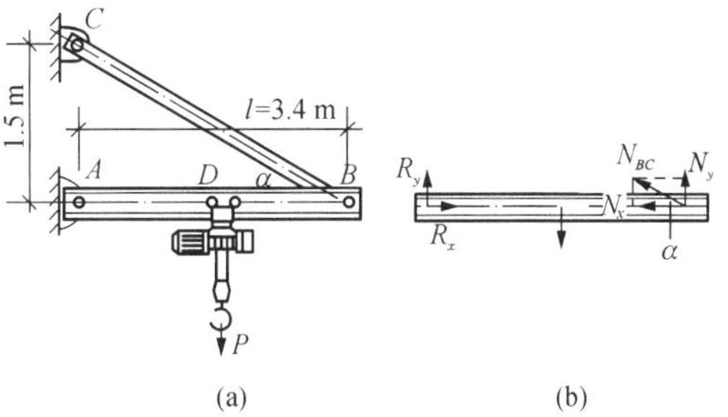

图 9-35

9-9 如图 9-36 所示短柱受组合载荷作用，试求固定端截面上角点 A，B，C 的正应力，并确定其中性轴的位置。

9-10 矩形截面悬臂梁左端为固定端，受力如图 9-37 所示，图中尺寸单位为 mm。若已知 $F_{P1}=100$ kN，$F_{P2}=4$ kN。求固定端处横截面上 A，B，C，D 四点的正应力。

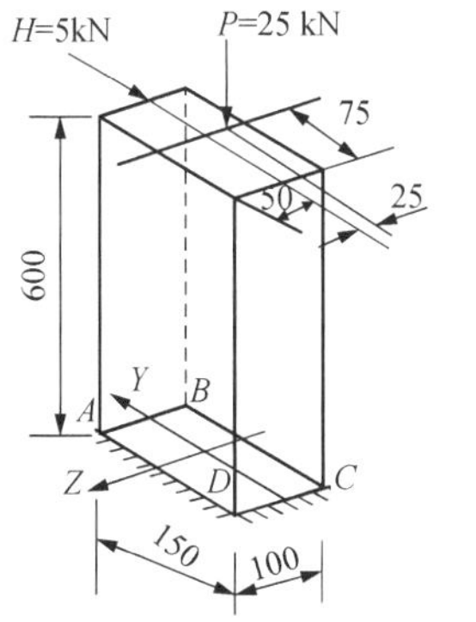

图 9-36

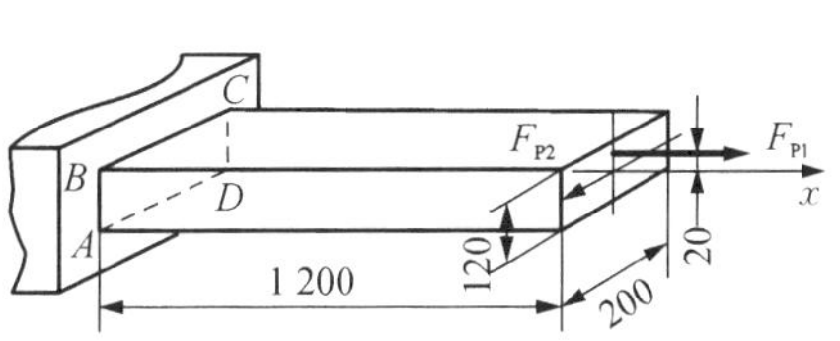

图 9-37

9-11 如图 9-38 所示为一端固定另一端自由的正方形截面杆，中间部分开有槽。杆自由端受有平行于杆轴线的纵向力 F_P。若已知 $F_P=1$ kN，杆各部分尺寸如图中所示。试求杆内横截面上的最大正应力并指出其作用位置。

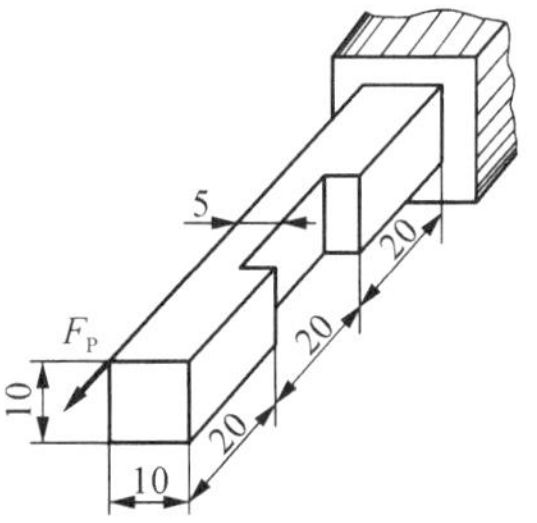

图 9-38

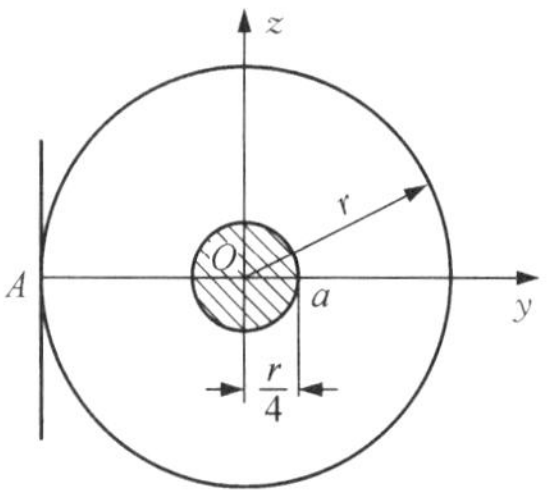

图 9-39

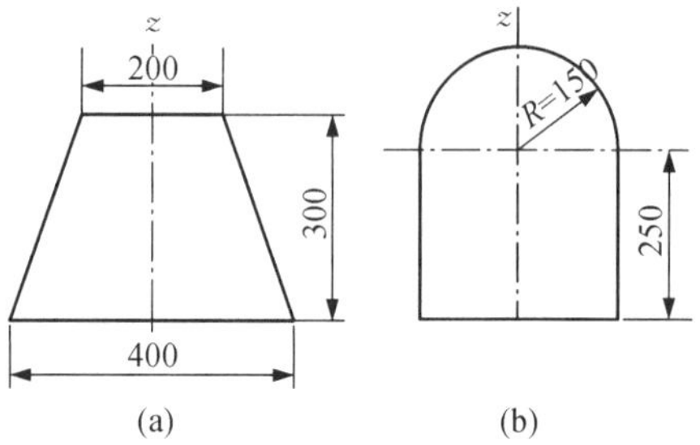

图 9-40

9-12 如图 9-39 所示半径为 r 的圆截面短柱，试证明其截面核心为半径为 $y_P = \dfrac{r}{4}$ 的圆形。

9-13 短柱的截面形状如图 9-40 所示，试确定其形心位置和截面核心。

9-14 试确定如图 9-41 所示各截面图形的截面核心。

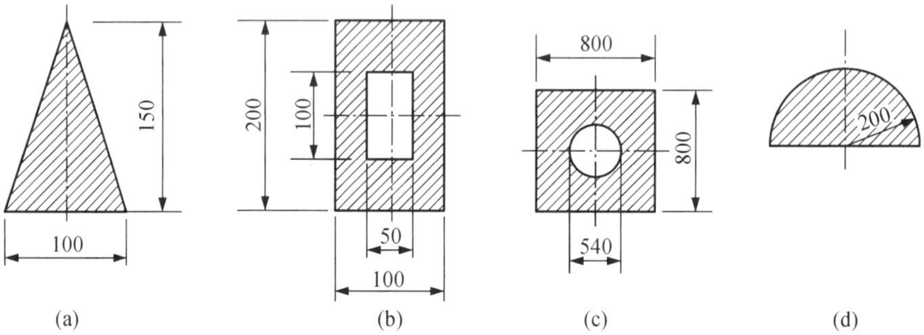

图 9-41

9-15 一矩形截面钢板受中心载荷作用。已知 $P = 80\ \text{kN}$，$b = 10\ \text{mm}$，$h = 80\ \text{mm}$，$[\sigma] = 160\ \text{MPa}$。试校核其强度。当(1)具有单边切口[图 9-42(a)]；(2)具有双边对称切口[图 9-42(b)]；(3)具有偏心孔口[图 9-42(c)]。

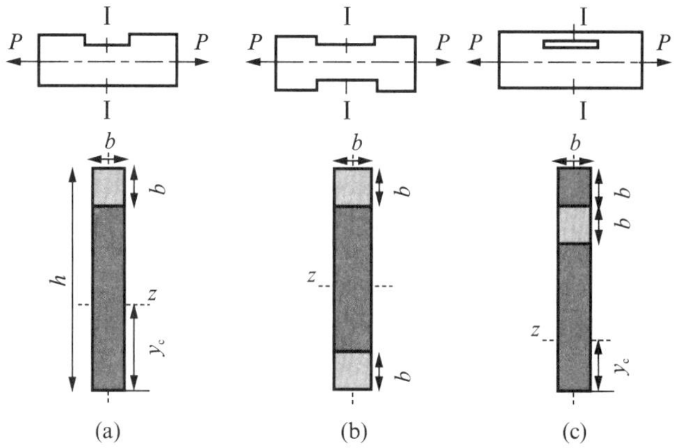

图 9-42

9-16 如图 9-43 所示矩形截面柱，屋架传来的压力 $P_1 = 100\ \text{kN}$，吊车梁传来的压力 $P_2 = 50\ \text{kN}$，P_2 的偏心

距 $e=0.2$ m。已知截面宽 $b=200$ mm，试求：

(1) 若 $h=300$ mm，则柱截面中的最大拉应力和最大压应力各为多少？

(2) 欲使柱截面不产生拉应力，截面高度 h 应为多少？在确定的 h 尺寸下，柱截面中的最大压应力为多少？

9-17 图 9-44(a)显示 G 形夹具的预紧力 $F=400$ N，夹具其余尺寸如图 9-44(b)所示。试确定(1)C—C 截面上点 A，B，D 的应力；(2)中性轴的位置。

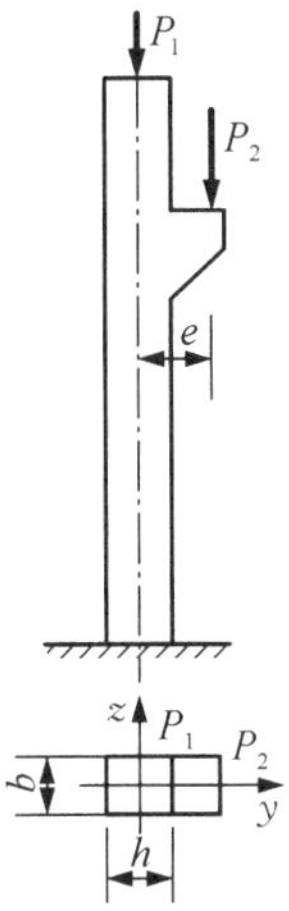

图 9-43

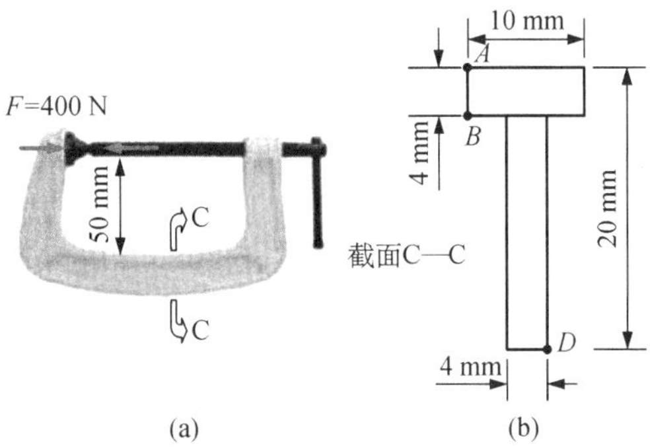

图 9-44

9-18 如图 9-45 所示悬臂梁中，集中力 F_{P1} 和 F_{P2} 分别作用在铅垂对称面和水平对称面内，并且垂直于梁的轴线。已知 $F_{P1}=800$ N，$F_{P2}=1.2$ kN，$l=1$ m，许用应力$[\sigma]=1\,100$ MPa。试确定以下两种情形下梁的横截面尺寸：(1)截面为矩形，$h=2b$；(2)截面为圆形。

9-19 如图 9-46 所示电动机功率为 10 kW，转速为 800 r/min，$D=250$ mm，$l=120$ mm，$d=40$ mm。若$[\sigma]=60$ MPa，试用第三强度理论进行校核。

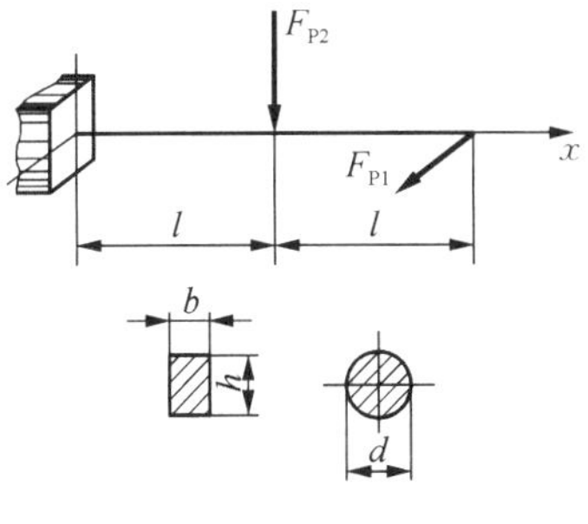

图 9-45

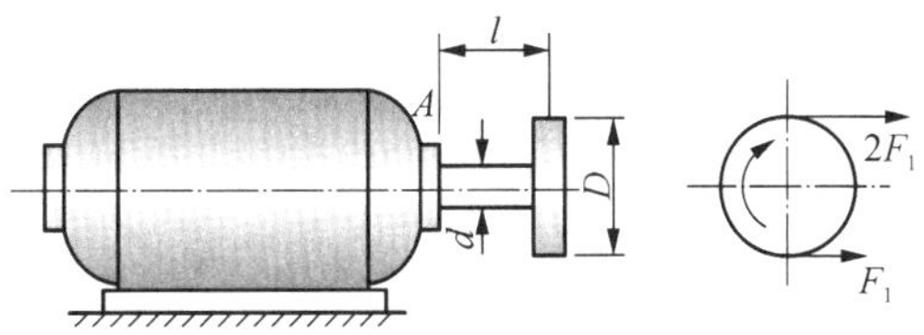

图 9-46

9-20 如图 9-47 所示圆杆 BD 左端固定，右端与刚性杆 AB 固结在一起。刚性杆的 A 端作用有平行于 y 坐标轴的力 F_P。若已知 $F_P=5$ kN，$a=300$ mm，$b=500$ mm，材料为 Q235 钢，许用应力$[\sigma]=140$ MPa。试分别用第三和第四强度理论设计圆杆 BD 的直径 d。

9-21 如图 9-48 所示为某交通指示牌的实物和计算简图，假设指示牌重 $W=1\,800$ N，支撑立柱为外径 73 mm、内径 62.7 mm 的钢管。作用在指示牌的最大水平风载 $F=400$ N，$h=3$ m，$l=1$ m。如果忽略钢管固定端四周加强肋(见嵌入的固定端详图)，求(1)固定端截面 A，B 两点的应力分量；(2)计算 A，B 两点的第三和第四相当应力。

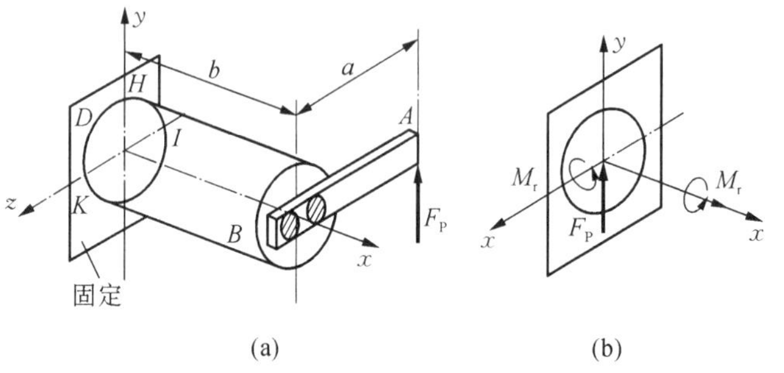

图 9-47

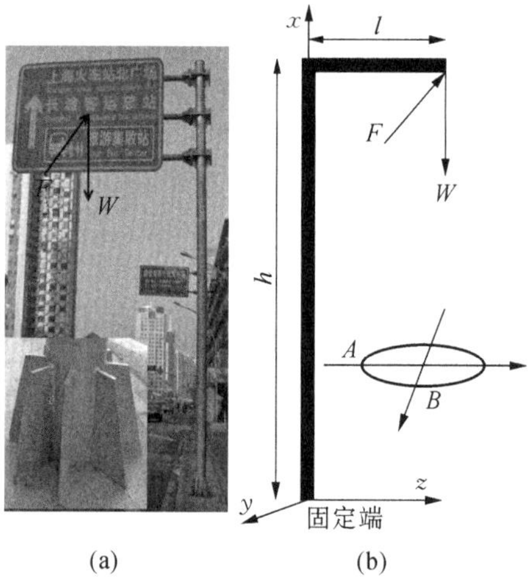

图 9-48

*9-22 [第八届全国周培源大学生力学竞赛(个人赛)试题]：如图 9-49 所示，圆柱 AB 的自重不计，长为 L，直径为 D，材料弹性模量为 E，泊松比为 ν，剪切屈服应力为 τ_s。其中圆柱 A 端固定，B 端承受引起 50% 屈服的扭矩 M_T 作用。(1)求作用于圆柱上的扭矩 M_T；(2)应用第三强度理论，求在圆柱 B 端同时施加多大的轴向拉伸应力而不产生屈服；(3)求圆柱体的体积改变量。

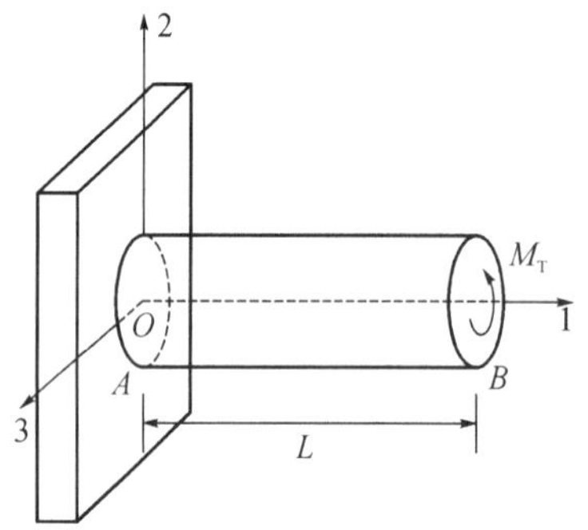

图 9-49

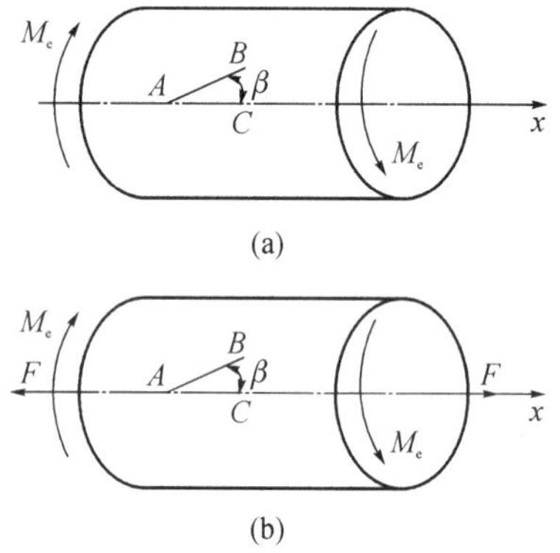

图 9-50

*9-23 [第十三届全国周培源大学生力学竞赛(个人赛)试题]：直径为 D、长度为 l 的实心圆轴试件如图 9-50(a)所示。现在圆周表面画一微线段 AB，其初始位置与水平线 AC 成 β 角。当圆轴两端受到外力偶矩 M_e 作用后，实验测得微线段 AB 顺时针偏转了 $\Delta\beta_1$。已知圆轴的杨氏模量 E 和泊松比 ν，变形均在线弹性小变形范围内。(1) 求外力偶矩 M_e；(2) 在外力偶矩 M_e 作用下再施加轴向拉力 F，如图 9-50(b)所示。实验测得微线段 AB 偏转角又增大了 $\Delta\beta_2$，求拉力 F；(3) 为提高实验测试灵敏度，$\Delta\beta$ 越大越好。当外力偶矩 M_e 和轴向拉力 F 同时作用且 $F=8M_e/D$，β 为何值时 $\Delta\beta$ 最大？

*9-24 (第六届全国周培源大学生力学竞赛初试试题)：有位大力士总是自命不凡，他夫人决定找机会教训他一下。正好附近足球场的球门坏了一半，剩下的半边球门如图 9-51 所示。立柱 OA 垂直固定于水平地面上，沿 x 轴方向，高 $H=2.4\ \text{m}$，横梁 AB 平行于地面，沿 z 轴负方向，长 $L=H$。立柱和横梁均为实心圆柱，直径均为 $D=0.06\ \text{m}$。夫人经过计算后想出了主意。和丈夫比赛，看谁能把球门拉倒。比赛规则为通过系在横梁 B 端中点的绳索，只能用静力拉球门；绳索上有且只有 B 点系在与地面固定的物体上，绳索的重量不计，长度不限。球门自重不计，采用第三强度理论分析计算，材料的屈服应力

为 57 MPa。大力士认为自己肯定不会输，因为他知道两人鞋底与地面摩擦系数都是 $\mu = 0.5$，自己重量为 $G_1 = 700\ \text{N}$，夫人重量 $G_2 = 510\ \text{N}$。为了显示自己的大度，他允许夫人享受一点优惠条件。于是夫人以 B 在地面的投影 C 为圆心，在地面上画了一个半径 $R = 0.8\ \text{m}$ 的圆圈，要求丈夫身体在地面的投影不能进该圆圈，但她自己不受限制。大力士认为这么个小圆圈没什么了不起，就同意了。

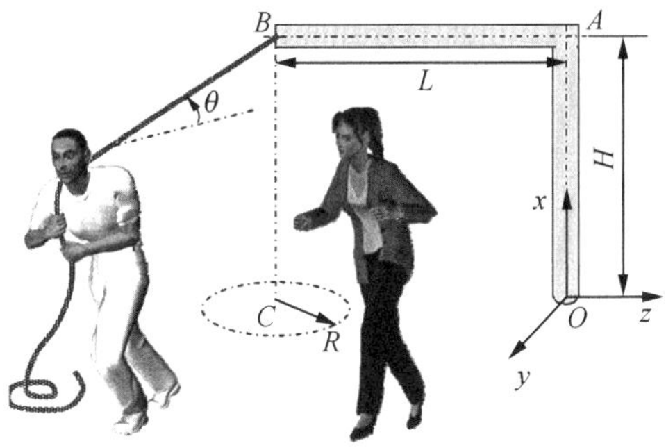

图 9-51

大力士抽签先上场，他决定让绳索与 xy 平面平行，但绳索与地面的夹角 θ 不知多大为好，于是他在不同的角度试了多次，尽管每次都用了最大力气，但是球门居然纹丝不动，也看不出有明显的变形。而夫人上场后一用力就把球门拉倒了……

试问(1)当大力士让绳索与地面成 θ 角度，绳索中的拉力最大为多大？该最大拉力与大力士拉绳的姿势有无关系？(2)当大力士让绳索与地面成 θ 角度，球门中最危险点的坐标值是多少？(3)在限制条件下，θ 角为多少时大力士最接近把球门拉倒？夫人可能采用什么方式把球门拉倒？

*9-25 [第十届全国周培源大学生力学竞赛(个人赛)试题]：图 9-52 是一个吊装设备的示意图。水平平面内的直角刚架由塑性材料的实心圆杆制成，其两个短杆的端面 A 和 G 牢固地固定在竖直的刚性壁上。吊装的重物一直不变，但可以吊挂在刚架的任意部位。已知刚架各部分圆杆横截面的直径均为 d，其他尺寸如图 9-52 所示。材料的弹性模量为 E，泊松比 $\nu = 0.25$。不考虑刚架的自重。(1) 由于重物的作用，圆杆的 A 截面最上点处会产生沿着 AB 杆轴线方向上的线应变。尽管吊装的重物没有变化，但由于吊挂的位置不同，这个应变的数值也是不同的；无须证明，在所有可能的数值中，必定有一个极大值 $\varepsilon_{\max}$。试用 $\varepsilon_{\max}$ 表示出重物及挂钩的总重量 F。(2) 在出现这个极大值 $\varepsilon_{\max}$ 时，有人直接将 $E\varepsilon_{\max}$ 作为在相应吊挂情况下 A 截面上危险点的屈服强度准则的相当应力。这样做行吗？为什么？(3) 在 AB 区段的中截面 J 处，如果要利用电测法测算出在各种吊挂情况下该截面的全部内力，同时要求应变片要用得尽可能地少，效果要尽可能地好，在理论上应该贴多少个应变片？应在该截面外圆的何处粘贴？沿着什么方向粘贴？如何利用这些应变片的读数来求得 J 截面上各内力的数值？

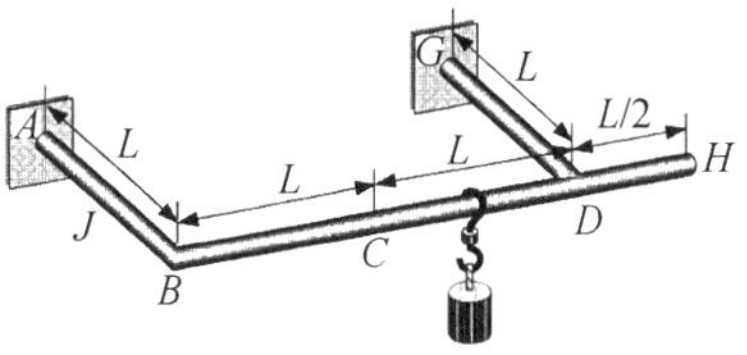

图 9-52

10 压杆稳定

基本要求

(1) 掌握压杆稳定性的概念、细长压杆的欧拉公式及其适用范围;
(2) 掌握不同柔度压杆的临界应力和安全系数法的稳定性计算;
(3) 掌握稳定系数法;
(4) 了解提高压杆稳定性的措施。

10.1 压杆失稳破坏的工程实例

构件和结构的安全性大部分取决于构件的强度和刚度。构件可能因强度不足而发生屈服、剪断或脆性断裂。对于刚度不足的构件也可能因发生过大的弹性变形而失效。但是,工程中还存在另一种失效形式,就是构件因丧失稳定性而失去承载能力。构件失稳常导致静定结构突变成可变机构,发生灾难性的坍塌事故。如图 10-1 所示为工程机械中的压杆构件,图 10-2展示了一些由于相关压杆失稳而发生的坍塌事故。除压杆外,工程中还有很多其他形式的构件同样存在着稳定性问题,图 10-3 给出了几种其他结构形式的失稳破坏示意图。这些血的教训告诉我们,构件失稳具有突发性,常常是造成结构物坍塌破坏的重要原因,所以,稳定性的研究是材料力学的重要任务之一。本章将主要介绍压杆的稳定问题,更多结构构件的稳定性问题可以参考相应的专业书籍。

图 10-1

（a）塔式起重机拆除过程中发生上部结构失稳

（b）某商务楼施工过程中脚手架因失稳发生坍塌

（c）某机场立交桥在混凝土浇灌过程中因下面的支撑体系失稳而发生支架垮塌事故

（d）某大桥段工地因施工井字架突然失稳而发生倒塌

(e) 某地铁施工段工地脚手架因失稳而发生坍塌

图 10-2

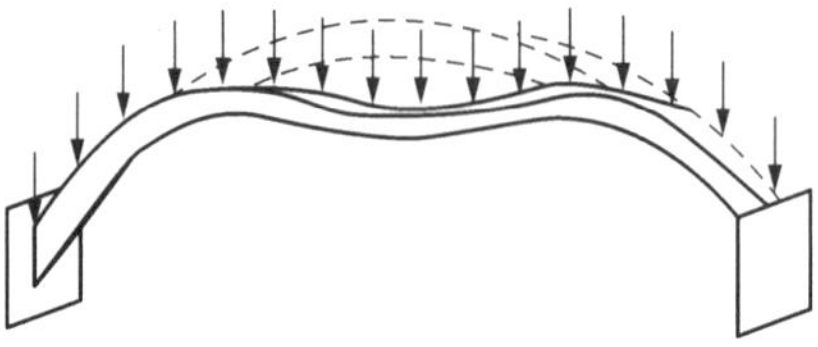

(a) 拱的失稳

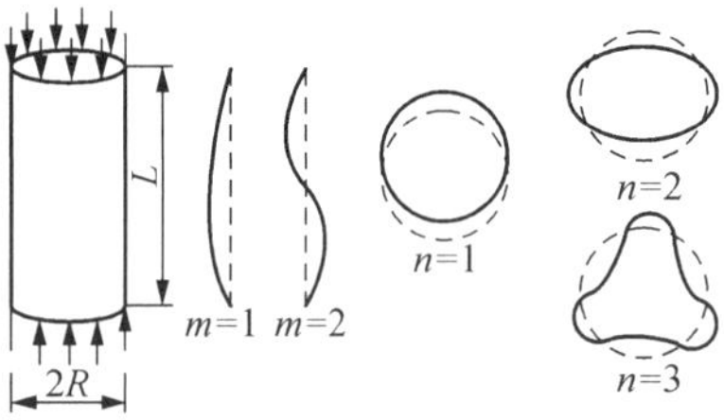

(b) 圆筒壳失稳后挠度变化示意图

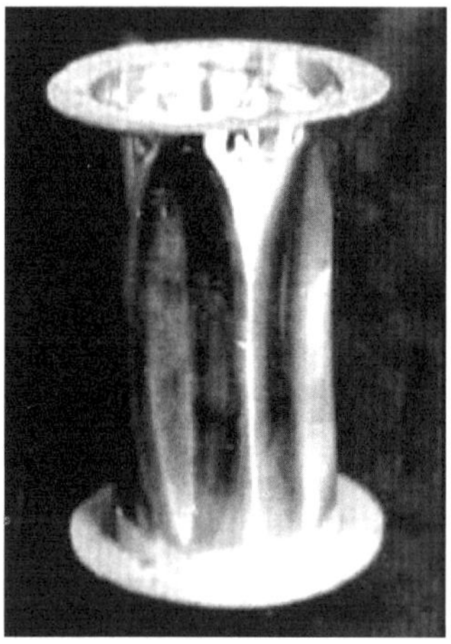

(c) 薄壁压力容器在外压作用下的失稳

图 10-3

10.2 压杆稳定的基本概念

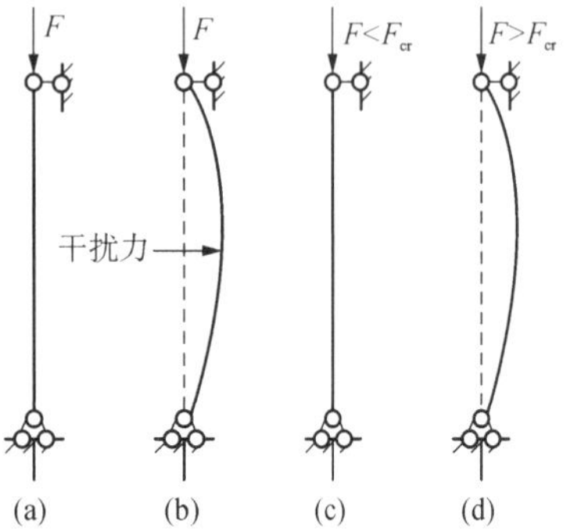

图 10-4

在研究压杆稳定时，通常将压杆抽象为材料均匀、轴线为直线且外加压力与轴线重合的理想细长压杆，如图 10-4(a)所示。当轴向压力 F 较小时，杆在力 F 作用下将保持其原有的直线平衡形式。如在侧向干扰力作用下使其微弯，如图 10-4(b)所示；当干扰力撤除，杆在往复摆动几次后仍恢复到原来的直线形式，仍处于平衡状态，如图 10-4(c)所示。可见，原有的直线平衡形式是稳定的。当压力超过某一数值时，如作用一侧向干扰力使压杆微弯，则在干扰力撤除后，杆不能恢复到原来的直线形式，并在一个曲线形态下平衡，如图 10-4(d)所示。可见这时杆原有的直线平衡形式是不稳定的。这种丧失原有平衡形式的现象称为**丧失稳定性**，简称**失稳**，也称为**屈曲**。同一压杆的平衡是稳定的还是不稳定的，取决于压力 F 的大小。压杆从稳定平衡过渡到不稳定平衡时，轴向压力的临界值，称为**临界力**或**临界荷载**，用 F_{cr} 表示。显然，如 $F < F_{cr}$，压杆将保持稳定，如 $F > F_{cr}$，压杆将失稳。因此，分析稳定性问题的关键是求压杆的临界力。

10.3 细长压杆临界力的欧拉公式

我们已经知道解决压杆稳定问题的关键是确定压杆的临界力。由前面的稳定平衡和不稳定平衡的分析可以知道，当轴向压力达到临界值时，压杆将由直线平衡状态转变为微弯平衡状态。因此，可以认为，使压杆在微弯状态下保持平衡的压力就是临界力。下面我们以此为基础，使用静力平衡来推导细长压杆的临界力的计算公式，这里假定材料处于线弹性范围。

10.3.1 两端铰支细长压杆的临界力

考察如图 10-5 所示两端铰支、承受轴向压缩载荷的理想直杆，根据与直线平衡构型无限接近的局部微弯构型的平衡条件，得到任意截面(位置坐标为 x)上的弯矩为

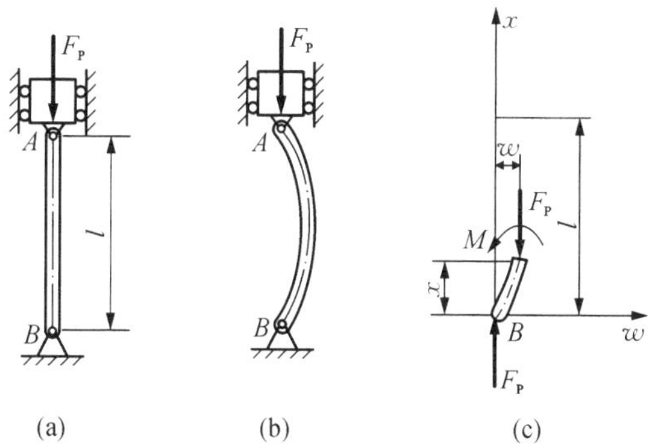

图 10-5

$$M(x) = F_p w(x) \tag{a}$$

根据小挠度微分方程

$$M = -EI \cdot \frac{d^2 w}{dx^2} \tag{b}$$

得到

$$\frac{d^2 w}{dx^2} + k^2 w = 0 \tag{c}$$

这是压杆在微弯曲状态下的平衡微分方程，是确定临界力的主要依据，其中

$$k^2 = \frac{F_p}{EI} \tag{10-1}$$

二阶常系数齐次微分方程式(c)的通解是

$$w = A\sin kx + B\cos kx \tag{e}$$

式中，A，B 为待定的积分常数。对于两端铰支的压杆，利用两端的位移边界条件，

$$w(0)=0,\ w(l)=0$$

由式(e)得到：

$$\begin{cases}0\cdot A+B=0\\ \sin kl\cdot A+\cos kl\cdot B=0\end{cases} \tag{f}$$

显然式(f)中的 A，B 不能全为零，否则与压杆的轴线处于微弯平衡的前提不符。于是，有

$$\sin kl=0 \quad kl=n\pi\ (n=1,\ 2,\ \cdots) \tag{g}$$

将 $k=\dfrac{n\pi}{l}$ 代入式(10-1)，即可得到压力的表达式为

$$F_{\mathrm{p}}=\frac{n^2\pi^2EI}{l^2} \tag{10-2}$$

式(10-2)表明，使杆件处于微弯曲线平衡状态的压力在理论上是多值的(对应压杆的多模态失稳)，工程上取最小值为临界力。因此取 $n=1$，就得到一个具有实际意义的、最小的临界力

$$F_{\mathrm{cr}}=\frac{\pi^2EI}{l^2} \tag{10-3}$$

式中　E——压杆材料的弹性模量；

I——压杆横截面的形心主惯性矩：如果两端在各个方向上的约束都相同，I 则为压杆横截面的最小形心主惯性矩，即压杆总是先在抗弯能力最小的纵向平面内失稳。

由于式(10-3)最早由瑞士科学家欧拉于 1774 年导出，故又称为**欧拉公式**。

理想弹性压杆临界挠度的确定

从式(f)中的第 1 式解出 $B=0$，连同 $k=\dfrac{n\pi}{l}$ 代入式(e)，得到与直线平衡构型无限接近的屈曲位移函数，又称**屈曲模态**：

$$w(x)=A\sin\frac{n\pi x}{l} \tag{10-4}$$

式中　A——不定常数，称为**屈曲模态幅值**；

n——屈曲模态的正弦半波数。

式(10-4)表明，与直线平衡构型无限接近的微弯屈曲位移是不确定的，这与本小节一开始所假定的任意微弯屈曲构型是一致的。

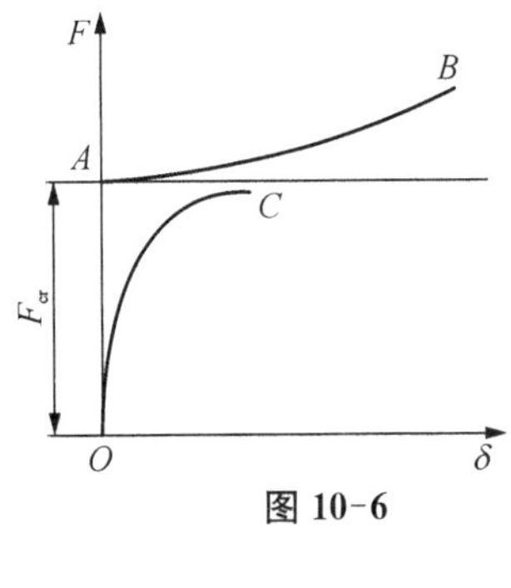

图 10-6

取 $n=1$，并设压杆中点的位移为 d，由 $w\big|_{x=\frac{l}{2}}=d$ 可得 $A=d$，则

$$w=d\sin\frac{\pi}{l}x$$

这里压杆中点的位移 d 是一个任意的微小量，它随干扰的大小而异。当外载荷大于临界力时，采用屈曲位移曲线的精确微分方程，即大挠度非线性理论，可以得到最大挠度与轴向压力的理论关系曲线，即压杆的平衡路径，如图 10-6 所示的 OAB 曲线。该曲线表明，当轴向压力小于临界力时，最大挠度的值均为零，压力

与最大挠度间关系为直线 OA，说明压杆只有直线这一种平衡状态，直线平衡状态是稳定的。当轴向压力等于临界力时，压杆既可在直线形态下平衡，也可在曲线形态下平衡，但前者是不稳定的，后者是稳定的。直线 OA 与曲线 AB 的交点 A 被称为**平衡路径的分叉点**。当轴向力大于临界力后，其较小的增加就使压杆弯曲变形的最大挠度急剧增大，压杆在很短时间内就会发生失稳破坏。

需要指出的是，以上讨论都是针对理想压杆模型而言的。实际的压杆不可避免地存在各类缺陷，诸如杆轴有初曲率、材料不完全均匀、作用载荷的微小偏心等。因此，实际压杆通常会在达到理想的临界力之前就自动弯曲而失去进一步的承载能力。试验结果表明，实际压杆的压力与最大挠度之间的关系如图 10-6 所示的曲线 OC。

10.3.2 不同刚性约束下细长压杆的临界力

工程中的压杆，两端可能会有各种不同的约束形式。由上述求解临界力的过程可以看出，临界力与约束形式密切相关。

尽管如此，我们依然可以采用由静力学平衡方法导出相应的临界力。同样要列弯矩方程、写出挠曲线的近似微分方程、求方程的通解并利用边界条件求非零解，进而求得临界力计算公式。这里不再一一推导，而是直接给出其通用形式：

$$F_{cr}=\frac{\pi^2 EI}{(\mu l)^2} \tag{10-5}$$

式中 μl——不同压杆屈曲后挠曲线上正弦半波的长度，称为**有效长度**；

μ——反映不同支承影响的系数，称为**长度系数**，可由屈曲后的正弦半波长度与两端铰支压杆初始屈曲时的正弦半波长度的比值确定。

表 10-1 给出了各种支撑条件下计算等截面细长压杆临界压力的长度系数，对于其他复杂约束压杆的长度系数可以从有关设计手册或规范中查询。

表 10-1　　各种支撑条件下压杆的长度系数

杆端约束情况	一端固定，另一端自由	两端铰支	一端固定，另一端铰支	两端固定
失稳时挠度曲线形状	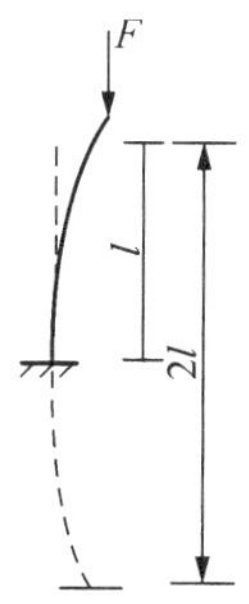	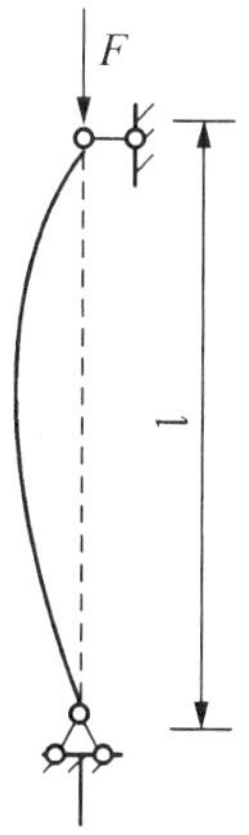	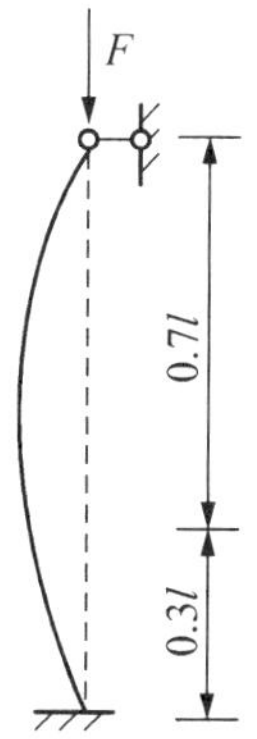	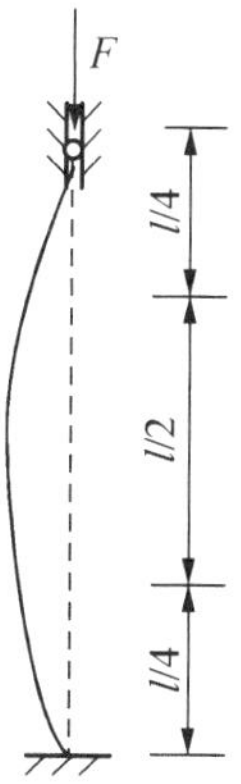
长度系数 μ	2	1	0.7	0.5

10.4 临界应力与临界应力总图

10.4.1 临界应力与柔度

将式(10-5)的两端同时除以压杆的横截面面积 A，得到压杆的临界应力如下

$$\sigma_{cr}=\frac{F_{cr}}{A}=\frac{\pi^2 EI}{(\mu l)^2 A}=\frac{\pi^2 E}{\left(\frac{\mu l}{i}\right)^2} \tag{10-6}$$

式中，σ_{cr} 称为**临界应力**；$i=\sqrt{I/A}$ 是构件截面对主轴的**惯性半径**，也常常被称为**回转半径**。引入由式(10-7)确定的 λ 记号

$$\lambda=\frac{\mu l}{i} \tag{10-7}$$

可得

$$\sigma_{cr}=\frac{\pi^2 E}{\lambda^2} \tag{10-8}$$

式(10-8)即为细长压杆临界应力的欧拉公式。其中 λ 是一个综合反映压杆长度、约束条件、截面尺寸和截面形状等因素对压杆分叉载荷影响的量，是描述压杆稳定性能的重要参数，称为压杆的**柔度**或**长细比**。需要注意的是，柔度应为两个形心主惯性平面内柔度的最大值，也就是压杆失稳时弯曲平面内的柔度。

10.4.2 三类不同压杆的失效形式

在推导欧拉公式时，使用挠曲线的近似微分方程，而该方程只有在小变形以及材料服从胡克定律的前提下才成立。实验已证实，当临界应力不超过材料的比例极限 σ_p 时，欧拉公式得到的理论曲线与实验曲线十分吻合；而当临界应力超过 σ_p 时，两条曲线随柔度减小相差越来越大。这说明欧拉公式只有在临界应力不超过材料的比例极限时才适用，即

$$\sigma_{cr}=\frac{F_{cr}}{A}\leqslant\sigma_p \text{ 或 } \lambda\geqslant\pi\sqrt{\frac{E}{\sigma_p}}=\lambda_p$$

式中，λ_p 为适用欧拉公式的最小柔度，其值仅与材料的弹性模量和比例极限有关。对于不同的材料，由于 E，σ_p 各不相同，λ_p 的数值亦不相同。一旦给定 E，σ_p，即可算得 λ_p。例如，对于 Q235 钢，$E=206$ GPa，$\sigma_p=200$ MPa，可以算得 $\lambda_p=101$。

显然，只有当杆的柔度 $\lambda\geqslant\lambda_p$，才能使用欧拉公式计算临界压力与临界应力。满足该条件的压杆称为**细长压杆**或**大柔度压杆**。据此，可以根据柔度的大小将压杆分为三类：

1. 细长杆

当压杆的柔度 λ 大于或等于某个极限值 λ_p 时，压杆将发生**弹性屈曲**。这时，压杆在直线平衡构型下横截面上的正应力不超过材料的比例极限，这类压杆称为**大柔度杆**或**细长杆**。

2. 中长杆

当压杆的柔度 λ 小于 λ_p，但大于或等于另一个极限值 λ_s 时，压杆也会发生屈曲。这时，压杆在直线平衡构型下横截面上的正应力已经超过材料的比例极限，截面上某些部分已进入塑性状态。这种屈曲称为**非弹性屈曲**。这类压杆称为**中柔度杆**或**中长杆**。

3. 粗短杆

当压杆的柔度 λ 小于极限值 λ_s 时，压杆不会发生屈曲，但将会发生屈服。这类压杆称为**小柔度杆**或**粗短杆**。

需要特别指出的是，细长杆和中长杆在轴向压缩载荷作用下，虽然都会发生屈曲，但这是两类不同的屈曲：第一，从平衡路径看，细长杆的轴向压力超过临界力后（图 10-6），平衡路径的分叉点即为临界点。这类屈曲称为**分叉屈曲**。中长杆在轴向压缩载荷作用下，其平衡路径无分叉和分叉点，只有极值点，如图 10-7 所示，这类屈曲称为**极值点屈曲**。

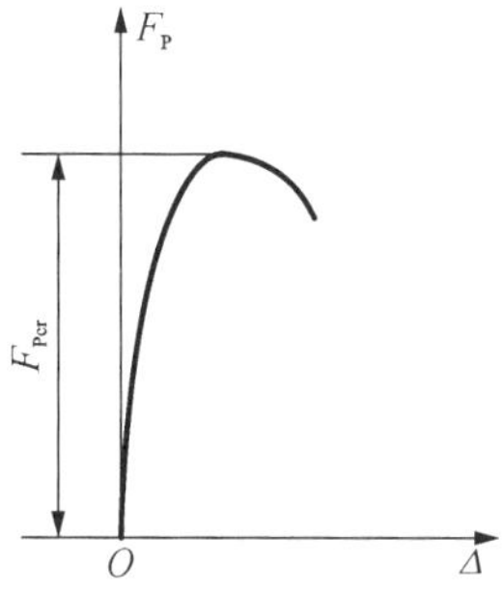

图 10-7

10.4.3 三类压杆的临界应力公式

对于细长杆，临界应力可以根据式（10-8）计算。

对于中长杆，由于发生了塑性变形，理论计算比较复杂，工程中常常采用以实验结果为依据的直线型经验公式和抛物线型经验公式计算其临界应力。

1. 直线型经验公式

临界应力的直线型经验公式

$$\sigma_{cr}=a-b\lambda \qquad (\lambda_s<\lambda<\lambda_p) \tag{10-9}$$

式中，a 和 b 为与材料有关的常数，单位为 MPa。常用工程材料的 a 和 b 数值列于表 10-2 中。

表 10-2 常用工程材料的 a 和 b 数值

材料（σ_s，σ_b 的单位为 MPa）	a/MPa	b/MPa
Q235 钢（$\sigma_s=235$，$\sigma_b\geqslant 372$）	304	1.12
优质碳素钢（$\sigma_s=306$，$\sigma_b\geqslant 417$）	461	2.568
硅钢（$\sigma_s=353$，$\sigma_b=510$）	578	3.744
铬钼钢	9 807	5.296
铸铁	332.2	1.454
强铝	373	2.15
木材	28.7	0.19

2. 抛物线型经验公式

临界应力的抛物线型经验公式将中长杆的临界应力与柔度的关系表示为

$$\sigma_{cr}=a_1-b_1\lambda^2 \qquad (\lambda<\lambda_c) \tag{10-10}$$

式中，a_1，b_1 为与材料有关的常数，几种常用材料的 a_1，b_1 和 λ_c 值见表 10-3。

表 10-3　　常用工程材料的 a_1, b_1, λ_c

材料名称	a_1/MPa	b_1/MPa	λ_c
Q235 钢	235	0.006 68	123
Q275 钢	275	0.008 53	96
16 锰钢	343	0.014 2	102

对于**粗短杆**,因为不发生屈曲,只发生屈服(韧性材料),故其临界应力即为材料的屈服应力,亦即

$$\sigma_{cr} = \sigma_s \tag{10-11}$$

将上述各式乘以压杆的横截面面积,即得到三类压杆的临界力。

10.4.4 临界应力总图与 λ_s 值的确定

根据三种压杆的临界应力表达式,在 $O\sigma_{cr}\lambda$ 坐标系中可以作出 $\sigma_{cr}-\lambda$ 关系曲线,称为**临界应力总图**,如图 10-8 所示。

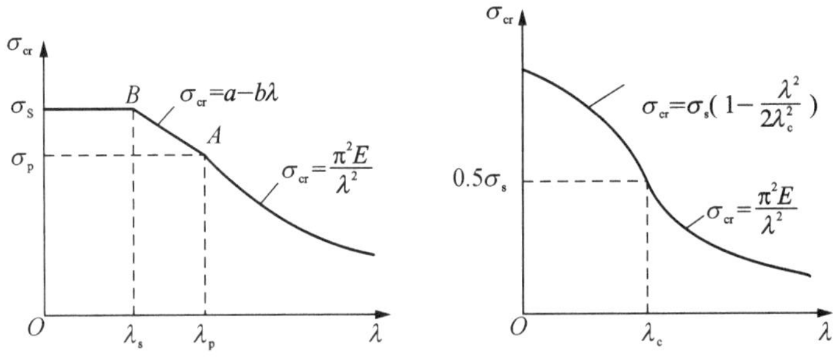

图 10-8

若令中长杆的临界应力等于屈服强度(图 10-8 中的 B 点),得到

$$\lambda_s = \frac{a-\sigma_s}{b} \tag{10-12}$$

由图 10-8 可以看出:

当 $\lambda \geqslant \lambda_p$ 或 $\lambda \geqslant \lambda_c$ 时,是细长杆,使用欧拉公式计算临界应力。

当 $\lambda_s \leqslant \lambda \leqslant \lambda_p$ 或 $\lambda < \lambda_c$ 时,是中长杆,是超出材料比例极限压杆的稳定性问题,使用直线型或抛物线型经验公式计算临界应力。

当 $\lambda \leqslant \lambda_s$ 时,是粗短杆,不存在稳定性问题,是强度问题,临界应力就是屈服点或强度极限。

由于不同柔度的压杆,其临界应力的公式不相同。因此,在压杆的稳定性计算中,应首先计算其柔度值 λ,再按上述分类选用合适的公式计算其临界应力和临界力。

【例 10-1】 如图 10-9 所示压杆用 30×30×4 等边角钢制成,已知杆长 $l=0.5$ m,材料为 Q235 钢(已知其 $\lambda_p=101$),试求该压杆的临界力。

【解】 首先计算压杆的柔度,要注意截面的最小惯性半径应取对 y_0 轴的惯性半径,即 $i_{y0}=0.58$ cm,由此可以算出其柔度

$$\lambda = \frac{\mu l}{i} = \frac{2 \times 0.5}{0.58 \times 10^{-2}} = 172$$

可见,该压杆属于大柔度杆,可以使用欧拉公式计算其临界力,仍要注意截面的最小惯性矩应取对 y_0 轴的惯性矩,即 $I_{y0} = 0.77\ \mathrm{cm}^4$,由此可以算出该压杆的临界力

$$F_{cr} = \frac{\pi^2 EI}{(\mu l)^2} = \frac{\pi^2 \times 206 \times 10^9 \times 0.77 \times 10^{-8}}{(2 \times 0.5)^2}$$
$$= 157 \times 10^3\ \mathrm{N} = 157\ \mathrm{kN}$$

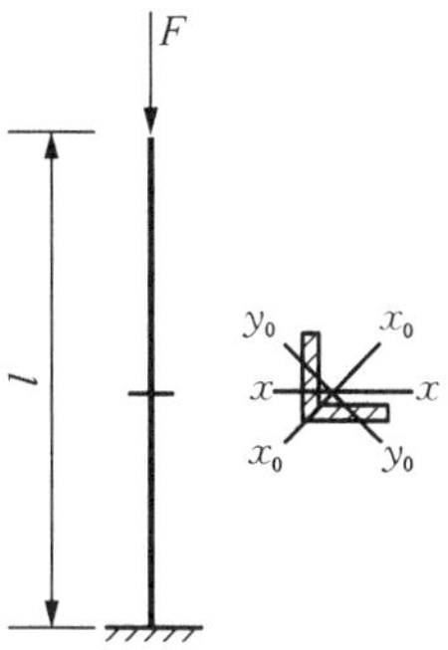

图 10-9

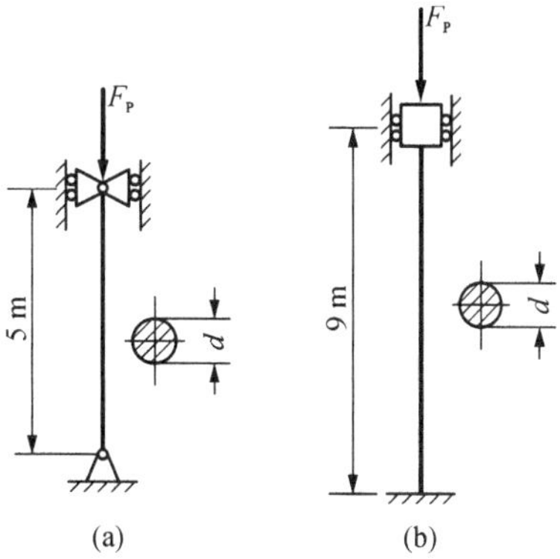

图 10-10

【例 10-2】 压杆如图 10-10 所示,其直径均为 d,材料都是 Q235 钢,但二者长度和约束条件各不相同。试:

(1) 分析哪一根杆的临界力较大?

(2) 计算 $d = 160\ \mathrm{mm}$, $E = 206\ \mathrm{GPa}$, $\sigma_s = 235\ \mathrm{MPa}$, $\lambda_p = 101$ 时,压杆的临界力。

【解】 (1) 计算柔度,判断哪一根杆的临界力大。

因为 $\lambda = \mu l / i$,其中 $i = \sqrt{I/A}$,而二者均为圆截面且直径相同,故有

$$i = \sqrt{\frac{\pi d^4/64}{\pi d^2/4}} = \frac{d}{4}$$

因二者约束条件和杆长都不相同,所以 λ 也不一定相同。

对于图 10-10(a)所示两端铰支的压杆,$\mu = 1$, $l = 5$ m

$$\lambda_a = \frac{\mu l}{i} = \frac{1 \times 5}{\dfrac{d}{4}} = \frac{20}{d}$$

对于图 10-10(b)所示两端固定的压杆,$\mu = 0.5$, $l = 9$ m,

$$\lambda_b = \frac{\mu l}{i} = \frac{0.5 \times 9}{\dfrac{d}{4}} = \frac{18}{d}$$

可见,$\lambda_a > \lambda_b$,所示本例中两端铰支压杆的临界力小于两端固定压杆的临界力。

(2) 计算各杆的临界力。

对于两端铰支的压杆

$$\lambda_a=\frac{\mu l}{i}=\frac{1\times 5}{\frac{d}{4}}=\frac{20}{0.16}=125>\lambda_p=101$$

属于细长杆,利用欧拉公式计算临界力

$$F_{Pcr}=\sigma_{cr}A=\frac{\pi^2 E}{\lambda^2}\times\frac{\pi d^2}{4}=\frac{\pi^2\times 206\times 10^9}{125^2}\times\frac{\pi\times(160\times 10^{-3})^2}{4}$$
$$=2.6\times 10^6\ \mathrm{N}=2.60\times 10^3\ \mathrm{kN}$$

对于两端固定的压杆

$$\lambda_a=\frac{\mu l}{i}=\frac{0.5\times 9}{\frac{d}{4}}=\frac{18}{0.16}=112.5>\lambda_p=101$$

也属于细长杆,

$$F_{Pcr}=\sigma_{cr}A=\frac{\pi^2 E}{\lambda^2}\times\frac{\pi d^2}{4}=\frac{\pi^2\times 206\times 10^9}{112.5^2}\times\frac{\pi\times(160\times 10^{-3})^2}{4}$$
$$=3.21\times 10^6\ \mathrm{N}=3.21\times 10^3\ \mathrm{kN}$$

讨论 本例中的压杆,若要使其在轴向压力下屈服,那么所需轴向压力为

$$F_s=\sigma_s A=\sigma_s\cdot\frac{\pi d^2}{4}=\frac{235\times\pi\times 160^2}{4}\ \mathrm{N}=4\ 722.6\ \mathrm{kN}>F_{cr}$$

由 $F_s>F_{cr}$ 可知,细长压杆失稳破坏先于强度破坏。

【例 10-3】 如图 10-11 所示一矩形截面的细长压杆[图 10-11(a)为正视图;图 10-11(b)为俯视图],在 A, B 两处为销钉连接。压杆的材料为 Q235 钢,$E=206$ GPa,$\lambda_p=101$。

(1) 若 $l=2.3$ m, $b=40$ mm, $h=60$ mm,试求其临界力;

(2) 试确定截面尺寸 b 和 h 的合理关系。

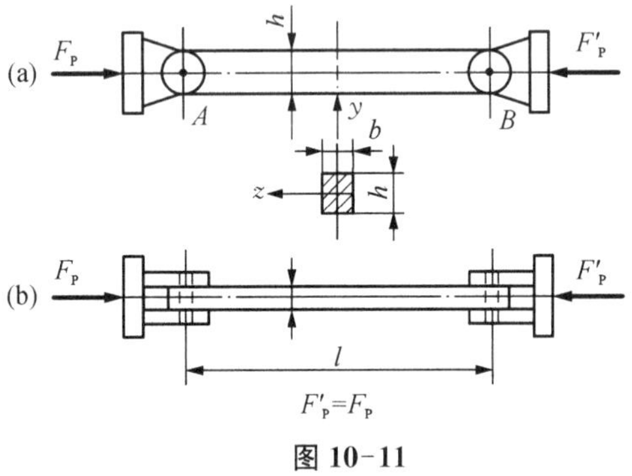

图 10-11

【解】 给定的压杆在 A, B 两处为销钉连接,这种约束与球铰约束不同。在正视图平面内屈曲时,A, B 两处可以自由转动,相当于铰链;而在俯视图平面内屈曲时,A, B 两处不能转动,这时可近似视为固定端约束。又因为是矩形截面,压杆在正视图平面内屈曲时,截面将绕 z 轴转动;而在俯视图平面内屈曲时,截面将绕 y 轴转动。

根据以上分析,为了计算临界力,应首先计算压杆在两个平面内的柔度,以确定将在哪一平面内发生屈曲。

(1) 临界力计算。

若压杆在正视图平面内失稳,则杆端约束条件为两端铰支,长度系数 $\mu_1=1$,惯性半径为

$$i_z=\sqrt{\frac{I_z}{A}}=\sqrt{\frac{\frac{bh^3}{12}}{bh}}=\frac{h}{\sqrt{12}}=\frac{60}{\sqrt{12}}=17.3\ \text{mm}$$

柔度为

$$\lambda_1=\frac{\mu_1 l}{i_z}=\frac{1\times 2.3}{17.3\times 10^{-3}}=133$$

若压杆在俯视图平面内失稳，则杆端约束条件为两端固定，长度系数 $\mu_2=0.5$，惯性半径为

$$i_y=\sqrt{\frac{I_y}{A}}=\sqrt{\frac{\frac{hb^3}{12}}{bh}}=\frac{b}{\sqrt{12}}=\frac{40}{\sqrt{12}}=11.5\ \text{mm}$$

柔度为

$$\lambda_2=\frac{\mu_2 l}{i_y}=\frac{0.5\times 2.3}{11.5\times 10^{-3}}=100$$

由于 $\lambda_1>\lambda_2$，因此该杆失稳时将在正视图平面内弯曲。该杆属于细长杆，可用欧拉公式计算其临界力

$$F_{cr}=\frac{\pi^2 EI_z}{(\mu_1 l)^2}=\frac{\pi^2 Ebh^3}{12(\mu_1 l)^2}=\frac{\pi^2\times 206\times 10^9\times 0.44\times 0.06^3}{12\times(1\times 2.3)}$$
$$=276.6\times 10^3\ \text{N}=276.6\ \text{kN}$$

(2) 截面尺寸合理关系确定。

若压杆在正视图平面内失稳，其临界力为

$$F_{cr}=\frac{\pi^2 EI_z}{l^2}=\frac{\pi^2 Ebh^3}{12l^2}$$

若压杆在俯视图平面内失稳，其临界力为

$$F_{cr}^{ii}=\frac{\pi^2 EI_y}{(0.5l)^2}=\frac{\pi^2 Ehb^3}{3l^2}$$

截面的合理尺寸应使压杆在正视图平面和俯视图平面两个平面内具有相同的稳定性，即

$$F_{cr}^{ii}=F_{cr}\quad 或\ \frac{\pi^2 Ebh^3}{12l^2}=\frac{\pi^2 Ehb^3}{3l^2}$$

由此可得

$$h=2b$$

10.5 中心加载压杆稳定性计算

10.5.1 稳定性条件和安全系数法

压杆的临界力与压杆实际承受压力的比值，称为压杆的**工作安全系数**，用 n_{st} 表示。压杆

在工作压力 F 作用下不失稳的条件是:压杆的工作安全系数应不小于规定的允许规定安全系数$[n]_{st}$,即

$$n_{st}=\frac{F_{cr}}{F}\geqslant[n]_{st} \tag{10-13}$$

式(10-13)被称为压杆的**稳定性条件**。在静载荷作用下,$[n]_{st}$ 通常应略高于强度安全因数。这是因为实际压杆不可能是理想直杆,而是具有一定的初始缺陷(如初曲率),压缩载荷也可能具有一定的偏心度。这些因素对压杆稳定性的影响远超过对强度的影响。对于钢材,$[n]_{st}$ 取值为 1.8 ~ 3.0;对于铸铁,$[n]_{st}$ 取值为 5.0 ~ 5.5;对于木材,$[n]_{st}$ 取值为 2.8 ~ 3.2。

式(10-13)是用安全系数形式表示的稳定性条件。工程中还常用应力形式来表示稳定性条件,即

$$\sigma=\frac{F}{A}\leqslant[\sigma]_{st} \tag{10-14}$$

式中,$[\sigma]_{st}=\sigma_{cr}/[n]_{st}$,称为**稳定许用应力**。因为临界应力随柔度而变化且不同柔度的压杆有不同的工作安全系数,因而,稳定许用应力与强度许用应力有不同之处。

根据式(10-13)、式(10-14)进行的压杆稳定性计算或稳定性校核,通常被称为**安全系数法**。

【例 10-4】 千斤顶的螺杆旋出的最大高度 $l=400$ mm,螺纹内径 $d_0=40$ mm,最大起重量 $F=70$ kN,材料为 Q275 钢,稳定安全系数$[n]_{st}=3.5$,试校核螺杆的稳定性。已知 Q275 钢的 $E=216$ GPa,$\sigma_p=235$ MPa,经验抛物线公式为

$$\sigma_{cr}=275-0.008\,53\lambda^2$$

【解】 (1) 求压杆的柔度 λ 并判别压杆的类型。惯性半径为

$$i=\sqrt{\frac{I}{A}}=\sqrt{\frac{\pi d^4/64}{\pi d^2/4}}=\frac{d}{4}=\frac{40}{10}\text{ mm}=10\text{ mm}$$

千斤顶的螺杆可简化为一端固定,一端自由的压杆,故其长度系数 $\mu=2$,则柔度为

$$\lambda=\frac{\mu l}{i}=\frac{2\times400}{10}=80$$

$$\lambda_p=\pi\sqrt{\frac{E}{\sigma_p}}=\pi\sqrt{\frac{216\times10^3}{235}}=95.2$$

因 $\lambda<\lambda_p$,故该杆属于中柔度杆。应按经验抛物线公式计算此螺杆的临界应力。

(2) 校核螺杆的稳定性。

$$\sigma_{cr}=275-0.008\,53\lambda^2=275-0.008\,53\times80^2=220.4\text{ MPa}$$

$$\sigma=\frac{F}{A}=\frac{70\times10^3}{\dfrac{\pi}{4}\times40^2}=55.7\text{ MPa}$$

$$n_{st}=\frac{\sigma_{cr}}{\sigma}=\frac{220.4}{55.7}=3.96>[n]_{st}=3.5$$

故该千斤顶的螺杆稳定性足够。

【例10-5】 有一Q235钢制成的矩形截面压杆AB，如图10-12所示，其两端A，B处均为销钉连接。设其各部分间配合精密。已知$l=2.3$ m，$b=4$ cm，$h=6$ cm，$E=206$ GPa，$\lambda_p=101$，规定的稳定安全系数为$[n]_{st}=4$，试确定其许用轴向压力F。

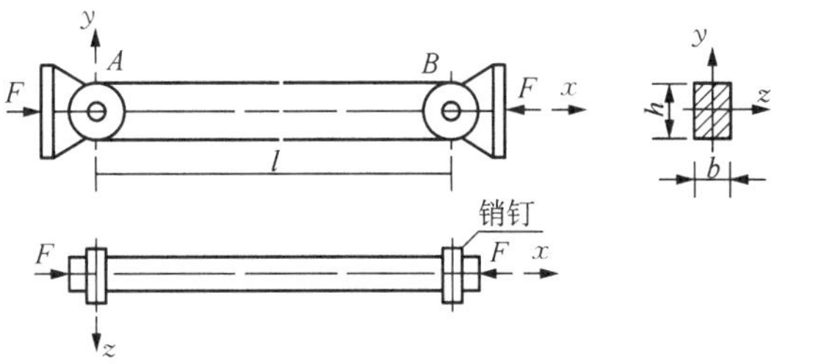

图10-12

【解】 (1) 求压杆的柔度λ并判别压杆的类型。

在xy平面内，两端为铰支，压杆长度系数$\mu_{xy}=1$，则惯性半径为

$$i_z=\sqrt{\frac{I_z}{A}}=\sqrt{\frac{bh^3/12}{bh}}=\frac{h}{\sqrt{12}}=\frac{60}{\sqrt{12}}=17.3\ \text{mm}$$

柔度为

$$\lambda_{xy}=\frac{\mu_{xy}l}{i_z}=\frac{1\times 2.3}{17.3\times 10^{-3}}=133$$

在xz平面内，两端按固定端考虑，压杆长度系数$\mu_{xz}=0.5$，则惯性半径为

$$i_y=\sqrt{\frac{I_y}{A}}=\sqrt{\frac{hb^3/12}{bh}}=\frac{b}{\sqrt{12}}=\frac{40}{\sqrt{12}}=11.5\ \text{mm}$$

柔度为

$$\lambda_{xz}=\frac{\mu_{xz}l}{i_y}=\frac{0.5\times 2.3}{11.5\times 10^{-3}}=100$$

因$\lambda_{xy}>\lambda_{xz}$，故此压杆在$xy$平面内失稳的可能性最大，应取$\lambda=\lambda_{xy}=133$。

因$\lambda=133>\lambda_p=101$，故该杆属于大柔度杆，即细长杆。应按欧拉公式计算其临界压力。

(2) 计算临界压力及许用压力。

$$F_{cr}=\sigma_{cr}A=\frac{\pi^2 E}{\lambda^2}bh=\frac{\pi^2\times 206\times 10^3}{133^2}\times 40\times 60\ \text{N}=276\ \text{kN}$$

$$F=\frac{F_{cr}}{[n]_{st}}=\frac{276}{4}=69\ \text{kN}$$

即此压杆的许用轴向压力F为69 kN。

【例10-6】 如图10-13所示的结构中，梁AB为I14普通热轧工字钢，CD为圆截面直杆，其直径为$d=20$ mm，材料均为Q235钢。A，C，D三处均为球铰约束。若已知$F_P=25$ kN，$l_1=1.25$ m，$l_2=0.55$ m，$\sigma_s=235$ MPa，$\lambda_p=101$。强度安全因数$n_s=1.45$，稳定安全因数$[n]_{st}=1.8$。试校核此结构是否安全。

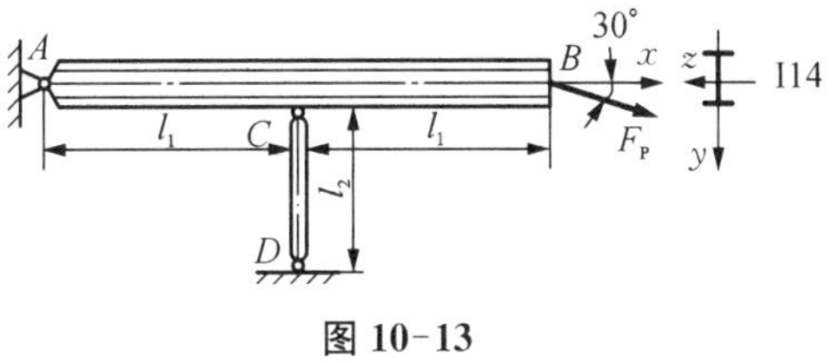

图10-13

【解】 在给定的结构中共有两个构件：梁AB承受拉伸与弯曲的组合作用，属于强度问题；杆CD承受压缩载荷，属于稳定问题。现分别校核如下：

(1) 大梁 AB 的强度校核。大梁 AB 在截面 C 处弯矩最大,该处横截面为危险截面,其上的弯矩和轴力分别为

$$M_{\max}=(F\sin 30^\circ)l_1=(25\times10^3\times0.5)\times1.25$$
$$=15.63\times10^3\ \text{N}\cdot\text{m}=15.63\ \text{kN}\cdot\text{m}$$
$$F_{Nx}=F_P\cos30^\circ=25\times10^3\times\cos 30^\circ=21.65\times10^3\ \text{N}=21.65\ \text{kN}$$

由型钢表查得 14 号普通热轧工字钢的

$$W_z=102\ \text{cm}^3=102\times10^3\ \text{mm}^3$$
$$A=21.5\ \text{cm}^2=21.5\times10^2\ \text{mm}^2$$

由此得到

$$\sigma_{\max}=\frac{M_{\max}}{W_z}+\frac{F_N}{A}=\frac{15.63\times10^3}{102\times10^3\times10^{-9}}+\frac{21.65\times10^3}{21.5\times10^2\times10^{-4}}$$
$$=163.2\times10^6\ \text{Pa}=163.2\ \text{MPa}$$

Q235 钢的许用应力

$$[\sigma]=\frac{\sigma_s}{n_s}=\frac{235}{1.45}=162\ \text{MPa}$$

$\sigma_{\max}$ 略大于$[\sigma]$,但 $(\sigma_{\max}-[\sigma])\times100\%/[\sigma]=0.7\%<5\%$,工程上仍认为是安全的。

(2) 校核压杆 CD 的稳定性。

由平衡方程求得压杆 CD 的轴向压力

$$F_{NCD}=2F_P\sin 30^\circ=F_P=25\ \text{kN}$$

因为是圆截面杆,故惯性半径为

$$i=\sqrt{\frac{I}{A}}=\frac{d}{4}=5\ \text{mm}$$

又因为两端为球铰约束 $\mu=1.0$,所以柔度为

$$\lambda=\frac{\mu l}{i}=\frac{1.0\times0.55}{5\times10^{-3}}=110>\lambda_P=101$$

这表明,压杆 CD 为细长杆,故需采用式(10-8)计算其临界应力

$$F_{Pcr}=\sigma_{cr}A=\frac{\pi^2E}{\lambda^2}\times\frac{\pi d^2}{4}=\frac{\pi^2\times206\times10^9}{110^2}\times\frac{\pi\times(20\times10^{-3})^2}{4}$$
$$=52.8\times10^3\ \text{N}=52.8\ \text{kN}$$

于是,压杆的工作安全因数

$$n_w=\frac{\sigma_{cr}}{\sigma_w}=\frac{F_{Pcr}}{F_{NCD}}=\frac{52.8}{25}=2.11>[n]_{st}=1.8$$

这一结果说明,压杆的稳定性是安全的。

上述两项计算结果表明,整个结构的强度和稳定性都是安全的。

10.5.2 稳定系数法

工程中,除了使用安全系数法计算稳定性问题外,还经常使用**稳定系数法**,也称为**折减系数法**。即将压杆的稳定许用应力$[\sigma]_{st}$用材料的许用应力$[\sigma]$乘以一个随压杆柔度λ变化的系数φ来表示,即有

$$[\sigma]_{st}=\varphi[\sigma] \tag{10-15}$$

这样,就可以将压杆柔度对$[\sigma]_{st}$和$[n]_{st}$的影响,用$\varphi=\varphi(\lambda)$表示。λ越大,φ越小,且φ总小于1,所以φ被称为轴心压杆的稳定系数,也称为**折减系数**。

用稳定系数表示的稳定性条件为

$$\sigma=\frac{F}{A}\leqslant\varphi[\sigma] \tag{10-16}$$

材料性质、截面形状、尺寸以及残余应力等对稳定系数都有影响。一些工程设计规范中,已将考虑了这些影响的压杆的稳定系数对压杆柔度变化情况绘制成曲线或表格供使用。表10-4是现行《钢结构设计标准》(GB 50017—2017)附录中给出的Q235钢材的稳定系数,更多信息请参考规范原文。如无特殊说明,例题和相关习题均采用10-4给出的稳定系数。

表 10-4　　Q235 钢 a 类截面轴心受压构件的稳定系数

λ	0	1	2	3	4	5	6	7	8	9
0	1.000	1.000	1.000	1.000	0.999	0.999	0.998	0.998	0.997	0.996
10	0.995	0.994	0.993	0.992	0.991	0.989	0.988	0.986	0.985	0.983
20	0.981	0.979	0.977	0.976	0.974	0.972	0.970	0.968	0.966	0.964
30	0.963	0.961	0.959	0.957	0.954	0.952	0.950	0.948	0.946	0.944
40	0.941	0.939	0.937	0.934	0.932	0.929	0.927	0.924	0.921	0.918
50	0.916	0.913	0.910	0.907	0.903	0.900	0.897	0.893	0.890	0.886
60	0.883	0.879	0.875	0.871	0.867	0.862	0.858	0.854	0.849	0.844
70	0.839	0.834	0.829	0.824	0.818	0.813	0.807	0.801	0.795	0.789
80	0.783	0.776	0.770	0.763	0.756	0.749	0.742	0.735	0.728	0.721
90	0.713	0.706	0.698	0.691	0.683	0.676	0.666	0.660	0.653	0.645
100	0.637	0.630	0.622	0.614	0.607	0.599	0.592	0.584	0.577	0.567
110	0.562	0.555	0.548	0.541	0.534	0.527	0.520	0.513	0.507	0.500
120	0.494	0.487	0.481	0.475	0.469	0.463	0.457	0.451	0.445	0.439
130	0.434	0.428	0.423	0.417	0.142	0.407	0.402	0.397	0.392	0.387
140	0.382	0.378	0.373	0.368	0.364	0.360	0.355	0.351	0.347	0.343
150	0.339	0.335	0.331	0.327	0.323	0.319	0.316	0.312	0.308	0.305
160	0.302	0.298	0.295	0.292	0.288	0.285	0.282	0.279	0.276	0.273
170	0.270	0.267	0.264	0.261	0.259	0.256	0.253	0.250	0.248	0.245
180	0.243	0.240	0.238	0.235	0.233	0.231	0.228	0.226	0.224	0.222
190	0.219	0.217	0.215	0.213	0.211	0.209	0.207	0.205	0.203	0.201
200	0.199	0.197	0.196	0.194	0.192	0.190	0.188	0.287	0.185	0.183
210	0.182	0.180	0.178	0.177	0.175	0.174	0.172	0.171	0.169	0.168
220	0.166	0.165	0.163	0.162	0.161	0.159	0.158	0.157	0.155	0.154
230	0.153	0.151	0.150	0.149	0.148	0.147	0.145	0.144	0.143	0.142
240	0.141	0.140	0.139	0.137	0.136	0.135	0.134	0.133	0.132	0.131

【例 10-7】 某一端固定,一端自由的工字型钢压杆,材料为 Q235 钢。已知 $F=240\ \text{kN}$, $l=1.5\ \text{m}$, $[\sigma]=140\ \text{MPa}$。试选择其工字钢截面型号。

【解】 因工字钢截面型号未知,无法计算其柔度 λ,也就查不出稳定系数 φ,无法直接进行稳定性计算。这时,可先按强度条件初步估算截面面积,即由 $\dfrac{F}{A}\leqslant[\sigma]$ 得

$$A\geqslant\frac{F}{[\sigma]}=\frac{240\times10^{3}}{140}=1\ 710\ \text{mm}^{2}$$

从附录 B(型钢表)中按估算面积的 2 倍($34.2\ \text{cm}^2$,即取 $\varphi=0.5$ 试凑),初选 I20a 工字钢,其 $A=35.5\ \text{cm}^2$,最小惯性半径为 $i_y=2.12\ \text{cm}$。

然后进行稳定校核:

$$\lambda=\frac{\mu l}{i_y}=\frac{2\times150}{2.12}=142$$

由表 10-4 可查出稳定系数 φ,即

$$\varphi=0.373$$

$$\frac{\sigma}{\varphi[\sigma]}=\frac{F}{\varphi[\sigma]A}=\frac{240\times10^{3}}{0.373\times140\times35.5\times10^{2}}=1.37>1$$

上式说明初选的截面太小,不满足稳定性要求,应重选截面。

重选 I22a 工字钢,其 $A=42\ \text{cm}^2$,最小惯性半径为 $i_y=2.31\ \text{cm}$,则

$$\lambda=\frac{\mu l}{i_y}=\frac{2\times150}{2.31}=130$$

查表得 $\varphi=0.434$,则

$$\frac{\sigma}{\varphi[\sigma]}=\frac{F}{\varphi[\sigma]A}=\frac{240\times10^{3}}{0.434\times140\times42\times10^{2}}=0.94<1$$

认为所重选的截面型号 I22a 是可行的。

【例 10-8】 如图 10-14(a)所示结构由两根材料和直径均相同的圆杆组成,杆的材料为 Q235 钢,已知 $h=0.4\ \text{m}$,直径 $d=20\ \text{mm}$,材料的强度许用应力 $[\sigma]=170\ \text{MPa}$,荷载 $F=15\ \text{kN}$,试校核两杆的稳定性。

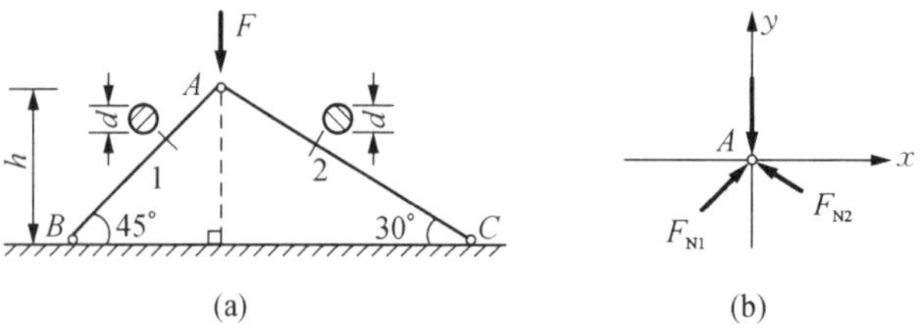

图 10-14

【解】 为校核两杆的稳定性,首先需要计算每个杆所承受的压力,为此考虑结点 A 的平衡,其平衡方程为

$$F_x=0,\ F_{N1}\cos45^\circ-F_{N2}\cos30^\circ=0$$
$$F_y=0,\ F_{N1}\sin45^\circ+F_{N2}\sin30^\circ-F=0$$

由此解得两杆所受的压力分别为

$$F_{N1}=0.896F=13.44\ \text{kN}$$
$$F_{N2}=0.732F=10.98\ \text{kN}$$

两杆的长度分别为

$$l_1=h/\sin 45°=0.566\ \text{m}$$
$$l_2=h/\sin 30°=0.8\ \text{m}$$

两杆的柔度分别为

$$\lambda_1=\frac{\mu l_1}{i}=\frac{\mu l_1}{d/4}=113$$

$$\lambda_2=\frac{\mu l_2}{i}=160$$

查表 10-4 可得两杆的稳定系数分别为

$$\varphi_1=0.541,\ \varphi_2=0.302$$

对两杆分别进行稳定性校核：

$$\frac{F_{N1}}{\varphi_1 A}=\frac{13.44\times 10^3}{0.541\times\pi\times 0.02^2/4}=79\times 10^6\ \text{Pa}=79\ \text{MPa}<[\sigma]$$
$$\frac{F_{N2}}{\varphi_2 A}=\frac{10.98\times 10^3}{0.302\times\pi\times 0.02^2/4}=115\times 10^6\ \text{Pa}=115\ \text{MPa}<[\sigma]$$

两杆均满足稳定条件。

【例 10-9】 如图 10-15 所示托架中的 AB 杆为 16 号工字钢，CD 杆为两根 50×50×6 等边角钢组成。已知 $l=2$ m，$h=1.5$ m 材料为 Q235 钢，其许用应力$[\sigma]=160$ MPa，试求该托架的允许荷载$[F]$。

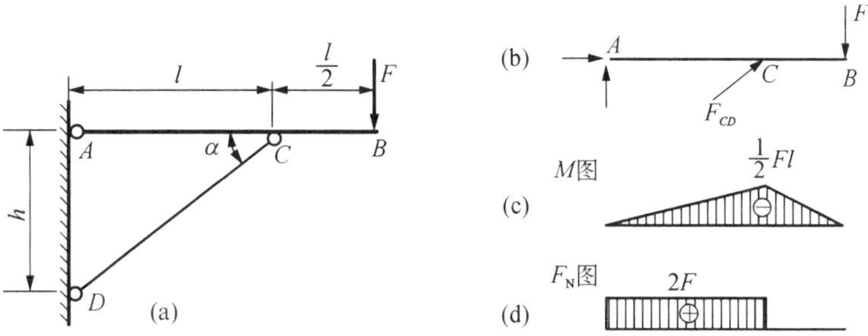

图 10-15

【解】 首先考虑 AB 杆的平衡，根据杆的平衡可得

$$M_A=0,\ F_{CD}\times l\sin a-F\times\frac{3}{2}l=0$$

$$\sin a=\frac{3}{5},\ \cos a=\frac{4}{5}$$

所以

$$F_{CD}=\frac{5}{2}F$$

(1) 由 CD 杆的稳定性确定许用荷载。

$$\lambda_{CD}=\frac{\mu l_{CD}}{i_{\min}}=\frac{1\times 2.5}{1.52\times 10^{-2}}=164$$

查表 10-4 可得稳定系数为

$$\varphi_{CD}=0.288$$

φ 杆的临界载荷为

$$F_{CD}\leqslant\varphi_{CD}A_{CD}[\sigma]=0.288\times2\times5.688\times10^{-4}\times160\times10^{6}=52.4\times10^{3}\ \text{N}=52.4\ \text{kN}$$

由此可得

$$F=\frac{2}{5}F_{CD}\leqslant21.0\ \text{kN}$$

(2) 由 AB 杆的强度确定许用荷载。

AB 杆为拉弯组合受力状态,其弯矩图和轴力图分别如图 10-15(c)和图 10-15(d)所示,可见截面 $C_{左}$ 为危险截面,由此可以建立强度条件:

$$\sigma_{\max}=\frac{F_{NAC}}{A_{AB}}+\frac{M_C}{W}\leqslant[\sigma] \tag{a}$$

$$F_{NAC}=F_{CD}\cos\alpha=2F,\ M_C=\frac{1}{2}Fl$$

代入式(a)

$$\frac{2F}{A_{AB}}+\frac{Fl/2}{W}\leqslant[\sigma]$$

所以

$$F\leqslant\frac{[\sigma]}{\dfrac{2}{A_{AB}}+\dfrac{l}{2W}}=\frac{160\times10^{6}}{\dfrac{2}{26.1\times10^{-4}}+\dfrac{2}{2\times141\times10^{-6}}}=20.4\times10^{3}\ \text{N}=20.4\ \text{kN}$$

通过比较,确定该托架的许用荷载为 $[F]=20.4$ kN。

另类屈曲

10.6 提高压杆承载能力的主要途径

由压杆临界力计算公式可知,要提高压杆承载能力,必须综合考虑杆长、支承、截面的合理性以及材料性能等因素的影响。因此,要提高压杆临界力,可以从以下几方面考虑:

10.6.1 减小压杆杆长

对于细长杆,其临界力与杆长平方成反比。因此,减小杆长可以显著地提高压杆承载能力。在某些情形下,通过改变结构或增加支点可以达到减小杆长、从而提高压杆承载能力的目的,如图 10-16 所示的两种桁架,读者不难分析,两种桁架中的①,④杆均为压杆,但图 10-16(b)中压杆承载能力要远远高于图 10-16(a)中的压杆。

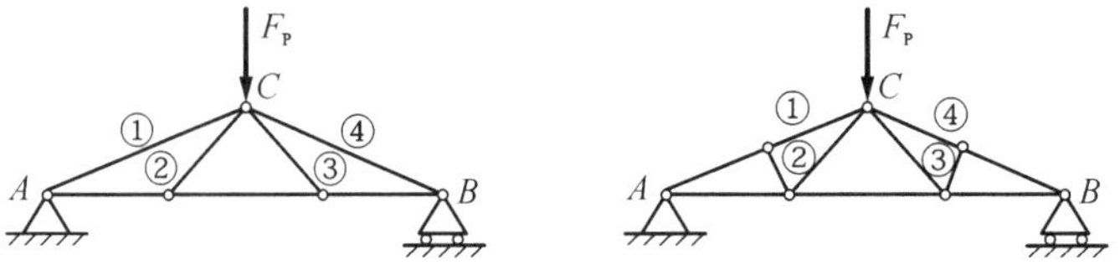

(a) (b)

图 10-16

10.6.2 选择合理的截面形式

当压杆端部在不同的平面内具有不同的约束条件时，应采用最大与最小主惯性矩不等的截面（例如矩形截面），并使主惯性矩较小的平面内具有较强刚性的约束，尽量使两主惯性矩平面内，压杆的长细比相互接近。

(1) 当压杆两端在各个方向弯曲平面内具有相同的约束条件时，压杆总是在柔度较大的纵向平面内失稳，为了充分利用压杆的材料，应使其各个纵向平面内的柔度相同或相近。

当压杆两端约束在各个方向均相同时，若截面的两个主形心惯性矩不相等，压杆将在 I_{min} 的纵向平面内失稳。因此，当截面面积不变时，应改变截面形状，使其两个形心主惯性矩相等，即 $I_y = I_z$。这样就有 $\lambda_y = \lambda_z$，压杆在各个方向具有相同的稳定性，这种截面形状较为合理。例如在截面面积相同的情况下，正方形截面要比矩形截面合理。

由 $\lambda = \frac{\mu l}{i}$ 可见，当压杆两端的支座是各向同性的固定端或球形铰时，合理的截面形状应是圆形或方形。

当压杆在两个形心主惯性平面内的杆端约束不同时，宜采用矩形或工字形截面，其合理截面的形式是使 $I_y \neq I_z$，以保证 $\lambda_y = \lambda_z$。这样，压杆在两个方向具有相同的稳定性。

(2) 在截面面积一定的情况下，应尽可能增大截面的惯性矩，以减小压杆的柔度。如用型钢组成的空心方截面代替实心方截面，用空心圆截面代替实心圆截面等。例如由同样 4 根角钢组成的截面，图 10-17(b)所示的放置就比图 10-17(a)所示的合理。

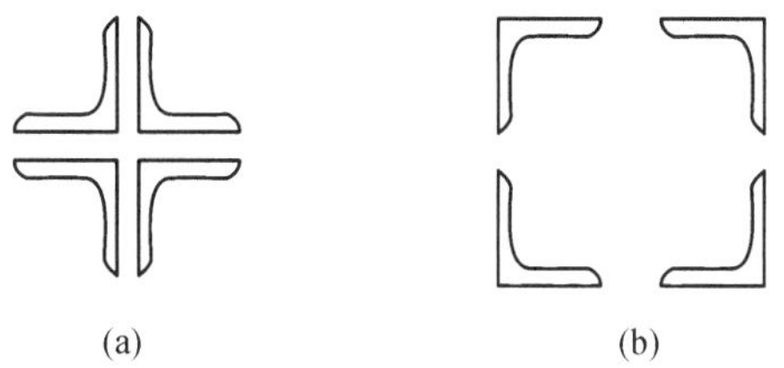

图 10-17

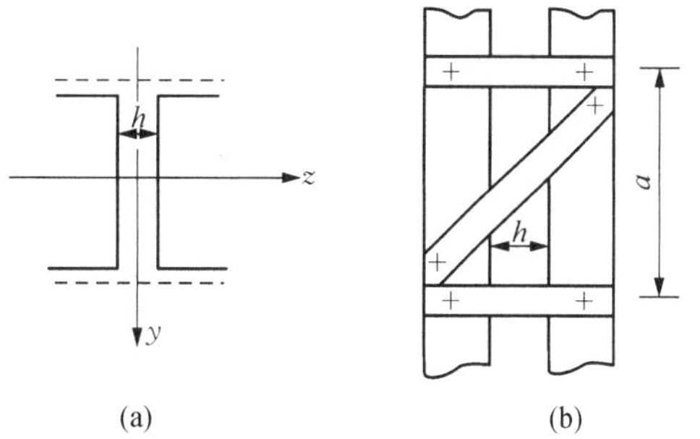

图 10-18

采用槽钢时，用两根并且按图 10-18(a)所示的方式放置，再调整间距 h，使 $I_y = I_z$。

工程上常用型钢组成薄壁截面，比用实心截面合理。当压杆由角钢、槽钢等型钢组合而成时，必须保证其整体稳定性。工程上常用如图 10-18(b)所示加缀条的方法以保证组合压杆的整体稳定性。两水平缀条间的一段单肢称为分支，也是一压杆，如其长度 a 过大，也会因该分支失稳而导致整体失效。因此，应使每个分支和整体具有相同的稳定性，即满足 $\lambda_{分支} = \lambda_{整体}$，才是合理的。分支长度 a 通常由此条件确定。在计算分支的 λ 时，两端一般按铰支考虑。

10.6.3 增强端部约束

由表 10-1 可知，端部的约束越强，压杆长度系数值越低，临界力越大。也就是说，增强杆端约束,即减小长度系数 μ 值,也可以提高压杆的稳定性。因此压杆与其他构件连接时,应尽可能做成刚性连接或采用较紧密的配合。例如,在支座处焊接或铆接支撑钢板,以增强支座的刚性,从而减小 μ 值。

10.6.4 合理选择材料

细长压杆的临界力 F_{cr} 与材料的弹性模量 E 成正比。因此,在其他条件均相同的条件下,选用 E 值大的材料可以提高压杆的稳定性。例如钢杆临界力大于铜、铸铁或铝制压杆的临界力。但是如果压杆由钢材制成,因普通碳素钢,合金钢以及高强度钢的 E 值大致相同,所以选用优质钢或低碳钢,对细长压杆稳定性并无多大区别。

但对于粗短杆或中长杆,其临界力与材料的比例极限或屈服强度有关,这时选用高强度钢会使临界力有所提高。

10.7 结论与讨论

易拉罐在轴-侧-扭-内压联合作用下的屈曲地貌

1. 稳定性计算和设计中需要注意的几个重要问题

我们已经知道,稳定失稳不仅使整个结构发生坍塌,造成物质上的巨大损失,而且还危及人民的生命安全。所以,稳定性计算和设计是一门非常重要的基础课程,材料力学涉及的仅仅是细长压杆的稳定问题,其他更多稳定性问题需要参考相应的专业书籍。

无论何种稳定性计算和设计,都要注意以下几个问题:

(1) 正确地进行受力分析,准确地判断结构中哪些杆件承受压缩载荷,对于这些杆件必须按稳定性设计准则进行稳定性计算或稳定性设计。

(2) 要根据压杆端部约束条件以及截面的几何形状,正确判断可能在哪一个平面内发生屈曲,从而确定欧拉公式中的截面惯性矩,或压杆的长细比。

(3) 确定压杆的长细比,判断属于哪一类压杆,采用合适的临界应力公式计算临界力。

(4) 应用稳定性设计准则进行稳定安全校核或设计压杆横截面尺寸。

2. 影响压杆承载能力的因素

(1) 对于细长杆,临界力不仅与材料的弹性模量(E)有关,而且与柔度有关。柔度包含了截面形状、几何尺寸以及约束条件等多种因素。

(2) 对于中长杆,临界力由直线法和抛物线法两种经验公式计算。影响其承载能力的主要是材料常数、压杆的柔度,当然还有压杆的横截面面积。

(3) 对于粗短杆,因为不发生屈曲,只发生屈服或破坏,故

$$F_{cr}=\sigma_{cr}A=\sigma_{s}A$$

临界力主要取决于材料的屈服强度和杆件的横截面面积。

3. 稳定性计算步骤

要进行压杆的稳定性计算,首先,必须根据材料的弹性模量与比例极限,计算出柔度的极限值 λ_P, λ_s;再根据压杆的长度 l、横截面的惯性矩 I 和面积 A,以及两端的支承条件 μ,计算压杆的实际柔度 λ;然后比较压杆的实际柔度值与极限值,判断属于哪一类压杆,选择合适的临界应力公式,确定临界力;最后,根据安全系数法或稳定系数法进行计算,并验算是否满足相应的稳定性条件。

习 题

10-1 压杆具有如图 10-19 所示的不同截面形状。各截面面积相同,各杆长度以及约束亦均相同,试按欧拉公式判断各杆稳定性的好坏。

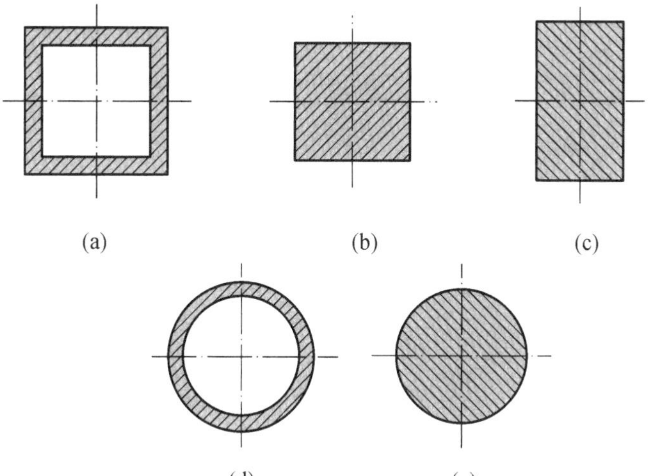

图 10-19

10-2 如图 10-20 所示的细长压杆均为圆杆,其直径 d 均相同,材料为 Q235 钢,$E = 210$ GPa。其中:图 10-20(a)为两端铰支;图 10-20(b)为一端固定,一端铰支;图 10-20(c)两端固定。试判别哪一种情形的临界力最大?哪种其次?哪种最小?若圆杆直径 $d = 16$ cm,试求最大的临界力 P_{cr}。

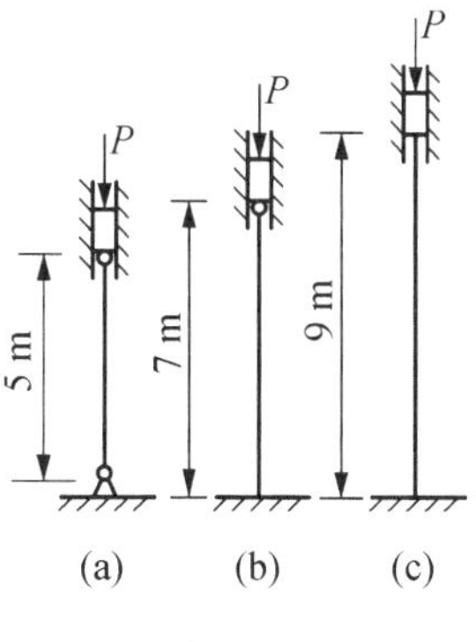

图 10-20

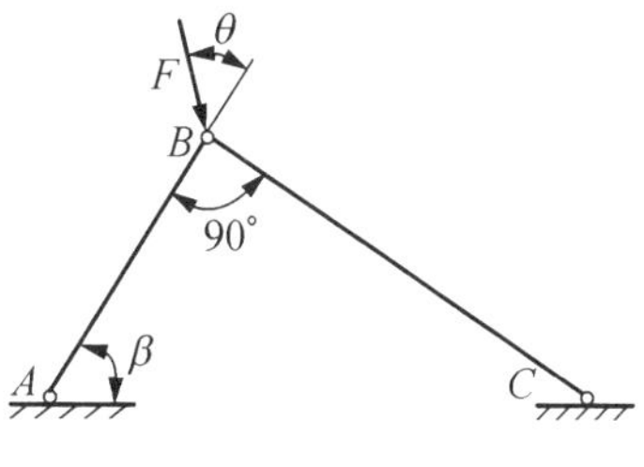

图 10-21

10-3 如图 10-21 所示铰接杆系 ABC 中,AB 和 BC 皆为细长杆,且截面、材料均相同。若因在 ABC 平面内失稳而失效,并规定 $0 < \theta < \frac{\pi}{2}$,试确定 F 为最大值时的 θ 角。

10-4 3 根圆截面压杆,直径均为 $d = 160$ mm,材料为 Q235 钢,$E = 200$ GPa,$\sigma_s = 240$ MPa。两端均为铰支,长度分别为 l_1,l_2 和 l_3,且 $l_1 = 2l_2 = 4l_3 = 5$ m。试求各杆的临界力 F_{cr}。

10-5 如图 10-22 所示蒸汽机的活塞杆 AB,所受力的 $P = 120$ kN,$l = 180$ cm,横截面为圆形,直径 $d = 7.5$ cm。材料为 Q275 钢,$E = 210$ GPa,$\sigma_p = 240$ MPa,规定$[n]_{st} = 8$,试校核活塞杆的稳定性。

10-6 如图 10-23 所示托架中杆 AB 的直径 $d = 4$ cm,长度 $l = 0.8$ m,两端可视为铰支,材料是 Q235 钢。

(1) 试按杆 AB 的稳定条件求托架的临界力 Q_{cr};

(2) 若已知实际载荷 $Q = 70$ kN,稳定安全系数 $[n]_{st} = 2$,问此托架是否安全?

(3) 若横梁为 18 号普通热轧工字钢,$[\sigma] = 160$ MPa,则托架所能承受的最大载荷有没有变化?

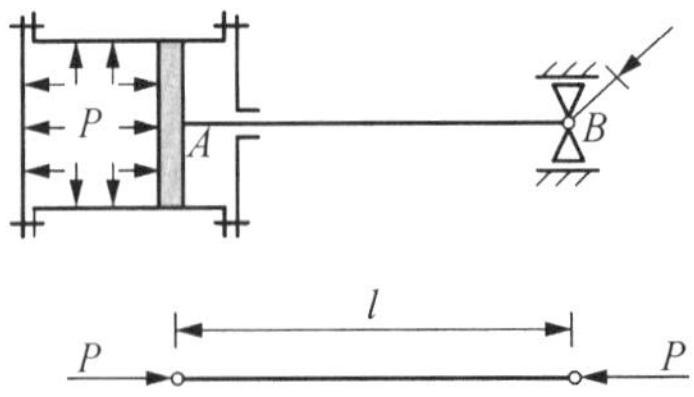

图 10-22

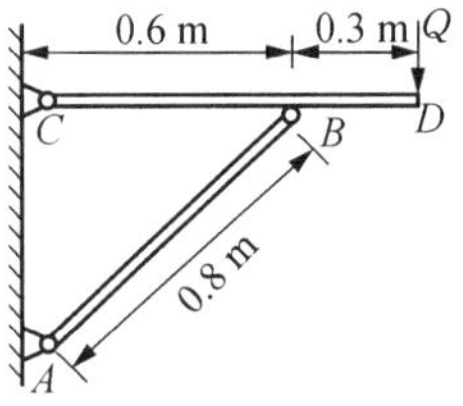

图 10-23

10-7 如图 10-24 所示为某型号飞机起落架中承受轴向压力的斜撑杆(两端视为铰支)。杆为空心圆杆,外径 $D = 52$ mm,内径 $d = 44$ mm,长 $l = 950$ mm。材料的 $\sigma_p = 1\,200$ MPa, $E = 210$ GPa。试求斜撑杆的临界应力和临界力。

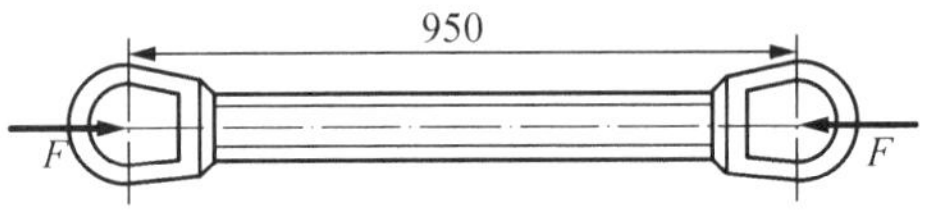

图 10-24

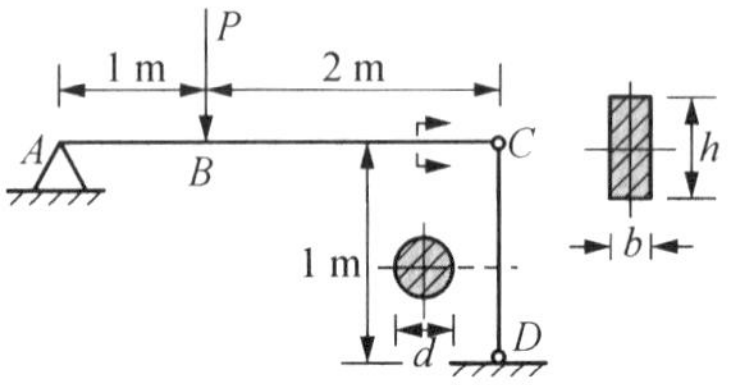

图 10-25

10-8 如图 10-25 所示结构中 AC 与 CD 杆均用 Q235 钢制成,C, D 两处均为球铰。已知 $d = 20$ mm, $b = 100$ mm, $h = 180$ mm; $E = 200$ GPa, $\sigma_s = 235$ MPa, $\sigma_b = 400$ MPa;强度安全系数 $n = 2.0$,稳定安全系数 $[n]_{st} = 3.0$。试确定该结构的最大许可荷载。

10-9 某厂自制的简易起重机如图 10-26 所示,其压杆 BD 为 20 号槽钢,材料为 Q235 钢。起重机的最大起重量是 $P = 40$ kN。若已知 $\lambda_p = 100$, $\lambda_s = 62$,且规定的稳定安全系数为 $[n]_{st} = 5$,试校核 BD 杆的稳定性。

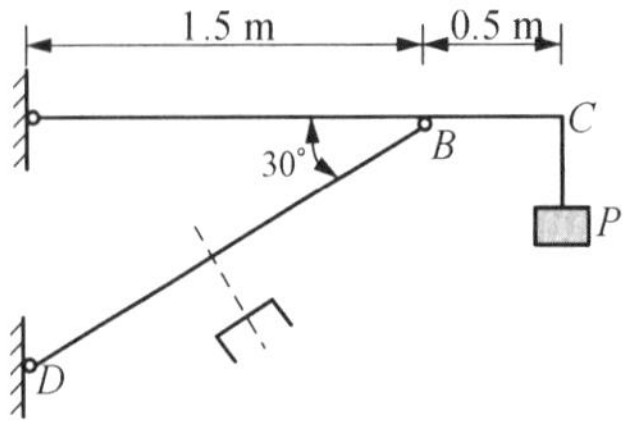

图 10-26

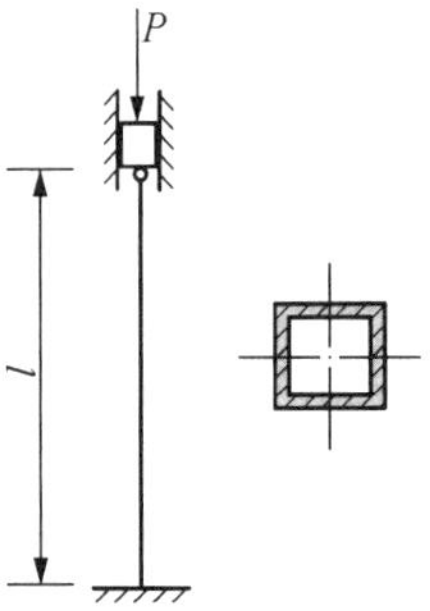

图 10-27

10-10 下端固定、上端铰支、长 $l = 4$ m 的压杆,由两根 10 号槽钢焊接而成,如图 10-27 所示。已知杆的材料为 Q235 钢,强度许用应力 $[\sigma] = 160$ MPa,试求压杆的许可荷载。

10-11 如图 10-28 所示结构,AB 是 16 号工字钢梁,立柱 CD 是由 3 根连成一体的空心钢管组成,外径 $D = 50$ mm,内径 $d = 40$ mm,梁和钢管材料均为 Q235 钢,其强度许用应力 $[\sigma] = 160$ MPa, $E = 200$ GPa。均布载荷 $q = 48$ kN/m,试校核该结构是否安全。

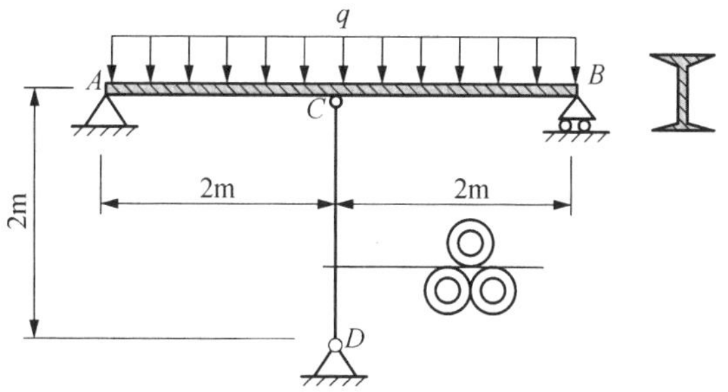

图 10-28

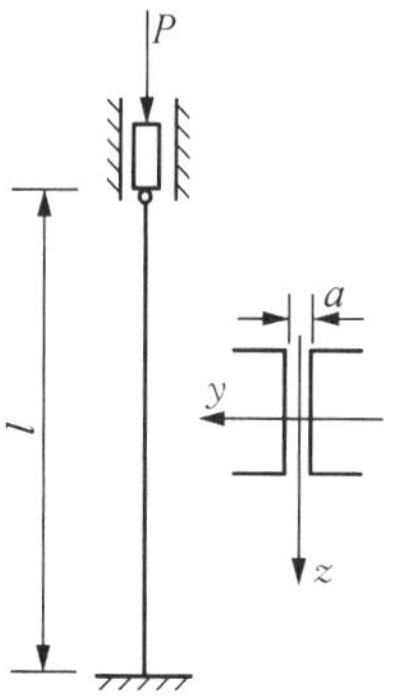

图 10-29

10-12 如图 10-29 所示立柱由两根 10 号槽钢组成，立柱上端为球铰，下端固定，柱长 $l=6\text{ m}$，试求两槽钢距离 a 值取多少立柱的临界力最大？并求最大临界力是多少？已知材料的弹性模量 $E=200\text{ GPa}$，比例极限 $\sigma_p=200\text{ MPa}$。

***10-13** 如图 10-30 所示 40 Cr 钢制微型圆轴的长 $l=50\text{ mm}$，直径 $d=6\text{ mm}$，在温度为 $t_1=-60℃$ 时安装，这时轴既不能沿轴向移动，又不承受轴向载荷，温度升高时，轴和架身将同时因热膨胀而伸长。轴材料的线膨胀系数 $\alpha_1=125\times10^{-6}/℃$；架身材料的线膨胀系数 $\alpha_2=75\times10^{-6}/℃$。40 Cr 钢的 $\sigma_s=600\text{ MPa}$，$E=210\text{ GPa}$。若规定轴的稳定工作安全因数 $[n]_{st}=2.0$，并且忽略架身因受力而引起的微小变形，试校核当温度升高到 $t_2=60℃$ 时，该轴是否安全。

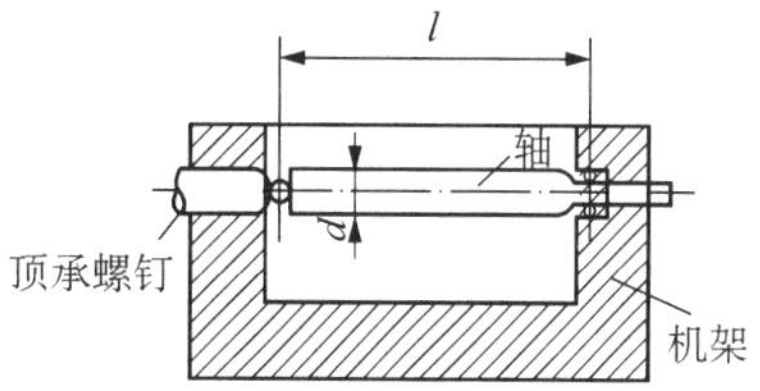

图 10-30

***10-14** 两端固定的管道长为 2 m，内径 $d=30\text{ mm}$，外径 $D=40\text{ mm}$，材料为 Q235 钢，$E=210\text{ GPa}$，线膨胀系数 $\alpha=1.25\times10^{-5}/℃$。若安装管道时的温度为 10℃，试求不引起管道失稳的最高温度。

***10-15** [第十一届全国周培源大学生力学竞赛(个人赛)试题]：如图 10-31 所示刚架中，水平梁为刚杆，竖直杆①，②均为细长弹性杆，只考虑与纸面平行的平面内的失稳. 则(1)刚架失稳时载荷的最小值 F 那个杆决定；(2) 刚架失稳时载荷的最小值 F 是多少？

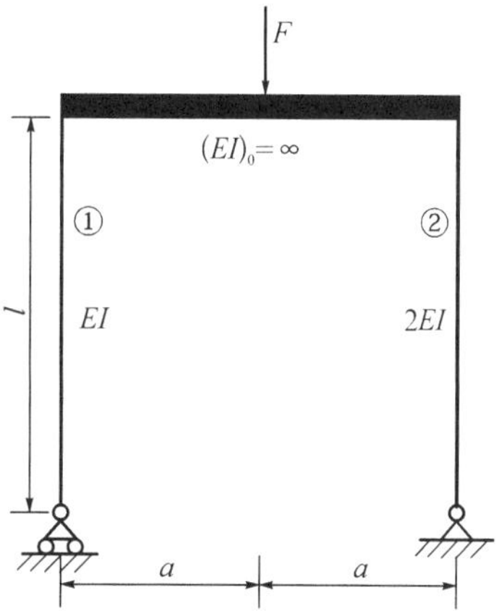

图 10-31

***10-16** [第十届全国周培源大学生力学竞赛(个人赛)试题]：如图 10-32 所示横梁的长度为 1 600 mm，横截面是底边 $b=40\text{ mm}$，高度 $h=60\text{ mm}$ 的矩形。梁的左端 A 为固定端，右端 B 自由。材料性能常数 $E=95\text{ GPa}$，屈服极限 σ_s 和比例极限 σ_p 均为 250 MPa。今有一批质地均匀、每块重量为 3.2 kN、长度也为 1 600 mm 的软金属板需要整齐地叠放在梁上，如图 10-32(a)所示。现拟用一根长度为 1 800 mm、直径 $d=36\text{ mm}$、材料与横梁相同的圆杆来提高横梁的承载能力。限于条件，只有梁下方 1 000 mm 处的地基可以对圆杆提供支撑；而且圆杆两端都只能用球铰与横梁和地基相连接。两个铰支座的水平位置可以根据需要分别随意调整，圆杆的长度也可以随之而任意截取，如图 10-32(b)所示。(1)定性分析：如何使用这根圆杆，使之与横梁形成合理的结构，才能尽可能多地放置金属板？(2)不计横梁和圆杆的重量，根据问题(1) 的要求，设横梁和圆杆的安全系数 $[n]$ 均为 2，设计并定量地计算这一结构。结果长度精确到 0.1 mm。(3)根据设计，加上支撑后的横梁最多可以堆放多

少块金属板?

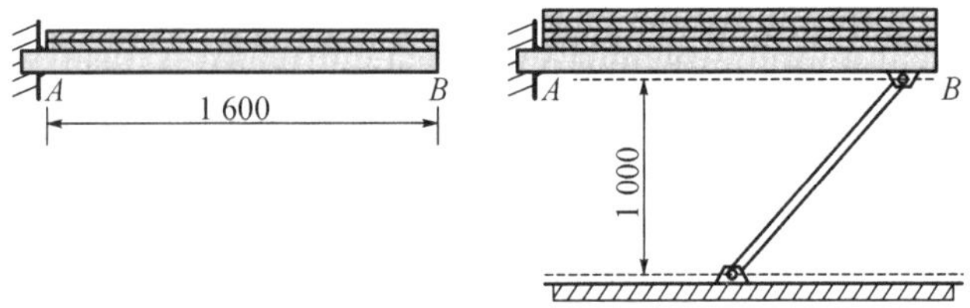

(a) (b)

图 10-32

*10-17 (第五届全国周培源大学生力学竞赛材料力学试题):如图 10-33 所示放置在弹性基础上的细长杆,长为 l,两端铰支,承受轴向压力 P。试建立临界载荷 P_{cr} 应满足的方程。设基础反力的集度与梁挠度成正比并与挠度方向相反,比例系数为 k,杆的抗弯刚度为 EI。

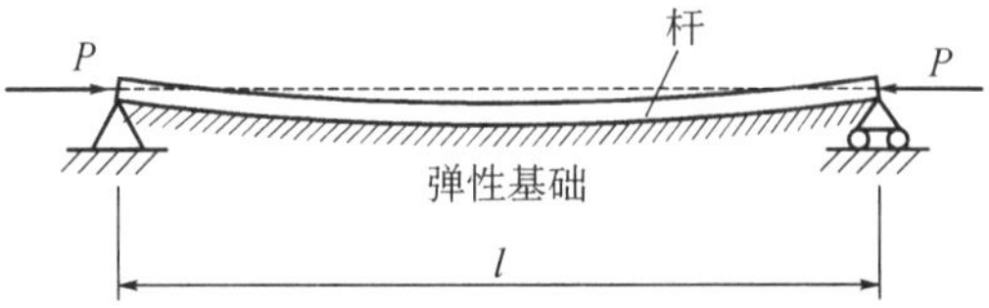

图 10-33

*10-18 [第十二届全国周培源大学生力学竞赛(个人赛)试题]:如图 10-34(a)所示,弹性软基体中有一细长等截面梁,弯曲刚度 EI,梁受轴向压缩。(1) 若将弹性基体等效为分布弹簧,其刚度为 K(弹性基体对梁单位长度上产生单位挠度时的反力),试根据图 10-34(b)建立分析该长梁失稳的平衡微分方程;(2) 假设失稳模式为 $w = A\sin\dfrac{2\pi}{\lambda}x$,试求梁发生失稳时的临界载荷 F_{cr} 和临界失稳波长 w_{cr}。

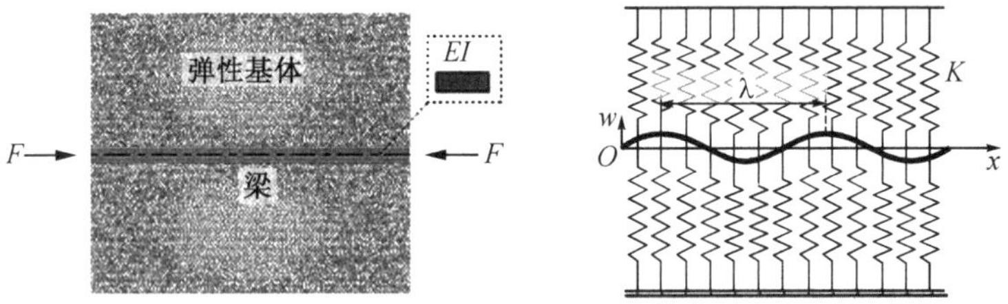

(a) (b)

图 10-34

11 能量法

基本要求

(1) 了解三向应力状态下的变形能密度、体积改变能密度和畸变能密度的概念，理解各种变形的应变能计算；
(2) 理解虚功原理、互等定理；
(3) 掌握莫尔定理或单位载荷法及其应用；
(4) 了解卡氏第一定理，掌握卡氏第二定理及其应用；
(5) 掌握图乘法及其在求解静不定问题中的应用，理解对称和反对称性概念；
(6) 掌握力法及其正则方程求解静不定问题。

11.1 基本概念

11.1.1 应变能与应变能密度

当材料的应力-应变关系满足广义胡克定律时，在小变形的条件下，相应的力和位移亦存在线性关系，外力功与应变能密度如图 11-1 所示。这时，力所做的功为

$$W=\frac{1}{2}F_{\mathrm{P}}\Delta \tag{11-1}$$

需要指出的是，功的表达式中，力和位移都是广义的。F_{P} 可以是一个力，也可以是一个力偶；当 F_{P} 是一个力时，对应的位移 Δ 是线位移，当 F_{P} 是一个力偶时，对应的位移 Δ 则是角位移。

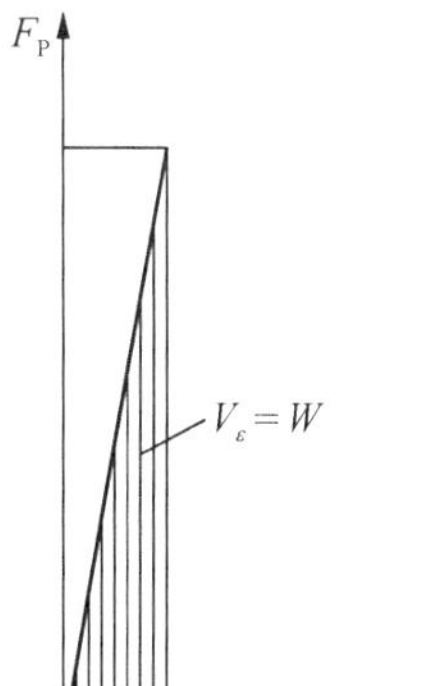

图 11-1

根据能量守恒原理，杆件在外力作用下发生弹性变形时，在没有能量(以热量形式)损失情况下，外力功转变为一种能量，储存于杆件内，从而使弹性杆件具有对外做功的能力，这种能量称为**弹性应变能**，简称**应变能**，用 V_{ε} 表示。若以 V 表示体积，则定义 V_{ε}/V 为**应变能密度**，用 v_{ε} 表示。

考察图 11-2(a)中以主应力表示的三向应力状态，其主应力和主应变分别为 σ_1，σ_2，σ_3 和 ε_1，ε_2，ε_3。假设应力和应变都同时自零开始逐渐增加至终值。设单元体的三对边长分别为 $\mathrm{d}x$，$\mathrm{d}y$，$\mathrm{d}z$，则作用在单元体三对面上的力分别为 $\sigma_1\mathrm{d}y\mathrm{d}z$，$\sigma_2\mathrm{d}x\mathrm{d}z$，$\sigma_3\mathrm{d}x\mathrm{d}y$，与这些力对应的位移分别为 $\varepsilon_1\mathrm{d}x$，$\varepsilon_2\mathrm{d}y$，$\varepsilon_3\mathrm{d}z$。这些力在各自位移上所做之功，都可用式(11-1)计算。于是，作用在单元体上的所有力做功之和为

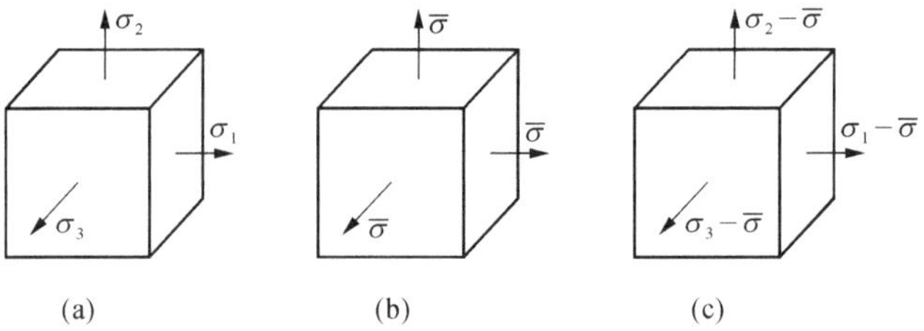

图 11-2

$$dW=\frac{1}{2}(\sigma_1\varepsilon_1+\sigma_2\varepsilon_2+\sigma_3\varepsilon_3)dx\,dy\,dz$$

贮存于单元体体内的应变能为

$$dV_\varepsilon=dW=\frac{1}{2}(\sigma_1\varepsilon_1+\sigma_2\varepsilon_2+\sigma_3\varepsilon_3)dV$$

根据应变能密度的定义,应用广义胡克定律得到三向应力状态下应力表示的总应变能密度表达式为

$$v_\varepsilon=\frac{1}{2E}[\sigma_1^2+\sigma_2^2+\sigma_3^2-2\nu(\sigma_1\sigma_2+\sigma_2\sigma_3+\sigma_3\sigma_1)] \tag{11-2}$$

11.1.2 体积改变能密度与畸变能密度

一般情形下,当物体变形时,同时包含了体积改变与形状改变。因此,总应变能密度包含相互独立的两种应变能密度。即

$$v_\varepsilon=v_V+v_d \tag{11-3}$$

式中,v_V 和 v_d 分别称为**体积改变能密度**和**畸变能密度**。其中畸变能又称为形状改变比能。

如图 11-2(a)所示,将用主应力表示的三向应力状态分解为图 11-2(b)、(c)中所示的两种应力状态的叠加,其中,$\bar{\sigma}$ 称为平均应力,其计算公式为

$$\bar{\sigma}=\frac{1}{3}(\sigma_1+\sigma_2+\sigma_3) \tag{11-4}$$

如图 11-2(b)所示为三向等拉应力状态,在这种应力状态作用下,单元体只产生体积改变,而没有形状改变。图 11-2(c)中所示的应力状态,可以证明,它将使单元体只产生形状改变,而没有体积改变。

对于图 11-2(b)中的单元体,将式(11-4)代入式(11-2),算得其体积改变能密度为

$$v_V=\frac{1-2\nu}{6E}(\sigma_1+\sigma_2+\sigma_3)^2 \tag{11-5}$$

将式(11-2)和式(11-5)代入式(11-3),得到单元体的畸变能密度为

$$v_d=\frac{1+\nu}{6E}[(\sigma_1-\sigma_2)^2+(\sigma_2-\sigma_3)^2+(\sigma_3-\sigma_1)^2] \tag{11-6}$$

11.1.3 不同载荷作用下的应变能

1. 轴向力作用下的应变能

通过考察微段杆件的受力和变形,应用弹性范围内力和变形之间的线性关系,可以得到微

段应变能表达式，杆件应变能的计算公式则可通过积分得到。对于拉伸和压缩杆件，设作用在 dx 微段上的轴力 F_N，使微段的两相邻横截面产生相对位移 $d(\Delta l)$，轴力 F_N 做的功，用 dW 表示，其值为

$$dW = \frac{1}{2}F_N d(\Delta l)$$

作功全部转变为微段的应变能。若用 dV_ε 表示应变能，则有

$$dV_\varepsilon = dW = \frac{1}{2}F_N d(\Delta l)$$

其中，$d(\Delta l)$为微段的轴向变形量，Δl 为杆件的总伸长或缩短量：

$$d(\Delta l) = \frac{F_N}{EA}dx$$

代入上式，并沿杆件全长 l 上积分后，得到杆件的应变能表达式为

$$V_\varepsilon = \int_0^l \frac{F_N^2}{2EA}dx = \frac{F_N^2 l}{2EA} \tag{11-7}$$

2. 弯矩作用下的应变能

对于承受弯曲的梁，忽略剪力影响，作用在 dx 微段上的弯矩 M，使微段的两相邻横截面产生相对转角 $d\theta$，弯矩 M 做的功为

$$dW = \frac{1}{2}Md\theta$$

如果作功全部转变为微段梁的应变能，于是有

$$dV_\varepsilon = dW = \frac{1}{2}Md\theta$$

其中，$d\theta$ 为微段两截面绕中性轴相对转的角度。将梁弯曲时的曲率公式

$$\frac{1}{\rho} = \frac{d\theta}{dx} = \frac{M}{EI}, \qquad d\theta = \frac{M}{EI}dx$$

代入上式，并沿梁的全长上积分后，得到梁弯曲时的应变能的表达式为

$$V_\varepsilon = \frac{1}{2}\int_0^l Md\theta = \frac{M^2 l}{2EI} \tag{11-8}$$

3. 扭矩作用下的应变能

对于承受扭转的圆轴，作用在 dx 微段上的扭矩 M_x，使微段的两相邻横截面产生相对转角 $d\varphi$，扭矩 M_x 做的功为

$$dW = \frac{1}{2}M_x d\varphi$$

如果做功全部转变为微段圆轴的应变能，于是有

$$\mathrm{d}V_{\varepsilon}=\mathrm{d}W=\frac{1}{2}M_x\,\mathrm{d}\varphi$$

将圆轴微段两截面绕杆轴线的相对扭转角的公式

$$\mathrm{d}\varphi=\frac{M_x}{GI_{\mathrm{P}}}\mathrm{d}x$$

代入上式,并沿圆轴的全长上积分后,得到圆轴扭转时的应变能表达式为

$$V_{\varepsilon}=\frac{1}{2}\int_0^l M_x\,\mathrm{d}\bar{\omega}=\frac{M_x^2 l}{2GI_{\mathrm{P}}}\tag{11-9}$$

对于一般受力形式,杆件的横截面上同时有轴力、弯矩和扭矩作用时,由于这三种内力分量引起的变形是互相独立的,因而总应变能等于三者单独作用时的应变能之和。于是,有

$$V_{\varepsilon}=\frac{F_{\mathrm{N}}^2 l}{2EA}+\frac{M^2 l}{2EI}+\frac{M_x^2 l}{2GI_{\mathrm{P}}}\tag{11-10}$$

对于杆件长度上各段的内力分量不等的情形,需要分段计算然后相加:

$$V_{\varepsilon}=\sum_i\frac{F_{\mathrm{N}i}^2 l_i}{2EA}+\sum_i\frac{M_i^2 l_i}{2EI}+\sum_i\frac{M_{xi}^2 l_i}{2GI_{\mathrm{P}}}\tag{11-11a}$$

或者采用积分计算:

$$V_{\varepsilon}=\int_l\frac{F_{\mathrm{N}}^2}{2EA}\mathrm{d}x+\int_l\frac{M^2}{2EI}\mathrm{d}x+\int_l\frac{M_x^2}{2GI_{\mathrm{P}}}\mathrm{d}x\tag{11-11b}$$

需要注意的是,上述**应变能表达式(11-7)—式(11-11)的使用条件是在小变形条件下和线弹性范围内加载**。

11.2 互等定理

根据弹性体的应变能与载荷的加载顺序无关的特点,即应用能量守恒原理和叠加原理,可以导出功的互等定理与位移互等定理。这两个定理在结构分析和求解静不定结构等问题时有重要作用。

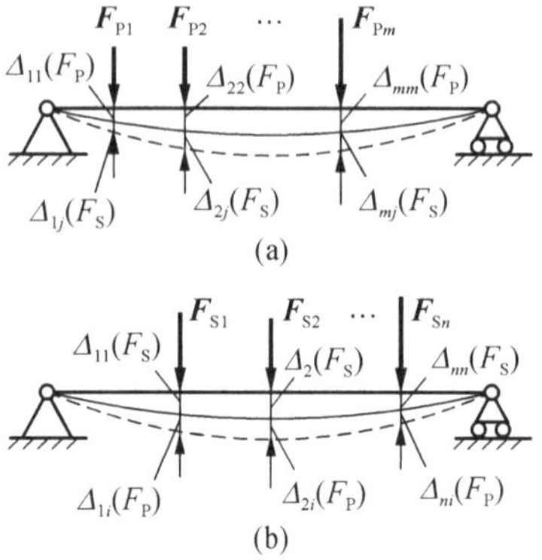

图 11-3

11.2.1 功的互等定理

假设有两个不同的力系 $F_{\mathrm{P}i}(i=1,2,\cdots,m)$ 和 $F_{\mathrm{S}j}(j=1,2,\cdots,n)$ 作用在两个相同的梁(或结构)上(图 11-3),在弹性范围内加载和小变形的条件下,有下列重要结论:

力系 $\boldsymbol{F}_{\mathrm{P}i}(i=1,2,\cdots,m)$ 在力系 $\boldsymbol{F}_{\mathrm{S}j}(j=1,2,\cdots,n)$ 引起的位移上所作之功,等于力系 $\boldsymbol{F}_{\mathrm{S}j}(j=1,2,\cdots,n)$ 在力系 $\boldsymbol{F}_{\mathrm{P}i}(i=1,2,\cdots,m)$ 引起的位移上所作之功。

这一结论称为**功的互等定理**。这一定理的数学表达式为

$$\sum_{i=1}^{m} F_{Pi}\Delta_{ij} = \sum_{j=1}^{n} F_{Sj}\Delta_{ji} \tag{11-12}$$

式中 Δ_{ij}——力系 F_{Sj} 在 F_{Pi} 作用点处沿 F_{Pi} 方向引起的位移；

Δ_{ji}——力系 F_{Pi} 在 F_{Sj} 作用点处沿 F_{Sj} 方向引起的位移。

11.2.2 位移互等定理

当力系 $\boldsymbol{F}_{Pi}(i=1, 2, \cdots, m)$ 和力系 $\boldsymbol{F}_{Sj}(j=1, 2, \cdots, n)$ 中各自只有一个力 F_P 和 F_S 时，功的互等定理表达式(11-12)变为

$$F_{Pi}\Delta_{ij} = F_{Sj}\Delta_{ji} \tag{11-13}$$

这一结果表明，力 F_P 在其作用点处由于力 F_S 引起的位移所作之功，等于力 F_S 在其作用点处由于力 F_P 引起的位移所作之功。

如果这两个力在数值上又相等，则由式(11-13)得到

$$\Delta_{ij} = \Delta_{ji} \tag{11-14}$$

这表明：力 F_S 在 F_P 作用点 i 处引起的与力 F_P 相对应的位移，在数值上等于力 F_P 在 F_S 作用点 j 处引起的与 F_S 相对应的位移。这就是**位移互等定理。**

需要注意的是，Δ_{ij} 和 Δ_{ji} 中的第 1 个下标表示产生位移的点；第 2 个下标表示产生位移的力的作用点。

还需要指出的是，在式(11-13)中，若力 $\boldsymbol{F}_{Pi}$，$\boldsymbol{F}_{Sj}$ 数值均等于 1 单位力，这时的位移称为**单位位移**，用 δ 表示。这时，式(11-14)可以写成：

$$\delta_{ij} = \delta_{ji} \tag{11-15}$$

同样，上述位移的互等定理表达式(11-13)和式(11-14)中，力和位移都是广义的。$\boldsymbol{F}_{Pi}$，$\boldsymbol{F}_{Sj}$ 可以是力，也可以是力偶；位移 Δ_{ij} 和 Δ_{ji} 可以是线位移，也可以是角位移。

【例 11-1】 如图 11-4(a)所示的悬臂梁，设其自由端仅作用集中力 F 时，梁的应变能为 $V(F)$；自由端仅作用弯曲力偶 M 时，梁的应变能为 $V(M)$。若同时施加 F 和 M 时，求梁的应变能表达式。

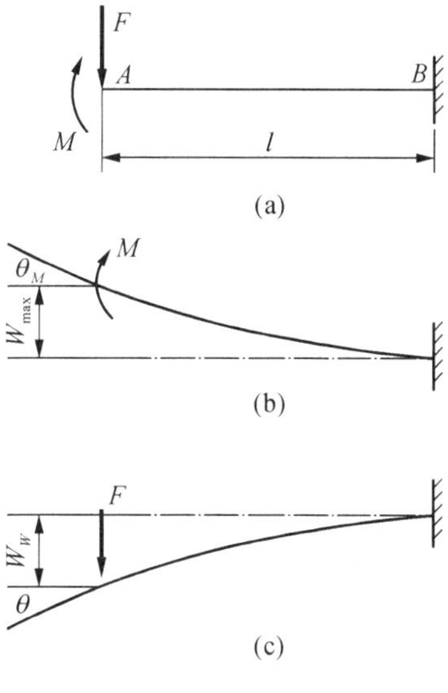

图 11-4

【解】 对于线性弹性的悬臂梁，先加 M 时，梁内的应变能为

$$V_\varepsilon(M) = \frac{1}{2}M\theta_M$$

再加 F 时，梁内应变能将增加：

$$\frac{1}{2}Fw_F + M\theta = V_\varepsilon(F) + M\theta$$

因为，梁的应变能与加载先后顺序无关，而只与最后的变形状态有关，所以，同时施加 F，M 时的应变能与先加 M 后加 F，或者与先加 F 后加 M 时的应变能完全相同。因此，

同时施加 F, M 时的应变能等于上述两项之和,即

$$V_{\varepsilon}(F, M) = V_{\varepsilon}(M) + V_{\varepsilon}(F) + M\theta$$

上式就是梁的应变能表达式。

根据功的互等定理,由图 11-4(b)和(c),有 $M\theta = Fw_{max}$,故应变能表达式也可以表示为

$$V_{e}(F, M) = V(F) + V(M) + \frac{1}{2}(M\theta + Fw_{max})$$

11.3 虚功原理、各种受力形式下内力虚功的表达式

11.3.1 虚功原理

虚功原理:平衡外力系在物体虚位移上所做的功(称为外力虚功),等于该平衡力系所引起的内力在虚变形上所做的功(称为内力虚功)。

应该注意的是:虚位移并不是任意的,首先它必须是微小的;其次它必须是约束条件所许可的。

如果用 W_e 表示平衡外力系在各自虚位移上所作的外力虚功,用 W_i 表示内力在各自的虚变形上所作的内力虚功,虚功原理的基本方程为

$$W_e + W_i = 0 \tag{11-16a}$$

亦即

$$W_e = -W_i \tag{11-16b}$$

11.3.2 各种受力形式下的内力虚功

各种受力形式下的内力虚功计算如图 11-5 所示,考察杆件在轴向力、扭矩、弯矩等内力分量作用下的 dx 微段。对 dx 微段,在应用虚功原理时,其两侧截面上的载荷均视为外力,而微段内的弹性力为内力,并且以另外与之相应的 $\overline{F_N}$, $\overline{M_x}$, $\overline{M_y}$ 所引起的位移 $\Delta d\overline{x}$, $d\overline{\varphi}$, $d\overline{\theta}$ 作为虚位移,应用虚功原理,求得微段上内力的虚功,再将其沿杆件全长积分,便得到杆件内力所作之虚功。现分别叙述如下:

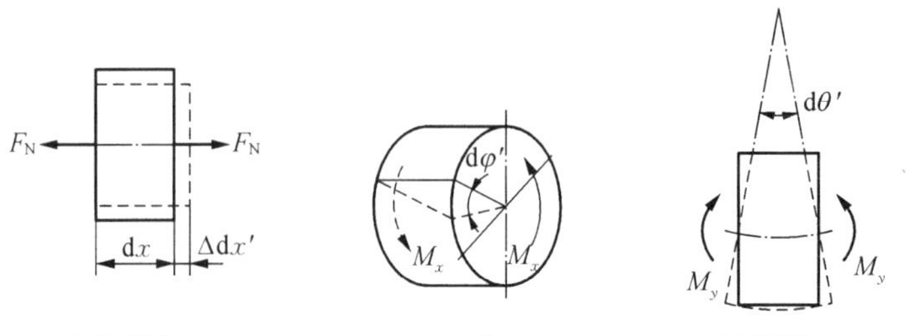

(a) 轴向力　　(b) 扭矩　　(c) 弯矩

图 11-5

1. 对于只有轴向力作用的情形

以作用在两侧截面上的轴向力 $\overline{F_N}$ 引起的微段的伸长作为虚位移,其值为

$$\Delta \mathrm{d}\overline{x}=\frac{\overline{F_{\mathrm{N}}}\mathrm{d}x}{EA}$$

于是作用微段上外力所作虚功为

$$F_{\mathrm{N}}\Delta \mathrm{d}\overline{x}=\frac{F_{\mathrm{N}}\overline{F_{\mathrm{N}}}}{EA}\mathrm{d}x$$

据此，根据式[11-16(b)]，得到轴向力作用杆件微段上的内力功

$$\mathrm{d}W_{\mathrm{i}F_{\mathrm{N}}}=-\frac{F_{\mathrm{N}}\overline{F_{\mathrm{N}}}}{EA}\mathrm{d}x$$

将此式积分后，使得到杆件在轴向力作用的内力虚功

$$W_{\mathrm{i}F_{\mathrm{N}}}=-\int_{l}\frac{F_{\mathrm{N}}\overline{F_{\mathrm{N}}}}{EA}\mathrm{d}x \tag{11-17}$$

式中，A 为杆件的横截面积，积分号下的 l 表示沿杆全长积分。

2. 对于只有扭矩作用的情形

将微段两侧截面上的扭矩作为外力，而将任意扭矩 $\overline{M_x}$ 所引起的截面相对扭转角 $\mathrm{d}\overline{\varphi}$ 作为虚位移，其值为

$$\mathrm{d}\overline{\varphi}=\frac{\overline{M_x}\mathrm{d}x}{GI_p}$$

则微段上外力所作虚功为

$$M_x\mathrm{d}\overline{\varphi}=\frac{M_x\overline{M_x}}{GI_p}\mathrm{d}x$$

其内力虚功为

$$\mathrm{d}W_{iM_x}=-\frac{M_x\overline{M_x}}{GI_p}\mathrm{d}x$$

积分后，杆件内力在虚位移上所作虚功为

$$W_{iM_x}=-\int_{l}\frac{M_x\overline{M_x}}{GI_p}\mathrm{d}x \tag{11-18}$$

3. 对于只有弯矩作用的情形

以 $\mathrm{d}x$ 段上作用的一对弯矩 M 作为广义力，而以任意一对弯矩 $\overline{M}$ 作用下所产生两侧截面的相对转角 $\mathrm{d}\overline{\theta}$ 为虚位移，其值为

$$\mathrm{d}\overline{\theta}=\frac{\overline{M}}{EI}\mathrm{d}x$$

则微段上外力所作虚功为

$$M\mathrm{d}\overline{\theta}=\frac{M\overline{M}}{EI}\mathrm{d}x$$

应用虚位移原理，得到这种情形下，微段内力的虚功为

$$dW_{iM}=-\frac{M\overline{M}}{EI}dx$$

积分后,整个杆件内的内力虚功为

$$W_{iM}=-\int\frac{M\overline{M}}{EI}dx \tag{11-19}$$

4. 对于组合受力的情形

根据力的独立作用原理,在小变形的情形下,当杆件内同时有好几个内力分量共同作用时,杆件内力的虚功可由上述各基本受力形式下虚功叠加而得,即

$$W_e=-W_i=\int_l\frac{F_N\overline{F_N}}{EA}dx+\int_l\frac{M_x\overline{M_x}}{GI_p}dx+\int_l\frac{M\overline{M}}{EI}dx \tag{11-20}$$

必须指出的是,式(11-20)中的各项常常不是一个数量级的。对于工程中经常遇到的承受弯曲和扭转(包括剪力)共同作用的细长杆件,剪力的虚功比弯曲和扭转的要小得多,故常常忽略不计。对于偏心拉伸(或压缩)引起的拉弯(或压弯)组合受力,当偏心距不大时,轴向力引起的虚功才与弯矩引起的虚功为同一量级的;当偏心距很大时,弯矩是主要的,轴向力的影响则可略去不计。

11.4 莫尔积分法(单位荷载法)

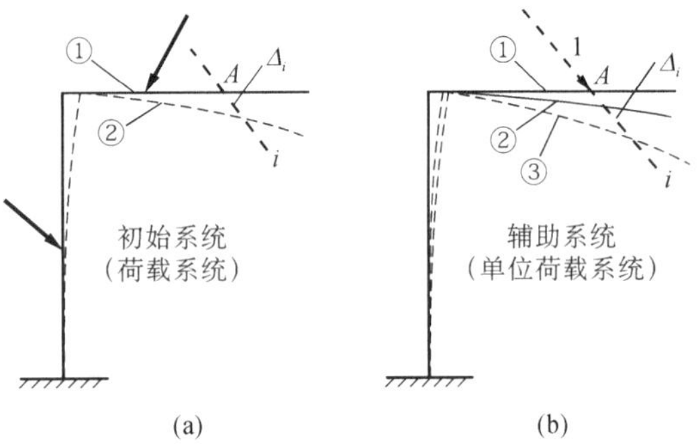

图 11-6

图 11-6 显示了任意载荷作用下的载荷系统,现在我们将用虚功原理求 A 点在 i 方向上的位移 Δ_i。

应用虚功原理求位移 Δ_i,需要分两步走:第一步是建立一个与原结构完全相同的结构,并在所要求的点以及所求的位移方向施加广义单位力(力或力偶的数值都等于 1),这样所得到的系统称为**"单位载荷系统"**。而原来的系统称为"载荷系统";第二步是将载荷系统的真实位移,作为单位载荷系统的虚位移。

单位力所作的虚功为

$$W_e=1\times\Delta_i=\Delta_i$$

即 W_e 为加在单位载荷系统上的外力即广义单位力在载荷系统 A 点 i 方向位移上所作的外力虚功,W_i 则为单位载荷系统中由单位广义力所引起的内力在载荷系统的真实位移(对单位载荷系统为虚位移)上所作的内力虚功。

应用式(11-16)和式(11-20),最后得到

$$\Delta_i=\int_l\frac{F_N\overline{F_N}}{EA}dx+\int_l\frac{M_x\overline{M_x}}{GI_p}dx+\int_l\frac{M\overline{M}}{EI_y}dx \tag{11-21}$$

式中 F_N, M_x, M——等载荷系统的内力分量;

$\overline{F_N}$, $\overline{M_x}$, $\overline{M}$——单位载荷系统的内力分量。

式(11-21)中的积分表达式被称为**莫尔积分**,用该表达式求位移的方法称为**莫尔积分法**,又称为**单位载荷法**或**单位力法**。注意上述莫尔积分对于小曲率的曲杆也是适用的。

根据以上分析,应用莫尔积分法时,应按照下列步骤:

(1) 建立单位载荷系统或单位力系统,并在所求位移的点沿所求位移方向加广义单位力。如果所要求的是线位移,则加单位集中力;若为角位移,则加单位集中力偶。

(2) 写出载荷系统在给定的外部载荷作用下,各部分任意截面上的内力分量(F_{Nx}, M_x, M)的表达式;写出单位载荷系统在广义单位力作用下,各部分任意截面的内力分量($\overline{F_x}$, $\overline{M_x}$, $\overline{M}$)的表达式。

(3) 利用式(11-21)计算各部分的莫尔积分。若为刚架、梁、轴等主要承受弯扭的构件,则可略去其中与轴向力和剪力有关的积分;若为桁架,则莫尔积分中就只包括与轴向力有关的项。

(4) 根据计算结果,判断位移的实际方向。若所得计算结果为正,则所求位移的方向与施加的单位力方向相同;若为负,则二者反向。

【例 11-2】 半径为 R 的四分之一圆弧形平面曲杆,A 端固定,B 端承受铅垂平面内的载荷 F 的作用,如图 11-7 所示。曲杆弯曲刚度为 EI。若 F, R, EI 等均为已知,求 B 点的垂直位移与水平位移。

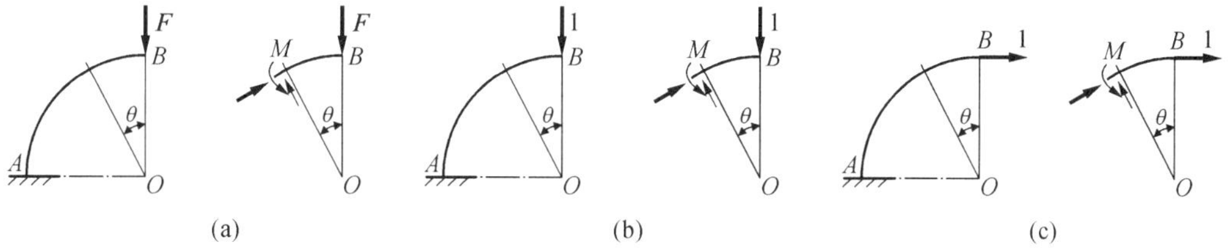

图 11-7

【解】 为求 B 点的垂直位移和水平位移,必须首先建立各自的单位载荷系统,即在 B 点分别施加 1 单位的铅垂力和水平力,如图 11-7(b)和(c)所示。

然后,采用截面法确定沿弧长方向变化的弯矩方程,包括原载荷系统和单位载荷系统所引起的弯矩方程。

从图 11-7(a), (b), (c)可以看出,除了弯矩外,截面上还有剪力和轴向力作用,但二者引起的应变能要比弯矩引起的小得多,故其对变形的影响一般可以忽略不计。

此外,为了避免由于内力正负号而引起的错误,在曲杆位移计算中,对于原载荷引起的内力一律给以正号,而单位力所引起的内力与其方向相同时为正,反之为负。这样,将使计算过程简化,而对结果毫无影响。根据截面法和平衡条件得到,各系统中的弯矩方程分别如下

对于原载荷系统:

$$M = FR\sin\theta \tag{a}$$

对于铅垂单位载荷系统:

$$\overline{M} = 1 \times R\sin\theta \tag{b}$$

对于水平单位载荷系统:

$$\overline{M} = 1 \times (R - R\cos\theta) \tag{c}$$

(1) 确定垂直位移。

将式(a)和式(b)代入莫尔积分式(11-17),得

$$\Delta_{By}=\int_s \frac{M\overline{M}}{EI}\mathrm{d}s=\int_0^{\frac{\pi}{2}}\frac{FR^3\sin^2\theta}{EI}\mathrm{d}\theta=\frac{FR^3}{EI}\frac{1}{2}\left(\theta-\frac{1}{2}\sin 2\theta\right)\Bigg|_0^{\frac{\pi}{2}}$$
$$=\frac{\pi FR^3}{4EI}$$

(2) 确定水平位移。

将式(a)和式(c)代入莫尔积分式(11-21),得

$$\Delta_{Bx}=\int_s \frac{M\overline{M}}{EI}\mathrm{d}s=\int_0^{\frac{\pi}{2}}\frac{FR^2\sin\theta-\frac{1}{2}FR^2\sin 2\theta}{EI}R\,\mathrm{d}\theta$$
$$=\frac{FR^3}{EI}\left[\frac{1}{4}\cos 2\theta-\cos\theta\right]\Bigg|_0^{\frac{\pi}{2}}=\frac{FR^3}{2EI}$$

11.5 图乘法

当杆件为等截面直杆时,莫尔积分式(11-21)中各项的分母 EA, EI, GI_P 等均为常量,可以移至积分号外。这时,单位力引起的内力分量的图形与载荷引起的各个内力分量图形中,只要一个为直线,另一个无论是何种形状,都可以采用图形相乘的方法(简称图乘法)计算莫尔积分。

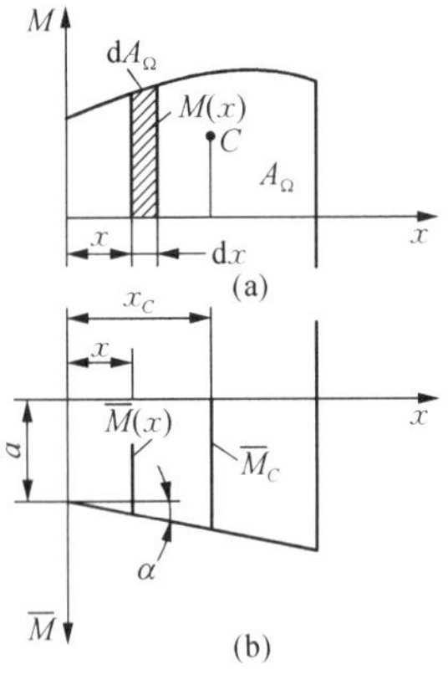

图 11-8

现以仅含弯矩项的莫尔积分为例,说明图乘法的原理和应用。当 EI 为常数时,有

$$\Delta=\int_l \frac{\overline{M}M}{EI}\mathrm{d}x=\frac{1}{EI}\int_l \overline{M}M\mathrm{d}x \tag{a}$$

假设载荷引起的弯矩图(简称载荷弯矩图)为任意形状,单位力的弯矩图(简称单位弯矩图)则为任意直线。

从图 11-8 中可以看出,载荷弯矩图的微元面积为

$$\mathrm{d}A_\Omega=M\mathrm{d}x \tag{b}$$

单位载荷弯矩图中任意点的纵坐标可以表示为

$$\overline{M}=a+x\tan\alpha \tag{c}$$

式中,α 为单位载荷弯矩图直线与 x 轴的夹角。

利用式(b)和式(c),莫尔积分可以写成

$$\Delta=\frac{1}{EI}\int_l \overline{M}M\mathrm{d}x=\frac{1}{EI}\cdot a\int_{A_\Omega}\mathrm{d}A_\Omega+\frac{1}{EI}\times\tan\alpha\int_{A_\Omega}x\,\mathrm{d}A_\Omega \tag{d}$$

其中

$$\int_{A_\Omega}\mathrm{d}A_\Omega=A_\Omega \quad \text{——载荷弯矩图的面积} \tag{e}$$

$$\int_{A_\Omega}x\,\mathrm{d}A_\Omega=x_C A_\Omega \quad \text{——载荷弯矩图的面积对 } M \text{ 坐标轴的静矩} \tag{f}$$

将式(e)和式(f)代入式(d)，得到

$$\Delta = \frac{1}{EI}\int_l \overline{M}M\mathrm{d}x = \frac{A_\Omega}{EI}(a + x_C\tan\alpha) = \frac{A_\Omega \overline{M}_C}{EI} \tag{11-22}$$

式中

$$\overline{M}_C = a + x_C\tan\alpha$$

即为单位载荷弯矩图中与载荷弯矩图形心处对应的纵坐标值。

当单位载荷引起的弯矩图的斜率变化时，图形互乘时需要分段进行，每一段内的斜率必须是相同的。这时式(11-22)变成

$$\Delta = \sum_{i=1}^{n}\frac{A_{\Omega i}\overline{M}_{Ci}}{EI} \tag{11-23}$$

式中，n 为 $\overline{M}$ 图的分段数。

上述图乘法的基本原理，也适用于计算其他内力分量如轴向力 F_N、扭矩 M_x 下的莫尔积分。为方便计算，表 11-1 中列出了一些常见图形的面积与形心坐标。

表 11-1　　　几种基本图形的面积与形心坐标

序号	图形	面积 A_Ω	形心坐标	
			x_C	$l-x_C$
1	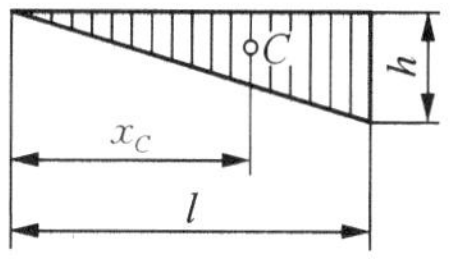	$\frac{lh}{2}$	$\frac{2}{3}l$	$\frac{1}{3}l$
2	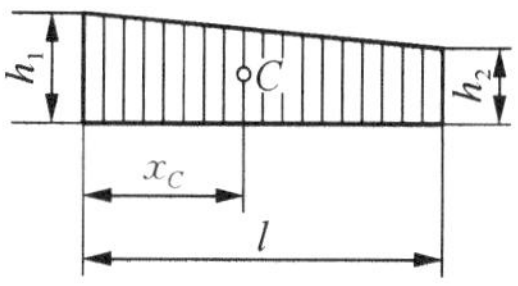	$\frac{(h_1+h_2)l}{2}$	$\frac{h_1+2h_2}{3(h_1+h_2)}l$	$\frac{2h_1+h_2}{3(h_1+h_2)}l$
3	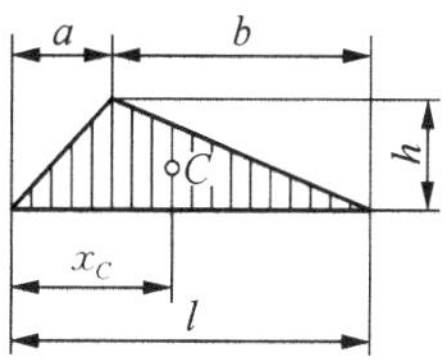	$\frac{lh}{2}$	$\frac{a+l}{3}$	$\frac{b+l}{3}$
4	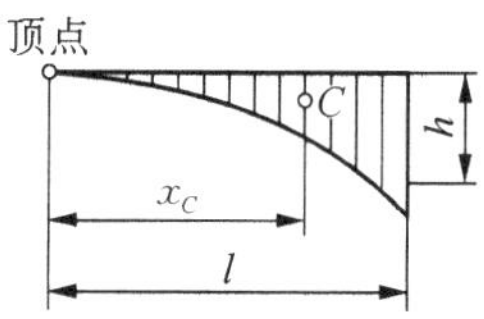	$\frac{lh}{3}$	$\frac{3}{4}l$	$\frac{1}{4}l$
5	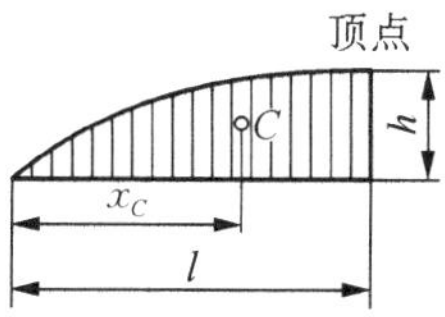	$\frac{2}{3}lh$	$\frac{5}{8}l$	$\frac{3}{8}l$

续 表

序号	图形	面积 A_Ω	形心坐标	
			x_C	$l-x_C$
6	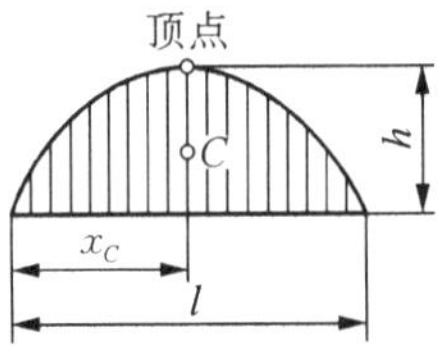	$\frac{2}{3}lh$	$\frac{1}{2}l$	$\frac{1}{2}l$

【**例 11-3**】 简支梁受力如图 11-9(a)所示。若 F_P, a, EI 等均为已知,试用图乘法确定 C 点的挠度。

【**解**】 (1) 画出梁的弯矩图。

确定了梁的约束力后,可以画出梁在载荷作用下的弯矩图,如图 11-9(b)所示。

(2) 建立单位载荷系统。

在所要求位移处 C 施加单位载荷,画出单位载荷引起的弯矩($\overline{M}$)图,如图 11-9(c)所示。

(3) 图形互乘。

因为单位载荷引起的弯矩图是一折线,所以图形互乘需要分段进行。根据 $\overline{M}$ 图的斜率变化,图形互乘时,可以分成 AC 和 CE 两段进行。但是,为了便于确定载荷弯矩图的形心位置以及形心处单位载荷弯矩图上 $\overline{M}$ 的数值,将 AC 和 CE 两段的载荷弯矩图都划分为两个直角三角形。

对于图 11-9(b)中已经划分出的载荷弯矩图的 4 个三角形面积 $A_{\Omega i}$,以及图 11-9(c)中与 4 个三角形形心处对应的单位载荷弯矩图上的 $\overline{M}_{Ci}$ 数值,现分别计算如下:

$$A_{\Omega 1}=\frac{1}{2}a\times\frac{F_Pa}{3}=\frac{F_Pa^2}{6}$$

$$\overline{M}_{C1}=\frac{2a}{3}\times\frac{1.5a}{2}\div\frac{3a}{2}=\frac{a}{3}$$

$$A_{\Omega 2}=\frac{1}{2}\times 0.5a\times\frac{F_Pa}{3}=\frac{F_Pa^2}{12}$$

$$\overline{M}_{C2}=\frac{7a}{6}\times\frac{1.5a}{2}\div\frac{3a}{2}=\frac{7a}{12}$$

$$A_{\Omega 3}=-A_{\Omega 2}=-\frac{F_Pa^2}{12}$$

$$\overline{M}_{C3}=\overline{M}_{C2}=\frac{7a}{12}$$

$$A_{\Omega 4}=-A_{\Omega 1}=-\frac{F_Pa^2}{6}$$

$$\overline{M}_{C4}=\overline{M}_{C1}=\frac{a}{3}$$

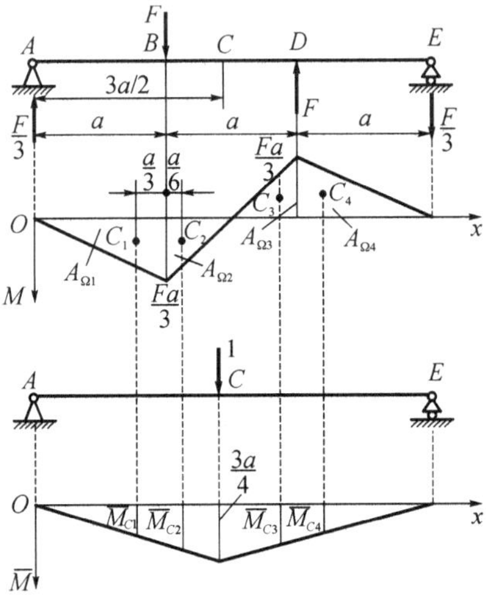

图 11-9

应用图形互乘公式(11-23),根据上述结果,可以得到梁在中点 C 处的挠度:

$$\Delta_C=\sum_{i=1}^{4}\frac{A_{\Omega i}\overline{M}_{Ci}}{EI}$$

$$=\frac{1}{EI}\left[\frac{F_Pa^2}{6}\times\frac{a}{3}+\frac{F_Pa^2}{12}\times\frac{7a}{12}+\left(-\frac{F_Pa^2}{12}\right)\times\frac{7a}{12}+\left(-\frac{F_Pa^2}{6}\right)\times\frac{a}{3}\right]=0$$

读者可以画出这一梁的挠度曲线，或者根据 11.7 节的反对称性质，也可以分析出 C 处的挠度等于零，证明上述结果是正确的。

本例的计算过程表明，进行图形互乘时载荷弯矩图的面积以及单位载荷弯矩图上与载荷弯矩图形心处对应的 $\overline{M}_{Ci}$ 都是有正、负之分的。二者的正、负号由 M 图和 $\overline{M}$ 图分别确定。

11.6 卡氏定理

*11.6.1 卡氏第一定理

弹性杆件的应变能 V_e 对于杆件上与某一载荷相应的位移 $\Delta_i(i=1, 2, \cdots, n)$ 的变化率等于该载荷 F 的值，即

$$\frac{\partial V_e}{\partial\Delta_i}=F_i \tag{a}$$

简支梁的广义力和广义位移以图 11-10 所示的简支梁为例，其上作用有载荷 F_1，F_2，…，F_n（广义力），其相应位移为 Δ_1，Δ_2，…，Δ_n（广义位移）。假定载荷 $F_i(i=1, 2, \cdots, n)$ 同时作用，且由同一比例从零加载到终值 $F_i(i=1, 2, \cdots, n)$。结构的变形能 $F_i\mathrm{d}\Delta_i$ 等于载荷作用期间所做的功，通过材料的载荷-位移关系式，每个力 F_i 可表示为其相应位移 Δ_i 的函数，通过积分求得的变形能是位移 Δ 的函数，即 $V_e(\Delta_i)$。

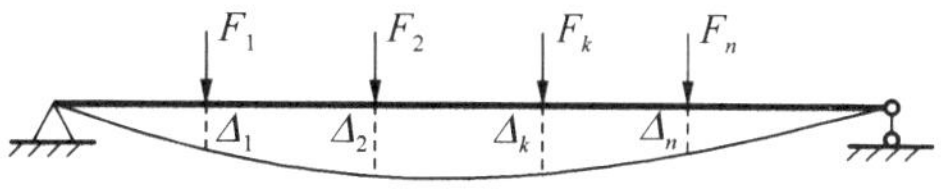

图 11-10

如果此时某一位移 Δ_i 有一增量 $\mathrm{d}\Delta_i$，其余位移保持不变，则此时变形能的增量 $\mathrm{d}V_e$ 为

$$\mathrm{d}V_e=\frac{\partial V_e}{\partial\Delta_i}\mathrm{d}\Delta_i \tag{b}$$

当位移 Δ_i 增大 $\mathrm{d}\Delta_i$ 时，相应力 F_i 将做功为 $\mathrm{d}W=F_i\mathrm{d}\Delta_i$，而其他任何力都不做功，因为其他的位移没有改变。根据 $\mathrm{d}V_e=\mathrm{d}W$，有

$$F_i=\frac{\partial V_e}{\partial\Delta_i} \tag{11-24}$$

式(11-24)就是常说的**卡氏第一定理**。表明**弹性结构的应变能对于结构上与某个载荷 F_i 相对应的位移 Δ_i 的偏导数，就等于该载荷的数值**。需要注意的是，该定理不受线弹性材料的限制，可用于非线弹性材料杆件或结构。

11.6.2 卡氏第二定理及其应用

弹性杆件的应变能 V_e 对于杆件上与某一位移 Δ_i 相应的载荷 F_i $(i=1, 2, \cdots, n)$ 的变化率等于该位移 Δ_i 的值，即

$$\frac{\partial V_{e}}{\partial F}=\Delta_{i}$$

如果我们将图 11-10 中的某一力 F_i 增加 dF_i，其余不变，则相应产生位移增量 $d\Delta_1$，$d\Delta_2$，…，$d\Delta_k$，… $d\Delta_n$，此时功的增量，亦即应变能增量为(略去高阶小量 $\frac{1}{2}dF_i d\Delta_i$)。

$$dV_{\varepsilon}=F_{1}d\Delta_{1}+F_{2}d\Delta_{2}+\cdots+F_{n}d\Delta_{n}$$

将原作用力 F_1，F_2，…，F_i，…作为第一组力，把 dF_i 看作第二组力，则由功互等定理得：

$$F_{1}d\Delta_{1}+F_{2}d\Delta_{2}+\cdots+F_{n}d\Delta_{n}=dF_{i}\Delta_{i}$$

所以有

$$dV_{\varepsilon}=dF_{i}\Delta_{i}$$

或

$$\frac{dV_{\varepsilon}}{dF_{i}}=\Delta_{i}$$

若 dF_i 趋近于零，则

$$\lim_{dF_{i}\to 0}\frac{dV_{\varepsilon}}{dF_{i}}=\frac{\partial V_{\varepsilon}}{\partial F_{i}}=\Delta_{i} \tag{11-25}$$

式(11-25)就是**卡氏第二定理**的表达式。表明**弹性结构的应变能对于结构上的某个载荷 F_i 的偏导数，就等于该载荷作用点沿该载荷作用方向的位移** Δ_i。应该指出的是，卡氏第二定理只适用于线弹性杆件或杆系。

对于桁架、拉、压杆，应用式(11-10)，有

$$\Delta_{i}=\frac{\partial V_{\varepsilon}}{\partial F_{i}}=\frac{\partial}{\partial F_{i}}\Big(\sum_{j=1}\frac{N_{j}^{2}l_{j}}{2EA_{j}}\Big)=\sum_{j=1}^{n}\frac{N_{j}l_{j}}{EA_{j}}\frac{\partial N_{j}}{\partial F_{j}} \tag{11-26}$$

对于横力弯曲，应变能用式(11-11)，应用卡氏第二定理，有

$$\Delta_{i}=\frac{\partial V_{\varepsilon}}{\partial F_{i}}=\frac{\partial}{\partial F_{i}}\Big(\int_{l}\frac{M^{2}(x)}{2EI}dx\Big)=\int_{l}\frac{M(x)}{EI}\frac{\partial M(x)}{\partial F_{i}}dx \tag{11-26}$$

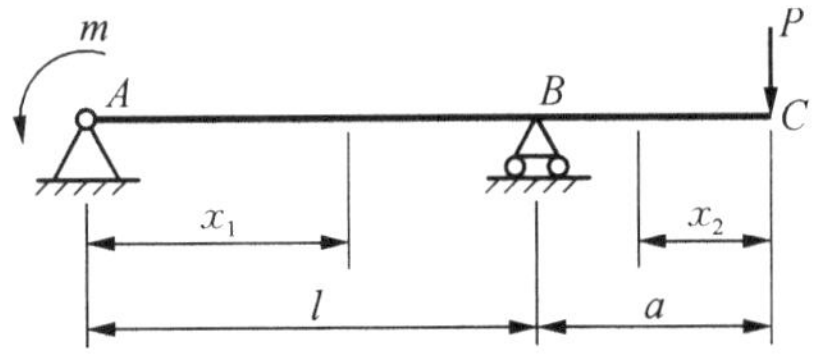

图 11-11

【例 11-4】 如图 11-11 所示外伸梁抗弯刚度为 EI，试求外伸端 C 的挠度 W_C 和左端截面的转角 θ_A。

【解】 外伸端 C 作用有集中力 P，截面 A 作用有集中力偶矩 m，根据卡氏第二定理有

$$W_{C}=\frac{\partial V_{\varepsilon}}{\partial P}=\int_{l}\frac{M(x)}{EI}\cdot\frac{\partial M(x)}{\partial P}dx$$

$$\theta_{A}=\frac{\partial V_{\varepsilon}}{\partial m}=\int_{l}\frac{M(x)}{EI}\cdot\frac{\partial M(x)}{\partial m}dx$$

弯矩应分段表达：

AB 段

$$M_1(x_1)=R_Ax_1-m=\left(\frac{m}{l}-\frac{Pa}{l}\right)x_1-m$$

$$\frac{\partial M_1(x_1)}{\partial P}=-\frac{a}{l}x_1$$

$$\frac{\partial M_1(x_1)}{\partial m}=\frac{x_1}{l}-1$$

BC 段

$$M_2(x_2)=-Px_2$$

$$\frac{\partial M_2(x_2)}{\partial P}=-x_2$$

$$\frac{\partial M_2(x_2)}{\partial m}=0$$

则

$$W_C=\frac{\partial V_\varepsilon}{\partial P}=\int_0^l\frac{1}{EI}\left[\left(\frac{m}{l}-\frac{Pa}{l}\right)x_1-m\right]\cdot\left(-\frac{a}{l}x_1\right)\mathrm{d}x_1+\int_0^a\frac{-Px_2}{EI}(-x_2)\,\mathrm{d}x_2$$

$$=\frac{1}{EI}\left(\frac{pa^2l}{3}+\frac{mal}{6}+\frac{Pa^2}{3}\right)$$

$$\theta_A=\frac{\partial V_\varepsilon}{\partial m}=\int_0^l\frac{1}{EI}\left[\left(\frac{m}{l}-\frac{Pa}{l}\right)x_1-m\right]\cdot\left(\frac{x_1}{l}-1\right)\mathrm{d}x_1+\int_0^a\frac{-Px_2}{EI}(0)\,\mathrm{d}x_2$$

$$=\frac{1}{EI}\left(\frac{ml}{3}+\frac{pal}{6}\right)$$

这里 W_C 与 θ_A 皆为正号，表示它们的方向分别与 P 和 m 作用方向相同；如果是负号，则表示与之方向相反。

【例 11-5】 线弹性材料悬臂梁，自由端 A 作用有集中力[图 11-12(a)和(b)]，若 P，l，EI 已知，试求：(1) 加力点 A 的位移 W_A；(2) 非加力点 B 的位移 W_B。

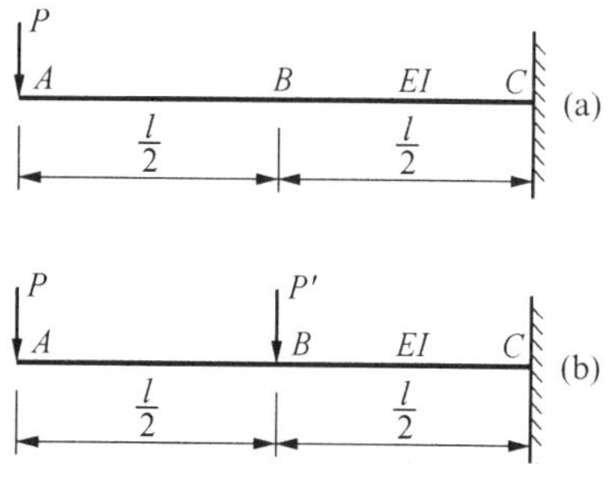

图 11-12

【解】 (1) 求加力点 A 的位移，根据卡氏第二定理，有

$$W_A=\frac{\partial V_\varepsilon}{\partial P}=\int_0^l\frac{M}{EI}\cdot\frac{\partial M}{\partial P}\mathrm{d}x$$

$$M=-Px$$

$$\frac{\partial M}{\partial P}=-x$$

代入上式，得

$$W_A=\int_0^l\frac{-Px}{EI}(-x)\,\mathrm{d}x=\frac{Pl^3}{3EI}$$

(2) 求非加力点 B 的位移时，可在 B 点附加力 P'[图 11-12(b)]，仍用 $W_B=\frac{\partial V_\varepsilon}{\partial P'}$，有附加力 P'后弯矩为

AB 段

$$M_1=-Px,\quad \frac{\partial M_1}{\partial P'}=0$$

BC 段

$$M_2=-Px-P'\left(x-\frac{l}{2}\right)$$

$$\frac{\partial M_1}{\partial P'}=-\left(x-\frac{l}{2}\right)$$

所以有

$$W_B=\int_{l/2}^{l}\frac{[-Px-P'(x-l/2)]}{EI}\cdot[-(x-l/2)]\mathrm{d}x$$

$$=\int_{l/2}^{l}\frac{-Px\left(x-\frac{l}{2}\right)}{EI}\mathrm{d}x+\int_{l/2}^{l}\frac{-P'\left(x-\frac{l}{2}\right)^2}{EI}\mathrm{d}x=\frac{5Pl^3}{48EI}+\frac{P'l^3}{24EI}$$

因为实际上 B 处并无力作用，故应令上式中的 $P'=0$ 才是实际情况下 B 处位移，故有

$$W_B=\frac{5Pl^3}{48EI}$$

由以上计算可见，当加附加力计算非加力点位移时，只要在计算 $\frac{\partial V_\varepsilon}{\partial P'}$ 时考虑附加力，而在 $M(x)$中，可令 $P'=0$，则积分计算可以简化。

【例 11-6】 如图 11-13(a)所示平面刚架各杆的弯曲刚度均为 EI，试用卡氏第二定理求刚架的支座反力，不计轴力和剪力对变形的影响。

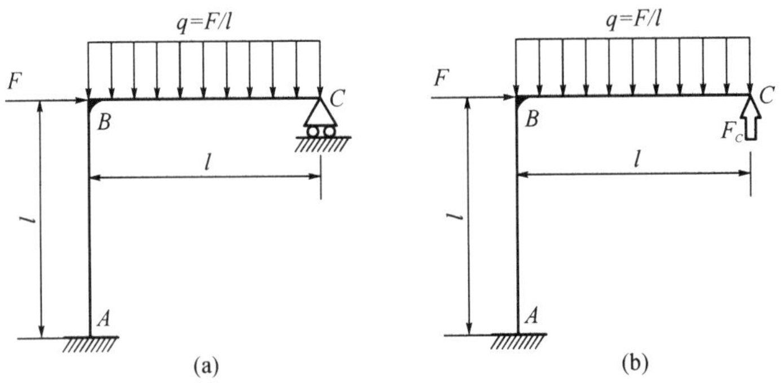

图 11-13

【解】 易知该结构为静不定结构，静不定次数为 1。

根据静不定问题的求解思路，将 C 处的支座作为多余约束去掉并代之以支反力 F_C 表示，

形成如图 11-13(b)所示的静定结构。利用卡式第二定理求该静定结构在外载荷作用下支座 C 处沿支反力 F_C 方向的位移：

横梁 BC 的弯矩方程为

$$M_{BC}=F_Cx-\frac{1}{2}qx^2=F_Cx-\frac{1}{2}\frac{F}{l}x^2$$

弯矩对 F_C 的导数为

$$\frac{\partial M_{BC}}{\partial F_C}=x$$

立柱 AB 的弯矩方程为

$$M_{AB}=F_Cl-\frac{1}{2}ql^2-Fx=F_Cl-\frac{1}{2}Fl-Fx$$

弯矩对 F_C 的导数为

$$\frac{\partial M_{AB}}{\partial F_C}=l$$

利用卡式第二定理有：

$$\begin{aligned}\Delta_{F_C}&=\frac{\partial V_\varepsilon}{\partial F_C}=\int_l\frac{M(x)}{EI}\cdot\frac{\partial M(x)}{\partial F_C}\mathrm{d}x\\&=\int_0^l\frac{1}{EI}\left(F_Cx-\frac{1}{2}\frac{F}{l}x^2\right)\cdot x\,\mathrm{d}x+\int_0^l\frac{1}{EI}\left(F_Cl-\frac{1}{2}Fl-Fx\right)\cdot l\,\mathrm{d}x\\&=\frac{1}{EI}\left(\frac{F_C}{3}l^3-\frac{F}{8}l^3\right)+\frac{1}{EI}(F_Cl^3-Fl^3)\\&=\frac{l^3}{EI}\left(\frac{4F_C}{3}-\frac{9F}{8}\right)\end{aligned}$$

又因为支座 C 沿 F_C 方向的位移为零，所以有：

$$F_C=\frac{27F}{32}(\uparrow)$$

进而容易确定知道其他支座反力：

$$F_{Ay}=\frac{5F}{32}(\uparrow),\ F_{Ax}=\frac{5F}{32}(\leftarrow),\ M_A=\frac{21Fl}{32}(\text{逆时针})$$

11.7 对称与反对称

11.7.1 对称结构的对称变形

在工程实践中，有些结构在几何形状、截面尺寸、材料属性及约束条件等方面均对称于某一轴，则这样的结构称为**对称结构**。若作用于对称结构的载荷，其大小相同，作用位置、指向均对称,如图 11-14(a)所示,称为**对称载荷**。反之,若作用于对称结构的载荷大小相等,作用位置对称,但指向反对称,如图 11-15(a)所示,称为**反对称载荷**。在不同的载荷作用下,对称结构可能产生对称变形、反对称变形或一般变形。如能正确而巧妙地应用对称和反对称特性,不仅可以推知某些未知量,而且可以使分析和计算过程大为简化。

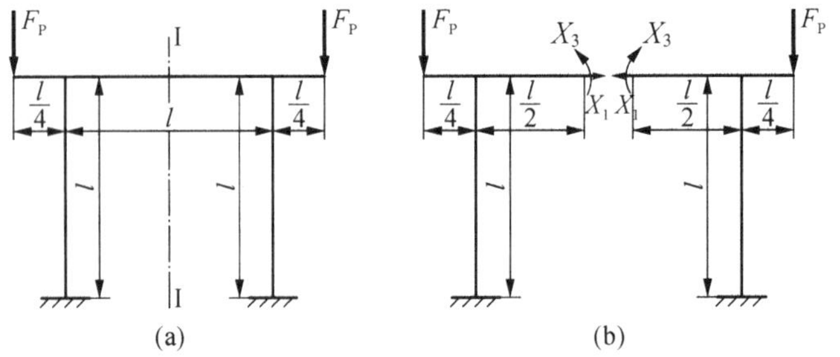

图 11-14

当对称结构承受对称载荷时,其约束力、内力分量以及位移都是对称的。

如图 11-14(a)所示的承受平面对称载荷的平面刚架,各杆弯曲刚度相同,不仅约束力对称,而且内力分量和位移都是对称于 I—I 轴。这是一个三次静不定问题。但是,若通过 I—I 轴将结构截成两部分,如图 11-14(b)所示,则在截开的两侧截面上,根据对称性要求,将只有对称的内力分量 X_1(未知轴力)和 X_3(未知弯矩),而不会出现反对称内力分量 X_2(未知剪力)。即在截开的截面上只有两个未知量。于是,只需要两个补充方程即可求得全部未知约束力和内力。根据截开处两侧截面与 X_1 和 X_3 相对应的相对位移(水平方向的相对位移和相对转动)等于零,这时的变形协调方程可简写为

$$\Delta_1 = 0, \ \Delta_3 = 0$$

11.7.2 对称结构的反对称变形

当对称结构承受反对称载荷时,其上的约束力、内力分量以及位移都具有反对称的特征。根据反对称特征也可以确定某些未知量,使计算过程简化。

以如图 11-15(a)所示的三次静不定结构为例。考虑到 I—I 为结构的对称轴,载荷是反对称的。这时,为保证反对称性,A, E 两处的支座反力应大小相等,方向如图 11-15(a)所示,故为三次静不定。

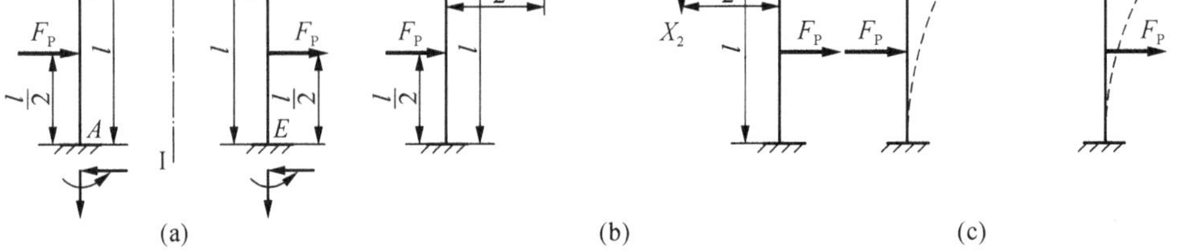

图 11-15

如果从对称轴处截面 C 截开，则两侧截面上的未知轴力 X_1、未知剪力 X_2 和未知弯矩 X_3 都应当是反对称的。对于未知剪力当然是正确的；但对于未知轴力和未知弯矩则是不正确的，如图 11-15(b)所示，因为同一截面两侧的内力分量为作用力与反作用力关系，即大小相等、方向相反。这样，只有 $X_1 = X_3 = 0$ 才能满足内力分量为反对称的要求。

从实际变形看，如图 11-15(c)所示，由于载荷反对称，对称竖杆的变形完全相同，因此在小变形条件下，B、D 两端的水平位移相同，横杆 BD 不发生轴向变形，故其轴力为零。此外，水平杆 BC 和 CD 两端的弯曲变形是反对称的，在截面 C(变形后位移至 C')处为变形曲线的拐点，即该处曲率 $1/\rho = 0$，因而该截面上的弯矩 $X_3 = 0$。

经过以上分析，多余未知数只剩下 1 个。这时在载荷和多余约束力 X_2 作用下，C 处两侧截面的相对铅垂位移为零。由此不难写出求解 X_2 的变形协调方程：

$$\Delta_2 = 0$$

11.7.3 对称结构的一般变形及其简化

对称结构在一般载荷作用下将产生一般变形，既非对称变形，也非反对称变形。但是，可以将一般载荷分解为对称载荷与反对称载荷叠加的结果，同样可以使问题得到简化。以图 11-16(a)所示的结构为例，它可以分解为图 11-16(b)中的对称载荷与图 11-16(c)中的反对称载荷的叠加。

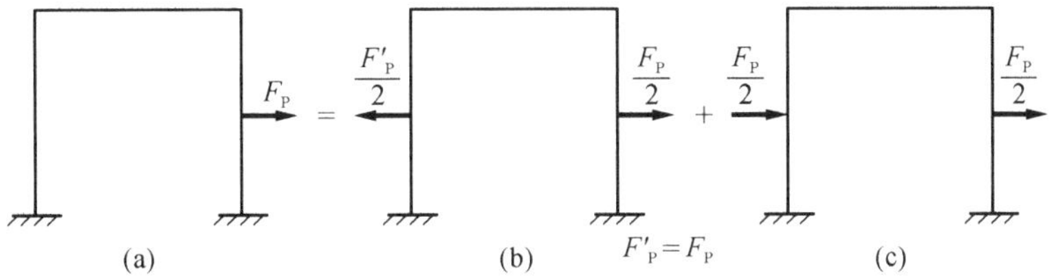

图 11-16

11.8 力法与正则方程

由变形条件和物理条件可以得到求解静不定系统的补充方程。在补充方程中如以力作为未知量，而将位移均表示为力的形式，从而解出未知力，进而也可解得位移，此法称为**力法**。如果以位移作为未知量，而将未知力均表示为未知位移的形式，从而通过求解未知位移来求解未知力，这种方法称为**位移法**。力法和位移法及其他方法在结构力学或有限元法等教材中有更详细的推导和使用，这里只简单介绍力法。

在力法中，反映多余约束处位移受到限制的变形条件可以写成规则的未知力的线性方程组，称为**正则方程**。

对于一个 n 次静不定系统，则有 n 个多余约束力分别用 X_1, X_2, …, X_n 表示。如果在 n 个多余约束处的位移(广义的)均被限制为零，则 n 个变形条件为

$$\left.\begin{array}{l}\Delta_{1P}+\Delta_{1X_1}+\Delta_{1X_2}+\cdots+\Delta_{1X_n}=0\\ \Delta_{2P}+\Delta_{2X_1}+\Delta_{2X_2}+\cdots+\Delta_{2X_n}=0\\ \vdots \qquad\qquad \cdots \qquad\qquad \vdots\\ \Delta_{nP}+\Delta_{nX_1}+\Delta_{nX_2}+\cdots+\Delta_{nX_n}=0\end{array}\right\} \tag{11-27}$$

式中 Δ_{1P}, Δ_{2P}, …, Δ_{nP}——载荷单独作用在静定基本系统上时在多余约束处引起的位移,下标 P 不是指一个 F_P 力,而是指整个载荷系统;

Δ_{1X_1}, Δ_{2X_2}, …, Δ_{nX_n}——多余约束力单独作用在静定基本系统是在多余约束处引起的位移。

位移中第 1 个下标表示多余约束处的位移方向;第 2 个下标表示引起位移的力。例如:Δ_{1P} 为载荷在第 1 个多余约束力 X_1 方向引起的位移;Δ_{1X_1} 和 Δ_{1X_2} 则分别为多余约束力 X_1 和 X_2 在多余约束力 X_1 方向引起的位移。

因此,式(11-27)中的第 1 个方程即表示载荷和全部多余约束力在 X_1 方向引起的位移之和为零。依此类推。

引进单位位移的概念,则式(11-27)中的位移 Δ_{1X_1}, Δ_{1X_2}, …, Δ_{nX_n} 等均可以表示成

$$\begin{array}{l}\Delta_{1X_1}=X_1\delta_{11}\\ \Delta_{1X_2}=X_2\delta_{12}\\ \vdots \quad \cdots \quad \vdots\\ \Delta_{1X_n}=X_n\delta_{1n}\end{array}$$

其中,δ_{11}, δ_{12}, …, δ_{1n} 为单位力引起的位移,被称为**柔度系数**。根据位移互等定理有 $\delta_{ij}=\delta_{ji}$,它们的第 1 个下标表示多余约束处的位移方向;第 2 个下标表示所加单位力的方向。例如 δ_{12} 为在 X_2 的方向上施加单位力、在 X_1 方向引起的位移。这些位移被称为**单位位移**。

对于线弹性问题,因为力与位移之间的线性关系,于是式(11-27)中的变形条件可以改写成:

$$\left.\begin{array}{l}X_1\delta_{11}+X_2\delta_{12}+\cdots+X_n\delta_{1n}+\Delta_{1P}=0\\ X_1\delta_{21}+X_2\delta_{22}+\cdots+X_n\delta_{2n}+\Delta_{2P}=0\\ \vdots \qquad\qquad \cdots \qquad\qquad \vdots\\ X_1\delta_{n1}+X_2\delta_{n2}+\cdots+X_n\delta_{nn}+\Delta_{nP}=0\end{array}\right\} \tag{11-28}$$

这就是力法中的正则方程。它们是对应于 n 个多余未知力 X_i 的变形协调条件,是求解静不定问题的补充方程。

11.9 图乘法求解静不定问题

应用图乘法解静不定问题,实际上只是应用图乘法确定变形协调方程中由已知载荷与未知约束力引起的位移。其余过程与求解一般静不定问题时完全相同。

【例 11-7】 如图 11-17(a)所示刚架中,各杆的弯曲刚度均为 EI,且 q, l, EI 等为已知,忽略剪力和轴力的影响,试确定固定端的约束力,画出弯矩图。

【解】 (1) 分析约束和约束力,确定静不定次数。

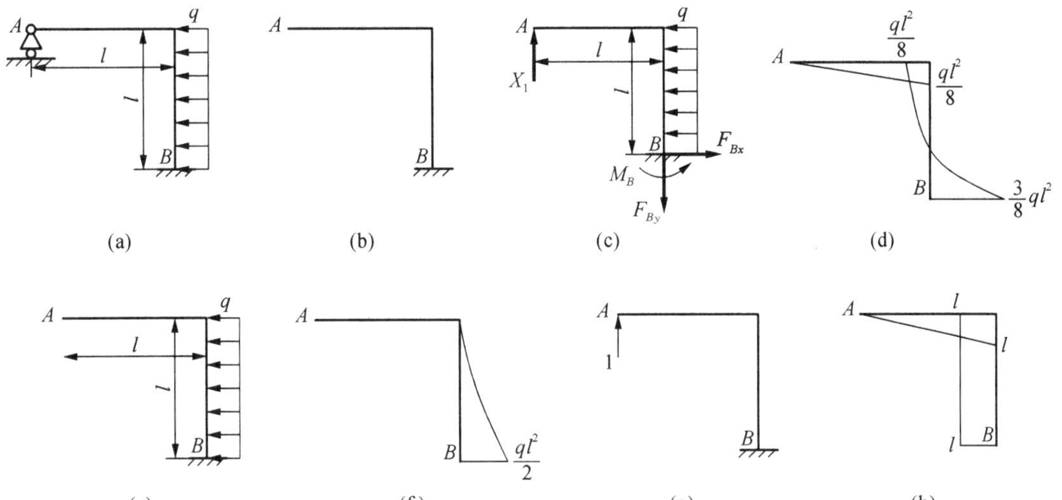

图 11-17

因为 A 处为辊轴约束，有 1 个铅垂方向的约束力；B 处为固定端约束，有 2 个约束力和 1 个约束力偶，而平面力系只有 3 个独立的平衡方程，所以

$$4-3=1$$

据此，本例所示之刚架为 1 次静不定结构。有 1 个多余约束。

(2) 解除多余约束，建立静定基本系统与相当系统。

因为只有 1 个约束是多余的，所以只要解除 1 个多余约束就可以得到相应的静定基本系统。现在，将 A 处的辊轴约束除去，得到的结构为静定结构，如图 11-17(b)所示，这就是本例的静定基本系统。

在静定基本系统上加上载荷以及多余约束力，便得到与原来静不定系统相当的系统，如图 11-17(c) 所示，此即相当系统。

(3) 建立平衡方程与变形协调方程。

根据图 11-17(c)的受力图，可以写出 3 个平衡方程：

$$\left.\begin{aligned} &\sum F_x=0,\ F_{Bx}-ql=0 \\ &\sum F_y=0,\ X_1-F_{By}=0 \\ &\sum M_B=0,\ -X_1 l+ql\times\frac{l}{2}+M_B=0 \end{aligned}\right\} \tag{a}$$

将图 11-17(c)所示之相当系统与如图 11-17(a)所示静不定结构相比较，两个系统完全相当，相当系统在 A 处的铅垂位移必须等于零，这就是变形协调条件。据此，可以写出变形协调方程

$$\Delta_{Ay}=0 \tag{b}$$

将变形系统方程写成正则方程的形式：

$$X_1\delta_{11}+\Delta_{1F_P}=0 \tag{c}$$

其中,$\delta_{11}X_1$ 为多余约束力 X_1 在多余约束力方向(X_1 方向)引起的位移;Δ_{1F_P} 为载荷在多余约束力方向(X_1 方向)引起的位移;δ_{11} 为施加在多余约束处、沿着多余约束力方向的单位载荷在多余约束力方向(X_1 方向)引起的位移。

(4) 建立单位载荷系统,计算变形协调方程中的位移。

为了利用图乘法计算变形协调方程式(c)中的各项位移,在静定基本系统的多余约束力 X_1 作用处沿着多余约束力的方向施加单位力,得到单位载荷系统如图 11-17(g)所示。

分别画出载荷系统[图 11-17(e)]所产生的弯矩图,以及单位载荷系统引起的弯矩图,二者分别如图 11-17(f)和图 11-17(h)所示。

于是,应用图乘法,由图 11-17(h)自乘,求得:

$$\delta_{11}=\frac{1}{EI}\left(\frac{1}{2}l\times l\times\frac{2}{3}l+l\times l\times l\right)=\frac{4l^3}{3EI} \tag{d}$$

由图 11-17(f)与图 11-17(h)相乘,得到

$$\Delta_{1F_P}=\frac{1}{EI}\left(-\frac{1}{3}\times\frac{ql^2}{2}\times l\times l\right)=-\frac{ql^4}{6EI} \tag{e}$$

将式(d)和式(e)代入式(c),得到

$$X_1\delta_{11}+\Delta_{1F_P}=X_1\cdot\frac{4l^3}{3EI}-\frac{ql^4}{6EI}=0$$

化简后,有

$$X_1-\frac{ql}{8}=0 \tag{f}$$

(5) 求解约束力并画出弯矩图。

将式(f)与式(a)联立,解得全部约束力为

$$X_1=\frac{ql}{8}(\uparrow)$$

$$F_{Bx}=ql(\rightarrow)$$

$$F_{By}=\frac{ql}{8}(\downarrow)$$

$$M_B=-\frac{3}{8}ql^2\ [\text{与图 11-17(c)中所设方向相反}]$$

据此,即可画出所给静不定刚架的弯矩图,如图 11-17(d)所示。

【例 11-8】 如图 11-18(a)所示刚架中,各杆的弯曲刚度均为 EI,且 F,a,EI 等为已知,忽略剪力和轴力的影响,试画出该刚架的弯矩图。

【解】 (1) 确定静不定次数和变形协调方程。

此题为 3 次静不定问题,但特殊在其对称结构受反对称载荷作用,产生反对称变形,选取基本静定系统如图 11-18(b)所示。与图 11-18(a)所示的静不定结构相比较,要使两个系统完全相当,则 x_1 造成的位移必须等于零,这就是变形协调条件。据此,可以写出变形协调方程为

$$\Delta_1=\delta_{11}x_1+\Delta_{1F}=0 \tag{a}$$

式中 $\delta_{11}x_1$——多余约束力 x_1 在多余约束力方向(x_1 方向)引起的位移;

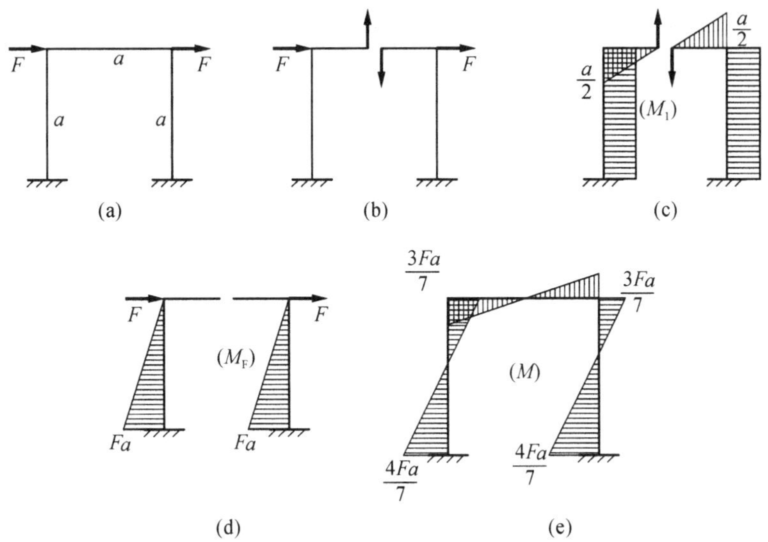

图 11-18

Δ_{1F}——载荷在多余约束力方向(x_1 方向)引起的位移；

δ_{11}——施加在多余约束处、沿着多余约束力方向的单位载荷在多余约束力方向(x_1 方向)引起的位移。

(2) 建立单位载荷系统，计算变形协调方程中的位移。

画出载荷系统和单位载荷系统所产生的弯矩图，如图 11-18(d)和图 11-18(c)所示。

于是，应用图乘法，由图 11-18(c)自乘，求得

$$\delta_{11}=\frac{1}{EI}\left\{\left[\frac{1}{2}\cdot\frac{1}{2}a\cdot\frac{1}{2}a\right]\cdot\frac{2}{3}a\cdot\frac{1}{2}a+\left[\frac{1}{2}a\cdot a\right]\cdot\frac{1}{2}a\right\}\times 2=\frac{7a^3}{12EI} \tag{b}$$

由图 11-18(d)与图 11-18(c)相乘，得到

$$\Delta_{1F}=\frac{1}{EI}\left\{\left[\frac{1}{2}Fa\cdot a\right]\cdot\left[-\frac{1}{2}a\right]\right\}\times 2=-\frac{Fa^3}{2EI} \tag{c}$$

将式(b)和式(c)代入式(a)，得到

$$x_1\delta_{11}+\Delta_{1F}=x_1\frac{7a^3}{12EI}-\frac{Fa^3}{2EI}=0$$

化简后，有

$$x_1=-\frac{\Delta_{1F}}{\delta_{11}}=\frac{6}{7}F \tag{f}$$

(3) 画弯矩图。

由叠加法画弯矩图：

$$M=M_1x_1+M_F$$

所给静不定刚架的弯矩图，如图 11-18(e)所示。

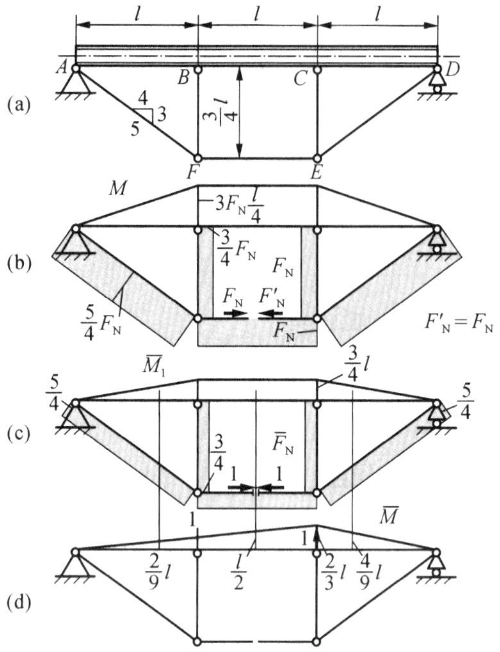

图 11-19

【例 11-9】 如图 11-19(a)所示的结构中，主梁 AD 为 20b 的普通热轧工字钢，下面用桁架加固，B，C，E，F 处均为铰链约束。图中 $l=2\,\text{m}$，桁架各杆的横截面面积为 $A=8.0\times10^{-4}\,\text{m}^2$，材料的弹性模量 $E=210\,\text{GPa}$。若杆 EF 因制造误差比要求的尺寸短了 10 mm，试求：(1)装配后在杆 EF 内所产生的拉力；(2)B，C 两点处的铅垂位移。

【解】 根据外部约束力与独立的平衡方程的数目，这一结构是外力静定的。因为没有载荷作用，故两端支座处约束力均为零。

但是，仅仅应用平衡方程却无法求得桁架各杆内力，当然也无法求得主梁的内力，这种静不定结构称为内力静不定结构。

(1) 求解静不定问题。

桁架各杆均为二力杆。将杆 EF 截开，使其成为静定的。只要确定 EF 杆的轴力，结构其余各部分的内力即可由平衡方程求得。设截开截面上的轴力为多余约束力 F_N，将其加在静定结构上如图 11-19(b)所示。

由于制造误差，因而截开处左右两侧截面的相对轴向位移不再为零，而必须等于制造误差值，即

$$\Delta_{F_N}+\Delta_p=\Delta_a \tag{a}$$

式中 Δ_p——载荷引起的轴向相对位移，由于无载荷作用，故 $\Delta_p=0$；

Δ_a——制造误差(缩短值)，本例中 $\Delta_a=10\,\text{mm}$；

Δ_{F_N}——F_N 在其作用方向引起的位移，可由图乘法求得。

根据图 11-19(b)和图 11-19(c)中所示的 F_N 和单位轴力 $\overline{F}_N=1$ 引起的内力图互乘，得

$$\Delta_{F_N}=\frac{15F_Nl^3}{16EI}+\frac{23F_Nl}{4EA}=\frac{F_Nl}{E}\left(\frac{15l^2}{16I}+\frac{23}{4A}\right) \tag{b}$$

将其连同已知数据，以及 I20b 工字型钢惯性矩 $I=2.5\times10^{-5}\,\text{m}^4$，代入式(a)，解得

$$F_N=\frac{\Delta_aE}{l\left(\frac{15l^2}{16I}+\frac{23}{4A}\right)}=\frac{10\times10^{-3}\times210\times10^9}{2\times\left(\frac{15}{16}\times\frac{2^2}{2.5\times10^{-5}}+\frac{23}{4\times8.0\times10^{-4}}\right)}$$
$$=6.68\times10^3\,\text{N}=6.68\,\text{kN}$$

(2) 求静不定结构上指定处的位移。

比较图 11-19(a)和图 11-19(b)中的静不定结构与静定结构，当作用在静定结构上轴力 F_N 即为静不定结构上同一处的多余约束力时，二者的受力和约束条件完全相同，因而必然具有相同的变形和位移。于是，确定静不定结构上某处的位移，便演变为确定相应的静定结构上同一处的位移。

应用图乘法求主梁上点 B，C 的铅垂位移。根据对称性，B，C 两点具有相同的位移，因此只需求其中一点(例如点 C)的位移。

在静定结构主梁的截面 C 处施加铅垂方向的单位力，它只引起主梁产生弯矩，不会在桁架杆中产生轴力，于是，单位内力图如图 11-19(d)所示。将其与 F_N 引起的弯矩图相乘，得

$$\Delta_{By}=\Delta_{Cy}=\frac{I}{EI}\left(\frac{3}{4}F_N l\times l\times\frac{l}{2}+\frac{1}{2}\times\frac{3}{4}F_N l\times l\times\frac{2}{9}l+\frac{1}{2}\times\frac{3}{4}F_N l\times l\times\frac{4}{9}l\right)$$

$$=\frac{5F_N l^3}{8EI}=\frac{5\times 6.68\times 2^3}{8\times 210\times 10^6\times 2.5\times 10^{-5}}=6.36\times 10^{-3}\ \text{m}=6.36\ \text{mm}$$

请读者思考一下，为使计算简化，能否利用对称性，在 B，C 两处同时加一对相同方向的单位力，求得 B，C 两截面铅垂位移之和，进而求得这两点的铅垂位移。请读者自行验证上述结果的正确性。

11.10 结论与讨论

1. 关于应变能的讨论

由轴向力作用下的应变能公式可以看出，若杆的长度增加，或者弹性模量或横截面面积减小，则杆件的弹性应变能将增加。

随着梁长度的增加，弯曲变形产生的应变能将远大于剪切变形所产生的应变能。所以，通常可以忽略梁内的剪切应变能。

扭矩作用下的应变能计算如遇到轴的截面不是圆形或圆环形时，则需要修改计算式(11-9)。例如，对尺寸 $h>b$ 的矩形截面，通过以弹性理论为基础的数学分析得到轴内的应变能为

$$V_e=\frac{M_x^2 l}{2GCb^3 h}$$

其中

$$C=\frac{hb^3}{16}\left[\frac{16}{3}-3.336\,\frac{b}{h}\left(1-\frac{b^4}{12h^4}\right)\right]$$

2. 虚功原理

虚功原理是以能量守恒原理为基础。虚功原理在力学中有很多应用，这里仅将其用于确定变形体上不同点的位移和转角。其证明和应用在结构力学和有限元中有更详细的讲述。

3. 关于单位力的讨论

莫尔积分方法中的单位力是广义力：可以是力，也可以是力偶；与之相对应的位移也是广义的：既可以是线位移，也可以是角位移。当所求的位移为线位移时，单位力为集中力；当所求位移为角位移时，单位力为集中力偶。单位力和单位力偶的数值均为 1。

若要求的是两点(或两截面)间的相对位移，则在两点(或两截面)处同时施加一对方向相反的单位力。

4. 卡氏定理的讨论

卡氏定理是由意大利铁路工程师卡斯提利诺(Alberto Castigliano)提出的一种确定物体上一点位移和转角的方法。目前被广泛使用的是卡氏第二定理。如果用卡氏第二定理确定没有外力作用的点的位移(或者所求位移与外力方向不一致)时,可在所求位移的点,沿着所求位移方向假设一个广义力,写出所有力(包括施加的假设广义力)作用下的应变能表达式,并将其对施加的假设广义力求偏导数,最后令其中的假设广义力等于零,便得到所要求的位移,详见[例 11-5]。

5. 利用对称和反对称性质求解超静定结构

对称结构在对称载荷作用下,只有对称的多余未知力存在,而反对称的多余未知力必为零,结构的内力和变形也必是对称的。对称结构在反对称载荷作用下,只有反对称的多余未知力存在,而对称的多余未知力必为零,结构的内力和变形也必是反对称的。可以利用结构对称性和载荷对称或反对称的特点降低超静定次数,简化计算。某些复杂载荷条件下,可以将载荷分解为对称或反对称的组合,利用叠加原理求解。

6. 应用力法解静不定问题的步骤

应用力法求解静不定问题的步骤如下:

(1) 对于给定的结构,在解题前应先判断它是静定的还是静不定的,并进而确定它们的静不定次数。

(2) 判断哪些约束是真正的多余约束,并分析可供选择的基本系统,注意利用对称性,确定合适的基本系统。

(3) 在基本系统上加上给定的外部载荷及多余约束力,建立相当系统。

(4) 将相当系统与原静不定系统比较,在多余约束处,寻找变形条件,建立力法正则方程。

(5) 在基本系统的不同的多余约束方向分别施加广义单位力(当多余约束力为集中力时,施加单位力;多余约束力为力偶时,则施加单位力偶),建立若干个单位载荷系统。

(6) 用莫尔积分或图形互乘法计算单位位移与载荷引起的位移。

(7) 将相应的位移代入正则方程,解出全部多余约束力。

(8) 画出在载荷和多余约束力作用在基本系统上引起的内力图,作为强度和刚度计算的依据。

习 题

11-1 如图 11-20 所示桁架各杆的材料相同,截面面积相等,试求在荷载 P 作用下桁架的应变能。

11-2 计算如图 11-21 所示梁的应变能。

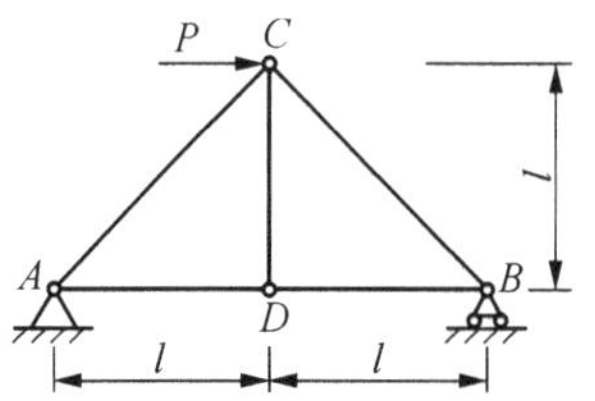

图 11-20

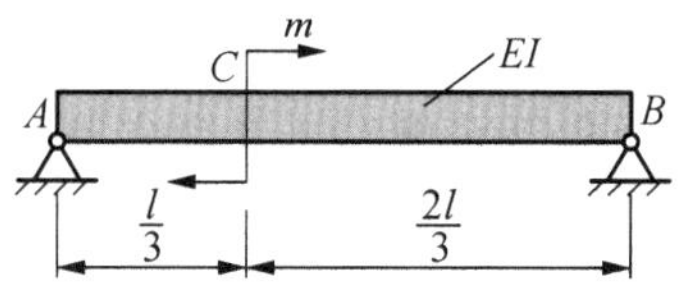

图 11-21

11-3 如图 11-22 所示三脚架承受荷载 P, AB, AC 两杆的横截面面积均为 A。若已知 A 点的水平位移

Δ_{Ax}（向左）和铅垂位移 Δ_{Ay}（向下），试按下列情况分别计算此三脚架的应变能，将应变能表示为 Δ_{Ax}，Δ_{Ay} 的函数。

(a) 若此三脚架由线弹性材料制成，EA 为已知；

(b) 若此三脚架由非线性弹性材料制成，其应力-应变关系为 $\sigma = B\sqrt{\varepsilon}$，$B$ 为常数，这一关系对拉伸和压缩相同。

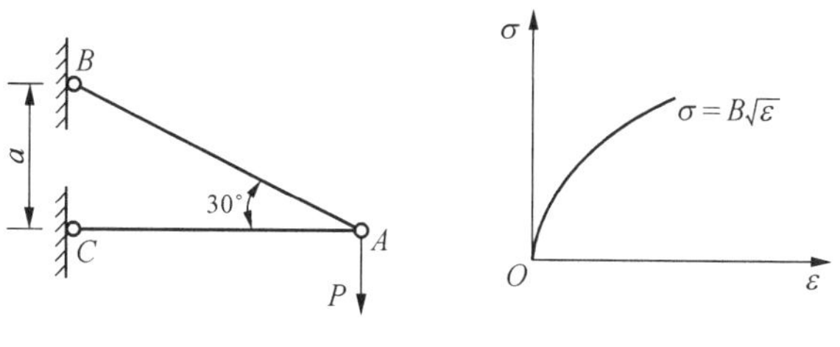

图 11-22

11-4 如图 11-23 所示外伸梁的自由端作用力偶矩 m，试用互等定理，求跨度中点 C 的挠度。

11-5 如图 11-24 所示变截面梁，弹性模量为 E，试用莫尔积分法求在力 P 作用下截面 A 的转角和截面 B 的挠度。

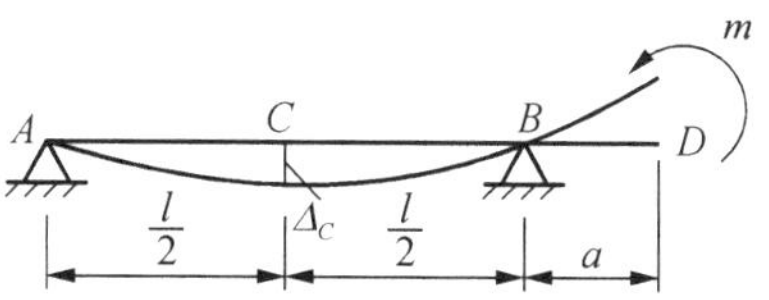

图 11-23

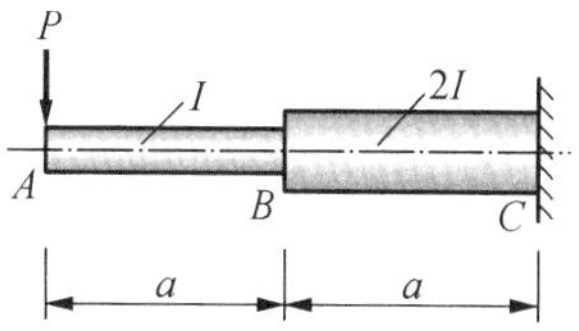

图 11-24

11-6 如图 11-25 所示刚架的各杆的 EI 皆相等，试用莫尔积分法求截面 A 的竖向位移和截面 C 的转角。

11-7 如图 11-26 所示刚架各杆的材料相同，截面面积相等。试用莫尔积分法求节点 C 处的水平位移和垂直位移。

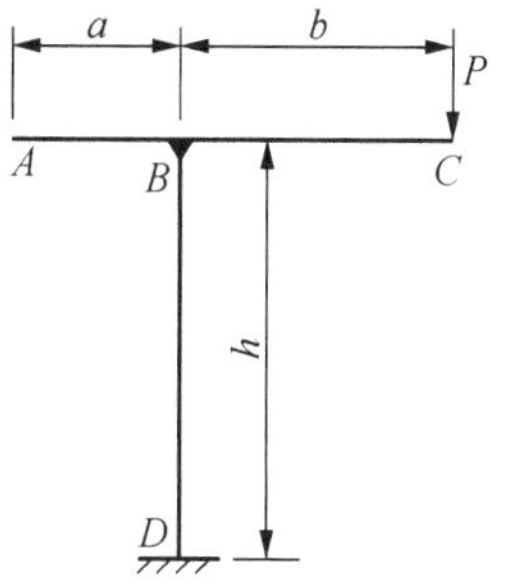

图 11-25

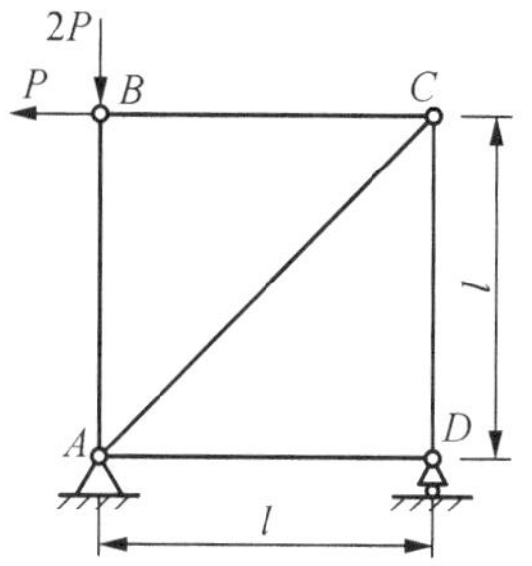

图 11-26

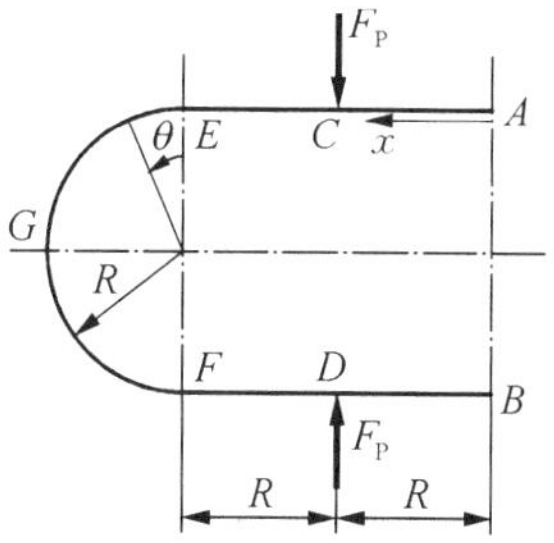

图 11-27

11-8 如图 11-27 所示的线弹性结构中，杆各部分的弯曲刚度 EI 均相同。若 F_P，EI，R 等均为已知，试用莫尔积分求 A，B 两点的相对位移。

11-9 如图 11-28 所示各梁中 F，q，M，l 以及弯曲刚度 EI 等均已知，忽略剪力影响。试用图乘法分别求点 A 的挠度和截面 B 的转角。

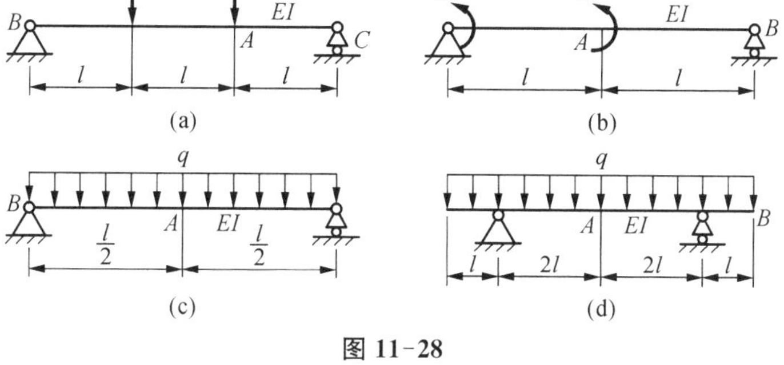

图 11-28

*11-10 线弹性材料组成三铰二杆特殊结构，如图 11-29 所示，试用卡氏第一定理求力 P 作用点位移 δ。(提示：这是一种特殊结构，外载荷引起变形对杆的内力发生影响，即研究平衡时，必须考虑变形影响属几何非线性问题。)

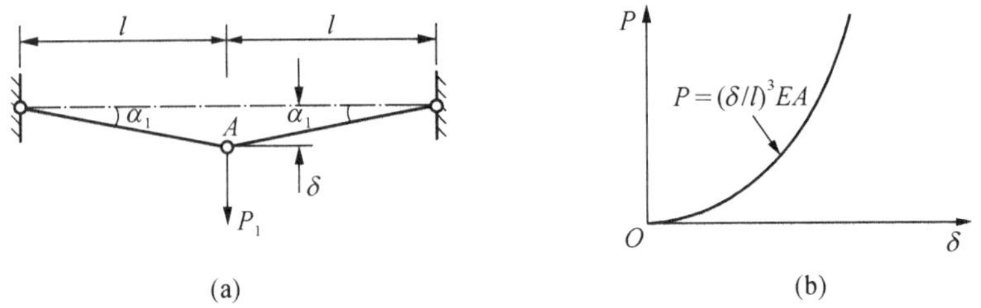

图 11-29

11-11 用卡氏第二定理求如图 11-30 所示的梁在荷载作用下 A 截面的转角及 B 截面的铅垂位移。EI 为已知。

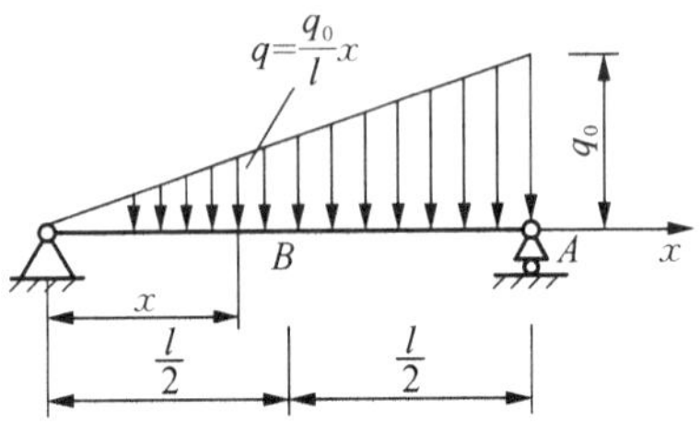

图 11-30

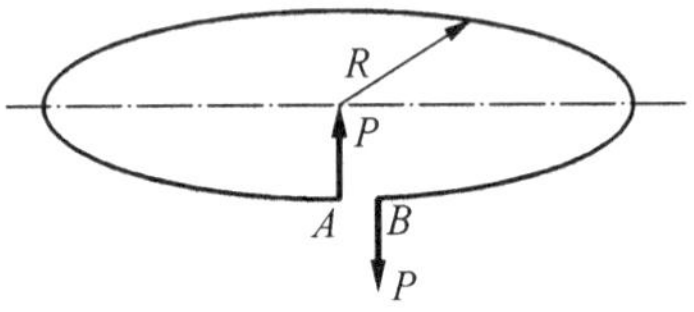

图 11-31

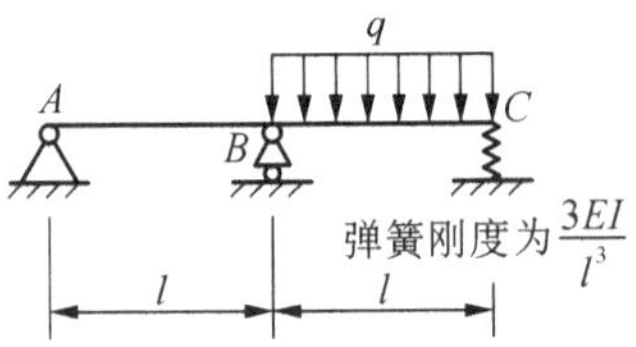

图 11-32

11-12 用卡氏第二定理求如图 11-31 所示位于水平平面内的开口圆环上 A，B 两点间的相对位移。弹性常数 E，G 及环杆直径 d 为已知，力 P 沿铅垂方向作用。

11-13 用卡氏第二定理求解如图 11-32 所示超静定结构弹性支承 C 的力。已知各杆的 EI 相同。

11-14 用卡氏第二定理求解如图 11-7 所示平面曲杆 B 点的垂直位移和水平位移。

*11-15 试用卡式第二定理确定如图 11-33 所示台灯在 A 点的水平和铅垂位移，已知灯头重量为 W，灯架的弯曲刚度为 EI，弧形部分为半圆，忽略灯架重量。

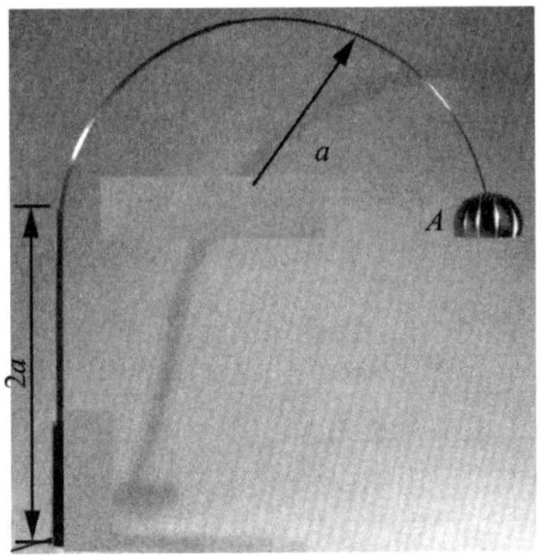

图 11-33

11-16 平面刚架各杆的刚度都相同，所受载荷如图 11-34 所示。若忽略轴力和剪力影响，试用图乘法确定其约束力并确定最大弯矩值。

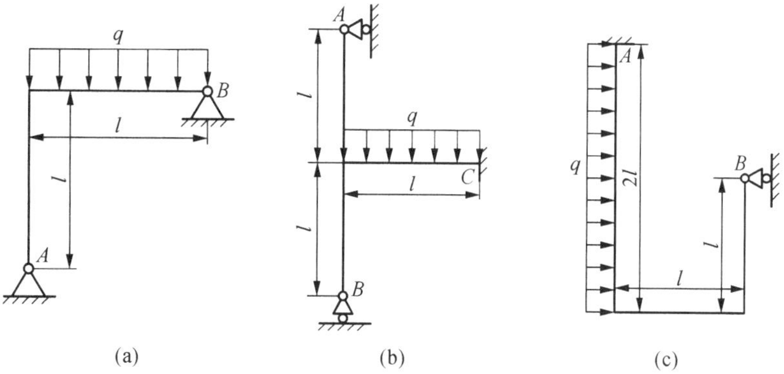

图 11-34

11-17 各杆弯曲刚度均为 EI 的平面刚架承受载荷如图 11-35 所示，且已知 F_P，l，EI。试利用对称或反对称性质：①确定支座处的约束力；②绘制弯矩图。

11-18 如图 11-36 所示刚架各部分的抗弯刚度皆为 EI（常量），试利用对称或反对称性质绘制各刚架的弯矩图。

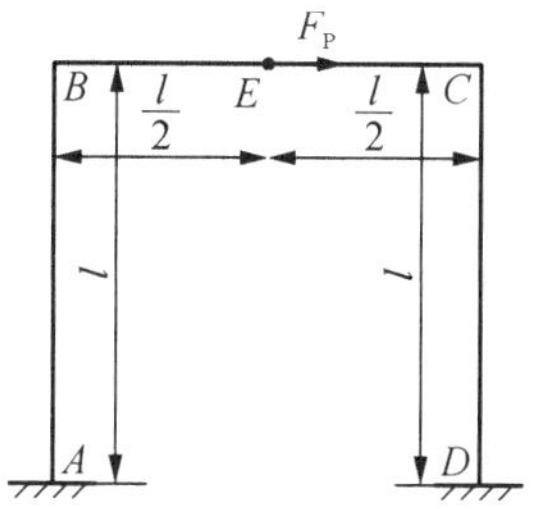

图 11-35

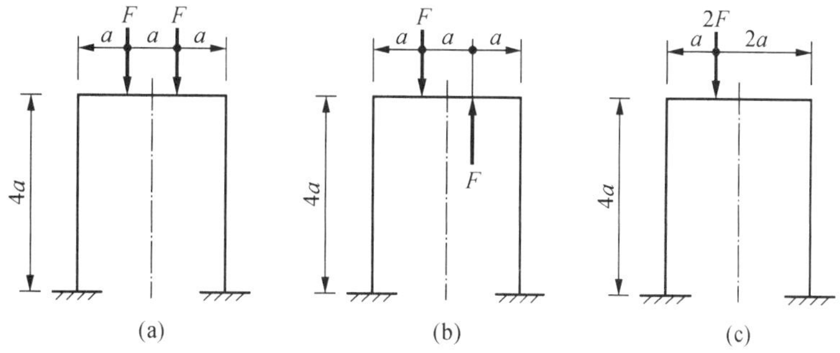

图 11-36

11-19 如图 11-37 所示杆件结构中，各杆的抗拉刚度均为 EA。试用力法求各杆的内力。

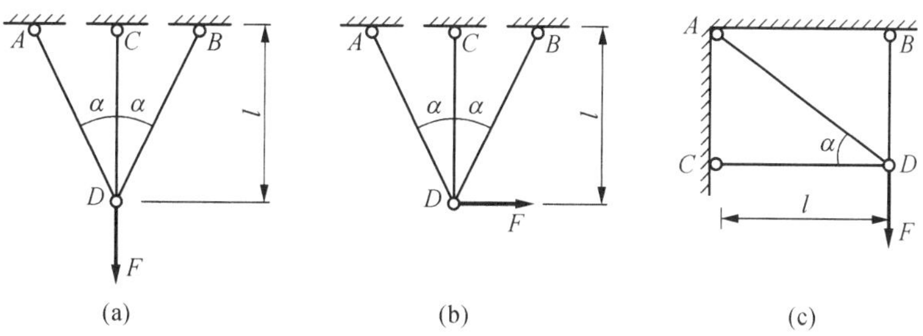

图 11-37

11-20 两端固定的圆轴 AB，尺寸如图 11-38 所示，在横截面 C 上受扭转力偶矩 M_t 的作用，若圆轴的扭转刚度 GI_P 为已知，试求两固定端的约束力偶矩 M_A 和 M_B。

11-21 结构受力及尺寸如图 11-39 所示，AB 梁的弯曲刚度 EI 及 BD 杆的拉压刚度 EA 均为已知，试求 BD 杆的轴力 F_N。

11-22 刚架 ACD 受力及尺寸如图 11-40 所示，EI 为常量，试求点 B 的挠度。

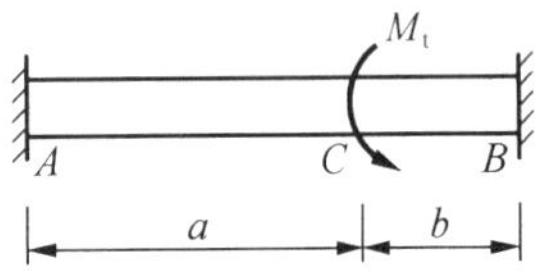

图 11-38

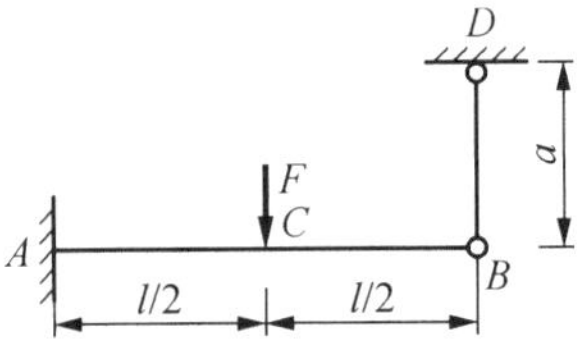

图 11-39

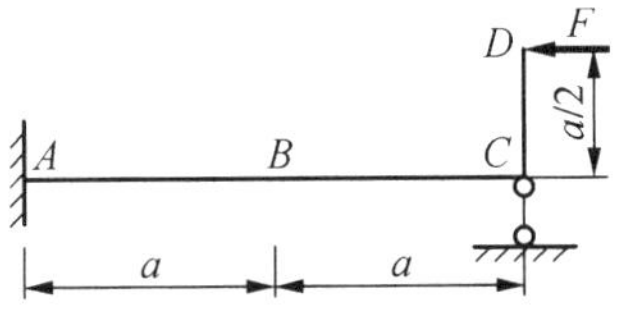

图 11-40

12 动载荷与疲劳强度概述

基本要求

(1) 掌握构件作等加速直线运动和匀速转动时的动应力计算；
(2) 掌握受冲击载荷作用时的动应力计算；
(3) 了解交变应力下材料疲劳破坏的概念和疲劳极限的确定方法；
(4) 了解影响构件疲劳极限的主要因素、疲劳强度的计算和提高构件疲劳强度的措施。

12.1 动载荷概念和工程实例

前面我们接触到的都是静载荷，结构承受静载荷时满足：构件处于平衡状态，内部各点的加速度为零；载荷由零缓慢、平稳增加到最终值并且保持不变。

而在实际工程中，还有许多构件不是在静载荷作用下工作，如高速旋转的部件或加速提升的构件，其内部各点存在明显的加速度；用重锤打桩时，桩柱所受到的冲击载荷远大于锤的重力；地震波引起建筑物晃动，甚至倒塌；大量的机械零件长期在周期性变化载荷下工作；等等。这些情况不能再使用静载荷下的计算方法，必须考虑动载荷的影响。如图 12-1 所示是一些需要考虑动载荷影响的工程实例。

动载荷问题呈现如下特点：在加载过程中构件内各点的速度发生明显改变，或者构件所受的载荷明显随时间的变化而变化。构件在动载荷作用下产生的应力称为**动应力**，构件上的动应力有时会达到很高的数值，从而引起构件失效。因此必须重视载荷的动力效应。

(a) LM2500 燃气轮机的叶片设计需要考虑高速旋转载荷

(b) 钢桩需要考虑冲击载荷

(c) 结构抗震设计实验和计算需要考虑地震载荷

(d) 很多结构需要抗风设计和计算

(e) 飞机起落架设计应考虑起落反复受载

图 12-1

12.2 等加速度运动时构件上的惯性力与动应力计算

对于以等加速度作直线运动的构件,只要确定其上各点的加速度 a,就可以应用达朗贝尔原理施加惯性力。如果为集中质量 m,则惯性力为集中力

$$F_{\mathrm{I}}=-ma \tag{12-1}$$

如果是连续分布质量,则作用在质量微元上的惯性力为

$$\mathrm{d}F_{\mathrm{I}}=-\mathrm{d}ma \tag{12-2}$$

惯性力确定后就可以按照静载荷作用下的应力分析方法对构件进行应力计算以及强度与刚度设计。

以起重机起吊重物为例,在开始吊起重物的瞬时,重物具有向上的加速度 a,重物上便有方向向下的惯性力 F,如图 12-2 所示。这时吊起重物的钢丝绳,除了承受重物的重量,还承受由此而产生的惯性力，这一惯性力就是钢丝绳所受的动载荷；而重物的重量则是钢丝绳的静载荷。作用在钢丝绳的总载荷是动载荷与静载荷之和，即

$$F_{T}=F_{I}+F_{st}=ma+W=\frac{W}{g}a+W \tag{12-3}$$

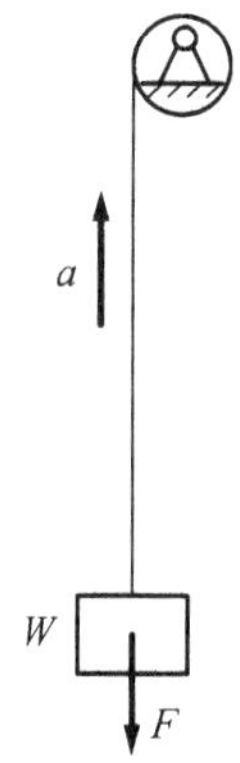

图 12-2

式中 F_{T}——总载荷；

F_{st}，F_{I}——静载荷与惯性力引起的动载荷。

按照单向拉伸时杆件的应力公式，钢丝绳横截面上的总正应力为

$$\sigma_{T}=\sigma_{st}+\sigma_{I}=\frac{F_{N}}{A}+\frac{F_{T}}{A} \tag{12-4}$$

其中

$$\sigma_{st}=\frac{W}{A},\ \sigma_{I}=\frac{W}{Ag}a \tag{12-5}$$

分别为静应力和动应力。

根据上述两式，总正应力表达式可以写成静应力乘以一个大于 1 的系数的形式：

$$\sigma_{T}=\sigma_{st}+\sigma_{I}=\left(1+\frac{a}{g}\right)\sigma_{st}=K_{I}\sigma_{st} \tag{12-6}$$

系数 K_{I} 称为**动载系数**或**动荷系数**。对于作等加速度直线运动的构件，根据式(12-6)，动荷系数为

$$K_{I}=1+\frac{a}{g} \tag{12-7}$$

【例 12-1】 如图 12-3 所示为 16 号工字钢梁，以等加速度 $a=10\ m/s^2$ 上升，吊索横截面面积 $A=108\ mm^2$，不计钢索质量。求：(1)吊索的动应力 σ_{d}；(2)梁的最大动应力 $\sigma_{d,\max}$。

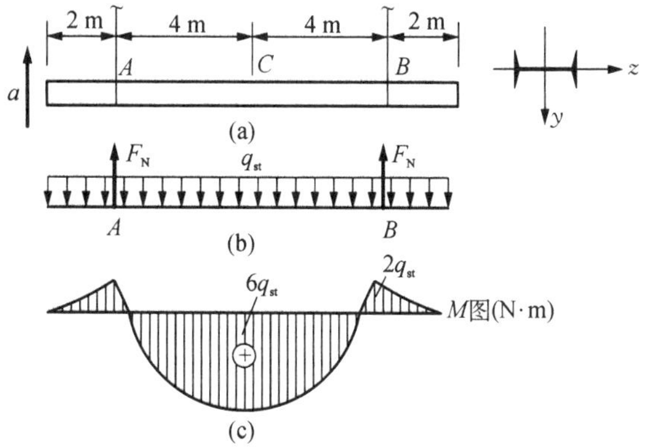

图 12-3

【解】 (1) 求吊索的动应力 σ_{d}。

由附录 B 知 16 号工字钢单位长度的重量为

$$q_{st}=20.5\times9.81=201.1\ N/m$$

所以,每根吊索的静轴力为

$$F_{\mathrm{N}}=\frac{1}{2}q_{\mathrm{st}}l=\frac{1}{2}\times 201.1\times 12=1\,206.6\ \mathrm{N}$$

每根吊索的静应力

$$\sigma_{\mathrm{st}}=\frac{F_{\mathrm{N}}}{A}=\frac{1\,206.6}{108}=11.2\ \mathrm{MPa}$$

动荷系数为

$$K_{\mathrm{I}}=1+\frac{a}{g}=1+\frac{10}{9.81}=2.02$$

所以,每根吊索的动应力为

$$\sigma_{\mathrm{d}}=K_{\mathrm{I}}\sigma_{\mathrm{st}}=2.02\times 11.2=22.6\ \mathrm{MPa}$$

(2) 求梁的最大动应力 $\sigma_{\mathrm{d,\,max}}$。

由第 5 章弯曲内力的分析可知,最大弯矩发生在截面 C 上,其在静载作用下的静弯矩为

$$M_{\max}=6q_{\mathrm{st}}=6\times 201.1=1\,206.6\ \mathrm{N\cdot m}$$

由附录 B 查表 16 号工字钢的弯曲截面系数为

$$W_z=21.2\times 10^3\ \mathrm{mm}^3$$

所以,梁的最大静应力为

$$\sigma_{\mathrm{st,\,max}}=\frac{M_{\max}}{W_z}=\frac{1\,206.6\times 10^3}{21.2\times 10^3}=56.9\ \mathrm{MPa}$$

故梁的最大动应力为

$$\sigma_{\mathrm{d,\,max}}=K_{\mathrm{d}}\sigma_{\mathrm{st,\,max}}=2.02\times 56.9=114.9\ \mathrm{MPa}$$

12.3 旋转构件的受力分析与动应力计算

由于动应力而引起的旋转构件失效问题在工程中也是很常见的。处理这类问题时,首先是分析构件的运动,确定其加速度,然后应用达朗贝尔原理,在构件上施加惯性力,最后按照静载荷的分析方法,确定构件的内力和应力。

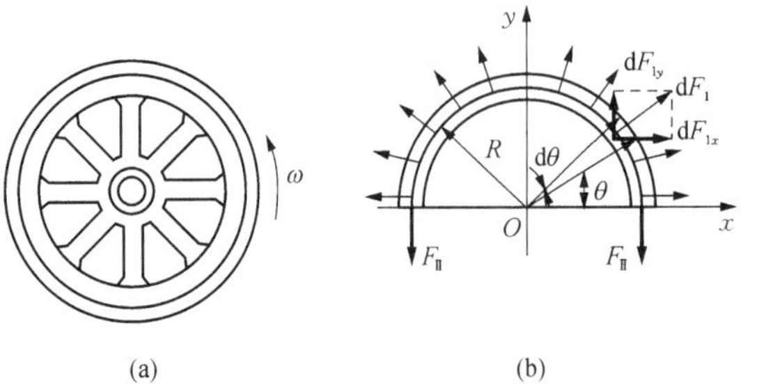

图 12-4

考察图 12-4(a)中所示以等角速度 ω 旋转的飞轮。飞轮材料密度为 ρ,轮缘平均半径为 R,轮缘部分的横截面积为 A。

设计轮缘部分的截面尺寸时,为简单起见,可以不考虑轮辐的影响,从而将飞轮简化为平均半径等于 R 的圆环。

由于飞轮作等角速度转动,其上各点均只有向心加速度,故惯性力均沿着半径方

向、背向旋转中心，且为沿圆周方向连续均匀分布力。图 12-4(b)显示半圆环上惯性力的分布情形。

为求惯性力，沿圆周方向截取 $\mathrm{d}s$ 微段，其弧长为

$$\mathrm{d}s = R\,\mathrm{d}\theta \tag{a}$$

圆环微段的质量为

$$\mathrm{d}m = \rho A\,\mathrm{d}s = \rho A R\,\mathrm{d}\theta \tag{b}$$

于是，圆环上微段的惯性力大小为

$$\mathrm{d}F_{\mathrm{I}} = R\omega^2\,\mathrm{d}m = R\omega^2\rho A R\,\mathrm{d}\theta \tag{c}$$

为计算圆环横截面上的应力，采用截面法沿直径将圆环截为两个半环，其中一半环的受力如图 12-4(b)所示。图中 F_{II} 为环向拉力，其值等于应力与面积乘积。

以圆心为原点，建立 Oxy 坐标系，由平衡方程：

$$\sum F_y = 0 \tag{d}$$

有

$$\int_0^{\pi} \mathrm{d}F_{\mathrm{I}y} - 2F_{\mathrm{II}} = 0 \tag{e}$$

式中，$\mathrm{d}F_{\mathrm{I}y}$ 为半圆环质量微元惯性力 $\mathrm{d}F_{\mathrm{I}}$ 在 y 轴上的投影，根据式(c)，其值为

$$\mathrm{d}F_{\mathrm{I}y} = \sin\theta\,\mathrm{d}F_{\mathrm{I}} = \rho A R^2\omega^2\sin\theta\,\mathrm{d}\theta \tag{f}$$

将式(f)代入式(e)，飞轮轮缘横截面上的轴力为

$$F_{\mathrm{II}} = \frac{1}{2}\int_0^{\pi}\rho A R^2\omega^2\sin\theta\,\mathrm{d}\theta = \rho A R^2\omega^2 = \rho A v^2 \tag{g}$$

式中，v 为飞轮轮缘上任意点的速度。

当轮缘厚度远小于半径 R 时，圆环横截面上的正应力可视为均匀分布，并用 σ_{t} 表示。于是，由式(g)可得飞轮轮缘横截面上的总应力为

$$\sigma_{\mathrm{II}} = \frac{F_{\mathrm{INy}}}{A} = \frac{F_{\mathrm{II}}}{A} = \rho v^2 \tag{h}$$

这说明，飞轮以等角速度转动时，其轮缘中的正应力与轮缘上点的速度平方成正比。

设计时必须使总应力满足设计准则

$$\sigma_{\mathrm{II}} \leqslant [\sigma] \tag{i}$$

于是，由式(h)和式(i)，得到一个重要结果

$$v \leqslant \sqrt{\frac{[\sigma]}{\rho}} \tag{12-8}$$

这一结果表明，为保证飞轮具有足够的强度，对飞轮轮缘点的速度必须加以限制，使之满足式(12-8)。工程上将这一速度称为**极限速度**；对应的转动速度称为**极限转速**。

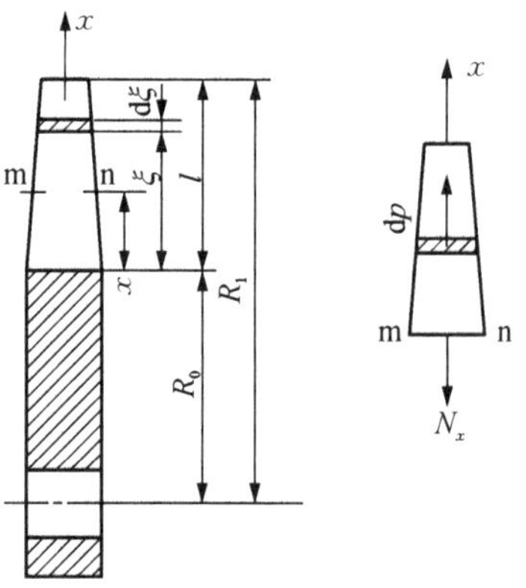

图 12-5

【例 12-2】 求图 12-5 所示汽轮机叶片工作时叶片根部的应力和总伸长。为简单起见,叶片可近似地简化为变截面直杆,且横截面面积沿轴线按线性规律变化。叶根的横截面积 A_0 为叶顶横截面面积 A_1 的两倍,即 $A_0=2A_1$。令叶根和叶顶的半径分别为 R_0 和 R_1,转速为 ω,材料单位体积的重量为 γ。

【解】 以叶根为起始点建坐标。设 x 处横截面 m—n 的面积为 $A(x)$,由于横截面面积沿轴线按线性规律变化,故有

$$A(x)=A_0\left(1-\frac{1}{2}\frac{x}{l}\right)$$

这个表达式满足 $A(0)=A_0$,$A(l)=A_1=\frac{1}{2}A_0$。

在距叶根为 ξ 处取长为 $d\xi$ 的微段,其质量为

$$dm=\frac{\gamma}{g}\cdot A(\xi)\cdot d\xi$$

ξ 点处的向心加速度为

$$a_n=\omega^2(R_0+\xi)$$

因而,dm 的惯性力为

$$dp=a_n\times dm=\frac{\gamma\omega^2}{g}(R_0+\xi)A(\xi)d\xi$$

截面 m—n 以上部分杆件的惯性力是

$$P=\int_x^l dp=\int_x^l\frac{\gamma\omega^2}{g}(R_0+\xi)A(\xi)d\xi$$

作用在 m—n 截面上的轴力为 N_x,由平衡方程可得

$$\sum X=0$$

得

$$\begin{aligned}N_x=P&=\int_x^l\frac{\gamma\omega^2A_0}{g}(R_0+\xi)\left(1-\frac{1}{2}\frac{\xi}{l}\right)d\xi\\&=\frac{\gamma\omega^2A_0}{g}\left[R_0l\left(1-\frac{x}{l}\right)+\frac{l^2}{2}\left(1-\frac{R_0}{2l}\right)\left(1-\frac{x^2}{l^2}\right)-\frac{l^2}{6}\left(1-\frac{x^3}{l^3}\right)\right]\end{aligned}$$

最大轴力发生在叶根横截面上,令 $x=0$,有

$$N_{max}=\frac{\gamma\omega^2A_0}{g}\left[\frac{l^2}{3}+\frac{3}{4}R_0l\right]$$

在叶根横截面上的拉应力为

$$\sigma = \frac{N_{\max}}{A_0} = \frac{\gamma\omega^2}{g}\left[\frac{l^2}{3} + \frac{3}{4}R_0 l\right]$$

在距叶根 x 处取微段长 dx，根据胡克定律，它的伸长为

$$d(\Delta l) = \frac{N_x dx}{EA(x)}$$

积分可求出叶片的总伸长为

$$\Delta = \int_0^l \frac{N_x dx}{EA(x)} = \frac{\gamma\omega^2 l}{gE}\int_0^l \frac{R_0\left(1-\frac{x}{l}\right)+\frac{l}{2}\left(1-\frac{R_0}{2l}\right)\left(1-\frac{x^2}{l^2}\right)-\frac{l}{6}\left(1-\frac{x^3}{l^3}\right)}{1-\frac{1}{2}\frac{x}{l}}dx$$

$$= \frac{\gamma\omega^2 l}{gE}\left[\left(\frac{3}{4}-\frac{1}{2}\ln 2\right)R_0 l + \left(\frac{13}{18}-\frac{2}{3}\ln 2\right)l^2\right]$$

需要注意的是叶根处轴力最大，但此处的横截面 A_0 也是最大值。请读者思考此处的应力是最大值吗？并证明你的结论。

【例 12-3】 如图 12-6(a)所示结构中，钢制 AB 轴的中点处固结一与之垂直的均质杆 CD，二者的直径均为 d。长度 $AC=CB=CD=l$。轴 AB 以等角速度 ω 绕自身轴旋转。已知 $l=0.6$ m，$d=80$ mm，$\omega=40$ rad/s；材料重度 $\gamma=78$ kN/m³，许用应力 $[\sigma]=70$ MPa。试校核轴 AB 和杆 CD 的强度是否安全。

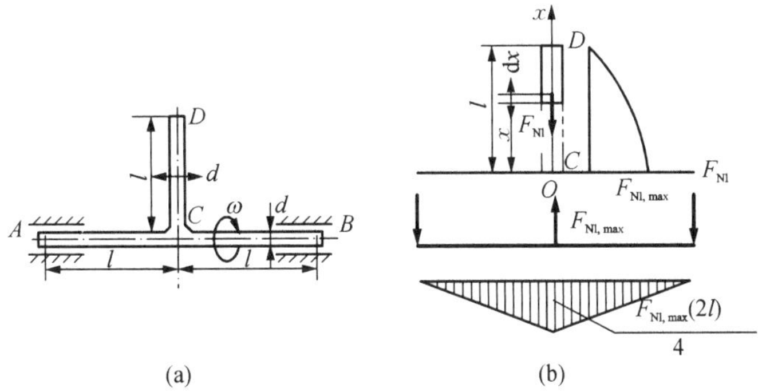

图 12-6

【解】 (1)分析运动状态，确定动载荷。当轴 AB 以 ω 等角速度旋转时，杆 CD 上的各个质点具有数值不同的向心加速度，其值为

$$a_n = x\omega^2 \tag{a}$$

式中，x 为质点到 AB 轴线的距离。AB 轴上各质点，因距轴线 AB 极近，加速度 a_n 很小，故不予考虑。杆 CD 上各质点到轴线 AB 的距离各不相等，因而各点的加速度和惯性力亦不相同。

为了确定作用在杆 CD 上的最大轴力，以及杆 CD 作用在轴 AB 上的最大载荷。首先必须确定杆 CD 上的动载荷——沿杆 CD 轴线方向分布的惯性力。

为此，在杆 CD 上建立 Ox 坐标，如图 12-6(b)所示。设沿杆 CD 轴线方向单位长度上的惯性力为 q_I，则微段长度 dx 上的惯性力为

$$q_I dx = (dm)a_n = \left(\frac{A\gamma}{g}dx\right)(x\omega^2) \tag{b}$$

由此得到

$$q_{\mathrm{I}}=\frac{A\gamma\omega^2}{g}x \tag{c}$$

式中 A——杆 CD 的横截面积;

g——重力加速度。

式(c)表明:杆 CD 上各点的轴向惯性力与各点到轴线 AB 的距离 x 成正比。

为求杆 CD 横截面上的轴力,并确定轴力最大的作用面,用假想截面从任意处(坐标为 x)将杆截开,假设这一横截面上的轴力为 F_{NI},考察截面以上部分的平衡,如图 12-6(b)所示。

建立平衡方程

$$\sum F_x=0: F_{\mathrm{NI}}-\int_x^l q_{\mathrm{I}}\mathrm{d}x=0 \tag{d}$$

由式(c)和式(d)解出

$$F_{\mathrm{NI}}=\int_x^l q_{\mathrm{I}}\mathrm{d}x=\int_x^l \frac{A\gamma\omega^2}{g}x\,\mathrm{d}x=\frac{A\gamma\omega^2}{2g}(l^2-x^2) \tag{e}$$

根据上述结果,在 $x=0$ 的横截面上,即杆 CD 与轴 AB 相交处的 C 截面上,杆 CD 横截面上的轴力最大,其值为

$$F_{\mathrm{NI,\ max}}=\frac{A\gamma\omega^2 l^2}{2g} \tag{f}$$

(2) 画 AB 轴的弯矩图,确定最大弯矩。上面所得到的最大轴力,也是作用在轴 AB 上的最大横向载荷。于是,可以画出轴 AB 的弯矩图,如图 12-6(b)所示。轴中点截面上的弯矩最大,其值为

$$M_{\mathrm{Imax}}=\frac{F_{\mathrm{NI,\ max}}(2l)}{4}=\frac{A\gamma\omega^2 l^3}{4g} \tag{g}$$

(3) 应力计算与强度校核。对于杆 CD,最大拉应力发生在 C 截面处,其值为

$$\sigma_{\mathrm{I,\ max}}=\frac{F_{\mathrm{NI,\ max}}}{A}=\frac{\gamma\omega^2 l^2}{2g} \tag{h}$$

将已知数据代入式(h)后,得到

$$\sigma_{\mathrm{I,\ max}}=\frac{\gamma\omega^2 l^2}{2g}=\frac{7.8\times10^4\times40^2\times0.6^2}{2\times9.8}=2.29\ \mathrm{MPa}<[\sigma]$$

对于轴 AB,最大弯曲正应力为 $\left(A=\frac{\pi}{4}d^2\right)$

$$\sigma_{\mathrm{I,\ max}}=\frac{M_{\mathrm{I,\ max}}}{W}=\frac{A\gamma\omega^2 l^3}{4g}\times\frac{32}{\pi d^3}=\frac{2\gamma\omega^2 l^3}{gd}$$

将已知数据代入后,得到

$$\sigma_{\mathrm{I,\ max}}=\frac{2\times7.8\times10^4\times40^2\times0.6^3}{80\times10^{-3}\times9.8}=68.7\ \mathrm{MPa}<[\sigma]$$

故杆 CD 和轴 AB 都满足强度要求。

12.4　冲击载荷与冲击应力计算

浅谈冲击应力分析的基本假设

12.4.1　计算冲击载荷所用的基本假定

飞出的纸牌

图 12-7

具有一定速度的运动物体，向着静止的构件冲击时，冲击物的速度在很短的时间内发生了很大变化，即：冲击物得到了很大的负值加速度。这表明，冲击物受到与其运动方向相反的很大的力作用。同时，冲击物也将很大的力施加于被冲击的构件上，这种力工程上称为**“冲击力”**或**“冲击载荷”**。图 12-7 是汽车的碰撞实验。

在冲击过程中，由于构件上的应力和变形分布比较复杂，因此，精确地计算冲击载荷，以及被冲击构件中由冲击载荷引起的应力和变形，是很困难的。工程中大都采用简化计算方法，这种简化计算基于以下假设：

(1) 假设冲击物的变形可以忽略不计；从开始冲击到冲击产生最大位移时，冲击物与被冲击构件一起运动，而不发生回弹。

(2) 忽略被冲击构件的质量，认为冲击载荷引起的应力和变形，在冲击瞬时遍及被冲击构件；并假设被冲击构件仍处在弹性范围内。

(3) 假设冲击过程中没有其他形式的能量转换，机械能守恒定律仍成立。

12.4.2　机械能守恒定律的应用

现以简支梁为例，说明应用机械能守恒定律计算自由落体冲击的简化方法。

如图 12-8 所示的简支梁，在其上方高度 h 处，有一重量为 W 的物体，自由下落后，冲击在梁的中点。冲击终了时，冲击载荷及梁中点的位移都达到最大值，二者分别用 F_d 和 Δ_d 表示，其中的下标 d 表示冲击力引起的动载荷，以区别惯性力引起的动载荷。

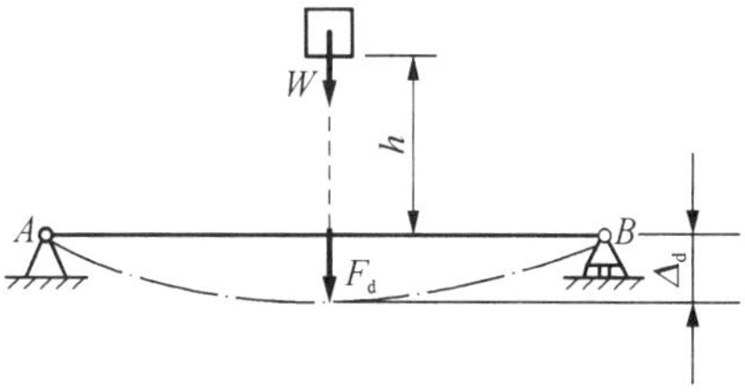

图 12-8

该梁可以视为一线性弹簧，弹簧的刚度系数为 k。

设冲击之前梁没有发生变形时的位置为位置 1；冲击终了的瞬时，即梁和重物运动到梁的最大变形时的位置为位置 2。考察这两个位置时系统的动能和势能。

重物下落前和冲击终了时，其速度均为零，因而在位置 1 和位置 2，系统的动能均为零，即

$$T_1 = T_2 = 0 \tag{a}$$

以位置 1 为势能零点，即系统在位置 1 的势能为零，即

$$V_1 = 0 \tag{b}$$

重物和梁(弹簧)在位置 2 时的势能分别记为 $V_2(W)$ 和 $V_2(k)$：

$$V_2(W) = -W(h + \Delta_d) \tag{c}$$

$$V_2(k)=-\frac{1}{2}k\Delta_d^2 \tag{d}$$

在式(c)和式(d)中,$V_2(W)$为重物的重力从位置 2 回到位置 1(势能零点)所作的功,因为力与位移方向相反,故为负值;$V_2(k)$为梁发生变形后,储存在梁内的应变能,又称为**弹性势能**,数值上等于冲击力从位置 1 到位置 2 时所作的功。

因为假设在冲击过程中,被冲击构件仍在弹性范围内,故冲击力 F_d 和冲击位移 Δ_d 之间存在线性关系,即

$$F_d=k\Delta_d \tag{e}$$

这一表达式与静载荷作用下力与位移的关系相似,即

$$F_{st}=k\Delta_{st} \tag{f}$$

式(e)和式(f)中,k 为类似线性弹簧刚度系数,动载与静载时弹簧的刚度系数相同。式(f)中的 Δ_{st} 为 F_d 作为静载施加在冲击处时,梁在该处的位移。

因为系统上只作用有惯性力和重力,二者均为保守力。故重物下落前(位置 1)到冲击终了后(位置 2),系统的机械能守恒,即

$$T_1+V_1=T_2+V_2 \tag{g}$$

将式(a)、式(b)、式(c)、式(d)代入式(g)后,有

$$\frac{1}{2}k\Delta_d^2-W(h+\Delta_d)=0 \tag{h}$$

再从式(f)中解出常数 k,并且考虑到静载荷时 $F_{st}=W$,一并代入式(h),即可消去常数 k,从而得到关于 Δ_d 的二次方程:

$$\Delta_d^2-2\Delta_{st}\Delta_d-2\Delta_{st}h=0 \tag{i}$$

由此解出(负根没有物理意义,故舍弃)

$$\Delta_d=\Delta_{st}\left(1+\sqrt{1+\frac{2h}{\Delta_{st}}}\right) \tag{12-9}$$

根据式(12-9)以及式(e)和式(f),得到

$$F_d=F_{st}\times\frac{\Delta_d}{\Delta_{st}}=W\left(1+\sqrt{1+\frac{2h}{\Delta_{st}}}\right) \tag{12-10}$$

这一结果表明,最大冲击载荷与静位移有关,即与梁的刚度有关:梁的刚度愈小;静位移愈大,冲击载荷将相应地减小。设计承受冲击载荷的构件时,应当充分利用这一特性,以减小构件所承受的冲击力。若令式(12-10)中 $h=0$,得到

$$F_d=2W \tag{12-11}$$

这等于将重物突然放置在梁上,这时梁上的实际载荷是重物重量的两倍。这时的载荷称为**突加载荷**。

请读者思考:如何应用机械能守恒定律计算具有初速度的水平冲击问题。

12.4.3 冲击时动荷系数

为计算方便，工程上通常也将式(12-10)写成动荷系数的形式

$$F_d = K_d F_{st} \tag{12-12}$$

其中，K_d 为冲击时的**动荷系数**，它表示构件承受的冲击载荷是静载荷的若干倍数。

对于图 12-8 所示的简支梁，由式(12-10)可得动荷系数为

$$K_d = 1 + \sqrt{1 + \frac{2h}{\Delta_{st}}} \tag{12-13}$$

构件中由冲击载荷引起的应力和位移也可以写成动荷系数的形式

$$\sigma_d = K_d \sigma_{st} \tag{12-14}$$

$$\Delta_d = K_d \Delta_{st} \tag{12-15}$$

【例 12-4】 如图 12-9(a)所示结构，梁 AB 的 EI，a，h 和重物的重量 P 已知。试求重物自由下落冲击 C 点所造成梁中的动态最大弯矩和最大冲击挠度。

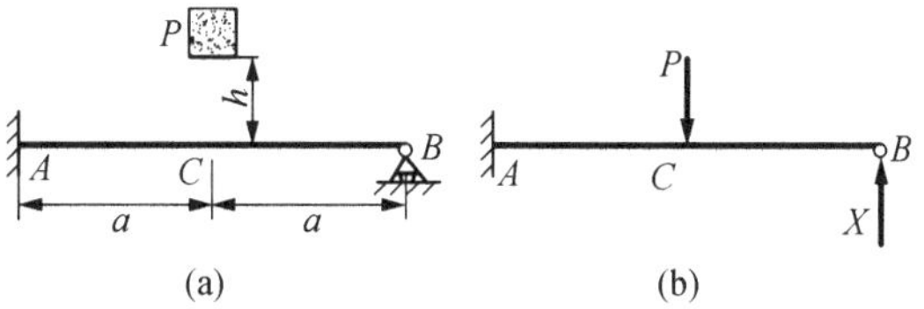

图 12-9

【解】 (1) 确定超静定次数和支反力，建立如图 12-9(b)所示的基本系统。

根据端点 B 的位移条件，得到变形协调方程为

$$w_B^P + w_B^X = 0$$

利用第 7 章中梁的挠度表(表 7-1)，分别得到静载力在端点 B 引起的位移分别为

$$w_B^P = \frac{5Pa^3}{6EI},\ w_B^X = -\frac{8Xa^3}{3EI}$$

结合变形协调方程，可以得到端点 B 处的支反力为

$$X = \frac{5P}{16}$$

(2) 确定梁横截面上冲击处的最大弯矩和最大挠度。

悬臂梁在图 12-9(b)所示载荷作用下的最大弯矩发生在固定端，其值为

$$M_{max} = Pa - \frac{5P}{16} \times 2a = \frac{3Pa}{8} \tag{a}$$

根据第 7 章中梁的挠度表(表 7-1)可知，最大挠度发生在冲击点 C 处。查表 7-1 得到图 12-9(b)所示静载荷下在 C 点引起的最大静位移为

$$\Delta_{st}=w_C^P+w_C^X=\frac{Pa^3}{3EI}-\frac{5P}{16}\left(\frac{a^3}{3EI}+\frac{a^3}{2EI}\right)=\frac{7Pa^3}{96EI}$$

(3) 确定动荷系数，根据式(12-13)和本例的已知数据，得到动荷系数为

$$K_d=1+\sqrt{1+\frac{2h}{\Delta_{st}}}=1+\sqrt{1+\frac{192hEI}{7Pa^3}} \tag{b}$$

(4) 计算最大动态弯矩和最大冲击挠度。

最大动态弯矩为

$$M_{d,\max}=K_d\frac{3Pa}{8}=\left(1+\sqrt{1+\frac{192hEI}{7Pa^3}}\right)\frac{3Pa}{8} \tag{c}$$

最大冲击挠度为

$$\Delta_{d,\max}=K_d\Delta_{st}=\left(1+\sqrt{1+\frac{192hEI}{7Pa^3}}\right)\frac{7Pa^3}{96EI}$$

【例 12-5】 如图 12-10 所示直径为 100 mm 的轴上装有转动惯量 $I=0.5\ \text{kN}\cdot\text{m}\cdot\text{s}^2$ 的飞轮，轴的转速为 300 r/min。制动器开始作用后，在 20 转内将飞轮刹住，试求轴内最大切应力。设在制动器作用前，轴已与驱动装置脱开，且轴承的摩擦力矩可以不计。

【解】 (1) 飞轮作匀减速转动。

$$\omega_0=\frac{n\pi}{30}=31.42\ \text{rad/s},\ \omega_t=0$$

$$\varepsilon=\frac{\omega_t^2-\omega_0^2}{2\varphi}=-1.25\ \text{rad/s}^2$$

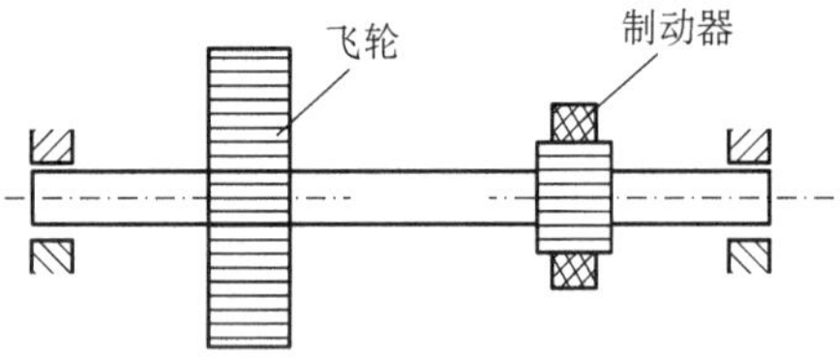

图 12-10

(2) 求惯性力矩。

$$m_d=-I\varepsilon=1.96\ \text{kN}\cdot\text{m}$$

(3) 轴在飞轮和制动器之间发生扭转变形。

$$T=m_d$$

$$\tau_{\max}=\frac{T}{W_t}=\frac{16T}{\pi d^3}=10\ \text{MPa}$$

【例 12-6】 AC 杆，绕通过 A 点的垂直轴(z 轴)以匀角速 ω 在 $x-y$ 平面内转动，如图 12-11(a)所示。杆的 C 端有一重为 Q 的集中质量。如因发生故障在 B 点卡住而突然停止转动[图 12-11(b)]，试求 AC 杆内的最大冲击应力。设杆 AC 的质量可以不计。

【解】 AC 杆突然停转受到冲击，发生弯曲变形。冲击前一瞬间 C 端集中质量的速度为 ωl，动能为

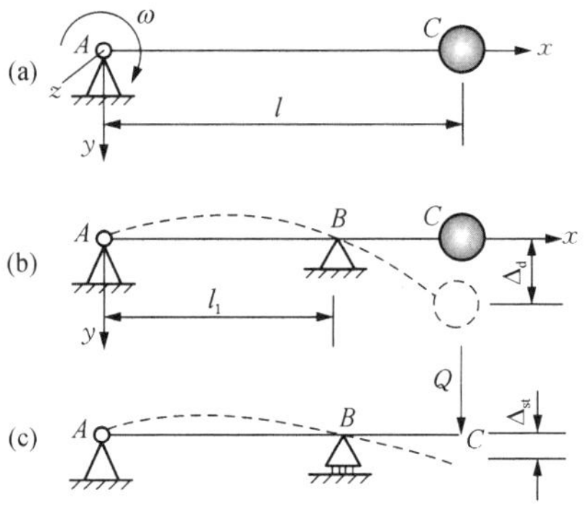

图 12-11

$$T=\frac{1}{2}\frac{Q}{g}(\omega l)^2$$

集中质量势能不变：

$$V=0$$

由静态量与冲击动态量之关系：

$$\frac{P_d}{Q}=\frac{\Delta_d}{\Delta_{st}}=\frac{\sigma_d}{\sigma_{st}}$$

杆件变形能 U_d 为

$$U_d=\frac{1}{2}P_d\Delta_d=\frac{1}{2}\frac{\Delta_d^2}{\Delta_{st}}Q$$

由能量守恒：

$$T+V=U_d$$

得

$$\frac{\Delta_d}{\Delta_{st}}=\sqrt{\frac{\omega^2 l^2}{g\Delta_{st}}}$$

则冲击应力 σ_d 为

$$\sigma_d=\frac{\Delta_d}{\Delta_{st}}\cdot\sigma_{st}=\sqrt{\frac{\omega^2 l^2}{g\Delta_{st}}}\cdot\sigma_{st}$$

以 Q 为静载作用于 C 端[图 12-11(c)]，可求得 C 点的静位移 Δ_{st} 为

$$\Delta_{st}=\frac{Ql(l-l_1)^2}{3EI}$$

最大静应力 σ_{st} 发生在 B 截面，其表达式为

$$\sigma_{st}=\frac{M}{W}=\frac{Q(l-l_1)}{W}$$

综合以上结果，可求出 B 截面处的最大冲击应力为

$$\sigma_d=\frac{\omega}{W}\sqrt{\frac{3EIQl}{g}}$$

需要注意的是，分析中借助了静态量与动态量之间的比例关系：$\frac{P_d}{Q}=\frac{\Delta_d}{\Delta_{st}}=\frac{\sigma_d}{\sigma_{st}}$。上式中，$P_d$ 是 Q 在其作用点 C 处引起的冲击载荷；$\frac{\Delta_d}{\Delta_{st}}$ 可视为任意 x 断面处动位移与静位移的比。$\frac{\sigma_d}{\sigma_{st}}$ 不仅表示 B 截面处动应力、静应力最大值的比，也表示任意 x 断面处动应力、静应力之比。当然，不利用上述比例关系，也可以先直接求出 C 点在 P_d 作用下的动位移 Δ_d，再由 $U_d=\frac{1}{2}P_d\Delta_d$，求得冲击变形能。

请读者思考:(1)如果 AC 杆的质量不能略去,对上述分析有何影响?(2)AC 杆内的最大冲击应力如何分析?(3)结合[例 12-5]思考如果杆在 B 处受阻不是突然停住,而是经过很短的 t 秒钟才使 ω 均匀地减为零,则最大冲击应力是增加还是减小,如何分析?

12.5 疲劳强度概述

图 12-12

机械工程中的构件破坏绝大多数是疲劳破坏。长时间使用的各类管道的破裂大多也属于疲劳破坏。疲劳破坏过程复杂,影响因素繁多,如构件的外形、尺寸、应力变化情况以及所处的介质等,所以对于非常重要的结构,不仅要进行零部件的疲劳实验,还要进行全尺度疲劳实验。图 12-12 是 CF－18 机翼的全尺度疲劳实验示意图。本节主要讲述疲劳问题。

12.5.1 名词和术语

应力随着时间的改变而变化,这种应力称为**交变应力**。若交变应力的应力幅均保持不变,则称为**等幅交变应力**。交变应力随时间变化的历程称为**应力谱**。承受交变应力作用的构件或零部件,大部分都在规则交变应力[图 12-13(a)]或不规则交变应力[图 12-13(b)]变化的应力作用下工作。

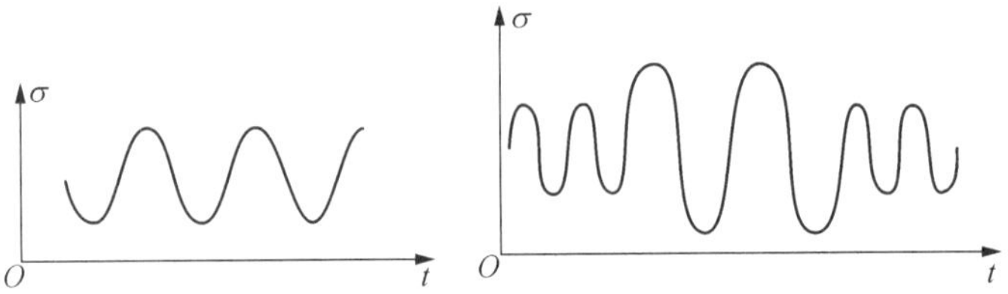

(a)

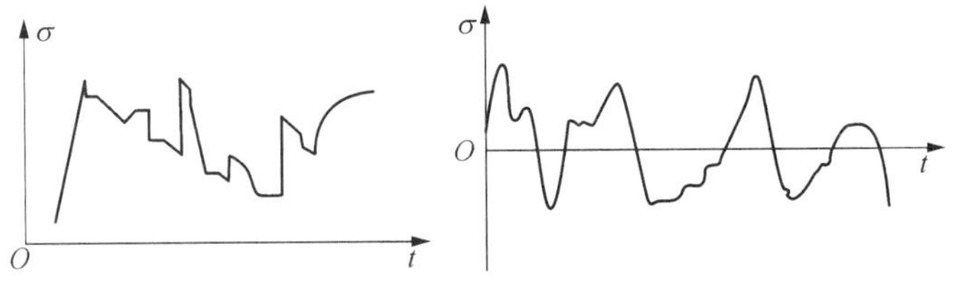

有关疲劳问题的阅读拓展

(b)

图 12-13

显然,材料在交变应力作用下的力学行为与应力变化状况密切相关,所以需要引入几个有关应力变化的名词和术语。下面以图 12-14 所示的应力曲线为基础,描述相关名词和术语。其中 S 为广义应力,它可以是正应力,也可以是切应力。

应力循环:应力变化一个周期,称为应力的一次循环。例如应力从最大值变到最小值,再从最小值变到最大值。

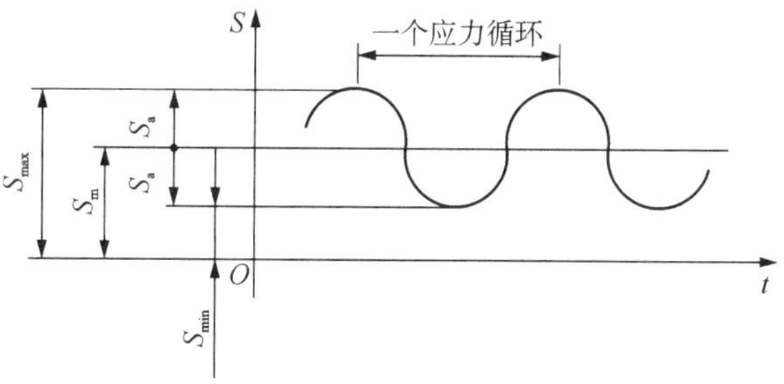

图 12-14

最大应力——应力循环中的最大值 S_{max}：

$$S_{max} = S_m + S_a \tag{12-16a}$$

最小应力——应力循环中的最小值 S_{min}：

$$S_{min} = S_m - S_a \tag{12-16b}$$

平均应力——最大应力与最小应力的平均值 S_m：

$$S_m = \frac{S_{max} + S_{min}}{2} \tag{12-16c}$$

应力幅值——最大应力与最小应力差值的一半 S_a：

$$S_a = \frac{S_{max} - S_{min}}{2} \tag{12-16d}$$

循环特征——也称为**应力比**，是指应力循环中最小应力与最大应力的比值 r：

当 $|S_{min}| \leqslant |S_{max}|$ 时 $$r = \frac{S_{min}}{S_{max}} \tag{12-17a}$$

或

当 $|S_{min}| \geqslant |S_{max}|$ 时 $$r = \frac{S_{max}}{S_{min}} \tag{12-17b}$$

循环次数——应力循环的次数，用 N 表示。

对称循环——应力循环中应力数值与正负号都反复变化，且有 $S_{max} = -S_{min}$［图 12-15(a)］，这种应力循环称为对称循环。这时，

$$r = -1,\ S_m = 0,\quad S_a = S_{max}$$

脉冲循环——应力循环中，只有应力数值随时间变化，应力的正负号不发生变化，且最小应力等于零($S_{min} = 0$)［图 12-15(b)］，这种应力循环称为脉冲循环。这时，

$$r = 0$$

静应力——静载荷作用时的应力，静应力是交变应力的特例［图 12-15(c)］。在静应力作用下：

$$r = 1,\ S_{max} = S_{min} = S_m,\quad S_a = 0$$

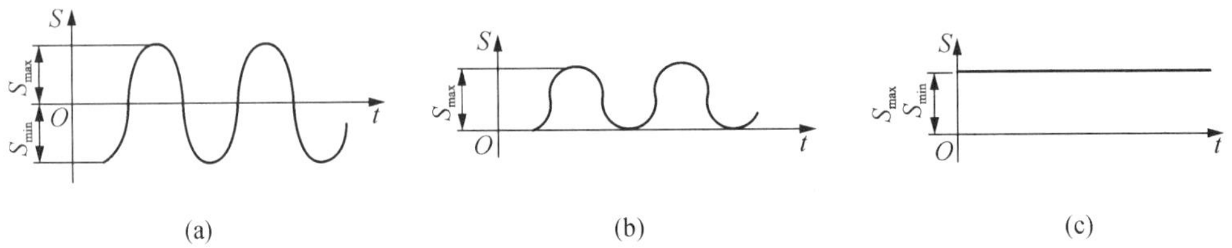

图 12-15

上述应力均未计及应力集中的影响，即由理论应力公式算得。如

$$\sigma=\frac{F_{\mathrm{N}}}{A}\quad (拉伸)$$

$$\sigma=-\frac{M_z y}{I_z},\ \sigma=\frac{M_y z}{I_y}\quad (平面弯曲)$$

$$\tau=\frac{M_x \rho}{I_{\mathrm{P}}}\quad (圆截面杆扭转)$$

这些应力统称为**名义应力**。构件在交变应力作用下的破坏称为**疲劳失效**，简称**疲劳**。

12.5.2 疲劳失效特征

大量的实验结果以及实际构件和部件的破坏现象表明，构件在交变应力作用下发生失效时，具有以下明显的特征：

(1) 低应力破坏——破坏时的名义应力值远低于材料在静载荷作用下的强度极限，甚至低于屈服强度。

(2) 需要经历一定次数的应力循环才能破坏，即破坏有一个过程。

(3) 脆性断裂——无论是脆性材料或者是塑性很好的材料，在交变应力作用下，构件在破坏前没有明显的塑性变形，即呈现脆性断裂。

(4) 破坏端口呈现两个区域——断口由裂纹的起源点和两个明显不同的区域：明显的光滑区域和颗粒组成的粗糙区域。这一特征成为诊断疲劳破坏事故的证据。典型的疲劳破坏断面如图 12-16 所示。在工作应力超过疲劳极限时，由于循环应力的反复交变，构件上应力最大或材料最薄弱的地方首先形成微裂纹(裂纹源)。随着循环次数的增加，裂纹按一定速率逐渐扩展。在裂纹扩展的过程中，由于应力反复交变，裂纹时张、时合，类似研磨过程，从而形成疲劳断口上的光滑区(即裂纹扩展区)。当裂纹面上的应力达到材料的断裂强度时，就突然发生断裂，断面呈现出明显的颗粒状粗糙区。

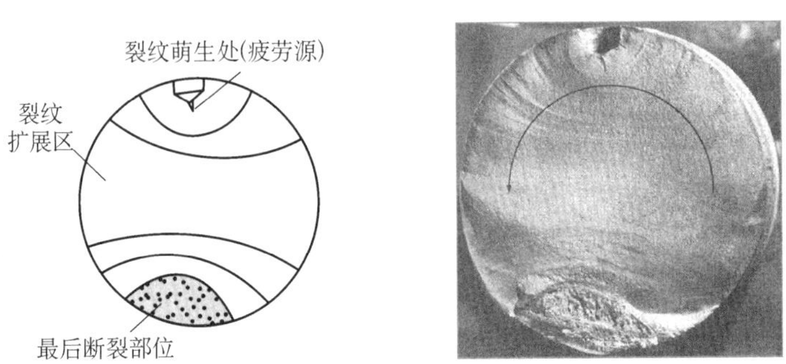

图 12-16

12.6 疲劳极限与应力-寿命曲线

所谓**疲劳极限**是指经过无穷多次应力循环而不发生破坏时的最大应力值，又称为**持久极限**。材料的疲劳极限是材料本身所固有的性质，因循环特征、试件变形的形式以及材料所处的环境等不同而不同，需疲劳实验测定。测定需要用若干光滑小尺寸试样[图 12-17(a)]，在专用的疲劳试验机上进行实验，如图 12-17(b)所示为对称循环疲劳试验机简图。

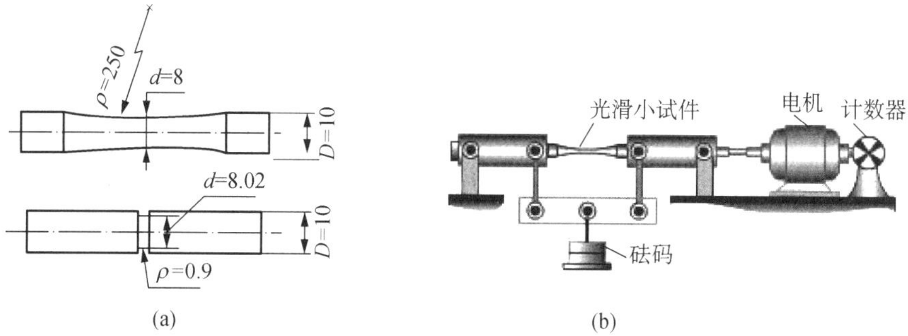

图 12-17

将试样分成若干组，一般使第一根试件受到的最大应力 $\sigma_{max,1} \approx 0.70\sigma_b$，若它经历 N_1 次应力循环发生疲劳破坏，则 N_1 称应力为 $\sigma_{max,1}$ 时的**疲劳寿命**。然后，对其余试件逐一减小其最大应力值，并分别记录其相应的疲劳寿命。这样，如以应力为纵坐标，以寿命为横坐标，上述实验结果将可描绘出一条光滑曲线（图 12-18），称为**应力-寿命曲线**或 **$S-N$ 曲线**。一般来说，随着应力水平的降低，疲劳寿命迅速增加。钢试件的疲劳实验表明，当应力降到某一极限值时，$S-N$ 曲线趋近于水平线。这表明：只要应力不超过这一极限值，N 可无限增长，即试件可以经历无限次应力循环而不发生疲劳，这一极限值即为材料在对称循环下的持久极限 σ_{-1}。

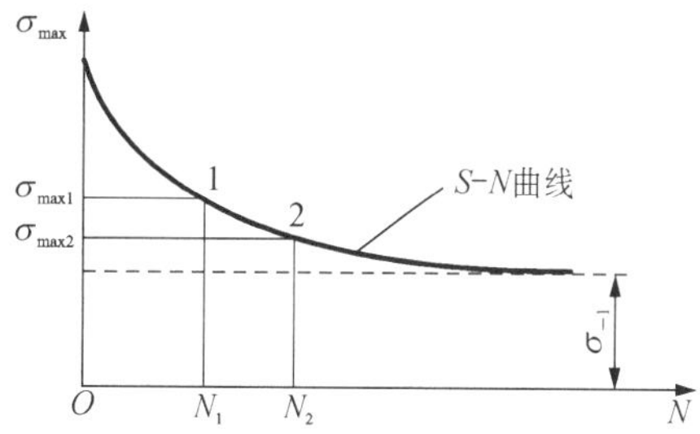

图 12-18

所谓“无穷多次”应力循环，在实验中是难以实现的。工程设计中通常规定：对于 $S-N$ 曲线有水平渐近线的材料（如结构钢），如果钢制试件常温下经历 10^7 次应力循环仍未疲劳，则再增加循环次数也不会疲劳。所以就把在 10^7 次循环下仍未疲劳的最大应力规定为钢材的持久极限，并把 $N_0 = 10^7$ 称为**循环基数**。有色金属的 $S-N$ 曲线一般没有明显趋于水平的直线部分，通常以 $N_0 = 10^8$ 作为循环基数，并把由它所对应的最大应力作为这类材料的“条件”持久极限。

12.6.1 影响疲劳极限的因素

光滑小试样的疲劳极限，并不是构件的疲劳极限。构件的疲劳极限与构件状态、工作条件有关。构件状态包括应力集中、尺寸、表面加工质量和表面强化处理等因素；工作条件包括载荷特性、介质和温度等因素。其中载荷特性包括应力状态、循环特征、加载顺序和载荷频率等。

1. 应力集中的影响-有效应力集中系数

在构件或构件截面形状和尺寸突变处(如阶梯轴轴肩圆角、开孔、切槽等),局部应力远远大于按一般理论公式算得的数值,这种现象称为**应力集中**。显然,应力集中的存在不仅有利于形成初始的疲劳裂纹,而且有利于裂纹的扩展,从而降低构件的疲劳极限。

在弹性范围内,应力集中处的最大应力(又称峰值应力)与名义应力的比值称为**理论应力集中系数**。用 K_t 表示,即

$$K_t = \frac{S_{max}}{S_n} \tag{12-18}$$

式中 S_{max}——峰值应力;

S_n——名义应力。对于正应力 $K_t \rightarrow K_{t\sigma}$;对于切应力 $K_t \rightarrow K_{t\tau}$。

理论应力集中系数只考虑了构件的几何形状和尺寸的影响,没有考虑不同材料对于应力集中具有不同的敏感性。因此,根据理论应力集中系数不能直接确定应力集中对疲劳极限的影响程度。考虑应力集中对疲劳极限的影响,工程上采用**有效应力集中系数**,它是在材料、尺寸和加载条件都相同的前提下,光滑试样与缺口试样的疲劳极限的比值

$$K_f = \frac{S_{-1}}{S'_{-1}} \tag{12-19}$$

式中,S_{-1} 和 S'_{-1}分别为光滑试样与缺口试样的疲劳极限,S 仍为广义应力记号。

有效应力集中系数不仅与构件的形状和尺寸有关,而且与材料有关。前者由理论应力集中系数反映;后者由**缺口敏感系数** q 反映。三者之间有如下关系

$$K_f = 1 + q(K_t - 1) \tag{12-20}$$

此式对于正应力和切应力集中都适用。

2. 构件尺寸的影响-尺寸系数

前面所讲的疲劳极限为光滑小试样(直径 6～10 mm)的实验结果,称为“试样的疲劳极限”或“材料的疲劳极限”。实验结果表明,随着试样直径的增加,疲劳极限将下降,而且对于钢材,强度愈高,疲劳极限下降愈明显。因此,当构件尺寸大于标准试样尺寸时,必须考虑尺寸的影响。

尺寸引起疲劳极限降低的原因主要有以下几种:一是毛坯质量因尺寸而异,大尺寸毛坯所包含的缩孔、裂纹、夹杂物等要比小尺寸毛坯多;二是大尺寸构件表面积和表层体积都比较大,而裂纹源一般都在表面或表面层下,故形成疲劳源的概率也比较大;三是应力梯度的影响。

构件尺寸对疲劳极限的影响用尺寸系数 ε 度量,表示为

$$\varepsilon = \frac{(\sigma_{-1})_d}{\sigma_{-1}} \tag{12-21}$$

式中,σ_{-1} 和$(\sigma_{-1})_d$ 分别为试样和光滑构件在对称循环下的疲劳极限。式(12-21)也适用于切应力循环的情形。

3. 表面加工质量的影响-表面质量系数

机械加工会给构件表面留下刀痕、擦伤等各类缺陷,由此造成应力集中。对构件作渗氮、渗碳、淬火等表面处理,会提高表面层材料的强度。一般情况下,最大应力出现在构件表面层,所以构件表面加工质量将影响疲劳极限。

表面加工质量对疲劳极限的影响，用表面质量系数 β 度量，表示为

$$\beta=\frac{(\sigma_{-1})_\beta}{\sigma_{-1}} \tag{12-22}$$

式中，σ_{-1} 和$(\sigma_{-1})_\beta$ 分别为磨削加工和其他加工情况时的对称循环疲劳极限。

4. 其他因素对疲劳极限的影响

前面讲述的 3 个影响因素已经做成相关的图表，可以在机械设计手册中查阅。还有一些因素，如载荷状况、工作温度和环境介质等均对零件的疲劳强度有很大影响。过载将造成过载损伤使材料的疲劳强度降低。工作温度升高会使材料的疲劳强度降低，反之会增加。零件在腐蚀性介质中工作时，零件表面被腐蚀形成缺口，产生应力集中而使材料的疲劳强度降低。具体影响程度需要通过相应的疲劳实验确定。

12.6.2 提高构件疲劳强度的途径

所谓提高构件疲劳强度，通常是指在不改变构件的基本尺寸和材料的前提下，通过降低影响构件疲劳极限因素的影响来提高构件疲劳强度。也即主要通过消除或降低零件上的应力集中和附加应力、改善表面质量等，提高构件的疲劳极限。

(1) 减缓应力集中——对于零件上截面变化处，如孔、键槽、过渡圆角、螺纹等处要注意截面变化不可突然，孔的边缘、过渡圆角处应圆滑，表面要光洁。例如：曲柄过渡圆角半径不应小于曲柄销径直径的 5%，否则就会产生严重的弯曲应力集中。

(2) 增强表层强度——采用渗碳、渗氮、碳氮共渗等表面化学热处理可有效地提高零件的表面疲劳强度；对构件表面实施冷机械加工，如采用喷丸、表面滚压等表面强化工艺可使表面形成一层预压应力层，降低了容易萌生疲劳裂纹的表面拉应力，显著提高零件表面的疲劳强度。

(3) 降低表面粗糙度——构件表面加工质量对疲劳强度影响很大。疲劳强度要求较高的构件，应有较低的表面粗糙度。高强度钢对表面粗糙度更为敏感，只有经过精加工，才有利于发挥它的高强度性能。否则将会使持久极限大幅度下降，失去采用高强度钢的意义。在使用中也应尽量避免使构件表面受到机械损伤(如划伤)或化学损伤(如腐蚀、生锈等)。

12.7 疲劳强度的计算

12.7.1 安全系数法

工程设计和计算中一般都是根据静载条件首先确定构件或零部件的初步尺寸，然后再根据疲劳强度设计准则对危险部位作疲劳强度校核。通常将疲劳强度设计和计算准则写成安全系数的形式，即

$$n=[n] \tag{12-23}$$

式中 n ——零部件的工作安全系数，又称**计算安全系数**；

$[n]$——规定安全系数，又称**许用安全系数**。

当材料较均匀，且载荷和应力计算精确时，取 $[n]=1.3$；当材料均匀程度较差、载荷和应力计算精确度又不高时，$[n]$ 取值为 $1.5\sim1.8$；当材料均匀程度和载荷、应力计算精确度都很

差时,$[n]$ 取值为 1.8 ~ 2.5。

疲劳强度计算和校核的主要工作是计算工作安全系数 n。

12.7.2 等幅对称应力循环下的工作安全系数

在对称应力循环下,循环特征 $r=-1$,对于正应力循环,平均应力 $\sigma_m=0$,应力幅 $\sigma_a=\sigma_{max}$;对于切应力循环,则有 $\tau_m=0$, $\tau_a=\tau_{max}$。考虑到上一节中关于应力集中、尺寸和表面加工质量的影响,正应力和切应力循环时的工作安全系数分别为

$$n_\sigma=\frac{\sigma_{-1}}{\frac{K_{f\sigma}}{\varepsilon\beta}\sigma_a} \tag{12-24a}$$

$$n_\tau=\frac{\tau_{-1}}{\frac{K_{f\tau}}{\varepsilon\beta}\tau_a} \tag{12-24b}$$

式中 n_σ, n_τ——工作安全系数;

σ_{-1}, τ_{-1}——光滑小试样在对称应力循环下的疲劳极限;

$K_{f\sigma}$, $K_{f\tau}$——有效应力集中系数;

ε——尺寸系数;

β——表面质量系数。

【例 12-7】 某减速器的轴如图 12-19 所示。键槽为端铣加工,A—A 截面上的弯矩 $M=860$ N·m,轴的材料为碳钢:$\sigma_b=520$ MPa,$\sigma_{-1}=220$ MPa。已知该尺寸下的有效应力集中系数 $K_\sigma=1.65$,尺寸系数 $\varepsilon_\sigma=0.84$,表面质量系数 $\beta=0.936$。若规定安全系数 $n=1.4$,试校核 A—A 截面的强度。

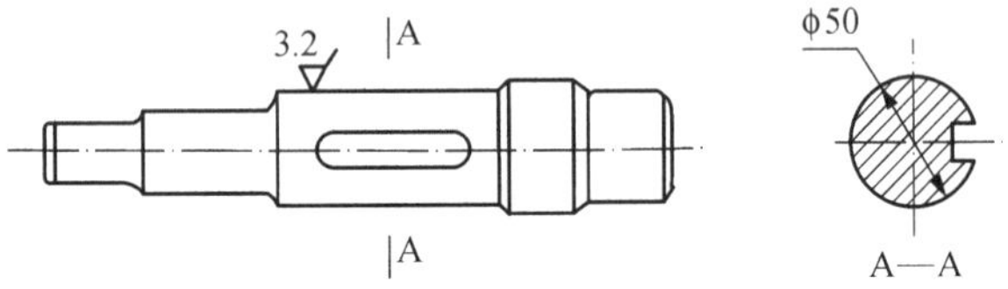

图 12-19

【解】 (1) 计算轴在 A—A 截面上的最大工作应力。

若不计键槽对抗弯截面系数的影响,则 A—A 截面的抗弯截面系数为

$$W=\frac{\pi d^3}{32}=\frac{\pi}{32}\times 0.05^3=12.3\times 10^{-6}\ \text{m}^3$$

轴在不变弯矩 M 作用下旋转,故为弯曲变形下的对称循环。

最大应力 $$\sigma_{max}=\frac{M}{W}=\frac{860}{12.3\times 10^{-6}}=70\ \text{MPa}$$

最小应力 $$\sigma_{min}=-70\ \text{MPa}$$

循环特征 $$r=-1$$

(2) 计算 A—A 截面处的工作安全系数。

$$n_\sigma=\frac{\sigma_{-1}}{\frac{K_\sigma}{\varepsilon_\sigma\beta}\cdot\sigma_{\max}}=\frac{220}{\frac{1.65}{0.84\times0.936}\times70}=1.5>n=1.4$$

满足强度条件,故轴在 A—A 截面处的疲劳强度是足够的。

12.7.3 不对称应力循环下的工作安全系数

当构件处在应力循环不对称的条件下,不仅要考虑应力幅的影响,还要考虑平均应力的影响。不对称应力循环下,对于正应力循环(切应力循环),循环特征 r,平均应力 $\sigma_m(\tau_m)$,应力幅 $\sigma_a(\tau_a)$都要使用公式计算。考虑到上一节中关于应力集中、尺寸和表面加工质量的影响,正应力和切应力循环时的工作安全系数分别为

$$n_\sigma=\frac{\sigma_{-1}}{\frac{K_{f\sigma}}{\varepsilon\beta}\cdot\sigma_a+\varphi\sigma_m} \quad (12\text{-}25a)$$

$$n_\tau=\frac{\tau_{-1}}{\frac{K_{f\tau}}{\varepsilon\beta}\cdot\tau_a+\varphi\tau_m} \quad (12\text{-}25b)$$

式中,φ 是与材料有关的参数,称为**不对称性敏感系数**。其定义为 $\varphi=\frac{2\sigma_{-1}-\sigma_0}{\sigma_0}$,其中 σ_0 为脉冲循环下的疲劳极限。

【例 12-8】 如图 12-20 所示,圆杆上有一个沿直径的贯穿圆孔,不对称交变弯矩 $M_{\max}=5M_{\min}=512\ \text{N}\cdot\text{m}$。材料为合金钢:$\sigma_b=950$ MPa,$\sigma_s=540$ MPa,$\sigma_{-1}=430$ MPa。圆杆表面经磨削加工。若已知对应的有效应力集中系数 $K_\sigma=2.18$,尺寸系数 $\varepsilon_\sigma=0.77$,表面质量系数 $\beta=1$,材料对应力循环不对称的敏感系数 $\psi_\sigma=0.2$。若规定疲劳安全系数 $n=2$,屈服安全系数 $n_s=1.5$,试校核此杆的强度。

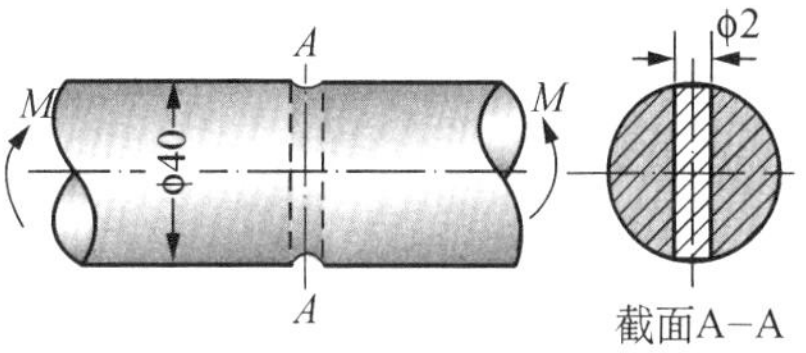

图 12-20

【解】 (1) 计算圆杆的工作应力。

$$W=\frac{\pi}{32}\cdot d^3=\frac{\pi}{32}\times4^3=6.28\ \text{cm}^3$$

最大应力 $\sigma_{\max}=\frac{M_{\max}}{W}=\frac{512}{6.28\times10^{-6}}=81.5\times10^6\ \text{Pa}=81.5\ \text{MPa}$

最小应力 $\sigma_{\min}=\frac{1}{5}\sigma_{\max}=16.3\ \text{MPa}$

循环特征 $r=\frac{\sigma_{\max}}{\sigma_{\min}}=\frac{1}{5}=0.2$

平均应力 $\sigma_m=\frac{\sigma_{\max}+\sigma_{\min}}{2}=\frac{81.5+16.3}{2}=48.9\ \text{MPa}$

应力幅值 $\sigma_a=\dfrac{\sigma_{max}-\sigma_{min}}{2}=\dfrac{81.5-16.3}{2}=32.6\ \text{MPa}$

(2) 校核疲劳强度。

计算工作安全系数

$$n_\sigma=\frac{\sigma_{-1}}{\dfrac{K_\sigma}{\varepsilon\beta}\cdot\sigma_a+\varphi\sigma_m}=\frac{430}{\dfrac{2.18}{0.77\times1}\times32.6+0.2\times48.9}=4.21$$

规定的安全系数为 $n_\sigma>n=2$,所以疲劳强度是足够的。

(3) 校核静强度。

因为 $r=0.2>0$,所以需要校核静强度。

最大应力对屈服极限的工作安全系数为

$$n=\frac{\sigma_s}{\sigma_{max}}=\frac{540}{81.5}=6.62>n_s=1.5$$

所以,屈服强度条件也是满足的。

12.7.4 弯扭组合交变应力状态下构件的安全系数

弯曲和扭转组合下的交变应力在工程中最常见。例如一般传动轴工作时,就属于这种情况。按照第三强度理论,构件在弯扭组合变形时的静强度条件为

$$\sqrt{\sigma_{max}^2+4\tau_{max}^2}\leqslant\frac{\sigma_s}{n_s}$$

将上式两边平方后同除以 σ_s^2,并将 $\tau_s=\sigma_s/2$ 代入,则上式变为

$$\frac{1}{\left(\dfrac{\sigma_s}{\sigma_{max}}\right)^2}+\frac{1}{\left(\dfrac{\tau_s}{\tau_{max}}\right)^2}\leqslant\frac{1}{n_s^2}$$

式中,比值 σ_s/σ_{max} 和 τ_s/τ_{max} 可分别理解为仅考虑弯曲正应力和扭转切应力的工作安全系数,并分别用 n_σ 和 n_τ 表示,于是,上式又可改写为

$$\frac{1}{n_\sigma^2}+\frac{1}{n_\tau^2}\leqslant\frac{1}{n_s^2}\ \text{或}\ \frac{n_\sigma n_\tau}{\sqrt{n_\sigma^2+n_\tau^2}}\geqslant n_s$$

实验表明,上述形式的静强度条件可推广应用于弯扭组合交变应力下的构件。在这种情况下,n_σ 和 n_τ 应分别按式(12-24)或式(12-25)进行计算,而静强度安全系数则相应改用疲劳安全系数 n 代替。因此,构件在弯扭组合交变应力下的疲劳强度条件为

$$n_{\sigma\tau}=\frac{n_\sigma n_\tau}{\sqrt{n_\sigma^2+n_\tau^2}}\geqslant n \tag{12-26}$$

式中,$n_{\sigma\tau}$ 代表构件在弯扭组合交变应力下的工作安全系数。

【例 12-9】 磨削加工的阶梯轴的尺寸如图 12-21 所示。材料为合金钢,$\sigma_b=900\ \text{MPa}$,$\sigma_{-1}=410\ \text{MPa}$,$\tau_{-1}=240\ \text{MPa}$。作用于轴上的弯矩变化为 $-1\,000\ \text{N}\cdot\text{m}$ 到 $+1\,000\ \text{N}\cdot\text{m}$ 之

间，扭矩变化在 0 到 1 500 N·m 之间。若已知对应的有效应力集中系数 $K_\sigma=1.55$，$K_\tau=1.24$，尺寸系数 $\varepsilon_\sigma=0.73$，$\varepsilon_\tau=0.78$，表面质量系数 $\beta=1$，材料对应力循环不对称的敏感系数 $\psi=0.1$。若规定疲劳安全系数 $n=2$，试校核轴的疲劳强度。

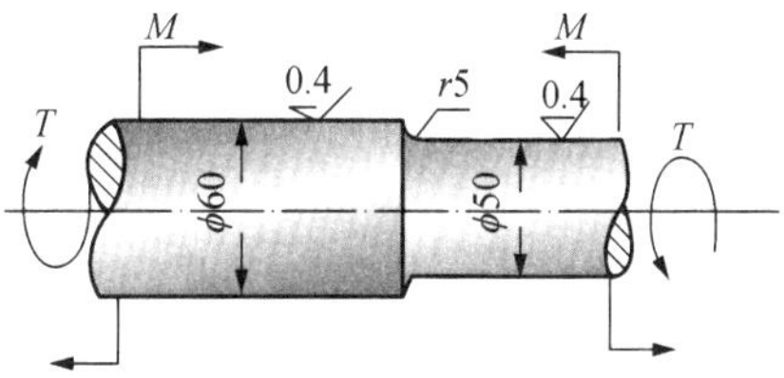

图 12-21

【解】 (1) 轴的工作应力的计算。

① 交变弯曲正应力及循环特征的计算。

$$W=\frac{\pi}{32}\cdot d^3=\frac{\pi}{32}\times 5^3=12.3\ \text{cm}^3$$

最大正应力 $\sigma_{\max}=\dfrac{M_{\max}}{W}=\dfrac{1\,000}{12.3\times 10^{-6}}=81.3\times 10^6\ \text{Pa}=81.3\ \text{MPa}$

最小正应力 $\sigma_{\min}=\dfrac{M_{\min}}{W}=-\dfrac{1\,000}{12.3\times 10^{-6}}=-81.3\times 10^6\ \text{Pa}=-81.3\ \text{MPa}$

循环特征 $r=\dfrac{\sigma_{\min}}{\sigma_{\max}}=-1$

平均正应力 $\sigma_{m}=\dfrac{\sigma_{\max}+\sigma_{\min}}{2}=\dfrac{81.3-81.3}{2}=0$

正应力幅值 $\sigma_{a}=\dfrac{\sigma_{\max}-\sigma_{\min}}{2}=\dfrac{81.3-(-81.3)}{2}=81.3\ \text{MPa}$

② 交变扭转切应力及循环特征的计算。

$$W_t=\frac{\pi}{16}\cdot d^3=\frac{\pi}{16}\times 5^3=24.6\ \text{cm}^3$$

最大切应力 $\tau_{\max}=\dfrac{T_{\max}}{W_t}=\dfrac{1\,500}{24.6\times 10^{-6}}=61.0\times 10^6\ \text{Pa}=61.0\ \text{MPa}$

最小切应力 $\tau_{\min}=\dfrac{T_{\min}}{W_t}=0$

循环特征 $r=\dfrac{\tau_{\min}}{\tau_{\max}}=0$

平均切应力 $\tau_{m}=\dfrac{\tau_{\max}+\tau_{\min}}{2}=\dfrac{61.0+0}{2}=30.5\ \text{MPa}$

切应力幅值 $\tau_{a}=\dfrac{\tau_{\max}-\tau_{\min}}{2}=\dfrac{61.0-0}{2}=30.5\ \text{MPa}$

(2) 计算弯曲工作安全系数 n_σ 和扭转工作安全系数 n_τ。

弯曲正应力是对称循环，$r=-1$，现计算其工作安全系数 n_σ：

$$n_\sigma=\frac{\sigma_{-1}}{\dfrac{K_\sigma}{\varepsilon_\sigma\beta}\cdot\sigma_a}=\frac{410}{\dfrac{1.55}{0.73\times 1}\times 81.3}=2.38$$

扭转切应力是脉动循环，$r=0$，应按非对称循环计算工作安全系数：

$$n_\tau = \frac{\tau_{-1}}{\frac{K_\tau}{\varepsilon_\tau \beta} \cdot \tau_a + \varphi \tau_m} = \frac{240}{\frac{1.24}{0.78 \times 1} \times 30.5 + 0.1 \times 30.5} = 4.66$$

(3) 计算弯扭组合交变应力作用下，轴的工作安全系数 $n_{\sigma\tau}$。

$$n_{\sigma\tau} = \frac{n_\sigma n_\tau}{\sqrt{n_\sigma^2 + n_\tau^2}} = \frac{2.38 \times 4.66}{\sqrt{2.38^2 + 4.66^2}} = 2.12 > n = 2$$

所以，满足疲劳强度条件。

讨论 本例是一典型的弯扭组合非对称循环交变应力的例子。其中，弯曲正应力的循环是对称的，而扭转切应力是脉动循环，应按非对称循环计算扭转工作安全系数。

12.8 结论与讨论

1. 不同情形下动荷系数具有不同的形式

比较式(12-13)和式(12-7)，可以看出，冲击载荷的动荷系数与等加速度运动构件的动荷系数，有着明显的差别。即使同是冲击载荷，有初速度的落体冲击与没有初速度的自由落体冲击时的动荷系数也是不同的。落体冲击与非落体冲击(如水平冲击)时的动荷系数也是不同的。因此，使用动荷系数计算动载荷与动应力时一定要选择与动载荷情形相一致的动荷系数表达式。

2. 运动物体突然制动的动载荷与动应力

运动物体或运动构件突然制动或突然刹车时也会在构件中产生冲击载荷与冲击应力。比较[例 12-5]和[例 12-6]可以发现，[例 12-6]中由于突然被制动而停止转动时，AC 杆就会受到很大的冲击载荷作用。

3. 疲劳强度的计算和校核

疲劳强度校核的基本步骤如下：

(1) 计算构件的工作应力及描述交变应力的基本参数，如最大、最小循环应力、循环特征、平均应力和应力幅等。这些参数都是在构件危险点处算得的。

(2) 确定有效应力集中系数、尺寸系数和表面质量系数；通常需要查图表得到。

(3) 计算工作安全系数，校核疲劳强度。

(4) 校核静强度。一些题目除需要校核疲劳强度条件外，危险点处的最大应力还应低于屈服应力，即静强度也必须满足。

可以看出，疲劳强度分析问题大都有计算公式可直接利用。但应注意的关键是：

(1) 要搞清各种计算公式的意义以及各公式中所有物理量或参数的物理意义。

(2) 弄清楚各公式的来龙去脉。

(3) 搞清各类循环下疲劳强度问题分析方法上的联系与区别。抓住这个关键点，对深入理解繁杂的交变应力问题是大有益处的。

(4) 应注意疲劳强度的校核主要是分析计算构件的持久极限(疲劳极限)及相关的系数。

习 题

12-1 如图 12-22 所示，将长为 l、横截面面积为 A 的杆以加速度 a 向上提升。若材料单位体积的重量为 γ，试求杆内的最大应力。

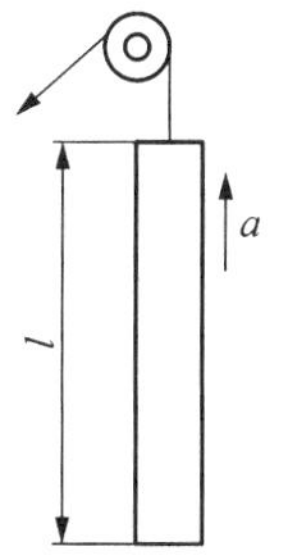

图 12-22

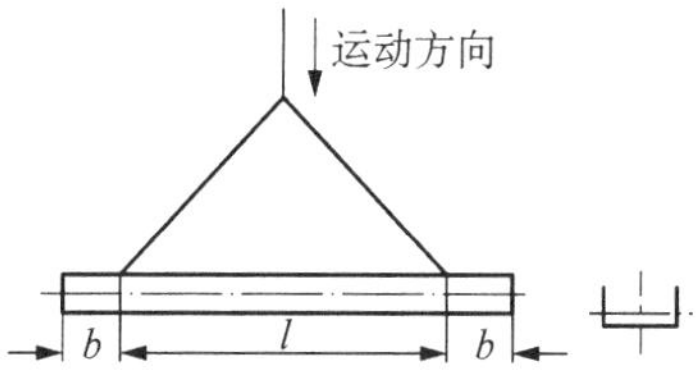

图 12-23

12-2 如图 12-23 所示的 No. 20a 普通热轧槽钢以等减速度下降，若在 0.2 s 时间内速度由 1.8 m/s 降至 0.6 m/s，已知 $l=6$ m，$b=1$ m。试求槽钢中最大的弯曲正应力。

12-3 如图 12-24 所示飞轮的最大圆周速度 $v=25$ m/s，材料的比重是 72.6 kN/m^3。若不计轮辐的影响，试求轮缘内的最大正应力。

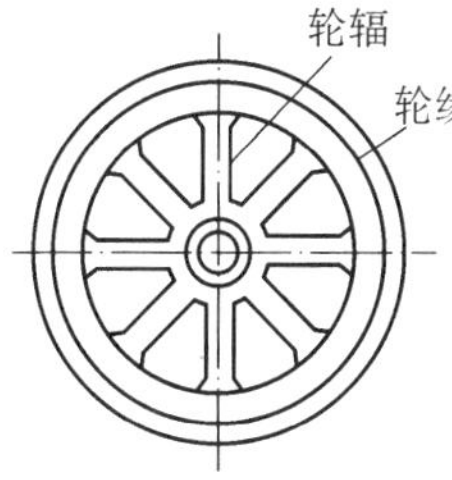

图 12-24

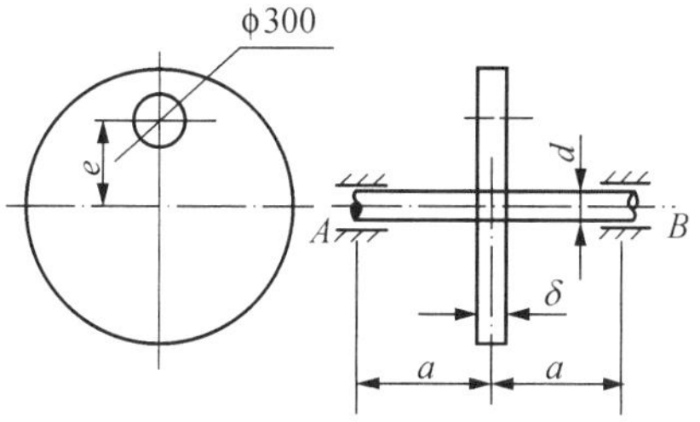

图 12-25

12-4 钢制圆轴 AB 上装有一开孔的匀质圆盘如图 12-25 所示。圆盘厚度为 δ，孔直径 300 mm。圆盘和轴一起以匀角速度 ω 转动。若已知 $\delta=30$ mm，$a=400$ mm，$e=400$ mm；轴直径 $d=120$ mm，$\omega=40$ rad/s；圆盘材料密度 $\rho=7.8\times10^3$ kg/m^3。试求由于开孔引起的轴内最大弯曲正应力[提示：可以将圆盘上的孔作为一负质量($-m$)，计算由这一负质量引起的惯性力]。

12-5 某活塞联动机构可以简化为如图 12-26 所示结构，连杆 AB，A 与曲轴的曲柄颈相连，曲轴以等角速度 ω 绕轴 O 旋转。B 与活塞滑块相连，作水平往复运动。设 $l\gg R$，连杆密度 ρ、横截面面积 A、弯曲截面系数 W_z 均为已知，试求连杆所受的最大正应力。

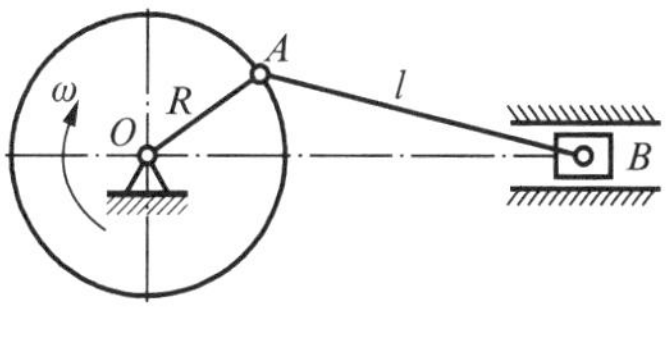

图 12-26

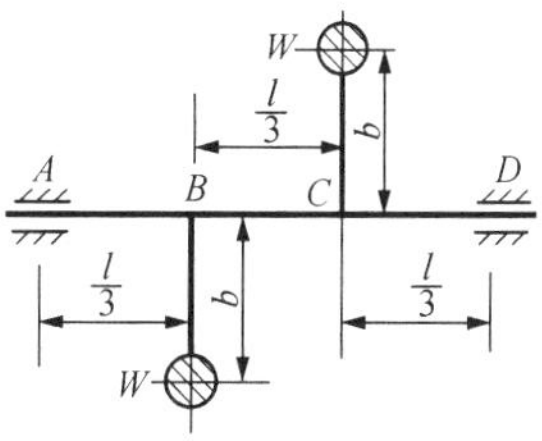

图 12-27

12-6 AD 轴以匀角速度 ω 转动。在轴的纵向对称面内，在轴线的两侧有两个重为 W 的偏心载荷，如图 12-27 所示。试求轴内最大弯矩。

12-7 如图 12-28 所示，悬臂梁 A 端固定，自由端 B 的上方有一重物自由落下，撞击到梁上。已知：梁材料为木材，弹性模量 $E = 10\ \text{GPa}$；梁长 $l = 2\ \text{m}$；截面为 $120\ \text{mm} \times 200\ \text{mm}$ 的矩形，重物高度为 40 mm。重量 $W = 1\ \text{kN}$。求：(1)梁所受的冲击载荷；(2)梁横截面上的最大冲击正应力与最大冲击挠度。

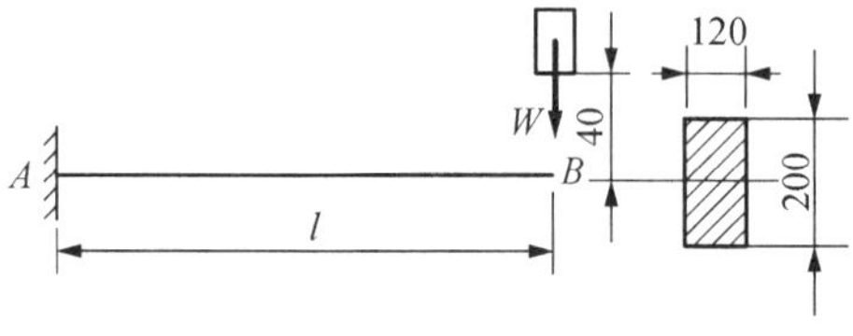

图 12-28

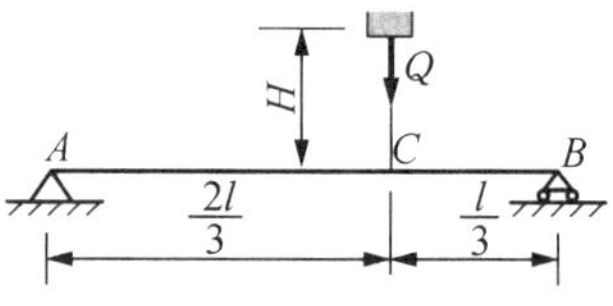

图 12-29

12-8 重量为 Q 的重物自高度 H 下落冲击如图 12-29 所示简支梁上的 C 点。设梁的 E、I 及抗弯截面系数 W 皆为已知量。试求梁内最大正应力及梁的跨度中点的挠度。

12-9 如图 12-30 所示，直径 $d = 30\ \text{cm}$、长 $l = 6\ \text{m}$ 的圆木桩，下端固定，上端受重 $W = 2\ \text{kN}$ 的重锤作用。木材的 $E_1 = 10\ \text{GPa}$。求下列三种情况下，木桩内的最大正应力：

(1) 重锤以静载荷的方式作用于木桩上；

(2) 重锤从离桩顶 0.5 m 的高度自由落下；

(3) 在桩顶放置直径为 15 cm、厚为 40 mm 的橡皮垫，橡皮的弹性模量 $E = 8\ \text{MPa}$。重锤也是从离橡皮垫顶面 0.5 m 的高度自由落下。

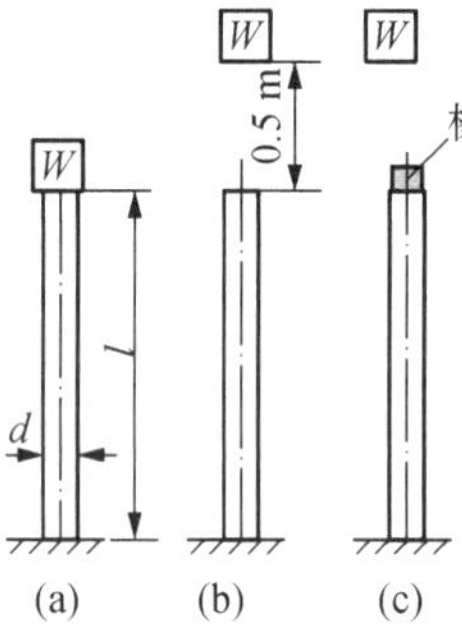

图 12-30

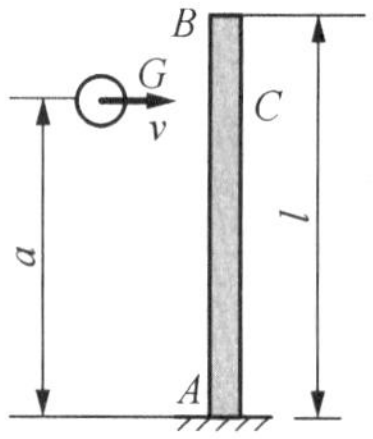

图 12-31

12-10 如图 12-31 所示，AB 杆下端固定，长度为 l，在 C 点受到沿水平运动的物体 G 的冲击。物体的重量为 Q，当其与杆件接触时的速度为 v。设杆件的 E，I 及 W 皆为已知量。试求 AB 杆的最大应力。

12-11 RB2 型铁路货车轮轴受力情况如图 12-32 所示。$a = 250\ \text{mm}$，$l = 1\,435\ \text{mm}$，轮轴中段直径 $d = 100\ \text{mm}$。若 $F = 50\ \text{kN}$，试求轮轴中段截面边缘任一点处的最大应力、最小应力、平均应力、应力幅值、应力循环特征，并作出 $\sigma - t$ 曲线。

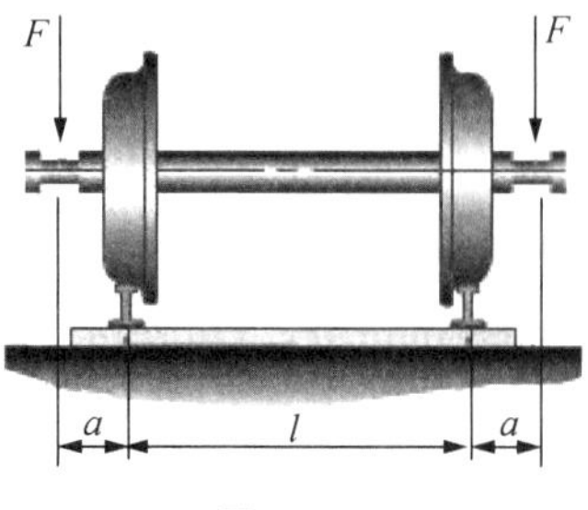

图 12-32

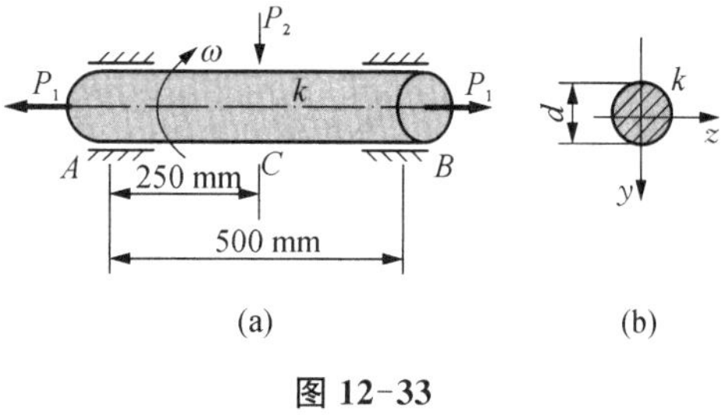

图 12-33

12-12 某阀门弹簧如图 12-33 所示。当阀门关闭时，最小工作载荷 $P_{min} = 200$ N；当阀门顶开时，最大工作载荷$P_{max} = 500$ N。设簧丝的直径 $d = 5$ mm，弹簧外径 $D_1 = 36$ mm，试求平均应力 τ_m、应力幅 τ_a、循环特征 r，并作出 $\tau - t$ 曲线。

***12-13** ［第七届全国周培源大学生力学竞赛(个人赛)试题］：回到原 word 文档，不要修改，尊重原题目奥林匹克跳水比赛和国际跳水比赛使用的产品，其具体尺寸如图 12-34 所示，其中横截面尺寸 $b = 0.5$ m，$h = 0.05$ m，跳板的弹性模量 $E = 70$ GPa，比重 $\gamma = 25$ kN/m^3，$a = 3.2$ m，$l = 1.6$ m。运动员从跳板上跃至地面最高点后落至跳板端点 C，再从跳板上弹起至空中完成动作后落水。若运动员体重 $G = 700$ N，最大弹跳高度 $H = 0.6$ m，取$g = 9.8$ m/s^2。(1)根据所学知识，建立相应的力学分析模型；(2)为保证运动员落水安全，运动员从空中落入水中时，在跳板所在平面处，运动员质心距跳板 C 端最小距离 s 应大于 0.5 m。试求运动员从跳板上跃时所需最小水平速度(假设水平方向为匀速运动)？(3)不计跳板质量，将运动员视为刚体时，运动员冲击跳板时，跳板中的最大动应力为多少？(4)如运动员为弹性体，定性说明在冲击时跳板中的最大动应力增大还是减小？

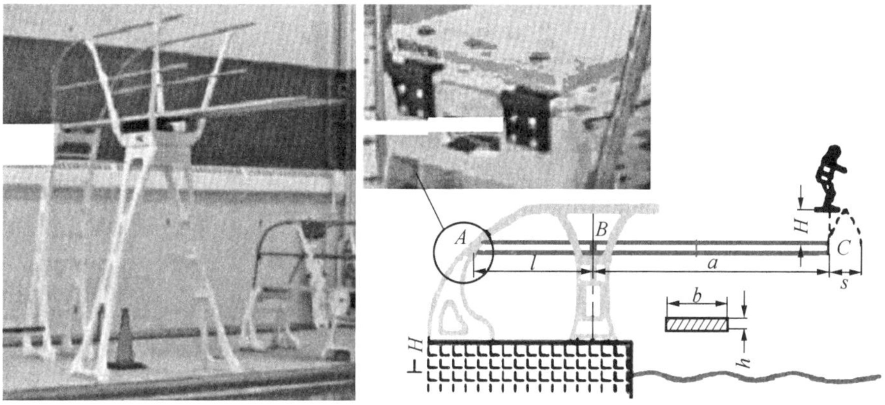

图 12-34

***12-14** (第五届全国周培源大学生力学竞赛试题)：如图 12-35 所示均质等截面直梁 AB，由高 H 处水平自由坠落在刚性支座 D 上，梁仍处于弹性变形阶段。设梁长为 $2l$，梁单位长重量为 q，梁的抗弯刚度为 EI，试求梁的最大弯矩。

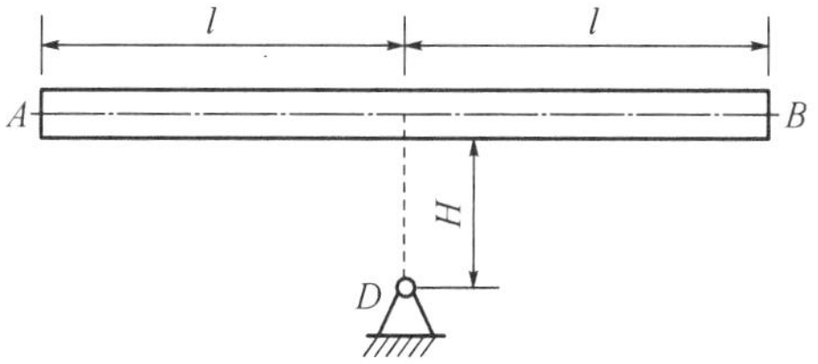

图 12-35

13 材料力学实验指导

基本要求

(1) 理解低碳钢和铸铁材料的拉伸、压缩和扭转实验方法；
(2) 掌握材料拉伸、压缩、扭转时的力学性能；
(3) 理解电阻应变测试技术的基本原理，掌握弯曲正应力和组合变形时的主应力的计算；
(4) 掌握应变的测量与应力的计算方法和相关的工程测试技术；
(5) 了解光弹性法的基本原理与应用。

材料力学实验是材料力学课程的一个重要组成部分。第一，我们在进行强度、刚度等问题分析时，需要知道材料的各项参数，如屈服强度、强度极限、弹性模量等，这些参数必须依靠实验来测定。第二，材料力学中的一些理论是以观察实验现象为基础，继而提出相应的理论假设而推导得到的，比如平面假设。第三，对一些受力和几何形状比较复杂的构件，仅仅用理论分析难以解决，需要通过实验的方法来帮助解答。因此，材料力学实验不仅是一个实践环节，更是理论的基础。本章主要介绍材料力学中常做的基本实验。

13.1 单轴拉伸实验

轴向拉伸是工程构件最常见的受力方式之一，常温、静载下金属材料的单向拉伸实验也是测定材料力学性能的最基本、应用最广泛、最成熟的实验方法，详见《金属材料拉伸试验第 1 部分：室温试验方法》(GB/T 228.1—2021)。下面以典型的塑性材料(低碳钢)和典型的脆性材料(铸铁)为例介绍实验过程及数据处理方法。

1. 实验目的

(1) 观察低碳钢在拉伸时的变形，并测定低碳钢在拉伸时的屈服极限 R_e、强度极限 R_m 断后、伸长率 A 和断面收缩率 Z。

(2) 观察铸铁在轴向拉伸时的变形，分析其变形与低碳钢拉伸变形的不同，并测定铸铁在拉伸时强度极限 R_m。

(3) 对测得的两种材料的强度指标及塑性指标进行分析比较。

2. 实验设备

(1) 万能材料试验机。

(2) 打印机和计算机。

(3) 游标卡尺。

3. 试样

实验表明，试样的尺寸和形状对实验结果会产生影响。为了便于比较各种材料的机械性能，国家标准中对试样的尺寸和形状有统一规定。GB/T 228.1—2021 规定，标准拉伸试样如图 13-1 所示，横截面有圆形和矩形两种。

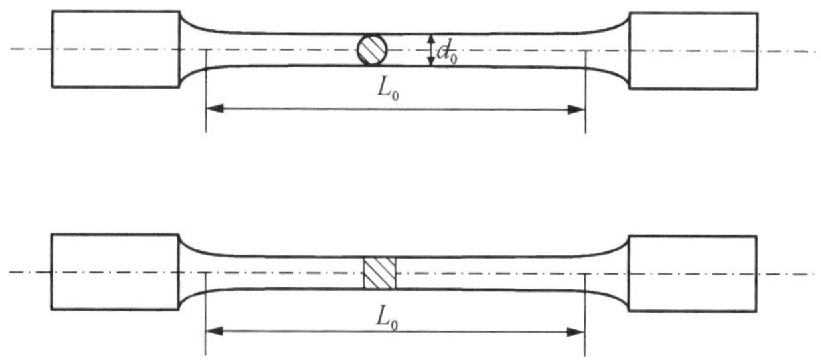

图 13-1

根据长度，试样分为长试样和短试样两种：满足 $L_0=11.3\sqrt{S_0}$ 的试样称为**长试样**，满足 $L_0=5.65\sqrt{S_0}$ 的试样称为**短试样**，其中 L_0 为标距，S_0 为原始横截面积，d_0 为圆截面原始直径。用长试样和短试样测得的断裂总延伸率分别记为 δ_{10} 和 δ_5。

4. 实验原理及步骤

单轴拉伸实验通常在电子万能试验机上进行。在实验过程中，试验机上的载荷传感器和位移传感器分别将载荷与位移信号转变成电信号送入 EDC 控制器，信号经过转换后输入计算机，并将处理过的数据显示于屏幕上，形成载荷-位移曲线，即 $P-\Delta l$ 曲线。根据 $P-\Delta l$ 曲线和试样参数，可以计算出材料的各项机械性能指标。根据性能指标、$P-\Delta l$ 曲线特征并结合断口形貌，分析、评价材料的机械性能。实验步骤如下。

(1) 测量试样原始尺寸。(a)测量标距 L_0：用游标卡尺测量 3 次，并取三次测量结果的平均值作为试件的原始长度。(b)测量直径 d_0：在标距内上、中、下 3 个部位互相垂直的两个方向上测量直径并算出每处的平均值，最小平均值 d_0 用于应力的计算。

(2) 调整实验仪器：按照操作规程及试验机所用处理软件设定初始条件，如载荷和位移清零；输入试样参数等。

(3) 装夹试样。试样装夹后不再进行载荷清零。

(4) 加载。(a)设定实验速度，建议低碳钢试样设为 5 mm/min，铸铁试样设为 1～2 mm/min。(b)开始拉伸实验，注意观察试样及 $P-\Delta l$ 曲线显示区的曲线变化。

(5) 数据记录。试样断裂后试验机自动停止加载。(a)打印记录曲线；(b)取下试样，观察断口形貌。对接已破坏的试样，将两段试件沿断口整齐地对拢，测量拉断后两标距点之间的长度 l_1，及断口处最小的直径 d_1，并计算断后面积。

5. 实验结果整理和分析

(1) 低碳钢拉伸曲线。

典型的低碳钢载荷-变形曲线见本书第 2 章的图 2-17，实物破坏断面见图 13-2。可以将载荷-变形曲线分为弹性阶段、屈服阶段、强化阶段、局部变形阶段 4 个阶段。可以计算得到两个强度指标：

屈服极限 $R_e=\dfrac{F_s}{S_0}$，其中 $S_0=\dfrac{\pi d_0^2}{4}$

强度极限 $R_m = \dfrac{F_b}{S_0}$

两个塑性指标：

伸长率 $A = \dfrac{L_1 - L_0}{L_0} \times 100\%$

截面收缩率 $Z = \dfrac{S_0 - S_1}{S_0} \times 100\%$

(2) 铸铁拉伸曲线。

载荷-变形图为一条微弯的曲线(图 2-11),可近似认为经过弹性阶段后直接断裂。典型材料拉伸的实物破坏图片如图 13-2 所示。由于没有屈服阶段,可以计算得到一个强度指标：

强度极限：$R_m = \dfrac{F_b}{S_0}$

两个塑性指标：

伸长率 $A = \dfrac{L_1 - L_0}{L_0} \times 100\%$

截面收缩率 $Z = \dfrac{S_0 - S_1}{S_0} \times 100\%$

(3) 观察试样断口形貌,根据实验结果,对两种材料的力学性能进行分析比较。

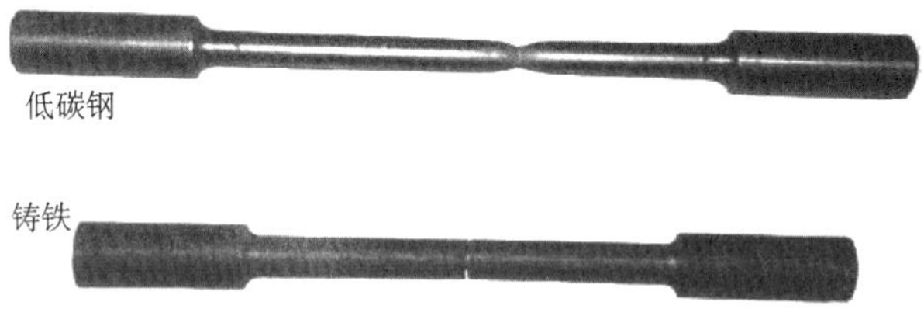

图 13-2

6. 思考题

(1) 为什么要采用比例试样?

(2) 低碳钢强化阶段中的弹性变形和塑性变形在拉伸图上如何表示?

(3) 伸长率 A 在 $R-e$ 曲线上如何表示?

(4) 分析低碳钢和铸铁的拉伸破坏方式和破坏原因。

13.2 单轴压缩实验

详见《金属材料 室温压缩试验方法》(GB/T 7314—2017)。

1. 实验目的

(1) 观察低碳钢在压缩时的变形,分析其变形与拉伸时的不同,并测定低碳钢在压缩时的屈服极限 R_{ec}。

(2) 观察铸铁在轴向压缩时的变形,分析其变形与拉伸时的不同,并测定铸铁在压缩时的强度极限 R_{tc}。

(3) 绘制低碳钢和铸铁的压缩曲线图,比较低碳钢与铸铁在压缩时的变形特点和破坏形式。

2. 实验设备

(1) 万能试验机。

(2) 打印机、计算机。

(3) 游标卡尺。

3. 试样

为避免在实验过程中发生压杆失稳现象，压缩试样通常为短试样，截面按要求可选圆柱形或正方形，其长度 l 与横截面直径 d 或者边长 b 的比值一般为 1～3，压缩试样示意图如图 13-3 所示。

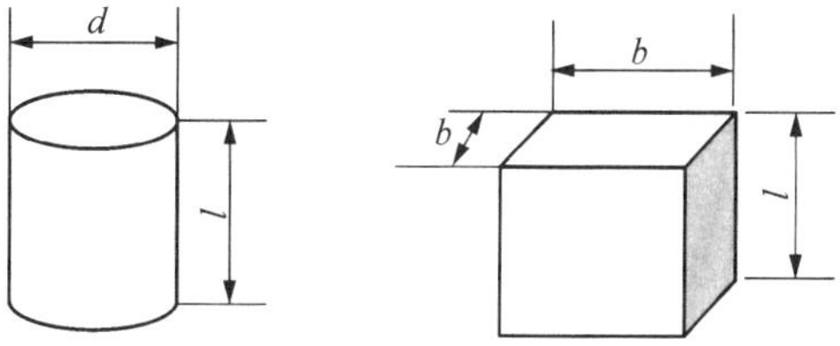

图 13-3

4. 实验步骤

(1) 取圆截面试样，用游标卡尺量取试样的横截面直径 d。

(2) 按试验机使用说明校正测力盘零点，调整好记录仪。

(3) 将试件放在压板的中心，上下板不能接触试样。

(4) 缓慢均匀地加载荷。低碳钢试样不会断裂，在实验过程中注意读取屈服载荷值 F_s，加载变形到扁平状即可结束实验；铸铁试样一直压到破坏为止，记下破坏时的载荷 F_b。

5. 实验结果整理和分析

低碳钢试样压缩时弹性阶段与屈服阶段的应力-应变关系基本上与拉伸时相同，如图 13-4(a)所示。随着载荷的增加，试样横截面逐渐增大，最后压成扁平状而不发生断裂，如图 13-5(a)所示，故只能测出屈服载荷 F_s，而测不到受压时的极限载荷。由屈服载荷可以计算得到低碳钢材料受压时的屈服极限

$$R_e = \frac{F_s}{S_0}$$

铸铁压缩时的应力-应变曲线如图 13-4(b)所示，其线性阶段不明显，压缩强度极限 R_{tc} 比拉伸时高 2～4 倍，试件在较小的变形下发生如图 13-5(b)所示的突然破坏，破坏断面与试样轴线大致成 45°～55°的倾角。由测到的极限载荷 F_{tc} 可以计算得到铸铁材料受压时的强度极限为

$$R_{tc} = \frac{F_{tc}}{S_0}$$

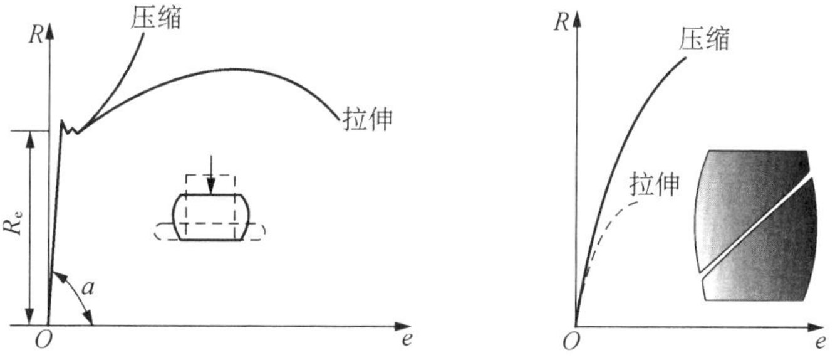

(a) 低碳钢受压时的应力-应变曲线　　(b) 铸铁受压时的应力-应变曲线

图 13-4

(a) 低碳钢

(b) 铸铁

图 13-5

6. 思考题

(1) 低碳钢压缩曲线为什么会上翘?

(2) 压缩试样为何做成短柱状?

(3) 为什么铸铁拉伸时表现为脆断而压缩时却有明显的塑性变形?

(4) 铸铁拉伸和压缩时的破坏原因有什么不同?

详见《金属材料 室温扭转试验方法》(GB/T 10128—2007)。

13.3 扭转实验

1. 实验目的

(1) 观察低碳钢在扭转时的变形,并测定其在扭转时的屈服极限 τ_s 和强度极限 τ_m。

(2) 观察铸铁在扭转时的变形,并测定铸铁在扭转时的强度极限 τ_m。

(3) 绘制低碳钢和铸铁的扭转曲线图,比较低碳钢与铸铁在扭转时的变形特点和破坏形式。

2. 实验设备

(1) 扭转试验机。

(2) 打印机、计算机。

(3) 游标卡尺。

3. 试样

金属扭转试样的形状随着产品的品种、规格以及实验目的的不同而分为圆形截面试样和管形截面试样两种。其中最常用的是圆形截面试样。通常,圆形截面试样的直径 $d=10$ mm,标距 $l=5d$ 或 $l=10d$。

4. 实验步骤

(1) 本实验采用圆截面长试样。用游标卡尺测量试样直径 d,求出抗扭截面系数 W_p。在试样的中央和两端共三处,每处测一对正交方向,取平均值作该处直径,然后取三处直径最小者,作为试件直径 d,并据此计算 W_p。

(2) 调整实验仪器。按照操作规程及试验机所用处理软件设定初始条件,如载荷和位移清零,输入试样参数等。

(3) 将试件两端装入试验机的夹头内。用粉笔在试件表面上画一纵向线,以便观察试件的扭转变形情况。

(4) 加载。对于低碳钢试样,可以先慢速加载,过了屈服阶段后再快速加载,直至试样破坏。对于铸铁试样，可慢速加载直至试样破坏。

(5) 数据记录。试样断裂后试验机自动停止加载。(a)打印记录曲线；(b)取下试样，观察断口形貌。

5. 实验结果整理和分析

(1) 低碳钢扭转曲线。

如图 13-6 所示低碳钢扭转实验过程中三个不同时间点的扭转图，典型的低碳钢扭矩-转角曲线如图 13-7 所示，破坏断面如图 13-8(a)所示。载荷值过了比例极限 a 点后，T 与 φ 的比例关系开始破坏，材料进入屈服阶段。此时圆截面周边上的切应力达到了材料的剪切屈服极限[图 13-9(a)]，但截面内部的切应力小于材料的剪切屈服极限，故试件仍具有承载能力。随着载荷的增加，塑性区逐步向中心扩展[图 13-9(b)]，最后截面上各点材料完全达到屈服[图 13-9(c)]，此时对应的扭矩值即屈服扭矩 T_e，根据静力平衡条件，可以求得 τ_e 与 T_e 的关系为

$$T_e = \int_0^{d/2} \tau_s \rho 2\pi\rho \mathrm{d}\rho = 2\pi\tau_s \int_0^{d/2} \rho^2 \mathrm{d}\rho = \frac{\pi d^3}{12}\tau_s = \frac{4}{3}W_p \tau_e$$

则

$$\tau_e = \frac{3}{4} \cdot \frac{T_e}{W_p}$$

此后，载荷继续增加，试样扭矩又继续上升至 c 点，试件被扭断，记下破坏扭矩 T_m，则扭转强度极限 τ_m 为

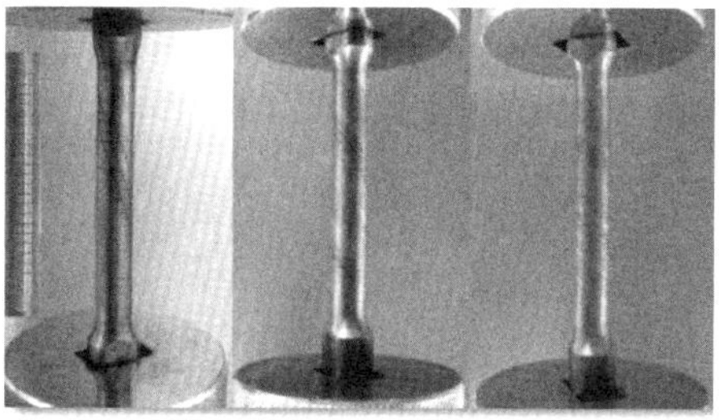

图 13-6

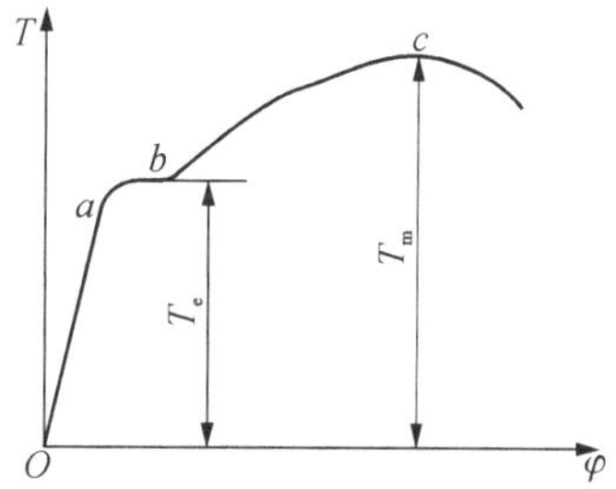

图 13-7

(a) 低碳钢　　(b) 铸铁

图 13-8

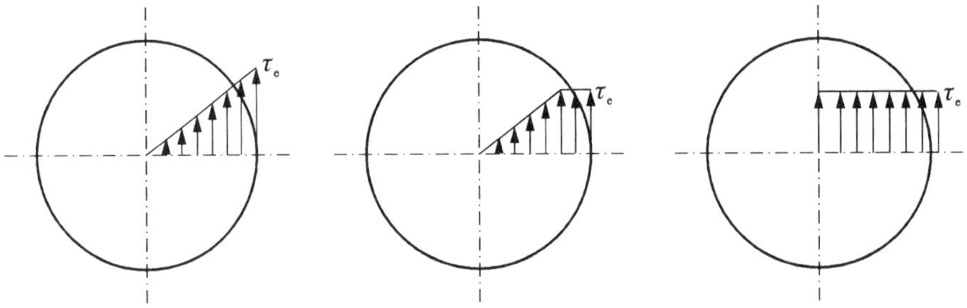

图 13-9

$$\tau_m = \frac{3}{4} \cdot \frac{T_m}{W_p}$$

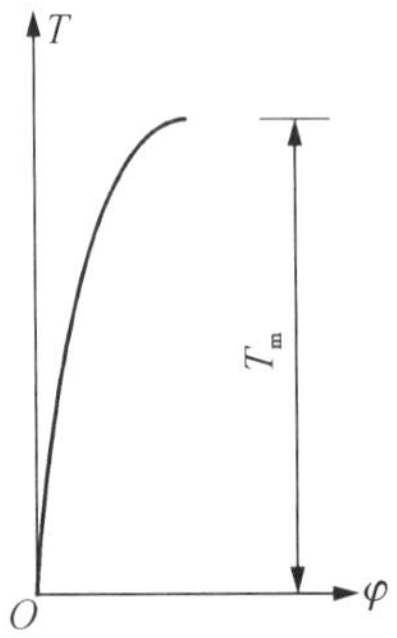

图 13-10

(2) 铸铁扭转曲线。

铸铁的扭转曲线如图 13-10 所示,破坏断面如图 13-8(b)所示。从开始受扭直到破坏,近似为一直线,按应力公式,其剪切强度极限为

$$\tau_m = \frac{T_m}{W_p}$$

(3) 观察试样断口形貌,根据实验结果,对两种材料的力学进行分析比较。

6. 思考题

(1) 铸铁拉伸和扭转的破坏原因是否相同?

(2) 为什么铸铁扭转断裂较拉伸断裂时有较明显的塑性变形?

(3) 铸铁扭转实验时试验机转速不变,为什么开始时力盘指针转动很慢,以后却越来越快,据此能否想象出铸铁扭转曲线的形式?

(4) 根据扭转断口说明两种材料的破坏原因,并对它们的抗扭能力进行比较。

13.4 材料弹性模量(杨氏模量)、泊松比的测定

详见《金属材料 弹性模量和泊松比试验方法》(GB/T 22315—2008)。

1. 实验目的

(1) 掌握测定材料弹性常数(弹性模量、泊松比)的实验方法,并验证胡克定律。

(2) 了解电测法的基本原理,学会电阻应变仪的使用方法。

2. 实验设备

(1) 静态数字电阻应变仪和载荷显示仪。

(2) 组合试验台。

(3) 游标卡尺。

3. 实验原理及装置

实验一般采用薄而宽且具有足够长度的矩形截面薄板试样。试样中央部分两侧沿纵向和横向各贴 2 片电阻应变片,温度补偿片贴在不受力的与试件相同的材料上,一般取两侧读数的平均值作为测量结果。弹性模量、泊松比测量实验示意图和装置如图 13-11 所示。

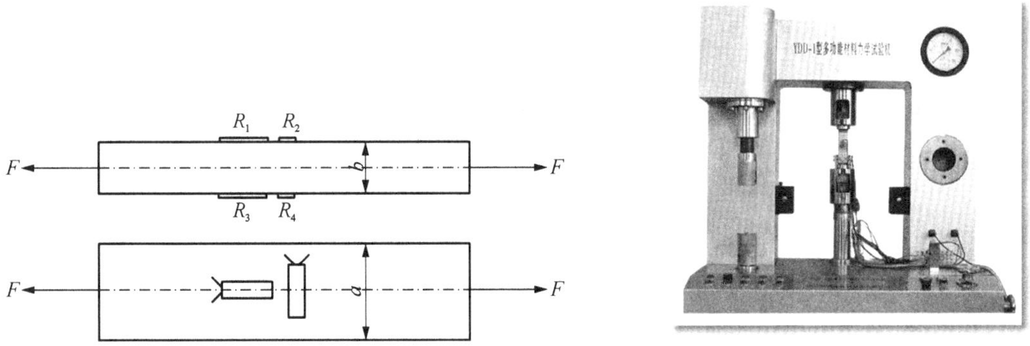

图 13-11

由于试验装置和安装初始状态的不稳定性，拉伸曲线在初始阶段往往为非线性。为减少测量误差，实验开始前预加初载荷，与初载荷对应的应变仪读数 e 可调为零。本实验采用增量法逐级加载，每增加相同的载荷增量 ΔF，测量相应的纵向应变增量 Δe_L 及横向应变增量 Δe_H。代入胡克定律计算出弹性模量 $E=\dfrac{\Delta R}{\Delta e_L}=\dfrac{\Delta F}{\Delta e_L \times S}$，由横向应变增量 Δe_H 与纵向应变增量 Δe_L 的比值计算出泊松比 $\nu=\dfrac{\Delta e_H}{\Delta e_L}$。

在加载时需要注意几点：①胡克定律在线弹性范围内才适用，因此加载后的最大应力值不超过材料的比例极限。②为保证测量精度，需进行 4～5 次的逐级加载。

4. 实验步骤

(1) 测量试样尺寸。

(2) 将工作应变片接在仪器上，按仪器使用方法将仪器调整好。

(3) 按试样材料估计比例极限，预估实验载荷不能超过比例极限。

(4) 加初载荷 F_0。然后每增加相同载荷 ΔF，记录相应的应变值，分 4～5 次进行。

5. 实验结果整理和分析

(1) 计算应变增量。

纵向应变增量的平均值 $\Delta e_L=\dfrac{1}{2}(\Delta e_1+\Delta e_3)$

横向应变增量的平均值 $\Delta e_H=\dfrac{1}{2}(\Delta e_2+\Delta e_4)$

(2) 计算弹性常数。

弹性模量
$$E=\frac{\Delta R}{\Delta e_L}=\frac{\Delta F}{\Delta e_L \times S}$$

泊松比
$$\nu=\frac{\Delta e_H}{\Delta e_L}$$

(3) 验证胡克定律。

根据载荷计算应力值 $R=\dfrac{F}{S}$，以应力值为纵坐标，纵向应变值 Δe_L 为横坐标，画出其应力-应变曲线。观察各点是否近似在一条直线上，以验证胡克定律。

6. 思考题

(1) 用应变仪测 E 和 ν 时为什么要加初载荷?

(2) 如何消除试样偏心弯曲的影响?

(3) 应变仪的灵敏系数和应变片的灵敏系数不一致时,应变数据应如何修正?

13.5 梁纯弯曲时的弯曲正应力测定

详见《金属材料 弯曲力学性能试验方法》(YB/T 5349—2014)。

1. 实验目的

(1) 测定梁纯弯曲时沿其横截面高度的正应力分布规律,与理论值做比较,验证纯弯曲梁的正应力计算公式。

(2) 了解电测法的基本原理和方法。

2. 实验设备

(1) 静态数字电阻应变仪和载荷显示仪。

(2) 弯曲梁实验装置和贴有电阻应变片的矩形截面钢梁。

(3) 游标卡尺。

3. 实验原理及装置

纯弯曲正应力测量实验示意图和装置如图 13-12 所示,梁的中间段承受纯弯曲。根据平面假设和单向受力假设,可得到纯弯曲正应力计算公式为

$$\sigma = \frac{M}{I_z} y$$

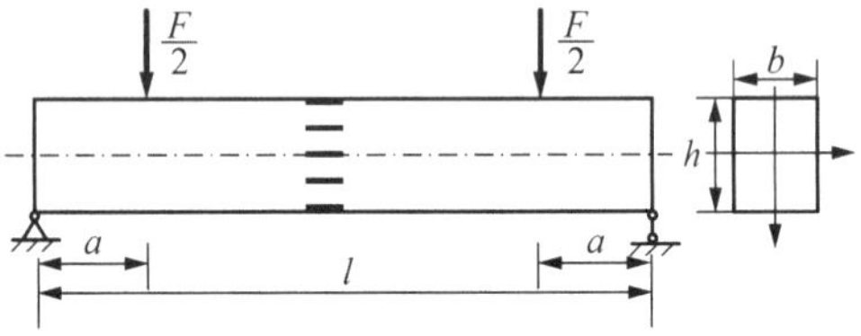

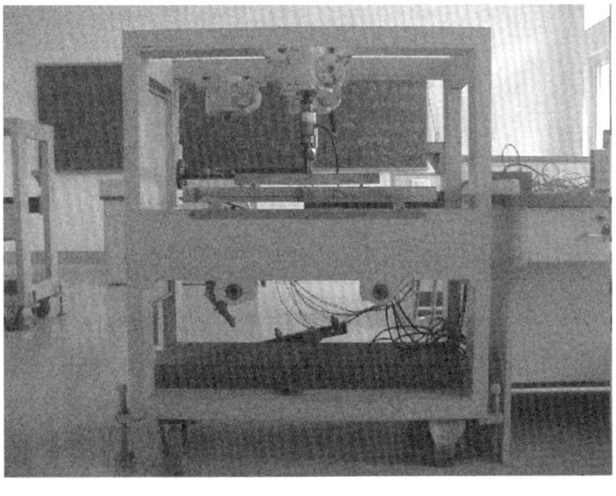

图 13-12

式中 M——弯矩；

I_z——横截面对中性轴的轴惯性矩；

y——所求应力点至中性轴的距离。由上式可知，弯曲正应力沿横截面高度线性分布。

为了测量梁纯弯曲时横截面上应变分布规律，在梁纯弯曲段的侧面等分点处沿轴线方向布置5片应变片。当纯弯梁受载变形时，利用电阻应变仪测出各应变片的应变值 ε。由单向受力假定和胡克定律求出应力 $\sigma=E\varepsilon$，E 为梁材料的弹性模量。

通过实验也可以验证弯曲正应力与弯矩的线性关系。采用等量加载方式，测定沿梁横截面高度均匀分布的各点的应变量，每增加等量的载荷 ΔF，测定各点相应的应变 ε 一次，取应变增量的平均值 $\Delta\varepsilon$，求出各应力增量 $\Delta\sigma_{实验}=E\Delta\varepsilon$，并与理论值 $\Delta\sigma_{理论}=\dfrac{\Delta M}{I_z}y$ 进行比较，其中 $\Delta M=\dfrac{\Delta F}{2}a$，以验证弯曲正应力公式的正确性。

4. 实验步骤

(1) 将梁放在实验装置的支座上，尽量使梁的纵向对称面与载荷作用面在同一平面内，使梁的变形为平面弯曲。

(2) 测量载荷作用点的位置及梁的截面尺寸。

(3) 预估加载最大值，保证梁的最大正应力小于材料的比例极限，确定加载方案。

(4) 将工作应变片接在仪器上，按电阻应变仪使用方法将仪器调整好。

(5) 加初载荷 F_0。然后每增加相同载荷 ΔF，记录相应的应变值 ε，直至加载到最大值后卸载。

5. 实验结果整理和分析

(1) 根据实验记录，将载荷、各测点相应的应变读数及读数增量填写在报告记录表中。

(2) 按实验记录数据求出各点的应力实验值 $\Delta\sigma_{实验}=E\Delta\varepsilon$，并计算出各点的应力理论值 $\Delta\sigma_{理论}=\dfrac{\Delta M}{I_z}y$，比较它们的相对误差。

(3) 按同一比例分别画出各点应力的实验值 $\Delta\sigma_{实验}$ 和理论值 $\Delta\sigma_{理论}$ 沿横截面高度的分布曲线，将二者进行比较，如果二者接近，说明弯曲正应力的理论分析是可行的。

6. 思考题

(1) 比较各应变片的应变值，可得到什么结论？

(2) 如考虑梁自重，所得梁上各点的应力是否有变化。

(3) 简述实验值与理论值的误差原因。

13.6 弯扭组合变形的主应力测量

弯扭组合实验中弯曲切应力测量方案探讨

1. 实验目的

(1) 测量圆轴在弯扭组合变形时一点处的主应力大小和方向，并与理论值进行比较。

(2) 测量圆轴弯扭组合变形时指定截面上的弯矩、扭矩和剪力引起的应力，并与理论值比较。

(3) 学习电阻应变花及各种组桥方法的应用。

2. 实验设备

(1) 电阻应变仪。

(2) 弯扭组合试验台、载荷传感器、电阻应变花等辅助工具。

3. 实验原理及装置

实验示意图和装置为弯扭组合梁,如图 13-13 所示。空心圆轴为测量对象,该空心圆轴一端固定,另一端固结一横杆,圆轴与杆的轴线彼此垂直,并且位于水平平面内。在横杆自由端加砝码,使空心圆轴发生扭转与弯曲的组合变形。在 I—I 截面的 A, B, C, D 四点处贴上 45°直角应变花,如图 13-14 所示。

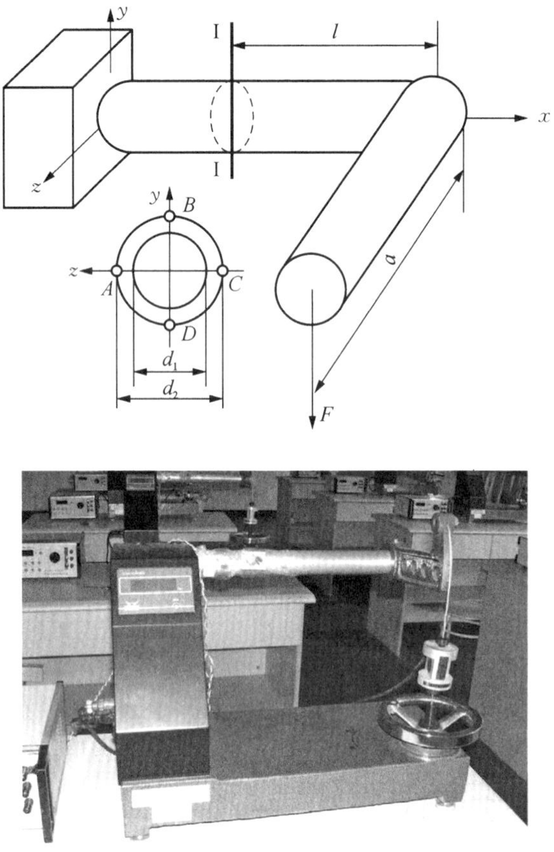

图 13-13

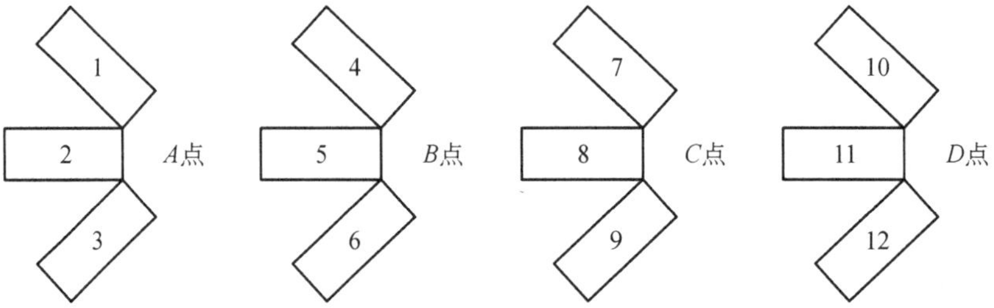

图 13-14

(1) 测量一点处的应力状态。

在 I—I 截面上任意一点处,如 A 点贴 45°直角应变花,应变花粘贴示意图如图 13-14 所示，如果测得三个应变值 $\varepsilon_{0°}$，$\varepsilon_{45°}$ 和 $\varepsilon_{-45°}$，即可确定 A 点处主应力的大小及方向的实验值。

$$\left.\begin{matrix}\sigma_1\\ \sigma_3\end{matrix}\right\}=\frac{E}{2(1+\nu)}(\varepsilon_{45°}+\varepsilon_{-45°})\pm\frac{E}{2(1+\nu)}\sqrt{(2\varepsilon_{0°}-\varepsilon_{-45°}-\varepsilon_{45°})^2+(\varepsilon_{-45°}-\varepsilon_{45°})^2}$$

$$\tan 2\alpha_0=\frac{\varepsilon_{45°}-\varepsilon_{-45°}}{(\varepsilon_{0°}-\varepsilon_{-45°})-(\varepsilon_{45°}-\varepsilon_{0°})}$$

(2) 测量横截面上弯矩、剪力、扭矩引起的应力值。

① 测量弯矩引起的正应力：为测定弯曲正应力，可使用 B，D 两点 0°方向上的应变片，此处弯曲正应力最大，而弯曲切应力为零，且 $\varepsilon_5=\varepsilon_M$，$\varepsilon_{11}=-\varepsilon_M$，其中 ε_M 为最大弯曲正应变的绝对值，将它们组成如图 13-15(a)所示的半桥电路，则仪器读数为

$$\varepsilon_{M_d}=\varepsilon_5-\varepsilon_{11}=2\varepsilon_M$$

则由弯矩引起的正应力为

$$\sigma_M=E\cdot\varepsilon_M=\frac{1}{2}E\cdot\varepsilon_{M_d}$$

② 测量剪力引起的切应力。A，C 两点为纯剪切应力状态，主应力沿±45°方向，其数值等于∓τ，用 A 和 C 两点处±45°方向的应变片组成图 13-15(b)所示全桥线路，则仪器读数为

$$\varepsilon_{F_s,d}=4\varepsilon_{F_s}$$

则由剪力引起的切应力为

$$\tau_{F_s}=\frac{G\cdot\varepsilon_{F_s}}{2}=\frac{E\cdot\varepsilon_{F_s,d}}{4(1+\mu)}$$

③ 测量扭矩引起的切应力。用 A，C 两点处±45°方向的应变片组成图 13-15(c)所示全桥线路，则仪器读数为

$$\varepsilon_{T_d}=4\varepsilon_T$$

则由扭矩引起的切应力为

$$\tau_T=\frac{E\cdot\varepsilon_{T_d}}{4(1+\mu)}$$

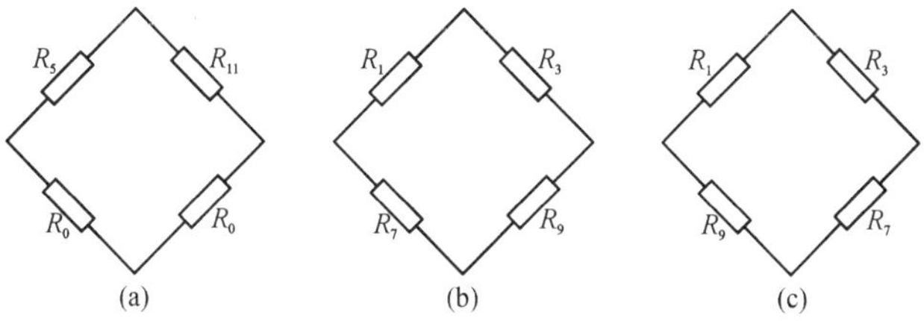

图 13-15

4. 实验步骤

(1) 将空心圆轴上 A，B，C，D 各点的应变片按单臂半桥测量接线方法接至应变仪测量

通道上。

(2) 预加初始载荷,将电阻应变仪读数归零。

(3) 分步加载,记录各步载荷作用下应变片的读数;卸载。

(4) 分别按照图 13-15 给出的三种组桥方式进行接线、确认检查无误。

(5) 重复步骤(2),(3)。

5. 实验结果整理和分析

(1) 计算各点处主应力的大小及方向。

(2) 计算截面 I—I 上分别由弯矩、扭矩和剪力引起的最大应力值。

6. 思考题

(1) 分析理论值和实验值之间的误差因素。

(2) 测定由弯矩、剪力、扭矩所引起的应变,还有哪些接线方法?

13.7 其他实验简述

1. 光弹性实验

光弹性实验方法是一种光学的应力测量方法,因为测量是全域性的,所以直观性强,能有效而准确地确定受力模型各点的主应力差和主应力方向,并能计算出各点的主应力数值。利用光弹性法,可以研究几何形状和载荷条件都比较复杂的工程构件的应力分布状态,特别是应力集中的区域和三维内部应力问题。

光弹性实验的光学效应示意图如图 13-16 所示。靠近光源的一块称为起偏镜,习惯上叫 P 片。后面的一片称为检偏镜,叫 A 片。偏振片有一条光轴,对光矢量起着“通过”和“阻挡”的作用。当光矢量平行光轴时,光线可完全通过,而垂直于光轴时,光线被全部阻挡。若光矢量与光轴斜交,则只有平行的分量才能通过,所以 P 片把来自光源的光变为平面偏振光,而 A 片用来检验光波通过的情况。当两偏振镜轴互相垂直放置时,形成暗场,当两偏振镜轴及相平行放置时则为明场。

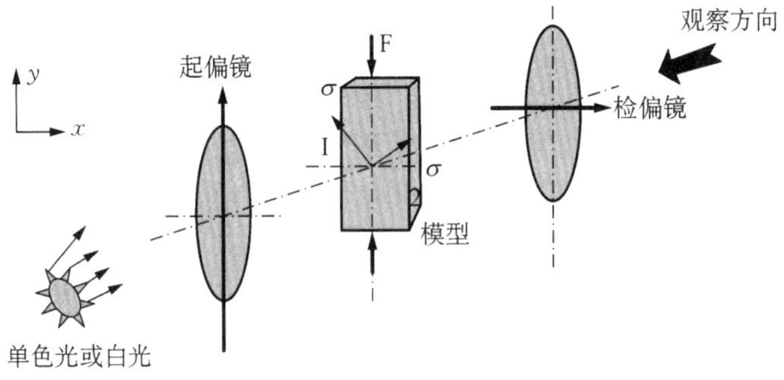

图 13-16

光弹性实验是在光弹性仪上进行,先用具有双折射性能的透明材料制成和实际构件形状相似的模型。如果模型未受力,则光线通过后并无改变,但模型受力后,以偏振光透过模型,由于应力的存在,产生光的暂时双折射现象。平面偏振光通过受力模型后,分解成两个分别与 σ_1 及 σ_2 方向一致的平面偏振光,二者之间产生一光程差 δ,光程差与主应力差($\sigma_1-\sigma_2$)及模型厚度 t 成正比,即

$$\delta = Ct(\sigma_1 - \sigma_2)$$

式中，C 为模型材料的光学常数，与模型材料及光的性质有关。此式为应力-光学定律，是光弹性实验的基础。分解的两束平面偏振光通过检偏镜后在观察平面内振动，这样就产生光的干涉现象，产生干涉条纹。

根据光的波动理论，在平面偏振光场的暗场中，干涉后的光强度为

$$I = Ka^2 \sin^2 2\theta \cdot \sin^2 \frac{\delta\pi}{\lambda}$$

式中 K——光学常数；

a——平面偏振光的振幅；

θ——偏振轴与主应力方向的夹角；

λ——光的波长。

由上式可见，光强 $I=0$ 时有以下两种情况：

(1) $\sin 2\theta = 0$ 时 $I=0$，即 $\theta = 0^\circ$ 或 $\theta = 90^\circ$。这表明，在模型上某点的主应力方向与偏振轴平行或垂直时，该点处光强为零，即该点在屏幕上为黑点。这类黑点构成连续的黑线称为等倾线。在保持 P 轴和 A 轴垂直的情况下，使起偏镜和检偏镜同步旋转，可观察到等倾线也在移动。当偏振镜从 0°转动至 90°，模型内所有点的主应力方向均可显示出来。

(2) $\sin\frac{\delta\pi}{\lambda} = \sin\frac{Ct(\sigma_1-\sigma_2)\pi}{\lambda} = 0$ 时 $I=0$，即 $\sigma_1 - \sigma_2 = \frac{n\lambda}{Ct} = \frac{nf}{t}$ $(n = 0, 1, 2, 3, \cdots)$。

式中 $f = \frac{\lambda}{C}$ 为材料条纹值，其值可用实验方法测定。此式表明，当模型中某点的主应力差值为 $\frac{f}{t}$ 的整数倍时，则此点在模型上呈黑点。由于物体受力后其应力变化是连续的，故主应力差也是连续变化的，所以主应力差为当主应力差为 $\frac{f}{t}$ 的某同一整数倍的各个暗点，构成连续的黑线称为等差线。由于应力分布的连续性，等差线不仅是连续的，而且它们之间还按一定的次序排列，对应于 $n=0$ 的等差线称为零级等差线，对应于 $n=1$ 的等差线称为一级等差线，依此类推，其中 n 称为条纹序数。

在正交平面偏振光场中，等倾线和等差线并存。为消除两种条纹并存的现象，在光弹性仪两偏振镜之间装上两块 1/4 波片，形成圆偏振光场，可把等倾线消除，只剩下等差线，圆偏振光场示意图如图 13-17 所示。

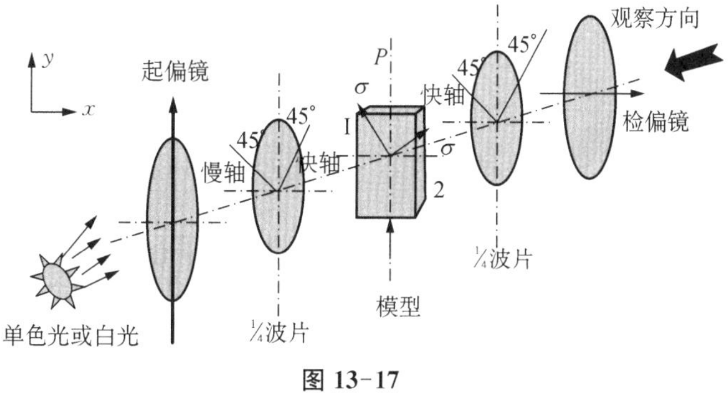

图 13-17

2. 压杆稳定实验

当细长杆受轴向压力较小时,杆件的轴向变形较小,轴向变形与载荷呈线弹性关系。即使给杆以微小的侧向干扰使其稍微弯曲,解除干扰后,压杆最终将恢复其原来的直线形状。当轴向压力逐渐增大,超过某一值时,压杆受到微小的干扰后弯曲,解除干扰后压杆不能恢复成直线形状,产生显著的弯曲变形,即丧失了原有的直线平衡状态,这时的平衡状态是不稳定的。使压杆由直线平衡状态开始由稳定转变为不稳定的轴向压力值,称为压杆的临界载荷,用 F_{cr} 表示。

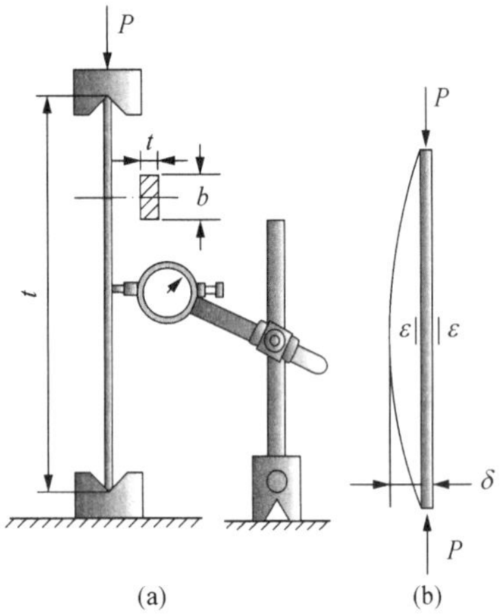

图 13-18

压杆临界载荷的一般表达式(或称临界载荷的欧拉公式):

$$F_{cr}=\frac{\pi^2 EI}{(\mu l)^2}$$

压杆稳定实验主要测出各支承条件下的临界载荷实验值并记录,观察支承方式对临界载荷的影响,观察各支承条件下的失稳现象和挠曲线形状,观察压力与轴向变形的变化规律,打印各实验曲线。

试验台采用的是螺旋加力方式,通过拧紧顶部的旋钮使丝杆顶推压头向下运动,对试件施压,压力的大小通过测力传感器经数字测力仪显示,位移由位移传感器(如百分表)显示。图 13-18 为压杆稳定实验简图。若将试验台与数字测力仪及电脑连接,就可在电脑上观察实验的曲线和测得各临界载荷的数据。

3. 冲击实验

在冲击载荷的作用下,材料的性能与静载条件下的性能有很大的不同,而在生产实践中也往往利用冲击来实现静载条件下难以实现的加工效果,例如冲床、锻锤等。冲击条件下材料性能的测试以及变化规律的研究具有重要的理论与实际意义。更多具体要求可参见《金属材料 夏比摆锤冲击试验方法》(GB/T 229—2020)。下面简要介绍摆锤冲击实验。

摆锤冲击试验机用摆锤在冲击前后的势能改变量作为试样变形与断裂过程中吸收的能量,冲击实验原理图如图 13-19 所示。势能改变量通过摆锤重心高度在冲击前后的变化来计算。如果不计摩擦、动能等损失,摆锤势能的改变量等于试样在变形与断裂过程中吸收的冲击功,可直接在表盘的刻度上读出。

常用的标准冲击试样有 U 形缺口和 V 形缺口两种类型(图 13-20),开缺口的目的是模拟缺陷的应力集中,使塑性变形局限于缺口附近有限的体积范围,保证断裂发生在缺口处。对于脆性很大的材料,如铸铁、弹簧钢、工具钢等,一般不开缺口。

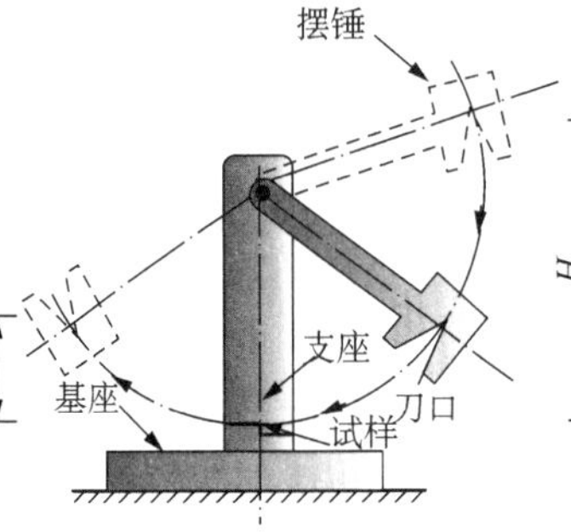

图 13-19

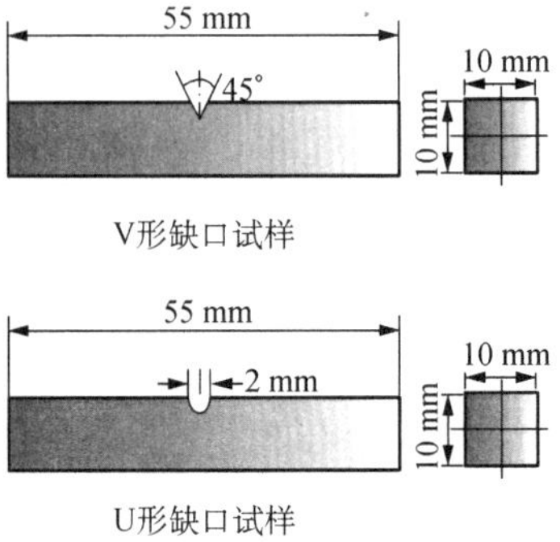

图 13-20

4. 疲劳实验

通过第 12 章动载荷与疲劳强度概述知道，很多金属构件常常发生疲劳破坏。疲劳破坏是一个裂纹形成、扩展直至最终断裂的过程。具体可详见《金属材料　疲劳试验　轴向力控制方法》(GB/T 3075—2021)或《金属材料　疲劳试验　轴向应变控制方法》(GB/T 26077—2021)。下面简述轴向力控制方法下的金属疲劳实验。

金属材料的抗疲劳性能常用 $S-N$ 曲线(即应力-寿命曲线)来描述(图 13-21)。$S-N$ 曲线常以最大应力 σ_{max} 或应力幅 σ_a 为纵坐标；断裂前的循环次数 N(疲劳寿命)为横坐标。在 $S-N$ 曲线的高应力区，应力 σ 与疲劳寿命 N 有对应关系，应力 σ 愈大、疲劳寿命 N 愈低，常称为有限寿命。对于一般碳钢，在应力下降到一定程度时，如果经受 10^7 次循环仍不发生破坏，实验证明循环继续下去，试样也不发生破坏。$S-N$ 曲线表现出明显的水平部分，相应的最大应力 σ_{max} 称做材料的**疲劳极限**，记做 σ_r(角码 r 代表工作时的应力比)。而某些合金钢和有色金属它们在经受 10^7 次循环后仍会发生破坏，$S-N$ 曲线上没有明显的水平部分，它们的疲劳极限 σ_r 可采用规定循环次数 N_0 的办法来确定，N_0 一般规定为 10^7 或 10^8 次。

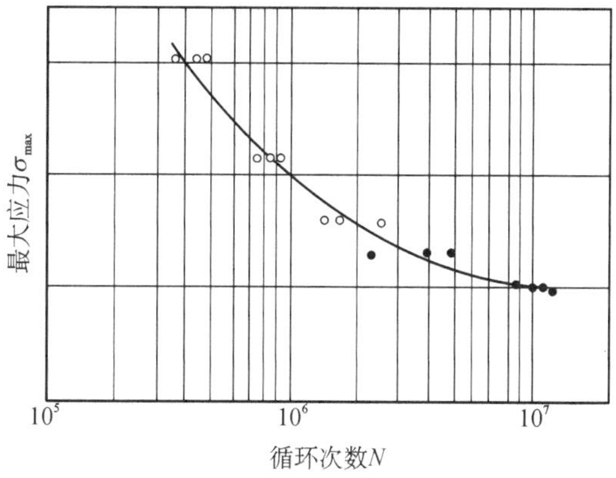

图 13-21

对于同种材料，对称循环的疲劳极限 σ_{-1} 最低，作为疲劳强度设计的依据最保险，所以 $S-N$ 曲线常在纯弯曲对称循环条件下测定。疲劳试样的形式和尺寸取决于试验机的类型和实际工作的需要。由于疲劳强度对试样表面的缺陷十分敏感，所以试样加工应非常严格地按有关标准进行，光滑圆柱疲劳试样简图如图 13-22 所示。

疲劳曲线($S-N$ 曲线)的测试应分两步进行：

(1) 疲劳极限 σ_{-1} 的测试。

疲劳极限 σ_{-1} 在 $S-N$ 曲线的低应力区，用升降法测定(图 13-23)。

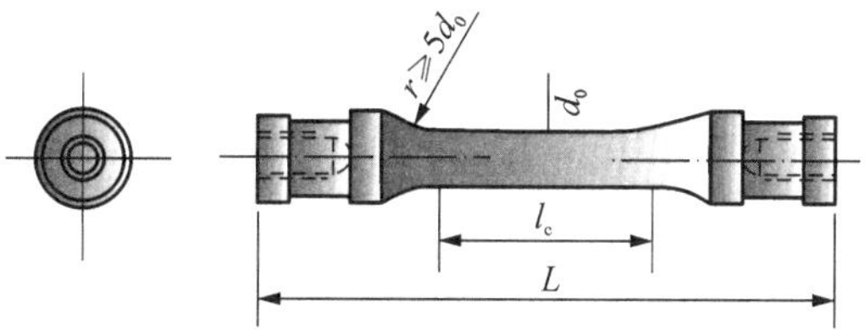

图 13-22

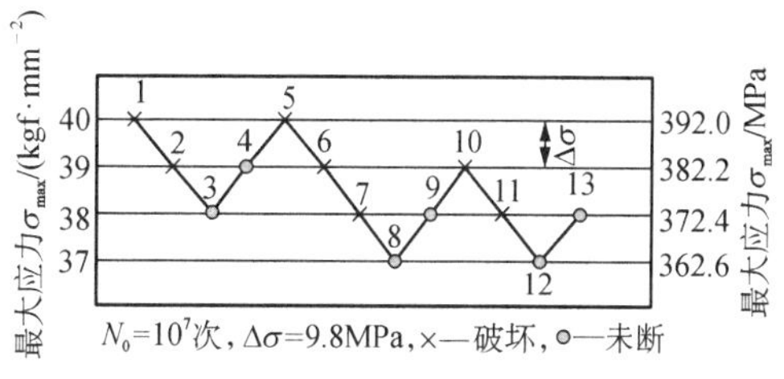

图 13-23

试样数量通常需 13 根以上。在 N_0 一定的条件下，实验一般在 3～5 级应力水平下进行，应力增量 $\Delta\sigma$ 一般为预计疲劳极限的 3%～5%。第一根试样的应力水平略高于预计的疲劳极限。根据上一根试样的实验结果(断与不断)，决定下一根试样的应力(降低还是升高)，直至完成全部实验。当 N 第一次出现一对断与不断的相反结果时，那么它们以前的实验数据如果处在后面实验数据的波动范围之外，则予以舍弃；如处在上述波动范围之内，则作为有效数据加以利用。实际上，许多试样的实验结果落在一个带内。因此疲劳极限是一组试样的统计平均值。疲劳极限按下式计算：

$$\sigma_{-1} = \frac{1}{m}\sum_{i=1}^{n} v_i \sigma_i$$

式中 m——有效实验的总次数(断与不断的数据均统计在内)；

n——实验应力水平级数；

σ_i——第 i 级应力水平；

v_i——第 i 级应力水平下的实验次数($i=1, 2, \cdots, n$)。

用上式求材料的疲劳极限时，疲劳寿命高于规定值 N_0 的试样应达 50%以上。

(2) $S-N$ 曲线的测试。

在 $S-N$ 曲线上，用升降法测得的疲劳极限记作 σ_{-1}，为 $S-N$ 曲线的低应力水平点；

而有限寿命的高应力水平区应在 3～4 级较高的应力水平下进行成组实验。每组投放的试样一般随应力水平降低而逐渐增加。通常一组试样 5 根左右。实验结果一般用图解法表示。以 σ 为纵坐标，N 为横坐标(N 均采用对数坐标)。然后用最佳拟合法绘制成完整的 $S-N$ 曲线(图 13-24)。

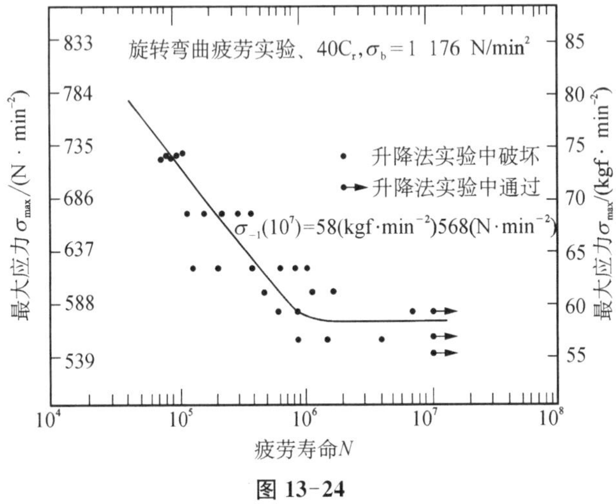

图 13-24

13.8 结论与讨论

材料力学实验是材料力学教学中的一个重要环节，对于提高学生的综合素质、培养学生的实践能力与创新精神具有极其重要的作用。材料力学实验按其性质分为测定材料力学性能的实验、验证理论的实验和应力分析实验。

1. 测定材料力学性能

材料的力学性能是指在力或能的作用下，材料在变形、强度等方面表现出的一些特性，如弹性极限、屈服极限（屈服点）、强度极限、弹性模量、疲劳极限和冲击韧度等。这些强度指标或参数都是构件强度、刚度和稳定性计算的依据，而这些参数一般要通过实验来测定。

2. 验证理论

材料力学计算将实际问题抽象为理想模型，再由科学假设推导出一般性公式，如纯弯曲梁和纯扭转圆轴的分析都使用了平面假设。用实验验证这些理论的正确性和适用范围，有助于加强学生对理论的理解和认识。

3. 应力分析实验

工程上许多实际构件的形状和受载情况都十分复杂。关于它们的强度问题，仅依靠理论计算，不易得到满意的结果。对复杂构件如用电测、光弹性等实验应力分析方法直接测定构件的应力，便成为更有效的方法。对经过较大简化后得出的理论计算或数值计算，其结果的可靠性更有赖于实验应力分析的验证。

附录 A　平面图形的几何性质

基本要求

(1) 掌握平面图形的形心、静矩、惯性矩、极惯性矩和平行移轴公式的应用；
(2) 了解转轴公式；
(3) 掌握平面图形的形心主惯性轴、形心主惯性平面和形心主惯性矩的概念。

1. 为什么要研究截面图形的几何性质

在分析和求解杆件的应力、变形时，均涉及与杆件横截面形状、大小有关的量。拉压杆的正应力分析以及强度计算的结果表明，拉压杆横截面上正应力大小以及拉压杆的强度只与杆件横截面面积的大小有关。而受扭圆轴横截面上切应力的大小则与横截面的极惯性矩有关，这表明圆轴的强度不仅与截面面积的大小有关，而且与截面的几何形状有关。本附录将对常用截面几何量的定义、性质及计算方法等进行讨论。

2. 静矩、形心及其相互关系

考察任意平面几何图形的静矩与形心如图 A-1 所示，在其上取面积微元 $\mathrm{d}A$，该微元在 Oyz 坐标系中的坐标为 y、z（为与本书所用坐标系一致，将通常所用的 Oxy 坐标系改为 Oyz 坐标系）。

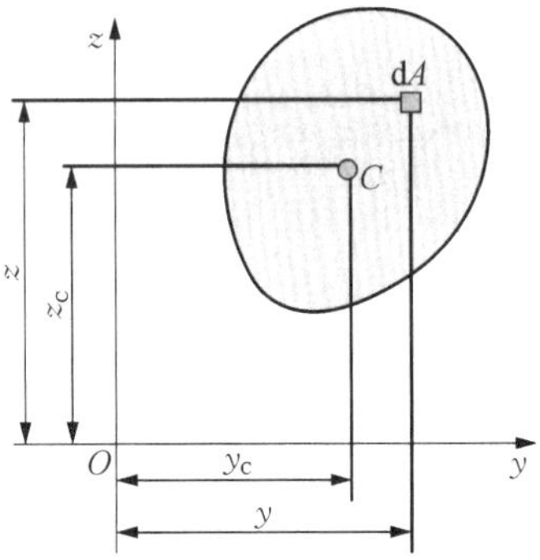

图 A-1

定义下列积分：

$$\left.\begin{aligned} S_y &= \int_A z\,\mathrm{d}A \\ S_z &= \int_A y\,\mathrm{d}A \end{aligned}\right\} \tag{A-1}$$

S_y、S_z 分别称为图形对于 y 轴和 z 轴的**截面一次矩**或**静矩**。静矩的单位为 m^3 或 mm^3。

如果将 $\mathrm{d}A$ 视为垂直于图形平面的力，则 $y\mathrm{d}A$ 和 $z\mathrm{d}A$ 分别为 $\mathrm{d}A$ 对于 z 轴和 y 轴的力矩；S_z 和 S_y 则分别为 A 对 z 轴和 y 轴之矩。

图形几何形状的中心称为**形心**，若将面积视为垂直于图形平面的力，则形心即为合力的作用点。设$(z_C,\ y_C)$为形心坐标，则根据合力之矩定理

$$\begin{cases} S_z = Ay_C \\ S_y = Az_C \end{cases} \tag{A-2}$$

或

$$\begin{cases} y_C = \dfrac{S_z}{A} = \dfrac{\int_A y\,\mathrm{d}A}{A} \\ z_C = \dfrac{S_y}{A} = \dfrac{\int_A z\,\mathrm{d}A}{A} \end{cases} \tag{A-3}$$

这就是图形形心坐标与静矩之间的关系。

根据上述关于静矩的定义以及静矩与形心之间的关系可以看出：

● 静矩与坐标轴有关，同一平面图形对于不同的坐标轴有不同的静矩。对某些坐标轴静矩为正；对另外一些坐标轴静矩则可能为负；对于通过形心的坐标轴，图形对其静矩等于零。

● 如果某一坐标轴通过截面形心，这时，截面形心的一个坐标为零，则截面对于该轴的静矩等于零；反之，如果截面对于某一坐标轴的静矩等于零，则该轴通过截面形心。例如，z 轴通过截面形心，$y_C=0$，这时 $S_z=0$；反之，如果 $S_z=0$，则 $y_C=0$，z 轴一定通过截面形心。

● 如果已经计算出静矩，就可以确定形心的位置；反之，如果已知形心在某一坐标系中的位置，则可计算图形对于这一坐标系中坐标轴的静矩。

实际计算中，对于简单的、规则的图形，其形心位置可以直接判断，例如：矩形、正方形、圆形、正三角形等的形心位置是显而易见的。对于组合图形，则先将其分解为若干个简单图形(可以直接确定形心位置的图形)；然后由式(A-1)分别计算它们对于给定坐标轴的静矩，并求其代数和，即：

$$\begin{cases} S_z = A_1 y_{C1} + A_2 y_{C2} + \cdots + A_n y_{Cn} = \sum\limits_{i=1}^{n} A_i y_{Ci} \\ S_y = A_1 z_{C1} + A_2 z_{C2} + \cdots + A_n z_{Cn} = \sum\limits_{i=1}^{n} A_i z_{Ci} \end{cases} \tag{A-4}$$

再利用式(A-3)，即可得组合图形的形心坐标：

$$\begin{cases} y_C = \dfrac{S_z}{A} = \dfrac{\sum\limits_{i=1}^{n} A_i y_{Ci}}{\sum\limits_{i=1}^{n} A_i} \\ z_C = \dfrac{S_y}{A} = \dfrac{\sum\limits_{i=1}^{n} A_i z_{Ci}}{\sum\limits_{i=1}^{n} A_i} \end{cases} \tag{A-5}$$

【例A-1】 求图A-2所示半圆形的 S_y，S_z 及形心位置。

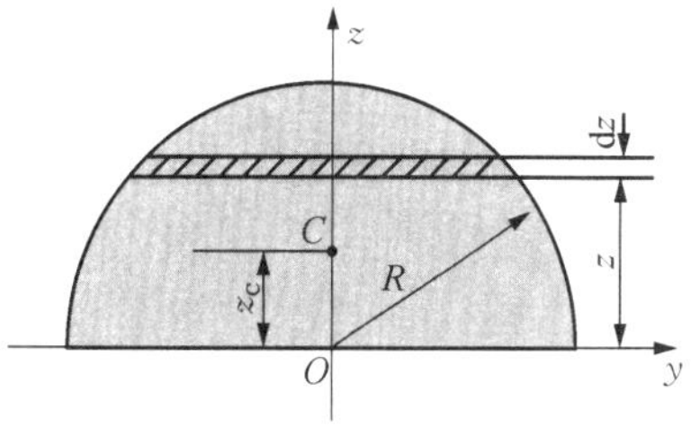

图A-2

【解】 由对称性，$y_C=0$，$S_z=0$。现取平行于 y 轴的狭长条作为微面积 $\mathrm{d}A$

$$\mathrm{d}A = y\,\mathrm{d}z = 2\sqrt{R^2 - z^2}\,\mathrm{d}z$$

所以

$$S_y=\int_A z\,\mathrm{d}A=\int_0^R z\cdot 2\sqrt{R^2-z^2}\,\mathrm{d}z=\frac{2}{3}R^3$$

$$z_C=\frac{S_y}{A}=\frac{4R}{3\pi}$$

读者自己也可用极坐标求解。

【例 A-2】 确定如图 A-3 所示图形形心 C 的位置。

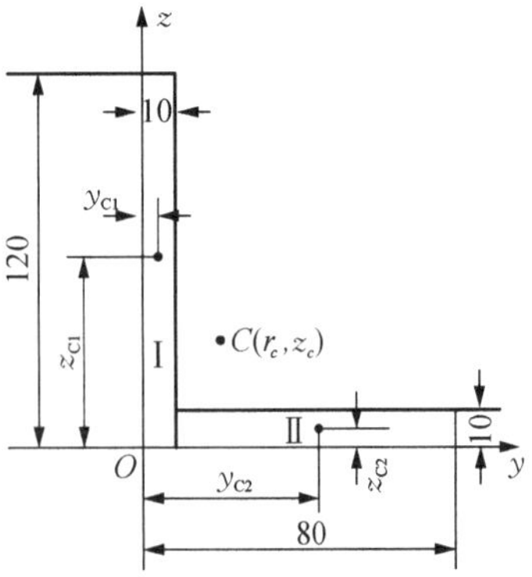

图 A-3

【解】 将图形看作由两个矩形 Ⅰ 和 Ⅱ 组成，在图示坐标下每个矩形的面积及形心位置分别为

矩形 Ⅰ：

$$A_1=120\times10=1\,200\ \mathrm{mm}^2$$

$$y_{C1}=\frac{10}{2}=5\ \mathrm{mm},\ z_{C1}=\frac{120}{2}=60\ \mathrm{mm}$$

矩形 Ⅱ：

$$A_2=70\times10=700\ \mathrm{mm}^2$$

$$y_{C2}=10+\frac{70}{2}=45\ \mathrm{mm},\ z_{C2}=\frac{10}{2}=5\ \mathrm{mm}$$

整个图形形心 C 的坐标为

$$y_C=\frac{A_1y_{C1}+A_2y_{C2}}{A_1+A_2}=\frac{1\,200\times5+700\times45}{1\,200+700}=19.7\ \mathrm{mm}$$

$$z_C=\frac{A_1z_{C1}+A_2z_{C2}}{A_1+A_2}=\frac{1\,200\times60+700\times5}{1\,200+700}=39.7\ \mathrm{mm}$$

3. 惯性矩、极惯性矩、惯性半径

对于图 A-4 中的任意图形，以及给定的 Oyz 坐标，定义下列积分：

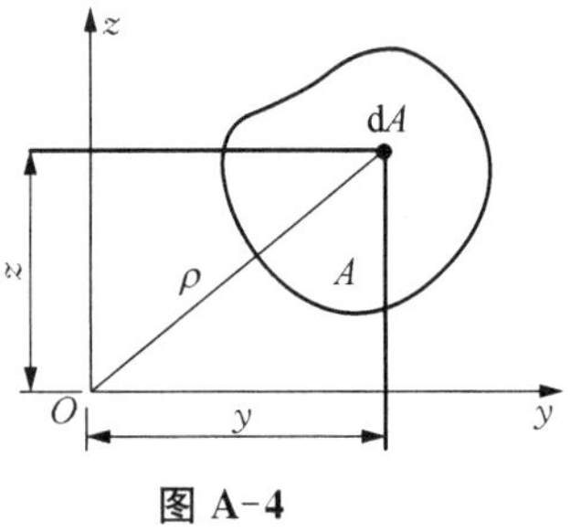

图 A-4

$$\begin{cases}I_y=\int_A z^2\,\mathrm{d}A\\ I_z=\int_A y^2\,\mathrm{d}A\end{cases}\tag{A-6}$$

I_y、I_z 分别为图形对于 y 轴和 z 轴的**截面二次轴矩或惯性矩**。

定义积分

$$I_\rho=\int_A\rho^2\,\mathrm{d}A\tag{A-7}$$

I_ρ 为图形的极惯性矩。

定义积分

$$I_{yz}=\int_A yz\,\mathrm{d}A\tag{A-8}$$

I_{yz} 为图形对于通过点 O 的一对坐标轴 y、z 的**惯性积**。

定义

$$\begin{cases} i_y=\sqrt{\dfrac{I_y}{A}} \\ i_z=\sqrt{\dfrac{I_z}{A}} \end{cases} \tag{A-9}$$

i_y、i_z 分别为图形对于 y 轴和 z 轴的**惯性半径**,也称为回转半径。

根据上述定义可知:(1) 惯性矩和极惯性矩恒为正;而惯性积则由于坐标轴位置的不同,可能为正,也可能为负。三者的单位均为 m^4 或 mm^4。

(2) 因为 $\rho^2=x^2+y^2$,所以由上述定义不难得到惯性矩与极惯性矩之间的下列关系

$$I_\rho=I_y+I_z \tag{A-10}$$

【例A-3】 已知矩形的高为 h,宽为 b。试用积分法计算图A-5所示矩形对其对称轴 y 和 z 的惯性矩。

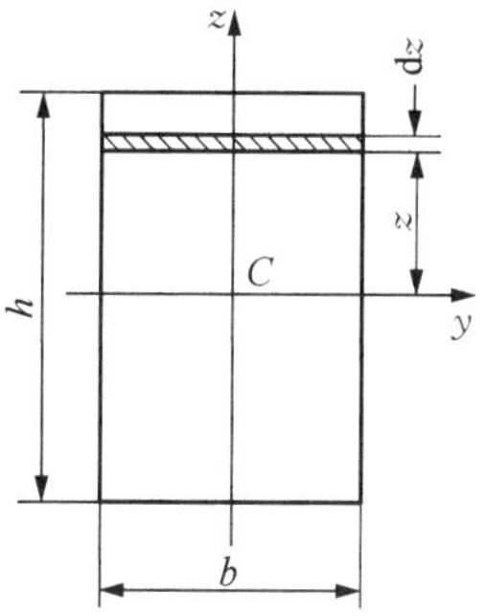

图A-5

【解】 先求对 y 轴的惯性矩。取平行于 y 轴的狭长条作为微面积 dA。则

$$dA=b\,dz$$

$$I_y=\int_A z^2 dA=\int_{-\frac{h}{2}}^{\frac{h}{2}} bz^2 dz=\frac{bh^3}{12} \tag{A-11a}$$

用完全相同的方法可以求得

$$I_z=\frac{hb^3}{12} \tag{A-11b}$$

【例A-4】 用积分法求如图A-6所示圆形截面的惯性矩。

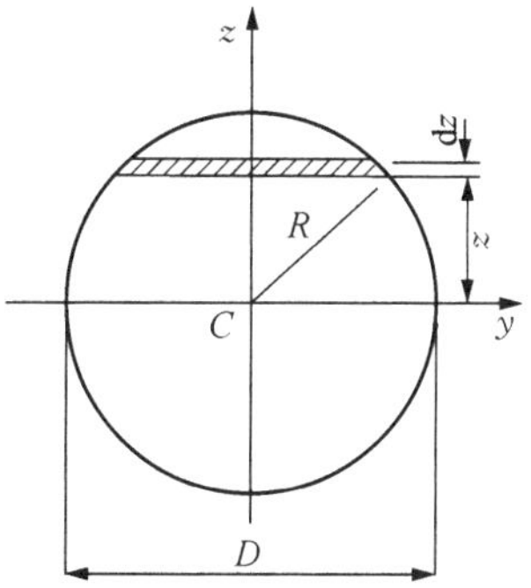

图A-6

【解】 如图所示取 dA,根据定义,则有

$$dA=2y\,dz=2\sqrt{R^2-z^2}\,dz$$

$$I_y=\int_A z^2 dA=\int_{-R}^{R} 2z^2\sqrt{R^2-z^2}\,dz=\frac{\pi R^4}{4}=\frac{\pi D^4}{64}$$

式中,D 为圆截面的直径。

z 轴和 y 轴都与圆的直径重合,根据对称性,必然有

$$I_y=I_z=\frac{\pi D^4}{64} \tag{A-12}$$

由公式(A-10),显然可以求得

$$I_\rho=I_y+I_z=\frac{\pi D^4}{32} \tag{A-13}$$

讨论 本例求出了实心圆形截面的惯性矩、极惯性矩。类似地,可以求得外直径为 D、内直径为 d 的圆环截面的惯性矩和极惯性矩表达式。这里直接给出,请读者自行推导。

$$I_y=I_z=\frac{\pi D^4}{64}(1-\alpha^4),\alpha=\frac{d}{D} \tag{A-14}$$

$$I_\rho=\frac{\pi D^4}{32}(1-\alpha^4),\alpha=\frac{d}{D} \tag{A-15}$$

对于上面例题中的矩形、圆形及环形，y 轴及 z 轴均为其对称轴，所以其惯性积 I_{yz} 均为零。

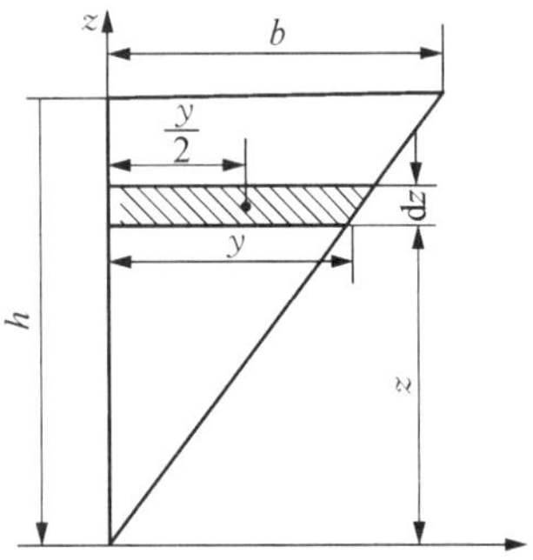

图 A-7

【例 A-5】 求如图 A-7 所示图形的 I_y 及 I_{yz}。

【解】 取平行于 y 轴的狭长矩形，则

$$dA=y\cdot dz$$

$$y=\frac{b}{h}z$$

根据惯性矩定义有

$$I_y=\int_A z^2 dA=\int_0^h \frac{b}{h}z^3 dz=\frac{bh^3}{4}$$

由惯性积定义 $I_{yz}=\int_A yz\,dA$，得

$$I_{yz}=\int_0^h z\cdot\frac{y}{2}y\,dz=\int_0^h\frac{b^2}{2h^2}z^3 dz=\frac{b^2h^2}{8}$$

需要指出的是，对于由简单几何图形组合成的图形，为避免复杂数学运算，一般都不采用积分的方法计算它们的惯性矩。而是利用简单图形的惯性矩计算结果以及图形对于不同坐标轴(例如，互相平行的坐标轴；不同方向的坐标轴)惯性矩之间的关系，由求和的方法求得。工程上常见的截面图形的惯性矩计算式，在“材料力学手册”以及其他工程手册中都可以查到，限于篇幅，这里不再介绍。

4. 平行移轴公式

同一平面图形对于平行的两对不同坐标轴的惯性矩或惯性积虽然不同，但当其中一对轴是图形的形心轴时，它们之间却存在着比较简单的关系。下面推导这种关系的表达式。

如图 A-8 所示为一任意截面，设平面图形的面积为 A，图形形心 C 在任一坐标系 yz 中的坐标为$(b,\ a)$，y_c、z_c 轴为图形的形心轴并分别与 y、z 轴平行。取微面积 dA，其在两坐标系中的坐标分别为$(y,\ z)$及$(y_c,\ z_c)$，由图 A-8 可见

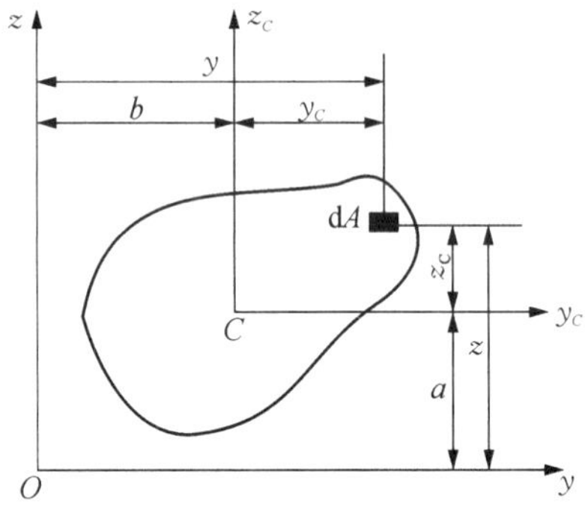

图 A-8

$$y=y_c+b,\ z=z_c+a \tag{a}$$

平面图形对于形心轴 y_c、z_c 的惯性矩及惯性积分别为

$$\begin{cases}I_{y_c}=\int_A z_c^2 dA\\ I_{z_c}=\int_A y_c^2 dA\\ I_{y_cz_c}=\int_A y_cz_c dA\end{cases} \tag{b}$$

平面图形对于 y 轴、z 轴的惯性矩及惯性积分别为

$$\begin{cases} I_y = \int_A z^2 \mathrm{d}A = \int_A (z_c + a)^2 \mathrm{d}A = \int_A z_c^2 \mathrm{d}A + 2a\int_A z_c \mathrm{d}A + a^2 \int_A \mathrm{d}A \\ I_z = \int_A y^2 \mathrm{d}A = \int_A (y_c + b)^2 \mathrm{d}A = \int_A y_c^2 \mathrm{d}A + 2b\int_A y_c \mathrm{d}A + b^2 \int_A \mathrm{d}A \\ I_{yz} = \int_A yz \mathrm{d}A = \int_A (y_c + b)(z_c + a) \mathrm{d}A = \int_A y_c z_c \mathrm{d}A + a\int_A y_c \mathrm{d}A + b\int_A z_c \mathrm{d}A + ab\int_A \mathrm{d}A \end{cases}$$

以上三式中的$\int_A z_c \mathrm{d}A$ 及$\int_A y_c \mathrm{d}A$ 分别为图形对形心轴 y_c 和 z_c 的静矩，其值等于零。$\int_A \mathrm{d}A = A$。再应用式(b)，则以上三式简化为

$$\begin{cases} I_y = I_{y_c} + a^2 A \\ I_z = I_{z_c} + b^2 A \\ I_{yz} = I_{y_c z_c} + abA \end{cases} \tag{A-16}$$

式(A-16)称为**惯性矩和惯性积的平行移轴公式**。由此式可以看出，a^2A 和 b^2A 恒为正值，故在图形对于一切相互平行的轴的惯性矩之中，对于形心轴的惯性矩值最小。注意到 b 和 a 是图形的形心在 yz 坐标系中的坐标，所以它们是有正负的，计算 abA 时需要注意。

【例 A-6】 由两个 8 号槽钢和两块钢板组成的截面，如图 A-9 所示，求 I_{y_c} 和 I_{z_c}。

【解】 (1) 计算 I_{y_c}。

根据平行移轴公式，求得每一钢板对 y_C 轴的惯性矩为

$$I_{y_c}^{\mathrm{I}} = \frac{10 \times 1^3}{12} + 10 \times 1 \times 4.5^2 = 203.3 \text{ cm}^4$$

从附录 B(型钢表)中查得每一槽钢对 y_C 轴的惯性矩为

$$I_{y_c}^{\mathrm{II}} = 101.3 \text{ cm}^4$$

则该组合截面对 y_c 轴的惯性矩为

$$I_{y_c} = 2(I_{y_c}^{\mathrm{I}} + I_{y_c}^{\mathrm{II}}) = 2 \times (203.3 + 101.3) = 609.2 \text{ cm}^4$$

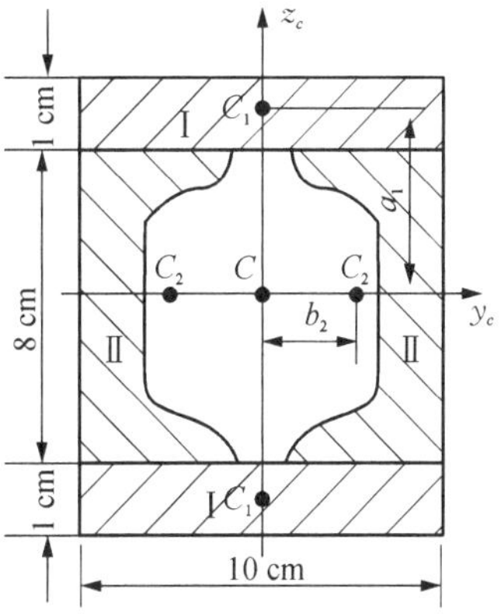

图 A-9

(2) 计算 I_{z_c}。

每一钢板对 z_C 轴的惯性矩为

$$I_{z_c}^{\mathrm{I}} = \frac{1 \times 10^3}{12} = 83.3 \text{ cm}^4$$

从附录 B(型钢表)中查得，每一槽钢的形心到外侧边缘的距离为 1.43 cm，则该形心 C_2 与 z_C 轴的距离为 $b_2 = 5 - 1.43 = 3.57$ cm。又从附录 B(型钢表)中查得槽钢对其形心轴 z 的惯性矩 I_z 及面积 A 分别为 $I_z = 16.6 \text{ cm}^4$，$A = 10.24 \text{ cm}^2$。故由平行轴公式得每一槽钢对 z_C 轴的惯性矩为

$$I_{z_c}^{\mathrm{II}} = 16.6 + 10.24 \times 3.57^2 = 146.6 \text{ cm}^4$$

最终可得到整个组合截面对 z_c 轴的惯性矩为

$$I_{z_c} = 2(I_{z_c}^{\mathrm{I}} + I_{z_c}^{\mathrm{II}}) = 2(83.3 + 146.6) = 459.8 \text{ cm}^4$$

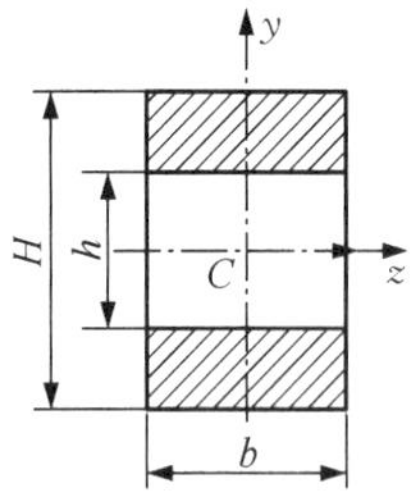

图 A-10

【例 A-7】 截面图形的几何尺寸如图 A-10 所示。试求图中具有断面线部分的惯性矩 I_y 和 I_z。

【解】 根据积分定义,具有断面线的图形对于 y 轴、z 轴的惯性矩,等于高为 H、宽为 b 的矩形对于 y 轴、z 轴的惯性矩,减去高为 h、宽为 b 的矩形对于相同轴的惯性矩,即

$$I_y=\frac{Hb^3}{12}-\frac{hb^3}{12}=\frac{b^3}{12}(H-h)$$

$$I_z=\frac{bH^3}{12}-\frac{bh^3}{12}=\frac{b}{12}(H^3-h^3)$$

上述方法称为**负面积法**,可用于圆形中有挖空部分的情形,计算比较简捷。

5. 转轴公式

当坐标轴绕原点旋转时,截面图形对于具有不同转角的各坐标轴的惯性矩或惯性积之间也存在着确定的关系式。

如图 A-11 所示为一任意截面,z, y 为过任一点 O 的一对正交轴,截面对 z 轴、y 轴惯性矩 I_z、I_y 和惯性积 I_{yz} 已知。现将 z 轴、y 轴绕 O 点旋转 α 角(以逆时针方向为正)得到另一对正交轴 z_1, y_1 轴,下面求截面对 z_1, y_1 轴惯性矩和惯性积 I_{z_1}、I_{y_1}、$I_{z_1y_1}$。

在截面图形中任取一面积单元 $\mathrm{d}A$,其在两坐标系上的坐标分别为(z, y)和(z_1, y_1),由图 A-11 中所示的几何关系可得

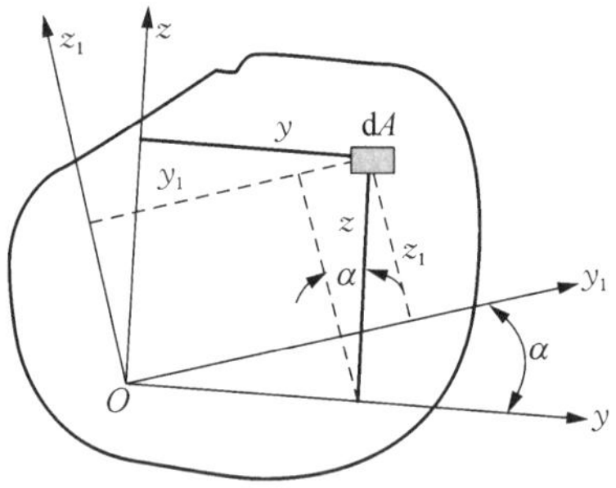

图 A-11

$$\begin{cases}z_1=z\cos\alpha+y\sin\alpha\\ y_1=y\cos\alpha-z\sin\alpha\end{cases}$$

根据定义,截面图形对 z_1 轴的惯性矩为

$$\begin{aligned}I_{z_1}&=\int_A y_1^2\mathrm{d}A=\int_A(y\cos\alpha-z\sin\alpha)^2\mathrm{d}A\\&=\cos^2\alpha\int_A y^2\mathrm{d}A+\sin^2\alpha\int_A z^2\mathrm{d}A-2\sin\alpha\cos\alpha\int_A zy\mathrm{d}A\end{aligned}$$

注意等号右侧三项中的积分分别为

$$\int_A z^2\mathrm{d}A=I_y,\ \int_A y^2\mathrm{d}A=I_z,\ \int_A zy\mathrm{d}A=I_{zy}$$

将以上三式代入 I_{z_1} 的计算公式,并利用三角函数倍角关系改写后得

$$I_{z_1}=\frac{I_z+I_y}{2}+\frac{I_z-I_y}{2}\cos 2\alpha-I_{yz}\sin 2\alpha \tag{A-17a}$$

同理可得

$$I_{y_1}=\frac{I_z+I_y}{2}-\frac{I_z-I_y}{2}\cos 2\alpha+I_{yz}\sin 2\alpha \tag{A-17b}$$

$$I_{y_1z_1}=\frac{I_z-I_y}{2}\sin 2\alpha+I_{yz}\cos 2\alpha \tag{A-17c}$$

式(A-17)即为**惯性矩和惯性积的转轴公式**。由转轴公式可以看出,当坐标轴旋转时,惯性矩 I_{z_1}、I_{y_1} 及 $I_{z_1y_1}$ 随转角作周期性的变化。

将式(A-17a)和式(A-17b)两式相加,得到

$$I_{z_1}+I_{y_1}=I_z+I_y \tag{A-18}$$

式(A-18)表明,当角度改变时,截面图形对于相互垂直的一对坐标系的惯性矩之和始终保持为一常量。由式(A-10)可见,这个常量就是截面图形对于坐标原点的极惯性矩。

6. 主轴与形心主轴、主惯性矩与形心主惯性矩的概念

由转轴公式(A-17)知道,当坐标轴绕原点旋转,α 角改变时,I_{y_1} 和 I_{z_1} 亦随之变化,但其和不变,见式(A-18)。因此,当 I_{y_1} 变至极大值时,I_{z_1} 必为极小值。

将式(A-17)对 α 求导数,并令其为零。

$$\frac{\mathrm{d}I_{y_1}}{\mathrm{d}\alpha}=-2\left[\frac{I_y-I_z}{2}\sin 2\alpha+I_{yz}\cos 2\alpha\right]=0$$

用 α_0 表示 I_{y_1} 有极值的 α,得

$$\tan 2\alpha_0=-\frac{2I_{yz}}{I_y-I_z} \tag{A-19}$$

由式(A-19)可求出相差90°的两个角 α_0 和 $\alpha_0\pm 90°$,从而确定了一对坐标轴 y_{α_0} 轴和 z_{α_0} 轴。平面图形对这一对轴中的一个轴的惯性矩为最大值 I_{max},而对另一个轴的惯性矩为最小值 I_{min}。由式(A-17c)容易看出,图形对这两个轴的惯性积为零。惯性矩有极值,惯性积为零的轴,称为**主惯性轴**,对主惯性轴的惯性矩称为**主惯性矩**。

将式(A-19)用余弦函数和正弦函数表示,即

$$\cos 2\alpha_0=\pm\frac{1}{\sqrt{1+\tan^2 2\alpha_0}}=\frac{\pm(I_y-I_z)}{\sqrt{(I_y-I_z)^2+4I_{yz}^2}}$$

$$\sin 2\alpha_0=\mp\frac{1}{\sqrt{1+\cot^2 2\alpha_0}}=\frac{\mp 2I_{yz}}{\sqrt{(I_y-I_z)^2+4I_{yz}^2}}$$

并代入式(A-17a)及式(A-17b),得主惯性矩计算公式为

$$\left.\begin{matrix}I_{max}\\I_{min}\end{matrix}\right\}=\frac{I_y+I_z}{2}\pm\sqrt{\left(\frac{I_y-I_z}{2}\right)^2+I_{yz}^2} \tag{A-20}$$

通过形心的主惯性轴称为**形心主惯性轴**,简称为**形心主轴**,对形心主惯性轴的惯性矩称为**形心主惯性矩**,简称为**形心主矩**。形心主轴与形心主矩对工程计算是中有意义的。

【例A-8】 确定如图A-12所示图形的形心主惯性轴位置,并计算形心主惯性矩。

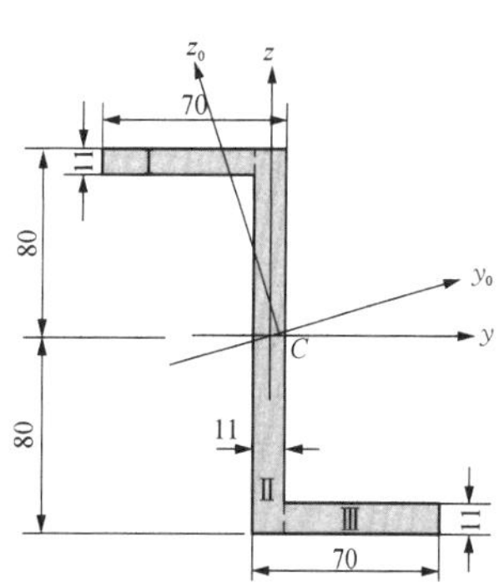

图A-12

【解】 (1) 由反对称性知图形的形心为 C。利用平行移轴公式分别求出各矩形对 y 轴和 z 轴的惯性矩和惯性积。

矩形Ⅰ:

$$I_y^{\mathrm{I}}=I_{y_{C_1}}^{\mathrm{I}}+a_1{}^2A_1=\frac{1}{12}\times 0.059\times 0.011^3+0.074\,5^2\times 0.011\times 0.059=360.9\ \mathrm{cm}^4$$

$$I_z^{\mathrm{I}} = I_{z_{C_1}}^{\mathrm{I}} + b_1{}^2 A_1 = \frac{1}{12} \times 0.059^3 \times 0.011 + (-0.035)^2 \times 0.011 \times 0.059 = 98.2\ \mathrm{cm}^4$$

$$I_{yz}^{\mathrm{I}} = I_{y_{C_1} z_{C_1}}^{\mathrm{I}} + abA_1 = 0 + (-0.035) \times 0.0745 \times 0.011 \times 0.059 = -169\ \mathrm{cm}^4$$

矩形Ⅱ：

$$I_y^{\mathrm{II}} = I_{y_{C_2}}^{\mathrm{II}} = \frac{1}{12} \times 0.011 \times 0.16^3 = 375.5\ \mathrm{cm}^4$$

$$I_z^{\mathrm{II}} = I_{z_{C_2}}^{\mathrm{II}} = \frac{1}{12} \times 0.16 \times 0.011^3 = 1.78\ \mathrm{cm}^4$$

$$I_{yz}^{\mathrm{II}} = 0$$

矩形Ⅲ：

$$I_y^{\mathrm{III}} = I_y^{\mathrm{I}} = 360.9\ \mathrm{cm}^4$$

$$I_z^{\mathrm{III}} = I_z^{\mathrm{I}} = 98.2\ \mathrm{cm}^4$$

$I_{yz}^{\mathrm{III}} = I_{yz}^{\mathrm{I}} = -169\ \mathrm{cm}^4$（$y$，$a$，$b$ 与分图形 I 均反号）

整个图形对 y 轴和 z 轴的惯性矩和惯性积为

$$I_y = I_y^{\mathrm{I}} + I_y^{\mathrm{II}} + I_y^{\mathrm{III}} = 1097.3\ \mathrm{cm}^4$$

$$I_z = I_z^{\mathrm{I}} + I_z^{\mathrm{II}} + I_z^{\mathrm{III}} = 198\ \mathrm{cm}^4$$

$$I_{yz} = I_{yz}^{\mathrm{I}} + I_{yz}^{\mathrm{II}} + I_{yz}^{\mathrm{III}} = -338\ \mathrm{cm}^4$$

(2) 将求得的 I_y、I_z、I_{yz} 代入式(A-17)得

$$\tan 2\alpha_0 = \frac{-2I_{yz}}{I_y - I_z} = \frac{-2 \times (-338)}{1\,097.3 - 198} = 0.752$$

则

$\alpha_0 = 18.5°$或 $\alpha_0 = 108.5°$

α_0 的两个值分别确定了形心主惯性轴 y_0 和 z_0 的位置，则

$$I_{y_0} = \frac{1\,097.3 + 198}{2} + \frac{1\,097.3 - 198}{2}\cos 37° - (-338)\sin 37° = 1\,210\ \mathrm{cm}^4$$

$$I_{z_0} = \frac{1\,097.3 + 198}{2} + \frac{1\,097.3 - 198}{2}\cos 217° - (-338)\sin 217° = 85\ \mathrm{cm}^4$$

习 题

A-1 关于如图 A-13 所示各截面中对 y 轴的静矩：(1)图 A-13(a)、(b)中阴影面积与非阴影面积有什么关系？为什么？(2)图 A-13(c)、(d)中阴影面积Ⅰ与Ⅱ的有什么关系？为什么？

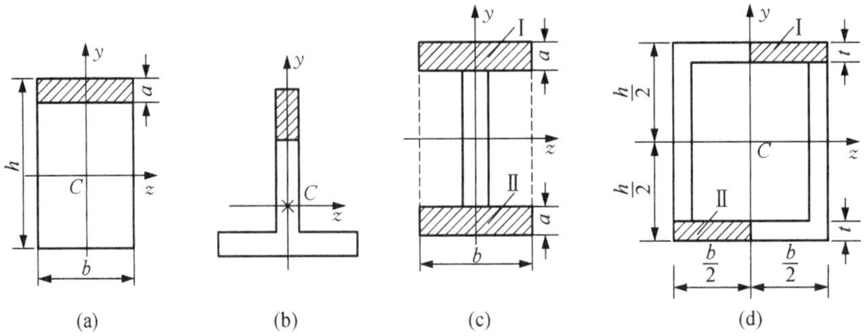

A-13

A-2　图 A-13(c)、(d)中阴影面积Ⅰ与Ⅱ的惯性矩 I_y，I_z 有什么关系？惯性积 I_{yz} 有什么关系？

A-3　图 A-14 中 C 是其截面形心。问哪些截面图形对坐标轴的惯性积等于零？哪些不等于零？为什么？

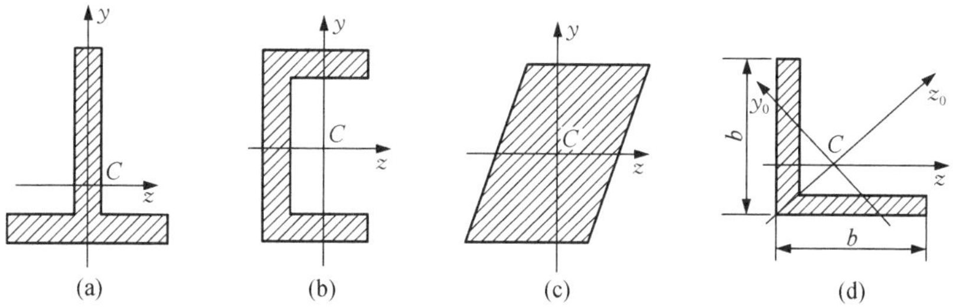

图 A-14

A-4　试确定如图 A-15 所示各截面的形心位置。

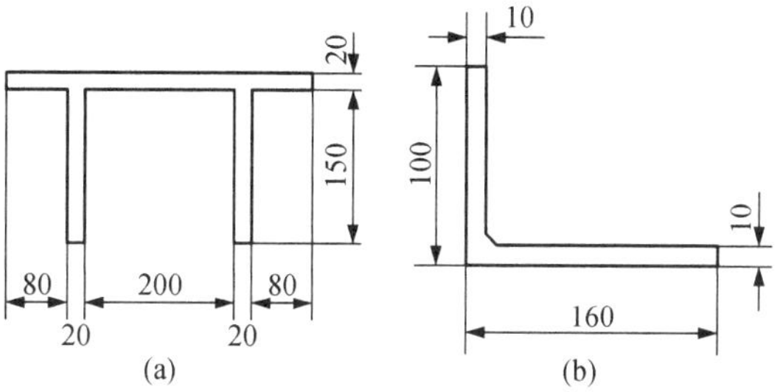

图 A-15

解答：(a) 距上边 $y_c = 46.4$ mm；(b) 距下边 $y_c = 23$ mm，距左边 $z_c = 53$ mm。

A-5　试求如图 A-16 所示各截面的阴影线面积对 z 轴的静矩。

解答：(a) $S_z = 24 \times 10^3 \text{mm}^3$；(b) $S_z = 520 \times 10^3 \text{mm}^3$。

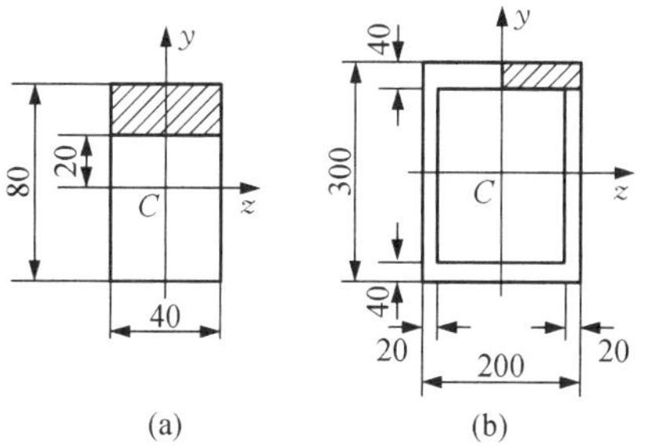

图 A-16

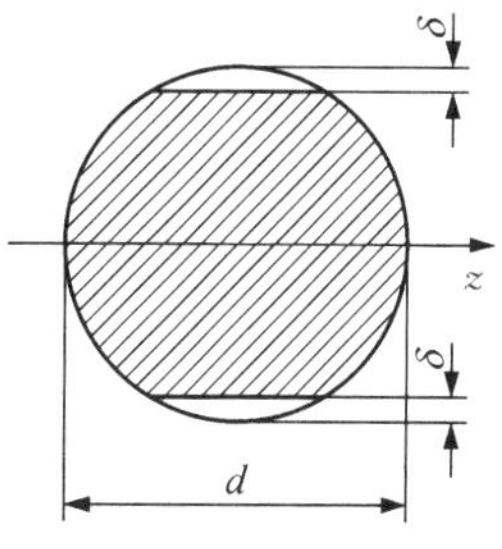

图 A-17

A-6　如图 A-17 所示直径 d=200 mm 的圆形截面，在其上、下对称地切去两个高 δ 为 20 mm 的弓形，试用积分法求余下阴影部分对其对称轴 z 的惯性矩。

解答：$I_z = 5.32 \times 10^7 \text{mm}^4$。

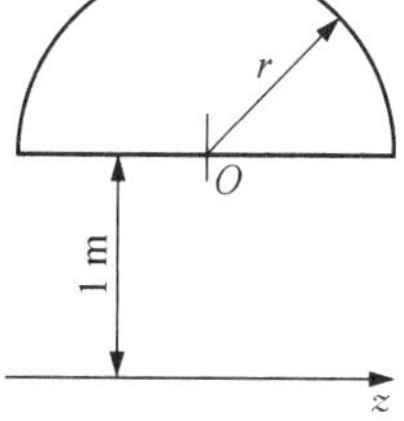

图 A-18

A-7　试求如图 A-18 所示 r=1 m 的半圆形截面对于 z 轴的惯性矩，其中 z 轴与半圆形的底边平行，相距 1 m。

解答：$I_z = 3.3 \text{ m}^4$。

A-8　在半径为 $4a$ 的圆截面中，开了一个的矩形孔，如图 A-19 所示。试求此截面对其水平形心轴和竖直形心轴的惯性矩。

解答：$I_z = 188.9a^4$，$I_y = 190.4a^4$。

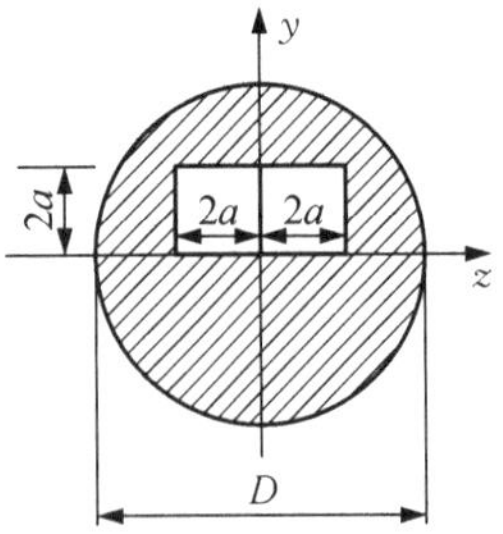

图 A-19

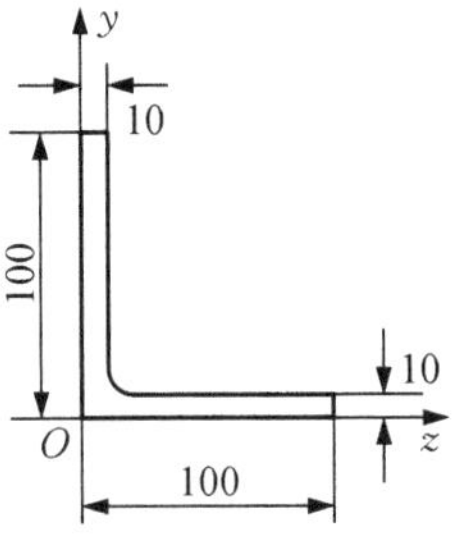

图 A-20

A-9 求如图 A-20 所示截面的惯性积。

解答：$I_{zy} = 4.98 \times 10^5 \text{mm}^4$。

A-10 由四个的等边角钢组成如图 A-21 所示两种形状的截面,试比较其形心主惯性矩和的大小。

解答:图形(a)比图形(b)的 I_z 和 I_y 均小 31%。

A-11 确定如图 A-22 所示截面的形心主惯性轴的位置,并求形心主惯性矩。

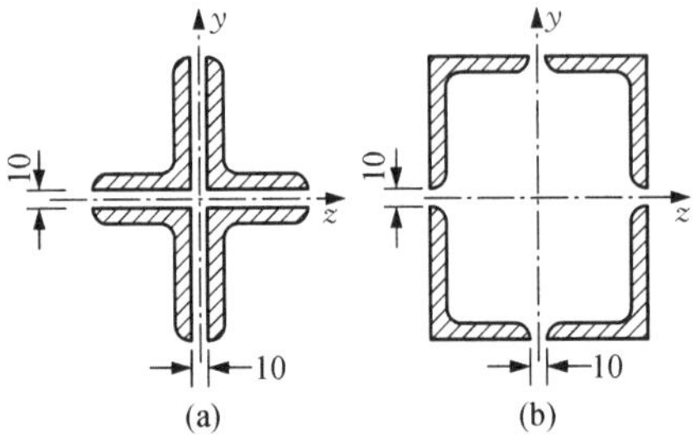

图 A-21

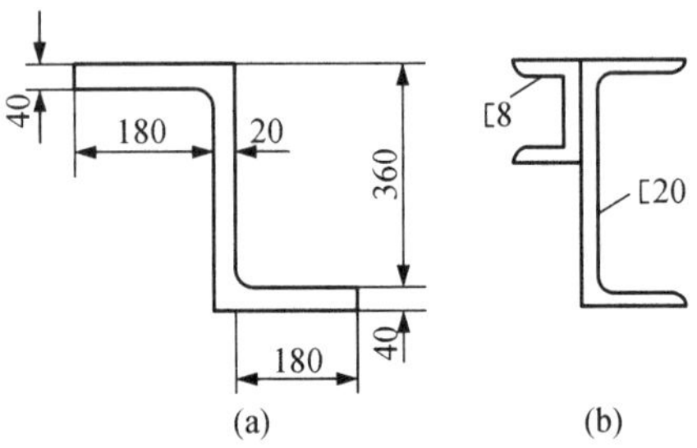

图 A-22

解答:(a) $a_0 = 26°25'$，$I_{z0} = 7.04 \times 10^8 \text{mm}^4$，$l_{y0} = 0.541 \times 10^8 \text{mm}^4$；

(b) $a_0 = 4°24'$，$I_{z0} = 2.31 \times 10^7 \text{mm}^4$，$l_{y0} = 0.237 \times 10^7 \text{mm}^4$。

A-12 确定图 A-23 所示图形的形心主轴和形心主惯性矩。

解答:(a) $I_y = 1.792 \times 10^6 \text{mm}^4$，$I_z = 5.843 \times 10^6 \text{mm}^4$；(b) $I_y = 1.674 \times 10^6 \text{mm}^4$，$I_z = 4.239 \times 10^6 \text{mm}^4$。

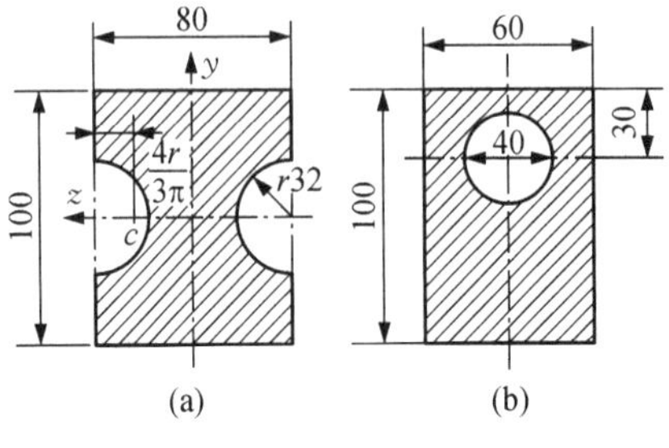

图 A-23

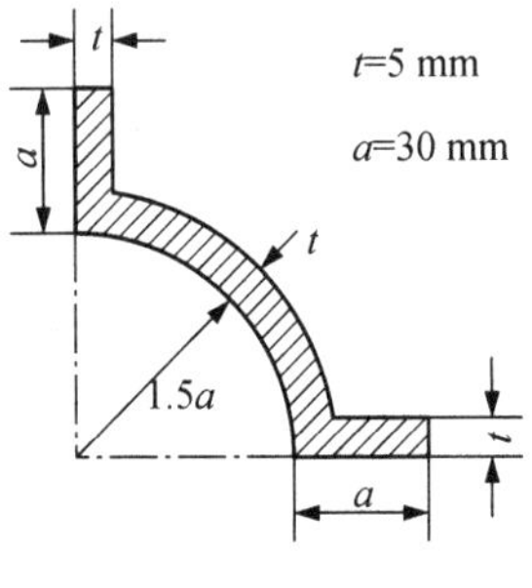

图 A-24

A-13 列表计算如图 A-24 所示组合图形的形心主轴位置及形心主惯性矩。

解答：$I_{z0} = 609\ 705 \text{ mm}^4$,($z_0$ 为对称轴)，$I_{y0} = 14\ 908 \text{ mm}^4$。

***A-14** (第八届全国周培源大学生力学竞赛试题)对称破缺的太极图:某宇航员在太空飞行的空闲时间,仔细

地从一块均质薄圆板上裁出了半个太极图形，并建立了与图形固结的坐标系 Oxz（图 A-25）。他惊奇地发现：虽然该图形不具有对称性，但仍具有很漂亮的几何性质：惯性矩 $I_x = I_z$。他怀疑上述性质是否具有普遍性，于是随意地将 Oxz 坐标系绕 O 点转动 α 角，得到新的坐标系 $Ox'z'$，仍然发现 $I_x{'} = I_z{'}$。接着他发现该图形在太空失重情况下不可能绕 z 轴平稳地旋转。看到手边正好有一些钢珠，质量分别为 $m_i = 1/16m \times i$（$i = 1, 2, \cdots, 16$），其中 m 是半太极图形的质量，他想尝试把钢珠黏在图形上……(1) 试证明该图形 $xzx'z'I = I = I = I$ 是否成立。(2) 不考虑钢珠的尺寸和黏接剂的质量，是否可能在某处黏上一颗钢珠后，图形就能平稳地绕 z 轴旋转？简要说明理由。

附录 A 补充习题（$P330$）

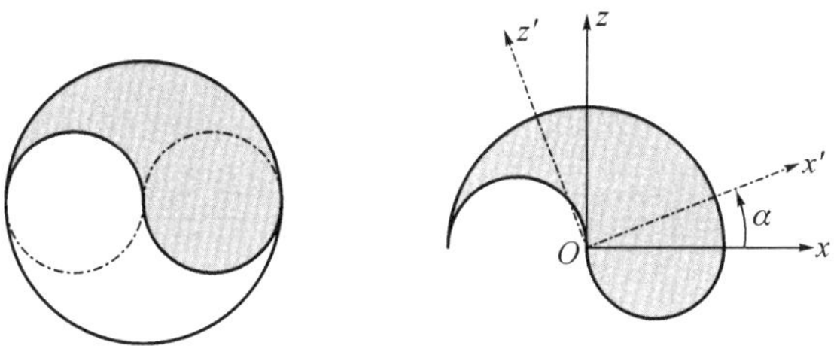

图 A-25

附录 B　型钢截面尺寸、截面面积、理论重量及截面特性

表 B-1　热轧工字型钢截面尺寸、截面面积、理论重量及截面特性(GB/T 706—2016)

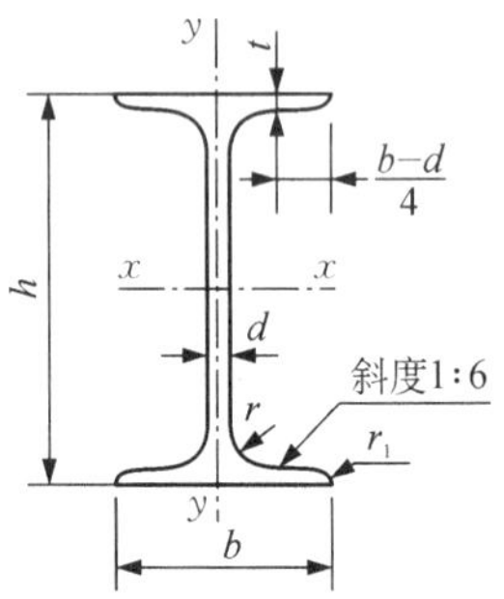

符号意义：
h——高度；
b——腿宽；
d——腰厚；
t——平均腿厚；
r——内圆弧半径；
r_1——腿端圆弧半径；
I——惯性矩；
W——截面模数；
i——惯性半径。

型号	截面尺寸/mm						截面面积/cm²	理论重量/(kg·m⁻¹)	外表面积/(m²·m⁻¹)	惯性矩/cm⁴		惯性半径/cm		截面模数/cm³	
	h	b	d	t	r	r_1				I_x	I_y	i_x	i_y	W_x	W_y
10	100	68	4.5	7.6	6.5	3.3	14.33	11.3	0.432	245	33.0	4.14	1.52	49.0	9.72
12	120	74	5.0	8.4	7.0	3.5	17.80	14.0	0.493	436	46.9	4.95	1.62	72.7	12.7
12.6	126	74	5.0	8.4	7.0	3.5	18.10	14.2	0.505	488	46.9	5.20	1.61	77.5	12.7
14	140	80	5.5	9.1	7.5	3.8	21.50	16.9	0.553	712	64.4	5.76	1.73	102	16.1
16	160	88	6.0	9.9	8.0	4.0	26.11	20.5	0.621	1130	93.1	6.58	1.89	141	21.2
18	180	94	6.5	10.7	8.5	4.3	30.74	24.1	0.681	1660	122	7.36	2.00	185	26.0
20a	200	100	7.0	11.4	9.0	4.5	35.55	27.9	0.742	2 370	158	8.15	2.12	237	31.5
20b		102	9.0				39.55	31.1	0.746	2 500	169	7.96	2.06	250	33.1
22a	220	110	7.5	12.3	9.5	4.8	42.10	33.1	0.817	3 400	225	8.99	2.31	309	40.9
22b		112	9.5				46.50	36.5	0.821	3 570	239	8.78	2.27	325	42.7
24a	240	116	8.0	13.0	10.0	5.0	47.71	37.5	0.878	4 570	280	9.77	2.42	381	48.4
24b		118	10.0				52.51	41.2	0.882	4 800	297	9.57	2.38	400	50.4
25a	250	116	8.0				48.51	38.1	0.898	5 020	280	10.2	2.40	402	48.3
25b		118	10.0				53.51	42.0	0.902	5 280	309	9.94	2.40	423	52.4

续　表

型号	截面尺寸/mm						截面面积/cm^2	理论重量/($kg \cdot m^{-1}$)	外表面积/($m^2 \cdot m^{-1}$)	惯性矩/cm^4		惯性半径/cm		截面模数/cm^3	
	h	b	d	t	r	r_1				I_x	I_y	i_x	i_y	W_x	W_y
27a	270	122	8.5	13.7	10.5	5.3	54.52	42.8	0.958	6 550	345	10.9	2.51	485	56.6
27b		124	10.5				59.92	47.0	0.962	6 870	366	10.7	2.47	509	58.9
28a	280	122	8.5				55.37	43.5	0.978	7 110	345	11.3	2.50	508	56.6
28b		124	10.5				60.97	47.9	0.982	7 480	379	11.1	2.49	534	61.2
30a	300	126	9.0	14.4	11.0	5.5	61.22	48.1	1.031	8 950	400	12.1	2.55	597	63.5
30b		128	11.0				67.22	52.8	1.035	9 400	422	11.8	2.50	627	65.9
30c		130	13.0				73.22	57.5	1.039	9 850	445	11.6	2.46	657	68.5
32a	320	130	9.5	15.0	11.5	5.8	67.12	52.7	1.084	11 100	460	12.8	2.62	692	70.8
32b		132	11.5				73.52	57.7	1.088	11 600	502	12.6	2.61	726	76.0
32c		134	13.5				79.92	62.7	1.092	12 200	544	12.3	2.61	760	81.2
36a	360	136	10.0	15.8	12.0	6.0	76.44	60.0	1.185	15 800	552	14.4	2.69	875	81.2
36b		138	12.0				83.64	65.7	1.189	16 500	582	14.1	2.64	919	84.3
36c		140	14.0				90.84	71.3	1.193	17 300	612	13.8	2.60	962	87.4
40a	400	142	10.5	16.5	12.5	6.3	86.07	67.7	1.285	21 700	660	15.9	2.77	1 090	93.2
40b		144	12.5				94.07	73.8	1.289	22 800	692	15.6	2.71	1 140	96.2
40c		146	14.5				102.1	80.1	1.293	23 900	727	15.2	2.65	1 190	99.6
45a	450	150	11.5	18.0	13.5	6.8	102.4	80.4	1.411	32 200	855	17.7	2.89	1 430	114
45b		152	13.5				111.4	87.4	1.415	33 800	894	17.4	2.84	1 500	118
45c		154	15.5				120.4	94.5	1.419	35 300	938	17.1	2.79	1 570	122
50a	500	158	12.0	20.0	14.0	7.0	119.2	93.6	1.539	46 500	1120	19.7	3.07	1 860	142
50b		160	14.0				129.2	101	1.543	48 600	1170	19.4	3.01	1 940	146
50c		162	16.0				139.2	109	1.547	50 600	1 220	19.0	2.96	2 080	151
55a	550	166	12.5	21.0	14.5	7.3	134.1	105	1.667	62 900	1 370	21.6	3.19	2 290	164
55b		168	14.5				145.1	114	1.671	65 600	1 420	21.2	3.14	2 390	170
55c		170	16.5				156.1	123	1.675	68 400	1 480	20.9	3.08	2 490	175
56a	560	166	12.5				135.4	106	1.687	65 600	1 370	22.0	3.18	2 340	165
56b		168	14.5				146.6	115	1.691	68 500	1 490	21.6	3.16	2 450	174
56c		170	16.5				157.8	124	1.695	71 400	1 560	21.3	3.16	2 550	183
63a	630	176	13.0	22.0	15.0	7.5	154.6	121	1.862	93 900	1 700	24.5	3.31	2 980	193
63b		178	15.0				167.2	131	1.866	98 100	1 810	24.2	3.29	3 160	204
63c		180	17.0				179.2	141	1.870	10 200	1 920	23.8	3.27	3 300	214

注：表中 r、r_1 的数据用于孔型设计，不做交货条件。

表 B-2　热轧槽钢截面尺寸、截面面积、理论重量及截面特性(GB/T 706—2016)

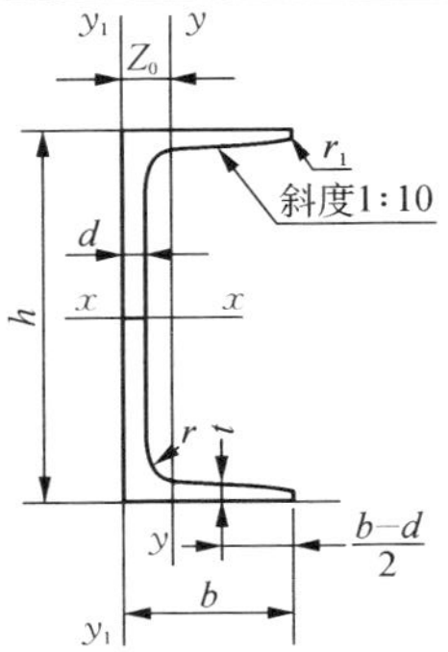

符号意义：
h——高度；
b——腿宽度；
d——腰厚度；
t——腿平均厚度；
r——内圆弧半径；
r_1——腿端圆弧半径；
I——惯性矩；
W——截面模数；
i——惯性半径；
Z_0——y—y 轴与 y_1—y_1 轴线间距。

型号	截面尺寸/mm						截面面积/cm^2	理论重量/$(kg\cdot m^{-1})$	外表面积/$(m^2\cdot m^{-1})$	惯性矩/cm^4			惯性半径/cm		截面模数/cm^3		重心距离/cm
	h	b	d	t	r	r_1				I_x	I_y	I_{y1}	i_x	i_y	W_x	W_y	Z_0
5	50	37	4.5	7.0	7.0	3.5	6.926	5.41	0.226	26.0	8.30	20.9	1.94	1.10	10.4	3.55	1.35
6.3	63	40	4.8	7.5	7.5	3.8	8.446	6.63	0.262	50.8	11.9	28.4	2.45	1.19	16.1	4.50	1.36
6.5	65	40	4.3	7.5	7.5	3.8	8.292	6.51	0.267	55.2	12.0	28.3	2.54	1.19	17.0	4.59	1.38
8	80	43	5.0	8.0	8.0	4.0	10.24	8.04	0.307	101	16.6	37.4	3.15	1.27	25.3	5.79	1.43
10	100	48	5.3	8.5	8.5	4.2	12.74	10.0	0.365	198	25.6	54.9	3.95	1.41	39.7	7.80	1.52
12	120	53	5.5	9.0	9.0	4.5	15.36	12.1	0.423	346	37.4	77.7	4.75	1.56	57.7	10.2	1.62
12.6	126	53	5.5	9.0	9.0	4.5	15.69	12.3	0.435	391	38.0	77.1	4.95	1.57	62.1	10.2	1.59
14a	140	58	6.0	9.5	9.5	4.8	18.51	14.5	0.480	564	53.2	107	5.52	1.70	80.5	13.0	1.71
14b		60	8.0				21.31	16.7	0.484	609	61.1	121	5.35	1.69	87.1	14.1	1.67
16a	160	63	6.5	10.0	10.0	5.0	21.95	17.2	0.538	866	73.3	144	6.28	1.83	108	16.3	1.80
16b		65	8.5				25.15	19.8	0.542	935	83.4	161	6.10	1.82	117	17.6	1.75
18a	180	68	7.0	10.5	10.5	5.2	25.69	20.2	0.596	1 270	98.6	190	7.04	1.96	141	20.0	1.88
18b		70	9.0				29.29	23.0	0.600	1 370	111	210	6.84	1.95	152	21.5	1.84
20a	200	73	7.0	11.0	11.0	5.5	28.83	22.6	0.654	1 780	128	244	7.86	2.11	178	24.2	2.01
20b		75	9.0				32.83	25.8	0.658	1 910	144	268	7.64	2.09	191	25.9	1.95
22a	220	77	7.0	11.5	11.5	5.8	31.83	25.0	0.709	2 390	158	298	8.67	2.23	218	28.2	2.10
22b		79	9.0				36.23	28.5	0.713	2 570	176	326	8.42	2.21	234	30.1	2.03

续 表

型号	截面尺寸/mm						截面面积/cm^2	理论重量/($kg \cdot m^{-1}$)	外表面积/($m^2 \cdot m^{-1}$)	惯性矩/cm^4			惯性半径/cm		截面模数/cm^3		重心距离/cm
	h	b	d	t	r	r_1				I_x	I_y	I_{y1}	i_x	i_y	W_x	W_y	Z_0
24a	240	78	7.0	12.0	12.0	6.0	34.21	26.9	0.752	3 050	174	325	9.45	2.25	254	30.5	2.10
24b		80	9.0				39.01	30.6	0.756	3 280	194	355	9.17	2.23	274	32.5	2.03
24c		82	11.0				43.81	34.4	0.760	3 510	213	388	8.96	2.21	293	34.4	2.00
25a	250	78	7.0				34.91	27.4	0.722	3 370	176	322	9.82	2.24	270	30.6	2.07
25b		80	9.0				39.91	31.3	0.776	3 530	196	353	9.41	2.22	282	32.7	1.98
25c		82	11.0				44.91	35.3	0.780	3 690	218	384	9.07	2.21	295	35.9	1.92
27a	270	82	7.5	12.5	12.5	6.2	39.27	30.8	0.826	4 360	216	393	10.5	2.34	323	35.5	2.13
27b		84	9.5				44.67	35.1	0.830	4 690	239	428	10.3	2.31	347	37.7	2.06
27c		86	11.5				50.07	39.3	0.834	5 020	261	467	10.1	2.28	372	39.8	2.03
28a	280	82	7.5				40.02	31.4	0.846	4 760	218	388	10.9	2.33	340	35.7	2.10
28b		84	9.5				45.62	35.8	0.850	5 130	242	428	10.6	2.30	366	37.9	2.02
28c		86	11.5				51.22	40.2	0.854	5 500	268	463	10.4	2.29	393	40.3	1.95
30a	300	85	7.5	13.5	13.5	6.8	43.89	34.5	0.897	6 050	260	467	11.7	2.43	403	41.1	2.17
30b		87	9.5				49.89	39.2	0.901	6 500	289	515	11.4	2.41	433	44.0	2.13
30c		89	11.5				55.80	43.9	0.905	6 950	316	560	11.2	2.38	463	46.4	2.09
32a	320	88	8.0	14.0	14.0	7.0	48.50	38.1	0.947	7 600	305	552	12.5	2.50	475	46.5	2.24
32b		90	10.0				54.90	43.1	0.951	8 140	336	593	12.2	2.47	509	49.2	2.16
32c		92	12.0				61.30	48.1	0.955	8 690	374	643	11.9	2.47	543	52.6	2.09
36a	360	96	9.0	16.0	16.0	8.0	60.89	47.8	1.053	11 900	455	818	14.0	2.73	660	63.5	2.44
36b		98	11.0				68.09	53.5	1.057	12 700	497	880	13.6	2.70	703	66.9	2.37
36c		100	13.0				75.29	59.1	1.061	13 400	536	948	13.4	2.67	746	70.0	2.34
40a	400	100	10.5	18.0	18.0	9.0	75.04	58.9	1.144	17 600	592	1070	15.3	2.81	879	78.8	2.49
40b		102	12.5				83.04	65.2	1.148	18 600	640	1140	15.0	2.78	932	82.5	2.44
40c		104	14.5				91.04	71.5	1.152	19 700	688	1220	14.7	2.75	986	86.2	2.42

注：表中 r，r_1 的数据用于孔型设计，不做交货条件。

表 B-3　热轧等边角钢截面尺寸、截面面积、理论重量及截面特性(GB/T 706—2016)

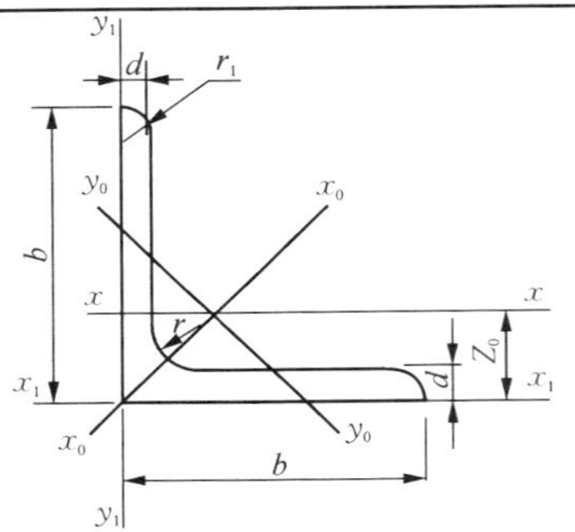

符号意义：
b——边宽；
d——边厚；
r——内圆弧半径；
r_1——边端圆弧半径；
I——惯性矩；
i——惯性半径；
W——截面模数；
Z_0——重心距离。

型号	截面尺寸/mm			截面面积/cm^2	理论重量/(kg·m^{-1})	外表面积/(m^2·m^{-1})	惯性矩/cm^4				惯性半径/cm			截面模数/cm^3			重心距离/cm
	b	d	r				I_x	I_{x1}	I_{x0}	I_{y0}	i_x	i_{x0}	i_{y0}	W_x	W_{x0}	W_{y0}	Z_0
2	20	3	3.5	1.132	0.89	0.078	0.40	0.81	0.63	0.17	0.59	0.75	0.39	0.29	0.45	0.20	0.60
		4		1.459	1.15	0.077	0.50	1.09	0.78	0.22	0.58	0.73	0.38	0.36	0.55	0.24	0.64
2.5	25	3		1.432	1.12	0.098	0.82	1.57	1.29	0.34	0.76	0.95	0.49	0.46	0.73	0.33	0.73
		4		1.859	1.46	0.097	1.03	2.11	1.62	0.43	0.74	0.93	0.48	0.59	0.92	0.40	0.76
3	30	3	4.5	1.749	1.37	0.117	1.46	2.71	2.31	0.61	0.91	1.15	0.59	0.68	1.09	0.51	0.85
		4		2.276	1.79	0.117	1.84	3.63	2.92	0.77	0.90	1.13	0.58	0.87	1.37	0.62	0.89
3.6	36	3		2.109	1.66	0.141	2.58	4.68	4.09	1.07	1.11	1.39	0.71	0.99	1.61	0.76	1.00
		4		2.756	2.16	0.141	3.29	6.25	5.22	1.37	1.09	1.38	0.70	1.28	2.05	0.93	1.04
		5		3.328	2.65	0.141	3.95	7.84	6.24	1.65	1.08	1.36	0.70	1.56	2.45	1.00	1.07
4	40	3	5	2.359	1.85	0.157	6.59	6.41	5.69	1.49	1.23	1.55	0.79	1.23	2.01	0.96	1.09
		4		3.086	2.42	0.157	4.60	8.56	7.29	1.91	1.22	1.54	0.79	1.60	2.58	1.19	1.13
		5		3.792	2.98	0.156	5.53	10.7	8.76	2.30	1.21	1.52	0.78	1.96	3.10	1.39	1.17
4.5	45	3		2.659	2.09	0.177	5.17	9.12	8.20	2.14	1.40	1.76	0.89	1.58	2.58	1.24	1.22
		4		3.486	2.74	0.177	6.65	12.2	10.6	2.75	1.38	1.74	0.89	2.05	3.32	1.54	1.26
		5		4.292	3.37	0.176	8.04	15.2	12.7	3.33	1.37	1.72	0.88	2.51	4.00	1.81	1.30
		6		5.077	3.99	0.176	9.33	18.4	14.8	3.89	1.36	1.70	0.80	2.95	2.64	2.06	1.33

续 表

型号	截面尺寸/mm			截面面积/cm^2	理论重量/($kg\cdot m^{-1}$)	外表面积/($m^2\cdot m^{-1}$)	惯性矩/cm^4				惯性半径/cm			截面模数/cm^3			重心距离/cm
	b	d	r				I_x	I_{x1}	I_{x0}	I_{y0}	i_x	i_{x0}	i_{y0}	W_x	W_{x0}	W_{y0}	Z_0
5	50	3	5.5	2.971	2.33	0.197	7.18	12.5	11.4	2.98	1.55	1.96	1.00	1.96	3.22	1.57	1.34
		4		3.897	3.06	0.197	9.26	16.7	14.7	3.82	1.54	1.94	0.99	2.56	4.16	1.96	1.38
		5		4.803	3.77	0.196	11.2	20.9	17.8	4.64	1.53	1.92	0.98	3.13	5.03	2.31	1.42
		6		5.688	4.46	0.196	13.1	25.1	20.7	5.42	1.52	1.91	0.98	3.68	5.85	2.63	1.46
5.6	56	3	6	3.343	2.62	0.221	10.2	17.6	16.1	4.24	1.75	2.20	1.13	2.48	4.08	2.02	1.48
		4		4.390	3.45	0.220	13.2	23.4	20.9	5.46	1.73	2.18	1.11	3.24	5.28	2.52	1.53
		5		5.415	4.25	0.220	16.0	29.3	25.4	6.61	1.72	2.17	1.10	3.97	6.42	2.98	1.57
		6		6.420	5.04	0.220	18.7	35.3	29.7	7.73	1.71	2.15	1.10	4.68	7.49	3.40	1.61
		7		7.404	5.81	0.219	21.2	41.2	33.6	8.82	1.69	2.13	1.09	5.36	8.49	3.80	1.64
		8		8.367	6.57	0.219	23.6	47.2	37.4	9.89	1.68	2.11	1.09	6.03	9.44	4.16	1.68
6	60	5	6.5	5.829	4.58	0.236	19.9	36.1	31.6	8.21	1.85	2.33	1.19	4.59	7.44	3.48	1.67
		6		6.914	5.43	0.235	23.4	43.3	36.9	9.60	1.83	2.31	1.18	5.41	8.70	3.98	1.70
		7		7.977	6.26	0.235	26.4	50.7	41.9	11.0	1.82	2.29	1.17	6.21	9.88	4.45	1.74
		8		9.020	7.08	0.235	29.5	58.0	46.7	12.3	1.81	2.27	1.17	6.98	11.0	4.88	1.78
6.3	63	4	7	4.978	3.91	0.248	19.0	33.4	30.2	7.89	1.96	2.46	1.26	4.13	6.78	3.29	1.70
		5		6.143	4.82	0.248	23.2	41.7	36.8	9.57	1.94	2.45	1.25	5.08	8.25	3.90	1.74
		6		7.288	5.72	0.247	27.1	50.1	43.0	11.2	1.93	2.43	1.24	6.00	9.66	4.46	1.78
		7		8.412	6.60	0.247	30.9	58.6	49.0	12.8	1.92	2.41	1.23	6.88	11.0	4.98	1.82
		8		9.515	7.47	0.247	34.5	67.1	54.6	14.3	1.90	2.40	1.23	7.75	12.3	5.47	1.85
		10		11.660	9.15	0.246	41.1	84.3	64.9	17.3	1.88	2.36	1.22	9.39	14.6	6.36	1.93
7	70	4	8	5.570	4.37	0.275	26.4	45.7	41.8	11.0	2.18	2.74	1.40	5.14	8.44	4.17	1.86
		5		6.876	5.40	0.275	32.2	57.2	51.1	13.3	2.16	2.73	1.39	6.32	10.3	4.95	1.91
		6		8.160	6.41	0.275	37.8	68.7	59.9	15.6	2.15	2.71	1.38	7.48	12.1	5.67	1.95
		7		9.424	7.40	0.275	43.1	80.3	68.4	17.8	2.14	2.69	1.38	8.59	13.8	6.34	1.99
		8		10.670	8.37	0.274	48.2	91.9	76.4	20.0	2.12	2.68	1.37	9.68	15.4	6.98	2.03

续表

型号	截面尺寸/mm			截面面积/cm^2	理论重量/$(kg\cdot m^{-1})$	外表面积/$(m^2\cdot m^{-1})$	惯性矩/cm^4				惯性半径/cm			截面模数/cm^3			重心距离/cm
	b	d	r				I_x	I_{x1}	I_{x0}	I_{y0}	i_x	i_{x0}	i_{y0}	W_x	W_{x0}	W_{y0}	Z_0
7.5	75	5	9	7.412	5.82	0.295	40.0	70.6	63.3	16.6	2.33	2.92	1.50	7.32	11.9	5.77	2.04
		6		8.797	6.91	0.294	47.0	84.6	74.4	19.5	2.31	2.90	1.49	8.64	14.0	6.67	2.07
		7		10.16	7.98	0.294	53.6	98.7	85.0	22.2	2.30	2.89	1.48	9.93	16.0	7.44	2.11
		8		11.50	9.03	0.294	60.0	113	95.1	24.9	2.28	2.88	1.47	11.2	17.9	8.19	2.15
		9		12.83	10.1	0.294	66.1	127	105	27.5	2.27	2.86	1.46	12.4	19.8	8.89	2.18
		10		14.13	11.1	0.293	72.0	142	114	30.1	2.26	2.84	1.46	13.6	21.5	9.56	2.22
8	80	5		7.912	6.21	0.315	48.8	85.4	77.3	20.3	2.48	3.13	1.60	8.34	13.7	6.66	2.15
		6		9.397	7.38	0.314	57.4	103	91.0	23.7	2.47	3.11	1.59	9.87	16.1	7.65	2.19
		7		10.86	8.53	0.314	65.6	120	104	27.1	2.46	3.10	1.58	11.4	18.4	8.58	2.23
		8		12.30	9.66	0.314	73.5	137	117	30.4	2.44	3.08	1.57	12.8	20.6	9.46	2.27
		9		13.73	10.8	0.314	81.1	154	129	33.6	2.43	3.06	1.56	14.3	22.7	10.3	2.31
		10		15.13	11.9	0.313	88.4	172	140	36.8	2.42	3.04	1.56	15.6	24.8	11.1	2.35
9	90	6	10	10.64	8.35	0.354	82.8	146	131	34.3	2.79	3.51	1.80	12.6	20.6	9.95	2.44
		7		12.30	9.66	0.354	94.8	170	150	39.2	2.78	3.50	1.78	14.5	23.6	11.2	2.48
		8		13.94	10.9	0.353	106	195	169	44.0	2.76	3.48	1.78	16.4	26.6	12.4	2.52
		9		15.57	12.2	0.353	118	219	187	48.7	2.75	3.46	1.77	18.3	29.4	13.5	2.56
		10		17.17	13.5	0.353	129	244	204	53.3	2.74	3.45	1.76	20.1	32.0	14.5	2.59
		12		20.31	15.9	0.352	149	294	236	62.2	2.71	3.41	1.75	23.6	37.1	16.5	2.67
10	100	6	12	11.93	9.37	0.393	115	200	182	47.9	3.10	3.90	2.00	15.7	25.7	12.7	2.67
		7		13.80	10.8	0.393	132	234	209	54.7	3.09	3.89	1.99	18.1	29.6	14.3	2.71
		8		15.64	12.3	0.393	148	267	235	61.4	3.08	3.88	1.98	20.5	33.2	15.8	2.76
		9		17.64	13.7	0.392	164	300	260	68.0	3.07	3.86	1.97	22.8	36.8	17.2	2.80
		10		19.26	15.1	0.392	180	334	285	74.4	3.05	3.84	1.96	25.1	40.3	18.5	2.84
		12		22.80	17.9	0.391	209	402	331	86.8	3.03	3.81	1.95	29.5	46.8	21.1	2.91
		14		26.26	20.6	0.391	237	471	374	99.0	3.00	3.77	1.94	33.7	52.9	23.4	2.99
		16		29.63	23.3	0.390	263	540	414	111	2.98	3.74	1.94	37.8	58.6	25.6	3.06

续　表

型号	截面尺寸/mm			截面面积/cm^2	理论重量/$(kg \cdot m^{-1})$	外表面积/$(m^2 \cdot m^{-1})$	惯性矩/cm^4				惯性半径/cm			截面模数/cm^3			重心距离/cm
	b	d	r				I_x	I_{x1}	I_{x0}	I_{y0}	i_x	i_{x0}	i_{y0}	W_x	W_{x0}	W_{y0}	Z_0
11	110	7	12	15.20	11.9	0.433	177	311	281	73.4	3.41	4.30	2.20	22.1	36.1	17.5	2.96
		8		17.24	13.5	0.433	199	355	316	82.4	3.40	4.28	2.19	25.0	40.7	19.4	3.01
		10		21.26	16.7	0.432	242	445	384	100	3.38	4.25	2.17	30.6	49.4	22.9	3.09
		12		25.20	19.8	0.431	283	535	448	117	3.35	4.22	2.15	36.1	57.6	26.2	3.16
		14		29.06	22.8	0.431	321	625	508	133	3.32	4.18	2.14	41.3	65.3	29.1	3.24
12.5	125	8	14	19.75	15.5	0.492	297	521	471	123	3.88	4.88	2.50	32.5	53.3	25.9	3.37
		10		24.37	19.1	0.491	362	652	574	149	3.85	4.85	2.48	40.0	64.9	30.6	3.45
		12		28.91	22.7	0.491	423	783	671	175	3.83	4.82	2.46	41.2	76.0	35.0	3.53
		14		33.37	26.2	0.490	482	916	764	200	3.80	4.78	2.45	54.2	86.4	39.1	3.61
		16		37.74	29.6	0.489	537	1 050	851	224	3.77	4.75	2.43	60.9	96.3	43.0	3.68
14	140	10		27.37	21.5	0.551	515	915	817	212	4.34	5.46	2.78	50.6	82.6	39.2	3.82
		12		32.51	25.5	0.551	604	1 100	959	249	4.31	5.43	2.76	59.8	96.9	45.0	3.90
		14		37.57	29.5	0.550	689	1 280	1 090	284	4.28	5.40	2.75	68.8	110	50.5	3.98
		16		42.54	33.4	0.549	770	1 470	1 220	319	4.26	5.36	2.74	77.5	123	55.6	4.06
15	150	8		23.75	18.6	0.592	521	900	827	215	4.69	5.90	3.01	47.4	78.0	38.1	3.99
		10		29.37	23.1	0.591	638	1 130	1 010	262	4.66	5.87	2.99	58.4	95.5	45.5	4.08
		12		34.91	27.4	0.591	749	1 350	1 190	308	4.63	5.84	2.97	69.0	112	52.4	4.15
		14		40.37	31.7	0.590	856	1 580	1 360	352	4.60	5.80	2.95	79.5	128	58.8	4.23
		15		43.06	33.8	0.590	907	1 690	1 440	374	4.59	5.78	2.95	84.6	136	61.9	4.27
		16		45.74	35.9	0.589	958	1 810	1 520	395	4.58	5.77	2.94	89.6	143	64.9	4.31
16	160	10	16	31.50	24.7	0.630	780	1 370	1 240	322	4.98	6.27	3.20	66.7	109	52.8	4.31
		12		37.44	29.4	0.630	917	1 640	1 460	377	4.95	6.24	3.18	79.0	129	60.7	4.39
		14		43.30	34.0	0.629	1 050	1 910	1 670	432	4.92	6.20	3.16	91.0	147	68.2	4.47
		16		49.C7	38.5	0.629	1 180	2 190	1 870	485	4.89	6.17	3.14	103	165	75.3	4.55

续 表

型号	截面尺寸/mm			截面面积/cm^2	理论重量/(kg·m^{-1})	外表面积/(m^2·m^{-1})	惯性矩/cm^4				惯性半径/cm			截面模数/cm^3			重心距离/cm
	b	d	r				I_x	I_{x1}	I_{x0}	I_{y0}	i_x	i_{x0}	i_{y0}	W_x	W_{x0}	W_{y0}	Z_0
18	180	12	16	42.24	33.2	0.710	1 320	2 330	2 100	643	5.59	7.05	3.58	101	165	78.4	4.89
		14		48.90	38.4	0.709	1 510	2 720	2 410	622	5.56	7.02	3.56	116	189	88.4	4.97
		16		55.47	43.5	0.709	1 700	3 120	2 700	699	5.54	6.98	3.55	131	212	97.8	5.05
		18		61.96	48.6	0.708	1 880	3 500	2 990	762	5.50	6.94	3.51	146	235	105	5.13
20	200	14	18	54.64	42.9	0.788	2 100	3 730	3 430	864	6.20	7.82	3.98	145	236	112	5.46
		16		62.01	48.7	0.788	2 370	4 270	3 760	971	6.18	7.79	3.96	164	266	124	5.54
		18		69.30	54.4	0.787	2 620	4 810	4 160	1 080	6.15	7.75	3.94	182	294	136	5.62
		20		76.51	60.1	0.787	2 870	5 350	4 550	1 180	6.12	7.72	3.93	200	322	147	5.69
		24		90.66	71.2	0.785	3 340	6 460	5 290	1 380	6.07	7.64	3.90	236	374	167	5.87
22	220	16	21	68.67	53.9	0.866	3 190	5 680	5 060	1 310	6.81	8.59	4.37	200	326	154	6.03
		18		76.75	60.3	0.866	3 540	6 400	5 620	1 450	6.79	8.55	4.35	223	361	168	6.11
		20		84.76	66.5	0.865	3 870	7 110	6 150	1 590	6.76	8.52	4.34	245	395	182	6.18
		22		92.68	72.8	0.865	4 200	7 830	6 670	1 730	6.73	8.48	4.32	267	429	195	6.26
		24		100.5	78.9	0.864	4 520	8 550	7 170	1 870	6.71	8.45	4.31	289	461	208	6.33
		26		108.3	85.0	0.864	4 830	9 280	7 690	2 000	6.68	8.41	4.30	310	492	221	6.41
25	250	18	24	87.84	69.0	0.985	5 270	9 380	8 370	2 170	7.75	9.76	4.97	290	473	224	6.84
		20		97.05	76.2	0.984	5 780	10 400	9 180	2 380	7.72	9.73	4.95	320	519	243	6.92
		22		106.2	83.3	0.983	6 280	11 500	9 970	2 580	7.69	9.69	4.93	349	564	261	7.00
		24		115.2	90.4	0.983	6 770	12 500	10 700	2 790	7.67	9.66	4.92	378	608	278	7.07
		26		124.2	97.5	0.982	7 240	13 600	11 500	2 980	7.64	9.62	4.90	406	650	295	7.15
		28		133.0	104	0.982	7 700	14 600	12 200	3 180	7.61	9.58	4.89	433	691	311	7.22
		30		141.8	111	0.981	8 160	15 700	12 900	3 380	7.58	9.55	4.88	461	731	327	7.30
		32		150.5	118	0.981	8 600	16 800	13 600	3 570	7.56	9.51	4.87	488	770	342	7.37
		35		163.4	128	0.980	9 240	18 400	14 600	3 850	7.52	9.46	4.86	527	827	364	7.48

注：截面图中的 $r_1=1/3d$ 及表中 r 的数据用于孔型设计，不做交货条件。

表 B-4　热轧不等边角钢截面尺寸、截面面积、理论重量及截面特性(GB/T 706—2016)

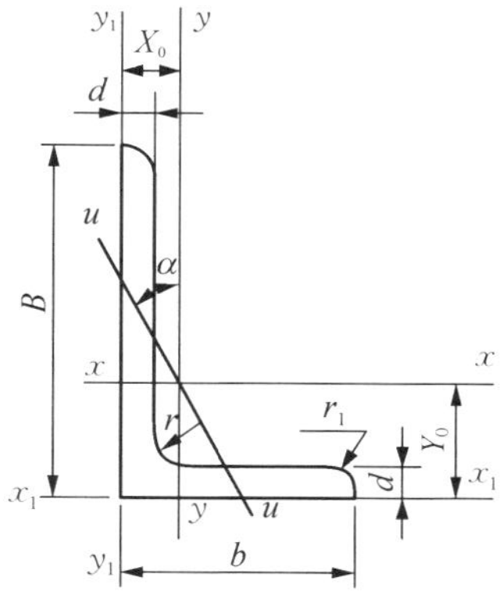

符号意义：
B——长边宽度；　b——短边宽度；
d——边厚度；　r——内圆弧半径；
r_1——边端圆弧半径；　I——惯性矩；
i——惯性半径；　W——截面模数；
X_0——重心距离；　Y_0——重心距离。

型号	截面尺寸/mm				截面面积/cm²	理论重量/(kg·m⁻¹)	外表面积/(m²·m⁻¹)	惯性矩/cm⁴					惯性半径/cm			截面模数/cm³			tan α	重心距离/cm	
	B	b	d	r				I_x	I_{x1}	I_y	I_{y1}	I_u	i_x	i_y	i_u	W_x	W_y	W_u		X_0	Y_0
2.5/1.6	25	16	3	3.5	1.162	0.91	0.080	0.70	1.56	0.22	0.43	0.14	0.78	0.44	0.34	0.43	0.19	0.16	0.392	0.42	0.86
			4		1.499	1.18	0.079	0.88	2.09	0.27	0.59	0.17	0.77	0.43	0.34	0.55	0.24	0.20	0.381	0.46	0.90
3.2/2	32	20	3		1.492	1.17	0.102	1.53	3.27	0.46	0.82	0.28	1.01	0.55	0.43	0.72	0.30	0.25	0.382	0.49	1.08
			4		1.939	1.52	0.101	1.93	4.37	0.57	1.12	0.35	1.00	0.54	0.42	0.93	0.39	0.32	0.374	0.53	1.12
4/2.5	40	25	3	4	1.890	1.48	0.127	3.08	5.39	0.93	1.59	0.56	1.28	0.70	0.54	1.15	0.49	0.40	0.385	0.59	1.32
			4		2.467	1.94	0.127	3.93	8.53	1.18	2.14	0.71	1.36	0.69	0.54	1.49	0.63	0.52	0.381	0.63	1.37
4.5/2.8	45	28	3	5	2.149	1.69	0.143	4.45	9.10	1.34	2.23	0.80	1.44	0.79	0.61	1.47	0.62	0.51	0.383	0.64	1.47
			4		2.806	2.20	0.143	5.69	12.1	1.70	3.00	1.02	1.42	0.78	0.60	1.91	0.80	0.66	0.380	0.68	1.51
5/3.2	50	32	3	5.5	2.431	1.91	0.161	6.24	12.5	2.02	3.31	1.20	1.60	0.91	0.70	1.84	0.82	0.68	0.404	0.73	1.60
			4		3.177	2.49	0.160	8.02	16.7	2.58	4.45	1.53	1.59	0.90	0.69	2.39	1.06	0.87	0.402	0.77	1.65
5.6/3.6	56	36	3	6	2.743	2.15	0.181	8.88	17.5	2.92	4.7	1.73	1.80	1.03	0.79	2.32	1.05	0.87	0.408	0.80	1.78
			4		3.590	2.82	0.180	11.5	23.4	3.76	6.33	2.23	1.79	1.02	0.79	3.03	1.37	1.13	0.408	0.85	1.82
			5		4.415	3.47	0.180	13.9	29.3	4.49	7.94	2.67	1.77	1.01	0.78	3.71	1.65	1.36	0.404	0.88	1.87

续 表

型号	截面尺寸/mm				截面面积/cm²	理论重量/(kg·m⁻¹)	外表面积/(m²·m⁻¹)	惯性矩/cm⁴					惯性半径/cm			截面模数/cm³			tan α	重心距离/cm	
	B	b	d	r				I_x	I_{x1}	I_y	I_{y1}	I_u	i_x	i_y	i_u	W_x	W_y	W_u		X_0	Y_0
6.3/4	63	40	4	7	4.058	3.19	0.202	16.5	33.3	5.23	8.63	3.12	2.02	1.14	0.88	3.87	1.70	1.40	0.398	0.92	2.04
			5		4.998	3.92	0.202	20.0	41.6	6.31	10.9	3.76	2.00	1.12	0.87	4.74	2.07	1.71	0.396	0.95	2.04
			6		5.908	4.64	0.201	23.4	50.0	7.29	13.1	4.34	1.96	1.11	0.86	5.59	2.43	1.99	0.393	0.95	2.08
			7		6.802	5.34	0.201	26.5	58.1	8.24	15.5	4.97	1.98	1.10	0.86	6.40	2.78	2.29	0.389	1.03	2.15
7/4.5	70	45	4	7.5	4.553	3.57	0.226	23.2	45.9	7.55	12.3	4.40	2.26	1.29	0.98	4.86	2.17	1.77	0.410	1.02	2.24
			5		5.609	4.40	0.225	28.0	57.1	9.13	15.4	5.40	2.23	1.28	0.98	5.92	2.65	2.19	0.407	1.06	2.28
			6		6.644	5.22	0.225	32.5	68.4	10.6	18.6	6.35	2.21	1.26	0.98	6.95	3.12	2.59	0.404	1.09	2.32
			7		7.658	6.01	0.225	37.2	80.0	12.0	21.8	7.16	2.20	1.25	0.97	8.03	3.57	2.94	0.402	1.13	2.36
7.5/5	75	50	5	8	6.126	4.81	0.245	34.9	70.0	12.6	21.0	7.41	2.39	1.44	1.10	6.83	3.30	2.74	0.435	1.17	2.40
			6		7.260	5.70	0.245	41.1	84.3	14.7	25.4	8.54	2.38	1.42	1.08	8.12	3.88	3.19	0.435	1.21	2.44
			8		9.467	7.43	0.244	52.4	113	18.5	34.2	10.9	2.35	1.40	1.07	10.50	4.99	4.10	0.429	1.29	2.52
			10		11.59	9.10	0.244	62.7	141	22.0	43.4	13.1	2.33	1.38	1.06	12.80	6.04	4.99	0.423	1.36	2.60
8/5	80	50	5		6.376	5.00	0.255	42.0	85.2	12.8	21.1	7.66	2.56	1.42	1.10	7.78	3.32	2.74	0.388	1.14	2.60
			6		7.560	5.93	0.255	49.5	103	15.0	25.4	8.85	2.56	1.41	1.08	9.25	3.91	3.20	0.387	1.18	2.65
			7		8.724	6.85	0.255	56.2	119	17.0	29.8	10.2	2.54	1.39	1.08	10.60	4.48	3.70	0.384	1.21	2.69
			8		9.867	7.75	0.254	62.8	136	18.9	34.3	11.4	2.52	1.38	1.07	11.90	5.03	4.16	0.381	1.25	2.73
9/5.6	90	56	5	9	7.212	5.66	0.287	60.5	121	18.3	29.5	11.0	2.90	1.59	1.28	9.92	4.21	3.49	0.385	1.25	2.91
			6		8.557	6.72	0.286	71.0	146	21.4	35.6	12.9	2.88	1.58	1.23	11.70	4.96	4.13	0.384	1.29	2.95
			7		9.881	7.76	0.286	81.0	170	24.4	41.7	14.7	2.86	1.57	1.22	13.50	5.70	4.72	0.382	1.33	3.00
			8		11.18	8.78	0.286	91.0	194	27.2	47.9	16.3	2.85	1.56	1.21	15.30	6.41	5.29	0.380	1.36	3.04
10/6.3	100	63	6	10	9.618	7.55	0.320	99.1	200	30.9	50.5	18.4	3.21	1.79	1.38	14.60	6.35	5.25	0.394	1.43	3.24
			7		11.11	8.72	0.320	113	233	35.3	59.1	21.0	3.20	1.78	1.38	16.90	7.29	6.02	0.394	1.47	3.28
			8		12.58	9.88	0.319	127	266	39.4	67.9	23.5	3.18	1.77	1.37	19.10	8.21	6.78	0.391	1.50	3.32
			10		15.47	12.1	0.319	154	333	47.1	85.7	28.3	3.15	1.74	1.35	23.3	9.98	8.24	0.387	1.58	3.40

续 表

型号	截面尺寸/mm				截面面积/cm²	理论重量/(kg·m⁻¹)	外表面积/(m²·m⁻¹)	惯性矩/cm⁴					惯性半径/cm			截面模数/cm³			tan α	重心距离/cm	
	B	b	d	r				I_x	I_{x1}	I_y	I_{y1}	I_u	i_x	i_y	i_u	W_x	W_y	W_u		X_0	Y_0
10/8	100	80	6	10	10.64	8.35	0.354	107	200	61.2	103	31.7	3.17	2.40	1.72	15.2	10.2	8.37	0.627	1.97	2.95
			7		12.30	9.66	0.354	123	233	70.1	120	36.2	3.16	2.39	1.72	17.5	11.7	9.60	0.626	2.01	3.00
			8		13.94	10.9	0.353	138	267	78.6	137	40.6	3.14	2.37	1.71	19.8	13.2	10.8	0.625	2.05	3.04
			10		17.17	13.5	0.353	167	334	94.7	172	49.1	3.12	2.35	1.69	24.2	16.1	13.1	0.622	2.13	3.12
11/7	110	70	6	10	10.64	8.35	0.354	133	266	42.9	69.1	25.4	3.54	2.01	1.54	17.9	7.90	6.53	0.403	1.57	3.53
			7		12.30	9.66	0.354	153	310	49.0	80.8	29.0	3.53	2.00	1.53	20.6	9.09	7.50	0.402	1.61	3.57
			8		13.94	10.9	0.353	172	354	54.9	92.7	32.5	3.51	1.98	1.53	23.3	10.3	8.45	0.401	1.65	3.62
			10		17.17	13.6	0.353	208	443	65.9	117	39.2	3.48	1.96	1.51	28.5	12.5	10.3	0.397	1.72	3.70
12.5/8	125	80	7	11	14.10	11.1	0.403	228	455	74.4	120	43.8	4.02	2.30	1.76	26.9	12.0	9.92	0.408	1.80	4.01
			8		15.99	12.6	0.403	257	520	83.5	138	49.2	4.01	2.28	1.75	30.4	13.6	11.2	0.407	1.84	4.06
			10		19.71	15.5	0.402	312	650	101	173	59.5	3.98	2.26	1.74	37.3	16.6	13.6	0.404	1.92	4.14
			12		23.35	18.3	0.402	364	780	117	210	69.4	3.95	2.24	1.72	44.0	19.4	16.0	0.400	2.00	4.22
14/9	140	90	8	12	18.04	14.2	0.453	366	731	121	196	70.8	4.50	2.59	1.98	38.5	17.3	14.3	0.411	2.04	4.50
			10		22.26	17.5	0.452	446	913	140	246	85.8	4.47	2.56	1.96	47.3	21.2	17.5	0.409	2.12	4.58
			12		26.40	20.7	0.451	522	1 100	170	297	100	4.44	2.54	1.95	55.9	25.0	20.5	0.406	2.19	4.66
			14		30.46	23.9	0.415	594	1 280	192	349	114	4.42	2.51	1.94	64.2	28.5	23.5	0.403	2.27	4.74
15/9	150	90	8		18.84	14.8	0.473	442	898	123	196	74.1	4.84	2.55	1.98	43.9	17.5	14.5	0.364	1.97	4.92
			10		23.26	18.3	0.472	539	1 120	149	246	89.9	4.81	2.53	1.97	54.0	21.4	17.7	0.362	2.05	5.01
			12		27.60	21.7	0.471	632	1 350	173	297	105	4.79	2.50	1.95	63.8	25.1	20.8	0.359	2.12	5.09
			14		31.86	25.0	0.471	721	1 570	196	350	120	4.75	2.48	1.94	73.3	28.8	23.8	0.356	2.20	5.17
			15		33.95	26.7	0.471	764	1 680	207	376	127	4.74	2.47	1.93	78.0	30.5	25.3	0.354	2.24	5.21
			16		36.03	28.3	0.470	806	1 800	217	403	134	4.73	2.45	1.93	82.6	32.3	26.8	0.352	2.27	5.25

续　表

型号	截面尺寸/mm				截面面积/cm^2	理论重量/($kg \cdot m^{-1}$)	外表面积/($m^2 \cdot m^{-1}$)	惯性矩/cm^4					惯性半径/cm			截面模数/cm^3			$\tan\alpha$	重心距离/cm	
	B	b	d	r				I_x	I_{x1}	I_y	I_{y1}	I_u	i_x	i_y	i_u	W_x	W_y	W_u		X_0	Y_0
16/10	160	100	10	13	25.32	19.9	0.512	669	1 360	205	337	122	5.14	2.85	2.19	62.1	26.6	21.9	0.390	2.28	5.24
			12		30.05	23.6	0.511	785	1 640	239	406	142	5.11	2.82	2.17	73.5	31.3	25.8	0.388	2.36	5.32
			14		34.71	27.2	0.510	896	1 910	271	476	162	5.08	2.80	2.16	84.6	35.8	29.6	0.385	2.43	5.40
			16		39.28	30.8	0.510	1 000	2 180	302	548	183	5.05	2.77	2.16	95.3	40.2	33.4	0.382	2.51	5.48
18/11	180	110	10	14	28.37	22.3	0.571	956	1 940	278	447	167	5.80	3.13	2.42	79.0	32.5	26.9	0.376	2.44	5.89
			12		33.71	26.5	0.571	1 120	2 330	325	539	195	5.78	3.10	2.40	93.5	383.	31.7	0.374	2.52	5.98
			14		38.97	30.6	0.570	1 290	2 720	370	632	222	5.75	3.08	2.39	108	44.0	36.3	0.372	2.59	6.06
			16		44.14	34.6	0.569	1 440	3 110	412	726	249	5.72	3.06	2.38	122	49.4	40.9	0.369	2.67	6.14
20/12.5	200	125	12		37.91	29.8	0.641	1 570	3 190	483	788	286	6.44	3.57	2.74	117	50.0	41.2	0.392	2.83	6.54
			14		43.87	34.4	0.640	1 800	3 730	551	922	327	6.41	3.54	2.73	135	57.4	47.3	0.390	2.91	6.62
			16		49.74	39.0	0.639	2 020	4 260	615	1 060	366	6.38	3.52	2.71	152	64.9	53.3	0.388	2.99	6.70
			18		55.53	43.6	0.639	2 240	4 790	677	1 200	405	6.35	3.49	2.70	169	71.7	59.2	0.385	3.06	6.78

注：截面图中的 $r_1=1/3d$ 及表中 r 的数据用于孔型设计，不做交货条件。

表 B-5　部分热轧 H 型钢截面尺寸、截面面积、理论重量及截面特性(GB/T 11263—2017)

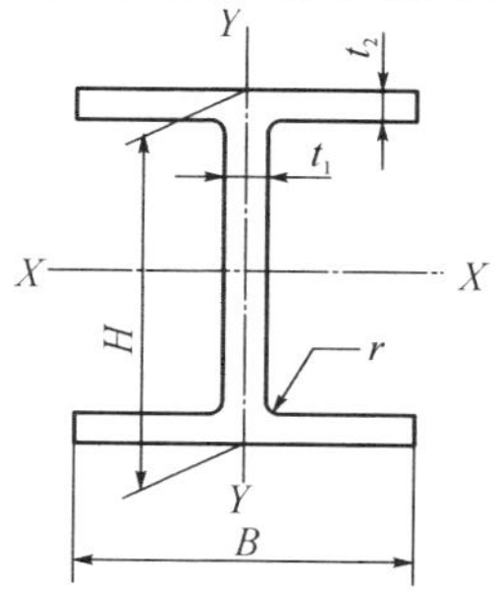

符号意义：
H——高度；
B——宽度；
t_1——腹板厚度；
t_2——翼缘厚度；
r——圆角半径。

类别	型号(高度×宽度)/(mm×mm)	截面尺寸/mm					截面面积/cm^2	理论重量/$(kg \cdot m^{-1})$	表面积/$(m^2 \cdot m^{-1})$	惯性矩/cm^4		惯性半径/cm		截面模数/cm^3	
		H	B	t_1	t_2	r				I_x	I_y	i_x	i_y	W_x	W_y
HW	100×100	100	100	6	8	8	21.58	16.9	0.574	378	134	4.18	2.48	75.6	26.7
	125×125	125	125	6.5	9	8	30.00	23.6	0.723	839	239	5.28	3.12	134	46.9
	150×150	150	150	7	10	8	39.64	31.1	0.872	1 620	563	6.39	3.76	216	75.1
	175×175	175	175	7.5	11	13	51.42	40.4	1.01	2 900	984	7.50	4.37	331	112
	200×200	200	200	8	12	13	63.53	49.9	1.16	4 720	1 600	8.61	5.02	472	160
	250×250	250	250	9	14	13	91.43	71.8	1.46	10 700	3 650	10.8	6.31	860	292
	300×300	300	300	10	15	13	118.5	93.0	1.76	20 200	6 750	13.1	7.55	1 350	450
	350×350	350	350	12	19	13	171.9	135	2.05	39 800	13 600	15.2	8.88	2 280	776
	400×400	400	400	13	21	22	218.7	172	2.34	66 600	22 400	17.5	10.1	3 330	1 120
	500×500	502	470	20	25	22	329.6	259	2.81	151 000	43 300	21.4	11.5	6 020	1 840
HM	150×100	148	100	6	9	8	26.34	20.7	0.670	1 000	150	6.16	2.38	135	30.1
	200×150	194	150	6	9	8	38.10	29.9	0.962	2 630	507	8.30	3.64	271	67.6
	250×175	244	175	7	11	13	55.49	43.6	1.15	6 040	984	10.4	4.21	495	112
	300×200	294	200	8	12	13	71.05	55.8	1.35	11 100	1 600	12.5	4.74	756	160
	350×250	340	250	9	14	13	99.53	78.1	1.64	21 200	3 650	14.6	6.05	1 250	292
	400×300	390	300	10	16	13	133.3	105	1.94	37 900	7 200	16.9	7.35	1 940	480

续 表

类别	型号（高度×宽度）/(mm×mm)	截面尺寸/mm					截面面积/cm^2	理论重量/$(kg \cdot m^{-1})$	表面积/$(m^2 \cdot m^{-1})$	惯性矩/cm^4		惯性半径/cm		截面模数/cm^3	
		H	B	t_1	t_2	r				I_x	I_y	i_x	i_y	W_x	W_y
HM	450×300	440	300	11	18	13	153.9	121	2.04	54 700	8 110	18.9	7.25	2 490	540
	500×300	488	300	11	18	13	159.2	125	2.13	68 900	8 110	20.8	7.13	2 820	540
	550×300	550	300	11	18	13	166.0	130	2.26	89 800	8 110	23.3	6.98	3 270	540
	600×300	588	300	12	20	13	187.2	147	2.33	114 000	9 010	24.7	6.93	3 890	601
HN	125×60	125	60	6	8	8	16.68	13.1	0.464	409	29.1	4.95	1.32	65.4	9.71
	150×75	150	75	5	7	8	17.84	14.0	0.576	666	49.5	6.10	1.66	88.8	13.2
	175×90	175	90	5	8	8	22.89	18.0	0.686	1 210	97.5	7.25	2.06	138	21.7
	200×100	200	100	5.5	8	8	26.66	20.9	0.775	1 810	134	8.22	2.23	181	26.7
	250×125	250	125	6	9	8	36.96	29.0	0.974	3 960	294	10.4	2.81	317	47.0
	300×150	300	150	6.5	9	13	46.78	36.7	1.16	7 210	508	12.4	3.29	481	67.7
	350×175	350	175	7	11	13	62.91	49.4	1.36	13 500	984	14.6	3.95	771	112
	400×150	400	150	8	13	13	70.37	55.2	1.36	18 600	734	16.3	3.22	929	97.8
	400×200	400	200	8	13	13	83.37	65.4	1.56	23 500	1 740	16.8	4.56	1 170	174
	450×150	450	150	8	14	13	77.49	60.8	1.47	25 700	806	18.2	3.22	1 140	107
	450×200	450	200	9	14	13	95.43	74.9	1.66	32 900	1 870	18.6	4.42	1 460	187
	475×150	482	153.5	10.5	19	13	106.4	83.5	1.53	39 600	1 150	19.3	3.28	1 640	150
	500×150	504	153	10	18	13	103.3	81.1	1.58	41 900	1 080	20.1	3.23	1 660	141
	500×200	500	200	10	16	13	112.3	88.1	1.76	46 800	2 140	20.4	4.36	1 870	214
	550×200	550	200	10	16	13	117.3	92.0	1.86	58 200	2 140	22.3	4.27	2 120	214
	600×200	600	200	11	17	13	131.7	103	1.96	75 600	2 270	24.0	4.15	2 520	227
	625×200	630	200	15	20	13	170.0	133	2.01	101 000	2 690	24.4	3.97	3 220	268
	650×300	650	300	13	20	18	202.1	159	2.44	146 000	9 010	26.9	6.67	4 500	601
	700×300	700	300	13	24	18	231.5	182	2.54	197 000	10 800	29.2	6.83	5 640	721
	750×300	750	300	13	24	18	238.0	187	2.64	231 000	10 800	31.1	6.74	6 150	721

续　表

类别	型号（高度×宽度）/(mm×mm)	截面尺寸/mm					截面面积/cm^2	理论重量/($kg \cdot m^{-1}$)	表面积/($m^2 \cdot m^{-1}$)	惯性矩/cm^4		惯性半径/cm		截面模数/cm^3	
		H	B	t_1	t_2	r				I_x	I_y	i_x	i_y	W_x	W_y
HN	800×300	800	300	14	26	18	263.5	207	2.74	286 000	11 700	33.0	6.66	7 160	781
	850×300	850	300	16	27	18	292.1	229	2.84	346 000	12 200	34.4	6.45	8 140	812
	900×300	900	300	16	28	18	305.8	240	2.94	404 000	12 600	36.4	6.42	8 990	842
	1 000×300	1 000	300	19	36	18	395.1	310	3.13	634 000	16 300	40.1	6.41	12 700	1 080
HT	100×50	97	49	4	5.5	8	9.370	7.36	0.368	143	10.9	3.91	1.07	29.6	4.45
	100×100	96	99	4.5	6	8	16.20	12.7	0.565	272	97.2	4.09	2.44	56.7	19.6
	125×60	120	59	4	5.5	8	11.39	8.94	0.454	271	19.0	4.87	1.29	45.2	6.43
	125×125	119	123	4.5	6	8	20.12	15.8	0.707	532	186	5.14	3.04	89.5	30.3
	150×75	147	74	4	5.5	8	14.12	11.1	0.568	516	37.3	6.04	1.62	70.2	10.1
	150×100	142	99	4.5	6	8	18.27	14.3	0.657	654	97.2	5.98	2.30	92.1	19.6
	150×150	149	149	6	8.5	8	33.67	26.4	0.864	1 350	469	6.32	3.73	183	63.0
	175×90	171	89	4	6	8	17.58	13.8	0.676	894	70.7	7.13	2.00	105	15.9
	175×175	172	175	6.5	9.5	13	44.64	35.0	1.01	2 470	850	7.43	4.36	287	97.1
	200×100	196	99	4	6	8	19.78	15.5	0.766	1 320	97.2	8.18	2.21	135	19.6
	200×150	188	149	4.5	6	8	26.34	20.7	0.949	1 730	331	8.09	3.54	184	44.4
	200×200	192	198	6	8	13	43.69	34.3	1.14	3 060	1 040	8.37	4.86	319	105
	250×125	244	124	4.5	6	8	25.86	20.3	0.961	2 650	191	10.1	2.71	217	30.8
	250×175	238	173	4.5	8	13	39.12	30.7	1.14	4 240	691	10.4	4.20	356	79.9
	300×150	294	148	4.5	6	13	31.90	25.0	1.15	4 800	325	12.3	3.19	327	43.9
	300×200	286	198	6	8	13	49.33	38.7	1.33	7 360	1 040	12.2	4.58	515	105
	300×175	340	173	4.5	6	13	36.97	29.0	1.34	7 490	518	14.2	3.74	441	59.9
	400×150	390	148	6	8	13	47.57	37.3	1.34	11 700	434	15.7	3.01	602	58.6
	400×200	390	198	6	8	13	55.57	43.6	1.54	14 700	1 040	16.2	4.31	752	105

注：HW 表示宽翼缘 H 型钢；HM 表示中翼缘 H 型钢；HN 表示窄翼缘 H 型钢；HT 表示薄壁 H 型钢。

表 B-6 部分热轧 T 型钢截面尺寸、截面面积、理论重量及截面特性(GB/T 11263—2017)

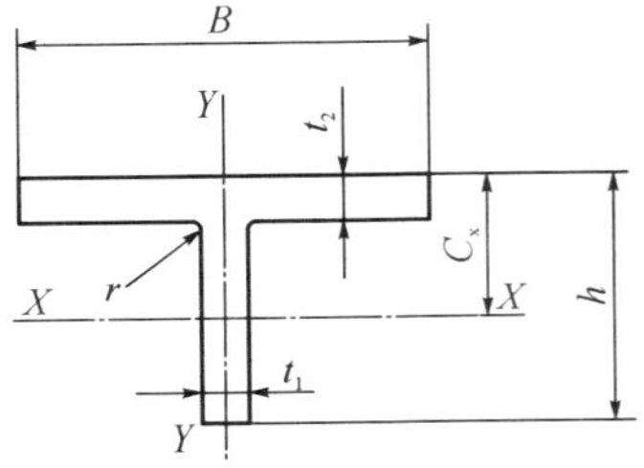

符号意义：
h——高度；
B——宽度；
t_1——腹板厚度；
t_2——翼缘厚度；
C_x——重心；
r——圆角半径。

类别	型号(高×宽)/(mm×mm)	截面尺寸/mm					截面面积/cm²	理论重量/(kg·m⁻¹)	表面积/(m²·m⁻¹)	惯性矩/cm⁴		惯性半径/cm		截面模数/cm³		重心距离/cm
		h	B	t_1	t_2	r				I_x	I_y	i_x	i_y	W_x	W_y	C_x
TW	50×100	50	100	6	8	8	10.79	8.47	0.293	16.1	66.8	1.22	2.48	4.02	13.4	1.00
	62.5×125	62.5	125	6.5	9	8	15.00	11.8	0.368	35.0	147	1.52	3.12	6.91	23.5	1.19
	75×150	75	150	7	10	8	19.82	15.6	0.443	66.4	282	1.82	3.76	10.8	37.5	1.37
	87.5×175	87.5	175	7.5	11	13	25.71	20.2	0.514	115	492	2.11	4.37	15.9	56.2	1.55
	100×200	100	200	8	12	13	31.76	24.9	0.589	184	801	2.40	5.02	22.3	80.1	1.73
	125×250	125	250	9	14	13	45.71	35.9	0.739	412	1 820	3.00	6.31	39.5	146	2.08
	150×300	150	300	10	15	13	59.22	46.5	0.889	798	3 380	3.67	7.55	63.7	225	2.47
	175×350	175	350	12	19	13	85.94	67.5	1.04	1 520	6 790	4.20	8.88	104	388	2.87
	200×400	200	400	13	21	22	109.3	85.8	1.18	2 480	11 200	4.75	10.1	147	560	3.21
TM	75×100	74	100	6	9	8	13.17	10.3	0.341	51.7	75.2	1.98	2.38	8.84	15.0	1.56
	100×150	97	150	6	9	8	19.05	15.0	0.487	124	253	2.55	3.64	15.8	33.8	1.80
	125×175	122	175	7	11	13	27.74	21.8	0.583	288	492	3.22	4.21	29.1	56.2	2.28
	150×200	147	200	8	12	13	35.52	27.9	0.683	571	801	4.00	4.74	48.2	80.1	2.85
	175×250	170	250	9	14	13	49.76	39.1	0.829	1 020	1 820	4.51	6.05	73.2	146	3.11
	200×300	195	300	10	16	13	66.62	52.3	0.979	1 730	3 600	5.09	7.35	108	240	3.43
	225×300	220	300	11	18	13	76.94	60.4	1.03	2 680	4 050	5.89	7.25	150	270	4.09
	250×300	244	300	11	18	13	79.58	62.5	1.08	3 610	4 050	6.73	7.13	184	270	4.72
	275×300	275	300	11	18	13	82.99	65.2	1.14	5 090	4 050	7.82	6.98	232	270	5.59
	300×300	294	300	12	20	13	93.60	73.5	1.18	6 680	4 500	8.44	6.93	288	300	6.17

续　表

类别	型号(高×宽)/(mm×mm)	截面尺寸/mm					截面面积/cm^2	理论重量/($kg \cdot m^{-1}$)	表面积/($m^2 \cdot m^{-1}$)	惯性矩/cm^4		惯性半径/cm		截面模数/cm^3		重心距离/cm
		h	B	t_1	t_2	r				I_x	I_y	i_x	i_y	W_x	W_y	C_x
TN	50×50	50	50	5	7	8	5.920	4.65	0.193	11.8	7.39	1.41	1.11	3.18	2.950	1.28
	62.5×60	62.5	60	6	8	8	8.34	6.55	0.238	27.5	14.6	1.81	1.32	5.96	4.85	1.64
	75×75	75	75	5	7	8	8.92	7.00	0.293	42.6	24.7	2.18	1.66	7.46	6.59	1.79
	87.5×90	87.5	90	5	8	8	11.44	8.98	0.348	70.6	48.7	2.48	2.06	10.4	10.8	1.93
	100×100	100	100	5.5	8	8	13.33	10.5	0.393	114	66.9	2.92	2.23	14.8	13.4	2.31
	125×125	125	125	6	9	8	18.48	14.5	0.493	248	147	3.66	2.81	25.6	23.5	2.81
	150×150	150	150	6.5	9	13	23.39	18.4	0.589	464	254	4.45	3.29	40.0	33.8	3.41
	175×175	175	175	7	11	13	31.45	24.7	0.689	814	492	5.08	3.95	59.3	56.2	3.76
	200×200	200	200	8	13	13	41.68	32.7	0.789	1 390	868	5.78	4.56	88.6	86.8	4.26
	225×150	225	151	8	14	13	38.74	30.4	0.741	1 830	403	6.87	3.22	108	53.4	5.62
	225×200	225	200	9	14	13	47.71	37.5	0.839	2 150	935	6.71	4.42	124	93.5	5.19
	237.5×150	241	153.5	10.5	19	13	53.20	41.8	0.778	2 860	575	7.33	3.28	160	75.0	7.67
	250×150	252	153	10	18	13	51.66	40.6	0.799	3 100	540	7.47	3.23	167	70.5	6.62
	250×200	500	200	10	16	13	56.12	44.1	0.889	3 200	1 070	7.54	4.36	169	107	6.03
	275×200	275	200	10	16	13	58.62	46.0	0.939	4 180	1 070	8.44	4.27	203	107	6.89
	300×200	300	200	11	17	13	65.85	51.7	0.989	5 770	1 140	9.35	4.15	262	114	7.95
	312.5×200	315	200	15	20	13	84.97	66.7	1.02	8 470	1 340	9.98	3.97	380	134	9.21
	325×300	325	300	13	20	18	101.0	79.3	1.23	9 430	4 510	9.66	6.67	376	300	7.40
	350×300	350	300	13	24	18	115.8	90.9	1.28	12 000	5 410	10.2	6.83	438	361	7.63
	400×300	400	300	14	26	18	131.8	103	1.38	18 700	5 860	11.9	6.66	610	391	9.27
	450×300	450	300	16	28	18	152.9	120	1.48	29 100	6 320	13.8	6.42	865	421	11.4

注：TW 表示宽翼缘 T 型钢；TM 表示中翼缘 T 型钢；TN 表示窄翼缘 T 型钢。

附录 C 部分习题答案

第 2 章

2-1 (a) $F_{N1}=3F$，$F_{N1}=2F$

(b) $F_{N1}=F$，$F_{N1}=-2F$

(c) $F_{N1}=F$，$F_{N1}=4F$

2-2 $\sigma_1=70\ \text{MPa}$，$\sigma_2=90\ \text{MPa}$，$\sigma_3=-10\ \text{MPa}$

2-3 $\sigma_1=133.3\ \text{MPa}$，$\sigma_2=-100\ \text{MPa}$，$\sigma_3=116.7\ \text{MPa}$

2-4 $\sigma_1=50\ \text{MPa}$，$\sigma_2=100\ \text{MPa}$

2-5 $\sigma_{30^\circ}=100\ \text{MPa}$，$\tau_{30^\circ}=58\ \text{MPa}$，$\sigma_{-45^\circ}=66.7\ \text{MPa}$，$\tau_{-45^\circ}=-66.7\ \text{MPa}$

2-6 $\delta=18.7\%$，$\psi=68.6\%$

2-7 $A_{AC}=375\ \text{mm}^2$，$A_{CD}=292\ \text{mm}^2$，$A_{DB}=257\ \text{mm}^2$

2-8 $[F]=21.6\ \text{kN}$

2-9 $\theta=45^\circ$

2-10 26.6°

2-11 $\sigma_{AC}=\sigma_{BC}=\sigma_{AD}=\sigma_{DB}=17.7\ \text{MPa}$，$\sigma_{AB}=25\ \text{MPa}$

2-12 $\Delta l=1.4\ \text{mm}$

2-13 $\Delta_C=12.3\ \text{mm}$

2-14 (1) 0.375 1 mm，压缩；(2) 0.032 mm，减小；(3) 124 mm

2-15 $\Delta_{C水平}=\dfrac{Fa}{3EA}$，$\Delta_{C垂直}=\dfrac{\sqrt{3}Fa}{3EA}$

2-16 $\Delta_{A水平}=\dfrac{\sqrt{3}Fl}{3EA}$，$\Delta_{A垂直}=\dfrac{Fl}{EA}$

2-17 $\Delta_D=3.2\ \text{mm}$

2-18 12.6 号工字钢

2-19 $\Delta l_{CE}=0.682\ \text{mm}$，$\Delta l_{BG}=-0.227\ \text{mm}$

2-20 $F_{AC}=F_{AD}=\dfrac{F}{2}$(拉)，$F_{AB}=\sqrt{2}F$(压)

2-21 $\Delta_B=13.6\ \text{mm}$

2-22 $\Delta_A=\dfrac{3Fa}{EA}$

2-23 $F_{N1}=-4\ \text{kN}$，$F_{N2}=17\ \text{kN}$

2-24 (1) 0.752 mm；(2) 44.1 MPa

2-25 $\sigma_{AC}=28.57\ \text{MPa}$，$\sigma_{BC}=57.14\ \text{MPa}$

2-26 $\sigma_{AB}=31.75\ \text{MPa}$，$\sigma_{AC}=25.4\ \text{MPa}$

2-27 略

2-28 略

2-29 略

第 3 章

3-1 铜丝平均切应力为 3.1 MPa;销子平均切应力为 4.1 MPa
3-2 略
3-3 $\tau=52.6$ MPa，$\sigma_{bc}=90.9$ MPa，$\sigma=166.7$ MPa。
3-4 134.4 kN
3-5 6 mm
3-6 0.38 cm
3-7 略
3-8 $132+25.4=158$ mm
3-9 308 mm
3-10 178.6 mm
3-11 6.14 MPa,安全
3-12 $h=50$ mm；$l=200$ mm；$a=20$ mm

第 4 章

4-1 略
4-2 $\tau_A=20.4$ MPa，$\tau_B=16.3$ MPa，$\tau_C=10.2$ MPa
4-3 略
4-4 0.35
4-5 (1) $\tau_{max}=45.8$ MPa,轴强度满足要求;(2) $\tau_{max}=61.1$ MPa，轴强度不满足要求。
4-6 $D=286$ mm
4-7 $d(x)=3\sqrt{\dfrac{16m(l-x)}{\pi[\tau]}}$
4-8 略
4-9 略
4-10 0.956
4-11 略
4-12 15
4-13 (1) $\varphi=0.72°/\mathrm{m}$　(2) $d_1=83.9$ mm
4-14 $d=105$ mm
4-15 $\tau=38.5$ MPa
4-16 25.6 MPa,强度安全
4-17 略
4-18 略
4-19 略
4-20 略
4-21 $d_2=78$ mm
4-22 $d\geqslant 42.9$ mm
4-23 $M_e\leqslant 5.24$ KN·m
4-24 略
4-25 略

第 5 章

5-1 (a) $F_s(x)=q(l-x)$，$M(x)=-\dfrac{1}{2}ql^2+qlx-\dfrac{1}{2}qx^2$

(b) $F_s(x)=\frac{1}{2}ql-qx$, $M(x)=\frac{1}{2}q(l-x)x$

(c) $F_s(x)=F$, $M(x)=F(x-l)$

(d) $0\leqslant x\leqslant\frac{l}{2}$, $F_s(x)=\frac{F}{2}$, $M(x)=\frac{F}{2}x$;

$\frac{l}{2}<x\leqslant l$, $F_s(x)=-\frac{F}{2}$, $M(x)=\frac{F}{2}(l-x)$

5-2 略

5-3 略

5-4 略

5-5 $x=0.586\ l$

5-6 略

5-7 略

5-8 略

5-9 剪力 $F_s=55\ 125$ N；弯矩 $M=110\ 250$ N • m

5-10 垂直于截面的压力 $F=779.4$ N;平行于截面的剪力 $F_S=450$ N;弯矩 $M=180$ N • m

5-11 略

5-12 略

5-13 略

5-14 略

5-15 略

5-16 略

5-17 略

第6章

6-1 略

6-2 略

6-3 横放：$\sigma_{max}=19.5$ MPa,竖放：$\sigma_{max}=9.75$ MPa

6-4 实心轴 $\sigma_{实max}=159$ MPa,空心轴 $\sigma_{空max}=93.6$ MPa,减少 41%

6-5 $\sigma_{max}=138.1$ MPa(翼缘),$\sigma_{max}=123.6$ MPa(腹板)

6-6 $W_0=1.203$ kN/m

6-7 略

6-8 (1) 许用载荷为 3.825 kN;最大弯曲正应力为 8.16 MPa;(2) 最大弯曲正应力为 24.48 MPa,强度不满足要求

6-9 $\sigma_{max}=\frac{\rho g l^2}{d}$

6-10 略

6-11 略

6-12 $\gamma_{max}=\frac{3F}{Gbh}$。

6-13 (1) $F_{S,max}=25$ kN, $M^+_{max}=11.25$ kN • m, $M^-_{max}=20$ kN • m

(2) $\sigma^+_{max}=164.5$ MPa, $\sigma^-_{max}=141$ MPa

(3) $\tau_{max}=13.6$ MPa

6-14 $d\leqslant 114.7$ mm

6-15 $[q]=14.6$ kN/m

6-16 $[q]=29.46\ \text{kN/m}$

6-17 椽木内的最大应力 $\sigma_w=4.57$ MPa，钢板上边缘的应力为 $\sigma_s=43.8$ MPa

6-18 一般理论公式计算得到的面层最大应力为 14.1 MPa，芯层最大应力为 0.21 MPa；等效截面法计算得到的面层最大应力为 14.9 MPa，芯层最大应力为 0.21 MPa。

6-19 $\sigma_w=-5.1$ MPa，$\sigma_s=37.6$ MPa

6-20 $b=53.37$ mm

6-21 开口向下放置合理。

6-22 略

6-23 略

6-24 略

6-25 略

第7章

7-1 (a) $w_A=0$，$\theta_A=0$，$w_{C-}=w_{C+}$，$w_D=0$，

(b) $w_A=0$，$w_B=0$，$w_{C-}=w_{C+}$，$w_D=\dfrac{qa}{2k}$，

7-2 $M_e=Fa$

7-3 (a) $w_B=\dfrac{qa^4}{8EI}$； (b) $\theta_B=-\dfrac{7q_0a^3}{360EI}$； (c) $w_B=\dfrac{Fa^3}{3EI}$； (d) $\theta_B=\dfrac{M_ea}{3EI}-\dfrac{qa^3}{24EI}$

7-4 (a) $w_c=\dfrac{41qa^4}{24EI}$； (b) $\theta_C=-\dfrac{M_ea}{12EI}$； (c) $w_C=-\dfrac{5M_ea^2}{6EI}$； (d) $\theta_C=-\dfrac{2M_ea}{3EI}$

7-5 (1) $w_B=-\dfrac{5qa^4}{24EI}$，$\theta_B=-\dfrac{qa^3}{3EI}$； (2) $\theta_B=\dfrac{5Fa^2}{12EI}$

7-6 $w_B=-\dfrac{43Fa^3}{6EI}$，$\theta_B=-\dfrac{3Fa^2}{EI}$

7-7 (a) $w_B=-\dfrac{qa^4}{8EI}$，$\theta_B=-\dfrac{qa^3}{12EI}$； (b) $w_B=\dfrac{qa^4}{4EI}$，$\theta_B=\dfrac{5qa^3}{12EI}$

7-8 $w_{Bx}=-\dfrac{qa^4}{4EI}(\leftarrow)$， $w_{By}=-\dfrac{5qa^4}{8EI}(\uparrow)$

7-9 $V_B=8.21$ mm($\downarrow$)。

7-10 $w_{\max}=0.156\ \text{mm}\leqslant[w]$，刚度条件满足

7-11 $w_F=0.043$ mm

7-12 $w_B=4.62$ mm

7-13 $\dfrac{2qAa^3}{I+3Aa^2}$

7-14 $M_B=\dfrac{30EI\delta}{7l^2}$，$M_C=-\dfrac{36EI\delta}{7l^2}$

7-15 略

7-16 略

7-17 略

第8章

8-1 (a) $\sigma_{x'}=10$ MPa，$\tau_{x'y'}=15$ MPa

(b) $\sigma_{x'}=47.3$ MPa，$\tau_{x'y'}=-7.3$ MPa

(c) $\sigma_{x'}=-12.5$ MPa，$\tau_{x'y'}=65$ MPa

(d) $\sigma_{x'}=35$ MPa，$\tau_{x'y'}=60.6$ MPa

(e) $\sigma_{x'}=0.49$ MPa，$\tau_{x'y'}=-20.5$ MPa
(f) $\sigma_{x'}=-38.2$ MPa，$\tau_{x'y'}=0$ MPa

8-2 (a) $\sigma_1=57$ MPa，$\sigma_3=-7$ MPa，$\alpha_\sigma=-19°20'$，$\tau_{max}=32$ MPa
(b) $\sigma_1=57$ MPa，$\sigma_3=-7$ MPa，$\alpha_\sigma=19°20'$，$\tau_{max}=32$ MPa
(c) $\sigma_1=25$ MPa，$\sigma_3=-25$ MPa，$\alpha_\sigma=45°$，$\tau_{max}=25$ MPa
(d) $\sigma_1=11.2$ MPa，$\sigma_3=-71.2$ MPa，$\alpha_\sigma=-37°59'$，$\tau_{max}=41.2$ MPa
(e) $\sigma_1=4.7$ MPa，$\sigma_3=-84.7$ MPa，$\alpha_\sigma=-13°17'$，$\tau_{max}=44.7$ MPa
(f) $\sigma_1=37$ MPa，$\sigma_3=-27$ MPa，$\alpha_\sigma=19°20'$，$\tau_{max}=32$ MPa

8-3 略

8-4 (a) $\sigma_1=50$ MPa，$\sigma_2=50$ MPa，$\sigma_3=-50$MPa；$\tau_{max}=50$ MPa
(b) $\sigma_1=52.2$ MPa；$\sigma_2=50$ MPa，$\sigma_3=-42.2$ MPa；$\tau_{max}=47.2$ MPa
(c) $\sigma_1=130$ MPa，$\sigma_2=30$ MPa，$\sigma_3=-30$ MPa；$\tau_{max}=80$ MPa

8-5 $\sigma_1=80$ MPa，$\sigma_2=40$ MPa，$\sigma_3=0$

8-6 $\sigma_x=37.97$ MPa，$\tau_{yx}=-74.25$ MPa

8-7 $|\tau_{xy}|<120$ MPa

8-8 略

8-9 $\alpha=31°$，$P=27.2$ kN

8-10 $\sigma_{r1}=24.3$ MPa，$\sigma_{r2}=26.6$ MPa

8-11 (1) $\sigma_{r3}=135$ MPa；(2) $\sigma_{r1}=30$ MPa

8-12 a 点:$\sigma_{r3}=109.7$ MPa，$\sigma_{r4}=95.26$ MPa；b 点:$\sigma_{r3}=108.8$ MPa，$\sigma_{r4}=94.22$ MPa

8-13 $P=8$ kN，$m=8$ N·m，$\sigma_{r4}=123.6$ MPa

8-14 $\sigma_{max}=172$ MPa $>[\sigma]$,但仅超过 1.2%,安全。
$\tau_{max}=81.5$ MPa $<[\tau]$ 集中载荷作用截面上点 a 处 $\sigma_{r4}=157.7$ MPa $<[\sigma]$

8-15 $\Delta r=0.34$ mm

8-16 $\sigma_{rz}=28.6$ MPa，$\sigma_{rm}=28.6$ MPa，安全

8-17 $\sigma_{r3}=900$ MPa，$\sigma_{r4}=842$ MPa

8-18 $\delta=14.51$ mm(考虑内压),$\delta=14.18$ mm(不考虑内压),两者相差 2.3%

8-19 略

8-20 略

8-21 $\sigma_{rm}=58$ MPa

8-22 略

8-23 略

8-24 略

第9章

9-1 略

9-2 略

9-3 $\sigma_1=\dfrac{M_z}{W_z}-\dfrac{M_y}{W_y}$，$\sigma_2=\dfrac{M_z}{W_z}+0$，$\sigma_3=\dfrac{M_z}{W_z}+\dfrac{M_y}{W_y}$，$\sigma_4=0-\dfrac{M_y}{W_y}$，$\sigma_5=0+0$，$\sigma_6=0+\dfrac{M_y}{W_y}$，
$\sigma_7=-\dfrac{M_z}{W_z}-\dfrac{M_y}{W_y}$，$\sigma_8=-\dfrac{M_z}{W_z}+0$，$\sigma_9=-\dfrac{M_z}{W_z}-\dfrac{M_y}{W_y}$

9-4 $\sigma_{max}=8.8$ MPa，d 点

9-5 $\sigma_{max}=10.110$ MPa $>[\sigma]=10$ MPa。但最大工作应力 σ_{max} 不超过许用应力$[\sigma]$的 5%，故满足强度要求

9-6 (1) $\sigma_{max}=151.4$ MPa $<[\sigma]$,满足强度要求;(2) $\sigma_{max}=43.4$ MPa。(3) 可见,虽然载荷只偏离一个不大的角度,最大应力却由 43.4 MPa 变为 151.4 MPa,增长了 2.5 倍。原因就在

于工字形截面的 W_z 远小于 W_y，因而其侧向抗弯能力较弱。所以，当截面的 W_z 与 W_y 相差较大时，应注意斜弯曲对强度的不利影响。在这一点上，箱形截面要比工字形截面，优越

9-7　(1) 最大压应力；0.72 MPa；(2) $D=4.16$ m

9-8　$M_{max}=13.18$ kN·m，$F_N=-13.42$ kN。可先不考虑轴力 F_N 的影响，仅按弯曲强度条件初步选择工字钢型号，再按照弯压组合变形强度条件进行校核。选择 14 号工字钢

9-9　$\sigma_A=8.83$ MPa，$\sigma_B=3.83$ MPa，$\sigma_C=-12.2$ MPa，$\sigma_D=-7.17$ MPa；中性轴的截距 $a_y=15.6$ mm，$a_x=33.4$ mm

9-10　$\sigma_A=-6$ MPa，$\sigma_B=2.33$ MPa，$\sigma_C=14.33$ MPa，$\sigma_D=6$ MPa

9-11　$\sigma_{max}=140$ MPa，危险点在梁中间段横截面的左上角

9-12　略

9-13　形心坐标(a) $y_c=0$，$z_c=166.7$ mm(距上边缘)，(b) $y_c=0$，$z_c=185.4$ mm(距下边缘)

9-14　略

9-15　(1) $\sigma_{(1)}=\sigma_{max}^{+}=163.2\text{ MPa}>[\sigma]$，$\sigma_{(2)}=\sigma_{min}^{+}=65.4\text{ MPa}<[\sigma]$。

但并未超过许用应力的 5%，工程上仍视为安全。对于拉伸加弯曲(或偏拉)问题，中性轴不再通过形心(本题中无中性轴)。

(2) $\sigma_N=\dfrac{N}{A}=133.3\text{ MPa}<[\sigma]$ 可见双边对称切口比相应的单边切口要安全些。

(3) $\sigma_{(1)}=\sigma_{max}^{+}=151.5\text{ MPa}<[\sigma]$，$\sigma_{(2)}=\sigma_{min}^{+}=77.1\text{ MPa}<[\sigma]$。

可见偏心孔口情况的危险程度介于上述两种情况之间

9-16　(1) 最大拉应力为 $\sigma_{t,max}=0.83$ MPa，最大压应力为 $\sigma_{c,max}=-5.83$ MPa；

(2) $h=400$ mm，相应的最大压应力为 $\sigma_{c,max}=-3.75$ MPa

9-17　$\sigma_A=42.03$ MPa，$\sigma_B=21.41$ MPa，$\sigma_D=-61.05$ MPa 中性轴距上表面 8.154 mm

9-18　矩形 $b\geqslant 18.17$ mm；圆形 $d\geqslant 26.46$ mm

9-19　根据第三强度理论，$d\geqslant 39.53$ mm 即可。强度条件满足

9-20　应用第三强度理论的结果 $d\geqslant 59.65$ mm；第四强度理论计算的结果 $d\geqslant 58.99$ mm

9-21　(1) A 点的应力分量为 $\sigma_A=101.819$ MPa，$\tau_A=11.01$ MPa；

B 点的应力分量分别为 $\sigma_B=65.841$ MPa，$\tau_A=11.496$ MPa。

(2) A 点的第三和第四相当应力分别为 $\sigma_{r3}=104.17$ MPa，$\sigma_{r4}=103.59$ MPa；

B 点的第三和第四相当应力分别为 $\sigma_{r3}=69.74$ MPa，$\sigma_{r4}=68.79$ MPa

9-22　略

9-23　略

9-24　略

9-25　略

第 10 章

10-1　略

10-2　3293 kN

10-3　$\arctan(\cot^2\beta)$

10-4　$(P_{cr})_1=2\,540$ kN，$(P_{cr})_2=4\,710$ kN，$(P_{cr})_3=4830$ kN

10-5　$n=8.25$，安全

10-6　(1) 118.8 kN；(2) $n=1.7$，不安全；(3) 73.5 kN

10-7　$\sigma_{cr}=666$ MPa，$F_{cr}=401.7$ kN

10-8　15.5 kN

10-9　$n=6.5$，安全

10-10　302 kN

10-11 $\sigma_{CD}=56.1\ \text{MPa}$, $\sigma_{AB}=163\ \text{MPa}$, $[\sigma]_{st}=69.1\ \text{MPa}$,安全
10-12 $a=4.31\ \text{cm}$;临界载荷为 443 kN
10-13 $n=1.645$,不安全
10-14 91.7℃
10-15 略
10-16 略
10-17 略
10-18 略

第11章

11-1 $0.957\dfrac{P^2l}{EA}$

11-2 $\dfrac{m^2l}{18EI}$

11-3 (a) $\dfrac{EA}{48a}[(9+8\sqrt{3})\Delta_{Ax}{}^2-6\sqrt{3}\Delta_{Ax}\Delta_{Ay}+3\Delta_{Ay}{}^2]$;

(b) $\dfrac{4aAB}{3}\left(\dfrac{\Delta_{Ay}-\sqrt{3}\Delta_{Ax}}{4a}\right)^{3/2}+\dfrac{2\sqrt{3}aAB}{3}\left(\dfrac{\sqrt{3}\Delta Ax}{3a}\right)^{3/2}$

11-4 $\dfrac{ml^2}{16EI}$

11-5 (a) $\theta_A=\dfrac{5Pa^2}{4EI}$(逆时针) (b) $f_B=\dfrac{5Pa^3}{12EI}(\downarrow)$

11-6 $y_A=Pabh/(EI)(\uparrow)$

$\theta_C=\dfrac{Pb(b+2h)}{2EI}$(顺时针)

11-7 $x_C=3.38Pl/EA(\leftarrow)$,
$y_C=Pl/EA(\uparrow)$。

11-8 $\Delta_{AB}=\dfrac{F_pR^3}{EI}(\dfrac{23}{3}+\dfrac{5\pi}{2})$

11-9 (a) $5Fl^3/6EI(\downarrow)$, $-Fl^2/EI$(顺时针)
(b) $-Ml^2/4EI(\uparrow)$, $-5Ml/12EI$(顺时针)
(c) $5ql^4/384EI(\downarrow)$, $ql^3/24EI$(顺时针)
(d) $7ql^4/3EI(\downarrow)$, $3ql^3/2EI$(逆时针)

11-10 $\delta=\sqrt[3]{\dfrac{P}{EA}}\cdot l$

11-11 $\theta_A=\dfrac{q_0l^3}{45EI}$(逆时针),$\Delta_B=\dfrac{5q_0l^4}{768EI}(\downarrow)$

11-12 $\Delta_{AB}=\pi PR^3(\dfrac{1}{EI}+\dfrac{3}{GI_p})$

11-13 $R_D=\dfrac{7}{24}ql(\uparrow)$

11-14 略
11-15 略
11-16 (a) $49ql^2/512$; (b) $3ql^2/28$; (c) $5ql^2/3$
11-17 略

11-18 略

11-19 (a) $F_{NAD}=F_{NBD}=\dfrac{F\cos^2\alpha}{1+2\cos^3\alpha}$(拉)，$F_{NCD}=\dfrac{F}{1+2\cos^3\alpha}$(拉)

(b) $F_{NAD}=\dfrac{F}{2\sin\alpha}$(拉)，$F_{NBD}=\dfrac{F}{2\sin\alpha}$(压)，$F_{NCD}=0$

(c) $F_{NAD}=\dfrac{F\sin^2\alpha}{1+\cos^3\alpha+\sin^3\alpha}$(拉)，$F_{NBD}=\dfrac{F(1+\cos^3\alpha)}{1+\cos^3\alpha+\sin^3\alpha}$(拉)，$F_{NCD}=\dfrac{F\sin^2\alpha\cos\alpha}{1+\cos^3\alpha+\sin^3\alpha}$(压)

11-20 $M_B=\dfrac{M_t a}{a+b}$(方向与 M_c 相反)；$M_A=M_t-M_B=\dfrac{M_t b}{a+b}$(力偶矩矢量沿截面外法线方向)

11-21 $F_N=\dfrac{5FAl^3}{16(Al^3+3Ia)}$(拉杆)

11-22 $w_B=\dfrac{Fa^3}{16EI}$(↓)

第 12 章

12-1 $\sigma_{d,\max}=\mu\left(1+\dfrac{a}{g}\right)$

12-2 59.1 MPa

12-3 $\sigma_{d,\max}=4.63$ MPa

12-4 $\sigma_{d,\max}=12.763$ MPa

12-5 $\dfrac{\sqrt{3}\rho AR\omega^2 l^2}{27W_z}$

12-6 $M_{d,\max}=\dfrac{Wl}{3}\left(1+\dfrac{b\omega^2}{3g}\right)$

12-7 (1) 6 kN；(2) 15 MPa；20 mm

12-8 $\sigma_{d,\max}=\dfrac{2Ql}{9W}\left(1+\sqrt{1+\dfrac{243EIH}{2Ql^3}}\right)$，$f_{\frac{1}{2}}=\dfrac{22Ql^3}{1\,296El}\left(1+\dfrac{243EIH}{2Ql^3}\right)$

12-9 (1) $\sigma_{st}=0.0283$ MPa；(2) $\sigma_d=6.9$ MPa；(3) $\sigma_d=1.2$ MPa

12-10 $\sigma_{d,\max}=\sqrt{\dfrac{3EIv^2Q}{gaW^2}}$

12-11 $\sigma_{\max}=-\sigma_{\min}=127.3$ MPa，$\sigma_m=0$，$\sigma_a=127.3$ MPa，$r=-1$

12-12 $\tau_m=275$ MPa，$\tau_a=118$ MPa，$r=0.4$

12-13 略

12-14 略

主要参考文献

[1] 范钦珊,蔡新. 材料力学(土木、水利类)[M]. 北京:清华大学出版社,2006.

[2] 张少实. 新编材料力学[M]. 2 版. 北京:机械工业出版社,2010.

[3] Hibbeler R. C. 材料力学[M]. 北京:电子工业出版社,2006.

[4] Beer F P, Jonhnston E R, DeWolf J T. Mechanics of Materials [M]. Fourth edition. McGraw Hill Higher Education, 2006.

[5] 同济大学航空航天与力学学院基础力学教学研究部. 材料力学[M]. 2 版. 上海:同济大学出版社,2011.

[6] 刘杰民. 材料力学[M]. 北京:中国电力出版社,2011.

[7] 单辉祖. 材料力学(Ⅰ)[M]. 4 版. 北京:高等教育出版社,2016.

[8] 单辉祖. 材料力学(Ⅱ)[M]. 4 版. 北京:高等教育出版社,2016.

[9] 孙训方,方孝淑,关来泰. 材料力学(Ⅰ)[M]. 6 版. 北京:高等教育出版社,2019.

[10] 孙训方,方孝淑,关来泰. 材料力学(Ⅱ)[M]. 6 版. 北京:高等教育出版社,2019.

[11] 刘鸿文. 材料力学(I)[M]. 4 版. 北京:高等教育出版社,2004.

[12] 刘鸿文. 材料力学(II)[M]. 4 版. 北京:高等教育出版社,2004.

[13] 邓宗白,陶阳,吴永瑞. 材料力学[M]. 北京:科学出版社,2013.

[14] 殷雅俊,范钦珊. 材料力学[M]. 3 版. 北京:高等教育出版社,2019.

[15] 同济大学航空航天与力学学院基础力学教学研究部. 材料力学[M]. 3 版. 上海:同济大学出版社,2022.

[16] 曲淑英,卢龙玉,宋良,等. 材料力学课程思政教学实践:以“压杆稳定”为例[J]. 力学与实践,2021,43(6):959-963.

[17] 吴泽艳,罗威,田东方,等. 截面核心概念的教学方法探讨[J]. 力学与实践,2022,44(2):397-403.

[18] 马驰骋,周继磊,许英姿,等. 材料力学应力状态与线性代数知识点的交叉教学研究[J]. 课程教学,2021(10):107-109.